T0210575

Mathematik für Informatiker

Werner Struckmann · Dietmar Wätjen

Mathematik für Informatiker

Grundlagen und Anwendungen

2., überarbeitete und erweiterte Auflage

 Springer Vieweg

Werner Struckmann
Institut für Programmierung und
Reaktive Systeme
Technische Universität Braunschweig
Braunschweig, Deutschland

Dietmar Wätjen
Braunschweig, Deutschland

ISBN 978-3-662-49869-9   ISBN 978-3-662-49870-5 (eBook)
DOI 10.1007/978-3-662-49870-5

Die Deutsche Nationalbibliothek verzeichnet diese Publikation in der Deutschen Nationalbibliografie;
detaillierte bibliografische Daten sind im Internet über http://dnb.d-nb.de abrufbar.

Springer Vieweg
Die Vorauflage erschien bei Spektrum Akademischer Verlag, Heidelberg, 2006
© Springer-Verlag Berlin Heidelberg 2006, 2016

Gedruckt auf säurefreiem und chlorfrei gebleichtem Papier.

Springer Vieweg ist Teil von Springer Nature
Die eingetragene Gesellschaft ist Springer-Verlag GmbH Berlin Heidelberg

Vorwort

Wenn sich Studierende der Informatik oder verwandter Fächer in den ersten Wochen ihres Studiums befinden, wundern sie sich häufig, wie viele Lehrveranstaltungen der Mathematik sie besuchen müssen. Die Zusammenhänge zwischen diesen Vorlesungen und der Informatik sind den Studierenden am Anfang oft ziemlich rätselhaft. Ein Anliegen dieses Buchs ist es daher, den Stellenwert der Mathematik für die Informatik deutlich zu machen. Dies wollen wir erreichen, indem wir die mathematischen Sachverhalte nicht nur gut verständlich und präzise darstellen, sondern auch viele ihrer Anwendungen in der Informatik ausführlich beschreiben.

Im ersten Studienjahr hören Informatikerinnen und Informatiker in der Regel Vorlesungen zur Analysis und linearen Algebra. Entsprechend gibt es viele Bücher für Studienanfänger, die diese Themen fundiert behandeln (siehe beispielsweise [33, 34, 60, 70]). Zur Auffrischung der Kenntnisse stellen wir in diesem Buch die betreffenden Inhalte der beiden Bereiche nur kurz dar. Wir behandeln vor allem den Stoff von Mathematikveranstaltungen, die im zweiten oder in späteren Studienjahren gehört werden.

Kap. 1 gibt eine Einführung in die Logik, die eine zentrale Rolle in der Mathematik spielt. Wir gehen auf die Aussagen- und Prädikatenlogik ein sowie auf die Anwendung in der Programmverifikation und der logischen Programmierung. Mengen, Relationen und Funktionen betrachten wir in Kap. 2. In diesem Zusammenhang behandeln wir unter anderem relationale Datenbanken und die funktionale Programmierung. Zahlensysteme und die Mächtigkeit von Mengen untersuchen wir in Kap. 3. Ein wichtiges Thema für die Informatik ist hier die Darstellung von Zahlen in Rechnern. Dem Algorithmus, einem zentralen Begriff der Informatik, widmen wir uns in Kap. 4. Um die Komplexität von Algorithmen zu untersuchen, sind die Begriffe Folgen, Reihen und stetige Funktionen aus der Analysis notwendig, die kurz wiederholt werden. Danach können wir auf die Größenordnung von Funktionen eingehen, mit deren Hilfe die Beschränkung der Rechenzeit oder des Platzbedarfs von Algorithmen ausgedrückt werden können. Mit der Darstellung von Rekurrenzgleichungen und erzeugenden Funktionen gelingt es uns, für wichtige Typen von Algorithmen, zu denen etwa die binäre Suche oder Quicksort gehören, die Zeitkomplexität zu bestimmen. Außerdem erläutern wir das mathematische Konzept der Matroide. Mit ihrer Hilfe können wir das Verhalten von „gierigen" Algorithmen beschreiben.

Kap. 5 gibt einen ersten Einblick in die Graphentheorie. Ihrer Anwendung in der Informatik geben wir breiten Raum. Die Graphentheorie ist eine wichtige Grundlage für Datenstrukturen, die das Speichern und das schnelle Wiederfinden von Daten ermöglichen. Kap. 6 beschäftigt sich zunächst mit den Grundlagen der Zahlentheorie wie Teilbarkeit und Primzahlen. Danach betrachten wir die modulare Arithmetik, mit deren Hilfe wir das RSA-Public-Key-Kryptosystem ausführlich untersuchen können. Als eine weitere Anwendung in der Kryptografie stellen wir ein Secret-Sharing-Verfahren vor.

Nachdem wir in Kap. 6 in Zusammenhang mit der modularen Arithmetik schon die ersten algebraischen Begriffe erwähnt haben, untersuchen wir die Algebra in den Kap. 7 bis 9 systematisch. Den Anfang machen die einfachen algebraischen Strukturen Halbgruppen und Monoide in Kap. 7. Speziell betrachten wir freie Monoide. Unter anderem zeigen wir, wie sie in der Informatik zur Beschreibung von formalen Sprachen und Programmiersprachen, etwa durch Grammatiken, eingesetzt werden können. Kap. 8 widmet sich der Gruppentheorie. Dabei wird als eine Anwendung von zyklischen Gruppen das ElGamal-Public-Key-Verschlüsselungsverfahren behandelt. Ringe, Polynomringe und Körper untersuchen wir in Kap. 9. Besonders wichtig sind endliche Körper und ihre multiplikativen Gruppen. Diese Gruppen sind zyklisch und können beim ElGamal-Public-Key-Verschlüsselungsverfahren eingesetzt werden, was wir an einem Beispiel erläutern.

In Kap. 10 geben wir in den Abschn. 10.1 bis 10.5 eine Kurzdarstellung der linearen Algebra. Dadurch sind wir in der Lage, weitere wichtige Anwendungen der Mathematik in der Informatik zu beschreiben. Als Erstes betrachten wir in diesem Zusammenhang in Abschn. 10.6 das Information-Retrieval, bei dem es darum geht, aus einer Datenbank Informationen zurückzugewinnen. In fast allen einführenden Büchern zur linearen Algebra fehlt die für viele Anwendungen – nicht nur in der Informatik – wichtige Singulärwertzerlegung von Matrizen, die wir daher ausführlich in Abschn. 10.7 behandeln. In Abschn. 10.8 wenden wir sie in der Computergrafik an. Die Algebra und die Lineare Algebra sind in der Codierungstheorie von besonderer Bedeutung. Bei der Übertragung von Nachrichten über Funk, Telefon oder das Internet werden Zeichen geeignet codiert. Im ausführlichen Abschn. 10.9 geben wir daher eine erste Einführung in lineare Codes. Danach behandeln wir in Abschn. 10.10 einige Secret-Sharing-Verfahren, die sowohl Methoden der linearen Algebra als auch der Gruppentheorie verwenden. Im letzten Abschn. 10.11 zeigen wir, wie die unterschiedlichen algebraischen Strukturen aus den Kap. 7 bis 10 durch den Begriff einer allgemeinen oder mehrsortigen Algebra einheitlich beschrieben werden können. Wir weisen darauf hin, dass in der Informatik mehrsortige Algebren auch für die Spezifikation abstrakter Datentypen besonders wichtig sind.

Gegenstand von Kap. 11 ist die Wahrscheinlichkeitstheorie. Zunächst stellen wir die wichtigsten Grundbegriffe der Kombinatorik dar. Danach behandeln wir Wahrscheinlichkeitsräume, diskrete und stetige Zufallsvariable sowie einige ihrer Anwendungen in der Informatik, etwa die Analyse von Algorithmen. Die Untersuchung stetiger Zufallsvariablen setzt Basiskenntnisse der Integralrechnung voraus. Die notwendigen Begriffe und Aussagen werden daher kurz zusammengestellt. Den Abschluss des Buchs bildet eine Einführung in die Theorie stochastischer Prozesse. Schwerpunkt dieses Abschnitts sind

Markow-Ketten, deren Anwendung wir an einem Beispiel aus dem Gebiet der Betriebssysteme (Bediensysteme) erläutern.

Unser Buch kann als Grundlage für verschiedene Mathematikvorlesungen für Informatiker dienen. In den Bachelorstudiengängen der Informatik und der Mathematik ist es üblich, Module aus zweistündigen bis vierstündigen Vorlesungen mit einer Übung zu bilden. So sind unseres Erachtens die beiden Kapitel über Graphentheorie und Grundlagen der Zahlentheorie für eine zweistündige Vorlesung über diskrete Strukturen geeignet. Die Kap. 7 bis 9 und zusätzlich aus Kap. 10 die Abschn. 10.9 über lineare Codes, 10.10 über Secret-Sharing-Verfahren und 10.11 über allgemeine Algebra sind für eine dreistündige Vorlesung, eventuell auch zwei zweistündige Vorlesungen zur Algebra zu verwenden. Das Kap. 11 kann als Begleitung einer zweistündigen Vorlesung zur Wahrscheinlichkeitstheorie dienen. Die ersten vier Kapitel des Buchs liefern allgemeine Grundlagen der Mathematik mit einigen Anwendungen in der Informatik, über die eine entsprechende Vorlesung angeboten werden könnte. Diese Kapitel sind aber für jede Leserin und jeden Leser geeignet, sich mit mathematischen Grundlagen vertraut zu machen oder diese wieder aufzufrischen. Beim Lesen anderer Kapitel des Buchs kann es nützlich sein, gelegentlich zu diesen Grundlagen zurückzugehen. Die Gegenstände der Abschn. 4.3 (Größenordnung von Funktionen), 4.4 (Rekurrenzgleichungen und erzeugende Funktionen) und 4.5 (Matroide) können auch im Rahmen einer Vorlesung über Algorithmen verwendet werden.

Zum Selbststudium eignet sich das Buch ebenfalls sehr gut. Die Kap. 7 bis 10 sollten in dieser Reihenfolge gelesen werden. Aus Kap. 7 sind allerdings nur die wichtigsten Definitionen für die folgenden Kapitel notwendig. Für das Verständnis von Kap. 11 muss die Leserin oder der Leser einige Grundlagen der Analysis kennen, die in den Abschn. 4.1 und 4.2 zu finden sind. Die übrigen Kapitel können unabhängig voneinander gelesen werden. Jedoch wird ein gewisses intuitives Verständnis der Logik und Mengenlehre vorausgesetzt.

Dieses Buch stellt die wichtigsten Grundlagen der Mathematik für Informatiker zusammen. Es ist klar, dass wir nicht die gesamte Mathematik, die auf irgendeine Art für die Informatik von Bedeutung ist, behandeln können. Die eine Informatikerin wird beispielsweise noch etwas über numerische Mathematik wissen wollen, die zweite über Statistik und ein dritter Informatiker benötigt noch weitergehende Kenntnisse der Graphentheorie. Auf der Basis dieses Buchs sollte es aber möglich sein, sich in spezielle Mathematikbücher zu diesen Themen einzuarbeiten.

Zu jedem Kapitel gibt es Übungsaufgaben. Die Lösungen sind auf der WWW-Seite

https://www.tu-braunschweig.de/ips/staff/struckmann/mathematik

des Buchs zu finden. Da nicht damit zu rechnen ist, dass das Buch vollständig fehlerfrei ist, haben wir unter dieser URL ebenfalls eine Fehlerliste eingerichtet. Wir bitten die Leser, uns Fehler mitzuteilen, die dort noch nicht aufgeführt sind, seien es nun Tipp-, Rechtschreib- oder auch logische Fehler.

Besonders bedanken möchten wir uns bei *Frau Dipl.-Math. Katrin Wätjen* für das Korrekturlesen des Buchs. Einige Monate lang hat sie dieser Aufgabe einen großen Teil ihrer Freizeit gewidmet. Ihre kritischen Anmerkungen haben zu vielen Verbesserungen geführt. Außerdem möchten wir *Prof. Dr. Arnfried Kemnitz* danken, der mehrere Kapitel Korrektur gelesen hat, sowie *Dr. Andreas Rüdinger* und *Bianca Alton* von Elsevier Deutschland (Spektrum Akademischer Verlag) für ihre Unterstützung bei der Abfassung und Veröffentlichung dieses Buchs.

In dieser zweiten Auflage des Buches haben wir Kap. 12 mit dem Gegenstand Algorithmen und Programme eingefügt. Zwar werden in verschiedenen vorhergehenden Kapiteln spezielle Algorithmen betrachtet, hier wird jedoch eine allgemeinere Darstellung von Algorithmen und ihre Umsetzung in Programmiersprachen behandelt. Es wird auf die Formulierung, die Komplexität und Korrektheit von Algorithmen eingegangen. Weitere Aspekte in diesem Kapitel sind Berechenbarkeitsfragen und Rekursionen als spezielle Algorithmen.

Wir bedanken uns bei Frau Dorothea Glaunsinger und Herrn Hermann Engesser vom Springer-Verlag, die diese zweite Auflage unseres Buches betreut haben.

Braunschweig, im April 2016   Werner Struckmann, Dietmar Wätjen

Inhaltsverzeichnis

1 Logik 1
  1.1 Aussagenlogik 2
  1.2 Prädikatenlogik 14
  1.3 Logik und Programmierung 30
  Aufgaben 37

2 Mengen, Relationen und Funktionen 39
  2.1 Mengen 40
  2.2 Relationen 48
  2.3 Partielle und totale Funktionen 58
  2.4 Berechenbarkeit und funktionale Programmierung 64
  Aufgaben 71

3 Zahlen 75
  3.1 Zahlenmengen 75
  3.2 Mächtigkeit von Mengen 87
  3.3 Darstellung von Zahlen 92
  Aufgaben 99

4 Komplexität von Algorithmen 101
  4.1 Folgen und Reihen 102
  4.2 Stetige und differenzierbare Funktionen 108
  4.3 Größenordnungen von Funktionen 122
  4.4 Rekurrenzgleichungen und erzeugende Funktionen 130
  4.5 Matroide 148
  Aufgaben 152

5 Graphentheorie 157
  5.1 Grundbegriffe der Graphentheorie 158
  5.2 Speicherung von Graphen 165
  5.3 Bäume und Wälder 173
  5.4 Planare Graphen 181

5.5   Eulersche und hamiltonsche Graphen 186
5.6   Färbungen von Graphen 192
5.7   Matchingprobleme 197
5.8   Aufspannende Bäume und Wälder 202
Aufgaben 213

6   **Grundlagen der Zahlentheorie** 217
6.1   Teilbarkeit und euklidischer Algorithmus 218
6.2   Primzahlen 228
6.3   Modulare Arithmetik 237
6.4   Bestimmung des modularen Inversen 243
6.5   Das RSA-Public-Key-Kryptosystem 250
6.6   Das Lösen von modularen Gleichungen und der chinesische Restesatz . 255
Aufgaben 263

7   **Halbgruppen und Monoide** 267
7.1   Die grundlegenden Definitionen 267
7.2   Freie Halbgruppen und Monoide 273
7.3   Anwendungen in der Informatik 277
Aufgaben 280

8   **Gruppen** 283
8.1   Einführung in Gruppen 284
8.2   Permutationsgruppen 289
8.3   Untergruppen 293
8.4   Zyklische Gruppen 297
8.5   Das ElGamal-Verfahren, eine Anwendung 306
8.6   Normalteiler, Faktorgruppen und direkte Produkte 309
8.7   Homomorphismen von Gruppen 314
Aufgaben 316

9   **Ringe und Körper** 319
9.1   Einführung in Ringe und Körper 320
9.2   Ideale und Ringhomomorphismen 326
9.3   Euklidische Ringe und Hauptidealringe 332
9.4   Nullstellen von Polynomen 341
9.5   Endliche Körper 345
Aufgaben 351

10   **Kurzdarstellung der Linearen Algebra und einige Anwendungen** 355
10.1   Vektorräume und Basen 356
10.2   Matrizen und lineare Abbildungen 361
10.3   Lineare Gleichungssysteme 366

10.4 Determinanten, Eigenwerte und Diagonalisierung von Matrizen 370

10.5 Euklidische Vektorräume 375

10.6 Anwendung im Information Retrieval 380

10.7 Singulärwertzerlegung 383

10.8 Anwendungen in der Computergrafik 386

10.9 Lineare Codes 391

10.10 Secret-Sharing-Verfahren 404

10.11 Allgemeine Algebra 410

Aufgaben 419

11 Wahrscheinlichkeitstheorie 425

11.1 Abzählprobleme 426

11.2 Wahrscheinlichkeitsräume 434

11.3 Diskrete Zufallsvariable 447

11.4 Integralrechnung 465

11.5 Stetige Zufallsvariable 471

11.6 Stochastische Prozesse 485

Aufgaben 496

12 Algorithmen und Programme 501

12.1 Algorithmen 502

12.2 Programme 506

12.3 Paradigmen von Algorithmen 510

12.4 Komplexitäts-, Korrektheits- und Berechenbarkeitsfragen 518

12.5 Rekursion als spezielle Algorithmen 525

Aufgaben 534

Literatur 537

Sachverzeichnis 541

Logik

1

Mathematische Definitionen, Sätze und Beweise werden in der Sprache der Logik formuliert. Dies kann in einer formalen, symbolischen Notation geschehen oder aber auf informelle und dennoch präzise Weise. Obwohl logische Schlussweisen schon seit vielen Jahrhunderten eine zentrale Rolle in der Mathematik spielen (etwa in der griechischen vorchristlichen Zeit oder zum Beispiel bei *Blaise Pascal* oder *Gottfried Wilhelm Leibniz*), hat sich die mathematische Logik als selbstständiger Zweig erst im ausgehenden 19. Jahrhundert etabliert. Die bekanntesten Namen dieser Zeit sind *George Boole, Friedrich Ludwig Frege, Bertrand Arthur Russell, David Hilbert* und *Georg Cantor*. Ihnen und anderen ist es zu verdanken, dass die Mathematik auf ein solides Fundament gestellt wurde, das bis heute trägt.

Im vergangenen Jahrhundert haben sich viele Teilgebiete der mathematischen Logik herausgebildet. Wir gehen in diesem Buch in Abschn. 1.1 auf die Aussagenlogik und in Abschn. 1.2 auf die Prädikatenlogik ein. Neben ihrer Rolle als *Sprache für die Mathematik* besitzt die Logik aber auch eine eigenständige Bedeutung, insbesondere für die Informatik. Als Belege hierfür werden wir das *Erfüllbarkeitsproblem* und die *Schaltalgebra* sowie in Abschn. 1.3 die *Programmspezifikation* und die *logische Programmierung* kennenlernen. Natürlich können wir in diesem Kapitel keine umfassende Darstellung der mathematischen Logik geben, sondern müssen für detaillierte Informationen auf die Literatur verweisen. Eine sehr gute Einführung ist das Buch von *Heinz-Dieter Ebbinghaus* und anderen [25].

Wir werden in Kap. 2 noch ausführlich auf Mengen und Funktionen eingehen. Da sich aber viele Aussagen in der Logik mithilfe dieser Begriffe einfach und präzise formulieren lassen, werden wir sie in geringem Umfang bereits in diesem Kapitel verwenden. Im Wesentlichen handelt es sich hierbei um die Mengenschreibweise $\{a, b, c, \ldots\}$ sowie um die Notation $f : A \to B$ für Funktionen.

© Springer-Verlag Berlin Heidelberg 2016
W. Struckmann, D. Wätjen, *Mathematik für Informatiker*, DOI 10.1007/978-3-662-49870-5_1

1.1 Aussagenlogik

In der Mathematik haben wir es mit Aussagen zu tun. Unter einer *Aussage* verstehen wir im klassischen Sinn ein sprachliches Gebilde, dem sich sinnvoll einer der Wahrheitswerte *wahr* oder *falsch* zuordnen lässt. Dies ist streng genommen keine Definition, da der Begriff „sprachliches Gebilde" genauso wenig klar ist wie der einer Aussage. Dennoch ist diese Erläuterung für unsere Zwecke völlig ausreichend.

Beispiel 1.1 Wir betrachten die folgenden Sätze:

(a) Wann ist in diesem Jahr Ostern?
(b) *Carl Friedrich Gauß* wurde 1855 geboren.
(c) 2 und -3 sind die einzigen reellen Lösungen der Gleichung $x^2 + x - 6 = 0$.
(d) Heute ist Vollmond.

(a) ist keine Aussage. (b) und (c) sind Aussagen, (b) ist falsch, (c) hingegen wahr. Was ist mit (d)? Gemäß unserer Definition handelt sich hierbei nicht um eine Aussage, da ihr kein eindeutiger Wahrheitswert zugewiesen werden kann. $\square$

Neben der klassischen Definition einer Aussage, die wir im Folgenden zugrunde legen, gibt es auch andere Definitionsmöglichkeiten. Beispielsweise erlaubt die *temporale Logik* Aussagen, deren Wahrheitsgehalt sich im Laufe der Zeit ändert. In dieser Logik ist (d) aus Beispiel 1.1 eine sinnvolle Aussage, die von Zeit zu Zeit wahr ist.

Einfache Aussagen können mithilfe von Verknüpfungen zu komplexen Aussagen verbunden werden. Die Einzelheiten entnehmen wir der folgenden Definition.

Definition 1.1 Die *Sprache der Aussagenlogik* enthält als Bestandteile die abzählbare Menge V (siehe Definition 3.7) der Aussagenvariablen, deren Elemente wir mit $p_0, p_1, p_2, \ldots$ bezeichnen, die Verknüpfungssymbole (Operatoren) $\neg$, $\wedge$, $\vee$, $\rightarrow$ und $\leftrightarrow$ sowie die Klammern (und). Die *Menge der Ausdrücke* $\mathcal{A}$ ist die kleinste Menge, die den beiden folgenden Regeln genügt:

(a) Jede Aussagenvariable p_i ist ein Ausdruck.
(b) Wenn ϕ und ψ Ausdrücke sind, dann sind es auch $(\neg\phi)$, $(\phi \wedge \psi)$, $(\phi \vee \psi)$, $(\phi \rightarrow \psi)$ und $(\phi \leftrightarrow \psi)$.

Diese Ausdrücke bezeichnen wir – in der Reihenfolge von (b) – als *Negation, Konjunktion, Disjunktion, Implikation* und *Äquivalenz* von ϕ bzw. von ϕ und ψ. Wir lesen sie als *nicht, und, oder, wenn – dann* und *genau dann wenn*. $V(\phi)$ ist die Menge der in einem Ausdruck ϕ vorkommenden Aussagenvariablen. $\square$

Um die Lesbarkeit der Ausdrücke zu erhöhen, schreiben wir auch $p, q, r, \ldots$ statt $p_0, p_1, p_2, \ldots$ Außerdem legen wir fest, dass $\neg$ stärker bindet als $\wedge$ und dieses wiederum stärker als $\vee$. Die Verknüpfungssymbole $\rightarrow$ und $\leftrightarrow$ besitzen die geringste Bindungsstärke. Außenklammern können entfallen. Diese Vereinbarungen gestatten eine klammersparende Schreibweise.

Beispiel 1.2 Es sei ϕ die Aussage „Wenn der Hahn kräht auf dem Mist, ändert sich das Wetter oder es bleibt so wie es ist." Mit den Bezeichnungen

p: Der Hahn kräht auf dem Mist.
q: Das Wetter ändert sich.

und den Vereinbarungen zur Klammerersparnis kann ϕ in der Form $p \rightarrow q \vee \neg q$ geschrieben werden. Es ist $V(\phi) = \{p, q\}$. $\square$

Der Wahrheitswert einer zusammengesetzten Aussage hängt von den Wahrheitswerten der Bestandteile ab. Beispielsweise ist die Aussage $\phi \wedge \psi$ genau dann wahr, wenn ϕ und ψ beide wahr sind.

Definition 1.2 Die Menge der Wahrheitswerte f *(falsch)* und w *(wahr)* bezeichnen wir mit $\mathbb{B} = \{f, w\}$.

(a) Eine Abbildung $F : V \rightarrow \mathbb{B}$ heißt *Belegung* der Aussagenvariablen.
(b) Es sei eine Belegung $F : V \rightarrow \mathbb{B}$ gegeben. F wird unter Benutzung der folgenden *Wahrheitstabellen* zu einer Abbildung $F : \mathcal{A} \rightarrow \mathbb{B}$ erweitert:

ϕ	ψ	$\phi \wedge \psi$	$\phi \vee \psi$	$\phi \rightarrow \psi$	$\phi \leftrightarrow \psi$
f	f	f	f	w	w
f	w	f	w	w	f
w	f	f	w	f	f
w	w	w	w	w	w

ϕ	$\neg\phi$
f	w
w	f

(c) $\phi \in \mathcal{A}$ heißt *erfüllbar*, wenn es eine Belegung F mit $F(\phi) = w$ gibt. ϕ ist *widersprüchlich* bzw. eine *Kontradiktion*, wenn ϕ nicht erfüllbar ist. Wir nennen ϕ *allgemeingültig* bzw. eine *Tautologie*, wenn $F(\phi) = w$ für alle Belegungen F gilt. $\square$

Offenbar hängt der Wert $F(\phi)$ nur von den Aussagenvariablen ab, die tatsächlich in ϕ vorkommen, das heißt von $V(\phi)$. Da $V(\phi)$ eine endliche Menge ist, kann durch Überprüfen aller Fälle algorithmisch entschieden werden, ob ϕ erfüllbar, widersprüchlich oder allgemeingültig ist.

Beispiel 1.3 Der Ausdruck $p \to q \vee \neg q$ aus Beispiel 1.2 ist allgemeingültig, das heißt, die obige Bauernregel ist eine Tautologie. Wir sehen dies ein, indem wir schrittweise die zugehörige Wahrheitstabelle aufbauen:

p	q	$\neg q$	$q \vee \neg q$	$p \to q \vee \neg q$
f	f	w	w	w
f	w	f	w	w
w	f	w	w	w
w	w	f	w	w

Da in der letzten Spalte kein f auftaucht, ist der Ausdruck allgemeingültig. $\square$

Beispiel 1.4 (*Erfüllbarkeitsproblem der Aussagenlogik*) Die Frage, ob es für einen beliebig gegebenen Ausdruck $\phi \in \mathcal{A}$ eine Belegung F mit $F(\phi) = w$ gibt, heißt *Erfüllbarkeitsproblem der Aussagenlogik*. Wir können analog zu Beispiel 1.3 einen Algorithmus angeben, der dieses Problem entscheidet. Dieser Algorithmus berechnet zunächst die Wahrheitstabelle von ϕ und überprüft dann, ob in der letzten Spalte der Tabelle mindestens ein w vorkommt. Wenn dies der Fall ist, so ist ϕ erfüllbar.

Dieses Verfahren ist ineffizient, denn wenn n die Anzahl der in ϕ vorkommenden Aussagenvariablen bezeichnet, müssen im ungünstigsten Fall alle 2^n Zeilen der Tabelle untersucht werden. Die Anzahl der Schritte dieses Verfahrens wächst also exponentiell mit der Anzahl der in ϕ enthaltenen Aussagenvariablen. Bisher kennt man allerdings keinen Algorithmus, der wesentlich schneller arbeitet. Es ist nicht einmal bekannt, ob solch ein Algorithmus überhaupt existiert.

Stephen Cook hat im Jahre 1971 durch Untersuchungen am Erfüllbarkeitsproblem die *Komplexitätstheorie* begründet. Wir können an dieser Stelle nicht auf Einzelheiten eingehen, sondern wollen nur erwähnen, dass diese Überlegungen direkt zum größten offenen Problem der Informatik, dem sogenannten *P=NP-Problem*, führen. Es gehört zu den sieben im Jahre 2000 vom Clay Mathematics Institute veröffentlichten Millennium-Preis-Problemen, für deren Lösung jeweils ein Preis von einer Million Dollar ausgesetzt wurde. Eine Beschreibung aller sieben Probleme steht in [15].

Einzelheiten zum Erfüllbarkeitsproblem findet man beispielsweise in [92]. $\square$

Definition 1.3 Es seien $\phi, \psi \in \mathcal{A}$. Wir schreiben $\phi \Rightarrow \psi$, wenn $\phi \to \psi$ eine Tautologie ist. In diesem Fall heißt ψ eine (logische) *Folgerung* aus ϕ. Entsprechend bedeutet $\phi \Leftrightarrow \psi$, dass der Ausdruck $\phi \leftrightarrow \psi$ allgemeingültig ist. ϕ und ψ sind dann (logische) *Äquivalenzen*. $\square$

Beispiel 1.5 Für alle $\phi, \psi \in \mathcal{A}$ gilt $\phi \wedge (\phi \rightarrow \psi) \Rightarrow \psi$. Die Richtigkeit dieser Aussage ergibt sich aus der folgenden Wahrheitstabelle.

ϕ	ψ	$\phi \rightarrow \psi$	$\phi \wedge (\phi \rightarrow \psi)$	$\phi \wedge (\phi \rightarrow \psi) \rightarrow \psi$
f	f	w	f	w
f	w	w	f	w
w	f	f	f	w
w	w	w	w	w

Aus ϕ und $\phi \rightarrow \psi$ folgt also logisch ψ. Diese Regel wird *Modus Ponens* genannt. □

Die folgende Aufstellung enthält einige logische Äquivalenzen. F bedeutet hier eine beliebige Kontradiktion, zum Beispiel $p \wedge \neg p$, und W eine beliebige Tautologie, zum Beispiel $p \vee \neg p$. Die Gültigkeit dieser Äquivalenzen soll in Aufgabe 4 bewiesen werden.

Kommutativgesetze:	$\phi \vee \psi \Leftrightarrow \psi \vee \phi$,
	$\phi \wedge \psi \Leftrightarrow \psi \wedge \phi$,
Assoziativgesetze:	$(\phi \vee \psi) \vee \chi \Leftrightarrow \phi \vee (\psi \vee \chi)$,
	$(\phi \wedge \psi) \wedge \chi \Leftrightarrow \phi \wedge (\psi \wedge \chi)$,
Distributivgesetze:	$\phi \vee (\psi \wedge \chi) \Leftrightarrow (\phi \vee \psi) \wedge (\phi \vee \chi)$,
	$\phi \wedge (\psi \vee \chi) \Leftrightarrow (\phi \wedge \psi) \vee (\phi \wedge \chi)$,
Idempotenzgesetze:	$\phi \vee \phi \Leftrightarrow \phi$,
	$\phi \wedge \phi \Leftrightarrow \phi$,
Absorptionsgesetze:	$\phi \vee (\phi \wedge \psi) \Leftrightarrow \phi$,
	$\phi \wedge (\phi \vee \psi) \Leftrightarrow \phi$,
Gesetze über neutrale Elemente:	$\phi \vee W \Leftrightarrow W, \phi \wedge W \Leftrightarrow \phi$,
	$\phi \vee F \Leftrightarrow \phi, \phi \wedge F \Leftrightarrow F$,
Gesetze über die Negation:	$\phi \vee \neg\phi \Leftrightarrow W, \phi \wedge \neg\phi \Leftrightarrow F, \neg(\neg\phi) \Leftrightarrow \phi$,
Gesetze von *de Morgan*:	$\neg(\phi \vee \psi) \Leftrightarrow \neg\phi \wedge \neg\psi, \neg(\phi \wedge \psi) \Leftrightarrow \neg\phi \vee \neg\psi$.

Die Ausdrücke $\phi \vee \psi$ und $\psi \vee \phi$ sind äquivalent, aber dennoch verschieden. In den meisten Fällen kommt es jedoch nicht auf die genaue Form eines Ausdrucks, sondern nur auf seine Wahrheitswerte an. Wenn dieser Aspekt betont werden soll, wird die Äquivalenz $\phi \vee \psi \Leftrightarrow \psi \vee \phi$ als Gleichheit $\phi \vee \psi = \psi \vee \phi$ geschrieben.

In den Kap. 7, 8, 9 und 10 werden wir ausführlich auf *algebraische Strukturen* eingehen. Hierbei handelt es sich um Mengen, auf denen eine oder mehrere Verknüpfungen definiert sind und die bestimmte Gesetze erfüllen. Ein erstes Beispiel für eine algebraische

Struktur haben wir soeben kennengelernt. Die Menge $\mathcal{A}$ bildet mit den Operationen $\neg$, $\vee$ und $\wedge$ sowie den konstanten Ausdrücken F und W eine sogenannte *boolesche Algebra*, da sie die aufgeführten Gesetze erfüllt.

Eng verwandt mit der booleschen Algebra der Aussagenlogik ist die *Schaltalgebra*, die für die technische Informatik eine große Bedeutung besitzt. Ihre Grundzüge stellen wir im Folgenden dar.

Beispiel 1.6 *(Schaltalgebra)* Ein Transistor kann so geschaltet werden, dass er *leitend* oder *sperrend* ist, ein Schalter ist entweder *geöffnet* oder *geschlossen* und eine digitale Speicherzelle kann genau einen der beiden Werte 0 oder 1 aufnehmen. Transistoren, Schalter und Speicherzellen sind Beispiele für Systeme, die sich in einem von zwei möglichen Zuständen befinden können. Als Abstraktion solcher Systeme betrachten wir die zweielementige Menge $\{0, 1\}$. Ein geöffneter Schalter kann geschlossen werden und umgekehrt. Dieser Vorgang wird als *Komplementbildung* bezeichnet. Weitere Operationen für Schalter sind beispielsweise die *Serien-* und die *Parallelschaltung*. Das Komplement von x bezeichnen wir mit $\bar{x}$, die Serienschaltung von x und y mit $x \cdot y$ und ihre Parallelschaltung mit $x + y$. Wenn wir einen geschlossenen Schalter durch 0 darstellen und einen offenen durch 1, dann erhalten wir für die drei Operationen die folgenden Wertetabellen:

x	$\bar{x}$
0	1
1	0

x	y	$x \cdot y$	$x + y$
0	0	0	0
0	1	0	1
1	0	0	1
1	1	1	1

Man kann sich leicht davon überzeugen, dass für $F = 0$, $W = 1$, $\neg = \bar{}$, $\wedge = \cdot$ und $\vee = +$ die Rechengesetze (s. oben) erfüllt sind, das heißt, die Menge $\{0, 1\}$ bildet zusammen mit den genannten Operationen eine boolesche Algebra.

In der technischen Informatik werden die Komplementbildung, die Serien- und die Parallelschaltung durch spezielle Bausteine, die man NICHT-, UND- und ODER-Gatter nennt, realisiert. Man verwendet hierfür die Schaltzeichen aus Abb. 1.1.

In der Praxis treten Schaltungen mit sehr vielen dieser Bausteine auf. Als kleines Beispiel betrachten wir die Addition mit Übertrag zweier Zahlen in der Dualdarstellung. Auf

Abb. 1.1 Schaltzeichen von NICHT-, UND- und ODER-Gatter

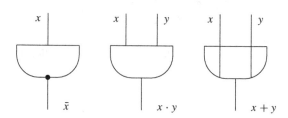

die Repräsentation von Zahlen in einem Computer, speziell auf die Dualdarstellung, kommen wir in Abschn. 3.3 noch ausführlich zu sprechen. Die Zahlen $19 = 1 \cdot 2^4 + 0 \cdot 2^3 + 0 \cdot 2^2 + 1 \cdot 2^1 + 1 \cdot 2^0$ und $3 = 1 \cdot 2^1 + 1 \cdot 2^0$ werden durch 10011 und 11 dargestellt. Ihre Summe wird analog zur Addition von Zahlen im Dezimalsystem berechnet:

$$
\begin{array}{r|ccccc}
19 & 1 & 0 & 0 & 1 & 1 \\
3 & & & & 1 & 1 \\
\hline
\text{Übertrag} & & & 1 & 1 & \\
\hline
22 & 1 & 0 & 1 & 1 & 0 \\
\end{array}
$$

Wir wollen jetzt eine Schaltung zur Addition zweier Binärziffern unter Berücksichtigung des alten und neuen Übertrags entwickeln. Mit x und y bezeichnen wir die Summanden und mit z den Übertrag aus der vorigen Stelle. s ist die Summe und c der neue Übertrag. Die möglichen Fälle sind in der folgenden Tabelle aufgelistet:

x	y	z	s	c
0	0	0	0	0
0	0	1	1	0
0	1	0	1	0
0	1	1	0	1
1	0	0	1	0
1	0	1	0	1
1	1	0	0	1
1	1	1	1	1

Der Zeile 2 der Tabelle entnehmen wir, dass $s = 1$ ist, falls $\bar{x} = \bar{y} = z = 1$ gilt. Für die anderen Zeilen gelten entsprechende Aussagen. Für jede Zeile, deren Spalte unter s eine 1 enthält, bilden wir also die Konjunktion aller Aussagenvariablen, wobei diejenigen Variablen negiert werden, in deren Spalte 0 steht. Anschließend werden alle diese Konjunktionen durch die Disjunktion verbunden. Aus dieser Überlegung erhalten wir

$$s = \bar{x}\bar{y}z + \bar{x}y\bar{z} + x\bar{y}\bar{z} + xyz \tag{1.1}$$

für die Summe s. Hier haben wir kurz xy für $x \cdot y$ geschrieben. Auf entsprechende Weise bekommen wir durch Betrachtung der letzten Spalte

$$c = \bar{x}yz + x\bar{y}z + xy\bar{z} + xyz \tag{1.2}$$

für den Übertrag c. Jeder Summand in den Ausdrücken für s und c nimmt nur für jeweils genau eine Zeile der Tabelle den Wert 1 an. Eine Realisierung des Ausdrucks für c würde drei Gatter für Komplementbildungen, acht für Konjunktionen und drei für Disjunktionen,

Abb. 1.2 Schaltung zur Berechnung des Übertrags

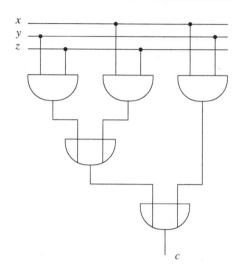

das heißt insgesamt 14 Gatter, benötigen. Gibt es einen Ausdruck, der mit weniger Gattern
auskommt? Unter Ausnutzung der Rechengesetze einer booleschen Algebra können wir
beispielsweise c folgendermaßen vereinfachen:

$$c = \bar{x}yz + x\bar{y}z + xy\bar{z} + xyz$$
$$= \bar{x}yz + x\bar{y}z + xy\bar{z} + xyz + xyz + xyz \qquad \text{(Idempotenz)}$$
$$= \bar{x}yz + xyz + x\bar{y}z + xyz + xy\bar{z} + xyz \qquad \text{(Kommutativität)}$$
$$= (\bar{x} + x)yz + x(\bar{y} + y)z + xy(\bar{z} + z) \qquad \text{(Distributivität)} \qquad (1.3)$$
$$= yz + xz + xy. \qquad \text{(neutrale Elemente)} \qquad (1.4)$$

Die Abb. 1.2 zeigt, dass jetzt nur noch fünf Gatter benötigt werden.

Stillschweigend haben wir bereits die Tatsache ausgenutzt, dass aufgrund der Gültigkeit der Assoziativgesetze Ausdrücke der Form xyz und $x + y + z$ nicht geklammert zu
werden brauchen. In Satz 7.1 werden wir diese Vorgehensweise rechtfertigen.

In der Literatur werden verschiedene Verfahren zur Minimierung von Ausdrücken der
Schaltalgebra angegeben. Bekannt sind der Algorithmus von *Quine-McCluskey* sowie das
Verfahren von *Karnaugh* und *Veitch*. Einzelheiten hierzu findet man beispielsweise in [92].
□

Wir haben bisher zwei boolesche Algebren besprochen, die *Algebra der Aussagenlogik*
und die *Schaltalgebra*. Wenn wir in der Aussagenlogik f in 0, w in 1 und die Operationen
$\neg$, $\vee$ und $\wedge$ in ‾, $+$ und $\cdot$ umbenennen, erhalten wir die Schaltalgebra. Beispielsweise
wird aus dem logischen Ausdruck $w \vee f = w$ durch diese Umbenennung der Ausdruck
$1 + 0 = 1$.

Man nennt zwei boolesche Algebren *isomorph*, wenn eine durch Umbenennung ihrer
Elemente und Operationen aus der anderen hervorgeht und wenn bei dieser Umbenen-

nung die Operationen erhalten bleiben. Eine solche Umbenennung wird *Isomorphismus* genannt. In unserem Fall ist die Funktion $F : \{f, w\} \rightarrow \{0, 1\}$ mit $F(f) = 0$ und $F(w) = 1$ ein solcher Isomorphismus, denn es gilt zum Beispiel $F(w \vee f) = F(w) = 1 = 1 + 0 = F(w) + F(f)$.

Isomorphe boolesche Algebren sind nicht zu unterscheiden. Von einem abstrakten Standpunkt aus gesehen ist es gleichgültig, ob wir von $\{f, w\}$ oder von $\{0, 1\}$ sprechen. Auf Isomorphismen und andere Abbildungen zwischen algebraischen Strukturen kommen wir in späteren Kapiteln wieder zu sprechen.

In der Mathematik und der Informatik hat man es häufig mit Ausdrücken zu tun, die in einer gegebenen Sprache vorliegen. Es ist dann oft zweckmäßig, diese Ausdrücke in einer einheitlichen Form, einer sogenannten *Normalform*, zu schreiben. Normalformen müssen allerdings nicht in jedem Fall existieren. Für Ausdrücke der Aussagenlogik gibt es Normalformen, zwei von ihnen lernen wir jetzt kennen.

Definition 1.4 Eine Aussagenvariable oder deren Negation nennen wir ein *Literal*. Ein Ausdruck befindet sich in *disjunktiver Normalform*, wenn er aus Disjunktionen von Konjunktionen von Literalen besteht. Wenn der Ausdruck aus Konjunktionen von Disjunktionen von Literalen aufgebaut ist, liegt er in *konjunktiver Normalform* vor. □

Beispiel 1.7 Die Ausdrücke in den Gl. 1.1, 1.2 und 1.4 liegen in disjunktiver Normalform vor, der Ausdruck in Gl. 1.3 hingegen nicht. □

In Beispiel 1.6 haben wir gesehen, wie sich zu einem gegebenen Ausdruck ein äquivalenter Ausdruck in disjunktiver Normalform finden lässt. Man stellt die zugehörige Wahrheitstabelle auf und nimmt für jede Zeile, deren rechte Spalte 1 enthält, die Konjunktion aller Aussagenvariablen, wobei diejenigen Variablen negiert werden, in deren Spalte 0 steht. Anschließend werden alle diese Konjunktionen durch die Disjunktion verbunden. Für die Summe s erhielten wir auf diese Weise den Ausdruck

$$s = \bar{x}\bar{y}z + \bar{x}y\bar{z} + x\bar{y}\bar{z} + xyz.$$

Jeder einzelne Summand liefert nur für genau eine Zeile der Tabelle den Beitrag 1.

Wir konstruieren jetzt einen anderen, aber zu s äquivalenten Ausdruck. Dazu sehen wir uns wiederum die vorangegangene Tabelle an. Diesmal betrachten wir die Zeilen, in denen s den Wert 0 annimmt. Dieses sind die Zeilen 1, 4, 6 und 7. Für jede dieser Zeilen bilden wir die Disjunktion aller Variablen, wobei eine Variable negiert wird, wenn in ihrer Spalte eine 1 steht. Für Zeile 1 erhalten wir $x + y + z$. Für die anderen bekommen wir entsprechend $x + \bar{y} + \bar{z}$, $\bar{x} + y + \bar{z}$ und $\bar{x} + \bar{y} + z$. Jeder dieser Ausdrücke wird für genau eine Zeile 0 und für alle anderen sieben Zeilen 1. Wir bilden die Konjunktion dieser vier Ausdrücke und erhalten

$$s = (x + y + z)(x + \bar{y} + \bar{z})(\bar{x} + y + \bar{z})(\bar{x} + \bar{y} + z).$$

Dieser Ausdruck nimmt genau für die vier Zeilen 1, 4, 6 und 7 den Wert 0 an und deshalb für die vier anderen den Wert 1 und leistet damit das Gewünschte. Er befindet sich in konjunktiver Normalform.

Da wir die beiden angegebenen Verfahren für alle Ausdrücke durchführen können, gilt der folgende Satz.

Satz 1.1 *(Disjunktive und konjunktive Normalform)* Zu jedem Ausdruck gibt es einen äquivalenten Ausdruck in disjunktiver bzw. konjunktiver Normalform. □

Definition 1.5 Es sei wie bisher $\mathbb{B} = \{f, w\}$. Für eine natürliche Zahl $n \geq 1$ heißt eine Abbildung $\mathbb{B}^n \to \mathbb{B}$ *n-stellige boolesche Funktion*. □

Die Summe s und der Übertrag c aus Beispiel 1.6 sind dreistellige boolesche Funktionen.

Eine n-stellige boolesche Funktion kann durch Angabe aller ihrer Funktionswerte definiert werden. Eine solche Tabelle enthält 2^n Zeilen. Damit gibt es 2^{2^n} n-stellige boolesche Funktionen. Jede dieser Funktionen kann nach Satz 1.1 durch einen Ausdruck, der nur die Operatoren $\neg$, $\vee$ und $\wedge$ enthält, dargestellt werden.

Definition 1.6 Eine Menge von Operationen wird *Verknüpfungsbasis* genannt, wenn alle booleschen Funktionen mit ihr konstruierbar sind. □

Beispiel 1.8 Wir geben jetzt einige Verknüpfungsbasen an.

(a) Offenbar ist $\{\neg, \vee, \wedge\}$ eine Verknüpfungsbasis.
(b) Aus den Gesetzen von *de Morgan* folgt, dass

$$\phi \wedge \psi \Leftrightarrow \neg(\neg\phi \vee \neg\psi)$$

und

$$\phi \vee \psi \Leftrightarrow \neg(\neg\phi \wedge \neg\psi)$$

Tautologien sind. Hieraus können wir schließen, dass auch $\{\neg, \vee\}$ und $\{\neg, \wedge\}$ Verknüpfungsbasen sind.
(c) Die *Sheffer-Funktion* $|$ ist durch

$$\phi \mid \psi \Leftrightarrow \neg(\phi \wedge \psi)$$

definiert, die *Peirce-Funktion* $\downarrow$ durch

$$\phi \downarrow \psi \Leftrightarrow \neg(\phi \vee \psi).$$

Die Mengen $\{\,|\,\}$ und $\{\downarrow\}$ sind Verknüpfungsbasen. Jede boolesche Funktion kann also unter alleiniger Verwendung von $|$ bzw. von $\downarrow$ definiert werden. Die Behauptung dieser Aussage folgt nach (b) aus

$$\neg\phi \Leftrightarrow \neg(\phi \wedge \phi) \Leftrightarrow \phi \,|\, \phi,$$
$$\phi \vee \psi \Leftrightarrow \neg(\neg\phi \wedge \neg\psi) \Leftrightarrow (\neg\phi) \,|\, (\neg\psi) \Leftrightarrow (\phi \,|\, \phi) \,|\, (\psi \,|\, \psi)$$

sowie

$$\neg\phi \Leftrightarrow \neg(\phi \vee \phi) \Leftrightarrow \phi \downarrow \phi,$$
$$\phi \wedge \psi \Leftrightarrow \neg(\neg\phi \vee \neg\psi) \Leftrightarrow (\neg\phi) \downarrow (\neg\psi) \Leftrightarrow (\phi \downarrow \phi) \downarrow (\psi \downarrow \psi).$$

Da $|$ und $\downarrow$ die Negationen der UND- bzw. der ODER-Verknüpfung sind, werden sie auch *NAND-* und *NOR-Verknüpfung* genannt. $\square$

Wir erweitern jetzt den Folgerungsbegriff aus Definition 1.3 in der Weise, dass nicht nur Folgerungen aus einem einzelnen Ausdruck, sondern auch aus einer Menge von Ausdrücken erfasst werden.

Definition 1.7 Es sei eine Ausdrucksmenge $\Phi \subseteq \mathcal{A}$ gegeben. Eine Belegung F wird *Modell von* Φ genannt, wenn $F(\phi) = w$ für alle $\phi \in \Phi$ ist. Ein Ausdruck $\psi \in \mathcal{A}$ heißt *Folgerung* aus Φ, falls für alle Modelle F von Φ die Aussage $F(\psi) = w$ zutrifft. Wenn dies der Fall ist, schreiben wir $\Phi \models \psi$. $\square$

Wenn $\Phi = \{\phi_1, \ldots, \phi_n\}$ eine endliche Menge von Ausdrücken ist, gilt $\Phi \models \psi$ genau dann, wenn $\phi_1 \wedge \ldots \wedge \phi_n \Rightarrow \psi$ ist. Diese Behauptung soll in Aufgabe 6 bewiesen werden.

Beispiel 1.9 Gegeben sei die Ausdrucksmenge $\Phi = \{p \vee q, \neg q\}$. Zuerst stellen wir die Wahrheitstabelle für $p \vee q$ und $\neg q$ auf.

p	q	$p \vee q$	$\neg q$
f	f	f	w
f	w	w	f
w	f	w	w
w	w	w	f

Wir erkennen, dass es nur genau eine Belegung gibt, die sowohl $p \vee q$ als auch $\neg q$ wahr werden lässt. Φ besitzt also genau ein Modell, nämlich die Belegung F mit $F(p) = w$ und $F(q) = f$. Die Aussage p ist daher eine Folgerung aus Φ, das heißt $\Phi \models p$. $\square$

Falls Φ die leere Menge ist, wird dies durch $\models \psi$ statt durch $\emptyset \models \psi$ notiert. Für eine
einelementige Menge $\Phi = \{\phi\}$ kann man die Mengenklammern fortlassen und kurz $\phi \models$
ψ schreiben.

Da jede Belegung ein Modell der leeren Menge ist, gilt $\models \psi$ genau dann, wenn ψ
allgemeingültig ist. Für einen beliebigen Ausdruck ψ und eine endliche Ausdrucksmenge Φ kann durch Aufstellen einer Wahrheitstabelle algorithmisch entschieden werden,
ob $\Phi \models \psi$ gilt oder nicht. Diese Tatsache wird als *Entscheidbarkeit der Aussagenlogik*
bezeichnet.

Wie lassen sich die Folgerungen aus einer Ausdrucksmenge gewinnen? Wünschenswert sind Umformungsregeln, die rein mechanisch anwendbar sind und mit denen man
feststellen kann, ob ein Ausdruck aus einer Ausdrucksmenge folgt. Dieser Gedanke führt
zum Begriff eines Kalküls, den wir in der nächsten Definition präzisieren.

Definition 1.8 Ein *Kalkül* besteht aus einer Menge von Ausdrücken, die *Axiome* genannt
werden, und aus einer Menge von *Regeln*, mit deren Hilfe aus den Axiomen und einer
Eingabemenge weitere Ausdrücke gebildet werden können. $\square$

Wir geben jetzt einen Kalkül $\mathcal{K}$ für die Aussagenlogik an. Es wird sich herausstellen, dass
mit seiner Hilfe alle Folgerungen aus einer Ausdrucksmenge gewonnen werden können.
In der Literatur sind mehrere Varianten eines solchen Kalküls beschrieben worden. Wir
verwenden die in [89] angegebene Version.

Definition 1.9 Der Kalkül $\mathcal{K}$ besteht aus der *Axiomenmenge* $\mathcal{AX}$ und der *Regelmenge*
$\mathcal{R}$. $\mathcal{AX}$ enthält die folgenden Ausdrücke:

(a) $\phi \to (\psi \to \phi)$,

(b) $(\phi \to (\psi \to \chi)) \to ((\phi \to \psi) \to (\phi \to \chi))$,

(c) $(\neg\phi \to \neg\psi) \to (\psi \to \phi)$,

(d) $\phi \wedge \psi \to \phi$, $\phi \wedge \psi \to \psi$,

(e) $(\chi \to \phi) \to ((\chi \to \psi) \to (\chi \to \phi \wedge \psi))$,

(f) $\phi \to \phi \vee \psi$, $\psi \to \phi \vee \psi$,

(g) $(\phi \to \chi) \to ((\psi \to \chi) \to (\phi \vee \psi \to \chi))$.

Für ϕ, ψ und χ können beliebige Aussagen eingesetzt werden. (a) bis (g) werden daher
auch *Axiomenschemata* genannt. Die einzige Regel in $\mathcal{R}$ ist der Modus Ponens, das heißt,
wenn ϕ und $\phi \to \psi$ gebildet wurden, dann darf auch ψ gebildet werden. $\square$

Da in die Axiome für ϕ, ψ und χ beliebige Aussagen eingesetzt werden können, ist die
Menge $\mathcal{AX}$ abzählbar. Die Axiome des Kalküls sind – wovon man sich durch Aufstellen
der Wahrheitstabellen leicht überzeugen kann – allgemeingültige Ausdrücke. Beispielsweise bedeutet das Axiom (e) in Definition 1.9, dass aus den Voraussetzungen $\chi \to \phi$
und $\chi \to \psi$ und χ die Aussage $\phi \wedge \psi$ folgt. Exemplarisch beweisen wir die Allgemein-

gültigkeit von (a). Aufstellen einer Wahrheitstabelle zeigt, dass Implikationen $\psi \to \phi$ äquivalent als $\neg\psi \lor \phi$ geschrieben werden können. Mit den Gesetzen einer booleschen Algebra (s. Abschn. 1.1 nach Beispiel 1.5) erhalten wir

$$\phi \to (\psi \to \phi) \Leftrightarrow \neg\phi \lor (\neg\psi \lor \phi) \Leftrightarrow \neg\phi \lor (\phi \lor \neg\psi) \Leftrightarrow (\neg\phi \lor \phi) \lor \neg\psi \Leftrightarrow W.$$

Definition 1.10 Es seien der Kalkül $\mathcal{K}$ aus Definition 1.9 und eine Ausdrucksmenge Φ gegeben. Ein Ausdruck ψ ist im Kalkül aus Φ *herleitbar*, wenn eine der folgenden Bedingungen erfüllt ist:

(a) ψ ist ein Axiom.
(b) ψ ist ein Ausdruck aus Φ.
(c) ψ kann in endlich vielen Schritten aus Axiomen oder Ausdrücken aus Φ hergeleitet werden. Ein Schritt beinhaltet die Anwendung der Regel aus $\mathcal{R}$ auf bereits hergeleitete Ausdrücke ϕ und $\phi \to \chi$.

Wenn der Ausdruck ψ aus Φ im Kalkül $\mathcal{K}$ hergeleitet werden kann, schreiben wir hierfür $\Phi \vdash_{\mathcal{K}} \psi$ und nennen die Herleitung einen *Beweis* von ψ aus Φ. Die Menge Φ kann auch leer sein. In diesem Fall schreiben wir $\vdash_{\mathcal{K}} \psi$. $\square$

Ein Beweis von ψ aus Φ kann als Folge

$$\psi_1, \psi_2, \ldots, \psi_n = \psi$$

gesehen werden. Dabei sind die Ausdrücke ψ_i, $i = 1, \ldots, n$ entweder Axiome aus $\mathcal{K}$, Elemente aus Φ oder Ergebnis einer Anwendung der Regel auf Ausdrücke ψ_j, $j < i$. Der Name „Beweis" wird durch den Satz 1.2 gerechtfertigt. Dieser Satz besagt nämlich, dass ψ genau dann aus Φ hergeleitet werden kann, wenn ψ aus Φ folgt.

Beispiel 1.10 Wir leiten den Ausdruck $p \to (p \lor q) \land (p \lor \neg q)$ in $\mathcal{K}$ her. Dabei geben wir jeden einzelnen Schritt des Beweises an:

(a) $p \to p \lor q$ (Axiom (f)),
(b) $p \to p \lor \neg q$ (Axiom (f)),
(c) $(p \to p \lor q) \to ((p \to p \lor \neg q) \to (p \to (p \lor q) \land (p \lor \neg q)))$ (Axiom (e)),
(d) $(p \to p \lor \neg q) \to (p \to (p \lor q) \land (p \lor \neg q))$ (Modus Ponens auf (a) und (c)),
(e) $p \to (p \lor q) \land (p \lor \neg q)$ (Modus Ponens auf (b) und (d)).

Die Ausdrucksmenge Φ ist in diesem Beispiel leer, das heißt, wir haben

$$\vdash_{\mathcal{K}} p \to (p \lor q) \land (p \lor \neg q) \tag{1.5}$$

gezeigt. $\square$

Es ist sehr aufwendig, Beweise im Kalkül $\mathcal{K}$ zu führen, und man wird nicht ernsthaft versuchen, lange Ableitungen vorzunehmen. Die Bedeutung des Kalküls liegt daher nicht in seinen praktischen Anwendungen, sondern in der Tatsache, dass ein solcher Kalkül überhaupt existiert. Ohne Beweis geben wir jetzt seine wichtigsten Eigenschaften an:

(a) $\mathcal{K}$ ist *korrekt:* Jeder aus einer Ausdrucksmenge Φ herleitbare Ausdruck ψ ist eine Folgerung aus Φ. Das heißt, wenn $\Phi \vdash_{\mathcal{K}} \psi$ gilt, dann ist $\Phi \models \psi$.

(b) $\mathcal{K}$ ist *vollständig:* Jede Folgerung ψ einer Ausdrucksmenge Φ kann hergeleitet werden. Das heißt, aus $\Phi \models \psi$ folgt $\Phi \vdash_{\mathcal{K}} \psi$.

Wir fassen die beiden Aussagen im folgenden Satz zusammen. Sie werden zum Beispiel in [89] bewiesen.

Satz 1.2 *(Korrektheit und Vollständigkeit von $\mathcal{K}$)* Es seien eine Ausdrucksmenge $\Phi \subseteq \mathcal{A}$ und ein Ausdruck ψ gegeben. $\Phi \vdash_{\mathcal{K}} \psi$ gilt genau dann, wenn $\Phi \models \psi$ ist.   □

In diesem Satz können wir speziell Φ als leere Menge wählen. Wir erhalten, dass $\vdash_{\mathcal{K}} \psi$ äquivalent zu $\models \psi$ ist. Es können dann also genau die allgemeingültigen Ausdrücke in $\mathcal{K}$ hergeleitet werden. Beispielsweise folgt damit aus 1.5, dass der Ausdruck $p \rightarrow (p \vee q) \wedge (p \vee \neg q)$ allgemeingültig ist.

Da in einem Beweis nur endlich viele Ausdrücke verwendet werden können, gilt $\Phi \models \psi$ genau dann, wenn eine endliche Teilmenge Φ' von Φ existiert, für die $\Phi' \models \psi$ ist. Wenn also der Ausdruck ψ eine Folgerung aus der Ausdrucksmenge Φ ist, dann ist ψ bereits eine Folgerung aus endlich vielen Elementen von Φ. Diese Tatsache wird als *Endlichkeitssatz* der Aussagenlogik bezeichnet.

1.2 Prädikatenlogik

Bisher haben wir uns mit Aussagen beschäftigt, ohne uns dabei Gedanken über ihre Struktur zu machen. Es war lediglich von Interesse, dass sie „wahr" oder „falsch" waren und dass mithilfe von Operatoren komplexe Aussagen gebildet werden konnten. Jetzt richten wir unser Augenmerk auf ihren inneren Aufbau. Dazu sehen wir uns einige typische mathematische Aussagen über positive natürliche Zahlen an:

(a) 36 ist eine Quadratzahl.
(b) 1 ist die kleinste Zahl.
(c) 5 besitzt nur die Teiler 1 und 5.
(d) Zu jeder Zahl gibt es eine größere.

Im Sinne der Aussagenlogik handelt es sich bei (a) bis (d) um wahre Aussagen. (a) besagt, dass es eine Zahl x gibt, die mit sich selbst multipliziert 36 ergibt. Für die Tatsache, dass ein bestimmtes Objekt x existiert, verwenden wir das Zeichen $\exists x$. In (b) wird behauptet, dass die Zahl 1 kleiner als alle Zahlen ist. Wenn wir ausdrücken möchten, dass eine Aussage für alle Objekte x gilt, schreiben wir hierfür $\forall x$. (c) können wir anders formulieren: Wenn x ein Teiler von 5 ist, dann muss entweder $x = 1$ oder $x = 5$ sein. Falls x ein Teiler von y ist, schreiben wir $x \mid y$ (siehe Definition 6.1). Schließlich heißt (d), dass für alle Zahlen x eine größere Zahl y existiert. Mit diesen Bezeichnungen lassen sich die vier Aussagen auch formal schreiben:

(a) $\exists x.\ x \cdot x = 36$,

(b) $\forall x.\ 1 \leq x$,

(c) $\forall x.\ (x \mid 5 \rightarrow x = 1 \vee x = 5)$,

(d) $\forall x\, \exists y.\ y > x$.

Wir sehen uns jetzt die Bestandteile der Aussagen näher an. Neben den eben eingeführten *Quantoren* $\exists$ und $\forall$ werden noch die uns bereits bekannten Zeichen $\vee$ und $\rightarrow$ sowie die Symbole $\cdot, \leq, \mid, >$ und $=$ benutzt. 1, 5 und 36 sind *Konstante*. Bei dem Zeichen $\cdot$ handelt es sich um ein *Funktionssymbol*. Wenn wir die übliche Notation für Funktionen verwenden, können wir $f(x) = x \cdot x$ schreiben. Im Ausdruck $1 \leq x$ ist „$1 \leq$" ein *Relationssymbol*, für das wir P schreiben wollen. Px bedeutet dann, dass P auf x zutrifft, das heißt, es gilt $1 \leq x$. Entsprechend führen wir Q und R für „$\mid 5$" und „$>$" ein. P und Q können auf ein Objekt zutreffen oder nicht, R auf zwei. Deshalb nennen wir P und Q *einstellig* und R *zweistellig*. Die vier Aussagen können damit wie folgt geschrieben werden:

(a) $\exists x.\ f(x) = 36$,

(b) $\forall x.\ Px$,

(c) $\forall x.\ (Qx \rightarrow x = 1 \vee x = 5)$,

(d) $\forall x\, \exists y.\ Ryx$.

Nach diesen Vorüberlegungen definieren wir im Folgenden die *Sprache der Prädikatenlogik*. Dazu gehen wir schrittweise vor. Zuerst legen wir das Alphabet dieser Sprache fest und geben dann die Terme und Ausdrücke an.

Definition 1.11 Das *Alphabet der Prädikatenlogik* enthält die folgenden Zeichen:

(a) *Variablen:* $v_0, v_1, v_2, \ldots$,

(b) *Verknüpfungen:* $\neg, \wedge, \vee, \rightarrow, \leftrightarrow$,

(c) *Existenzquantor* $\exists$, *Allquantor* $\forall$,

(d) *Gleichheitszeichen* $=$,

(e) *technische Zeichen:* $.\,, (,)$,

(f) *Konstanten:* $c_0, c_1, c_2, \ldots$,

(g) *Funktionssymbole:* $f_0, f_1, f_2, \ldots$,

(h) *Relationssymbole:* $P_0, P_1, P_2, \ldots$

Die Menge der Variablen $\{v_0, v_1, v_2, \ldots\}$ ist abzählbar unendlich. Für die Variablen benutzen wir auch die Buchstaben $x, y, z, \ldots$ Die Funktions- und Relationssymbole besitzen jeweils eine *Stelligkeit*. Die Menge der Symbole unter (a) bis (e) bezeichnen wir mit $\mathcal{A}$, die Menge der Symbole unter (f) bis (h) mit S und die Menge aller Zeichen mit $\mathcal{A}_S = \mathcal{A} \cup S$. □

Die Menge S aus Definition 1.11 enthält die Konstanten sowie die Funktions- und Relationssymbole. In konkreten Fällen benötigen wir nur eine Teilmenge der möglichen Symbole aus S. Diese Teilmenge kann unendlich viele oder endlich viele Symbole enthalten oder auch leer sein. In den Beispielen 1.11 und 1.12 wird S endlich sein. Ein so eingeschränktes Alphabet der Prädikatenlogik wird ebenfalls mit dem Buchstaben S bezeichnet. Die Konstanten sowie die Funktions- und Relationssymbole werden üblicherweise nicht $c_0, f_0, P_0, \ldots$ genannt, sondern bekommen Namen wie 0, $+$ oder $<$, um ihre Rollen deutlich zu machen.

Aufbauend auf dem Alphabet definieren wir die Terme und Ausdrücke der Prädikatenlogik. Wir legen dabei eine Menge S gemäß den obigen Überlegungen zugrunde.

Definition 1.12 Die *Menge der Terme* $\mathcal{T}$ ist die kleinste Menge, die den folgenden Regeln genügt:

(a) Jede Variable ist ein Term.
(b) Jede Konstante ist ein Term.
(c) Sind $t_1, \ldots, t_n$ Terme und f ein n-stelliges Funktionssymbol, so ist $f(t_1, \ldots, t_n)$ ein Term. □

Definition 1.13 Die *Menge der Ausdrücke* $\mathcal{L}$ ist die kleinste Menge, die den folgenden Regeln genügt:

(a) Für Terme t_1 und t_2 ist $t_1 = t_2$ ein Ausdruck.
(b) Sind $t_1, \ldots, t_n$ Terme und R ein n-stelliges Relationssymbol, so ist $Rt_1 \ldots t_n$ ein Ausdruck.
(c) Wenn ϕ und ψ Ausdrücke sind, dann sind es auch $(\neg \phi)$, $(\phi \wedge \psi)$, $(\phi \vee \psi)$, $(\phi \rightarrow \psi)$ und $(\phi \leftrightarrow \psi)$.
(d) Wenn ϕ ein Ausdruck und x eine Variable ist, dann sind $(\forall x.\ \phi)$ und $(\exists x.\ \phi)$ Ausdrücke. □

Die Mengen $\mathcal{T}$ und $\mathcal{L}$ hängen von S ab. $\mathcal{L}$ heißt die zur Menge S gehörende *Sprache der Prädikatenlogik*. Wir erläutern diese Begriffe jetzt an zwei Beispielen, die später wieder aufgegriffen werden. Dabei und im Folgenden wenden wir immer die Regeln für eine klammersparende Schreibweise (vgl. Abschn. 1.1, Beispiel 1.2) der Ausdrücke sinngemäß an.

Beispiel 1.11 *(Elementare Arithmetik)* Die Menge S enthalte die Konstante 0, die einstellige Funktion s, die zweistelligen Funktionen $+$ und $\cdot$ sowie die zweistellige Relation $<$, das heißt

$$S = \{0, s, +, \cdot, <\}.$$

Terme aus $\mathcal{T}$ sind beispielsweise 0, $s(0)$, $s(0) + 0$ und $s(s(0))$. Streng genommen hätten wir statt $s(0) + 0$ genauer $+s(0), 0$ schreiben müssen. Es ist aber üblich, für zweistellige Relationen und Funktionen statt der Präfixschreibweise die Infixnotation zu wählen. Das Relations- bzw. Funktionssymbol steht dann zwischen den Argumenten statt davor. Wir schließen uns diesem Gebrauch an und ziehen die Infixnotation vor. Beispiele für Ausdrücke aus $\mathcal{L}$ sind $\neg(s(0) < s(s(0)))$, $\forall x. \ (x + s(0) = s(x))$ und $x \cdot (x + s(x)) = 0$. Zunächst besitzen die Symbole 0, s, $+$, $\cdot$ und $<$, die Terme aus $\mathcal{T}$ und die Ausdrücke aus $\mathcal{L}$ noch keine Bedeutung. Es handelt sich bei ihnen bisher lediglich um Zeichenreihen, die formal gebildet werden können. Eine Bedeutung bekommen diese Zeichenreihen erst mithilfe von *Interpretationen*, die wir in Definition 1.16 einführen werden. Wir nehmen jetzt an, dass 0 für die natürliche Zahl „Null" steht und dass s, $+$, $\cdot$ und $<$ die „Nachfolgerfunktion", die „Addition", die „Multiplikation" und die „Kleiner-Relation" für natürliche Zahlen darstellen. Bei dieser Interpretation, der *Standardinterpretation*, bedeutet der obige Ausdruck $\neg(s(0) < s(s(0)))$ die falsche Aussage $\neg(1 < 2)$. Aufgrund dieser möglichen Interpretation wird $\mathcal{L}$ die *Sprache der elementaren Arithmetik* genannt. Andere Interpretationen sind natürlich denkbar. □

Beispiel 1.12 *(Mengenlehre)* Als zweites Beispiel betrachten wir die Menge $S = \{\in\}$, die nur das zweistellige Relationssymbol $\in$ enthält. $\mathcal{L}$ ist die *Sprache der Mengenlehre*. Die Beziehung $x \in y$ wird als „x ist ein Element der Menge y" gelesen. Die Mengenlehre ist eine sehr allgemeine Theorie, in der fast die gesamte Mathematik formalisiert werden kann und die daher eine große Bedeutung besitzt. Mengen und ihre Eigenschaften werden wir in Kap. 2 ausführlich studieren. Als Beispiel für einen Ausdruck der Sprache der Mengenlehre sehen wir uns an dieser Stelle lediglich

$$\forall z. \ (z \in x \rightarrow z \in y) \tag{1.6}$$

an. Er wird wahr, wenn jedes Element der Menge x auch ein Element der Menge y ist, das heißt, wenn y mindestens die Elemente von x enthält. x wird dann *Teilmenge* von y genannt. □

Der Ausdruck 1.6 enthält die drei Variablen x, y und z. Die Variable z tritt in der Form $\forall z. \ \phi$ auf. Man sagt, dass z durch den Allquantor *gebunden* wird. Die Variablen x und y werden hingegen als *frei* bezeichnet. Gebundene Variable können in andere Variable umbenannt werden, dabei müssen jedoch Namenskollisionen vermieden werden. Beispielsweise darf in Gl. 1.6 die Variable z in w umbenannt werden. Man erhält dann

$$\forall w. \ (w \in x \rightarrow w \in y).$$

Es ist jedoch nicht zulässig, z in x umzubenennen. In diesem Fall würde nämlich ein Ausdruck mit einer anderen Bedeutung entstehen:

$$\forall x. \, (x \in x \to x \in y).$$

Wenn die Variablen $x_1, \ldots, x_n$ frei im Ausdruck ϕ vorkommen, schreiben wir hierfür $\phi(x_1, \ldots, x_n)$. Eine Variable kann in einem Ausdruck gleichzeitig frei und gebunden auftreten. Ein Beispiel hierfür ist der Ausdruck

$$\forall z. \, (z \in x \to z \in y) \, \wedge \, \forall x. \, x \notin x,$$

in dem die Variable x sowohl frei als auch gebunden vorkommt. Ein Ausdruck, der keine freien Variablen enthält, wird *Aussage* genannt. Ein Beispiel hierfür ist die Aussage

$$\forall x. \, x < s(x)$$

der elementaren Arithmetik, in der behauptet wird, dass jede Zahl kleiner ist als ihr Nachfolger.

Bisher haben wir in diesem Abschnitt das Alphabet $\mathcal{A}_S$ (Definition 1.11), die Menge der Terme $\mathcal{T}$ (Definition 1.12) sowie die Menge der Ausdrücke $\mathcal{L}$ der Prädikatenlogik (Definition 1.13) eingeführt. Darüber hinaus haben wir freie und gebundene Variable sowie die Möglichkeit der Umbenennung von Variablen kennengelernt. Alles dies zählt zur *Syntax* der Sprache der Prädikatenlogik. Jetzt besprechen wir ihre *Semantik*, in der die Terme und Ausdrücke eine Bedeutung erhalten. Wir beginnen mit der Definition einer Struktur. S sei eine Menge gemäß Definition 1.11.

Definition 1.14 Eine *Struktur* $S = (U, u)$ besteht aus einer nicht leeren Menge U, die *Grundbereich*, *Träger* oder *Universum* genannt wird, und einer Abbildung u, die

(a) jeder Konstanten c von S ein Element $u(c) \in U$,
(b) jedem n-stelligen Funktionssymbol f von S eine n-stellige Funktion $u(f)$ über U und
(c) jedem n-stelligen Relationssymbol P von S eine n-stellige Relation $u(P)$ über U zuordnet.

Die Elemente des Universums heißen *Individuen*. $\square$

Definition 1.15 Eine *Belegung* ist eine Abbildung $\beta : \{x, y, z, \ldots\} \to U$, die jeder Variablen ein Individuum zuordnet. $\square$

Definition 1.16 Eine *Interpretation* $\mathcal{I} = (S, \beta)$ besteht aus einer Struktur S und einer Belegung β. $\square$

Beispiel 1.13 Es sei $S = \{0, s, +, \cdot, <\}$ das Alphabet der Sprache der elementaren Arithmetik. Eine Struktur $S = (U, u)$ erhalten wir beispielsweise, wenn wir als Universum U die Menge der natürlichen Zahlen wählen, das heißt $U = \mathbb{N}_0$, und u so definieren, dass den Symbolen 0, s, $+$, $\cdot$ und $<$ die Zahl Null, die Nachfolgerfunktion, die Addition, die Multiplikation und die Kleiner-Relation zugeordnet wird. Wenn wir die Addition mit $+$ bezeichnen, gilt also $u(+) = +$. Wir müssen zwischen $+$ und $+$ unterscheiden. $+$ ist ein Zeichen aus dem Alphabet S und $+ : \mathbb{N}_0 \times \mathbb{N}_0 \to \mathbb{N}_0$ die Addition für natürliche Zahlen. $+$ kann als Name für die Funktion $+$ gesehen werden. Es ist üblich, Namen und Objekte mit demselben Symbol zu bezeichnen. Daher werden wir im Folgenden nicht zwischen $+$ und $+$ unterscheiden und stets $+$ schreiben. Man muss sich aber vor Augen halten, dass es sich um zwei verschiedene Dinge handelt und man prinzipiell zum Beispiel auch $u(\cdot) = +$ setzen könnte. Wir erwähnen, dass auch andere Strukturen denkbar sind. So könnten wir etwa $S = \{0, s, +, \cdot, <\}$ auch über der Menge der ganzen oder der reellen Zahlen interpretieren. $\square$

Wir definieren jetzt, wann ein Ausdruck ϕ bei einer Interpretation $\mathcal{I}$ wahr ist. Für die folgenden Überlegungen seien eine Menge S, eine Struktur $S = (U, u)$ sowie eine Interpretation $\mathcal{I} = (S, \beta)$ fest gewählt. Als Vorbereitung geben wir eine Abbildung $\mathcal{I} : \mathcal{T} \to U$ an, die jeden Term $t \in \mathcal{T}$ auf ein Element $\mathcal{I}(t) \in U$ abbildet. Diese Funktion bezeichnen wir ebenfalls mit dem Buchstaben $\mathcal{I}$. Eine Verwechselung mit der Interpretation ist aber nicht zu befürchten.

Definition 1.17 Die Abbildung $\mathcal{I} : \mathcal{T} \to U$ wird definiert, indem die möglichen Fälle für $t \in \mathcal{T}$ unterschieden werden:

(a) $\mathcal{I}(x) = \beta(x)$, falls $t = x$ eine Variable ist.
(b) $\mathcal{I}(c) = u(c)$, falls $t = c$ eine Konstante ist.
(c) $\mathcal{I}(f(t_1, \ldots, t_n)) = (u(f))(\mathcal{I}(t_1), \ldots, \mathcal{I}(t_n))$, falls f ein n-stelliges Funktionssymbol ist und $t_1, \ldots, t_n$ Terme sind. $\square$

Beispiel 1.14 Wir betrachten die elementare Arithmetik aus Beispiel 1.13. β sei eine Belegung, die die Variable x auf die natürliche Zahl 5 abbildet. t sei der Term $2 \cdot (x + 1)$. Dann gilt $\mathcal{I}(t) = \mathcal{I}(2) \cdot (\mathcal{I}(x) + \mathcal{I}(1)) = 2 \cdot (\beta(x) + 1) = 2 \cdot (5 + 1) = 12$. $\square$

Funktionswerte $\mathcal{I}(t)$ werden in Definition 1.17 *induktiv* über den Aufbau der Terme definiert. Hiermit meinen wir, dass in Fall (c) vorausgesetzt wird, dass $\mathcal{I}(t_1), \ldots, \mathcal{I}(t_n)$ bereits definiert wurden. Das Prinzip der Induktion werden wir in Abschn. 3.1 ausführlich behandeln. Ein weiteres Beispiel für eine induktive Definition lernen wir in Definition 1.18 kennen. Die Induktion erfolgt dabei über den Aufbau von Ausdrücken. Dazu benötigen wir die folgende Schreibweise.

Die Interpretation $\mathcal{I}_x^r$ entsteht aus der Interpretation $\mathcal{I} = (S, \beta)$, indem wir die Belegung β durch die Belegung β_x^r, $r \in U$, mit

$$\beta_x^r(y) = \begin{cases} \beta(y) & \text{für } y \neq x, \\ r & \text{für } y = x \end{cases}$$

ersetzen, das heißt $\mathcal{I}_x^r = (S, \beta_x^r)$.

Definition 1.18 Es sei ein Ausdruck $\phi \in \mathcal{L}$ gegeben. Wir nennen eine Interpretation $\mathcal{I}$ ein *Modell* von ϕ und schreiben $\mathcal{I} \models \phi$, wenn die folgenden Bedingungen erfüllt sind:

(a) Wenn ϕ der Ausdruck $t_1 = t_2$ ist, gilt $\mathcal{I}(t_1) = \mathcal{I}(t_2)$.
(b) Wenn ϕ der Ausdruck $P t_1, \ldots, t_n$ ist, gilt $(u(P))\mathcal{I}(t_1) \ldots \mathcal{I}(t_n)$.
(c) Wenn ϕ der Ausdruck $\neg \psi$ ist, gilt $\mathcal{I} \models \psi$ nicht.
(d) Wenn ϕ der Ausdruck $(\psi \wedge \chi)$ ist, gelten $\mathcal{I} \models \psi$ und $\mathcal{I} \models \chi$.
(e) Wenn ϕ der Ausdruck $(\psi \vee \chi)$ ist, gilt $\mathcal{I} \models \psi$ oder $\mathcal{I} \models \chi$.
(f) Wenn ϕ der Ausdruck $(\psi \rightarrow \chi)$ ist, folgt $\mathcal{I} \models \chi$ aus $\mathcal{I} \models \psi$.
(g) Wenn ϕ der Ausdruck $(\psi \leftrightarrow \chi)$ ist, gilt $\mathcal{I} \models \psi$ genau dann, wenn $\mathcal{I} \models \chi$ gilt.
(h) Wenn ϕ der Ausdruck $(\forall x. \ \psi)$ ist, gilt $\mathcal{I}_x^r \models \psi$ für alle $r \in U$.
(i) Wenn ϕ der Ausdruck $(\exists x. \ \psi)$ ist, gibt es ein $r \in U$ mit $\mathcal{I}_x^r \models \psi$.

Ist Φ eine Menge von Ausdrücken, so nennen wir die Interpretation $\mathcal{I}$ ein Modell von Φ und schreiben $\mathcal{I} \models \Phi$, wenn $\mathcal{I} \models \phi$ für alle $\phi \in \Phi$ gilt. $\square$

Das Gleichheitszeichen wird in (a) in unterschiedlicher Bedeutung verwendet. In $t_1 = t_2$ ist es ein Zeichen aus dem Alphabet und in $\mathcal{I}(t_1) = \mathcal{I}(t_2)$ bedeutet es die Identität für Individuen.

Wenn eine Interpretation $\mathcal{I}$ ein Modell der Aussage ϕ ist, dann bedeutet dies, dass ϕ bei der Interpretation $\mathcal{I}$ wahr ist.

Beispiel 1.15 In der elementaren Arithmetik aus Beispiel 1.13 gilt zum Beispiel für die Standardinterpretation $\mathcal{I}$ die Aussage $\forall x. \ x < s(x)$, das heißt

$$\mathcal{I} \models \forall x. \ x < s(x).$$

Gemäß (h) von Definition 1.18 müssen wir hierzu $\mathcal{I}_x^r \models x < s(x)$ für alle natürlichen Zahlen $r \in \mathbb{N}_0$ nachweisen. Dies wiederum bedeutet, dass wir $r < r + 1$ für alle $r \in \mathbb{N}_0$ zu zeigen haben, was aber offensichtlich der Fall ist. $\square$

Mit dieser Definition können wir viele Begriffe der Aussagenlogik in angepasster Form in die Prädikatenlogik übernehmen.

Definition 1.19 Es seien ein Ausdruck ϕ und eine Ausdrucksmenge Φ gegeben. ϕ heißt *(logische) Folgerung* aus Φ, $\Phi \models \phi$, wenn jedes Modell von Φ auch ein Modell von ϕ ist. Wenn $\Phi = \{\psi\}$ einelementig ist, schreiben wir kurz $\psi \models \phi$. $\square$

Es sei eine Ausdrucksmenge Φ gegeben. Ein Modell von Φ ist eine Interpretation, in der alle Aussagen $\psi \in \Phi$ gelten. Wenn Φ beispielsweise eine Menge von Axiomen ist, dann sind die Modelle von Φ genau die Interpretationen, die Φ erfüllen. Einen konkreten Fall, die Gruppentheorie, werden wir in Beispiel 1.18 betrachten. Dort ist Φ die Menge der Gruppenaxiome. Die Modelle von Φ sind dann die Gruppen. Eine Folgerung ϕ aus den Gruppenaxiomen ist eine Aussage, die für jede Gruppe gilt.

Mit dem Folgerungsbegriff können wir die *Allgemeingültigkeit*, die *Erfüllbarkeit* und die *Äquivalenz* von Ausdrücken der Prädikatenlogik definieren.

Definition 1.20 Ein Ausdruck ϕ heißt *allgemeingültig*, $\models \phi$, wenn er in jeder Interpretation gilt, das heißt, falls $\emptyset \models \phi$ ist. Eine Ausdrucksmenge Φ wird *erfüllbar* genannt, wenn sie ein Modell besitzt. Wir schreiben dann Erf(Φ) bzw. Erf(ϕ), falls $\Phi = \{\phi\}$ einelementig ist. Zwei Ausdrücke ϕ und ψ werden *(logisch) äquivalent* genannt, falls $\psi \models \phi$ und $\phi \models \psi$ gelten. $\square$

Beispiel 1.16 Durch eine Induktion über den Aufbau von ϕ kann man zeigen, dass die Ausdrücke $\neg \forall x. \phi$ und $\exists x. \neg \phi$ logisch äquivalent sind. Auf dieser Äquivalenz beruhen Beweise durch Angabe eines Gegenbeispiels (vgl. Gl. 1.13). Ebenso sind die Ausdrücke $\neg \exists x. \phi$ und $\forall x. \neg \phi$ äquivalent. $\square$

Wir kommen jetzt zum wichtigen Begriff einer *(mathematischen) Theorie*.

Definition 1.21 Es sei Φ eine Menge von Aussagen, das heißt von Ausdrücken, die keine freien Variablen enthalten. Φ heißt *Theorie*, wenn Φ erfüllbar ist und wenn alle Folgerungen aus Φ bereits in Φ enthalten sind. $\square$

Wenn wir mit Folg(Φ) die Menge der Folgerungen aus Φ bezeichnen,

$$\text{Folg}(\Phi) = \{\phi \mid \Phi \models \phi,\ \phi \text{ Aussage}\},$$

gilt Folg(Φ) $\subseteq \Phi$ bzw. gleichwertig Folg(Φ) $= \Phi$ für jede Theorie Φ. Eine Theorie ist daher eine erfüllbare Menge von Aussagen, die *abgeschlossen* ist unter der Bildung von Folgerungen.

Da eine Aussage ϕ keine freien Variablen enthält, hängt die Gültigkeit von $\mathcal{I} \models \phi$ für eine Interpretation $\mathcal{I} = (S, \beta)$ nicht von der Belegung β ab, sondern nur von der Struktur

S. Daher können wir in diesem Fall auf die Belegung β verzichten und statt $\mathcal{I} \models \phi$ auch $S \models \phi$ schreiben. Für jede Struktur S ist die Menge

$$\text{Th}(S) = \{\phi \mid \phi \text{ Aussage}, S \models \phi\}$$

eine Theorie, weil sie erfüllbar und abgeschlossen unter der Bildung von Folgerungen ist.

Beispiel 1.17 Es sei $S = \{0, s, +, \cdot, <\}$ das Alphabet aus Beispiel 1.11 und S die Struktur aus Beispiel 1.13. Die Theorie $\text{Th}(S)$ heißt die *elementare Arithmetik*. Beispielsweise gehört die Aussage

$$\forall x.\ x < s(x)$$

zu $\text{Th}(S)$. $\square$

Wir haben soeben gelernt, dass wir eine Theorie erhalten, wenn wir eine Struktur S angeben und die Menge $\text{Th}(S)$ betrachten. Es gibt eine zweite Möglichkeit, eine Theorie zu bekommen: Für jede erfüllbare Aussagenmenge Φ ist $\text{Folg}(\Phi)$ eine Theorie. Φ heißt *Axiomenmenge* von $\text{Folg}(\Phi)$.

Beispiel 1.18 S sei das Alphabet $\{e, \circ\}$, wobei e eine Konstante und $\circ$ eine zweistellige Funktion ist, die wir in Infixnotation schreiben. Φ enthalte die drei folgenden Aussagen:

$$\forall x\, \forall y\, \forall z.\ (x \circ y) \circ z = x \circ (y \circ z), \tag{1.7}$$

$$\forall x.\ x \circ e = x, \tag{1.8}$$

$$\forall x\, \exists y.\ x \circ y = e. \tag{1.9}$$

Diese Gleichungen beschreiben die Axiome einer *Gruppe*, die in Abschn. 8.1 ausführlich studiert werden. 1.7 ist das *Assoziativgesetz* für die Verknüpfung $\circ$. Die Gl. 1.8 besagt, dass e ein *rechtsneutrales Element* ist und 1.9 fordert die Existenz von *rechtsinversen Elementen*. Φ ist erfüllbar, denn die ganzen Zahlen bilden bezüglich der Addition eine Gruppe. Also ist $\text{Folg}(\Phi)$ eine Theorie mit Φ als Axiomenmenge. Diese Theorie wird *Gruppentheorie* genannt. Ein Element aus $\text{Folg}(\Phi)$ ist beispielsweise die Aussage

$$\forall x\, \exists y.\ y \circ x = e,$$

die besagt, dass linksinverse Elemente existieren. $\square$

Beim Aufbau einer mathematischen Theorie beginnt man mit dem Alphabet S, das in der Regel nur wenige Konstanten, Funktions- und Relationssymbole enthält. Beispielsweise besteht S für die Mengenlehre, auf die immerhin ein Großteil der Mathematik fußt, nur aus dem einen Relationssymbol $\in$. Durch *Definitionen* werden dann der jeweiligen Theorie

Schritt für Schritt weitere Symbole hinzugefügt. Als Beispiel betrachten wir den Ausdruck 1.6, der aussagt, dass x eine Teilmenge von y ist. Hierfür führen wir durch die Definition

$$\forall x \, \forall y. \, (x \subseteq y \leftrightarrow \forall z. \, (z \in x \rightarrow z \in y)) \tag{1.10}$$

das zweistellige Relationssymbol $\subseteq$ ein. Bei der Einführung neuer Symbole ist zu beachten, dass die zu definierenden Konstanten und Funktionswerte existieren und eindeutig bestimmt sind. Die Einzelheiten entnehmen wir der folgenden Definition.

Definition 1.22 S sei ein Alphabet und Φ eine Menge von Ausdrücken über S.

(a) Falls $c \notin S$ und $\phi(x)$ ein Ausdruck ist, der die Variable x frei enthält, heißt

$$\forall x. \, (c = x \leftrightarrow \phi(x))$$

eine *Definition von c in* Φ, wenn mithilfe von Φ gezeigt werden kann, dass es genau ein x mit $\phi(x)$ gibt.

(b) Es seien ein n-stelliges Funktionssymbol $f \notin S$ und ein Ausdruck $\phi(v_0, \ldots, v_n)$ mit den $n + 1$ freien Variablen $v_0, \ldots, v_n$ gegeben. Dann heißt

$$\forall v_0 \ldots \forall v_n. \, (f v_0 \ldots v_{n-1} = v_n \leftrightarrow \phi(v_0, \ldots, v_{n-1}, v_n))$$

eine *Definition von f in* Φ, wenn mithilfe von Φ gezeigt werden kann, dass es für alle $v_0, \ldots, v_{n-1}$ genau ein v_n mit $\phi(v_0, \ldots, v_n)$ gibt.

(c) Für ein n-stelliges Relationssymbol $P \notin S$ und einen Ausdruck $\phi(v_0, \ldots, v_{n-1})$ mit den n freien Variablen $v_0, \ldots, v_{n-1}$ heißt

$$\forall v_0 \ldots \forall v_{n-1}. \, (P v_0 \ldots v_{n-1} \leftrightarrow \phi(v_0, \ldots, v_{n-1}))$$

eine *Definition von P in* Φ. $\square$

Gl. 1.10 ist ein Beispiel für die Definition eines zweistelligen Relationssymbols der Mengenlehre. Wir geben einige weitere Beispiele für Definitionen an.

Beispiel 1.19 In der elementaren Arithmetik können wir die Konstante 1 durch den Ausdruck

$$\forall x. \, (1 = x \leftrightarrow x = s(0))$$

definieren. Der in Definition 1.22(a) geforderte Ausdruck $\phi(x)$ ist in diesem Fall $x = s(0)$. Da s ein Funktionssymbol ist, gibt es nur ein x mit $\phi(x)$. Die Relation $\leq$ der elementaren Arithmetik kann durch

$$\forall x \, \forall y. \, (x \leq y \leftrightarrow (x = y \lor x < y))$$

definiert werden. Als Beispiel für die Definition einer Funktion kann der Ausdruck

$$\forall x \, \forall y \, \forall z. \, (\max(x, y) = z \leftrightarrow (x < y \to z = y) \wedge (y \leq x \to z = x))$$

dienen, in dem die zweistellige Funktion $\max(x, y)$ der elementaren Arithmetik definiert wird. Dabei wurde die eben eingeführte Relation $\leq$ schon benutzt, das heißt, S wurde bereits um das Relationssymbol $\leq$ erweitert. □

Die mathematischen Einzelheiten zum Definitionsbegriff können in [25] nachgelesen werden. Dort werden auch die drei folgenden Eigenschaften bewiesen:

(a) Definitionen sind *konservativ*, das heißt, die Hinzunahme einer Definition vergrößert nicht die Menge der beweisbaren Sätze.
(b) Definierte Symbole lassen sich *eliminieren*, das heißt auf ursprüngliche Symbole zurückführen.
(c) Die Elimination von Symbolen schränkt die Theorie nicht ein.

Wie wir bereits wissen, ist eine Theorie eine erfüllbare Menge von Aussagen, die unter der Folgerungsbeziehung abgeschlossen ist. Für eine erfüllbare Aussagenmenge Φ ist $\mathrm{Folg}(\Phi)$ eine Theorie. Wenn zum Beispiel Φ die Menge der Gruppenaxiome aus Beispiel 1.18 ist, dann besteht $\mathrm{Folg}(\Phi)$ aus allen wahren Aussagen der Gruppentheorie. Diese werden Sätze der Gruppentheorie genannt.

Einem Mathematiker stellt sich also das folgende Problem: Gegeben sei eine Axiomenmenge Φ, finde Aussagen ϕ mit $\Phi \models \phi$, das heißt, finde die *Sätze* der Theorie $\mathrm{Folg}(\Phi)$. Ein Satz ϕ hat in der Regel die Gestalt

$$\psi_1 \wedge \ldots \wedge \psi_n \to \chi.$$

Die Aussagen $\psi_1, \ldots, \psi_n$ heißen *Voraussetzungen* und χ die *Behauptung* von ϕ. Man nennt die Aussage χ auch eine *notwendige Bedingung* für $\psi_1 \wedge \ldots \wedge \psi_n$ und die Aussage $\psi_1 \wedge \ldots \wedge \psi_n$ eine *hinreichende Bedingung* für χ. In einem *Beweis* des Satzes wird dann gezeigt, dass ϕ aus der jeweiligen Axiomenmenge Φ folgt, das heißt, dass

$$\Phi \models \psi_1 \wedge \ldots \wedge \psi_n \to \chi$$

gilt.

Es gibt viele Möglichkeiten, einen Satz zu beweisen. Beim *direkten* Beweis wird die Behauptung χ durch eine Reihe von Einzelschritten

$$\psi \to \xi_1,$$
$$\xi_1 \to \xi_2,$$
$$\ldots,$$
$$\xi_n \to \chi.$$

hergeleitet. Beim *indirekten Beweis* wird

$$\psi_1 \wedge \ldots \wedge \psi_n \rightarrow \chi$$

dadurch bewiesen, dass angenommen wird, dass χ nicht gilt. Es ist dann zu zeigen, dass ein Widerspruch zu den Voraussetzungen $\psi_1, \ldots, \psi_n$ entsteht. Das Prinzip des indirekten Beweises basiert auf der Tautologie

$$(\phi \rightarrow \psi) \leftrightarrow (\phi \wedge \neg\psi \rightarrow F),$$

deren Gültigkeit durch Aufstellen der Wahrheitstabelle leicht überprüft werden kann. F ist hier wieder eine beliebige Kontradiktion, zum Beispiel $p \wedge \neg p$. Als Beispiel für einen indirekten Beweis wollen wir zeigen, dass $\sqrt{2}$ keine rationale Zahl ist. Wir nehmen also an, dass $\sqrt{2}$ rational ist. Dann gibt es natürliche Zahlen n und m, $m \neq 0$, mit

$$\sqrt{2} = \frac{n}{m}.$$

Wir können voraussetzen, dass n und m bereits gekürzt sind. Durch Quadrieren dieser Gleichung bekommen wir

$$2m^2 = n^2.$$

Es folgt, dass n^2 eine gerade Zahl ist. Dann muss auch $n = 2k$ gerade sein. Wir erhalten

$$2m^2 = (2k)^2 = 4k^2$$

und hieraus

$$m^2 = 2k^2.$$

Die letzte Aussage impliziert, dass auch m eine gerade Zahl ist. Damit sind sowohl n als auch m gerade, ein Widerspruch zu der Tatsache, dass diese Zahlen als gekürzt angenommen werden konnten. Aus der Voraussetzung, dass $\sqrt{2}$ rational ist, haben wir also gefolgert, dass der Bruch $\frac{n}{m}$ gleichzeitig gekürzt und nicht gekürzt ist. Dies ist eine Kontradiktion.

Eine Aussage $\psi \rightarrow \chi$ kann auch durch *Kontraposition* bewiesen werden. Diesem Beweistyp liegt die Äquivalenz

$$(\psi \rightarrow \chi) \leftrightarrow (\neg\chi \rightarrow \neg\psi)$$

zugrunde. Man zeigt, dass aus $\neg\chi$ die Aussage $\neg\psi$ folgt. Als Beispiel betrachten wir die folgende Behauptung. Es seien a, b und c natürliche Zahlen mit $a, b, c \geq 1$. Außerdem sei a ein Teiler von b, das heißt, es gibt eine natürliche Zahl l mit $a \cdot l = b$ (siehe Definition 6.1). Wir schreiben hierfür $a \mid b$. Unter dieser Voraussetzung gilt

$$a \nmid c \rightarrow a \nmid (b + c),$$

wobei $a \nmid c$ bedeutet, dass a kein Teiler von c ist. Wenn wir diese Aussage durch Kontraposition beweisen wollen, müssen wir

$$a \mid (b + c) \rightarrow a \mid c$$

zeigen. Nach Voraussetzung gibt es eine natürliche Zahl k mit $a \cdot k = b + c$. Hieraus folgt

$$a \cdot k = b + c = a \cdot l + c.$$

Die Behauptung erhalten wir dann aus der Gleichung

$$c = a \cdot k - a \cdot l = a \cdot (k - l).$$

Als nächste Beweismethode betrachten wir die *Fallunterscheidung*. Es sei n eine natürliche Zahl, die nicht durch 3 teilbar ist. Wir wollen zeigen, dass bei der Division von n^2 durch 3 der Rest 1 bleibt. Hierzu unterscheiden wir zwei Fälle:

1. Fall Die Division von n durch 3 gibt den Rest 1. Wir schreiben n in der Form $3k + 1$ und erhalten die Behauptung aus

$$n^2 = (3k + 1)^2 = 9k^2 + 6k + 1 = 3(3k^2 + 2k) + 1.$$

2. Fall Die Division von n durch 3 gibt den Rest 2. Analog ist $n = 3k + 2$, und

$$n^2 = (3k + 2)^2 = 9k^2 + 12k + 4 = 3(3k^2 + 4k + 1) + 1$$

liefert die Behauptung. Dies sind alle möglichen Fälle, da nach Voraussetzung n nicht durch 3 teilbar war. Damit ist der Satz bewiesen. Ein Beweis der Aussage $\phi \rightarrow \psi$ durch Fallunterscheidung basiert auf der logischen Folgerung

$$(\phi \rightarrow \phi_1 \vee \phi_2) \wedge (\phi_1 \rightarrow \psi) \wedge (\phi_2 \rightarrow \psi) \rightarrow (\phi \rightarrow \psi).$$

Eine Unterscheidung des Beweises in mehr als zwei Fälle kann vorkommen.

Wir kommen jetzt zur *vollständigen Induktion*, auf die wir in Abschn. 3.1 noch ausführlich eingehen werden. Als Beispiel wollen wir die Aussage

$$2 + 4 + 6 + \ldots + 2n = n(n + 1)$$

beweisen. Wir bezeichnen sie mit $\phi(n)$. Zu ihrem Nachweis müssen wir zuerst $\phi(1)$ zeigen. Dies ergibt sich aus $2 = 1 \cdot 2$. Im zweiten Beweisschritt ist nachzuweisen, dass aus der Gültigkeit von $\phi(n)$ die von $\phi(n + 1)$ folgt. Aus beiden Aussagen zusammen ergibt sich, dass $\phi(n)$ für alle natürlichen Zahlen $n \geq 1$ gilt. Sei also $\phi(n)$ gültig. Damit erhalten wir $\phi(n + 1)$ aus

$$2 + 4 + 6 + \ldots + 2n + 2(n + 1) = n(n + 1) + 2(n + 1) = (n + 1)((n + 1) + 1).$$

Als nächste Aussage wollen wir zeigen, dass es zu jeder natürlichen Zahl x genau eine natürliche Zahl y mit

$$y^2 \leq x < (y + 1)^2 \tag{1.11}$$

gibt. Hier sind zwei Dinge zu beweisen: Zuerst müssen wir in einem *Existenzbeweis* nachweisen, dass es mindestens eine natürliche Zahl y mit der geforderten Eigenschaft gibt. In einem zweiten Schritt führen wir dann einen *Eindeutigkeitsbeweis*, indem wir zeigen, dass es nur genau eine Zahl y wie verlangt gibt. Wir betrachten die Menge

$$M = \{n \mid x < n^2\}.$$

M enthält unendlich viele Elemente, aber nicht die Zahl 1. Jede nicht leere Menge von natürlichen Zahlen besitzt ein kleinstes Element. Das von M sei t. Wir wählen dann y als $t - 1$. Offenbar gelten $y^2 = (t - 1)^2 \leq x$ und $x < t^2 = (y + 1)^2$, das heißt, y erfüllt die Bedingung. Zum Nachweis der Eindeutigkeit nehmen wir an, es gäbe zwei natürliche Zahlen y_1 und y_2, die Gl. 1.11 erfüllten. Aus der Bedingung würde dann

$$y_1^2 \leq x < (y_2 + 1)^2$$

und daraus $y_1 \leq y_2$ folgen. Genauso erhielten wir $y_2 \leq y_1$. Aus beiden Aussagen zusammen folgte also $y_1 = y_2$. Zu jeder Zahl x gibt es also genau eine Zahl y mit $y^2 \leq x < (y + 1)^2$. Damit haben wir die Behauptung bewiesen. Nach Definition 1.22(b) können wir also eine Funktion $\sqrt{} : \mathbb{N} \to \mathbb{N}$ durch

$$\forall x \, \forall y. \left(\sqrt{x} = y \leftrightarrow y^2 \leq x < (y + 1)^2 \right) \tag{1.12}$$

definieren.

Der Existenzbeweis, den wir soeben geführt haben, wird als *konstruktiv* bezeichnet, da das gesuchte Element im Beweis „konstruiert" wurde. Im Gegensatz dazu stehen *nicht konstruktive* Existenzbeweise, von denen wir uns jetzt einen ansehen wollen. Wir zeigen, dass es irrationale Zahlen x und y gibt, für die x^y rational ist. Wir wählen zunächst die irrationalen Zahlen $x = y = \sqrt{2}$. Falls $x^y = \sqrt{2}^{\sqrt{2}}$ eine rationale Zahl sein sollte, ist die Aussage bewiesen. Falls $\sqrt{2}^{\sqrt{2}}$ aber irrational ist, führt die Wahl $x = \sqrt{2}^{\sqrt{2}}$ und $y = \sqrt{2}$ wegen

$$x^y = \left(\sqrt{2}^{\sqrt{2}} \right)^{\sqrt{2}} = \sqrt{2}^{\sqrt{2} \cdot \sqrt{2}} = 2$$

zum Ziel. Dieser Beweis ist nicht konstruktiv, da wir nicht angeben können, wie die Zahlen x und y zu wählen sind. Wir wissen lediglich, dass Zahlen x und y mit der geforderten Eigenschaft existieren. Der auf den Niederländer *Luitzen Egbertus Jan Brouwer* zurückgehende mathematische *Intuitionismus* lehnt solche Beweise ab. Die Mehrheit der Mathematiker aber akzeptiert Aussagen, die mithilfe von reinen Existenzbeweisen geführt werden.

Häufig soll nicht nur eine Implikation $\phi \to \psi$ bewiesen werden, sondern eine logische Äquivalenz $\phi \leftrightarrow \psi$. Wegen

$$\phi \leftrightarrow \psi \Leftrightarrow (\phi \to \psi) \wedge (\psi \to \phi)$$

müssen für einen *Äquivalenzbeweis* die beiden *Beweisrichtungen* $\phi \to \psi$ und $\psi \to \phi$ nachgewiesen werden. Wenn die Äquivalenz von mehreren Aussagen $\phi_1, \phi_2, \ldots, \phi_n$ zu zeigen ist, wird häufig ein sogenannter *Ringschluss*

$$\phi_1 \to \phi_2,$$
$$\phi_2 \to \phi_3,$$
$$\ldots,$$
$$\phi_n \to \phi_1.$$

durchgeführt.

Die Behauptung „für alle natürlichen Zahlen n ist $n^2 + n + 41$ eine Primzahl" soll untersucht werden. Für $n = 1, 2, 3, 4, 5$ ist die Aussage richtig. Man erhält die Primzahlen $43, 47, 53, 61, 71$. Auch für $n = 39$ bekommt man noch eine Primzahl, und zwar 1601. Dennoch ist die Aussage falsch. Um eine Allaussage zu widerlegen, reicht es nach Beispiel 1.16 wegen

$$\neg \forall x.\, \phi \Leftrightarrow \exists x.\, \neg \phi$$

nämlich aus, ein einziges *Gegenbeispiel* anzugeben. Da

$$40 \cdot 40 + 40 + 41 = 41 \cdot 40 + 41 = 41 \cdot 41 \tag{1.13}$$

ist, erhalten wir für $n = 40$ solch ein Gegenbeispiel.

Wir haben in den vorangegangenen Beispielen die wichtigsten Beweismethoden vorgestellt. Die folgende Liste fasst sie noch einmal zusammen:

- direkter Beweis,
- indirekter Beweis,
- Beweis durch Kontraposition,
- Beweis durch Fallunterscheidung,
- Beweis durch vollständige Induktion,

- konstruktiver/nicht konstruktiver Existenzbeweis,
- Eindeutigkeitsbeweis,
- Äquivalenzbeweis, Ringschluss,
- Beweis durch Angabe eines Gegenbeispiels.

In Definition 1.8 haben wir den Begriff eines Kalküls kennengelernt und in Definition 1.9 einen Kalkül $\mathcal{K}$ angegeben, mit dessen Hilfe die Folgerungen aus einer Ausdrucksmenge der Aussagenlogik gewonnen werden konnten. Durch Einbeziehung von Axiomen und Regeln für Quantoren lässt sich $\mathcal{K}$ zu einem Kalkül $\mathcal{K}^*$ für die Prädikatenlogik erweitern. Der Herleitungsbegriff der Aussagenlogik gemäß Definition 1.10 wird auf $\mathcal{K}^*$ übertragen. Wie *Kurt Gödel* 1929 in seiner berühmt gewordenen Dissertation bewies, gilt der Satz 1.2 der Aussagenlogik entsprechend für die Prädikatenlogik und den Kalkül $\mathcal{K}^*$.

Satz 1.3 *(Gödelscher Vollständigkeitssatz)* Es seien eine Ausdrucksmenge Φ und ein Ausdruck ψ gegeben. $\Phi \vdash_{\mathcal{K}^*} \psi$ gilt genau dann, wenn $\Phi \models \psi$ ist. $\square$

Wenn wir in diesem Satz Φ als leere Menge wählen, erkennen wir, dass eine Aussage genau dann allgemeingültig ist, wenn sie ohne zusätzliche Voraussetzungen in $\mathcal{K}^*$ hergeleitet werden kann. Wie in der Aussagenlogik liegt die Bedeutung des Kalküls nicht in seinen praktischen Anwendungen, sondern in der Tatsache seiner Existenz. Analog zur Aussagenlogik gilt auch für die Prädikatenlogik der Endlichkeitssatz.

Zum Schluss dieses Abschnitts zählen wir einige bedeutende Eigenschaften der Prädikatenlogik und Folgerungen aus ihnen auf, die wir im Einzelnen nicht darstellen können.

(a) Die Menge $\{\phi \mid \models \phi\}$ der allgemeingültigen Aussagen ist *aufzählbar*. Das heißt, es gibt einen Algorithmus, der alle allgemeingültigen Aussagen nacheinander auflistet.

(b) Die Menge $\{\phi \mid \models \phi\}$ der allgemeingültigen Aussagen ist *unentscheidbar*. Das heißt, es gibt keinen Algorithmus, der eine beliebige Aussage als Eingabe erhält und feststellt, ob diese allgemeingültig ist oder nicht. Dieses Ergebnis wird als *Unentscheidbarkeit der Prädikatenlogik* oder *Entscheidungsproblem* bezeichnet und wurde 1936 von *Alonzo Church* bewiesen. Damit ist auch die Frage, ob $\Phi \models \psi$ gilt, im Allgemeinen unentscheidbar.

(c) Die elementare Zahlentheorie aus Beispiel 1.17 mit $S = \{0, s, +, \cdot, <\}$ ist unentscheidbar. Wenn wir aber auf die Multiplikation verzichten, erhalten wir eine entscheidbare Theorie. Dieses Ergebnis wurde 1929 von *Mojzesz Presburger* bewiesen. Als weitere Ergebnisse der *Modelltheorie* erwähnen wir beispielhaft, dass die Theorie der booleschen Algebren entscheidbar ist, die der ganzen Zahlen aber nicht.

(d) Eine Theorie T heißt *vollständig*, wenn für jede Aussage ϕ entweder $\phi \in T$ oder $\neg\phi \in T$ gilt. T ist *widerspruchsfrei*, wenn es keinen Ausdruck ϕ mit $T \vdash \phi$ und $T \vdash \neg\phi$ gibt. *Gödel* zeigte in seinem *ersten Unvollständigkeitssatz*, dass jede widerspruchsfreie und rekursiv-axiomatisierbare Theorie, die die elementare Zahlentheorie umfasst, unvollständig ist. Eine Theorie ist *rekursiv-axiomatisierbar*, wenn die Axiomenmenge entscheidbar ist, das heißt, wenn algorithmisch entschieden werden kann, ob ein gegebener Ausdruck ein Axiom ist. Der Unvollständigkeitssatz ist eine Aussage von großer Bedeutung. Aus ihm folgt nämlich, dass es kein angemessenes Axiomensystem zur Beschreibung der elementaren Zahlentheorie und damit auch nicht zur Beschreibung umfangreicherer Systeme, etwa der Mengenlehre, geben kann.

(e) Ein anderes berühmtes Ergebnis von *Gödel* ist sein *zweiter Unvollständigkeitssatz*. Aus ihm folgt, dass der Nachweis der Widerspruchsfreiheit einer Theorie, die die elementare Zahlentheorie umfasst, nicht mit den Mitteln der Theorie geführt werden kann (es sei denn, die Theorie ist widerspruchsvoll). Wenn wir diesen Satz auf die Mengenlehre anwenden, heißt dies salopp ausgedrückt: Die Widerspruchsfreiheit der Mathematik kann mit mathematischen Methoden nicht bewiesen werden. Anders gesagt: Entweder ist die Mathematik widerspruchsvoll, oder aber wir können ihre Widerspruchsfreiheit nicht beweisen. Die Mehrzahl der heutigen Mathematiker ist allerdings fest davon überzeugt, dass in der Mengenlehre keine versteckten Widersprüche enthalten sind, nur kann dies leider nicht bewiesen werden. Das *hilbertsche Programm*, die Mathematik logisch, mengentheoretisch und axiomatisch zu begründen und als in sich widerspruchsfrei nachzuweisen, lässt sich also nicht durchführen.

In der Literatur wurden viele Erweiterungen der Prädikatenlogik untersucht. Beispielsweise können in der *Logik zweiter Stufe* auch Funktions- und Relationssymbole quantifiziert werden. Eine andere Erweiterung erlaubt etwa die Bildung von *abzählbaren Disjunktionen*. Zur Erläuterung sehen wir uns noch einmal Beispiel 1.18 an. Dort haben wir Gruppen besprochen. Eine Gruppe heißt *Torsionsgruppe*, wenn das Axiom

$$\forall x. \, (x = e \lor x \circ x = e \lor x \circ x \circ x = e \lor \ldots)$$

erfüllt ist. In der Prädikatenlogik lassen sich diese Gruppen nicht axiomatisieren.

Damit schließen wir unsere Ausführungen über die Grundlagen der Prädikatenlogik ab und wenden uns im nächsten Abschnitt ihren Anwendungen in der Informatik zu. Weiterführende Informationen, Beispiele und Beweise sind zum Beispiel in den Büchern [25, 30] und [89] zu finden.

1.3 Logik und Programmierung

Im vergangenen Abschnitt haben wir die Grundzüge der Prädikatenlogik besprochen. Dabei haben wir erkannt, dass in ihrem Rahmen viele mathematische Theorien formuliert werden können. Mit gewissem Recht kann man also behaupten, dass die Prädikatenlogik eine *Sprache für die Mathematik* darstellt. Darüber hinaus spielt sie aber auch eine selbstständige Rolle, insbesondere für die Informatik. Hier haben wir das Erfüllbarkeitsproblem und seine große Bedeutung für die Komplexitätstheorie sowie die Schaltalgebra und ihre Stellung in der technischen Informatik erwähnt. Es gibt viele weitere Anwendungen der Logik in der Informatik. Interessierten Lesern seien die Bücher [47] von *Michael R. A. Huth* und *Mark D. Ryan* und [71] von *Anil Nerode* und *Richard A. Shore* als Einstieg empfohlen.

Aus der langen Liste der Anwendungen der Logik innerhalb der Informatik wollen wir jetzt zwei kurz vorstellen. Zuerst gehen wir auf die *Spezifikation und Verifikation von Programmen* und dann auf die *logische Programmierung* ein.

Die Entwicklung von Software ist ein Prozess, der im Allgemeinen aus mehreren Schritten besteht. Meistens wird mit einer Problemanalyse begonnen, in der die grobe Struktur des zu implementierenden Systems festgelegt wird. Danach schließen sich die Phasen Spezifikation, Implementierung, Test, Dokumentation und Wartung an. Zunehmend werden in diesem Entwicklungsprozess mathematische Methoden zur Erhöhung der Zuverlässigkeit von Programmen verwendet. Man geht dabei typischerweise in drei Schritten vor:

(1) Zuerst wird ein *Modell* des zu entwickelnden Systems oder eines Teils davon erstellt. Der Begriff „Modell" besitzt hier eine andere Bedeutung als in den Abschn. 1.1 und 1.2. Ein Modell ist in diesem Sinn lediglich eine mathematische Darstellung des zu implementierenden Systems in einer sogenannten *Modellierungssprache*. Solche Sprachen legen den Rahmen für die Beschreibung von Systemen fest. Es gibt viele Modellierungssprachen. Die einzelnen Sprachen unterscheiden sich unter anderem hinsichtlich des Grads der Formalisierung. Während in einigen Sprachen Systeme nur informell beschrieben werden können, erlauben andere exakte mathematische Definitionen. Weite Verbreitung hat in den letzten Jahren die Sprache *UML (Unified Modeling Language)* von *James Rumbaugh, Ivar Jacobsen* und *Grady Booch* gefunden. Der Systembegriff ist in dieser Sichtweise sehr weit gefasst. Im Einzelfall kann sich dahinter ein großes Projekt oder aber – wie wir gleich sehen werden – auch nur ein kleiner Algorithmus verbergen.

(2) Nach der Modellierung erfolgt die *Spezifikation* spezieller Eigenschaften des Systems. Hierzu können beispielsweise die Festlegung der Funktionalitäten einzelner Methoden gehören. Diese Anforderungen werden in einer *Spezifikationssprache* niedergelegt. Ein Beispiel ist die Sprache *OCL (Object Constraint Language)*, die auf der Prädikatenlogik basiert und als Ergänzung zur UML zu sehen ist.

(3) Im dritten Schritt wird das System *implementiert* und *verifiziert*. Das heißt, es wird mit mathematischen Methoden bewiesen, dass es die Spezifikation erfüllt.

Wir wollen jetzt an einem einfachen Beispiel die Schritte (2) und (3) erläutern. Konkret wollen wir einen Algorithmus angeben, der die ganzzahlige Wurzel entsprechend der Gl. 1.12 zieht. Als Beschreibungssprache gemäß Schritt (1) verwenden wir einen Pseudocode, in dem wir den Algorithmus aufschreiben. Die Prädikatenlogik dient als Spezifikationssprache. Der Algorithmus erhält als Eingabe eine natürliche Zahl x mit $x \geq 0$. Die Bedingung $x \geq 0$ heißt *Vorbedingung*. Als Ausgabe erhalten wir die eindeutig bestimmte Variable y mit $y^2 \leq x < (y + 1)^2$, das heißt $y = \sqrt{x}$. Dieser Ausdruck wird

Nachbedingung genannt. Wir suchen also einen Algorithmus S, der bei Vorliegen der Vorbedingung $x \geq 0$ nach endlich vielen Schritten terminiert und dann die Nachbedingung $y^2 \leq x < (y + 1)^2$ erfüllt. Zusammen werden Vor- und Nachbedingung als *Spezifikation* bezeichnet. Spezifikation und Algorithmus werden häufig als *hoarescher Ausdruck*, benannt nach *Charles A. R. Hoare*, geschrieben:

$$\{x \geq 0\} \, S \, \{y^2 \leq x < (y + 1)^2\}.$$

Wenn wir die ungeraden Zahlen $1, 1 + 3, 1 + 3 + 5, \ldots$ summieren, erhalten wir die Quadratzahlen $1, 4, 9, \ldots$. Diese Behauptung folgt aus

$$\sum_{i=0}^{n} (2i + 1) = 2 \cdot \sum_{i=0}^{n} i + \sum_{i=0}^{n} 1 = n(n + 1) + (n + 1) = (n + 1)^2.$$

Der folgende Algorithmus nutzt dies aus. Die Variable w nimmt der Reihe nach die Werte der Quadratzahlen an.

$$y := 0;$$
$$w := 1;$$
$$n := 1;$$
while $w \leq x$ **do**
$$y := y + 1;$$
$$w := w + n + 2;$$
$$n := n + 2$$
od

Wir zeigen jetzt, dass dieser Algorithmus bezüglich der Spezifikation korrekt ist. Dieser Vorgang wird *Verifikation* genannt. Zuerst überzeugen wir uns davon, dass vor jeder Ausführung des Schleifenrumpfs die Bedingung

$$y^2 \leq x \land w = (y + 1)^2 \land n = 2y + 1 \tag{1.14}$$

erfüllt ist. Vor dem ersten Schleifeneintritt gilt $y^2 \leq x$ aufgrund der Vorbedingung und $y = 0$. Da $y = 0$, $w = 1$ und $n = 1$ ist, gelten auch $w = (y + 1)^2$ und $n = 2y + 1$. Damit ist die Bedingung 1.14 vor der ersten Ausführung gewährleistet. Wir zeigen jetzt, dass diese Bedingung auch vor allen weiteren Schleifendurchläufen gilt, also unverändert bleibt. Dazu müssen wir wegen der Zuweisungen $y := y + 1$, $w := w + n + 2$ und

$n := n + 2$ die Aussage

$$y^2 \leq x \wedge w = (y + 1)^2 \wedge n = 2y + 1 \wedge w \leq x$$
$$\rightarrow (y + 1)^2 \leq x \wedge w + n + 2 = (y + 2)^2 \wedge n + 2 = 2(y + 1) + 1$$

zeigen. Sie ergibt sich aus den drei einzelnen Schlüssen

$$w = (y + 1)^2 \wedge w \leq x \rightarrow (y + 1)^2 \leq x,$$
$$w + n + 2 = (y + 1)^2 + 2y + 1 + 2 = y^2 + 2y + 1 + 2y + 3 = (y + 2)^2$$

und

$$n + 2 = 2y + 1 + 2 = 2(y + 1) + 1.$$

Nehmen wir einmal an, die Schleife terminiert irgendwann. Dann muss sowohl die Bedingung 1.14 als auch die Abbruchbedingung $w > x$ wahr sein, das heißt

$$y^2 \leq x \wedge w = (y + 1)^2 \wedge n = 2y + 1 \wedge w > x.$$

Hieraus folgt sofort die Nachbedingung

$$y^2 \leq x \wedge x < (y + 1)^2.$$

Wir haben gezeigt, dass unter der Annahme der Terminierung die Nachbedingung erfüllt ist. Diese Aussage wird als *partielle Korrektheit* bezeichnet. Um den Beweis abzuschließen, muss nachgewiesen werden, dass der Algorithmus terminiert. Das ist nicht schwierig, denn wir sehen, dass die Werte, die w annimmt, eine streng monoton steigende Folge bilden und so irgendwann größer als x werden müssen. Der zweite Beweisschritt heißt Nachweis der *totalen Korrektheit*. Aus beiden Schritten zusammen folgt, dass der Algorithmus die angegebene Spezifikation erfüllt. Die Bedingung 1.14 gilt vor jedem Schleifendurchlauf und wird daher *Schleifeninvariante* genannt. Zur Beschreibung von Algorithmen verwenden wir die folgende Notation. Zur besseren Verständlichkeit können Schleifeninvarianten an die entsprechenden Stellen im Text eingefügt werden.

Algorithmus 1.1 (*Berechnung der ganzzahligen Wurzel*)

Eingabe: $x \geq 0$.
Ausgabe: $y = \sqrt{x}$, das heißt $y^2 \leq x < (y + 1)^2$.

```
begin
    y := 0;
    w := 1;
    n := 1;
```

{*Schleifeninvariante:* $y^2 \leq x \wedge w = (y+1)^2 \wedge n = 2y+1$}

while $w \leq x$ **do**

```
    y := y + 1;
    w := w + n + 2;
    n := n + 2
```

od

end □

Die in diesem Beispiel verwendete Spezifikationssprache, die Prädikatenlogik, reicht für umfangreiche Algorithmen nicht aus. Wenn beispielsweise Rekursionen oder komplexe Datenstrukturen benutzt werden, muss eine entsprechend mächtige Spezifikationssprache verwendet werden.

In Algorithmus 1.1 sind x, y, n und w *Variable*, die durch *Zuweisungen* Werte erhalten. Diese Werte können sich im Laufe der Programmausführung ändern. Die Variablen und ihre Werte legen den *Zustand* zu einem bestimmten Zeitpunkt fest. Variable, Zuweisungen und Zustände sind Kennzeichen für *imperative Algorithmen*. Neben der imperativen Programmierung haben sich in den letzten Jahrzehnten weitere *Programmierparadigmen* herausgebildet. Hier sind die *objektorientierte*, die *logische* und die *funktionale Programmierung* zu nennen. Auf das funktionale Programmierparadigma werden wir in Abschn. 2.4 näher eingehen. An dieser Stelle wollen wir als zweite Anwendung der Prädikatenlogik die logische Programmierung in ihren Grundzügen darstellen.

Ein logisches Programm der Programmiersprache Prolog (*Pro*gramming in *log*ic) enthält „Wissen" in Form von *Fakten* und *Regeln*. Wenn beispielsweise „Johann" der Vater von „Heinrich" ist, nennen wir diese Tatsache ein Faktum und notieren sie durch

```
vater(johann,heinrich).
```

Hier kann „vater" als eine zweistellige Relation aufgefasst werden, die auf die Konstanten „johann" und „heinrich" zutrifft. Die Namen von Relationen und Konstanten beginnen mit kleinen Buchstaben. Wenn wir die Vater-Relation mit P und die Konstanten „johann" und „heinrich" mit c und d bezeichnen, können wir also wie in der Prädikatenlogik

$$P\,cd$$

schreiben. Regeln gestatten es, aus gegebenen Fakten weitere Fakten herzuleiten. Es seien beispielsweise $Q\,xy$ das zweistellige Prädikat „x ist mit y verheiratet" und $R\,xy$ das

Prädikat „*x* ist Mutter von *y*". Dann gilt die Regel

$$\forall x \forall y \forall z. \; Pzy \wedge Qzx \rightarrow Rxy.$$

In Prolog lässt man die Quantoren weg und schreibt eine Implikation $\phi \rightarrow \psi$ in umgekehrter Richtung $\psi \leftarrow \phi$, wobei der Pfeil durch : - ersetzt wird. Die Und-Verknüpfung wird durch ein Komma realisiert. Variable beginnen mit Großbuchstaben. Die obige Regel lautet also

```
mutter(X,Y) :- vater(Z,Y), verheiratet(Z,X).
```

Eine weitere Regel, die die Geschwister-Relation erfasst, ist beispielsweise

```
geschwister(X,Y) :- vater(Z,X), vater(Z,Y), X\=Y.
```

Die Ungleichheit wird durch \= ausgedrückt. Damit können wir bereits ein vollständiges Prolog-Programm angeben:

```
vater(johann,heinrich).
vater(johann,thomas).
vater(heinrich,carla).
vater(thomas,erika).
vater(thomas,klaus).
vater(thomas,golo).
vater(thomas,monika).
vater(thomas,elisabeth).
vater(thomas,michael).
verheiratet(johann,julia).
verheiratet(heinrich,maria).
verheiratet(thomas,katia).
mutter(X,Y) :- vater(Z,Y), verheiratet(Z,X).
geschwister(X,Y) :- vater(Z,X), vater(Z,Y), X\=Y.
```

Nachdem das Programm eingelesen wurde, können *Anfragen* gestellt werden, die von einer „Inferenzmaschine", zum Beispiel einem Prolog-Interpreter, beantwortet werden. Anfragen können nach der Eingabeaufforderung „| ? - " gestellt werden. Wenn wir etwa fragen, ob Thomas und Heinrich Geschwister sind, erhalten wir „true" und ? als Antwort. Die Ausgabe „true" bedeutet, dass die Anfrage positiv beantwortet wurde, das heißt, dass Thomas und Heinrich Geschwister sind. Nach einem Fragezeichen erwartet der Interpreter Anweisungen, wie fortzufahren ist. Ein Semikolon ist die Aufforderung, nach weiteren Lösungen zu suchen, die im Allgemeinen existieren können. Die Ausgabe no bedeutet, dass solche in diesem Fall nicht vorhanden sind.

```
| ?- geschwister(thomas,heinrich).
true ? ;
no
```

Die Anfrage, ob Thomas und Golo Geschwister sind, führt zu keinen Lösungen:

```
| ?- geschwister(thomas,golo).
no
```

Falls eine Anfrage eine Variable enthält, werden alle Belegungen für die Variablen ermittelt, die die Aussage wahr werden lassen. Wenn wir die Geschwister von Golo suchen, stellen wir die folgende Anfrage:

```
| ?- geschwister(X,golo).
X = erika ? ;
X = klaus ? ;
X = monika ? ;
X = elisabeth ? ;
X = michael ? ;
no
```

Erika, Klaus, Monika, Elisabeth und Michael sind also die Geschwister von Golo. Eine Anfrage kann mehr als eine Variable enthalten. Durch

```
| ?- geschwister(X,Y).
```

werden insgesamt 32 Geschwisterpaare ermittelt, da Paare wegen der Symmetrie der Relation doppelt ausgegeben werden. Fakten, Regeln und Anfragen werden auch *Horn-Klauseln* genannt.

Prädikatenlogisch gesehen wird bei der Bearbeitung einer Anfrage, die Variablen enthält, die Erfüllbarkeit eines Ausdrucks untersucht. Der Algorithmus, der die erfüllenden Belegungen der Variablen ermittelt, wird *Unifikation* genannt. Die Unifikation und ihre Effizienz spielt in der logischen Programmierung eine große Rolle. Die Einzelheiten der Unifikation bleiben dem Anwender aber verborgen. Er kann sich ganz auf sein Problem und dessen Formulierung in prädikatenlogischen Ausdrücken konzentrieren und braucht sich im Prinzip nicht um die Einzelheiten des Lösungsverfahrens zu kümmern. Man nennt dieses Vorgehen *deklarative Programmierung*.

Die hier angedeuteten Möglichkeiten stellen nur einen kleinen Ausschnitt der Programmiersprache Prolog dar. Diese Sprache enthält viele weitere Konzepte, insbesondere auch Kontroll- und Datenstrukturen sowie eine große Anzahl vordefinierter Prädikate. Wir können an dieser Stelle nicht auf Einzelheiten eingehen, sondern verweisen die an der logischen Programmierung interessierten Leser auf [35] und die dort angegebene weiterführende Literatur. Eine deutschsprachige Einführung in Prolog ist [17].

Aufgaben

(1) Beweise die beiden folgenden Regeln:

$$Modus\ Tollens: \quad (\phi \rightarrow \psi) \wedge \neg\psi \Rightarrow \neg\phi$$

$$Modus\ Barbara: \quad (\phi \rightarrow \psi) \wedge (\psi \rightarrow \chi) \Rightarrow (\phi \rightarrow \chi)$$

(2) Zeige, dass der Ausdruck $(\phi \rightarrow \psi) \leftrightarrow (\neg\phi \vee \psi)$ allgemeingültig ist.

(3) Vereinfache den Ausdruck

$$\psi \vee (\phi \wedge \neg\psi) \vee (\neg\phi \wedge \psi)$$

unter Verwendung der Rechengesetze einer booleschen Algebra zu $\phi \vee \psi$.

(4) Zeige die Gültigkeit der Äquivalenzen (vgl. Abschn. 1.1 nach Beispiel 1.5).

(5) In der Schaltalgebra sei die Funktion $f : \mathbb{B}^3 \rightarrow \mathbb{B}$ durch

$$f(x, y, z) = \overline{\overline{x + y} + \overline{x}z}$$

gegeben. Stelle $f(x, y, z)$ in disjunktiver und konjunktiver Normalform dar.

(6) Zeige für die Aussagenlogik: Wenn $\Phi = \{\phi_1, \ldots, \phi_n\}$ eine endliche Menge von Ausdrücken ist, gilt $\Phi \models \psi$ genau dann, wenn $\phi_1 \wedge \ldots \wedge \phi_n \Rightarrow \psi$ ist.

(7) Drücke c aus Beispiel 1.6 unter alleiniger Benutzung der Sheffer- bzw. der Peirce-Funktion aus.

(8) Zeige $\vdash_{\mathcal{K}} \phi \rightarrow (\psi \rightarrow (\chi \rightarrow \phi))$.

(9) In der Prädikatenlogik seien eine Ausdrucksmenge Φ und ein Ausdruck ϕ gegeben. Zeige, dass $\Phi \models \phi$ genau dann gilt, wenn $\mathrm{Erf}(\Phi \cup \{\neg\phi\})$ nicht gilt. Was bedeutet dies für $\Phi = \emptyset$?

(10) Gib ein Alphabet und eine Axiomenmenge zur Beschreibung einer booleschen Algebra (s. Abschn. 1.1 nach Beispiel 1.5) an.

(11) Schreibe die folgenden Behauptungen als Ausdrücke der Prädikatenlogik:
   (a) $\sqrt{5}$ ist eine irrationale Zahl.
   (b) Für jede natürliche Zahl n ist $2n^3 + 3n^2 + n$ eine gerade Zahl.
   (c) Für jede natürliche Zahl n ist $n^3 - n$ durch 3 teilbar.
   (d) Wenn ein Produkt zweier Zahlen eine gerade Zahl ist, dann ist mindestens ein Faktor eine gerade Zahl.
   (e) Eine natürliche Zahl n ist genau dann ungerade, wenn $3n + 1$ gerade ist.

(12) Weise die Behauptungen aus Aufgabe 11 nach. Welche Beweismethode wurde jeweils verwendet?

(13) Beweise oder widerlege die folgenden Aussagen:
   (a) Die Summe zweier Quadratzahlen ist eine Quadratzahl.
   (b) Das Produkt zweier Quadratzahlen ist eine Quadratzahl.

(14) Definiere analog zu Gl. 1.12 die Funktion $\log_2(x)$ zur Berechnung des ganzzahligen
      Logarithmus einer natürlichen Zahl x zur Basis 2. Beispielsweise gelten $\log_2(14) = 3$ und $\log_2(17) = 4$. Zeige die Zulässigkeit der Definition.

(15) Gib einen imperativen Algorithmus zur Berechnung der ganzzahligen Logarithmus-
      funktion aus Aufgabe 14 an und beweise seine Korrektheit mithilfe einer geeigneten
      Schleifeninvarianten.

(16) Es sei das Prolog-Programm in Abschn. 1.3 gegeben. Welche Anfragen müssen ge-
      stellt werden, um a) die Mutter von Golo und b) alle Mütter auszugeben? Wenn
      möglich, überprüfe die Antwort mit einem Prolog-Interpreter.

(17) Erweitere das Prolog-Programm in Abschn. 1.3 um Fakten für „männlich" und
      „weiblich" und definiere Regeln für „schwester", „cousin" und „vorfahre".

Mengen, Relationen und Funktionen

2

In der Mathematik werden sowohl einzelne Objekte als auch Zusammenfassungen von Objekten zu größeren Einheiten betrachtet. Beispielsweise reden wir über *eine* konkrete natürliche Zahl, wenn wir sagen, dass 5 eine Primzahl ist. Die Behauptung, dass es unendlich viele natürliche Zahlen gibt, ist eine Aussage über *alle* natürliche Zahlen. Die Zusammenfassung aller natürlicher Zahlen wird als *Menge* $\mathbb{N}$ der natürlichen Zahlen bezeichnet und eine einzelne Zahl, zum Beispiel die 5, als *Element* dieser Menge. Eine Menge ist als Einheit zu sehen und kann selbst wieder Element einer (anderen) Menge sein. Dadurch können Mengen großer Komplexität entstehen.

Auf diesen Ideen basiert die *Mengenlehre*, deren Grundlagen wir in Abschn. 2.1 darstellen. Die Mengenlehre ist ein umfassendes Gebiet, innerhalb dessen die meisten heutigen mathematischen Theorien formuliert werden können. Als Schöpfer der Mengenlehre gilt *Georg Cantor*, der im ausgehenden 19. Jahrhundert viele bedeutende Beiträge zu ihrer Entwicklung leistete.

Beziehungen zwischen zwei oder mehr Mengen lassen sich mithilfe von Relationen und Funktionen herstellen. Auf diese für die Mathematik grundlegenden Konzepte werden wir in den nächsten Abschnitten ausführlich eingehen. Relationen und Funktionen sind aber nicht nur aus theoretischer Sicht wichtig, sondern besitzen auch konkrete Anwendungen in der Informatik. Als Beispiel betrachten wir Tab. 2.1, die einen Ausschnitt aus der Kundenkartei einer Firma enthält.

Jede Zeile dieser Tabelle besteht aus vier Einträgen, in denen Informationen über einen einzelnen Kunden gespeichert sind. Zeilen werden wir als Tupel und Tabellen als Relationen bezeichnen. Relationen sind Gegenstand des Abschn. 2.2. Sie bilden die theoretischen Grundlagen für die *relationalen Datenbanken*, die Bestandteil vieler heutiger Informationssysteme sind. Funktionen untersuchen wir in Abschn. 2.3.

Was lässt sich mit einem Computer berechnen? In der theoretischen Informatik wurden verschiedene Antworten auf diese Frage gegeben. Letztendlich erwiesen sich aber alle diese Ansätze als gleichwertig. Einen der Zugänge zu dieser Problematik, die *primitiv-*

© Springer-Verlag Berlin Heidelberg 2016
W. Struckmann, D. Wätjen, *Mathematik für Informatiker*, DOI 10.1007/978-3-662-49870-5_2

Tab. 2.1 Ausschnitt aus der Kundenkartei einer Firma

Kundennr.	Name	Anschrift	Kontostand
...	...	...	...
12045	Friedrich Meyer	Breite Gasse 14, 12045 Klein Büttel	12,88 €
63073	Georg Schulze	Hansestraße 12, 54555 Mengen	234,56 €
...	...	...	...

rekursiven Funktionen, werden wir als Anwendung des Funktionsbegriffs in Abschn. 2.4 näher darstellen.

Als weiteres Beispiel werden wir – wie bereits in Abschn. 1.3 angekündigt – die Grundzüge der *funktionalen Programmierung* besprechen. Sie bildet neben der imperativen, der logischen und der objektorientierten Programmierung das vierte wichtige Programmierparadigma. Ein funktionales Programm kann als eine Funktion gesehen werden, die Eingabedaten auf Ausgabedaten abbildet. Dabei darf es Hilfsfunktionen verwenden. Die wichtigsten Konstrukte funktionaler Programme sind Rekursionen und Funktionen höherer Ordnung, das heißt Funktionen, deren Argumente wiederum Funktionen sind.

2.1 Mengen

Wir beginnen mit der klassischen Definition von *Georg Cantor* aus dem Jahre 1895:

> Unter einer „Menge" verstehen wir jede Zusammenfassung M von bestimmten, wohlunterschiedenen Objekten m unserer Anschauung oder unseres Denkens (welche die „Elemente" von M genannt werden) zu einem Ganzen.

Hierbei handelt es sich nicht um eine Definition im strengen Sinn. Der Begriff „Zusammenfassung" bedarf natürlich genauso einer Erklärung wie der einer „Menge".

In der Mathematik wird nicht versucht, eine Definition einer Menge zu finden. Vielmehr werden Axiome angegeben, die implizit den Mengenbegriff festlegen. Jedes Objekt, das die Axiome erfüllt, ist aus dieser Sicht eine Menge. Eine sehr empfehlenswerte Einführung in die axiomatische Mengenlehre ist das Buch [23] von *Heinz-Dieter Ebbinghaus*. Für unsere Zwecke reicht jedoch die cantorsche Mengenbeschreibung vollkommen aus.

Wir werden über Mengen in der Sprache aus Beispiel 1.12 sprechen. Uns steht also außer den Variablen, den logischen Verknüpfungen, den Quantoren und Klammersymbolen nur das Gleichheitssymbol $=$ und das Relationssymbol $\in$ zur Verfügung, um Aussagen (über Mengen) zu treffen. Dem allgemeinen Gebrauch folgend schreiben wir $\Rightarrow$ und $\Leftrightarrow$ für die Implikation und die Äquivalenz. Für Variable verwenden wir außer den Buchstaben $x, y, \ldots$ auch andere Bezeichnungen wie $m, n, M, N, \ldots$

$m \in M$ bedeutet, dass M eine Menge und m ein Element von M ist. Wenn m kein Element der Menge M ist, schreiben wir $m \notin M$.

Abb. 2.1 Venn-Diagramm
einer Menge

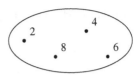

Zwei Mengen sind *gleich*, wenn sie die gleichen Elemente enthalten, das heißt

$$\forall M \; \forall N \; (M = N \Leftrightarrow \forall m \; (m \in M \Leftrightarrow m \in N)). \tag{2.1}$$

Eine Menge ist also eindeutig durch ihre Elemente bestimmt. Die Aussage 2.1 heißt das *Extensionalitätsprinzip* der Mengenlehre.

Mengen können auf unterschiedliche Weisen festgelegt werden. Eine endliche Menge lässt sich zum Beispiel durch Angabe aller ihrer Elemente definieren. Hierzu verwendet man die *Mengenschreibweise*. Die Aussage

$$M = \{m_1, m_2, \ldots, m_n\}$$

bedeutet, dass M eine Menge ist, die genau aus den Elementen $m_1, m_2, \ldots, m_n$ besteht. Eine spezielle endliche Menge ist die *leere Menge* $\emptyset$, die keine Elemente enthält. Die Anzahl der Elemente einer endlichen Menge bezeichnen wir mit $|M|$.

Beispiel 2.1 Für die Menge M aller geraden natürlichen Zahlen, die kleiner als 10 sind, gilt
$$M = \{2, 4, 6, 8\}.$$

Die Menge M enthält vier Elemente, nämlich die Zahlen 2, 4, 6 und 8. Es ist also $2 \in M$, $4 \in M$, $6 \in M$ und $8 \in M$. Die Zahl 1 ist kein Element von M, das heißt $1 \notin M$. Nach dem Extensionalitätsprinzip kommt es nicht darauf an, wie oft und in welcher Reihenfolge die Elemente einer Menge aufgeführt werden. Daher dürfen wir auch

$$M = \{2, 4, 6, 8\} = \{6, 8, 2, 4, 4, 6, 8\} = \{8, 6, 2, 4\}$$

schreiben. Es gilt $|M| = 4$. □

Mengen werden häufig durch sogenannte *Venn-Diagramme* dargestellt. Dies sind Ellipsen oder Kreise, in die ggf. die Elemente eingezeichnet werden. Abb. 2.1 zeigt ein Venn-Diagramm der Menge $M = \{2, 4, 6, 8\}$ aus Beispiel 2.1.

Unendliche Mengen lassen sich nicht durch Auflisten ihrer Elemente definieren. Wenn aus dem Zusammenhang eindeutig hervorgeht, welche Elemente gemeint sind, kann eine Menge mithilfe von Auslassungspunkten angegeben werden. Für die Menge $\mathbb{N}$ der natürlichen Zahlen schreiben wir zum Beispiel

$$\mathbb{N} = \{1, 2, 3, 4, 5, \ldots\}$$

oder für die Menge G der geraden natürlichen Zahlen

$$G = \{2, 4, 6, 8, 10, \ldots\}.$$

Meistens ist solch ein „Bildungsgesetz" aber nicht erkennbar. In dem Fall beschreibt man die Menge durch einen prädikatenlogischen Ausdruck $\phi(x)$, der eine Variable x frei enthält. Der Ausdruck $\phi(x)$ wird dazu benutzt, um aus einer gegebenen Menge M diejenigen Elemente x auszusondern, die die Bedingung ϕ erfüllen. Wir erweitern daher die obige Mengenschreibweise und meinen mit

$$\{x \in M \mid \phi(x)\} \tag{2.2}$$

die Menge, die aus den Elementen besteht, die in M enthalten sind und die die Bedingung ϕ erfüllen. Nach dem Extensionalitätsprinzip ist diese Menge eindeutig bestimmt. Diese Vorgehensweise zur Mengenbildung wird *Aussonderungsprinzip* genannt. Wenn die Menge M aus dem Kontext hervorgeht, wird kurz $\{x \mid \phi(x)\}$ geschrieben.

Beispiel 2.2 Es sei $\phi(x)$ der Ausdruck $\exists y.\, x = 2 \cdot y$. Die Menge G der geraden natürlichen Zahlen kann damit durch

$$G = \{x \in \mathbb{N} \mid \phi(x)\} = \{x \in \mathbb{N} \mid \exists y.\, x = 2 \cdot y\}$$

und die Menge M aus Beispiel 2.1 durch

$$M = \{x \in G \mid x < 10\}$$

definiert werden. □

Wenn wir das Aussonderungsprinzip auf eine Menge M und ein Prädikat ϕ anwenden, erhalten wir eine Menge, deren Elemente wieder in M liegen. Wir nennen die neue Menge eine Teilmenge von M. Genauer definieren wir wie folgt.

Definition 2.1 N und M seien Mengen. N heißt *Teilmenge* von M, wenn jedes Element von N auch Element von M ist. Wir schreiben dann $N \subseteq M$ oder $M \supseteq N$, das heißt

$$N \subseteq M \Leftrightarrow M \supseteq N \Leftrightarrow \forall n.\, (n \in N \Rightarrow n \in M).$$

N wird *echte Teilmenge* von M genannt, wenn N Teilmenge von M ist und wenn es ein Element $m \in M$ mit $m \notin N$ gibt. M heißt *Obermenge* bzw. *echte Obermenge* von N. Für echte Teilmengen schreiben wir $N \subsetneq M$ bzw. $M \supsetneq N$. □

Satz 2.1 *(Eigenschaften der Teilmengenbeziehung)* Für alle Mengen M, N und P gelten die folgenden Aussagen:

(a) $\emptyset \subseteq M$, $M \subseteq M$,
(b) $M \subseteq N \wedge N \subseteq P \Rightarrow M \subseteq P$,
(c) $M \subseteq N \wedge N \subseteq M \Leftrightarrow M = N$.

Beweis (a) folgt sofort aus der Definition. Zum Nachweis von (b) müssen wir zeigen, dass jedes Element $m \in M$ auch ein Element von P ist. Dies ergibt sich aus den Voraussetzungen $m \in M \Rightarrow m \in N$ und $m \in N \Rightarrow m \in P$. Die Aussage (c) ist das Extensionalitätsprinzip. $\square$

Beispiel 2.3 M und G seien die Mengen aus den Beispielen 2.1 und 2.2. Dann gilt

$$\emptyset \subseteq M \subseteq G \subseteq \mathbb{N}.$$

Alle Teilmengenbeziehungen sind echt. $\square$

Eine Menge kann selbst Element einer anderen Menge sein. Insbesondere können die Teilmengen einer gegebenen Menge zu einer neuen Menge zusammengefasst werden.

Definition 2.2 Es sei M eine Menge. Die Menge aller Teilmengen von M heißt *Potenzmenge* von M und wird mit

$$\mathcal{P}(M) = \{N \mid N \subseteq M\}. \tag{2.3}$$

bezeichnet. $\square$

Beispiel 2.4 Wir wollen die Potenzmenge der Menge $M = \{1, 2, 3\}$ bestimmen. Die leere Menge $\emptyset$ und M selbst sind nach Satz 2.1 Teilmengen von M. Sie enthalten null bzw. drei Elemente. Darüber hinaus müssen wir noch die ein- und die zweielementigen Teilmengen berücksichtigen. Insgesamt bekommen wir

$$\mathcal{P}(M) = \{\emptyset, \{1\}, \{2\}, \{3\}, \{1, 2\}, \{1, 3\}, \{2, 3\}, \{1, 2, 3\}\}.$$

$\mathcal{P}(M)$ enthält also acht Teilmengen, sieben von ihnen sind echte Teilmengen. $\square$

Aus gegebenen Mengen können auf vielfältige Weise neue Mengen gebildet werden. Drei Mengenoperationen lernen wir jetzt kennen.

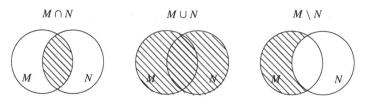

Abb. 2.2 Venn-Diagramme zu Durchschnitt, Vereinigung und Komplement

Definition 2.3 Es seien M und N Mengen. Die *Durchschnittsmenge* $M \cap N$, die *Vereinigungsmenge* $M \cup N$ und die *Differenzmenge* $M \setminus N$ werden definiert durch

$$M \cap N = \{m \mid m \in M \wedge m \in N\},$$
$$M \cup N = \{m \mid m \in M \vee m \in N\},$$
$$M \setminus N = \{m \mid m \in M \wedge m \notin N\}.$$

Falls speziell $N \subseteq M$ ist, wird die Mengendifferenz $M \setminus N$ als *Komplement* von N bezüglich M bezeichnet und als $\bar{N}$ geschrieben. M und N heißen *disjunkt*, wenn ihre Durchschnittsmenge leer ist. $\square$

In Abb. 2.2 werden diese drei Mengenoperationen durch Venn-Diagramme veranschaulicht.

Beispiel 2.5 Es sei G die Menge der geraden und U die Menge der ungeraden natürlichen Zahlen. M sei die Menge $\{2, 4, 6, 8\}$. Dann gelten die folgenden Aussagen.

$$G \cup U = \mathbb{N} \qquad\qquad\qquad G \cap U = \emptyset,$$
$$\mathbb{N} \setminus U = G \qquad\qquad\qquad \mathbb{N} \setminus G = U,$$
$$M \cup G = G \qquad\qquad\qquad M \cap G = M,$$
$$M \cup U = \{1, 2, 3, 4, 5, 6, 7, 8, 9, 11, 13, \ldots\} \qquad M \cap U = \emptyset.$$

G und U sowie M und U sind disjunkte Mengen. $\square$

Die wichtigsten Rechenregeln für die drei Verknüpfungen ergeben sich aus dem folgenden Satz.

Satz 2.2 *(Mengenalgebra)* Es sei eine Menge M gegeben. Die Potenzmenge $\mathcal{P}(M)$ bildet mit den Verknüpfungen $\cap$, $\cup$ und $^-$ eine boolesche Algebra. Die neutralen Elemente sind die leere Menge $\emptyset$ und die Menge M.

Beweis Wir müssen die Gültigkeit der Gesetze (vgl. Abschn. 1.1 unter Beispiel 1.5) nachweisen. Beispielhaft zeigen wir das erste Absorptionsgesetz $M \cup (M \cap N) = M$. Es ergibt sich aus

$$m \in M \cup (M \cap N) \Leftrightarrow m \in M \vee (m \in M \wedge m \in N) \Leftrightarrow m \in M.$$

Die erste Äquivalenz folgt aus den Definitionen von $\cup$ und $\cap$, die zweite aus dem Absorptionsgesetz für die Aussagenlogik. Die anderen Gesetze beweist man analog. $\square$

Die boolesche Algebra aus Satz 2.2 wird *Mengenalgebra* genannt.

Durchschnitt und Vereinigung haben wir eben für zwei Mengen definiert. Diese Operationen werden durch

$$\bigcap_{i \in I} M_i = \{m \mid \forall i \in I.\, m \in M_i\}$$

und

$$\bigcup_{i \in I} M_i = \{m \mid \exists i \in I.\, m \in M_i\}$$

auf eine beliebige Anzahl von Mengen M_i, $i \in I$, erweitert. Für diese verallgemeinerten Verknüpfungen gelten Rechenregeln analog denen einer booleschen Algebra. Einige dieser Regeln sollen in den Übungen bewiesen werden.

Da bei Mengen die Reihenfolge, in der die Elemente aufgeführt werden, keine Rolle spielt, gilt

$$\{a, b\} = \{b, a\}.$$

Häufig kommt es aber auf die Reihenfolge an. Wenn beispielsweise ein Punkt in der kartesischen Koordinatenebene spezifiziert werden soll, geschieht dies meistens in der Form (x, y), wobei x die Koordinate der horizontalen und y die Koordinate der vertikalen Achse ist. $(2, 3)$ und $(3, 2)$ sind in dieser Darstellung verschiedene Punkte.

In der folgenden Definition führen wir geordnete Paare (a, b) als spezielle Mengen mit (höchstens) zwei Elementen ein. Da wir bei Mengen nicht auf die Reihenfolge ihrer Elemente zurückgreifen können, müssen wir uns mit einem Trick behelfen, indem wir ein Element als „erste Koordinate" auszeichnen. Wenn dies zum Beispiel a sein soll, nehmen wir hierzu die Menge $\{a\}$. Das Paar (a, b) ist damit die Menge, die die Elemente $\{a, b\}$ und $\{a\}$ enthält.

Definition 2.4 Ein *(geordnetes) Paar* (a, b) ist die Menge $\{\{a\}, \{a, b\}\}$. $\square$

Für Paare (a, b) mit $a \neq b$ ist $(a, b) \neq (b, a)$. Diese Aussage ergibt sich direkt aus dem folgenden Satz.

Satz 2.3 Für geordnete Paare (a, b) und (c, d) gilt

$$(a, b) = (c, d) \Leftrightarrow a = c \wedge b = d.$$

Beweis Es sei $(a, b) = (c, d)$, das heißt $\{\{a\}, \{a, b\}\} = \{\{c\}, \{c, d\}\}$. Nach dem Extensionalitätsprinzip tritt einer der beiden folgenden Fälle ein.

1. Fall: $\{a\} = \{c\}$ und $\{a, b\} = \{c, d\}$. Es folgt sofort $a = c$ und damit $\{a, b\} = \{a, d\}$. Dann ist entweder $b = d$ oder $a = d \wedge a = b$, in jedem Fall aber $b = d$.

2. Fall: $\{a\} = \{c, d\}$ und $\{a, b\} = \{c\}$. Hier gilt $a = c = d$ und $a = c = b$ und damit $a = b = c = d$.

Umgekehrt folgt aus $a = c \wedge b = d$ sofort $(a, b) = (c, d)$. $\square$

Als nächste Mengenoperation können wir jetzt das Produkt als die Menge aller geordneten Paare einführen.

Definition 2.5 M und N seien Mengen. Das *(kartesische) Produkt* dieser Mengen wird durch

$$M \times N = \{(m, n) \mid m \in M \wedge n \in N\}$$

definiert. $\square$

Beispiel 2.6 Das Produkt $M \times N$ der Mengen $M = \{a, b, c\}$ und $N = \{0, 1\}$ enthält die sechs Paare $(a, 0)$, $(a, 1)$, $(b, 0)$, $(b, 1)$, $(c, 0)$ und $(c, 1)$. $\square$

In den Anwendungen werden in der Regel nicht nur Beziehungen zwischen zwei Mengen hergestellt. Häufig sind drei oder mehr Mengen beteiligt. Wir verallgemeinern daher die Begriffe „Paar" und „Produkt" auf eine endliche Anzahl von Komponenten.

Ein *Tripel* (a, b, c) definieren wir als das Paar $((a, b), c)$. Den allgemeinen Fall behandeln wir in der folgenden Definition.

Definition 2.6 Unter einem *n-Tupel* $(a_1, \ldots, a_n)$, $n \geq 2$, verstehen wir das Paar

$$((\cdots ((a_1, a_2), a_3), \ldots, a_{n-1}), a_n)$$

und unter dem *(kartesischen) Produkt* der Mengen $M_1, \ldots, M_n$ die Menge aller n-Tupel $(m_1, \ldots, m_n)$ mit $m_i \in M_i$, das heißt

$$M_1 \times \ldots \times M_n = \{(m_1, \ldots, m_n) \mid m_i \in M_i, i = 1, \ldots, n\},$$

wobei wir $n \geq 2$ annehmen. $\square$

Wir haben ein Tripel (a, b, c) als das Paar $((a, b), c)$ eingeführt. Genauso gut hätten wir $(a, (b, c))$ nehmen können. Formal hätte sich hieraus eine andere Definition des kartesischen Produkts ergeben. Durch $f((a, b), c) = (a, (b, c))$ könnten wir dann eine bijektive

Abbildung f (siehe Definition 2.16) zwischen den Mengen der beiden Definitionen $M_1 \times M_2 \times M_3$ herstellen.

Es kommt also auf die genaue Definition eines n-Tupels gar nicht an. Wir benötigen lediglich die Eigenschaft, dass zwei n-Tupel $(l_1, \ldots, l_n)$ und $(m_1, \ldots, m_n)$, $n \geq 2$, genau dann gleich sind, wenn $l_i = m_i$ für alle $i = 1, \ldots, n$ gilt. Diese Aussage wird durch eine einfache Induktion gezeigt, wobei der Induktionsanfang bereits in Satz 2.3 bewiesen wurde.

Im nächsten Beispiel lernen wir eine erste Anwendung kennen, weitere werden in den kommenden Abschnitten folgen. Es ist üblich, für das n-fache Produkt $M \times \ldots \times M$ der Menge M die Potenzschreibweise M^n zu verwenden.

Beispiel 2.7 Zur Beschreibung einer Ebene E führt man in der Regel rechtwinklige Koordinatenachsen ein. Jeder Punkt der Ebene ist dann eindeutig durch ein Koordinatenpaar (x, y) mit $x, y \in \mathbb{R}$ bestimmt:

$$E = \mathbb{R}^2 = \mathbb{R} \times \mathbb{R} = \{(x, y) \mid x, y \in \mathbb{R}\}.$$

Entsprechend werden Punkte im Raum durch das dreifache Produkt $\mathbb{R}^3 = \mathbb{R} \times \mathbb{R} \times \mathbb{R}$ charakterisiert. $\square$

Die bisher vorgestellten Operationen gestatten die Konstruktion vieler Mengen. Mengen können jedoch nicht beliebig gebildet werden. Dies wollen wir zum Schluss dieses Abschnitts kurz erläutern.

Satz 2.4 Es gibt keine Menge, die alle Mengen als Element enthält.

Beweis Es sei U die Menge, die alle Mengen als Element enthält. Nach dem Aussonderungsprinzip (vgl. Abschn. 2.1 unter Gl. 2.2) können wir dann die Menge

$$V = \{x \in U \mid x \notin x\}$$

bilden. Da U jede Menge als Element enthält, muss $V \in U$ sein. Wir erhalten den Widerspruch $V \in V \Leftrightarrow V \notin V$. $\square$

Die Menge aller Mengen existiert also nicht. Trotzdem können und dürfen wir über die Gesamtheit der Mengen reden. Zusammenfassungen, die keine Mengen sind, werden als *(echte) Klassen* bezeichnet. Ein Beispiel ist, wie wir soeben gesehen haben, die Klasse aller Mengen, die sogenannte *Allklasse*.

Ein grundlegendes Konzept der Mengenlehre ist es, Mengen als Einheiten zu sehen, die wiederum Element einer anderen Menge sein können. Auf diese Weise lassen sich

Mengen von Mengen, Mengen von Mengen von Mengen usw. definieren. So strukturierte Mengen nennt man *Mengensysteme*. Beispielsweise ist die Potenzmenge $\mathcal{P}(M)$ einer Menge M ein Mengensystem, da ihre Elemente Mengen, nämlich die Teilmengen von M, sind. Mengensysteme entstehen hierarchisch „von unten nach oben" durch Zusammenfassungen von Elementen zu Mengen.

Es sei $M_0 = \emptyset$ gegeben. Wenn wir mit M_{n+1} die Menge $M_n \cup \{M_n\}$ bezeichnen, erhalten wir eine unendliche Folge von Mengen $M_0, M_1, M_2, M_3, \ldots$, für die

$$M_0 \in M_1 \in M_2 \in M_3 \in \ldots \tag{2.4}$$

gilt. Solche aufsteigenden Mengenfolgen entsprechen dem hierarchischen Aufbau und dürfen daher gebildet werden.

Elementbeziehungen der Form $M \in M$ oder $M \in N \in M$ sowie unendliche absteigende Folgen

$$\ldots \in M_3 \in M_2 \in M_1 \in M_0 \tag{2.5}$$

widersprechen allerdings der hierarchischen Struktur und sind deshalb verboten. Dieses Verbot wird *Fundierungsprinzip der Mengenlehre* genannt.

2.2   Relationen

Bisher haben wir Mengen als Ansammlungen von Elementen betrachtet, ohne jedoch auf die Elemente und ihre Beziehungen untereinander einzugehen. Dies wollen wir jetzt ändern. 3 und 9 sind natürliche Zahlen, das heißt $3 \in \mathbb{N}$ und $9 \in \mathbb{N}$. Es lässt sich aber mehr über diese beiden Zahlen aussagen. Beispielsweise ist 3 kleiner als 9. Außerdem ist 3 ein Teiler von 9 und 9 das Quadrat von 3. Formal schreiben wir diese Aussagen als $3 < 9, 3 \mid 9$ und $3^2 = 9$. $<$ und $\mid$ sind sogenannte Relationen auf der Menge der natürlichen Zahlen und $(\ )^2$ ist eine Funktion $f : \mathbb{N} \to \mathbb{N}$, die jede natürliche Zahl n auf $f(n) = n^2$ abbildet. Auf die Begriffe „Relation" und „Funktion" sowie auf einige ihrer Anwendungen in der Informatik gehen wir in diesem und dem nächsten Abschnitt ausführlich ein.

Es gilt $3 < 9$, aber nicht $9 < 3$. Wir fassen daher die $<$-Beziehung als Menge von geordneten Paaren $R \subseteq \mathbb{N} \times \mathbb{N}$ auf, für die beispielsweise $(3,9) \in R$ und $(9,3) \notin R$ gilt. Diese Überlegung führt zur folgenden Definition.

Definition 2.7 Es seien Mengen M und N gegeben. Eine Teilmenge $R \subseteq M \times N$ heißt *(zweistellige) Relation von M nach N*. M ist die *Definitionsmenge* und N die *Wertemenge* von R. Der *Definitionsbereich* $D(R) \subseteq M$ der Relation R ist die Menge aller $m \in M$, für die ein Paar $(m,n) \in R$ existiert. Entsprechend ist der *Wertebereich* $W(R)$ von R die Menge aller $n \in N$, für die es ein Paar $(m,n) \in R$ gibt. Im Falle $M = N$ ist $R \subseteq M \times M$ eine *Relation auf M*. $\square$

Wir erläutern die eben eingeführten Begriffe jetzt an einem Beispiel.

Tab. 2.2 Tabelle einer Relation	M	M
	2	4
	2	6
	2	8
	4	6
	4	8
	6	8

Beispiel 2.8 Es sei $M = \{2, 4, 6, 8\}$. Die Teilbarkeits- und die Kleiner-Beziehung auf M können durch Relationen R_1 und R_2 mit

$$R_1 = \{(2,2), (2,4), (2,6), (2,8), (4,4), (4,8), (6,6), (8,8)\} \subseteq M \times M$$

und

$$R_2 = \{(2,4), (2,6), (2,8), (4,6), (4,8), (6,8)\} \subseteq M \times M$$

beschrieben werden. Für die Definitions- und Wertebereiche der Relationen R_1 und R_2 gelten $D(R_1) = W(R_1) = M$ sowie $D(R_2) = \{2, 4, 6\}$ und $W(R_2) = \{4, 6, 8\}$. □

Für viele Relationen gibt es feste Bezeichnungen. Diese verwenden üblicherweise die Infix-Notation. Wir schließen uns dieser Konvention an und schreiben beispielsweise 4 | 8 statt $(4, 8) \in R_1$ und 6 < 8 statt $(6, 8) \in R_2$.

Relationen lassen sich auf unterschiedliche Weisen veranschaulichen. Die wichtigsten Alternativen sind die Darstellung in einer *Tabelle*, als *Graph* in einem Koordinatensystem und durch ein *Pfeildiagramm*. Vollständig sind die Beschreibungen natürlich nur dann, wenn die Relation eine endliche Menge von Paaren ist.

Wir erläutern jetzt diese Möglichkeiten anhand der Menge M und der Relation R_2 aus Beispiel 2.8. Die Tabelle einer Relation enthält zwei Spalten, je eine für die Definitions- und die Wertemenge. In jeder Zeile steht ein Paar der Relation. Für R_2 erhalten wir auf diese Weise Tab. 2.2.

Der Graph einer (zweistelligen) Relation enthält zwei Koordinatenachsen, die mit den Elementen der Grundmengen beschriftet sind. Wenn ein Paar in der Relation enthalten ist, wird dies an der entsprechenden Stelle im Koordinatensystem durch einen Punkt gekennzeichnet. Abb. 2.3 zeigt den Graphen der Relation R_2.

Im Pfeildiagramm einer Relation werden die Venn-Diagramme der beiden zugrunde liegenden Mengen gezeichnet und die Elemente, die zur Relation gehören, durch Pfeile miteinander verbunden. Das Pfeildiagramm von R_2 ist in Abb. 2.4 zu sehen.

Relationen zeigen unterschiedliche Eigenschaften. Beispielsweise gelten für alle natürliche Zahlen n, m und o

$$m \mid n \wedge n \mid o \Rightarrow m \mid o$$

Abb. 2.3 Graph einer Relation

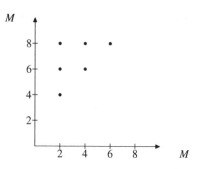

und

$$m < n \wedge n < o \Rightarrow m < o.$$

Für eine beliebige Relation $R \subseteq M \times M$ ausgedrückt, heißt dies

$$(m, n) \in R \wedge (n, o) \in R \Rightarrow (m, o) \in R \tag{2.6}$$

für alle $m, n, o \in M$. Eine Relation R, die die Gl. 2.6 erfüllt, heißt *transitiv*. | und < sind also transitive Relationen. Die Relationen | und < unterscheiden sich aber hinsichtlich anderer Eigenschaften. So gilt für alle natürlichen Zahlen n die Aussage $n \mid n$, aber für keine natürliche Zahl n ist $n < n$. Wir nennen | *reflexiv* und < *irreflexiv*.

Wir stellen jetzt die wichtigsten Eigenschaften von Relationen vor. Dabei unterscheiden wir zwischen Eigenschaften der Reflexivität, der Symmetrie und des Zusammenhangs. Der Vollständigkeit halber führen wir die obigen Eigenschaften noch einmal auf.

Definition 2.8 Es sei eine Menge M gegeben.

Eigenschaften hinsichtlich der *Reflexivität:* Eine Relation $R \subseteq M \times M$ heißt

- *reflexiv*, wenn $(m, m) \in R$ für alle $m \in R$ gilt,
- *irreflexiv*, wenn $(m, m) \notin R$ für alle $m \in R$ gilt.

Abb. 2.4 Pfeildiagramm einer Relation

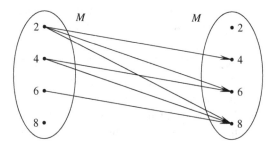

Eigenschaften hinsichtlich der *Symmetrie:* Eine Relation $R \subseteq M \times M$ heißt

- *symmetrisch*, wenn $(m, n) \in R \Rightarrow (n, m) \in R$ für alle $m, n \in R$ gilt,
- *asymmetrisch*, wenn $(m, n) \in R \Rightarrow (n, m) \notin R$ für alle $m, n \in R$ gilt,
- *antisymmetrisch*, wenn $(m, n) \in R \wedge (n, m) \in R \Rightarrow m = n$ für alle $m, n \in R$ gilt.

Eigenschaften hinsichtlich des *Zusammenhangs:* Eine Relation $R \subseteq M \times M$ heißt

- *transitiv*, wenn $(m, n) \in R \wedge (n, o) \in R \Rightarrow (m, o) \in R$ für alle $m, n, o \in R$ gilt,
- *konnex*, wenn $(m, n) \in R \vee (n, m) \in R$ für alle $m, n \in R$ gilt,
- *linear*, wenn $(m, n) \in R \vee (n, m) \in R \vee m = n$ für alle $m, n \in R$ gilt. $\square$

Diese Eigenschaften sind nicht unabhängig voneinander. Offensichtlich ist jede konnexe Relation linear. Jede asymmetrische Relation ist irreflexiv und – da die Voraussetzung der Definition nie erfüllt ist – auch antisymmetrisch.

Im folgenden Beispiel zählen wir einige Eigenschaften der Teilbarkeitsrelation für natürliche und ganze Zahlen auf.

Beispiel 2.9 Wir haben bereits gesehen, dass die Teilbarkeitsrelation $|$ auf der Menge $\mathbb{N}$ der natürlichen Zahlen transitiv und reflexiv ist (siehe auch Satz 6.2). Sie ist darüber hinaus auch antisymmetrisch. Zum Nachweis müssen wir

$$m \mid n \wedge n \mid m \Rightarrow m = n$$

für alle $m, n \in \mathbb{N}$ zeigen. Aus den Voraussetzungen folgt $m \cdot k = n$ und $n \cdot l = m$ für natürliche Zahlen k und l. Aus beiden Gleichungen erhalten wir $n \cdot l \cdot k = n$ und hieraus $l = k = 1$ sowie $m = n$. Diese Relation ist aber weder konnex noch linear. Auf der Menge $\mathbb{Z}$ der ganzen Zahlen ist $|$ nicht antisymmetrisch, denn es gelten $(-4) \mid 4$, $4 \mid (-4)$ und $-4 \neq 4$. $\square$

Wir widmen uns jetzt zwei speziellen Klassen von Relationen, den *Äquivalenzrelationen* und den *Ordnungsrelationen*.

Wenn Elemente einer Menge bezüglich bestimmter Eigenschaften das gleiche Verhalten zeigen, nennen wir diese Elemente *äquivalent*. Beispielsweise besitzen die natürlichen Zahlen 7, 13 und 22 bei Division durch 3 den Rest 1. Hinsichtlich der Division durch 3 sind diese drei Zahlen daher äquivalent. Wir schreiben hierfür zum Beispiel $7 \equiv 13$ und fassen $\equiv$ als eine Relation auf der Menge $\mathbb{Z}$ der ganzen Zahlen auf. Welche Eigenschaften besitzt diese Relation? Wir werden in Satz 6.30 zeigen, dass für alle $m, n, o \in \mathbb{Z}$ die Aussagen

$$m \equiv m,$$

$$m \equiv n \Rightarrow n \equiv m$$

und

$$m \equiv n \wedge n \equiv o \Rightarrow m \equiv o$$

gelten. Relationen mit diesen drei Eigenschaften erhalten in der nächsten Definition einen eigenen Namen.

Definition 2.9 Eine Relation $R \subseteq M \times M$ heißt *Äquivalenzrelation*, wenn sie reflexiv, symmetrisch und transitiv ist. Für jedes Element $m \in M$ heißt die Menge $\{n \mid n \equiv m\}$ die zu m gehörige *Äquivalenzklasse*. Sie wird mit $[m]$ bezeichnet. $\square$

Was lässt sich über äquivalente Elemente aussagen? Wenn wir wiederum die Division durch 3 betrachten, dann stellen wir fest, dass jede ganze Zahl in genau eine der drei Mengen

$$M_0 = \{\ldots, -6, -3, 0, 3, 6, 9, 12, 15, 18, 21, \ldots\},$$
$$M_1 = \{\ldots, -5, -2, 1, 4, 7, 10, 13, 16, 19, 22, \ldots\}$$

oder

$$M_2 = \{\ldots, -4, -1, 2, 5, 8, 11, 14, 17, 20, 23, \ldots\}$$

fällt. Dabei befinden sich äquivalente Elemente stets in derselben Menge. Wir beobachten, dass die Äquivalenzrelation $\equiv$ die Grundmenge $\mathbb{Z}$ in disjunkte Teilmengen äquivalenter Elemente aufteilt. Diese Aussage gilt für jede Äquivalenzrelation, wie wir jetzt beweisen werden.

Definition 2.10 Es sei eine Menge M gegeben. Ein System $M_i \subseteq M$, $i \in I$, von Teilmengen heißt *Zerlegung* von M, wenn es die Bedingungen

(a) $M_i \neq \emptyset$ für alle $i \in I$,
(b) $M_i \cap M_j = \emptyset$ für alle $i, j \in I, i \neq j$ und
(c) $M = \bigcup_{i \in I} M_i$

erfüllt. Ein beliebiges Element $m \in M_i$, $i \in I$, heißt *Repräsentant* von M_i. $\square$

Mit dieser Definition können wir den angekündigten Satz formulieren und beweisen.

Satz 2.5 Es sei eine nicht leere Menge M gegeben.

(a) Für jede Äquivalenzrelation $R \subseteq M \times M$ bildet die Menge der Äquivalenzklassen eine Zerlegung von M.
(b) Umgekehrt erzeugt jede Zerlegung $M_i \subseteq M$, $i \in I$, von M durch

$$m \equiv n \Leftrightarrow \exists i \in I. \, (m \in M_i \wedge n \in M_i) \tag{2.7}$$

eine Äquivalenzrelation $\equiv$ auf M.

Beweis Zum Nachweis von (a) müssen wir zeigen, dass das System der Äquivalenzklassen $[m]$, $m \in M$, eine Zerlegung von M bildet. Da R reflexiv ist, gilt $m \in [m]$ für alle $m \in M$. Daher ist $[m] \neq \emptyset$. Die Äquivalenzklassen sind paarweise disjunkt, denn die Annahme $o \in [m] \cap [n]$ führt zu $o \equiv m$ und $o \equiv n$, woraus wegen der Symmetrie und der Transitivität $m \equiv n$ und damit $[m] = [n]$ folgt. Da $m \in [m]$ für alle $m \in M$ gilt, ist M die Vereinigung aller Äquivalenzklassen.

Wir zeigen jetzt, dass durch Gl. 2.7 eine Äquivalenzrelation auf M definiert wird. Die Reflexivität und die Symmetrie sind offensichtlich. Sei $m \equiv n$ und $n \equiv o$. Dann gibt es Indizes $i \in I$ und $j \in I$ mit $m, n \in M_i$ und $n, o \in M_j$. Da die Mengen M_i eine Zerlegung bilden, muss $i = j$ und damit $m \equiv o$ sein. $\quad\square$

Wenn wir unser Beispiel der Division durch 3 wieder aufgreifen, erkennen wir, dass die obigen Mengen M_0, M_1 und M_2 die Zerlegung von $\mathbb{Z}$ gemäß Satz 2.5(a) bilden. Repräsentanten sind beispielsweise 0, 1 und 2, denn es gelten $[0] = M_0$, $[1] = M_1$ und $[2] = M_2$.

Nachdem man die äquivalenten Elemente einer Menge zu Klassen zusammengefasst hat, bildet man die Menge dieser Äquivalenzklassen und arbeitet mit ihr weiter. In unserem Beispiel erhalten wir das Mengensystem $\{M_0, M_1, M_2\}$.

Definition 2.11 Es seien eine Menge M sowie eine Äquivalenzrelation $\equiv$ auf M gegeben. Die Menge

$$M/\!\equiv \; = \; \{[m] \mid m \in M\}$$

heißt die *Faktor-* oder *Quotientenmenge* von M bezüglich $\equiv$. $\quad\square$

In Abschn. 6.3 und den Kap. 8, 9 und 10 werden wir auf die obige Äquivalenzrelation und ihre Faktormenge zurückkommen. Unter anderem werden wir sie im Rahmen der modularen Arithmetik untersuchen.

Wir kommen jetzt zu den Ordnungsrelationen. Dabei müssen wir zwischen Relationen vom Typ $\leq$ und solchen vom Typ $<$ unterscheiden. Die Relation $\leq$ auf der Menge $\mathbb{N}$ der natürlichen Zahlen ist reflexiv, antisymmetrisch und transitiv. Hingegen ist $<$ asymmetrisch und transitiv. Diese Beobachtung führt zur folgenden Definition.

Definition 2.12 Es sei eine Menge M und eine Relation $R \subseteq M \times M$ gegeben. Die Relation R heißt *partielle Ordnung(srelation)* auf M, wenn sie reflexiv, antisymmetrisch und transitiv ist. Sie wird *strenge Ordnung(srelation)* genannt, wenn sie asymmetrisch und transitiv ist. Falls R zusätzlich linear ist, wird die Ordnung auch *vollständig* oder *total* genannt. Wenn wir kurz von einer *Ordnung(srelation)* sprechen, meinen wir stets eine partielle Ordnung. $\quad\square$

Im nächsten Beispiel betrachten wir Ordnungsrelationen für die natürlichen und die ganzen Zahlen. Dabei sehen wir, dass es im Allgemeinen mehr als eine Ordnung auf einer Menge geben kann.

Beispiel 2.10 Auf den Mengen $\mathbb{N}$ und $\mathbb{Z}$ ist $\leq$ eine vollständige Ordnungsrelation und $<$ eine vollständige strenge Ordnung. $\leq$ ist reflexiv, antisymmetrisch, transitiv, konnex und linear. Die Relation $<$ ist irreflexiv, asymmetrisch, antisymmetrisch, transitiv und linear.

In Beispiel 2.9 haben wir gesehen, dass die Teilbarkeitsrelation $\mid$ auf $\mathbb{N}$ ebenfalls eine Ordnungsrelation ist. Sie ist jedoch nicht vollständig, da zum Beispiel weder $6 \mid 8$ noch $8 \mid 6$ gilt. Auf der Menge $\mathbb{Z}$ der ganzen Zahlen ist $\mid$ nicht antisymmetrisch und daher keine Ordnungsrelation.

Jede natürliche Zahl $n \geq 2$ kann eindeutig als Produkt von Primzahlpotenzen in der Form

$$n = p_1^{\alpha_1} \cdot \ldots \cdot p_r^{\alpha_r}$$

geschrieben werden. Dabei sind die Zahlen p_i, $i = 1, \ldots, r$, Primzahlen. Dies ist eine Folgerung aus dem Fundamentalsatz der Arithmetik, den wir in Satz 6.20 beweisen werden. Beispielsweise gilt $450 = 5^2 \cdot 3^2 \cdot 2^1$ und $600 = 5^2 \cdot 3^1 \cdot 2^3$. Wenn wir die Primfaktorzerlegungen von 450 und 600 vergleichen, stellen wir zuerst fest, dass der größte Primfaktor von beiden Zahlen 5 ist und jeweils den Exponenten 2 besitzt. Dann vergleichen wir die Exponenten des nächsten Primfaktors 3. Wir erhalten die Werte 2 und 1. Wir nennen deshalb 600 „kleiner" als 450 und schreiben $600 \preceq 450$. Wenn wir noch definieren, dass $1 \preceq m$ und $m \preceq m$ für alle $m \in \mathbb{N}$ ist, erhalten wir auf diese Weise eine Relation $\preceq$ auf $\mathbb{N}$, die nach Definition reflexiv ist und offensichtlich auch antisymmetrisch, transitiv und linear. Die Relation $\preceq$ ist daher eine vollständige Ordnung auf $\mathbb{N}$. Wenn wir die natürlichen Zahlen gemäß dieser Ordnung notieren, erhalten wir

$$1, 2, 4, 8, 16, 32, \ldots, 3, 6, 12, 24, 48, \ldots, 9, 18, 36, 72, \ldots$$

Jedes Auftreten von $\ldots$ steht hier für unendlich viele natürliche Zahlen.   □

Eine Ordnung und eine strenge Ordnung auf einer Menge M unterscheiden sich nur durch die Elemente (m, m) für $m \in M$. Anders ausgedrückt heißt dies, dass durch

$$m < n \Leftrightarrow m \leq n \wedge m \neq n$$

für alle $m, n \in M$ eine strenge Ordnung auf M definiert wird, falls $\leq$ eine Ordnung auf M ist. Umgekehrt ist durch

$$m \leq n \Leftrightarrow m < n \vee m = n$$

für alle $m, n \in M$ eine Ordnung auf M gegeben, wenn $<$ eine strenge Ordnung auf M ist.

Relationen auf einer Menge M sind Teilmengen des Produkts $M \times M$. Auf sie können daher die mengentheoretischen Begriffsbildungen angewendet werden. Wir können also zum Beispiel von der leeren Relation $\emptyset \subseteq M \times M$ oder vom Durchschnitt $R_1 \cap R_2$ zweier Relationen R_1 und R_2 sprechen. Darüber hinaus benötigen wir weitere Relationen und Verknüpfungen, die wir in der folgenden Definition einführen.

Definition 2.13 Es seien Mengen M, N und O gegeben.

(a) Die Relation $1_M = \{(m, m) \mid m \in M\} \subseteq M \times M$ wird *identische Relation* oder *Identität* auf der Menge M genannt.

(b) Zu einer Relation $R \subseteq M \times N$ heißt $\{(n, m) \mid (m, n) \in R\}$ die *inverse Relation*. Sie wird mit R^{-1} bezeichnet.

(c) Die *Komposition* oder das *Produkt* $R_2 \circ R_1$ zweier Relationen $R_1 \subseteq M \times N$ und $R_2 \subseteq N \times O$ ist die Relation $\{(m, o) \mid \exists n \in N. (m, n) \in R_1 \wedge (n, o) \in R_2\}$.

(d) $R \subseteq M \times N$ sei eine Relation und $M' \subseteq M$ eine Teilmenge von M. Die Relation $R|_{M'} = \{(m, n) \in R \mid m \in M'\}$ heißt *Einschränkung von R auf M'*. $\square$

Für alle Mengen M, N, O und P sowie für alle Relationen $R_1 \subseteq M \times N$, $R_2 \subseteq N \times O$ und $R_3 \subseteq O \times P$ gelten, wovon man sich leicht überzeugt, die Rechenregeln

$$R_1 \circ 1_M = R_1, \tag{2.8}$$

$$1_N \circ R_1 = R_1, \tag{2.9}$$

$$(R_3 \circ R_2) \circ R_1 = R_3 \circ (R_2 \circ R_1). \tag{2.10}$$

Eine Relation auf einer Menge kann mit sich selbst komponiert werden. Allgemein lässt sich das n-fache Produkt R^n einer Relation $R \subseteq M \times M$ durch

$$R^n = \begin{cases} 1_M, & n = 0, \\ R \circ R^{n-1}, & n \geq 1 \end{cases}$$

für alle $n \geq 0$ rekursiv definieren.

Satz 2.6 Es sei eine Relation $R \subseteq M \times M$ gegeben. Für alle $n \geq 0$ gilt $(m, m') \in R^n$ genau dann, wenn es eine Folge $c_0, \ldots, c_n$ von Elementen aus M mit $m = c_0$, $(c_i, c_{i+1}) \in R$, $i = 0, \ldots, n-1$ und $c_n = m'$ gibt.

Beweis Wir beweisen den Satz durch vollständige Induktion. Für $n = 0$ gilt die Behauptung, da nach Definition des Produkts $R^0 = 1_M$ ist. Es sei $n \geq 1$ und $(m, m') \in R^n$. Dann gibt es ein Element $m'' \in M$ mit $(m, m'') \in R^{n-1}$ und $(m'', m') \in R$, da $R^n = R \circ R^{n-1}$ ist. Nach Induktionsvoraussetzung finden wir eine Folge $c_0, \ldots, c_{n-1}$ mit $m = c_0$, $(c_i, c_{i+1}) \in R$, $i = 0, \ldots, n-2$ und $c_{n-1} = m''$. Hieraus setzen wir die gesuchte Folge $c_0, \ldots, c_{n-1}, m'$ zusammen. Zum Nachweis der anderen Beweisrichtung sei $c_0, \ldots, c_n$, $n \geq 1$, eine Folge wie im Satz angegeben. Nach Induktionsvoraussetzung ist $m = c_0$ und $(c_0, c_{n-1}) \in R^{n-1}$, woraus wegen $(c_{n-1}, c_n) \in R$ und $c_n = m'$ die Behauptung folgt. $\square$

Unter der *Hülle* einer Relation R versteht man die kleinste Relation $R' \supseteq R$, die R umfasst und die eine bestimmte Eigenschaft besitzt. Beispielsweise ist die *transitive Hülle* von R die kleinste Relation, die R als Teilmenge besitzt und transitiv ist. Sie wird mit R^+ bezeichnet. Neben der transitiven Hülle spielt in der Informatik die *reflexive und transitive Hülle* R^* eine große Rolle. Sie ist die kleinste R umfassende Relation, die zugleich reflexiv und transitiv ist.

Im nächsten Satz zeigen wir, wie diese Hüllen gewonnen werden können.

Satz 2.7 Es sei $R \subseteq M \times M$ eine Relation auf der Menge M. Für die transitive Hülle R^+ von R gilt

$$R^+ = \bigcup_{i \geq 1} R^i,$$

und für die reflexive transitive Hülle R^* ist

$$R^* = \bigcup_{i \geq 0} R^i.$$

Beweis Zum Nachweis der Behauptung über die transitive Hülle haben wir zu zeigen, dass $\bigcup_{i \geq 1} R^i$ die kleinste transitive Relation ist, die R umfasst. Da

$$R^1 = R \circ R^0 = R \circ 1_M = R$$

ist, gilt $R \subseteq \bigcup_{i \geq 1} R^i$. Zum Nachweis der Transitivität von $\bigcup_{i \geq 1} R^i$ seien (m, m'), $(m', m'') \in \bigcup_{i \geq 1} R^i$ gegeben. Nach Satz 2.7 existieren zwei Folgen $c_0, \ldots, c_n$ und $d_0, \ldots, d_{n'}$ mit $m = c_0$, $(c_i, c_{i+1}) \in R$, $i = 0, \ldots, n-1$, $c_n = m'$, $m' = d_0$, $(d_j, d_{j+1}) \in R$, $j = 0, \ldots, n'-1$ und $d'_n = m''$. Die Folge

$$m = c_0, \ldots, c_n = m' = d_0, \ldots, d'_n = m''$$

zeigt, dass $(m, m'') \in \bigcup_{i \geq 1} R^i$ ist. Es bleibt nachzuweisen, dass $\bigcup_{i \geq 1} R^i$ die kleinste transitive Relation ist, die R enthält. Dazu nehmen wir an, dass R' eine beliebige R umfassende transitive Relation ist und zeigen $\bigcup_{i \geq 1} R^i \subseteq R'$. Es sei $(m, m') \in \bigcup_{i \geq 1} R^i$. Dann gibt es einen Index $n \geq 1$ mit $(m, m') \in R^n$ und nach Satz 2.6 eine Folge $c_0, \ldots, c_n$ mit $m = c_0$, $(c_i, c_{i+1}) \in R$, $i = 0, \ldots, n-1$ und $c_n = m'$. Da $R \subseteq R'$ ist, liegt diese Folge auch in R'. Weil R' transitiv ist, gilt $(m, m') \in R'$. Der Beweis der Aussage über die reflexive transitive Hülle kann analog geführt werden und soll in Übungsaufgabe 17 erfolgen. $\square$

Beispiel 2.11 Als Beispiel betrachten wir die Relation $R = \{(1, 2), (2, 2), (2, 3)\}$ auf der Menge $M = \{1, 2, 3\}$. Es ist $R^0 = 1_M = \{(1, 1), (2, 2), (3, 3)\}$ und $R^1 = R$. Für $n \geq 2$ bekommen wir $R^n = R \cup \{(1, 3)\}$. Insgesamt ergibt sich also

$$R^+ = \{(1, 2), (2, 2), (2, 3), (1, 3)\}$$

und

$$R^* = \{(1,1),(1,2),(2,2),(2,3),(3,3),(1,3)\}. \quad \square$$

Eine konkrete Anwendung dieser Hüllen werden wir in Beispiel 7.15 mit den kontextfreien Grammatiken kennenlernen. Dort wird ein Ersetzungsschritt als Relation $\Longrightarrow$ eingeführt und die von der Grammatik erzeugte Sprache mithilfe der reflexiven transitiven Hülle $\Longrightarrow^*$ definiert.

Informationssysteme sind in der einen oder anderen Form in nahezu allen größeren Softwaresystemen enthalten. Sie speichern Informationen und gestatten ihre Wiedergewinnung (siehe Abschn. 10.6). Zudem erlauben sie die Verknüpfung und Auswertung der Informationen. Informationssysteme enthalten unter anderem eine Datenbank, die die Daten speichert und wieder zur Verfügung stellt. Die in der Datenbank enthaltenen Daten und ihre Beziehungen untereinander werden durch ein sogenanntes *Datenmodell* beschrieben.

In den vergangenen Jahrzehnten wurden etliche dieser Datenmodelle entwickelt. Das heute am häufigsten verwendete ist das *relationale Datenmodell*, das wir jetzt vorstellen wollen. In diesem Modell werden die Daten in Form von Tabellen gespeichert, die nichts anderes als Relationen sind. Als Beispiel betrachten wir Tab. 2.1, die einen Ausschnitt aus der Kundenkartei einer Firma enthält.

Jede Zeile dieser Tabelle ist ein Tupel. Wenn wir die Mengen aller möglichen Kundennummern mit M_1, die der Namen mit M_2, die der Anschriften mit M_3 und die der Kontostände mit M_4 bezeichnen, kann die Tabelle als Teilmenge des kartesischen Produkts $M_1 \times M_2 \times M_3 \times M_4$ aufgefasst werden.

Definition 2.14 Es seien Mengen $M_1, \ldots, M_n$, $n \geq 1$, gegeben. Eine Teilmenge $R \subseteq M_1 \times \ldots \times M_n$ heißt n-stellige Relation auf $M_1, \ldots, M_n$. Falls $M_1 = \ldots = M_n$ gilt, wird R *homogen* genannt, sonst *inhomogen*. $\quad \square$

Der Kundendatei der Firma entspricht also eine vierstellige inhomogene Relation. Im allgemeinen Fall kann eine Tabelle mit l Zeilen, n Spalten und Einträgen $m_{ij} \in M_i$, $1 \leq i \leq l$, $1 \leq j \leq n$, der Form

m_{11}	m_{12}	$\ldots$	m_{1n}
m_{21}	m_{22}	$\ldots$	m_{2n}
$\ldots$	$\ldots$	$\ldots$	$\ldots$
m_{l1}	m_{l2}	$\ldots$	m_{ln}

als n-stellige inhomogene Relation $R \subseteq M_1 \times \ldots \times M_n$ aufgefasst werden. Eine Tabelle entspricht also einer einzelnen Relation, und eine relationale Datenbank besteht aus einer Menge von Relationen.

Wenn Kundeneinträge hinzugefügt, gelöscht oder verändert werden, bedeutet dies den Übergang von einer Relation R zu einer Relation R', die aus R durch Operationen wie der Vereinigungs- oder der Differenzbildung entsteht. Manipulationen dieser Art können vom Benutzer einer Datenbank mithilfe einer *Datenbanksprache* durchgeführt werden. Die bekannteste dieser Sprachen ist SQL *(Structured Query Language)*.

Datenbanksprachen stellen in der Regel Möglichkeiten zur Abfrage und Veränderung der Datenbank zur Verfügung, die über die einfachen mengentheoretischen Grundoperationen hinausgehen. Als Beispiel betrachten wir die *Join-Operation* $*$, die zwei Relationen miteinander verschmilzt. Es seien die Mengen $M_1 = \{a, d\}$, $M_2 = \{b, f\}$, $M_3 = \{c, g\}$ und $M_4 = \{e, h\}$ sowie die Relationen $R_1 \subseteq M_1 \times M_2 \times M_3$ und $R_2 \subseteq M_2 \times M_3 \times M_4$ durch die folgenden Tabellen gegeben.

R_1:

a	b	c
d	b	c
d	f	g
d	b	g

R_2:

b	c	e
b	c	h
f	g	h

$R_1 * R_2$:

a	b	c	e
a	b	c	h
d	b	c	e
d	b	c	h
d	f	g	h

Man erhält die der Relation $R_1 * R_2$ zugrunde liegende Menge, indem man zunächst das kartesische Produkt der Grundmengen von R_1 und R_2 bildet und dabei doppelte Mengen entfernt. Für unser Beispiel erhalten wir $R_1 * R_2 \subseteq M_1 \times M_2 \times M_3 \times M_4$. In $R_1 * R_2$ werden alle Zeilen, die gemeinsame Elemente sowohl in R_1 als auch in R_2 besitzen, aufgenommen und um die fehlenden Komponenten ergänzt. Beispielsweise ist $(a, b, c) \in R_1$ und $(b, c, e) \in R_2$. Gemeinsame Komponenten sind (b, c), die durch a und e ergänzt werden, sodass $(a, b, c, e) \in R_1 * R_2$ ist. Insgesamt erhalten wir für die Relation $R_1 * R_2$ die angegebene Tabelle. Man beachte, dass die Zeile (d, b, g) aus R_1 keinen Beitrag zu $R_1 * R_2$ liefert.

2.3 Partielle und totale Funktionen

Relationen ermöglichen es, Beziehungen zwischen den Elementen von Mengen herzustellen. Wenn M und N Mengen sind und $R \subseteq M \times N$ eine Relation von M nach N ist, dann besagt $(m, n) \in R$, dass die Elemente $m \in M$ und $n \in N$ in der Beziehung R zueinander stehen. Als Beispiele haben wir die Kleiner-Beziehung $<$ und die Teilbarkeitsbeziehung $|$ für natürliche Zahlen kennengelernt.

Sehr häufig tritt der Fall ein, dass das Element $n \in N$ in eindeutiger Weise vom Element $m \in M$ abhängt. Wir betrachten die Situation, dass jemand auf dem Balkon eines Hochhauses in 2 m Höhe einen Tennisball zum Zeitpunkt 0 mit der Geschwindigkeit 20 m/s senkrecht nach oben schlägt. Der Ball wird bis zu einer Maximalhöhe steigen und dann immer schneller werdend zu Boden fallen.

Wenn wir die Zeit mit t und die Höhe des Balls mit h bezeichnen, dann befindet sich der Ball zu jedem Zeitpunkt $t \geq 0$ in einer eindeutig bestimmten Höhe $h \geq 0$ über dem Boden. Die Zeit t und die Höhe h stehen in einer Relation miteinander, die wir f nennen wollen. Es ist also $(t, h) \in f$ genau dann, wenn sich der Ball zum Zeitpunkt t in der Höhe h befindet. Da sich der Ball zu einer Zeit in nur einem Punkt befindet, ist h eindeutig durch t bestimmt. Relationen mit dieser Eigenschaft werden wir ab jetzt Funktionen nennen. Die Einzelheiten entnehmen wir der folgenden Definition.

Definition 2.15 Eine Relation $f \subseteq M \times N$ heißt *partielle Funktion*, wenn für alle $m \in M, n', n'' \in N$ die Aussage

$$(m, n') \in f \wedge (m, n'') \in f \Rightarrow n' = n''$$

gilt. Falls $D(f) = M$ ist, falls also zu jedem $m \in M$ ein Element $n \in N$ mit $(m, n) \in f$ existiert, wird f *(totale) Funktion* genannt. Wenn f eine partielle oder totale Funktion und $(m, n) \in f$ ist, wird das eindeutig bestimmte Element $n \in N$ mit $f(m)$ bezeichnet und der *Funktionswert* von m unter der Funktion f genannt. Man schreibt $f(m) = n$ und nennt m das *Urbild* von n und umgekehrt n das *Bild* von m. Für partielle und totale Funktionen ist es üblich, Definitions- und Wertemenge durch $f : M \to N$ statt durch $f \subseteq M \times N$ anzugeben. Wenn $m \in M$ auf $n \in N$ abgebildet wird, schreibt man auch $m \mapsto n$. $\square$

Beispiel 2.12 Der obige Wurf mit einem Tennisball kann durch eine partielle Funktion $h : \mathbb{R} \to \mathbb{R}$ auf der Menge $\mathbb{R}$ der reellen Zahlen mit $D(h) = \{t \in \mathbb{R} \mid t \geq 0\}$ beschrieben werden. Zu einem Zeitpunkt $t \geq 0$ befindet sich der Ball in der Höhe $h(t)$. Ohne die Einzelheiten herzuleiten, bemerken wir, dass die Höhe des Balls, solange er sich in der Luft befindet, näherungsweise durch $h(t) = 25 + 20t - 5t^2$ berechnet werden kann. Wenn wir nur nicht negative Zeitpunkte aus $\mathbb{R}_0^+ = \{t \in \mathbb{R} \mid t \geq 0\}$ betrachten, können wir h auch als totale Funktion $h^* : \mathbb{R}_0^+ \to \mathbb{R}$ ansehen. $\square$

Die Begriffe *Funktion*, *Zuordnung* und *Abbildung* werden in der Literatur häufig synonym verwendet. Wir werden daher auch statt von Funktionen von Zuordnungen und Abbildungen sprechen.

Funktionen sind spezielle Relationen und können daher wie diese durch Tabellen, Graphen oder durch Pfeildiagramme veranschaulicht werden. Der Graph der Funktion aus Beispiel 2.12 ist in Abb. 2.5 dargestellt.

Die am häufigsten verwendete Methode, eine Funktion zu definieren, ist es, für jedes Element aus der Definitionsmenge den Funktionswert explizit anzugeben. Beispielsweise können wir die partielle Funktion $h : \mathbb{R} \to \mathbb{R}$, die die Höhe des Tennisballs beschreibt,

Abb. 2.5 Graph einer
Funktion

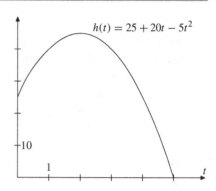

$$h(t) = 25 + 20t - 5t^2$$

durch die *Fallunterscheidung*

$$h(t) = \begin{cases} \text{undefiniert,} & \text{falls } t < 0, \\ 25 + 20t - 5t^2, & \text{falls } 0 \le t \le 5, \\ 0, & \text{falls } t > 5 \end{cases}$$

definieren. Wenn wir den Flug des Tennisballs analysieren, so stellen wir fest, dass er sich zweimal 40 m über dem Erdboden befindet, denn es ist $h(1) = 40$ und $h(3) = 40$. Andererseits erreicht er niemals die Höhe 50 m, denn für alle $t \ge 0$ gilt $h(t) \le 45$. Der Funktionswert 40 wird also zweimal angenommen, der Funktionswert 50 dagegen keinmal.

Definition 2.16 Eine partielle oder totale Funktion $f : M \to N$ heißt *injektiv*, wenn für alle $m, m' \in D(f)$ die Bedingung

$$f(m) = f(m') \Rightarrow m = m'$$

erfüllt ist. f ist *surjektiv*, wenn für alle $n \in N$ ein Element $m \in D(f)$ mit $f(m) = n$ existiert, das heißt, wenn $W(f) = N$ gilt. Eine Funktion wird *bijektiv* genannt, wenn sie zugleich injektiv und surjektiv ist. $\square$

Eine Funktion $f : M \to N$ ist also injektiv/surjektiv/bijektiv, wenn jedes Element $n \in N$ höchstens/mindestens/genau ein Urbild unter f besitzt. Die obige Funktion $h : \mathbb{R} \to \mathbb{R}$ ist also weder injektiv noch surjektiv und damit natürlich auch nicht bijektiv.

Beispiel 2.13 Es seien $a, b \in \mathbb{R}$, $a \ne 0$, reelle Zahlen. Durch die Zuordnung $f(x) = ax + b$ ist eine totale Funktion $f : \mathbb{R} \to \mathbb{R}$ gegeben. Der Graph von f ist eine Gerade mit dem y-Achsenabschnitt b und der Steigung a. Wir zeigen, dass f bijektiv ist. Dazu nehmen wir $f(x) = f(x')$ für $x, x' \in \mathbb{R}$ an. Die Injektivität von f ergibt sich aus

$$ax + b = ax' + b \qquad | - b$$
$$\Rightarrow \qquad ax = ax' \qquad | : a$$
$$\Rightarrow \qquad x = x'.$$

Zum Nachweis der Surjektivität sei $y \in \mathbb{R}$ gegeben. Die Zahl $\frac{y-b}{a}$ ist ein Urbild von y, denn es gilt

$$f\left(\frac{y-b}{a}\right) = a \cdot \frac{y-b}{a} + b = (y-b) + b = y.$$

f ist also injektiv und surjektiv und damit auch bijektiv. $\qquad \square$

Da Funktionen spezielle Relationen sind, dürfen wir alle Überlegungen, die wir für Relationen durchgeführt haben, auf Funktionen übertragen. Gemäß Definition 2.13 können wir daher die identische Relation 1_M auf einer Menge M bilden und zu einer Funktion $f : M \rightarrow N$ auch die Umkehrrelation f^{-1}. Während die Relation 1_M stets auch eine Funktion $f : M \rightarrow M$ ist, bildet f^{-1} im Allgemeinen keine Funktion, da ein Element aus der Wertemenge mehrere Urbilder besitzen kann. Falls f^{-1} eine Funktion ist, wird sie *Umkehrfunktion* oder *inverse Funktion* von f genannt. Die Verknüpfung $g \circ f : M \rightarrow O$ zweier partieller (totaler) Funktionen $f : M \rightarrow N$ und $g : N \rightarrow O$ ist offensichtlich wieder eine partielle (totale) Funktion. Daher gelten die Rechenregeln 2.8, 2.9 und 2.10 auch für partielle (totale) Funktionen.

Die beiden folgenden Beispiele machen uns mit Umkehrfunktionen und der Komposition von Funktionen vertraut.

Beispiel 2.14 Es sei die Funktion $f : \mathbb{R} \rightarrow \mathbb{R}$ mit $f(x) = x^2$ für alle $x \in \mathbb{R}$ gegeben. Die Umkehrrelation f^{-1} ist keine Funktion, da zum Beispiel $f(-3) = f(3) = 9$ ist. Wenn wir jedoch nur nicht negative Werte zulassen, so ist die Funktion $g : \mathbb{R}_0^+ \rightarrow \mathbb{R}_0^+$ mit $g(x) = x^2$ für alle $x \in \mathbb{R}_0^+$ umkehrbar. g ist die Einschränkung von f auf die Menge $\mathbb{R}_0^+$, das heißt $g = f|_{\mathbb{R}_0^+}$, und es ist $g^{-1}(x) = \sqrt{x}, x \geq 0$. $\qquad \square$

Beispiel 2.15 Wir betrachten die Funktionen $f : \mathbb{R} \rightarrow \mathbb{R}$ mit $f(x) = 2x - 1, x \in \mathbb{R}$, und $g : \mathbb{R}_0^+ \rightarrow \mathbb{R}$ mit $g(x) = \sqrt{x}, x \in \mathbb{R}_0^+$. Da die Wertemenge von g mit der Definitionsmenge von f übereinstimmt, können wir die Komposition $f \circ g : \mathbb{R}_0^+ \rightarrow \mathbb{R}$ bilden und erhalten $(f \circ g)(x) = 2\sqrt{x} - 1$. Für die umgekehrte Verknüpfung $g \circ f$ müssen wir beachten, dass als Bilder von f auch negative Werte auftreten, die nicht im Definitionsbereich von g liegen. Daher schränken wir den Definitionsbereich von f auf die Menge $M = \{x \in \mathbb{R} \mid x \geq \frac{1}{2}\}$ ein. Dann ist $f|_M : M \rightarrow \mathbb{R}_0^+$ eine Funktion, und wir bekommen $(g \circ f|_M)(x) = \sqrt{2x - 1}$ für alle $x \in \mathbb{R}, x \geq \frac{1}{2}$. Der Graph dieser Funktion ist in Abb. 2.6 dargestellt. $\qquad \square$

Abb. 2.6 Graph der Funktion
$g \circ f|_M$ aus Beispiel 2.15

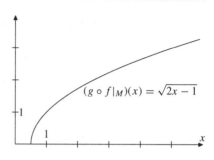

$$(g \circ f|_M)(x) = \sqrt{2x - 1}$$

Im folgenden Satz werden wichtige Eigenschaften von Funktionen zusammengestellt.

Satz 2.8 Es seien M, N und O nicht leere Mengen sowie $f : M \to N$ und $g : N \to O$ totale Funktionen. Dann gelten die folgenden Aussagen:

(a) Wenn f und g injektiv/surjektiv/bijektiv sind, dann ist es auch $g \circ f : M \to O$.

(b) f ist genau dann injektiv, wenn eine Funktion $f^* : N \to M$ mit $f^* \circ f = 1_M$ existiert.

(c) f ist genau dann surjektiv, wenn eine Funktion $f^* : N \to M$ mit $f \circ f^* = 1_N$ existiert.

(d) f ist genau dann bijektiv, wenn eine Funktion $f^* : N \to M$ mit $f^* \circ f = 1_M$ und $f \circ f^* = 1_N$ existiert. In diesem Fall gilt $f^* = f^{-1}$.

Beweis (a) ist eine einfache Folgerung aus Definition 2.16. Wir zeigen (b). Dazu nehmen wir an, dass f injektiv ist. Sei $m_0 \in M$ beliebig gewählt. Dann definieren wir die Funktion f^* durch

$$f^*(n) = \begin{cases} m, & \text{falls } f(m) = n, \\ m_0, & \text{falls } n \notin W(f) \end{cases}$$

für alle $n \in N$. $f^*(n)$ ist eindeutig bestimmt, da f injektiv ist. Es gilt $(f^* \circ f)(m) = f^*(f(m)) = f^*(n) = m = 1_M(m)$ für alle $m \in M$. Es sei jetzt f^* eine Abbildung wie in der Behauptung des Satzes. Um zu zeigen, dass f injektiv ist, nehmen wir $f(m) = f(m')$ für $m, m' \in M$ an. Hieraus erhalten wir $f^*(f(m)) = f^*(f(m'))$. Nach Voraussetzung ist $f^* \circ f = 1_M$, woraus $m = m'$ folgt. (c) lässt sich ähnlich beweisen. (d) folgt aus (b) und (c). □

Häufig interessiert man sich nicht nur für den Wert $f(m)$, den eine Funktion $f : M \to N$ für ein Element $m \in D(f)$ annimmt, sondern für alle Bilder einer Teilmenge $M' \subseteq M$. Wir geben daher die folgende Definition.

Definition 2.17 Es seien M und N Mengen sowie $f : M \to N$ eine Funktion. Das *Bild der Menge* $M' \subseteq M$ unter der Funktion f ist durch

$$f(M') = \{f(m) \mid m \in M'\} \subseteq N$$

gegeben. Das *Urbild der Menge* $N' \subseteq N$ ist durch

$$f^-(N') = \{m \in M \mid f(m) \in N'\} \subseteq M$$

definiert. □

Im folgenden Satz wird die Frage beantwortet, wie sich Bild- und Urbildmengen bei der Vereinigungs- und Durchschnittsbildung verhalten.

Satz 2.9 Es seien M und N nicht leere Mengen sowie $f : M \to N$ eine Funktion. Für alle Mengen $M', M'' \subseteq M$ und $N', N'' \subseteq N$ gelten die folgenden Aussagen:

(a) $f(M' \cup M'') = f(M') \cup f(M'')$,
(b) $f^-(N' \cup N'') = f^-(N') \cup f^-(N'')$,
(c) $f(M' \cap M'') \subseteq f(M') \cap f(M'')$,
(d) $f^-(N' \cap N'') = f^-(N') \cap f^-(N'')$.

Wenn die Abbildung f injektiv ist, gilt in (c) die Gleichheit, im Allgemeinen jedoch nicht.

Beweis Wir zeigen (c), die anderen Aussagen sollen in Übungsaufgabe 21 bewiesen werden.

$$
\begin{aligned}
n \in f(M' \cap M'') &\Leftrightarrow \exists m.\,(n = f(m) \wedge m \in M' \cap M'') \\
&\Leftrightarrow \exists m.\,(n = f(m) \wedge m \in M' \wedge m \in M'') \\
&\overset{(*)}{\Rightarrow} \exists m'.\,(n = f(m') \wedge m' \in M') \wedge \exists m''.\,(n = f(m'') \wedge m'' \in M'') \\
&\Leftrightarrow n \in f(M') \wedge n \in f(M'') \\
&\Leftrightarrow n \in f(M') \cap f(M'').
\end{aligned}
$$

Zum Nachweis, dass nicht in allen Fällen $f(M' \cap M'') = f(M') \cap f(M'')$ ist, betrachten wir die Mengen $M = \{m, m', m''\}$, $M' = \{m, m'\}$, $M'' = \{m, m''\}$, $N = \{n, n'\}$ und die Funktion $f : M \to N$ mit $f(m) = n$ und $f(m') = f(m'') = n'$. Dann ist $f(M' \cap M'') = f(\{m\}) = \{n\}$, aber $f(M') \cap f(M'') = f(\{m, m'\}) \cap f(\{m, m''\}) = \{n, n'\}$. Wenn die Abbildung f injektiv ist, gilt die Umkehrung von $(*)$ und damit auch in diesem Fall die Gleichheit $f(M' \cap M'') = f(M') \cap f(M'')$. □

Wir haben Mengen, Relationen und Funktionen besprochen. Dies sind die Grundbegriffe, auf denen sich nahezu die gesamte heutige Mathematik aufbauen lässt. Wir haben aber nicht exakt definiert, was Mengen sind, sondern uns mit der cantorschen Beschreibung zufriedengegeben.

In der axiomatischen Mengenlehre werden Axiome angegeben, die implizit definieren, was unter einer Menge zu verstehen ist. Es gibt verschiedene Axiomensysteme für die Mengenlehre. Das einfachste und bekannteste ist auf *Ernst Zermelo* und *Abraham Fraenkel* zurückzuführen. Es enthält insgesamt zehn Axiome, die sich in drei Gruppen einteilen lassen. Es gibt zwei *Existenzaxiome*. Zuerst fordert man die Existenz irgendeiner Menge und später die Existenz einer unendlichen Menge. Die beiden *konzeptionellen Axiome* sind das Extensionalitäts- und das Fundierungsprinzip. Die verbleibenden sechs *Axiome zur Konstruktion von Mengen* stellen sicher, dass aus gegebenen Mengen durch Anwendungen von Mengenoperationen neue Mengen gebildet werden können. Diese Operationen sind die Bildung von Vereinigungsmengen, von Paarmengen, von Potenzmengen sowie die Bildung von Teilmengen nach dem Aussonderungsprinzip und die Konstruktion von Bildmengen unter Funktionen. Unter einer *Paarmenge* versteht man eine zweielementige Mengen $\{M, N\}$. Das sechste Axiom zur Mengenkonstruktion ist das berühmt gewordene *Auswahlaxiom*, das sicherstellt, dass zu jedem System M_i, $i \in I$, von paarweise disjunkten Mengen eine Menge M existiert, die aus jeder Menge M_i genau ein Element enthält. Das System dieser zehn Axiome wird nach seinen Autoren *Ernst Zermelo* und *Abraham Fraenkel* und dem Auswahlaxiom *(Axiom of Choice)* kurz ZFC genannt. Die an der axiomatischen Mengenlehre interessierten Leserinnen und Leser verweisen wir auf das Buch [19] von *Keith Devlin* und die schon zitierte Einführung [23] von *Heinz-Dieter Ebbinghaus*.

Das Axiomensystem ZFC ist einfach und dennoch sehr mächtig, insbesondere kann in diesem System die elementare Arithmetik formuliert werden. Aufgrund der gödelschen Unvollständigkeitssätze (vgl. die Auflistung am Ende von Abschn. 1.2, Punkt (d) und (e)) kann deshalb nicht nachgewiesen werden, dass das System ZFC widerspruchsfrei ist. Wenn es aber widerspruchsfrei ist – und davon wird heute allgemein ausgegangen –, dann ist es sicher nicht vollständig, das heißt, es gibt mengentheoretische Aussagen, die nicht aus den Axiomen hergeleitet werden können. Die Hinzunahme weiterer Axiome ändert diese Situation prinzipiell nicht. Es wird stets Aussagen über Mengen geben, die nicht aus dem zugrunde liegenden Axiomensystem hergeleitet werden können. Eine der Aussagen, die nicht aus dem System ZFC folgt, werden wir in Abschn. 3.2 vorstellen.

2.4 Berechenbarkeit und funktionale Programmierung

Funktionen besitzen in der Mathematik und deren Anwendungen eine überragende Bedeutung. Nahezu jede mathematische Modellierung benutzt in der einen oder anderen Weise Funktionen. Als Beispiele in der Informatik wollen wir in diesem Abschnitt einen Blick auf die *berechenbaren Funktionen* und die *funktionale Programmierung* werfen.

Was lässt sich mithilfe eines Computers berechnen? Um diese Frage mathematisch zu behandeln, ist eine formale Definition des Begriffs *berechenbar* erforderlich. In der Literatur werden viele solcher Definitionen angegeben. Stellvertretend seien an dieser Stelle lediglich die *Turing-Maschinen*, die *Markow-Algorithmen* und die *partiell-rekursiven Funktionen* genannt. Obwohl diese Konzepte auf völlig unterschiedlichen Ansätzen basieren, kann gezeigt werden, dass sie zueinander und vielen weiteren (in einem hier nicht näher präzisierten Sinne) äquivalent sind.

Einer dieser Ansätze basiert auf Arbeiten von *Steven C. Kleene* und soll jetzt vorgestellt werden. Ausgangspunkt ist die Idee, dass Algorithmen Funktionen berechnen, die Eingabe- auf Ausgabedaten abbilden. Aber welche Funktionen können durch Algorithmen berechnet werden? Die Idee besteht darin, gewisse Grundfunktionen auszuzeichnen und aus ihnen durch Hintereinanderausführung und Rekursionen weitere Funktionen zu konstruieren.

Als Grundfunktionen wählen wir die konstante nullstellige *Nullfunktion*, die *Nachfolgerfunktion* $s(n) = n + 1$ und die *Projektionen* $u_i^n(x_1, \ldots, x_n) = x_i$. Diese Grundfunktionen sind so einfach, dass ihre Funktionswerte offensichtlich berechnet werden können. Dies gilt dann auch für Funktionen, die durch die *Hintereinanderausführung* oder durch *Rekursionen* aus den Grundfunktionen gewonnen werden. Die folgende Definition liefert daher ausschließlich „berechenbare" Funktionen. Wir werden sie *primitiv-rekursiv* nennen. Betrachtet werden nur Funktionen über natürlichen Zahlen.

Definition 2.18 Die folgenden Regeln legen die Menge der primitiv-rekursiven Funktionen fest.

(a) Die konstante Funktion $z : \mathbb{N}_0^0 \to \mathbb{N}_0$ mit $z() = 0$ ist primitiv-rekursiv.

(b) Die Nachfolgerfunktion $s : \mathbb{N}_0 \to \mathbb{N}_0$ mit $s(x) = x+1$, $x \in \mathbb{N}_0$, ist primitiv-rekursiv.

(c) Die Projektionen $u_i^n : \mathbb{N}_0^n \to \mathbb{N}_0$ mit $u_i^n(x_1, \ldots, x_n) = x_i$ sind für alle $i, n \in \mathbb{N}$, $1 \leq i \leq n$, primitiv-rekursiv.

(d) Wenn die Funktionen $g_j : \mathbb{N}_0^n \to \mathbb{N}_0$, $1 \leq j \leq k$, und $h : \mathbb{N}_0^k \to \mathbb{N}_0$, $n, k \in \mathbb{N}_0$, primitiv-rekursiv sind, dann ist es auch die Hintereinanderausführung

$$h(g_1(x_1, \ldots, x_n), \ldots, g_k(x_1, \ldots, x_n)).$$

(e) Wenn die Funktionen $g : \mathbb{N}_0^k \to \mathbb{N}_0$ und $h : \mathbb{N}_0^{k+2} \to \mathbb{N}_0$, $k \in \mathbb{N}_0$, primitiv-rekursiv sind, dann ist es auch die durch

$$f(0, x_1, \ldots, x_k) = g(x_1, \ldots, x_k),$$
$$f(n + 1, x_1, \ldots, x_k) = h(f(n, x_1, \ldots, x_k), n, x_1, \ldots, x_k)$$

definierte Funktion $f : \mathbb{N}_0^{k+1} \to \mathbb{N}_0$.

(f) Eine Funktion $f : \mathbb{N}_0^k \to \mathbb{N}_0$, $k \geq 0$, ist *primitiv-rekursiv*, wenn sie eine Funktion gemäß (a) bis (c) ist oder durch endlich viele Anwendungen der Regeln (d) und (e) aus ihnen entstanden ist. $\square$

Regel (e) aus Definition 2.18 wird *Prinzip der primitiven Rekursion* genannt. Die Menge der primitiv-rekursiven Funktionen umfasst viele der bekannten Funktionen. Im nächsten Beispiel sehen wir, dass die Addition und die Multiplikation primitiv-rekursive Funktionen sind.

Beispiel 2.16 Die primitiv-rekursive Funktion $f : \mathbb{N}_0^2 \to \mathbb{N}_0$ sei durch

$$f(0, x_1) = u_1^1(x_1),$$
$$f(n + 1, x_1) = s(u_1^3(f(n, x_1), n, x_1))$$

definiert. f ist eine zweistellige Funktion. Wenn wir diese wie allgemein üblich in der Infix-Notation schreiben, das Symbol $+$ benutzen und auf die Verwendung von Indizes verzichten, erhalten wir

$$0 + x = x, \tag{2.11}$$

$$(n + 1) + x = (n + x) + 1. \tag{2.12}$$

An diesen Gleichungen erkennen wir, dass $f(n, x)$, $n, x \in \mathbb{N}_0$, die Summe von n und x ist. Die Funktion ist „berechenbar", denn Gln. 2.11 und 2.12 erlauben die algorithmische Bestimmung beliebiger Summen $n + x$. Analog gilt für die Multiplikation g unter Verwendung der Addition f

$$g(0, x_1) = u_1^1(0),$$
$$g(n + 1, x_1) = f(g(n, x_1), x)$$

bzw.

$$0 \cdot x = 0,$$
$$(n + 1) \cdot x = n \cdot x + x.$$

Als ein Beispiel berechnen wir das Produkt $2 \cdot 3$.

$$2 \cdot 3 = (1 + 1) \cdot 3 = 1 \cdot 3 + 3 = (0 + 1) \cdot 3 + 3$$
$$= (0 \cdot 3 + 3) + 3 = (0 + 3) + 3 = 3 + 3. \quad \Box$$

Wir haben gesehen, dass die Addition und die Multiplikation primitiv-rekursive Funktionen sind. Darüber hinaus sind viele weitere Funktionen primitiv-rekursiv. In Übungsaufgabe 26 werden wir einige weitere kennenlernen. Auch Relationen, das heißt Teilmengen $R \subseteq \mathbb{N}^k$, $k \in \mathbb{N}$, lassen sich berechnen. Dazu identifizieren wir eine Relation R mit ihrer *charakteristischen Funktion* $\chi_R : \mathbb{N}^k \to \mathbb{N}$, definiert durch

$$\chi_R(n) = \begin{cases} 1, & \text{falls } n \in R, \\ 0, & \text{falls } n \notin R \end{cases}$$

für alle $n \in \mathbb{N}$. Wir nennen R *primitiv-rekursiv*, wenn χ_R primitiv-rekursiv ist.

Die Funktionswerte primitiv-rekursiver Funktionen können – wie im Beispiel – für alle Argumente berechnet werden. Die primitiv-rekursiven Funktionen sind in diesem Sinn „berechenbar". In der Praxis hat es sich aber gezeigt, dass diese Klasse von Funktionen nicht alle berechenbaren Funktionen enthält. Als Beispiel betrachten wir die *Ackermann-Funktion*, die durch

$$a(0, x) = x + 1,$$
$$a(n + 1, 0) = a(n, 1),$$
$$a(n + 1, x + 1) = a(n, a(n + 1, x))$$

definiert wird. Beispielsweise gelten $a(1, 3) = 5$ und $a(2, 3) = 9$. Die Berechnung von Funktionswerten ist mühsam, da die Anzahl der rekursiven Aufrufe von a sehr schnell zunimmt. Man kann zeigen, dass die Ackermann-Funktion total, aber nicht primitiv-rekursiv ist. Dies liegt anschaulich gesprochen daran, dass die Funktionswerte der Ackermann-Funktion schneller wachsen als die aller primitiv-rekursiven Funktionen. Einen formalen Beweis dieser Aussage findet man beispielsweise in [92].

Die primitiv-rekursiven Funktionen sind totale Abbildungen, das heißt, der Definitionsbereich einer primitiv-rekursiven Funktion ist $\mathbb{N}_0$. Diese Aussage lässt sich durch vollständige Induktion über den Aufbau der primitiv-rekursiven Funktionen zeigen. Es gibt aber Algorithmen, die Funktionen berechnen, die (gewollt oder ungewollt) nicht für alle Argumente terminieren. Der Begriff der primitiv-rekursiven Funktionen ist daher auch aus diesem Grund noch nicht geeignet, den Begriff einer „berechenbaren" Funktion zu beschreiben.

Um Funktionen wie die Ackermann-Funktion und partielle Funktionen zu erfassen, wird die Klasse der primitiv-rekursiven Funktionen zur Klasse der *partiell-rekursiven Funktionen* erweitert.

Definition 2.19 Es sei $p : \mathbb{N}_0^{n+1} \to \mathbb{N}_0$, $n \geq 0$, eine $(n + 1)$-stellige Funktion. Der μ-*Operator*, angewendet auf einen Ausdruck $p(x, y_1, \ldots, y_n)$, liefert die kleinste natürliche Zahl x, für die $p(x, y_1, \ldots, y_n) = 1$ ist. Wir schreiben hierfür

$$\mu x[p(x, y_1, \ldots, y_n) = 1].$$

Falls solch ein x nicht existiert, ist $\mu x[p(x, y_1, \ldots, y_n) = 1]$ undefiniert. $\square$

Für eine totale Funktion p kann der μ-Operator als Realisierung der **while**-Schleife

$$x := 0;$$

while $p(x, y_1, \ldots, y_n) \neq 1$ **do**

$$x := x + 1$$

od

gesehen werden.

Definition 2.20 Eine Funktion $\Psi : \mathbb{N}_0^k \to \mathbb{N}_0$, $k \geq 0$, ist *partiell-rekursiv*, wenn sie eine primitiv-rekursive Grundfunktion gemäß (a) bis (c) aus Definition 2.18 ist oder

(d) durch die Hintereinanderausführung von partiell-rekursiven Funktionen,
(e) durch primitive Rekursion aus partiell-rekursiven Funktionen oder
(f) durch Anwendung des μ-Operators auf eine totale partiell-rekursive Funktion, das heißt durch einen Ausdruck der Form

$$f(y_1, \ldots, y_n) = \mu x[p(x, y_1, \ldots, y_n) = 1],$$

mit einer totalen partiell-rekursiven Funktion $p : \mathbb{N}_0^{n+1} \to \mathbb{N}_0$

entstanden ist. □

Die partiell-rekursiven Funktionen sind berechenbar in dem Sinn, dass zu jedem Argument aus dem Definitionsbereich der Funktionswert algorithmisch bestimmt werden kann. Umgekehrt wird allgemein angenommen, dass jede berechenbare Funktion auch partiell-rekursiv ist. Diese Aussage, die *churchsche These* heißt, lässt sich nicht formal beweisen, da der Begriff „berechenbar" ja erst durch die partiell-rekursiven Funktionen definiert werden soll.

Historisch gesehen waren die partiell-rekursiven Funktionen und die von Turing-Maschinen berechneten Funktionen die ersten Ansätze zur Formalisierung der „berechenbaren" Funktionen. Später kamen Markow-Algorithmen, **while**-Programme und weitere Modelle hinzu. Es konnte gezeigt werden, dass alle diese Ansätze zur gleichen Klasse von berechenbaren Funktionen führen. Dies kann als starkes Argument für die Richtigkeit der churchschen These gesehen werden, die daher heute allgemein akzeptiert wird. Mit anderen Worten bedeutet dies, dass jede berechenbare Funktion partiell-rekursiv ist (oder durch einen Markow-Algorithmus, eine Turing-Maschine oder ein **while**-Programm realisiert werden kann). Als Einführung in die Theorie der Berechenbarkeit ist das Lehrbuch [54] von *Assaf J. Kfoury*, *Robert N. Moll* und *Michael A. Arbib* geeignet.

In Abschn. 1.3 haben wir die Leitideen der imperativen und der logischen Programmierung kennengelernt. Jetzt wollen wir als weitere Anwendung des Funktionsbegriffs die Grundzüge der *funktionalen Programmierung* besprechen.

Vereinfacht ausgedrückt besteht ein funktionaler Algorithmus aus einer Sammlung von Funktionsdefinitionen und einem oder mehreren Funktionsaufrufen. Als Beispiel betrachten wir den größten gemeinsamen Teiler (vergleiche Definition 6.3) zweier natürlicher Zahlen a und b, den wir mithilfe einer rekursiven Funktion durch

$$\text{ggT}(a, b) = \begin{cases} a, & \text{falls } b = 0, \\ \text{ggT}(b, a \bmod b), & \text{falls } b \neq 0 \end{cases}$$

berechnen können. a mod b bezeichnet den bei der Division von a durch b entstehenden Rest (siehe Satz 6.5). Die Berechnung des größten gemeinsamen Teilers von 36 und 52 führt auf die Aufruffolge

$$\text{ggT}(36, 52) \rightarrow \text{ggT}(52, 36) \rightarrow \text{ggT}(36, 16) \rightarrow \text{ggT}(16, 4) \rightarrow \text{ggT}(4, 0) \rightarrow 4.$$

Aus dieser Sicht lässt sich ein funktionaler Algorithmus als Liste von Funktionsdefinitionen

$$f_1(x_{11}, \ldots, x_{1n_1}) = t_1,$$

$$\vdots$$

$$f_k(x_{k1}, \ldots, x_{kn_k}) = t_k$$

und einzelnen Funktionsaufrufen der Form $f_j(a_{j1}, \ldots, a_{jn_j})$ mit $1 \leq j \leq k$ auffassen. Die Ausdrücke t_i, $i = 1, \ldots, k$, können sehr komplex sein und insbesondere, wie eben gesehen, rekursive Definitionen enthalten.

Programmiersprachen, die in erster Linie für die Formulierung funktionaler Algorithmen gedacht sind, heißen *funktional*. Die bekanntesten funktionalen Programmiersprachen sind Lisp, Scheme, ML, SML und Haskell. Lisp wurde Ende der 1950er-Jahre von *John McCarthy* entwickelt. Im Laufe der Jahre wurden viele Lisp-Dialekte, unter anderem Common Lisp und Scheme, definiert. Scheme hat in der universitären Programmierausbildung eine beachtliche Verbreitung erfahren. Die erste Version von Scheme stammt aus dem Jahre 1975. Autoren waren *Guy Lewis Steele Jr.* und *Gerald Jay Sussman*.

Programme funktionaler Sprachen werden in der Regel interpretiert und nicht kompiliert, das heißt, dass diese Programme von einem anderen Programm, einem *Interpreter*, analysiert und ausgeführt werden, ohne dabei vorher in eine Maschinensprache übersetzt worden zu sein. Dies gestattet eine Arbeitsweise, in der zum Beispiel die Funktionsaufrufe interaktiv eingegeben werden.

Den obigen Algorithmus zur Berechnung des größten gemeinsamen Teilers und den zugehörigen Funktionsaufruf können wir in der Programmiersprache Scheme wie folgt formulieren.

```
(define (ggT a b)
  (if (= b 0)
      a
      (ggT b (remainder a b)))))

(ggT 36 52)

4
```

Die ersten vier Zeilen dieses Scheme-Programms enthalten die Definition der rekursiven Funktion ggT. Ausdrücke werden in dieser Sprache in der Präfixnotation geschrieben. Es

heißt also (= b 0) und nicht (b = 0). Die zweite Zeile enthält die Abfrage, ob der
Wert von b gleich 0 ist oder nicht. Falls diese Bedingung erfüllt ist, steht das Ergebnis
des Aufrufs in der dritten Zeile, sonst in der folgenden. Die Berechnung des Rests einer
ganzzahligen Division wird in Scheme durch die Funktion `remainder` zur Verfügung
gestellt. Die Rekursion steckt im Ausdruck (ggT b (remainder a b)). Die fünfte
Zeile enthält den Funktionsaufruf (ggT 36 52) zur Berechnung des größten gemeinsamen Teilers von 36 und 52. Die letzte Zeile ist das Ergebnis des Aufrufs, in diesem Fall
die Zahl 4.

Rekursionen sind ein wichtiges Element funktionaler Algorithmen. Ein weiteres lernen
wir jetzt kennen. Funktionen können selbst Argumente oder Werte anderer Funktionen
sein. In diesem Fall spricht man von *Funktionen höherer Ordnung* oder *Funktionalen*.
Wenn wir mit $A \to B$ die Menge aller Abbildungen von A nach B bezeichnen, sind
beispielsweise Funktionen der Form

$$f : (A_1 \times A_2) \times (A_3 \to A_4) \to B,$$
$$h : (A_2 \to A_3) \times (A_1 \to A_2) \to (B_1 \to B_2)$$

Funktionale. Beispiele für Funktionale sind die Summenbildung $\sum_{i=a}^{b} f(i)$, die Hintereinanderausführung $f \circ g$ von Funktionen und das bestimmte Integral $\int_a^b f(x)\, dx$. Wir
wollen jetzt die Summen

$$\sum_{i=a}^{b} i^2 = a^2 + \ldots + b^2$$

und

$$\sum_{i=a}^{b} i^3 = a^3 + \ldots + b^3$$

mit einem Scheme-Programm berechnen. Natürlich könnten wir zwei einzelne Scheme-
Funktionen schreiben, geschickter ist es aber, nur eine Funktion `sum` mit einer Funktion
`f` als Parameter zu verwenden und `sum` dann mit Funktionen `square` und `cube`, die
das Quadrat bzw. die dritte Potenz zweier Zahlen bestimmen, als aktuellen Parametern für
`f` aufzurufen. Diese Überlegung führt zu dem folgenden Programm, das das Funktional
`sum` mit der Funktion `f` und den Grenzen `a` und `b` als Argumente enthält.

```
(define (sum f a b)
  (if (> a b)
      0
      (+ (f a)
         (sum f (+ 1 a) b))))

(define (square x) (* x x))
(define (cube x) (* x x x))
```

```
(sum square 1 10)
385

(sum cube 1 10)
3025
```

Wir erhalten also $\sum_{i=1}^{10} i^2 = 385$ und $\sum_{i=1}^{10} i^3 = 3025$. An dieser Stelle sei erwähnt, dass die Menge aller Abbildungen von A nach B in der Literatur sowohl mit $A \to B$ als auch mit B^A bezeichnet wird, das heißt

$$A \to B = B^A = \{f \mid f : A \to B\}.$$

Neben Rekursionen und Funktionen höherer Ordnung besitzen funktionale Programmiersprachen natürlich weitere Konzepte wie Datenstrukturen und Sprachmittel zur Ein- und Ausgabe. Auf die Einzelheiten können wir an dieser Stelle jedoch nicht eingehen, sondern verweisen stattdessen auf die Einführung [1] in die funktionale Programmierung und die Sprache Scheme von *Harold Abelson*, *Gerald Jay Sussman* und *Julie Sussman*.

Aufgaben

(1)   Zeige, dass für $n \geq 0$ die Potenzmenge einer n-elementigen Menge 2^n Elemente besitzt, das heißt $|M| = n \Rightarrow |\mathcal{P}(M)| = 2^n$.

(2)   Zeige die Gültigkeit der folgenden Rechenregeln.

$$M \cap \bigcup_{i \in I} N_i = \bigcup_{i \in I} (M \cap N_i),$$

$$M \cup \bigcap_{i \in I} N_i = \bigcap_{i \in I} (M \cup N_i),$$

$$M_i \subseteq M, i \in I \Rightarrow M \setminus \bigcap_{i \in I} M_i = \bigcup_{i \in I} (M \setminus M_i),$$

$$M \times (N \cap O) = (M \times N) \cap (M \times O),$$

$$M \subseteq N \wedge O \subseteq P \Rightarrow (M \times O) \subseteq (N \times P).$$

(3)   Die *symmetrische Differenz* der Mengen M und N ist durch

$$M \triangle N = (M \setminus N) \cup (N \setminus M)$$

definiert.

(a) Zeichne ein Venn-Diagramm der Menge $M \triangle N$.

(b) Zeige oder widerlege die folgenden Aussagen:

$$M \triangle N = (M \cup N) \setminus (N \cap M),$$
$$M \cup (N \triangle O) = (M \cup N) \triangle (M \cup O),$$
$$M \triangle (N \cap O) = (M \triangle N) \cap (M \triangle O).$$

(4) Schreibe (a, b, c) und (a, b, c, d) gemäß der Definitionen 2.4 und 2.6 als Mengen.

(5) Würde für die Definition

$$(a, b, c) = \{\{a\}, \{a, b\}, \{a, b, c\}\}$$

eines Tripels die Aussage

$$(a, b, c) = (d, e, f) \Leftrightarrow a = d \wedge b = e \wedge c = f$$

gelten?

(6) Die Mengen $M_0, M_1, M_2, M_3, \ldots$ seien durch $M_0 = \emptyset$ und $M_{n+1} = M_n \cup \{M_n\}$ für alle $n \geq 0$ wie in Gl. 2.4 definiert. Wie viele Elemente enthält die Menge M_n?

(7) Zeige, dass alle nicht leeren Mengen M ein Element $m \in M$ mit $m \cap M = \emptyset$ besitzen. *Hinweis:* Verwende das Fundierungsprinzip (vgl. Abschn. 2.1 unter Gl. 2.5).

(8) Gegeben seien die Menge $M = \{1, 2, \ldots, 6\}$ und die Relation $R = \{(m, n) \mid m + n < 6\} \subseteq M \times M$. Stelle R als Tabelle, als Graph und als Pfeildiagramm dar. Ist R reflexiv, irreflexiv, symmetrisch, asymmetrisch, transitiv, linear?

(9) Gegeben seien die Menge $M = \{1, 2, \ldots, 6\}$ und die Relation $R = \{(m, n) \mid m + n = 6\} \subseteq M \times M$. Berechne R^n für alle $n \geq 0$ und bestimme daraus R^+ und R^*.

(10) Die Teilmengenbeziehung und die echte Teilmengenbeziehung sind Relationen auf der Potenzmenge $\mathcal{P}(M)$ einer Menge M. Welche Eigenschaften im Sinn der Definition 2.8 besitzen diese Relationen?

(11) Ein *Hasse-Diagramm* ist eine weitere Möglichkeit, eine Relation $R \subseteq M \times M$ auf einer endlichen Menge M grafisch darzustellen. Es enthält die Elemente von M als Punkte. Paare aus R werden durch Linien miteinander verbunden. Beispielsweise wird die Teilbarkeitsrelation auf der Menge $\{1, 2, 3, 4, 5, 6\}$ durch das Hasse-Diagramm

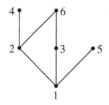

veranschaulicht.

(a) Welche Informationen sind in diesem Hasse-Diagramm implizit enthalten?

(b) Gegeben sei die Menge $M = \{1, 2, 3, 4, 6, 8, 9, 12, 18, 24, 36, 72\}$. Zeichne das Hasse-Diagramm der Teilbarkeitsrelation auf M.

(12) Zeige, dass $R^n \subseteq R$ für jede transitive Relation $R \subseteq M \times M$ und für alle $n \geq 1$ gilt.

(13) Zeige oder widerlege:

(a) Für alle Relationen $R \subseteq M \times M$ gilt $R^{-1} \circ R = 1_M$.

(b) Die Vereinigung zweier transitiver Relationen ist transitiv.

(c) Die Vereinigung zweier symmetrischer Relationen ist symmetrisch.

(14) Auf der Menge $M = \{1, 2, \ldots, 15\}$ wird durch

$$(m, n) \in R \Leftrightarrow m \text{ besitzt genauso viele Teiler wie } n$$

eine Relation R definiert. Zeige, dass R eine Äquivalenzrelation ist und bestimme die zugehörige Zerlegung der Menge M.

(15) Ordne die Zahlen $20, 21, \ldots, 32$ gemäß der Relation $\preceq$ aus Beispiel 2.10.

(16) Zeige, dass $R \cup 1_M$ die reflexive Hülle einer Relation $R \subseteq M \times M$ ist.

(17) Zeige die Behauptung von Satz 2.7 über die reflexive transitive Hülle einer Relation.

(18) Woran kann man an einem Pfeildiagramm, an einer Tabelle oder an einem Graphen erkennen, ob eine Relation eine (partielle oder totale) Funktion ist? Wie äußern sich die Injektivität, die Surjektivität und die Bijektivität einer Funktion am Pfeildiagramm, an der Tabelle oder am Graphen einer Funktion?

(19) Welche der folgenden Relationen sind partielle oder totale Funktionen?

(a) $\{(x, y) \mid x = y\} \subseteq \mathbb{N} \times \mathbb{N}$,

(b) $\{(x, y) \mid x < y\} \subseteq \mathbb{N} \times \mathbb{N}$,

(c) $\{(x, y) \mid x < y \wedge y \leq x + 1\} \subseteq \mathbb{N} \times \mathbb{N}$,

(d) $\{(x, y) \mid x + y = 10\} \subseteq \mathbb{N} \times \mathbb{N}$,

(e) $\{(x, y) \mid x + y = 10\} \subseteq \mathbb{Z} \times \mathbb{Z}$,

(f) $\{(x, y) \mid x^2 = y\} \subseteq \mathbb{N} \times \mathbb{N}$.

(20) Welche der folgenden totalen Funktionen ist injektiv, surjektiv bzw. bijektiv? Gib ggf. die Umkehrfunktion an. Bestimme den Wertebereich.

- $f_1 : \mathbb{R} \to \mathbb{R}, \ f_1(x) = x^2$,
- $f_3 : \mathbb{R} \to \mathbb{R}, \ f_2(x) = x^3$,
- $f_2 : \mathbb{R} \to \mathbb{R}, \ f_3(x) = x^3 - x$,
- $f_4 : \mathbb{R} \to \mathbb{R}, \ f_4(x) = 2^x$,
- $f_5 : \mathbb{R} \to \mathbb{R}^+, \ f_5(x) = 2^x$.

(21) Zeige die noch nicht bewiesenen Aussagen der Sätze 2.8 und 2.9. Welche Aussagen dieser Sätze gelten auch für leere Mengen M, N und O?

(22) Gegeben seien die nicht leeren Mengen M und N und die totale Funktion $f : M \to N$. Zeige die folgenden Aussagen:
- Für alle $M', M'' \subseteq M$ ist $f(M') \setminus f(M'') \subseteq f(M' \setminus M'')$.
- f ist genau dann injektiv, wenn für alle Teilmengen M' und M'' von M die Gleichheit $f(M') \setminus f(M'') = f(M' \setminus M'')$ gilt.

(23) M und N seien Mengen. Zeige die Äquivalenz der folgenden Aussagen:
   (a) Es gibt eine injektive Abbildung $f : M \to N$.
   (b) Es gibt eine surjektive Abbildung $f : N \to M$, oder M ist die leere Menge.

(24) Bestimme die Funktionen $f \circ g$ und $g \circ f$ und gib die Definitions- und Wertemengen an:
- $f(x) = 2x + 3$, $g(x) = 3x - 4$,
- $f(x) = 1 - x$, $g(x) = \frac{1}{x}$,
- $f(x) = \sqrt{x - 2}$, $g(x) = \frac{1}{x}$.

(25) Begründe die Funktionsgleichung $h(t) = 25 + 20t - 5t^2$ von Beispiel 2.12.

(26) Zeige, dass die folgenden Funktionen und Relationen primitiv-rekursiv sind.
- $f_1(n) = \begin{cases} 1, & n = 0, \\ 1 \cdot 2 \cdot \ldots \cdot n, & n > 0, \end{cases}$ (Fakultät),
- $f_2(n, m) = n^m$ (Potenz),
- $f_3(n, m) = \begin{cases} 1, & n < m, \\ 0, & n \geq m, \end{cases}$ (Kleiner),
- $f_4(n, m) = \begin{cases} n - m, & n \geq m, \\ 0, & n < m, \end{cases}$ (Differenz).

(27) Schreibe ein rekursives Scheme-Programm mit Funktionalen zur Berechnung des n-ten Glieds der Zahlenfolgen $1, 2, 4, 8, 16, 32, \ldots$ und $1, 3, 9, 27, 81, 243, \ldots$

Zahlen

3

Die natürlichen Zahlen 1, 2, 3, ... sind die ersten mathematischen Objekte, die man kennenlernt. Schon in der Grundschule erfährt man, wie man mit ihnen zählen und so die Anzahl von Gegenständen bestimmen und vergleichen kann. Neben dem Zählen und Vergleichen wird vermittelt, wie man natürliche Zahlen addiert und multipliziert. Das Bedürfnis, die Addition und die Multiplikation uneingeschränkt umzukehren, führt dann zur Einführung der ganzen und der rationalen Zahlen. Später kommen reelle und komplexe Zahlen hinzu.

Im ersten Abschnitt dieses Kapitels stellen wir die wichtigsten Eigenschaften dieser fünf Zahlenmengen zusammen. Wir können dabei natürlich keine Details herleiten und beweisen. Jede der genannten Zahlenmengen enthält unendlich viele Elemente. Unendliche Mengen haben wir bereits verwendet. Zum Beispiel enthält die Menge der Ausdrücke der Prädikatenlogik unendlich viele Elemente. Wir haben allerdings den Begriff einer *unendlichen Menge* noch nicht definiert. In Abschn. 3.2 wird dies nachgeholt. Dort sehen wir auch, dass es verschiedene Sorten der Unendlichkeit gibt. Wir werden zwischen *endlichen*, *abzählbar unendlichen* und *überabzählbar unendlichen* Mengen zu unterscheiden lernen. In Abschn. 3.3 untersuchen wir die Frage, wie Zahlen in Computern dargestellt werden können. Dabei stoßen wir insbesondere auf die Problematik, die sich aus der näherungsweisen Speicherung von reellen Zahlen ergibt.

3.1 Zahlenmengen

Ausgangspunkt für die Menge $\mathbb{N}_0$ der natürlichen Zahlen ist der Vorgang des Zählens. Man beginnt mit der natürlichen Zahl 0 und erhält mit jedem Zählschritt aus einer natürlichen Zahl n ihren *Nachfolger* $s(n)$ (successor). Dabei sollen die folgenden Bedingungen erfüllt sein:

© Springer-Verlag Berlin Heidelberg 2016
W. Struckmann, D. Wätjen, *Mathematik für Informatiker*, DOI 10.1007/978-3-662-49870-5_3

- Jeder Zählschritt führt zu einer neuen natürlichen Zahl.
- Die Zahl 0 ist nicht Nachfolger einer anderen natürlichen Zahl.
- Außer den Zahlen, die wir durch fortgesetzte Nachfolgerbildung aus 0 erhalten, gibt es keine weiteren natürlichen Zahlen.

Wenn wir diese Bedingungen in der Sprache der Mengenlehre formulieren, erhalten wir die folgende Definition.

Definition 3.1 Die *natürlichen Zahlen* bilden eine Menge $\mathbb{N}_0$, in der ein Element $0 \in \mathbb{N}_0$ existiert und für die eine Abbildung $s : \mathbb{N}_0 \to \mathbb{N}_0$ definiert wurde, sodass die folgenden Axiome gelten:

(a) s ist injektiv.
(b) $0 \notin s(\mathbb{N}_0)$.
(c) M sei eine Teilmenge von $\mathbb{N}_0$, die die Zahl 0 enthält und zu jedem Element auch ihren Nachfolger, das heißt $0 \in M$ und $s(M) \subseteq M$. Dann gilt $M = \mathbb{N}_0$. $\square$

Ein erstes Axiomensystem für die natürlichen Zahlen stammt von *Giuseppe Peano* aus dem Jahre 1889. In ihm war die Zahl 1 das ausgezeichnete Element und bestand aus insgesamt neun Axiomen.

Die Bedingung (c) aus Definition 3.1 wird *Prinzip der vollständigen Induktion* genannt. Wenn wir die Teilmenge M durch

$$Q(n) \Leftrightarrow n \in M$$

für alle $n \in \mathbb{N}_0$ als ein Prädikat $Q(n)$ über den natürlichen Zahlen auffassen, besagt das Prinzip der vollständigen Induktion

$$Q(0) \wedge \forall n.\, (Q(n) \Rightarrow Q(s(n))) \Rightarrow \forall n.\, Q(n).$$

Um zu beweisen, dass eine Aussage $P(n)$ für alle natürlichen Zahlen gilt, ist es daher ausreichend zu zeigen, dass $P(n)$ für $n = 0$ und mit n auch für $s(n)$ gilt. Der Nachweis von $P(0)$ heißt *Induktionsanfang*. $P(n)$ wird *Induktionsvoraussetzung* und der Beweis von $P(n) \Rightarrow P(s(n))$ *Induktionsschluss* genannt.

Ein erstes Beispiel zur vollständigen Induktion haben wir in Abschn. 1.2 bei der Besprechung der Beweismethoden schon kennengelernt. Wir erläutern die Vorgehensweise jetzt an einem weiteren.

Beispiel 3.1 Es soll die Summe der Quadrate der natürlichen Zahlen bis n berechnet werden. $P(n)$ sei die Aussage

$$0^2 + 1^2 + 2^2 + \ldots + n^2 = \frac{1}{6}n(n+1)(2n+1). \tag{3.1}$$

Wir zeigen mit vollständiger Induktion, dass $P(n)$ für alle natürlichen Zahlen n gilt. Wegen $0^2 = \frac{1}{6} \cdot 0 \cdot 1 \cdot 1$ gilt $P(0)$. Der Induktionsanfang ist also gemacht. Es gelte die Induktionsvoraussetzung $P(n)$. Wir haben dann $P(s(n))$, also $P(n+1)$, zu zeigen. Dies folgt aus

$$
\begin{aligned}
0^2 + 1^2 + 2^2 + \ldots + (n+1)^2 &= \frac{1}{6}n(n+1)(2n+1) + (n+1)^2 \\
&= \frac{1}{6}(n+1)(n(2n+1) + 6(n+1)) \\
&= \frac{1}{6}(n+1)(2n^2 + 7n + 6) \\
&= \frac{1}{6}(n+1)(n+2)(2n+3).
\end{aligned}
$$

Die Induktionsvoraussetzung wird hier in der ersten Gleichung ausgenutzt, alle anderen sind elementare algebraische Umformungen. Damit ist die Behauptung 3.1 für alle $n \in \mathbb{N}_0$ bewiesen. $\square$

Als ersten Satz über die natürlichen Zahlen zeigen wir mithilfe der vollständigen Induktion den Rekursionssatz von *Richard Dedekind*, der vielen der folgenden Definitionen (implizit oder explizit) zugrunde liegt. Formulierung und Beweis stammen aus [24]. Im Folgenden seien die Menge $\mathbb{N}_0$, das Element $0 \in \mathbb{N}_0$ und die Abbildung $s : \mathbb{N}_0 \to \mathbb{N}_0$ gemäß Definition 3.1 gegeben.

Satz 3.1 *(Rekursionssatz)* Es sei eine beliebige Menge A mit einem Element $a \in A$ und eine Abbildung $g : A \to A$ gegeben. Dann gibt es genau eine Abbildung $\varphi : \mathbb{N}_0 \to A$ mit $\varphi(0) = a$ und $\varphi \circ s = g \circ \varphi$.

Beweis Wir zeigen zuerst durch vollständige Induktion, dass es nur eine Abbildung φ wie gefordert gibt. Dazu nehmen wir an, dass die Funktionen $\varphi_1, \varphi_2 : \mathbb{N}_0 \to A$ die Behauptungen des Satzes erfüllen. Offenbar gilt $\varphi_1(0) = a = \varphi_2(0)$. Es sei jetzt $\varphi_1(n) = \varphi_2(n)$. Daraus bekommen wir

$$
\varphi_1(s(n)) = g(\varphi_1(n)) = g(\varphi_2(n)) = \varphi_2(s(n)).
$$

Mit dem Prinzip der vollständigen Induktion folgt $\varphi_1(n) = \varphi_2(n)$ für alle $n \in \mathbb{N}_0$, das heißt $\varphi_1 = \varphi_2$. Um die Existenz einer Abbildung $\varphi : \mathbb{N}_0 \to A$ mit den geforderten Eigenschaften zu zeigen, betrachten wir Teilmengen $H \subseteq \mathbb{N}_0 \times A$ mit

(a) $(0, a) \in H$,
(b) $(n, b) \in H \Rightarrow (s(n), g(b)) \in H$ für alle n und b.

Es sei D der Durchschnitt aller dieser Mengen. Zunächst einmal ist $\mathbb{N}_0 \times A$ solch eine Menge, sodass der Durchschnitt D existiert. Offensichtlich erfüllt D die Bedingungen (a) und (b). D ist daher die kleinste Menge, für die (a) und (b) gilt. Wir zeigen jetzt durch vollständige Induktion, dass es zu jedem n genau ein b mit $(n, b) \in D$ gibt. Es seien $(0, a) \in D$, $(0, c) \in D$ und $a \neq c$. Wenn wir $(0, c)$ aus D entfernen, dann erfüllt $D \setminus \{(0, c)\}$ immer noch (a) und (b), da $0 \notin s(\mathbb{N}_0)$ ist. Dies steht im Widerspruch zu der Tatsache, dass D die kleinste Menge ist, die (a) und (b) genügt. Damit ist der Induktionsanfang gezeigt. Wir nehmen jetzt an, dass es genau ein Element b mit $(n, b) \in D$ gibt. Nach (b) ist dann $(s(n), g(b)) \in D$. Wäre für ein weiteres Element $c \neq g(b)$ die Bedingung $(s(n), c) \in D$ erfüllt, dann könnte man wie eben $(s(n), c)$ aus D entfernen und erhielte wegen der Injektivität von s und $0 \notin s(\mathbb{N}_0)$ einen Widerspruch zur Minimalität von D. Damit haben wir gezeigt, dass es zu jedem n genau ein b mit $(n, b) \in D$ gibt. Dieses Element nennen wir $\varphi(n)$. Nach (a) ist $\varphi(0) = a$, und aus (b) folgt $\varphi(s(n)) = g(\varphi(n))$ für alle n, das heißt $\varphi \circ s = g \circ \varphi$. $\quad\square$

Wir wenden den Rekursionssatz auf $A = \mathbb{N}_0$, $a = m$ und $g = s$ an und erhalten eine eindeutig bestimmte Abbildung $\varphi_m = m+ : \mathbb{N}_0 \to \mathbb{N}_0$ mit $\varphi_m(0) = m$ und $\varphi_m(s(n)) = s(\varphi_m(n))$ für alle $n \in \mathbb{N}_0$. Wegen $\varphi_m(n) = m + n$ bedeutet dies

$$m + 0 = m,$$
$$m + s(n) = s(m + n)$$

für alle $n \in \mathbb{N}_0$. Diese Definition, die zunächst nur für das gewählte Element $m = a$ gilt, kann für jedes $m \in \mathbb{N}_0$ durchgeführt werden. Dadurch ist dann die *Addition* $m + n$ für alle $m, n \in \mathbb{N}_0$ definiert. Für $n = 0$ folgt aus $m + s(n) = s(m + n)$ mit $1 = s(0)$, dass $s(m) = m + 1$ ist.

Wenn wir im Rekursionssatz $a = 0$ und $g(n) = n + m$ für ein festes $m \in \mathbb{N}_0$ wählen, erhalten wir die eindeutig bestimmte Abbildung $\varphi_m : \mathbb{N}_0 \to \mathbb{N}_0$ mit $\varphi_m(0) = 0$ und $\varphi_m(s(n)) = \varphi_m(n) + m$ für alle $n \in \mathbb{N}_0$. Mit der Vereinbarung $m \cdot n = \varphi_m(n)$ heißt dies

$$m \cdot 0 = 0,$$
$$m \cdot (n + 1) = m \cdot n + m$$

für alle $n \in \mathbb{N}_0$. Da wir diese Konstruktion für alle $m \in \mathbb{N}_0$ durchführen können, ist hierdurch die *Multiplikation* $m \cdot n$ für alle $m, n \in \mathbb{N}_0$ definiert. Mit der Wahl $a = 1$ und $g(n) = n \cdot m$ bekommen wir analog die *Potenz* m^n. Die Gleichungen des Rekursionssatzes lauten in diesem Fall

$$m^0 = 1,$$
$$m^{n+1} = m^n \cdot m$$

für alle $m, n \in \mathbb{N}_0$. Aus Beispiel 2.16 wissen wir, dass die Addition und Multiplikation sogar berechenbare Funktionen sind.

Für $m, n \in \mathbb{N}_0$ wird durch

$$m \leq n \Leftrightarrow \exists p.\ m + p = n \tag{3.2}$$

eine Relation $\leq$ auf $\mathbb{N}_0$ definiert, von der in Aufgabe 3 gezeigt werden soll, dass es sich um eine totale Ordnungsrelation handelt. Diese Relation heißt *Kleinergleich*. Die zugehörige strenge Ordnung bezeichnen wir wieder mit $<$ *(Kleiner)*. Die entsprechenden inversen Relationen seien $\geq$ *(Größergleich)* und $>$ *(Größer)*.

Die folgende Zusammenstellung enthält die wichtigsten Rechenregeln über die Addition und die Multiplikation sowie über die Ordnungen Kleinergleich und Kleiner.

Assoziativgesetze:	$(m + n) + o = m + (n + o)$,
	$(m \cdot n) \cdot o = m \cdot (n \cdot o)$,
Kommutativgesetze:	$m + n = n + m$,
	$m \cdot n = n \cdot m$,
Distributivgesetz:	$m \cdot (n + o) = m \cdot n + m \cdot o$,
Gesetze über neutrale Elemente:	$m + 0 = m$ (Nullelement),
	$m \cdot 1 = m$ (Einselement),
Kürzungsregeln:	$n + o = m + o \Rightarrow n = m$,
	$n \cdot o = m \cdot o \wedge o \neq 0 \Rightarrow n = m$,
Monotonie für Kleinergleich:	$m \leq n \Rightarrow m + o \leq n + o$,
	$m \leq n \Rightarrow m \cdot o \leq n \cdot o$,
Monotonie für Kleiner:	$m < n \Rightarrow m + o < n + o$,
	$m < n \wedge o \neq 0 \Rightarrow m \cdot o < n \cdot o$.

In Definition 7.4 werden wir sogenannte *Monoide* einführen. Die angeführten Rechenregeln besagen dann, dass die Menge der natürlichen Zahlen $\mathbb{N}_0$ mit der Addition und der Multiplikation je ein Monoid bilden, in dem darüber hinaus das Distributivgesetz und die Kürzungsregeln gelten.

Eine Summe $a_m + a_{m+1} + \ldots + a_n$ von mehreren Zahlen wird üblicherweise mithilfe des *Summenzeichens* Σ in der Form

$$\sum_{i=m}^{n} a_i = a_m + a_{m+1} + \ldots + a_n$$

geschrieben. Da die Addition eine assoziative Operation ist, können wir auf eine Beklammerung verzichten (siehe Satz 7.1). Auf die Bezeichnung des Indexes kommt es bei der Summenbildung nicht an. Beispielsweise gilt

$$\sum_{i=4}^{8} a_i = \sum_{k=4}^{8} a_k = a_4 + a_5 + a_6 + a_7 + a_8 = \sum_{j=2}^{6} a_{j+2} = \sum_{l=5}^{9} a_{l-1}.$$

In den beiden letzten Summen wurden die *Indextransformationen* $i = j+2$ bzw. $i = l-1$ durchgeführt. Analoge Überlegungen gelten für das *Produktzeichen* $\prod$. Es ist

$$\prod_{i=m}^{n} a_i = a_m \cdot a_{m+1} \cdot \ldots \cdot a_n.$$

Im Fall $m > n$ wird eine *leere Summe* bzw. ein *leeres Produkt* gebildet. Man setzt dann $\sum_{i=m}^{n} a_i = 0$ und $\prod_{i=m}^{n} a_i = 1$. Die Rechenregeln für die Addition und die Multiplikation übertragen sich auf Σ und $\prod$. Beispielsweise gelten das Distributivgesetz

$$\sum_{i=m}^{n} c \cdot a_i = c \sum_{i=m}^{n} a_i$$

und das Kommutativgesetz

$$\sum_{i=m}^{n} (a_i + b_i) = \sum_{i=m}^{n} a_i + \sum_{i=m}^{n} b_i$$

für alle $c, a_i, b_i, i = m, \ldots, n$.

Die Ordnungsrelation $\leq$ aus Gl. 3.2 erfüllt eine Besonderheit. Sie ist eine *Wohlordnung*. Diesen Begriff führen wir jetzt ein und weisen anschließend diese Eigenschaft für die natürlichen Zahlen nach.

Definition 3.2 Es sei eine Menge M mit einer linearen Ordnungsrelation $\leq$ gegeben. $\leq$ heißt *Wohlordnung* auf M, wenn jede nicht leere Teilmenge $N \subseteq M$ ein kleinstes Element besitzt. Das heißt, es gibt ein Element $m \in M$ mit

(a) $m \in N$,
(b) $m \leq n$ für alle $n \in N$. $\square$

Satz 3.2 Die Relation $\leq$ ist eine Wohlordnung auf $\mathbb{N}_0$.

Beweis Es sei $N \subseteq M$ mit $N \neq \emptyset$ gegeben. Offenbar ist $0 \leq n$ für alle $n \in \mathbb{N}_0$, sodass im Falle $0 \in N$ nichts zu beweisen ist. Sei also $0 \notin N$. Wir setzen $H = \{n \in \mathbb{N}_0 \mid \{0, 1, \ldots, n\} \cap N = \emptyset\}$, das heißt

$$n \in H \Leftrightarrow 0, 1, \ldots, n \notin N.$$

Aus $0 \notin N$ folgt $0 \in H$. Würde auch $n \in H \Rightarrow n+1 \in H$ für alle n gelten, so würde nach dem Prinzip der vollständigen Induktion $H = \mathbb{N}_0$ folgen. Dies stünde im Widerspruch zu $N \neq \emptyset$. Es gibt daher ein $k \in H$ mit $k + 1 \notin H$. Damit gilt $0, 1, 2, \ldots, k \notin N$ und $k + 1 \in N$. $k + 1$ ist das gesuchte Minimum von N. $\square$

Das Prinzip der vollständigen Induktion besagt, dass aus der Gültigkeit von $P(0)$ und derjenigen von $\forall n.(P(n) \Rightarrow P(n+1))$ die von $\forall n.P(n)$ folgt. Wir können dieses Prinzip übersichtlich durch das Schema

$$P(0)$$
$$\forall n.(P(n) \Rightarrow P(n+1))$$
$$\overline{\forall n.P(n)}$$

darstellen. Vom Prinzip der vollständigen Induktion existieren viele Varianten. In einer gängigen Variante beginnt die Induktion nicht bei 0, sondern bei einer festen Zahl k. Das zugehörige Schema lautet:

$$P(k)$$
$$\forall n.(n \geq k \wedge P(n) \Rightarrow P(n+1))$$
$$\overline{\forall n.(n \geq k \Rightarrow P(n))}$$

Beispiel 3.2 Wir zeigen, dass für alle $n \geq 5$ die Aussage $n^2 < 2^n$ gilt. Die Behauptung trifft auf $k = 5$ zu, denn es ist $5^2 = 25 < 32 = 2^5$. Nach Induktionsvoraussetzung können wir $n \geq 5$ und $n^2 < 2^n$ annehmen. Zu zeigen ist dann $(n+1)^2 < 2^{n+1}$. Für $n \geq 5$ folgt aus den weiter vorn in diesem Abschnitt aufgeführten Rechenregeln

$$2n + 1 < 2n + n = 3n < 5n \leq n \cdot n = n^2.$$

Hieraus und aus der Induktionsvoraussetzung $n^2 < 2^n$ erhalten wir

$$(n+1)^2 = n^2 + 2n + 1 < n^2 + n^2 < 2^n + 2^n = 2 \cdot 2^n = 2^{n+1}.$$

Damit gilt $n^2 < 2^n$ für alle $n \geq 5$. $\square$

Eine weitere Version des Induktionsprinzips für natürliche Zahlen werden wir in Aufgabe 2 besprechen.

Das Prinzip der Induktion lässt sich weiter verallgemeinern. Eine in der Informatik häufig angetroffene Variante ist die sogenannte *strukturelle Induktion*. Hierzu betrachten wir noch einmal Definition 1.12. Dort wurden Terme definiert. Terme sind Variable, Konstante oder Ausdrücke $f(t_1, \ldots, t_n)$, wobei f ein Funktionssymbol und $t_1, \ldots, t_n$ Terme sind. Wenn eine Aussage für alle Terme bewiesen werden soll, dann zeigt man als Induktionsbeginn die Aussage für die Variablen und Konstanten. Anschließend setzt man die Gültigkeit der Aussage für die Terme $t_1, \ldots, t_n$ voraus und zeigt dann die Behauptung für $f(t_1, \ldots, t_n)$. Nach dem Prinzip der strukturellen Induktion gilt dann die Aussage für alle Terme.

Die Addition und die Multiplikation lassen sich für natürliche Zahlen nicht umkehren. Das heißt, es gibt zu gegebenen Zahlen $a, b \in \mathbb{N}_0$ im Allgemeinen keine natürlichen

Zahlen $x, y \in \mathbb{N}_0$ mit

$$a + x = b \tag{3.3}$$

und

$$a \cdot y = b. \tag{3.4}$$

Die Notwendigkeit, die Gl. 3.3 und 3.4 lösen zu können, führt zur Einführung der negativen Zahlen und der Brüche. Wir erhalten so die Zahlenmengen

$$\mathbb{Z} = \{\ldots, -3, -2, -1, 0, 1, 2, 3, \ldots\}$$

und

$$\mathbb{Q} = \{m/n \mid m \in \mathbb{Z}, n \in \mathbb{N}\}.$$

Die Elemente von $\mathbb{Z}$ heißen *ganze Zahlen* und die von $\mathbb{Q}$ *rationale Zahlen*. An dieser Stelle sollen die Mengen $\mathbb{Z}$ und $\mathbb{Q}$ nicht formal definiert werden. Zu diesem Zweck verweisen wir auf Aufgabe 4, in der der dieser Konstruktion zugrunde liegende Satz bewiesen werden soll, und auf das Buch [24] von *Heinz-Dieter Ebbinghaus und anderen*, in dem der Aufbau des Zahlensystems systematisch dargestellt wird.

Auf der Menge $\mathbb{Z}$ der ganzen Zahlen kann die Addition umgekehrt werden, das heißt, für alle $a, b \in \mathbb{Z}$ gibt es genau eine ganze Zahl $x \in \mathbb{Z}$ mit

$$a + x = b.$$

Ebenso ist nach Konstruktion die Multiplikation auf der Menge der rationalen Zahlen $\mathbb{Q}$ umkehrbar, das heißt, für alle $a, b \in \mathbb{Q}, a \neq 0$, gibt es genau eine rationale Zahl $x \in \mathbb{Q}$ mit

$$a \cdot x = b.$$

Die Addition und die Multiplikation auf $\mathbb{Z}$ und $\mathbb{Q}$ sind assoziative und kommutative Operationen, die das Distributivgesetz erfüllen. Wie auf $\mathbb{N}$ sind 0 und 1 neutrale Elemente bezüglich der Addition bzw. der Multiplikation. Außerdem gilt

$$a \cdot b = 0 \Rightarrow a = 0 \vee b = 0$$

für alle $a, b \in \mathbb{Z}$, das heißt, die Zahl 0 besitzt keine sogenannten *Nullteiler*.

In den Definitionen 9.1, 9.5 und 9.8 werden wir die Bezeichnungen *Ring*, *Integritätsbereich* und *Körper* einführen. Mit diesen Begriffen lassen sich die bisherigen Aussagen über die Mengen $\mathbb{Z}$ und $\mathbb{Q}$ wie folgt kurz zusammenfassen.

Satz 3.3 Die ganzen Zahlen $(\mathbb{Z}, +, \cdot)$ bilden einen Integritätsbereich, das heißt einen nullteilerfreien, kommutativen Ring mit Einselement. □

Satz 3.4 Die rationalen Zahlen $(\mathbb{Q}, +, \cdot)$ bilden einen kommutativen Körper. □

Die Menge $\mathbb{Z}$ wird durch

$$a \le b \Leftrightarrow b - a \in \mathbb{N}_0$$

für alle $a, b \in \mathbb{Z}$ und die Menge $\mathbb{Q}$ durch

$$\frac{m}{n} \le \frac{m'}{n'} \Leftrightarrow m \cdot n' \le m' \cdot n$$

für alle $m, m' \in \mathbb{Z}, n, n' \in \mathbb{N}$ linear geordnet. Für diese Ordnungsrelationen gelten die Rechenregeln

$$a \le b \Rightarrow a + c \le b + c, \tag{3.5}$$

$$a \le b \wedge 0 \le c \Rightarrow a \cdot c \le b \cdot c \tag{3.6}$$

für alle $a, b, c \in \mathbb{Z}$ bzw. $\mathbb{Q}$. Die Menge der rationalen Zahlen $\mathbb{Q}$ ist *archimedisch geordnet*, das heißt, für alle $x, y \in \mathbb{Q}$ mit $0 < x < y$ gibt es eine natürliche Zahl $n \in \mathbb{N}$ mit $n \cdot x \ge y$.

Wir haben in Abschn. 1.2 nach Beispiel 1.19 gezeigt, dass es keine rationale Zahl m gibt, für die $m^2 = 2$ ist. Man sagt, dass der Körper $\mathbb{Q}$ der rationalen Zahl unvollständig ist. Durch Hinzunahme von *irrationalen Zahlen* wie $\sqrt{2}, \pi = 3,1415\ldots$ und $e = 2,7182\ldots$ werden die rationalen Zahlen zum Körper $\mathbb{R}$ der *reellen Zahlen* erweitert. Die Zahlenmenge $\mathbb{R}$ erweist sich als *vollständig*, was jetzt erläutert werden soll.

Definition 3.3 Es sei $(X, \le)$ eine geordnete Menge. Eine Teilmenge $M \subseteq X$ heißt *nach oben beschränkt*, wenn es ein Element $x \in X$ mit $m \le x$ für alle $m \in M$ gibt. x wird dann *obere Schranke* von M genannt. Falls M eine kleinste obere Schranke besitzt, nennen wir sie *Supremum* von M und schreiben für sie $\sup(M)$. Analog werden die Begriffe *nach unten beschränkt*, *untere Schranke* und *Infimum* mit der Bezeichnung $\inf(M)$ eingeführt. $\square$

Wenn eine Teilmenge $M \subseteq X$ ein Supremum besitzt, ist dieses offensichtlich eindeutig bestimmt. Denn wenn x und x' zwei Suprema von M sind, folgt $x \le x'$ und $x' \le x$ und hieraus wegen der Antisymmetrie $x = x'$.

Als Beispiel betrachten wir die Menge

$$M = \{m \mid m^2 \le 2\}.$$

Wenn wir $X = \mathbb{Q}$ als Grundmenge wählen, besitzt M kein Supremum, da keine rationale Zahl m mit $m^2 = 2$ existiert, obwohl sich eine Folge $m_1 = 1,4, m_2 = 1,41, m_3 = 1,414,$ $\ldots$ mit $m_i < m_{i+1}$ und $m_i^2 < 2, i \ge 1$, bilden lässt, für die $2 - m_i^2$ beliebig klein wird. Für $X = \mathbb{R}$ besitzt M hingegen ein Supremum. Es ist nämlich $\sup(M) = \sqrt{2}$.

Definition 3.4 Eine geordnete Menge $(X, \le)$ heißt *vollständig*, wenn jede Teilmenge $M \subseteq X$ ein Supremum besitzt. $\square$

Satz 3.5 Die reellen Zahlen $(\mathbb{R}, +, \cdot)$ bilden einen kommutativen und vollständigen Körper. □

Die Ordnungsrelation $\leq$ wird von $\mathbb{Q}$ auf $\mathbb{R}$ übertragen. Sie erfüllt die Gl. 3.5 und 3.6. $\mathbb{R}$ ist (bis auf *Isomorphie*) der einzige kommutative, vollständige Körper, für den es eine Ordnungsrelation $\leq$ mit Gl. 3.5 und 3.6 gibt.

Wir können an dieser Stelle nicht darauf eingehen, wie die Zahlenmenge $\mathbb{R}$ formal aus der Menge $\mathbb{Q}$ der rationalen Zahlen konstruiert wird. Hierzu wurden in der Literatur verschiedene Wege beschritten, die allesamt zu den gleichen (genauer: zu *isomorphen*) Körpern führten. Die drei bekanntesten Möglichkeiten zur Definition reeller Zahlen sind

- die *dedekindschen Schnitte*,
- die *Cauchy-Folgen* und
- die *Intervallschachtelungen*.

Für Einzelheiten sei wiederum auf [24] verwiesen.

Für alle Zahlen $x \in \mathbb{R}$ ist $x^2 \geq 0$. Es kann daher keine reelle Zahl x mit $x^2 = -1$ geben. Mit anderen Worten heißt dies, dass die Gleichung

$$x^2 + 1 = 0$$

keine Lösung in der Menge der reellen Zahlen besitzt. Um dennoch eine solche Gleichung lösen zu können, nimmt man zu den reellen Zahlen eine „neue" Zahl i hinzu, für die $i^2 = -1$, das heißt $i = \sqrt{-1}$, gilt.

Wir führen jetzt Ausdrücke der Form $x + yi$, $x, y \in \mathbb{R}$, ein, die *komplexe* Zahlen genannt werden. Die Menge aller dieser Zahlen bezeichnen wir mit $\mathbb{C}$. x ist der *Realteil* der komplexen Zahl $x + yi$ und y ihr *Imaginärteil*. Die Zahl i wird *imaginäre Einheit* genannt. $\bar{z} = x - yi$ ist die zu $z = x + yi$ *konjugiert-komplexe Zahl*. Die reellen Zahlen sind die komplexen Zahlen, deren Imaginärteil 0 ist. Es ist also $\mathbb{R} \subseteq \mathbb{C}$.

Für die komplexen Zahlen definieren wir durch

$$(x_1 + y_1 i) + (x_2 + y_2 i) = (x_1 + x_2) + (y_1 + y_2)i$$

und

$$(x_1 + y_1 i) \cdot (x_2 + y_2 i) = (x_1 \cdot x_2 - y_1 \cdot y_2) + (x_1 \cdot y_2 + y_1 \cdot x_2)i$$

eine Addition $+$ und eine Multiplikation $\cdot$. Addition und Multiplikation erfüllen analoge Rechenregeln, wie sie für $\mathbb{Q}$ und $\mathbb{R}$ gelten. Genauer können wir den folgenden Satz formulieren.

Satz 3.6 Die komplexen Zahlen $(\mathbb{C}, +, \cdot)$ bilden einen kommutativen Körper. □

Im nächsten Beispiel erläutern wir die vier Grundrechenarten für komplexe Zahlen.

Abb. 3.1 Gaußsche Zahlenebene

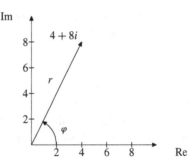

Beispiel 3.3 Es seien die komplexen Zahlen $z_1 = 25 - 10i$ und $z_2 = 1 + 2i$ gegeben. Für Summe, Differenz und Produkt von z_1 und z_2 erhalten wir

$$z_1 + z_2 = 26 - 8i,$$

$$z_1 - z_2 = 24 - 12i,$$

$$z_1 \cdot z_2 = (1 \cdot 25 + 10 \cdot 2) + (25 \cdot 2 - 10 \cdot 1)i = 45 + 40i.$$

Zur Berechnung des Quotienten von z_1 und z_2 erweitern wir den auftretenden Bruch mit der konjugiert-komplexen Zahl des Nenners und erhalten

$$\frac{z_1}{z_2} = \frac{25 - 10i}{1 + 2i} = \frac{(25 - 10i)(1 - 2i)}{(1 + 2i)(1 - 2i)} = \frac{5 - 60i}{5} = 1 - 12i.$$

Als Spezialfall erhalten wir eine Möglichkeit, das *Inverse* (den *Kehrwert*) einer komplexen Zahl zu berechnen. Beispielsweise ist

$$\frac{1}{z_2} = \frac{1}{1 + 2i} = \frac{1 - 2i}{(1 + 2i)(1 - 2i)} = \frac{1 - 2i}{5} = \frac{1}{5} - \frac{2}{5}i. \quad \square$$

Zur Veranschaulichung der komplexen Zahlen wird häufig die sogenannte *gaußsche Zahlenebene* verwendet. Hierzu werden in einem Koordinatensystem auf der horizontalen Achse die reelle Komponente und auf der vertikalen Achse die imaginäre Komponente der komplexen Zahl abgetragen. In Abb. 3.1 ist die komplexe Zahl $4 + 8i$ als Pfeil dargestellt. Der Pfeil ist eindeutig durch seine Länge r und den Winkel φ bestimmt. Für r und φ erhalten wir $r = \sqrt{16 + 64} = \sqrt{80} = 8,94$ und $\varphi = \arctan(2) = 63,4°$.

Definition 3.5 Es sei $z = x + yi \neq 0$ eine komplexe Zahl. $r = \sqrt{x^2 + y^2}$ heißt der *Betrag* und $\varphi = \arctan(\frac{y}{x})$, $0 \leq \varphi < 2\pi$ (bzw. $0 \leq \varphi < 360°$), der *Winkel* von z. $\quad \square$

Wenn eine komplexe Zahl $z \in \mathbb{C}$ als $z = x + yi$ geschrieben wird, sprechen wir von der *kartesischen Form*. Die Darstellung von $z \neq 0$ durch r und φ ist die *Polarkoordinatenform* von z. Aus der Definition der Sinus- und der Kosinusfunktion als Quotient einer Kathete

und der Hypotenuse eines rechtwinkligen Dreiecks folgt für die Polarkoordinatenform
einer komplexen Zahl sofort

$$z = r(\cos(\varphi) + \sin(\varphi)i).$$

Bisher haben wir nicht über eine Ordnung auf der Menge der komplexen Zahlen gesprochen. Dies ist kein Zufall. Man kann zeigen, dass es keine Ordnungsrelation $\leq$ auf $\mathbb{C}$
gibt, die mit der Addition und der Multiplikation im Sinne der Rechenregeln 3.5 und 3.6
verträglich wäre.

Im Zahlenkörper $\mathbb{C}$ besitzen Polynome stets Nullstellen. Als Beispiel sei die Gleichung

$$x^2 + 5x + 13 = 0$$

gegeben. Wenn wir diese lösen, erhalten wir

$$x^2 + 5x + \frac{25}{4} + 13 = \frac{25}{4},$$
$$\left(x + \frac{5}{2}\right)^2 = -\frac{27}{4},$$
$$x + \frac{5}{2} = \pm\frac{3}{2}\sqrt{3}i$$

und hieraus die Lösungen $x_1 = -\frac{5}{2} + \frac{3}{2}\sqrt{3}i$ und $x_2 = -\frac{5}{2} - \frac{3}{2}\sqrt{3}i$. x_1 und x_2 sind
konjugiert-komplex. Genaueres zur Existenz von Lösungen polynomialer Gleichungen
werden wir im *Fundamentalsatz der Algebra* (vgl. Abschn. 9.4, Satz 9.37) erfahren.

Die komplexen Zahlen wurden oben mithilfe der imaginären Einheit i eingeführt.
Ein anderer Zugang erschließt sich durch die Betrachtung von sogenannten *Zerfällungskörpern* von Polynomen. Hierauf kommen wir in Definition 9.21 und Beispiel 9.16 zu
sprechen. Dort sehen wir, dass $\mathbb{C}$ der Zerfällungskörper von $x^2 + 1$ über $\mathbb{R}$ ist.

Wir haben in diesem Abschnitt die wichtigsten Eigenschaften der Mengen

$$\mathbb{N} \subsetneq \mathbb{Z} \subsetneq \mathbb{Q} \subsetneq \mathbb{R} \subsetneq \mathbb{C}$$

knapp zusammengefasst. Die Frage, ob es darüber hinaus weitere Zahlenmengen gibt, ist
zu bejahen. *William Rowan Hamilton* stellte 1843 die *Quaternionen* vor. Quaternionen
sind im Gegensatz zu den komplexen Zahlen nicht durch zwei, sondern durch vier reelle
Zahlen bestimmt. Für die Quaternionen können eine Addition und eine Multiplikation
definiert werden, allerdings ist die Multiplikation nicht kommutativ. Einzelheiten sollen
in Aufgabe 7 zu Kap. 9 gezeigt werden.

John T. Graves und *Arthur Cayley* entdeckten ebenfalls in den 1840er-Jahren die *Oktonionen*, die auch *Oktaven* genannt werden. Sie sind durch acht reelle Zahlen eindeutig bestimmt. Auch für sie ist die Multiplikation nicht kommutativ. Darüber hinaus gilt das Assoziativgesetz nicht in voller Allgemeinheit, sondern nur die schwächere Form

$$(m \cdot m) \cdot n = m \cdot (m \cdot n) \quad \text{und} \quad (m \cdot n) \cdot n = m \cdot (n \cdot n) \tag{3.7}$$

für alle m und n. 3.7 ist das sogenannte *Alternativgesetz* der Multiplikation.

Man kann zeigen, dass die reellen und die komplexen Zahlen sowie die Quaternionen und die Oktonionen die einzigen Zahlen sind, die durch endlich viele reelle Zahlen bestimmt sind, für die eine Division existiert und für die das Alternativgesetz gilt.

3.2 Mächtigkeit von Mengen

Wenn wir die Folge

$$0, \; 1 = s(0), \; 2 = s(1), \ldots, s(n+1) = s(n), \ldots$$

der natürlichen Zahlen betrachten, stellen wir fest, dass wir in jedem Schritt wegen der Injektivität der Nachfolgerfunktion s (siehe Definition 3.1) eine „neue" Zahl erhalten. Auf diese Weise bekommen wir also „unendlich" viele natürliche Zahlen. Diese Überlegung führt zur folgenden Definition, die von *Richard Dedekind* aus dem Jahre 1888 stammt.

Definition 3.6 Eine Menge M wird *unendlich* genannt, wenn es eine injektive Abbildung $s : M \to M$ mit $s(M) \subsetneqq M$ gibt. Andernfalls heißt M *endlich*. $\quad \Box$

Die folgende Aussage folgt sofort aus dieser Definition.

Satz 3.7 Die Menge $\mathbb{N}_0$ der natürlichen Zahlen ist unendlich. $\quad \Box$

Aus der Kette der Inklusionen

$$\mathbb{N}_0 \subsetneqq \mathbb{Z} \subsetneqq \mathbb{Q} \subsetneqq \mathbb{R} \subsetneqq \mathbb{C}$$

folgt, dass auch die Mengen der ganzen, rationalen, reellen und komplexen Zahlen unendlich sind. Auch wenn diese Zahlenmengen alle unendlich sind, so enthalten sie – wie wir in Kürze sehen werden – dennoch nicht gleich viele Elemente. Mengen mit derselben Anzahl von Elementen nennt man gleichmächtig. Wir definieren diesen Begriff jetzt mithilfe von Abbildungen.

Definition 3.7 Zwei Mengen M und N heißen *gleichmächtig*, wenn es eine bijektive Abbildung $s : M \to N$ gibt. Wir schreiben dann $|M| = |N|$. Mengen, die zur Menge $\mathbb{N}_0$ der natürlichen Zahlen gleichmächtig sind, werden als *abzählbar* bezeichnet. Unendliche Mengen, die nicht abzählbar sind, nennt man *überabzählbar*. $\quad \Box$

Wenn wir Mengen hinsichtlich der Anzahl ihrer Elemente oder, wie wir auch sagen, hinsichtlich ihrer *Mächtigkeit* vergleichen wollen, so können wir sie in eine der drei folgenden Kategorien einordnen:

(a) Eine Menge kann endlich sein. Endliche Mengen sind zum Beispiel die leere Menge $\emptyset$ und die Mengen $\{1\}$ und $\{34, 35, 36, 37, 38\}$. Die *Anzahl* ihrer Elemente ist 0, 1 bzw. 5.

(b) Eine Menge kann abzählbar sein. Abzählbare Mengen besitzen genauso viele Elemente wie $\mathbb{N}_0$.

(c) Eine Menge kann überabzählbar sein. Überabzählbare Mengen haben mehr Elemente als $\mathbb{N}_0$.

Beispiel 3.4 Die Menge der geraden natürlichen Zahlen $G = \{0, 2, 4, \ldots\}$ ist abzählbar. Dies sehen wir ein, wenn wir die Abbildung $f : \mathbb{N}_0 \to G$ mit $f(n) = 2n$ für alle $n \in \mathbb{N}_0$ betrachten. f ist surjektiv, denn für eine Zahl $m \in G$ ist $\frac{m}{2} \in \mathbb{N}_0$, und es gilt $f(\frac{m}{2}) = 2 \cdot \frac{m}{2} = m$. Die Injektivität ergibt sich aus $2m = 2n \Rightarrow m = n$ für alle $m, n \in \mathbb{N}_0$. $\square$

Es gibt also genauso viele gerade Zahlen wie natürliche Zahlen insgesamt. Analog kann man zeigen, dass beispielsweise die Menge der ungeraden Zahlen und die der Quadratzahlen abzählbar sind. Es gilt sogar, dass jede unendliche Teilmenge von $\mathbb{N}_0$ ebenfalls abzählbar ist.

Satz 3.8 Die Menge $\mathbb{N}_0 \times \mathbb{N}_0$ ist abzählbar.

Beweis Zum Beweis dieses Satz betrachten wir die Elemente von $\mathbb{N}_0 \times \mathbb{N}_0$ in der folgenden Anordnung:

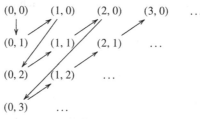

Wenn wir dieses Diagramm in Pfeilrichtung durchlaufen, erhalten wir eine bijektive Abbildung $f : \mathbb{N}_0 \times \mathbb{N}_0 \to \mathbb{N}_0$, das heißt, $\mathbb{N}_0 \times \mathbb{N}_0$ ist abzählbar. Zur Erläuterung sind einige Funktionswerte in der folgenden Tabelle aufgeführt.

(m,n)	$f(m,n)$
$(0,0)$	0
$(0,1)$	1
$(1,0)$	2
$(0,2)$	3
$(1,1)$	4
$(2,0)$	5

Es sei angemerkt, dass $f(m,n) = \frac{1}{2}(m+n)(m+n+1) + m$ ist. $\square$

Die im Beweis von Satz 3.8 verwendete Beweismethode ist das sogenannte *erste cantorsche Diagonalverfahren*.

Eine Menge wird *höchstens abzählbar* genannt, wenn sie endlich oder abzählbar ist. Der folgende Satz über höchstens abzählbare Mengen soll in Übungsaufgabe 8 bewiesen werden.

Satz 3.9 Es sei eine Menge M gegeben. Dann gilt

$$M \text{ ist höchstens abzählbar } \Leftrightarrow \exists f : \mathbb{N} \to M, f \text{ surjektiv } \vee M = \emptyset,$$
$$\Leftrightarrow \exists f : M \to \mathbb{N}, f \text{ injektiv.}   \square$$

Im nächsten Satz gehen wir der Frage nach, ob die Bildung von Teilmengen, Vereinigungsmengen und Produktmengen abzählbarer Mengen wieder eine abzählbare Menge liefert.

Satz 3.10 Es gelten die folgenden Aussagen:

(a) Eine Teilmenge einer abzählbaren Menge ist höchstens abzählbar.
(b) Die Vereinigungsmenge von abzählbar vielen abzählbaren Mengen ist abzählbar.
(c) Die Produktmenge von endlich vielen abzählbaren Mengen ist abzählbar.

Beweis Zum Nachweis von (a) seien eine abzählbare Menge M und eine Teilmenge $N \subseteq M$ gegeben. Nach Satz 3.9 existiert eine injektive Abbildung $f : M \to \mathbb{N}$. Die Einschränkung von f auf N ist ebenfalls injektiv, das heißt, N ist abzählbar. (b) zeigt man mit dem ersten cantorschen Diagonalverfahren. Die Aussage (c) wird zunächst mithilfe des ersten cantorschen Diagonalverfahrens für den Fall zweier abzählbarer Mengen bewiesen. Die allgemeine Aussage für endlich viele abzählbare Mengen zeigt man anschließend durch vollständige Induktion. Die Einzelheiten der Aussagen (b) und (c) sollen in Übungsaufgabe 9 gezeigt werden. □

Die Menge $\mathbb{Z}$ ist die Vereinigung der abzählbaren Mengen $\mathbb{N}_0$ und $\{-1, -2, -3, \ldots\}$. Eine rationale Zahl $\frac{p}{q}$ ist ein Zahlenpaar (p, q) mit $p \in \mathbb{Z}$ und $q \in \mathbb{N}$. Die Menge der rationalen Zahlen $\mathbb{Q}$ ist daher eine Teilmenge von $\mathbb{Z} \times \mathbb{N}$. Aus Satz 3.10 erhalten wir daher die folgende Aussage.

Satz 3.11 Die Mengen $\mathbb{Z}$ und $\mathbb{Q}$ sind abzählbar. □

Bisher haben wir noch nicht bewiesen, dass es überabzählbare Mengen gibt. Dies holen wir im nächsten Satz nach.

Satz 3.12 Das Intervall $[0, 1] = \{x \in \mathbb{R} \mid 0 \leq x \leq 1\}$ ist eine überabzählbare Menge.

Beweis Wir zeigen diesen Satz indirekt. Dazu nehmen wir an, dass die Menge $[0, 1]$ abzählbar ist. Dann gibt es eine Bijektion $f : \mathbb{N}_0 \to [0, 1]$, die sich in der Form

$$f(0) = 0,a_{00}\, a_{01}\, a_{02}\, a_{03} \ldots,$$
$$f(1) = 0,a_{10}\, a_{11}\, a_{12}\, a_{13} \ldots,$$
$$f(2) = 0,a_{20}\, a_{21}\, a_{22}\, a_{23} \ldots$$
$$\vdots$$

schreiben lässt. a_{ij} ist die j-te Dezimalstelle von $f(i)$, $i \in \mathbb{N}_0$. Wir betrachten jetzt die Zahl

$$b = 0,b_0\, b_1\, b_2\, b_3 \ldots$$

mit

$$b_j = \begin{cases} 1, & \text{falls } a_{jj} \neq 1, \\ 2, & \text{falls } a_{jj} = 1 \end{cases}$$

für alle $j \in \mathbb{N}_0$. Da sich b nach Definition von jeder Zahl $f(i)$, $i \in \mathbb{N}_0$, unterscheidet, gilt $b \notin f(\mathbb{N}_0)$. Dies steht im Widerspruch zur Bijektivität von f. □

Die im Beweis von Satz 3.12 verwendete Konstruktion ist das sogenannte *zweite cantorsche Diagonalverfahren*. Während das erste cantorsche Diagonalverfahren dazu verwendet wird, die Abzählbarkeit von Mengen zu zeigen, lässt sich mit dem zweiten cantorschen Diagonalverfahren indirekt die Überabzählbarkeit von Mengen nachweisen.

Satz 3.13 Die Mengen $\mathbb{R}$ und $\mathbb{C}$ sind überabzählbar.

Beweis Wenn die Mengen $\mathbb{R}$ und $\mathbb{C}$ abzählbar wären, dann wäre es nach Aussage (a) von Satz 3.10 auch die Teilmenge $[0, 1]$. Dies stünde im Widerspruch zu Satz 3.12. □

Gibt es Mengen, die „mehr" Elemente als $\mathbb{R}$ oder $\mathbb{C}$ enthalten? Zur Beantwortung dieser Frage vergleichen wir zunächst Mengen bezüglich ihrer Mächtigkeit und zeigen dann, dass die Potenzmenge einer Menge stets mächtiger als die Ausgangsmenge ist.

Definition 3.8 Es seien zwei Mengen M und N gegeben. N ist *mächtiger* als M, wenn es eine injektive Abbildung $f : M \to N$ gibt. Wir schreiben in diesem Fall $|M| \leq |N|$. N ist *echt mächtiger* als M, $|M| < |N|$, falls $|M| \leq |N|$ und $|M| \neq |N|$ ist. □

Satz 3.14 Für alle Mengen M gilt $|M| < |\mathcal{P}(M)|$.

Beweis Es sei eine Menge M gegeben. Falls $M = \emptyset$ ist, gilt die Behauptung trivialerweise. Wir können also $M \neq \emptyset$ annehmen. Die Abbildung $f : M \to \mathcal{P}(M)$ mit $f(m) = \{m\}$ für alle $m \in M$ ist injektiv, das heißt $|M| \leq |\mathcal{P}(M)|$. Zu zeigen bleibt $|M| \neq |\mathcal{P}(M)|$. Wir schließen indirekt und nehmen an, dass es eine Bijektion $f : M \to \mathcal{P}(M)$ gibt. Es sei $D = \{m \in M \mid m \notin f(m)\} \in \mathcal{P}(M)$. Weil f bijektiv und damit insbesondere surjektiv ist, gibt es ein Element $m \in M$ mit $f(m) = D$. Aus

$$m \in D \Leftrightarrow m \notin f(m) \Leftrightarrow m \notin D$$

erhalten wir den gewünschten Widerspruch. □

Teilmengen $N \subseteq M$ lassen sich mit ihrer charakteristischen Funktion (vgl. Abschn. 2.4 nach Beispiel 2.16) $\chi_N : M \to \{0, 1\}$,

$$\chi_N(m) = \begin{cases} 1, & \text{falls } m \in N, \\ 0, & \text{falls } m \notin N \end{cases}$$

identifizieren. Aus Satz 3.14 können wir daher schließen, dass die Menge aller Abbildungen $M \to \{0, 1\}$ mächtiger ist als die Menge M. Aus dieser Überlegung und der Tatsache, dass $\mathbb{N}_0$ mächtiger als die Menge $\{0, 1\}$ ist, ergibt sich der folgende Satz.

Satz 3.15 Die Mengen aller Abbildungen $\mathbb{N}_0 \to \{0, 1\}$ und $\mathbb{N}_0 \to \mathbb{N}_0$ sind überabzählbar. □

Dieser Satz hat eine wichtige Konsequenz für die Informatik. Er zeigt nämlich, wie wir im folgenden Beispiel erläutern, dass die meisten Funktionen nicht berechenbar sind.

Beispiel 3.5 Jeder Algorithmus kann durch einen endlichen Text beschrieben werden. Es gibt abzählbar viele Texte über einem Alphabet, also auch abzählbar viele Algorithmen, aber – wie wir gerade erkannt haben – überabzählbar viele Funktionen $f : \mathbb{N}_0 \to \mathbb{N}_0$. □

Wir haben gesehen, dass $|\mathbb{N}_0| = |\mathbb{Z}| = |\mathbb{Q}|$ und $|\mathbb{R}| = |\mathbb{C}|$ gelten. Es stellt sich die Frage, ob es eine Menge gibt, die in ihrer Mächtigkeit zwischen $\mathbb{N}_0$ und $\mathbb{R}$ liegt. Die Behauptung, dass solch eine Menge nicht existiert, nennt man *spezielle Kontinuumshypothese*. Sie ist ein Beispiel für eine Aussage, die im Rahmen der Mengenlehre ZFC weder bewiesen noch widerlegt werden kann (vgl. Ende Abschn. 2.3).

3.3   Darstellung von Zahlen

Natürliche Zahlen werden im täglichen Leben meistens in der *Dezimaldarstellung* geschrieben. Als Beispiel betrachten wir die Zahl

$$1583 = 1 \cdot 10^3 + 5 \cdot 10^2 + 8 \cdot 10^1 + 3 \cdot 10^0.$$

1, 5, 8 und 3 sind die *Ziffern* dieser Zahl, und 10 ist die *Basis der Darstellung*. In der Informatik werden – wie unten zu sehen ist – häufig andere Basen als 10 verwendet. Allgemein gilt der folgende Satz.

Satz 3.16 Es sei eine natürliche Zahl b mit $b \geq 2$ gegeben. Dann lässt sich jede natürliche Zahl $n \in \mathbb{N}_0$ eindeutig als

$$n = a_\nu \cdot b^\nu + \ldots + a_1 \cdot b^1 + a_0 \cdot b^0 \tag{3.8}$$

schreiben. Dabei ist $0 \leq a_i < b, i = 0, \ldots, \nu, a_\nu \neq 0$.   □

Die Schreibweise einer Zahl $n \in \mathbb{N}_0$ in der Form 3.8 nennen wir Darstellung im *Stellenwertsystem zur Basis b* von n und schreiben hierfür $n = (a_\nu \ldots a_1 a_0)_b$. Man spricht auch von der *b-adischen Darstellung* der Zahl n. Falls $b = 10$ ist, wird der Index in der Regel nicht mitgeschrieben. Für $b = 2$ sprechen wir von der *Dualdarstellung* und für $b = 10$ von der *Dezimaldarstellung* von n.

Beispiel 3.6 Wir wollen die Dualdarstellung von 1583 ermitteln. Die größte Potenz der Zahl 2, die kleiner oder gleich 1583 ist, ist $1024 = 2^{10}$. Wir bilden $1583 - 1024 = 559$ und fahren hiermit fort. Im nächsten Schritt erhalten wir $512 = 2^9$ und $559 - 512 = 47$. Wenn wir in dieser Weise weitermachen, bekommen wir die Zweierpotenzen $32 = 2^5$, $8 = 2^3, 4 = 2^2, 2 = 2^1$ und $1 = 2^0$. Das Ergebnis ist damit $1583 = (11000101111)_2$. Effizienter ist es, die umzuwandelnde Zahl fortlaufend durch die Basis 2 zu dividieren und die entstehenden Reste in umgekehrter Reihenfolge abzulesen. Für die natürliche Zahl 197 erhalten wir auf diese Weise die Folge

$$
\begin{aligned}
197 &= 98 \cdot 2 + 1, \\
98 &= 49 \cdot 2 + 0, \\
49 &= 24 \cdot 2 + 1, \\
24 &= 12 \cdot 2 + 0, \\
12 &= 6 \cdot 2 + 0, \\
6 &= 3 \cdot 2 + 0, \\
3 &= 1 \cdot 2 + 1, \\
1 &= 0 \cdot 2 + 1.
\end{aligned}
$$

Also gilt $197 = (11000101)_2$. $\square$

Die für die Dezimaldarstellung bekannten Algorithmen der Grundrechenarten lassen sich leicht auf beliebige Basen b, $b \geq 2$, verallgemeinern. Beispielsweise erhalten wir unter Verwendung der Darstellungen aus Beispiel 3.6 für die Addition der Zahlen 1583 und 197 im Dualsystem

$$
\begin{array}{ccccccccccc}
1 & 1 & 0 & 0 & 0 & 1 & 0 & 1 & 1 & 1 & 1 \\
 & 1 & 1 & 0 & 0 & 0 & 1 & 0 & 1 & & \\
 & & & & & 1 & 1 & 1 & 1 & & \\
\hline
1 & 1 & 0 & 1 & 1 & 1 & 1 & 0 & 1 & 0 & 0
\end{array}
$$

Die erste Zeile enthält den Summanden 1583 und die zweite den Summanden 197. In der dritten Zeile sind die Überträge notiert. Das Ergebnis $(11011110100)_2 = 1780$ steht in der letzten Zeile.

Wie werden Zahlen in einem Computer dargestellt? Auf diese Frage wollen wir jetzt eingehen. Die kleinste Informationseinheit ist das *Bit (binary digit, Binärzahl)*. Ein Bit besteht aus einer 0 oder einer 1. Da Bits gelegentlich als Wahrheitswerte interpretiert werden, wählt man für sie auch die Symbole f und t bzw. *false* und *true*. Eine Folge von 8 Bits wird *Byte* genannt. Beispielsweise ist 10100111 ein Byte. Aus technischen Gründen werden mehrere Bytes zu einem *Maschinenwort*, auch *Wort* genannt, zusammengefasst. Früher betrug die Wortlänge eines typischen Personalcomputers 2 Bytes, heute sind 4 Bytes üblich. In einem Maschinenwort mit n Bits können 2^n verschiedene Werte gespeichert werden.

Programmiersprachen bieten in der Regel mehrere Möglichkeiten zur Speicherung von natürlichen und ganzen Zahlen. Diese Möglichkeiten unterscheiden sich in der Anzahl der verwendeten Bytes. Beispielsweise stellt Java die vier Datentypen „byte", „short", „int" und „long" zur Verfügung. Sie sind 1, 2, 4 und 8 Bytes lang. Der damit jeweils darstellbare Zahlenbereich ist in Tab. 3.1 angegeben.

Tab. 3.1 Datentypen für ganze Zahlen in Java	Typ	Länge	Wertebereich
	byte	1	$-2^7 \ldots 2^7 - 1$
	short	2	$-2^{15} \ldots 2^{15} - 1$
	int	4	$-2^{31} \ldots 2^{31} - 1$
	long	8	$-2^{63} \ldots 2^{63} - 1$

Ganze Zahlen dieser vier Datentypen werden in Java im sogenannten *Zweierkomplement* gespeichert. Dies bedeutet, dass die Bitfolge $b_{n-1}b_{n-2} \ldots b_1 b_0$ die Zahl

$$-b_{n-1} \cdot 2^{n-1} + \sum_{i=0}^{n-2} b_i \cdot 2^i$$

repräsentiert. Zur Erläuterung sehen wir uns die Darstellungen einer positiven und einer negativen Zahl vom Typ „byte" im Zweierkomplement an. Das Byte

0	0	1	0	0	1	1	1

repräsentiert die Zahl

$$32 + 4 + 2 + 1 = 39$$

und das Byte

1	0	1	0	0	1	1	1

die Zahl

$$-128 + (32 + 4 + 2 + 1) = -89.$$

Ob eine Zahl positiv oder negativ ist, lässt sich also am ersten Bit erkennen. Der im Zweierkomplement darstellbare Zahlenbereich hängt von der Anzahl der zur Verfügung stehenden Bits ab. Mit n Bits lassen sich Werte x mit $-2^{n-1} \leq x \leq 2^{n-1} - 1$ speichern. Für den Datentyp „long" ist beispielsweise $n = 64$ und damit

$$-2^{63} = -9.223.372.036.854.775.808 \leq x \leq 223.372.036.854.775.807 = 2^{63} - 1.$$

Auch wenn der darstellbare Zahlenbereich sehr groß ist, lassen sich auf diese Weise dennoch nur endlich viele Zahlen repräsentieren. Dies hat zwei wichtige Konsequenzen. Zum einen kann nicht jede Zahl gespeichert werden und zum anderen führen Rechnungen, die den zulässigen Zahlenbereich verlassen, unweigerlich zu Fehlern.

Es gibt jedoch viele Anwendungen, zum Beispiel in der Kryptografie, in denen große natürliche Zahlen auftreten. Wie solche Zahlen gespeichert und verarbeitet werden können, ist ein Gegenstand der *Computeralgebra*. Dieses Gebiet beschäftigt sich mit der Entwicklung algebraischer Algorithmen. Diese Algorithmen wurden in den letzten Jahrzehnten in etlichen, teilweise sehr speziellen, *Computeralgebrasystemen* verwendet. Bekannte Computeralgebrasysteme sind zum Beispiel Maple und Mathematica. Mit ihnen

Abb. 3.2 Verkettete
Darstellung der Zahl
−21.034.500.001.056

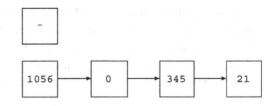

können – neben vielen anderen Dingen – Berechnungen mit Zahlen, die nicht durch die Wortlänge eines Computers in ihrer Größe beschränkt sind, durchgeführt werden. Eine Einführung in die Computeralgebra wird in dem Buch [53] von *Michael Kaplan* gegeben.

Wie werden beliebig große ganze Zahlen gespeichert? Die bekannteste Möglichkeit ist ihre Darstellung als *verkettet gespeicherte Liste*. Eine *Zelle* einer solchen Liste enthält dabei eine natürliche Zahl n im Bereich $0 \leq n < \beta$, wobei $\beta \geq 2$ *Basis der Darstellung* genannt wird. Beispielsweise wird die Zahl $−21.034.500.001.056$ für die Basis $\beta = 10.000$ durch die Liste $< 1056, 0, 345, 21 >$ und das Vorzeichen − repräsentiert. Dies ist in Abb. 3.2 dargestellt. Die Liste besteht aus den Zellen 1056, 0, 345 und 21. Man geht bei der Aufteilung in Zellen von hinten nach vorne vor, damit Operationen wie die Addition (siehe Beispiel 11.15) und die Subtraktion effizient implementiert werden können. Führende Nullen sind nicht zugelassen. Die leere Liste $<>$ entspricht der Zahl 0. Die Basis β wird üblicherweise so gewählt, dass eine Zelle in einem Maschinenwort gespeichert werden kann. Einzelheiten dieser Darstellung und darauf basierende Algorithmen können im Buch [91] von *Franz Winkler* nachgelesen werden.

Listen sind *dynamische Datenstrukturen*. Das heißt, ihre Länge ist variabel und nicht a priori durch eine Grenze beschränkt. Dadurch können – zumindest im Prinzip – beliebig große Zahlen dargestellt und verarbeitet werden.

Wir haben gesehen, wie natürliche und ganze Zahlen üblicherweise in Programmiersprachen und Computeralgebrasystemen gespeichert werden. Wie sieht es mit rationalen und reellen Zahlen aus? Viele heutige Programmiersprachen, unter ihnen Java, stellen keinen eigenen Datentyp für rationale Zahlen zur Verfügung. Alle Computeralgebrasysteme hingegen erlauben Berechnungen mit Brüchen. Um beispielsweise den Wert von $\left(\frac{5}{13} - \frac{2}{3}\right) \cdot \left(\frac{4}{7} - 2\right)$ zu ermitteln, geben wir `(5/13-2/3)*(4/7-2);` in Maple ein und erhalten die Ausgabe `110/273`.

Da eine rationale Zahl durch zwei ganze Zahlen bestimmt ist und ganze Zahlen durch die Listentechnik gespeichert werden können, ist es möglich, beliebige rationale Zahlen – sofern genügend Speicherplatz und Rechenzeit vorhanden ist – zu verarbeiten. Ganz anders verhält es sich mit reellen Zahlen. Numerisch lässt sich zum Beispiel eine Zahl wie

$$\sqrt{2} = 1,4142135623730950488016887242\ldots$$

weder mit einer festen Anzahl von Maschinenworten noch mithilfe einer verketteten Liste speichern. Der einzige Ausweg ist hier, $\sqrt{2}$ *symbolisch* zu behandeln, das heißt, nicht auf einen dezimalen Näherungswert zurückzugreifen. Aber auch dies gelingt nicht für jede reelle Zahl. Wir erinnern uns, dass es nämlich überabzählbar viele reelle Zahlen, aber nur abzählbar viele Texte über einem endlichen Alphabet zur Beschreibung von reellen Zahlen gibt.

Zum Abschluss dieses Abschnitts wollen wir uns anschauen, wie reelle Zahlen näherungsweise gespeichert werden können und welche Probleme dabei auftauchen. Wir beginnen mit der Feststellung, dass sich jede reelle Zahl $x \in \mathbb{R}$, $x \neq 0$, eindeutig in der Form

$$x = \pm m \cdot b^e \text{ mit } m \in \mathbb{R}, m > 0, e \in \mathbb{Z} \text{ und } \frac{1}{b} \leq m < 1 \qquad (3.9)$$

für eine feste Zahl $b \in \mathbb{N}$, $b \geq 2$, schreiben lässt. Gl. 3.9 heißt *Gleitkommadarstellung* von x zur *Basis* b. m wird *Mantisse* und e *Exponent* von x genannt. Übliche Werte für b sind 2, 10 oder 16.

Als Beispiel betrachten wir die Gleitkommadarstellung der reellen Zahl $-\sqrt{2}$ zur Basis 10. Wegen

$$-\sqrt{2} = -0{,}14142135623730950488016887242\ldots \cdot 10^1$$

gilt $m = 0{,}14142135623730950488016887242\ldots$ und $e = 1$.

Im Rechner werden Mantisse und Exponent jeweils mit einer festen Anzahl von Bits gespeichert. Für das Vorzeichen wird ein Bit benötigt. Wir erläutern jetzt die Vorgehensweise an einem einfachen Beispiel. Dazu verwenden wir 6 Bits.

v	m_1	m_2	m_3	e_1	e_2

Vorzeichen: v,
Mantisse: m_i, $i = 1, 2, 3$,
Exponent: e_j, $j = 1, 2$.

Als Basis für die Mantisse wählen wir $b = 2$. Um die darzustellende Zahl x eindeutig festzulegen, vereinbaren wir $x = 0 \Leftrightarrow m_1 = 0$. Die Werte von m_2 und m_3 spielen für $x = 0$ keine Rolle. Für die anderen Zahlen heißt $v = 1$, dass x positiv und $v = 0$, dass x negativ ist. Die Mantisse m ist durch

$$m = \frac{m_1}{2^1} + \frac{m_2}{2^2} + \frac{m_3}{2^3} = \frac{m_1}{2} + \frac{m_2}{4} + \frac{m_3}{8}$$

festgelegt. Den Wert des Exponenten definieren wir durch:

$$\begin{aligned}
e = (1, 1) &\triangleq e = 2, \\
e = (1, 0) &\triangleq e = 1, \\
e = (0, 1) &\triangleq e = 0, \\
e = (0, 0) &\triangleq e = -1.
\end{aligned}$$

Die folgende Tabelle zeigt einen Ausschnitt aller 64 möglichen Bitkombinationen:

v	m_1	m_2	m_3	e_1	e_2	x
.	.	.	.	.	.	.
1	1	1	1	1	0	$+(\frac{1}{2} + \frac{1}{4} + \frac{1}{8}) \cdot 2^1 = +\frac{7}{4}$
1	1	0	0	0	1	$+(\frac{1}{2} + \frac{0}{4} + \frac{0}{8}) \cdot 2^0 = +\frac{1}{2}$
1	1	0	1	0	1	$+(\frac{1}{2} + \frac{0}{4} + \frac{1}{8}) \cdot 2^0 = +\frac{5}{8}$
1	1	1	0	0	1	$+(\frac{1}{2} + \frac{1}{4} + \frac{0}{8}) \cdot 2^0 = +\frac{3}{4}$
1	1	1	1	0	1	$+(\frac{1}{2} + \frac{1}{4} + \frac{1}{8}) \cdot 2^0 = +\frac{7}{8}$
.	.	.	.	.	.	.

Als Beispiel berechnen wir die durch die Bitfolge 010111 dargestellte Zahl x. Wir erhalten

$$x = -\left(\frac{1}{2} + \frac{0}{4} + \frac{1}{8}\right) \cdot 2^2 = -\frac{5}{2}.$$

Da wir 6 Bits zur Verfügung haben, lassen sich wegen der Bedingung $x = 0 \Leftrightarrow m_1 = 0$ insgesamt $2^5 + 1 = 33$ Zahlen darstellen. Dies sind

$$0, \pm\frac{1}{4}, \pm\frac{5}{16}, \pm\frac{3}{8}, \pm\frac{7}{16}, \pm\frac{1}{2}, \pm\frac{5}{8}, \pm\frac{3}{4}, \pm\frac{7}{8}, \pm1, \pm\frac{5}{4}, \pm\frac{3}{2}, \pm\frac{7}{4}, \pm2, \pm\frac{5}{2}, \pm3, \pm\frac{7}{2}.$$

Wenn wir diese Zahlen auf einer Geraden veranschaulichen, bekommen wir das folgende Bild:

Wir erkennen, dass die Zahlendichte zur 0 hin zunimmt. Es gibt eine kleinste und eine größte positive darstellbare Zahl. Die Zahlen sind symmetrisch im positiven und im negativen Teil der Zahlengeraden verteilt.

Da nicht alle Zahlen darstellbar sind, gelten die üblichen Rechenregeln nicht. Als Beispiel betrachten wir das Assoziativgesetz:

$$\frac{5}{4} + \left(\frac{3}{8} + \frac{3}{8}\right) = \frac{5}{4} + \frac{3}{4} = 2,$$
$$\left(\frac{5}{4} + \frac{3}{8}\right) + \frac{3}{8} = ? + \frac{3}{8} \neq 2.$$

Da $\frac{5}{4} + \frac{3}{8} = \frac{13}{8}$ gilt, $\frac{13}{8}$ aber nicht darstellbar ist, muss an der Stelle des Fragezeichens ein Näherungswert genommen werden, der die Rechnung falsch werden lässt.

Tab. 3.2 Datentypen für reelle Zahlen in Java

	float	double	siehe voriges Beispiel
Vorzeichenbit	1	1	1
Exponent	8	11	2
Mantisse	23	52	3
Anzahl der Bytes	4	8	3/4
Anzahl der Bits	32	64	6
Bereich	$\pm 3{,}4 \cdot 10^{38}$	$\pm 1{,}8 \cdot 10^{308}$	$\pm 3{,}5$

In Java gibt es die Datentypen `float` und `double` zur Gleitkommadarstellung reeller Zahlen. Werte vom Typ `float` werden durch 32 Bits und solche vom Typ `double` durch 64 Bits gespeichert. Die Aufteilung auf Mantisse und Exponent geschieht wie in Tab. 3.2 gezeigt.

Als Beispiel dafür, wie sich Rundungsfehler auswirken können, wollen wir den – zugegebenermaßen künstlich gewählten – Ausdruck

$$\frac{1}{\left(\frac{1}{3} + \frac{1}{3} + \frac{1}{3}\right) - 0{,}999999998}$$

auswerten. Die Rechnung wird mit einer Genauigkeit von neun Dezimalstellen durchgeführt:

$$
\begin{aligned}
&\ 0{,}333333333 \\
+\ &0{,}333333333 \\
+\ &0{,}333333333 \\
-\ &0{,}999999998 \\
\hline
=\ &0{,}000000001
\end{aligned}
$$

Kehrwert: 1.000.000.000

korrektes Ergebnis: 500.000.000

Fehler: 500.000.000.

Wir haben uns also um fünfhundert Millionen verrechnet – und das mit vier Rechenoperationen auf Zahlen, die zwischen 0 und 1 liegen. Die Ursache liegt darin, dass wir im Nenner zwei Werte voneinander subtrahieren, die nahezu gleich groß sind.

Es sei ausdrücklich darauf hingewiesen, dass die Lage nicht grundsätzlich besser wird, wenn wir die Genauigkeit erhöhen. Die Fehler treten auch dann auf.

Zusammenfassend stellen wir fest, dass die Gleitkommadarstellung eine Methode zur *näherungsweisen Repräsentation* von reellen Zahlen auf Rechenanlagen ist. Für sie gilt:

- Es lassen sich nur endlich viele Zahlen darstellen.
- Die bekannten Rechenregeln gelten im Allgemeinen nicht bzw. nur näherungsweise.

Wie das obige Beispiel gezeigt hat, gibt es Probleme bei der Differenzbildung von nahezu gleich großen Zahlen. Kritisch ist auch die Summenbildung von Zahlen unterschiedlicher

Größenordnung und der Test von Gleitkommazahlen auf Gleichheit. Man sollte grundsätzlich nie Gleitkommazahlen durch $a = b$ vergleichen. Stattdessen ist es besser, den Test $|a - b| < \varepsilon$ für eine kleine Zahl ε durchzuführen.

Aufgaben

(1) Beweise die folgenden Aussagen für alle $n \geq 0$ durch vollständige Induktion.

   (a) $1 + 4 + \ldots + n^2 = \frac{n}{6}(n + 1)(2n + 1)$.

   (b) $\frac{1}{1 \cdot 2} + \frac{1}{2 \cdot 3} + \ldots + \frac{1}{n \cdot (n+1)} = 1 - \frac{1}{n+1}$.

   (c) $\frac{1}{2^1} + \frac{2}{2^2} + \ldots + \frac{n}{2^n} = \frac{2^{n+1} - n - 2}{2^n}$.

(2) Beweise das folgende Induktionsschema.

$$\frac{\forall n \,(\forall k. \,(k < n \Rightarrow P(k)) \Rightarrow P(n))}{\forall n . P(n)}$$

(3) Zeige, dass durch Gl. 3.2 eine Ordnungsrelation auf der Menge $\mathbb{N}_0$ definiert wird.

(4) Gegeben sei eine nicht leere Menge H mit einer assoziativen und kommutativen Verknüpfung $\circ$, die die Kürzungsregel $n \circ o = m \circ o \Rightarrow n = m$ für alle $n, m, o \in H$ erfüllt (H sei also eine kommutative Halbgruppe (siehe Definition 7.2), in der die Kürzungsregel erfüllt ist).

   (a) Zeige, dass durch

$$(a, b) \sim (c, d) \Leftrightarrow a \circ d = b \circ c$$

   für alle $a, b, c, d \in H$ eine Äquivalenzrelation $\sim$ auf der Menge $H \times H$ definiert wird.

   (b) Zeige weiter, dass auf der Faktormenge (siehe Definition 2.11)

$$G = H/\!\sim \; = \{[(a, b)] \mid a, b \in H\}$$

   durch

$$[(a, b)] \circ [(c, d)] = [a \circ c, b \circ d]$$

   für alle $[(a, b)]$, $[(c, d)] \in G$ eine assoziative und kommutative Verknüpfung definiert wird, für die es ein Einselement sowie inverse Elemente gibt. Anders ausgedrückt heißt dies, dass G eine kommutative Gruppe (siehe Definition 8.1) ist.

   (c) Welche Zahlenmengen ergeben sich, wenn dieser Satz auf die Halbgruppen $(\mathbb{N}_0, +)$ und $(\mathbb{N}, \cdot)$ angewendet wird?

(5) Zeige: Die Summe $r + x$ und das Produkt $r \cdot x$ einer rationalen Zahl $r \neq 0$ und einer irrationalen Zahl x sind irrational.

(6) Gegeben seien die komplexen Zahlen $z_1 = 3 + 2i$, $z_2 = -2 + 3i$, $z_3 = -3 - 2i$ und $z_4 = 2 - 2i$.

(a) Stelle z_1, z_2, z_3 und z_4 in der gaußschen Zahlenebene dar.

(b) Berechne $z_1 + z_2$, $z_1 - z_2$, $z_1 \cdot z_2$ und z_1/z_2.

(c) Wie groß sind Betrag und Winkel von z_1 und z_2?

(7) M und N seien Mengen mit m bzw. n Elementen. Wie viele Funktionen $f : M \to N$ gibt es? Wie viele von ihnen sind injektiv bzw. bijektiv?

(8) Beweise Satz 3.9.

(9) Weise die Aussagen (b) und (c) von Satz 3.10 nach.

(10) Es sei M eine abzählbare Menge. Zeige, dass die Menge der endlichen Teilmengen von M ebenfalls abzählbar ist.

(11) Zeige die Gleichheit $|\mathcal{P}(\mathbb{N})| = |\mathbb{R}|$.

(12) Beweise die Aussage $|\mathbb{R}| = |\mathbb{R} \times \mathbb{R}| = |\mathbb{R} \times \mathbb{R} \times \mathbb{R}|$.

(13) Ein Zahl heißt *algebraische Zahl*, wenn sie Lösung einer Gleichung der Form

$$a_n x^n + \ldots + a_2 x^2 + a_1 x + a_0 = 0$$

mit $n \in \mathbb{N}$ und $a_n, \ldots, a_2, a_1, a_0 \in \mathbb{Z}$ ist. Zeige, dass die Menge der algebraischen Zahlen abzählbar ist.

(14) Schreibe die Dezimalzahl 1583 in den Stellenwertsystemen zu den Basen 3, 4, 5, 6, 7 und 8.

(15) Wie lautet die Darstellung der Zahl -1 im Zweierkomplement?

(16) Berechne im Stellenwertsystem zur Basis 6 Summe, Differenz und Produkt der Zahlen $(4534)_6$ und $(454)_6$.

(17) Welche Zahlen werden gemäß der Vereinbarung (vgl. Gl. 3.9) durch die Bitfolgen 010000 und 001111 dargestellt?

(18) Wie kommen die in Tab. 3.2 angegebenen Zahlenbereiche zustande?

(19) Erläutere an Beispielen, warum in der Gleitkommadarstellung die Summenbildung von Zahlen unterschiedlicher Größenordnung und der Test von Zahlen auf Gleichheit zu Problemen führen können.

Komplexität von Algorithmen

4

Algorithmen sind der zentrale Gegenstand der Informatik. In Kap. 1 haben wir einen ersten Algorithmus kennengelernt (vgl. Abschn. 1.3, Algorithmus 1.1). Er berechnet die ganzzahlige Wurzel einer natürlichen Zahl. In der theoretischen Informatik wird gezeigt, wie der Algorithmusbegriff formal – zum Beispiel mithilfe von Turing-Maschinen – gefasst werden kann. Für unsere Zwecke reicht jedoch die folgende informelle Beschreibung:

> Unter einem „Algorithmus" verstehen wir eine eindeutige Vorschrift zur schrittweisen Lösung eines Problems. Die Beschreibung muss so detailliert sein, dass jeder einzelne Schritt aus einer einfachen Aktion besteht, die mechanisch ausführbar ist. Aus der Vorschrift muss zudem die Abfolge der einzelnen Schritte präzise hervorgehen.

Diese Beschreibung schließt nicht aus, dass gewisse Aktionen *nicht deterministisch* oder *zufallsgesteuert* sein können. In Kap. 6 werden wir beispielsweise den Rabin-Miller-Algorithmus besprechen (vgl. Abschn. 6.5, Algorithmus 6.6), der von einer gegebenen Zahl nur mit einer gewissen Wahrscheinlichkeit feststellt, ob sie eine Primzahl ist.

Zu jedem Algorithmus stellt sich die Frage nach seiner *Korrektheit* und seiner *Komplexität*. Auf eine Möglichkeit zum Nachweis der Korrektheit von Algorithmen sind wir in Abschn. 1.3 eingegangen. In diesem Kapitel widmen wir uns nun der Komplexität von Algorithmen und wiederholen dabei grundlegende Sachverhalte aus der Analysis.

In der Regel möchte man, dass Algorithmen *terminieren*, das heißt, dass die Abfolge der einzelnen Schritte zu einem Ende kommt. Man interessiert sich dann für die Anzahl der benötigten Schritte und für die dabei verbrauchten Ressourcen, zum Beispiel für den erforderlichen Speicherbedarf des Algorithmus. Die Anzahl der Schritte und der verbrauchte Speicherplatz werden als *Laufzeitkomplexität* bzw. als *Speicherkomplexität* des Algorithmus bezeichnet. Wenn wir im Folgenden kurz von der *Komplexität* eines Algorithmus sprechen, meinen wir stets seine Laufzeit- oder Speicherkomplexität.

Die Komplexität $f(n)$ eines Algorithmus hängt in vielen Fällen von einer natürlichen Zahl $n \in \mathbb{N}_0$ ab. n kann beispielsweise die Anzahl der Eingabewerte oder die Anzahl der

© Springer-Verlag Berlin Heidelberg 2016
W. Struckmann, D. Wätjen, *Mathematik für Informatiker*, DOI 10.1007/978-3-662-49870-5_4

Elemente eines zu sortierenden Feldes sein. Funktionen f, die für natürliche Zahlen definiert sind, heißen *Folgen*. Auf sie gehen wir in Abschn. 4.1 ein. In Abschn. 4.2 betrachten wir reelle Funktionen und die Themen *Stetigkeit* und *Differenzierbarkeit*. Da wir davon ausgehen, dass die Leserin oder der Leser mit den Grundlagen der Analysis vertraut ist, werden diese Dinge jedoch nur recht kurz behandelt. Wir beschränken uns hier auf den Fall einer Variablen, das heißt auf Funktionen $f : \mathbb{R} \to \mathbb{R}$.

In Abschn. 4.3 werden wir exemplarisch die Komplexität eines Algorithmus bestimmen und die sogenannten *landauschen Symbole* einführen. Wir werden sehen, dass mit ihrer Hilfe die *Größenordnung* der Komplexität eines Algorithmus prägnant beschrieben werden kann.

Danach wenden wir uns zwei wichtigen Verfahren zum Entwurf von Algorithmen zu, den *Teile-und-Beherrsche-Algorithmen* sowie den *gierigen Algorithmen*. In den Abschn. 4.4 und 4.5 behandeln wir die zur Analyse dieser Algorithmen notwendigen mathematischen Konzepte wie Rekurrenzgleichungen, erzeugende Funktionen und Matroide.

4.1 Folgen und Reihen

Im Zentrum der Analysis steht der *Grenzwertbegriff*, den wir in diesem Abschnitt für Folgen einführen wollen. Beispielsweise bilden die Quadratzahlen

$$0, 1, 4, 9, 16, 25, 36, 49, \ldots$$

eine Folge reeller Zahlen. Wir beginnen mit der Definition einer Folge.

Definition 4.1 Gegeben sei eine Menge K. Ordnen wir jeder natürlichen Zahl $n \in \mathbb{N}_0$ einen Wert $a_n \in K$ zu, so sprechen wir von einer *Folge in K* und schreiben für sie (a_n). Die Werte a_n heißen *Folgenglieder*. Wenn K eine Zahlenmenge ist, wird (a_n) *Zahlenfolge* genannt. Im Falle $K = \mathbb{R}$ heißt (a_n) *reelle Zahlenfolge*. $\square$

Man erkennt sofort, dass eine Folge (a_n) in K nichts anderes ist als eine Abbildung

$$a : \mathbb{N}_0 \to K \text{ mit } a(n) = a_n \text{ für alle } n \in \mathbb{N}_0.$$

Wenn eine Folge in der Form (a_n) gegeben ist, spricht man von der *Folgenschreibweise*, wenn sie als Abbildung $a : \mathbb{N}_0 \to K$ vorliegt von der *Funktionsschreibweise*. Beide Schreibweisen sind gleichberechtigt und werden im Folgenden nebeneinander benutzt.

Wir werden auch Folgen (a_n) betrachten, bei denen die Nummerierung bei einer Zahl $m > 0$ oder sogar bei einer negativen Zahl $m < 0$, $m \in \mathbb{Z}$, beginnt. Wir schreiben die Folgen dann beispielsweise in der Form

$$a_3, a_4, a_5, a_6, a_7, \ldots$$

oder

$$a_{-2}, a_{-1}, a_0, a_1, a_2, a_3, \ldots$$

Folgen können auf verschiedene Weisen angegeben werden. In der einfachsten Form wird jedes Folgenglied a_n durch einen *expliziten Ausdruck* definiert. Als Beispiel betrachten wir die obige Folge der Quadratzahlen, die durch den Ausdruck

$$a_n = n^2 \text{ für alle } n \in \mathbb{N}_0$$

bestimmt wird. Eine weitere Möglichkeit besteht darin, eine Folge *rekursiv* zu definieren. Dazu werden zunächst die Anfangsglieder der Folge durch einen expliziten Ausdruck festgelegt. Die weiteren Glieder werden dann durch einen Rückgriff auf die Anfangsglieder ermittelt. Als Beispiel betrachten wir die durch die Vorschrift

$$a_n = \begin{cases} 0, & \text{falls } n = 0, \\ 1, & \text{falls } n = 1, \\ a_{n-1} + a_{n-2}, & \text{falls } n \geq 2 \end{cases}$$

festgelegte Folge. Für das Folgenglied a_4 bekommen wir

$$a_4 = a_3 + a_2 = (a_2 + a_1) + (a_1 + a_0) = ((a_1 + a_0) + a_1) + (a_1 + a_0) = 3.$$

Durch sukzessives Einsetzen erhalten wir für (a_n) die sogenannte *Fibonacci-Folge*

$$0, 1, 1, 2, 3, 5, 8, 13, \ldots$$

Die Folge der Quadratzahlen und die Fibonacci-Folge sind *nach oben unbeschränkt*, das heißt, ihre Werte wachsen über jede vorgegebene Schranke hinaus. Beide Folgen sind *nach unten beschränkt*, da ihre Werte nicht kleiner als 0 werden. Darüber hinaus sind beide Folgen *monoton wachsend*, da die Folgenglieder in jedem Schritt größer werden. Wir geben jetzt eine genaue Definition dieser Begriffe.

Im Folgenden setzen wir stets voraus, dass die zugrunde liegende Menge K der Körper der reellen Zahlen $\mathbb{R}$ ist.

Definition 4.2 Es sei (a_n) eine Folge in $\mathbb{R}$.

(a) (a_n) heißt *nach oben beschränkt (nach unten beschränkt)*, wenn es eine Zahl $m \in K$ mit $a_n \leq m$ ($a_n \geq m$) gibt. Die Folge wird *beschränkt* genannt, wenn sie sowohl nach unten als auch nach oben beschränkt ist.

(b) (a_n) heißt *monoton wachsend (streng monoton wachsend)*, wenn $a_n \leq a_{n+1}$ ($a_n < a_{n+1}$) für alle $n \in \mathbb{N}_0$ gilt. (a_n) wird *monoton fallend (streng monoton fallend)* genannt, wenn $a_n \geq a_{n+1}$ ($a_n > a_{n+1}$) für alle $n \in \mathbb{N}_0$ ist. Eine Folge, die (streng) monoton wachsend oder fallend ist, heißt *(streng) monoton*. $\square$

Wir kommen nun zum wichtigen Begriff der Konvergenz einer Folge. Dazu benötigen wir die beiden folgenden Begriffe.

Definition 4.3 Es sei $x \in \mathbb{R}$. Der *Betrag* von x ist die durch

$$|x| = \begin{cases} x, & \text{falls } x \geq 0, \\ -x, & \text{falls } x < 0 \end{cases}$$

definierte Zahl. □

Definition 4.4 Es seien $x, y \in \mathbb{R}$. Die folgenden Teilmengen von $\mathbb{R}$ heißen *(endliche) Intervalle*.

- $(x, y) = \{z \in \mathbb{R} \mid x < z < y\}$,
- $[x, y) = \{z \in \mathbb{R} \mid x \leq z < y\}$,
- $(x, y] = \{z \in \mathbb{R} \mid x < z \leq y\}$,
- $[x, y] = \{z \in \mathbb{R} \mid x \leq z \leq y\}$.

Als *(unendliche) Intervalle* bezeichnet man die Mengen

- $(x, \infty) = \{z \in \mathbb{R} \mid x < z\}$,
- $[x, \infty) = \{z \in \mathbb{R} \mid x \leq z\}$,
- $(-\infty, y) = \{z \in \mathbb{R} \mid z < y\}$,
- $(-\infty, y] = \{z \in \mathbb{R} \mid z \leq y\}$.

Die Intervalle (x, y), (x, ∞) und $(-\infty, y)$ heißen *offen*. $[x, y]$, $[x, \infty)$ und $(-\infty, y]$ werden *abgeschlossen* genannt, die übrigen Intervalle sind *halboffen*. x und y werden *linker* bzw. *rechter Randpunkt* des Intervalls genannt, die anderen Punkte heißen *innere Punkte*. □

Es sei angemerkt, dass das Symbol ∞ keine reelle Zahl darstellt, sondern nur ausdrückt, dass die entsprechende Zahlenmenge nach oben bzw. nach unten unbeschränkt ist.

Die Zahlenfolge

$$0, 1, \frac{4}{3}, \frac{3}{2}, \frac{8}{5}, \frac{5}{3}, \frac{12}{7}, \ldots, \frac{2n}{n+1}, \ldots$$

„strebt gegen die Zahl 2". Dies wird durch die Tatsache ausgedrückt, dass für jedes noch so kleine Intervall $(2 - \varepsilon, 2 + \varepsilon)$, $\varepsilon > 0$, ab einem bestimmten Index n_0 *alle* Folgenglieder in diesem Intervall liegen. Diese Überlegung führt zur folgenden Definition.

Definition 4.5 Es sei eine Folge (a_n) in $\mathbb{R}$ gegeben. (a_n) heißt *konvergent gegen den Grenzwert (Limes)* a, falls die folgende Aussage gilt:

$$\forall \varepsilon > 0 \, \exists n_0 \in \mathbb{N}_0 \, \forall n \geq n_0. \, |a_n - a| < \varepsilon.$$

Wir schreiben in diesem Fall $a = \lim_{n \to \infty} a_n$ oder $a_n \to a$. Falls $a = 0$ ist, bildet (a_n) eine *Nullfolge*. Eine Folge, die nicht konvergent ist, heißt *divergent*. □

Im folgenden Satz fassen wir wichtige Eigenschaften konvergenter Folgen zusammen.

Satz 4.1 Für alle Folgen gilt:

(a) Eine konvergente Folge hat höchstens einen Grenzwert.
(b) Eine konvergente Folge ist beschränkt.
(c) Eine monoton wachsende und nach oben beschränkte Folge ist konvergent.
(d) Eine monoton fallende und nach unten beschränkte Folge ist konvergent. □

Wenn zwei Folgen (a_n) und (b_n) in $\mathbb{R}$ gegeben sind, dann lassen sich die *Summenfolge* $(a_n + b_n)$ sowie die *Produktfolge* $(a_n \cdot b_n)$ bilden. Die *Quotientenfolge* (c_n) von (a_n) und (b_n) definieren wir durch

$$c_n = \begin{cases} \frac{a_n}{b_n}, & \text{falls } b_n \neq 0, \\ 0, & \text{falls } b_n = 0. \end{cases}$$

Als Spezialfälle erhalten wir hieraus die Folge $(c \cdot a_n)$ als Produkt der Folge (a_n) mit der Konstanten $c \in \mathbb{R}$ und die *Differenzfolge* $(a_n - b_n)$.

Satz 4.2 Es seien (a_n) und (b_n) konvergente Folgen in $\mathbb{R}$ mit $a = \lim_{n \to \infty} a_n$ und $b = \lim_{n \to \infty} b_n$. Außerdem sei $c \in \mathbb{R}$. Dann gilt:

(a) $\lim_{n \to \infty}(a_n + b_n) = a + b$,
(b) $\lim_{n \to \infty}(a_n - b_n) = a - b$,
(c) $\lim_{n \to \infty}(a_n \cdot b_n) = a \cdot b$,
(d) $\lim_{n \to \infty}(c \cdot a_n) = c \cdot a$,
(e) falls $b \neq 0$ ist, gilt für die Quotientenfolge (c_n) von (a_n) und (b_n) die Aussage $\lim_{n \to \infty} c_n = \frac{a}{b}$,
(f) $\lim_{n \to \infty} |a_n| = |a|$,
(g) $\exists n_0 \in \mathbb{N}_0 \, \forall n \geq n_0. \, a_n \leq b_n \Rightarrow a \leq b$. □

Wir erläutern den Konvergenzbegriff jetzt an einigen Beispielen.

Beispiel 4.1 In diesem Beispiel sei (a_n) jeweils eine reelle Zahlenfolge.

(a) Die Zahlenfolge (a_n) mit $a_n = \frac{1}{n}$, $n \geq 1$, ist eine Nullfolge. Wir haben zu zeigen, dass es zu jedem $\varepsilon > 0$ eine natürliche Zahl n_0 mit $|a_n - 0| = \frac{1}{n} < \varepsilon$ für alle $n \geq n_0$ gibt. Zu vorgegebenem $\varepsilon > 0$ wählen wir ein n_0 mit $n_0 > \frac{1}{\varepsilon}$. Eine solche Zahl n_0 gibt es, da $\mathbb{R}$ genauso wie $\mathbb{Q}$ archimedisch geordnet ist (vgl. Gl. 3.5 und 3.6). Dann gilt für alle $n \geq n_0$ die Ungleichung $n \geq n_0 > \frac{1}{\varepsilon}$, woraus die Behauptung $\frac{1}{n} < \varepsilon$ folgt.

(b) Wir betrachten die Zahlenfolge (a_n) mit $a_n = q^n$ für ein festes q. Falls $|q| > 1$ ist, divergiert (a_n). Dies ist auch für $q = -1$ der Fall. Für $q = 1$ handelt es sich um die konstante Folge $1, 1, 1, 1, \ldots$, die offensichtlich gegen 1 konvergiert. Für $|q| < 1$ gilt $\lim_{n \to \infty} a_n = 0$.

(c) Für die bereits oben betrachtete Folge (a_n) mit $a_n = \frac{2n}{n+1}$ gilt $\lim_{n \to \infty} a_n = 2$. Dies können wir schließen, indem wir Satz 4.2 und (a) wie folgt anwenden:

$$\lim_{n \to \infty} \frac{2n}{n+1} = \lim_{n \to \infty} \frac{2}{1 + \frac{1}{n}} = \frac{\lim_{n \to \infty} 2}{\lim_{n \to \infty} 1 + \lim_{n \to \infty} \frac{1}{n}} = \frac{2}{1 + 0} = 2. \quad \Box$$

Eine wichtige Klasse von Folgen bilden die *Reihen*, die wir jetzt einführen.

Definition 4.6 Gegeben sei eine Folge (a_n) in $\mathbb{R}$.

(a) Die Folge (s_n) mit $s_n = \sum_{i=0}^{n} a_i$ heißt *(unendliche) Reihe* oder auch *Folge der Teilsummen* von (a_n). Die Summe $s_n = \sum_{i=0}^{n} a_i$ wird n-te *Teilsumme* der Reihe genannt.

(b) Falls die Reihe (s_n) konvergent ist, schreiben wir

$$\lim_{n \to \infty} s_n = \lim_{n \to \infty} \sum_{i=0}^{n} a_i = \sum_{i=0}^{\infty} a_i = a_0 + a_1 + a_2 + a_3 + \ldots \quad \Box$$

Die Schreibweise $a = \sum_{i=0}^{\infty} a_i = a_0 + a_1 + a_2 + a_3 + \ldots$ bedeutet also nicht, dass unendlich viele Zahlen summiert werden, sondern dass der Grenzwert der Folge $a_0, a_0 + a_1, a_0 + a_1 + a_2, a_0 + a_1 + a_2 + a_3, \ldots$ existiert und gleich a ist.

Beispiel 4.2 Wir betrachten die Folge (a_n) mit $a_n = q^n$ aus Beispiel 4.1(b). Die zugehörige Reihe wird *geometrische Reihe* genannt. Für sie gilt

$$\sum_{i=0}^{\infty} q^i = \frac{1}{1-q} \quad \text{für } |q| < 1.$$

Für alle anderen Werte von q divergiert die Reihe. Zum Nachweis dieser Behauptung betrachten wir die n-te Teilsumme $s_n = 1 + q + q^2 + q^3 + \ldots + q^n$. Für $q \neq 1$ erhalten wir

$$s_n = 1 + q + q^2 + q^3 + \ldots + q^n$$
$$\Rightarrow \qquad q \cdot s_n = \qquad q + q^2 + q^3 + \ldots + q^n + q^{n+1}$$
$$\Rightarrow \qquad s_n - q \cdot s_n = 1 - q^{n+1}$$
$$\Rightarrow \qquad s_n \cdot (1 - q) = 1 - q^{n+1}$$
$$\Rightarrow \qquad s_n = \frac{1 - q^{n+1}}{1 - q}.$$

Für $|q| < 1$ folgt hieraus wegen $q^{n+1} \to 0$ die Behauptung. Für $|q| \geq 1$ ist die Reihe $1 + q + q^2 + q^3 + q^4 + \ldots$ offensichtlich divergent. $\qquad\square$

Beispiel 4.3 Die zur Folge (a_n) mit $a_n = \frac{1}{n}$, $n \geq 1$, aus Beispiel 4.1(a) gehörige Reihe

$$\sum_{i=1}^{\infty} \frac{1}{i} = 1 + \frac{1}{2} + \frac{1}{3} + \frac{1}{4} + \ldots$$

heißt *harmonische Reihe*. Wir zeigen jetzt, dass diese Reihe divergiert. Nach Satz 4.1(b) reicht es zu zeigen, dass die Folge der Teilsummen unbeschränkt ist. Hierzu betrachten wir zunächst für $k \in \mathbb{N}_0$ den Ausdruck

$$t_k = \sum_{i=2^{k-1}+1}^{2^k} \frac{1}{i}$$

und für ihn die Abschätzung

$$t_k = \sum_{i=2^{k-1}+1}^{2^k} \frac{1}{i} \geq (2^k - 2^{k-1}) \cdot \frac{1}{2^k} = \frac{1}{2}.$$

Aus

$$s_{2^n} = \sum_{i=1}^{2^n} \frac{1}{i} = 1 + \sum_{k=1}^{n} t_k \geq 1 + \sum_{k=1}^{n} \frac{1}{2} = 1 + \frac{n}{2}$$

folgt, dass (s_n) unbeschränkt ist. Allerdings wächst die Reihe sehr langsam. Beispielsweise ist $s_{10.000} = 9{,}788$, das heißt, selbst wenn 10.000 Folgenglieder summiert werden, ist der Summenwert noch kleiner als 10. Genauer lässt sich zeigen, dass für alle $n \geq 2$ die Ungleichung

$$\ln n < \sum_{i=1}^{n} \frac{1}{i} < 1 + \ln n \qquad (4.1)$$

gilt. Die Summe $H_n = \sum_{i=1}^{n} \frac{1}{i}$ wird *n-te harmonische Zahl* genannt. $\qquad\square$

Beispiel 4.4 Wir betrachten die Summe $\sum_{i=1}^{n-1} i q^i$. Durch vollständige Induktion über k soll in Aufgabe 4

$$\sum_{i=1}^{n-1} i q^i = \frac{(n-1)q^{n+1} - n q^n + q}{(q-1)^2}$$

gezeigt werden. Hieraus erhalten wir für $|q| < 1$ mit Satz 4.2

$$\sum_{i=1}^{\infty} i q^i = \frac{q}{(q-1)^2}. \quad \Box$$

Im folgenden Satz geben wir zwei wichtige Kriterien an, die bei der Entscheidung, ob eine Folge konvergent oder divergent ist, sehr nützlich sind. Anschließend erläutern die Aussagen an einigen Beispielen.

Satz 4.3 Für alle Folgen (a_n), (b_n) und (c_n) in $\mathbb{R}$ gelten die folgenden Aussagen.

(a) Es existiere ein Index n_0 mit $a_n \leq c_n \leq b_n$ für alle $n \geq n_0$. Aus $\lim_{n\to\infty} a_n = \lim_{n\to\infty} b_n = c$ folgt $\lim_{n\to\infty} c_n = c$.

(b) Es sei (s_n) die zu (a_n) gehörende Reihe, das heißt $s_n = \sum_{i=0}^{n} a_i$. Dann gilt: Ist (s_n) konvergent, dann ist (a_n) eine Nullfolge. $\quad \Box$

Beispiel 4.5 Mit Satz 4.3 lässt sich in vielen Fällen die Konvergenz bzw. Divergenz nachweisen.

(a) Für alle $k \in \mathbb{N}$ gilt $\lim_{n\to\infty} \frac{1}{n^k} = 0$. Dies folgt mit Satz 4.3(a) sofort aus $0 \leq \frac{1}{n^k} \leq \frac{1}{n}$ und Beispiel 4.1.

(b) Für die Folge (a_n) mit $a_n = \frac{3n^2}{4n^2 - n + 1}$ erhalten wir aus Teil (a)

$$\lim_{n\to\infty} \frac{3n^2}{4n^2 - n + 1} = \lim_{n\to\infty} \frac{3}{4 - \frac{1}{n} + \frac{1}{n^2}} = \frac{3}{4}.$$

(c) Da die Folge (a_n) mit $a_n = \frac{n}{n+1}$ keine Nullfolge bildet, divergiert die Reihe $\sum_{i=0}^{\infty} \frac{n}{n+1}$ nach Satz 4.3(b). $\quad \Box$

4.2 Stetige und differenzierbare Funktionen

Im vorangegangenen Abschnitt haben wir reelle *Zahlenfolgen*, das heißt Funktionen $f : \mathbb{N}_0 \to \mathbb{R}$ betrachtet. Jetzt kommen wir auf reelle *Funktionen* $f : \mathbb{R} \to \mathbb{R}$ zu sprechen. Bei ihnen handelt es sich um partielle Abbildungen, deren Definitionsbereiche $D(f)$ im Allgemeinen echte Teilmengen von $\mathbb{R}$ sind.

Wir beginnen mit einem Überblick über die in diesem Buch benötigten Funktionen. Dabei setzen wir voraus, dass die Leser(innen) mit den grundlegenden Eigenschaften dieser Abbildungen vertraut sind. Einzelheiten können ggf. bei *Klaus Fritzsche* in [33] nachgeschlagen werden.

(a) **Potenzfunktionen:**

$$f(x) = x^n, n \in \mathbb{N}_0, D(f) = \mathbb{R}.$$

(b) **Wurzelfunktionen:**

$$f(x) = \sqrt[n]{x}, n \geq 2, D(f) = \mathbb{R}_0^+ = \{x \mid x \geq 0\}.$$

(c) **Ganzrationale Funktionen:**

$$f(x) = a_n x^n + \ldots + a_1 x + a_0, n \in \mathbb{N}_0,$$
$$a_i \in \mathbb{R}, i = 0, \ldots, n, D(f) = \mathbb{R}.$$

(d) **Gebrochenrationale Funktionen:**

$$f(x) = \frac{a_n x^n + \ldots + a_1 x + a_0}{b_m x^m + \ldots + b_1 x + b_0}, m, n \in \mathbb{N}_0,$$
$$a_i \in \mathbb{R}, i = 0, \ldots, n, b_j \in \mathbb{R}, j = 0, \ldots, m,$$
$$D(f) = \mathbb{R} \setminus \{x \mid b_m x^m + \ldots + b_1 x + b_0 = 0\}.$$

(e) **Exponentialfunktionen:**

$$f(x) = a^x, a \in \mathbb{R}, a > 0, D(f) = \mathbb{R}.$$

(f) **Logarithmusfunktionen:**

$$f(x) = \log_a(x), a \in \mathbb{R}, a > 0, D(f) = \mathbb{R}^+ = \{x \mid x > 0\}.$$

(g) **Trigonometrische Funktionen:**

$$f(x) = \sin(x), D(f) = \mathbb{R},$$
$$f(x) = \cos(x), D(f) = \mathbb{R},$$
$$f(x) = \tan(x), D(f) = \mathbb{R} \setminus \{x \mid x = (2k+1)\pi/2\}.$$

(h) **Spezielle Funktionen**:

$$f(x) = |x| = \begin{cases} x, & \text{falls } x \geq 0, \\ -x, & \text{falls } x < 0, \end{cases}$$

$$f(x) = \text{sign}(x) = \begin{cases} 1, & \text{falls } x > 0, \\ 0, & \text{falls } x = 0, \\ -1, & \text{falls } x < 0, \end{cases}$$

$$f(x) = \lfloor x \rfloor = \max\{y \in \mathbb{Z} \mid y \leq x\},$$
$$f(x) = \lceil x \rceil = \min\{y \in \mathbb{Z} \mid y \geq x\}.$$

Die Wurzelfunktion $f(x) = \sqrt[n]{x} = x^{\frac{1}{n}}$ ist die Umkehrfunktion (vgl. Abschn. 2.3 vor Beispiel 2.14) der Potenzfunktion $f(x) = x^n$. Genauso ist die Logarithmusfunktion $f(x) = \log_a(x)$ die Umkehrfunktion der Exponentialfunktion $f(x) = a^x$. a heißt *Basis* dieser Funktionen.

Von besonderer Bedeutung sind die Exponentialfunktion und die Logarithmusfunktion zur Basis $e = 2{,}71828\ldots$ e wird *eulersche Zahl* genannt. Die Funktion $f(x) = \ln(x) = \log_e(x)$ heißt *natürlicher Logarithmus*. Die zu den Basen $a = 2$ und $a = 10$ gehörenden Logarithmusfunktionen $f(x) = \text{ld}(x) = \log_2(x)$ und $f(x) = \lg(x) = \log_{10}(x)$ heißen *binäre* und *dekadische Logarithmen*.

Die Argumente der trigonometrischen Funktionen $f(x) = \sin(x)$, $f(x) = \cos(x)$ und $f(x) = \tan(x)$ können sowohl im *Bogenmaß* als auch im *Gradmaß* angegeben werden. Beispielsweise ist $\sin(90°) = \sin(\pi/2) = 1$, wobei $\pi = 3{,}14159\ldots$ ist. Wir verwenden meistens das Bogenmaß.

Eine Funktion $f : \mathbb{R} \to \mathbb{R}$ heißt *periodisch*, wenn es eine Zahl $p \in \mathbb{R}$, $p \neq 0$, gibt, für die $x + p \in D(f)$ und $f(x + p) = f(x)$ für alle $x \in D(f)$ ist. p ist eine *Periode* von f. Die kleinste Periode heißt *Minimalperiode* von f. Die trigonometrischen Funktionen sind periodisch. Die Minimalperiode von $\sin(x)$ und $\cos(x)$ ist 2π, die von $\tan(x)$ ist π.

Die *Betragsfunktion* $|x|$ haben wir bereits in Abschn. 4.1 kennengelernt (vgl. Definition 4.3). $\text{sign}(x)$ ist die *Vorzeichen-* oder *Signumfunktion*. Die Funktionen $\lfloor x \rfloor$ und $\lceil x \rceil$ werden „*floor* von x" bzw. „*ceiling* von x" ausgesprochen. Sie bezeichnen die größte ganze Zahl, die kleiner oder gleich x ist bzw. die kleinste ganze Zahl, die größer oder gleich x ist.

Aus den Grundfunktionen (a) bis (h) können durch Anwendung arithmetischer Operationen, durch Komposition und durch Bildung der Umkehrfunktion (vgl. Abschn. 2.3 vor Beispiel 2.14 weitere Funktionen gewonnen werden. Beispielsweise ist die Summe $f + g : \mathbb{R} \to \mathbb{R}$ der Funktionen $f : \mathbb{R} \to \mathbb{R}$ und $g : \mathbb{R} \to \mathbb{R}$ durch

$$(f + g)(x) = f(x) + g(x)$$

für alle $x \in D(f + g) = D(f) \cap D(g)$ gegeben. Die Funktionen $f \cdot g$ und f/g werden analog definiert. Dabei setzt man $D(f \cdot g) = D(f) \cap D(g)$ und $D(f/g) = \{x \in D(f) \cap D(g) \mid g(x) \neq 0\}$.

Wir erinnern uns daran, dass die Komposition $g \circ f$ zweier Funktionen f und g ihre Hintereinanderausführung ist. Es gilt $(g \circ f)(x) = g(f(x))$. Damit $(g \circ f)(x)$ definiert ist, müssen $x \in D(f)$ und $f(x) \in D(g)$ gelten.

Die *Monotoniebegriffe* für Folgen aus Definition 4.2 übernehmen wir für reelle Funktionen. Beispielsweise sagen wir, dass eine Funktion $f : \mathbb{R} \to \mathbb{R}$ streng monoton wachsend ist, wenn für alle $x, y \in D(f)$ die Aussage

$$x < y \Rightarrow f(x) < f(y)$$

gilt.

Zu einer gegebenen Funktion $f : \mathbb{R} \to \mathbb{R}$ existiert im Allgemeinen die Umkehrfunktion f^{-1} nicht (siehe Beispiel 2.14). Wenn f allerdings streng monoton (wachsend oder fallend) ist, dann kann f^{-1} stets gebildet werden.

Satz 4.4 Die Funktion $f : \mathbb{R} \to \mathbb{R}$ sei streng monoton wachsend (fallend) auf $D(f)$. Dann gilt:

(a) Die Umkehrfunktion $f^{-1} : \mathbb{R} \to \mathbb{R}$ existiert, und es ist $D(f^{-1}) = \{f(x) \mid x \in D(f)\}$.
(b) f^{-1} ist streng monoton wachsend (fallend). $\square$

In den Beispielen 2.14 und 2.15 haben wir bereits reelle Funktionen sowie Umkehrfunktionen und die Komposition von Funktionen kennengelernt. Wir sehen uns jetzt ein weiteres Beispiel einer reellen Funktion an.

Beispiel 4.6 Wir betrachten die Funktion $f : \mathbb{R} \to \mathbb{R}$ mit

$$f(x) = \frac{1}{x} \cdot \ln \frac{1}{1 - x}$$

für alle $x \in D(f) = (-\infty, 1) \setminus \{0\} = \{x \mid x < 1, x \neq 0\}$. Der Graph dieser Funktion und einige Funktionswerte sind in Abb. 4.1 dargestellt. Wir erkennen aus der Abbildung, dass die Funktionswerte bei Annäherung von x an 1 sehr schnell über alle Grenzen wachsen. Für Werte $x \geq 1$ ist die Funktion nicht definiert. Genauso gehört der Wert $x = 0$ nicht zum Definitionsbereich von f. Man sagt, dass f für $x = 0$ eine *Definitionslücke* besitzt.

Ohne auf Einzelheiten einzugehen, wollen wir erwähnen, dass diese Funktion bei der Untersuchung von Hashverfahren eine gewisse Rolle spielt. Ein *Hashverfahren* ist ein Algorithmus zur Speicherung von Daten, bei dem die Adressen der Datensätze aus den Daten berechnet werden. Diese Daten werden unter ihren Adressen in einer Tabelle, der

Abb. 4.1 Graph und Werte-
tabelle der Funktion $f(x) = \frac{1}{x} \cdot \ln \frac{1}{1-x}$

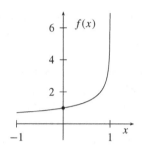

x	$f(x)$
–0,8	0,734733331
–0,6	0,783339382
–0,4	0,841180592
–0,2	0,911607784
0,2	1,115717756
0,4	1,277064060
0,6	1,527151220
0,8	2,011797390

sogenannten *Hashtabelle*, abgelegt. Unter bestimmten Voraussetzungen ist $f(x)$ die Anzahl der Versuche, ein Element in einer Hashtabelle zu finden, falls x, $0 < x < 1$ der Füllungsgrad der Tabelle ist. Der *Füllungsgrad* einer Tabelle ist der Quotient aus der Anzahl der Elemente, die in der Tabelle aktuell enthalten sind, und der Zahl der Elemente, die die Tabelle maximal aufnehmen kann. Einzelheiten können in [18] nachgelesen werden.
$\square$

Wir kommen jetzt zum Begriff der *Stetigkeit einer Funktion*.

Definition 4.7 Eine Funktion $f : \mathbb{R} \to \mathbb{R}$ ist an der Stelle $x_0 \in D(f)$ ihres Definitionsbereichs *stetig*, wenn die folgende Aussage gilt:

$$\forall \varepsilon > 0 \, \exists \delta > 0 \, \forall x \in D(f). \, |x - x_0| < \delta \Rightarrow |f(x) - f(x_0)| < \varepsilon.$$

Wenn dieses nicht der Fall ist, heißt f *unstetig* an der Stelle $x_0 \in D(f)$. f heißt *stetig auf* $X_0 \subseteq D(f)$, wenn f stetig für alle $x_0 \in X_0$ ist. $\square$

Die Funktionen (a) bis (g) zu Beginn des Abschn. 4.2 sowie $f(x) = |x|$ sind auf ihren Definitionsbereichen stetig. Lediglich die Funktionen $f(x) = \text{sign}(x)$, $f(x) = \lfloor x \rfloor$ und $f(x) = \lceil x \rceil$ aus (h) machen hier Ausnahmen.

Wir erläutern dies am Beispiel der Floor-Funktion, die auch *Gauß-Klammer* genannt wird. Diese Funktion ist in Abb. 4.2 dargestellt. Sie ist für alle $x_0 \in \mathbb{Z}$ unstetig. Um dies einzusehen, betrachten wir die Stelle $x_0 = 2$. Beispielsweise gibt es für $\varepsilon = 0{,}1$ keinen Wert $\delta > 0$, für den $|\lfloor x \rfloor - \lfloor 2 \rfloor| < 0{,}1$ für alle x mit $|x - 2| < \delta$ gilt. Für jeden Wert x, $1 \le x < 2$, gilt nämlich $|\lfloor x \rfloor - \lfloor 2 \rfloor| = |1 - 2| = 1 > 0{,}1$.

Die Funktion $f(x)$ aus Beispiel 4.6 ist an der Stelle $x = 0$ nicht definiert. Wenn wir $f(0) = 1$ setzen, erweitern wir ihren Definitionsbereich auf $D(f) = (-\infty, 1)$. Die Funktion f ist dann auf $D(f)$ stetig. Man sagt, dass f *stetig ergänzt* wurde.

Für die Rechnung mit stetigen Funktionen kann der folgende Satz bewiesen werden.

Abb. 4.2 Graph der Funktion
$f(x) = \lfloor x \rfloor$

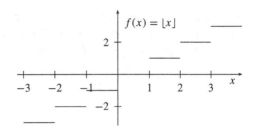

Satz 4.5 Die Funktionen $f : \mathbb{R} \to \mathbb{R}$ und $g : \mathbb{R} \to \mathbb{R}$ seien gegeben.

(a) Wenn f und g stetig in x_0 sind, dann sind es auch die Funktionen $f + g$ und $f \cdot g$. Ist außerdem $g(x_0) \neq 0$, so ist f/g in einem Intervall $(x_0 - \varepsilon, x_0 + \varepsilon)$ für ein geeignetes $\varepsilon > 0$ definiert und ebenfalls stetig in x_0.

(b) Falls f in x_0 und g in $f(x_0)$ stetig ist, dann ist $g \circ f$ stetig in x_0.

(c) Wenn f streng monoton auf $D(f)$ und stetig in x_0 ist, dann ist die Umkehrfunktion f^{-1} von f stetig in $f(x_0)$. □

Wir wollen jetzt den Grenzwertbegriff von Folgen auf reelle Funktionen verallgemeinern. Dazu benötigen wir die folgenden Begriffe.

Definition 4.8 Es seien $x_0 \in \mathbb{R}$ und $A \subseteq \mathbb{R}$.

(a) Für $\varepsilon \in \mathbb{R}$ mit $\varepsilon > 0$ heißen die Intervalle $(x_0 - \varepsilon, x_0 + \varepsilon)$ und $[x_0 - \varepsilon, x_0 + \varepsilon]$ *offene* bzw. *abgeschlossene ε-Umgebung* von x_0.

(b) Eine *Umgebung* von x_0 ist eine Teilmenge von $\mathbb{R}$, die eine offene oder abgeschlossene ε-Umgebung von x_0 für ein $\varepsilon > 0$ enthält.

(c) x_0 heißt *Berührpunkt* von A, wenn in jeder Umgebung von x_0 mindestens ein Element von A liegt. □

Ein Berührpunkt x_0 einer Menge A kann zu A gehören, muss es aber nicht. Beispielsweise sind für $a < b$ sowohl a als auch b Berührpunkte des Intervalls $[a, b)$. Damit können wir den Grenzwert einer Funktion f in einem Punkt x_0 definieren.

Definition 4.9 Es seien eine Funktion $f : \mathbb{R} \to \mathbb{R}$ und ein Berührpunkt x_0 von $D(f)$ gegeben. y_0 heißt *Grenzwert (Limes)* von f im Punkt x_0, wenn die folgende Aussage gilt:

$$\forall \varepsilon > 0 \, \exists \delta > 0 \, \forall x \in D(f). \ |x - x_0| < \delta \Rightarrow |f(x) - y_0| < \varepsilon. \quad \square$$

Der Grenzwert y_0 von f in x_0 ist, sofern er existiert, eindeutig bestimmt. Falls nämlich auch y_0', $y_0' \neq y_0$, ein Grenzwert von f in x_0 ist, gibt es zu $\varepsilon = |y_0' - y_0|/3$ ein $\delta > 0$ und ein $\delta' > 0$, sodass für alle $x \in D(f)$ gilt:

$$|x - x_0| < \delta \Rightarrow |f(x) - y_0| < \varepsilon,$$
$$|x - x_0| < \delta' \Rightarrow |f(x) - y_0'| < \varepsilon.$$

Da x_0 ein Berührpunkt von $D(f)$ ist, existiert ein $x \in D(f)$ mit $|x - x_0| < \min\{\delta, \delta'\}$. Für dieses x ergibt sich der Widerspruch

$$|y_0' - y_0| \leq |y_0' - f(x)| + |f(x) - y_0| < \varepsilon + \varepsilon = \frac{2}{3} \cdot |y_0' - y_0|.$$

Im Falle der Existenz bezeichnet man den eindeutig bestimmten Grenzwert von f in x_0 mit $\lim_{x \to x_0} f(x)$.

Beispiel 4.7 Wir betrachten die Funktion

$$f(x) = \frac{1}{x} \cdot \ln \frac{1}{1-x}$$

aus Beispiel 4.6. $x_0 = 0$ ist ein Berührpunkt von $D(f) = \{x \mid x < 1, x \neq 0\}$. Man kann zeigen, dass $\lim_{x \to 0} f(x) = 1$ ist. $\square$

Der folgende Satz gibt eine Antwort auf die Frage, wie Grenzwerte von Folgen und Funktionen zusammenhängen.

Satz 4.6 Gegeben seien eine Funktion $f : \mathbb{R} \to \mathbb{R}$, ein Berührpunkt x_0 von $D(f)$ und ein Wert $y_0 \in \mathbb{R}$. Die folgenden Aussagen sind äquivalent:

(a) Für jede Folge (a_n) in $D(f)$ mit $\lim_{n \to \infty} a_n = x_0$ ist $\lim_{n \to \infty} f(a_n) = y_0$.
(b) $\lim_{x \to x_0} f(x) = y_0$. $\square$

Dieser Satz erlaubt die Charakterisierung von stetigen Funktionen.

Satz 4.7 Für eine Funktion $f : \mathbb{R} \to \mathbb{R}$ und $x_0 \in D(f)$ sind die folgenden Aussagen äquivalent:

(a) f ist stetig in x_0.
(b) Für jede Folge (a_n) in $D(f)$ mit $\lim_{n \to \infty} a_n = x_0$ ist $\lim_{n \to \infty} f(a_n) = f(x_0)$.
(c) $\lim_{x \to x_0} f(x) = f(x_0)$. $\square$

Wir haben den *eigentlichen* Grenzwert $\lim_{x \to x_0} f(x) = y_0$ einer Funktion f an einem Berührpunkt $x_0 \in D(f)$ definiert. Ganz ähnlich lassen sich die *uneigentlichen* Grenzwerte $\lim_{x \to x_0} f(x) = \pm\infty$ und $\lim_{x \to \pm\infty} f(x)$ sowie die *links-* und *rechtsseitigen Grenzwerte* $\lim_{x \to x_0-} f(x)$ und $\lim_{x \to x_0+} f(x)$ einführen und damit die *links- und rechtsseitige Stetigkeit* in x_0. Ein Beispiel hierzu betrachten wir in Aufgabe 12.

Stetige Funktionen „machen keine Sprünge". Sie können, „ohne den Bleistift abzusetzen, in einem Zug gezeichnet werden". Diese intuitiven Vorstellungen werden durch den folgenden Satz, den sogenannten *Zwischenwertsatz*, ausgedrückt.

Satz 4.8 *(Zwischenwertsatz)* Es sei $f : \mathbb{R} \to \mathbb{R}$ eine Funktion, für die $D(f) = [a, b]$ ein abgeschlossenes Intervall mit $a, b \in \mathbb{R}$, $a < b$, ist. Zu jedem Wert c zwischen $f(a)$ und $f(b)$ gibt es eine Zahl x_0, $a \le x_0 \le b$, mit $c = f(x_0)$. $\square$

Eine spezielle Klasse der stetigen Funktionen bilden die *differenzierbaren* Funktionen. Auf sie gehen wir jetzt ein.

Definition 4.10 Eine Funktion $f : \mathbb{R} \to \mathbb{R}$ heißt im Punkt $x_0 \in D(f)$ *differenzierbar*, wenn der Funktionsgrenzwert

$$\lim_{x \to x_0} \frac{f(x) - f(x_0)}{x - x_0}$$

existiert. Dieser Grenzwert ist dann die *Ableitung* von f im Punkt x_0. Sie wird mit $f'(x_0)$ oder $\frac{df}{dx}(x_0)$ bezeichnet. Die Funktion f ist *differenzierbar* auf $X_0 \subseteq D(f)$, wenn sie für alle $x_0 \in X_0$ differenzierbar ist. f' wird *Ableitung* von f genannt. $\square$

Die Funktion

$$x \mapsto \frac{f(x) - f(x_0)}{x - x_0}$$

auf $D(f) \setminus \{x_0\}$ heißt *Differenzenquotient* von f im Punkt x_0. Nach Definition ist die Ableitung von f der Funktionsgrenzwert des Differenzenquotienten von f in x_0. Der Differenzenquotient lässt sich also zu einer Funktion fortsetzen, die in x_0 stetig ist und dort den Funktionswert $f'(x_0)$ hat.

Beispiel 4.8 Wir geben einige Beispiele. Die Einzelheiten von (b), (c) und (d) sollen in Aufgabe 10 nachgerechnet werden.

(a) Für $f(x) = x^2$ ist $f'(x) = 2x$. Dies erkennen wir aus

$$f'(x_0) = \lim_{x \to x_0} \frac{f(x) - f(x_0)}{x - x_0} = \lim_{x \to x_0} \frac{x^2 - x_0^2}{x - x_0}$$

$$= \lim_{x \to x_0} \frac{(x + x_0)(x - x_0)}{x - x_0} = \lim_{x \to x_0} (x + x_0) = 2x_0.$$

Für die Funktion $f(x) = x^n$, $n \in \mathbb{N}_0$, kann man durch vollständige Induktion $f'(x) = nx^{n-1}$ zeigen.

(b) Die Funktion $f(x) = \sqrt{x}$, $D(f) = \mathbb{R}_0^+$, ist für $x_0 = 0$ nicht differenzierbar, da der Differenzenquotient an dieser Stelle nicht existiert. Für Werte $x_0 > 0$ gilt $f'(x_0) = \frac{1}{2\sqrt{x}}$.

(c) Die Funktion $f(x) = |x|$, $D(f) = \mathbb{R}$, ist für $x_0 = 0$ nicht differenzierbar. Für die anderen Werte gilt $f'(x_0) = \text{sign}(x)$.

(d) Die Ableitung der Funktion $f(x) = x \cdot |x|$, $D(f) = \mathbb{R}$, ist $f'(x) = 2 \cdot |x|$. $\square$

Die Ableitung $f'(x_0)$ einer Funktion $f : \mathbb{R} \to \mathbb{R}$ an der Stelle x_0 ist nach Definition der Funktionsgrenzwert des Differenzenquotienten. Grafisch entspricht dies der Steigung der Tangente von f in x_0. Dieser Zusammenhang wird im folgenden Satz präzisiert.

Satz 4.9 Es seien $f : \mathbb{R} \to \mathbb{R}$ eine Funktion und $x_0 \in D(f)$. f ist genau dann in x_0 differenzierbar, wenn f in x_0 *linear approximierbar* ist, das heißt, wenn es eine Zahl $c \in \mathbb{R}$ und eine Funktion $r : \mathbb{R} \to \mathbb{R}$ gibt, die die folgenden Bedingungen erfüllt:

(a) r ist stetig in x_0 mit $r(x_0) = 0$.
(b) Für alle $x \in D(f)$ ist

$$f(x) = f(x_0) + c(x - x_0) + r(x)(x - x_0).$$

In diesem Fall ist $f'(x_0) = c$. $\square$

Die sich aus Satz 4.9 ergebende Funktion $t(x) = f(x_0) + c(x - x_0)$ ist die *Tangente* von f im Punkt x_0. Die Ableitung $c = f'(x_0)$ an der Stelle x_0 ist daher die *Steigung der Tangente*.

Aus Satz 4.9 und Satz 4.7(c) erhalten wir sofort die folgende Aussage.

Satz 4.10 Wenn f in x_0 differenzierbar ist, dann ist f auch stetig in x_0. $\square$

Der nächste Satz fasst die wichtigsten Rechenregeln für differenzierbare Funktionen zusammen.

Satz 4.11 $f : \mathbb{R} \to \mathbb{R}$ und $g : \mathbb{R} \to \mathbb{R}$ seien auf $D(f)$ bzw. $D(g)$ differenzierbare Funktionen.

(a) Für $x_0 \in D(f + g)$ ist die Summe $f + g$ in x_0 differenzierbar, und es gilt

$$(f + g)'(x_0) = f'(x_0) + g'(x_0) \quad \text{(Summenregel)}.$$

(b) Für $x_0 \in D(f \cdot g)$ ist das Produkt $f \cdot g$ in x_0 differenzierbar, und es gilt

$$(f \cdot g)'(x_0) = f'(x_0) \cdot g(x_0) + f(x_0) \cdot g'(x_0). \quad \text{(Produktregel)}$$

(c) Für $x_0 \in D(f/g)$ ist der Quotient f/g in x_0 differenzierbar, und es gilt

$$\left(\frac{f}{g}\right)'(x_0) = \frac{f'(x_0) \cdot g(x_0) - f(x_0) \cdot g'(x_0)}{(g(x_0))^2}. \quad \text{(Quotientenregel)}$$

(d) Es sei $f(D(f)) \subseteq D(g)$. Sind f in x_0 und g in $f(x_0)$ differenzierbar, dann ist auch $g \circ f$ in x_0 differenzierbar, und es gilt

$$(g \circ f)'(x_0) = g'(f(x_0)) \cdot f'(x_0). \quad \text{(Kettenregel)}$$

(e) $f : \mathbb{R} \to \mathbb{R}$ sei eine Funktion, für die $D(f)$ ein Intervall ist. f sei stetig, streng monoton und im Punkt x_0 differenzierbar. Ist $f'(x_0) \neq 0$, so ist die Umkehrfunktion f^{-1} differenzierbar in $y_0 = f(x_0)$, und es gilt

$$(f^{-1})'(y_0) = \frac{1}{f'(x_0)}. \quad \text{(Umkehrfunktion)} \quad \Box$$

Als erstes Anwendungsbeispiel dieser Rechenregeln betrachten wir die quadratische Funktion $f(x) = x^2$ mit $D(f) = (0, \infty)$. $D(f)$ ist ein Intervall, f ist stetig, streng monoton und in jedem Punkt $x_0 \in D(f)$ differenzierbar mit $f'(x_0) = 2x_0$. Die Voraussetzungen von Satz 4.11(e) sind daher erfüllt. Die Ableitung der Umkehrfunktion $f^{-1}(y) = \sqrt{y}$ erhalten wir aus

$$(\sqrt{y_0})' = (f^{-1})'(y_0) = \frac{1}{f'(x_0)} = \frac{1}{2x_0} = \frac{1}{2\sqrt{y_0}}.$$

Mithilfe der Ableitung einer Funktion können Aussagen über ihr Monotonieverhalten getroffen werden. Einzelheiten entnehmen wir dem folgenden Satz.

Satz 4.12 Es sei eine Funktion $f : \mathbb{R} \to \mathbb{R}$ gegeben, für die $D(f)$ ein Intervall ist.

(a) Genau dann ist f monoton wachsend, wenn für alle $x \in D(f)$ die Ungleichung $f'(x) \geq 0$ gilt. Ist $f'(x) > 0$, so wächst f streng monoton.
(b) Genau dann ist f monoton fallend, wenn für alle $x \in D(f)$ die Ungleichung $f'(x) \leq 0$ gilt. Ist $f'(x) < 0$, so fällt f streng monoton. $\quad \Box$

Am Beispiel der Funktion $f(x) = x^3$, $D(f) = \mathbb{R}$, erkennen wir, dass die Umkehrung der zweiten Aussage von (a) aus Satz 4.12 im Allgemeinen nicht gilt. f ist auf ganz $\mathbb{R}$ streng monoton wachsend, gleichzeitig ist aber $f'(0) = 0$ wegen $f'(x) = 3x^2$. Am Beispiel der Funktion $f(x) = -x^3$ sieht man, dass auch die Umkehrung der zweiten Aussage von (b) des Satzes im Allgemeinen falsch ist.

Definition 4.11 Es sei eine Funktion $f : \mathbb{R} \to \mathbb{R}$ gegeben.

(a) f hat ein *globales Maximum* an der Stelle $x_0 \in D(f)$, wenn für alle $x \in D(f)$ die Ungleichung $f(x) \leq f(x_0)$ gilt.
(b) f hat ein *lokales Maximum* an der Stelle $x_0 \in D(f)$, wenn eine Umgebung U von x existiert, sodass für alle $x \in U$ die Ungleichung $f(x) \leq f(x_0)$ gilt.

Lokale bzw. *globale Minima* werden analog definiert. Unter einem *globalen (lokalen) Extremwert* versteht man ein globales (lokales) Maximum oder Minimum. □

Extremwerte sind ein wichtiges Hilfsmittel, um das Verhalten von Funktionen zu ermitteln. Im folgenden Satz werden hinreichende und notwendige Bedingungen für lokale Extremwerte angegeben. Dieser Satz verwendet die *höheren Ableitungen* f', f'', f''', $\ldots$, $f^{(n)}$, $\ldots$ einer Funktion f. Unter der *zweiten Ableitung* f'' einer Funktion f verstehen wir die Ableitung der Ableitung von f, das heißt $f''(x) = (f')'(x)$. Allgemein erhält man für $n > 1$ die n-te Ableitung $f^{(n)}$ einer Funktion f durch $f^{(n)} = (f^{(n-1)})'$. Wenn die ersten n Ableitungen einer Funktion f existieren, sagen wir, f ist *n-mal differenzierbar*.

Satz 4.13 Es sei eine Funktion $f : \mathbb{R} \to \mathbb{R}$ mit $D(f) = [a, b]$ gegeben. f sei auf (a, b) differenzierbar.

(a) Hat f an der Stelle $x_0 \in (a, b)$ einen lokalen Extremwert, so gilt $f'(x_0) = 0$.
(b) Sei $n \in \mathbb{N}$ eine gerade Zahl. Wenn f in x_0 n-mal differenzierbar ist und wenn $f'(x_0) = f''(x_0) = \ldots = f^{(n-1)}(x_0) = 0$ und $f^{(n)}(x_0) \neq 0$ ist, dann besitzt f in x_0 einen lokalen Extremwert. Für $f^{(n)}(x_0) < 0$ handelt es sich um ein lokales Maximum, für $f^{(n)}(x_0) > 0$ um ein lokales Minimum. □

Wir erläutern diesen Satz an einem konkreten Beispiel.

Beispiel 4.9 Gegeben sei die Funktion f mit $D(f) = \mathbb{R}$ und

$$f(x) = \frac{1}{8}(x^3 + 3x^2 - 9x - 3)$$

für alle $x \in D(f)$. Der Graph dieser Funktion ist in Abb. 4.3 dargestellt. Wir berechnen zunächst die beiden ersten Ableitungen von f und erhalten

$$f'(x) = \frac{3}{8}(x^2 + 2x - 3),$$
$$f''(x) = \frac{3}{4}(x + 1).$$

Nach Satz 4.13(a) befinden sich die x-Werte aller Extrema unter den Lösungen der Gleichung $\frac{3}{8}(x^2 + 2x - 3) = 0$. Wir lösen diese quadratische Gleichung und erhalten $x_0 = -3$

Abb. 4.3 Graph der Funktion
$f(x) = \frac{1}{8}(x^3 + 3x^2 - 9x - 3)$

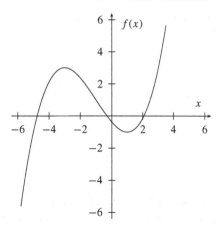

und $x_1 = 1$. Es ist $f''(x_0) = -\frac{3}{2} < 0$ und $f''(x_1) = \frac{3}{2} > 0$. Daher handelt es sich nach Satz 4.13(b) bei dem Punkt $(x_0, f(x_0)) = (-3, 3)$ um ein lokales Maximum und bei $(x_1, f(x_1)) = (1, -1)$ um ein lokales Minimum von f. $\square$

Der Wert der ersten Ableitung einer Funktion beschreibt die Steigung der Tangente der Funktion im betrachteten Punkt. Wir wenden uns nun der geometrischen Bedeutung der zweiten Ableitung zu. Die Überlegungen führen zu den konvexen und konkaven Funktionen.

In der folgenden Definition verstehen wir unter der *Strecke von* $P_0 = (x_0, y_0)$ *nach* $P_1 = (x_1, y_1)$ die Menge der Punkte (x, y), die auf der Geraden durch P_0 und P_1 liegen und für die $x_0 \leq x \leq x_1$ gilt. Diese Gerade wird durch die Funktion $t(x) = \frac{y_1 - y_0}{x_1 - x_0}(x - x_0) + y_0$ beschrieben. Ein Punkt (x', y') *liegt (streng) unterhalb dieser Strecke*, wenn $y' \leq t(x')$ bzw. $y' < t(x')$ gilt.

Definition 4.12 $f : \mathbb{R} \to \mathbb{R}$ sei eine Funktion, für die $D(f)$ ein Intervall ist.

(a) f heißt *konvex*, falls für alle $x, x' \in D(f)$ mit $x < x'$ gilt: Für alle t, $x \leq t \leq x'$, liegt der Punkt $(t, f(t))$ unterhalb der Strecke von $(x, f(x))$ nach $(x', f(x'))$.

(b) f heißt *streng konvex*, falls für alle $x, x' \in X_0$ mit $x < x'$ gilt: Für alle t, $x < t < x'$, liegt der Punkt $(t, f(t))$ streng unterhalb der Strecke von $(x, f(x))$ nach $(x', f(x'))$.

(c) Wenn wir in (a) und (b) unterhalb durch oberhalb ersetzen, erhalten wir die Definition einer *konkaven* bzw. *streng konkaven* Funktion.

(d) f hat in $x_0 \in D(f)$ einen *Wendepunkt*, wenn es eine Umgebung U von x_0 gibt, sodass f auf $D(f) \cap \{x \in U \mid x < x_0\}$ streng konvex und auf $D(f) \cap \{x \in U \mid x > x_0\}$ streng konkav ist oder umgekehrt. Ein Wendepunkt mit waagerechter Tangente, das heißt mit $f'(x_0) = 0$, heißt *Sattelpunkt*. $\square$

Abb. 4.4 Eine streng konvexe
Funktion

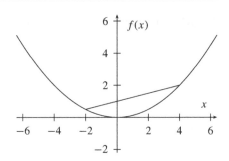

Zur Veranschaulichung betrachten wir die in Abb. 4.4 dargestellte Funktion. Aus dem Graphen erkennen wir, dass diese Funktion streng konvex ist. Eine Verbindungsstrecke wurde eingezeichnet. Die Funktion verläuft streng unterhalb dieser Sekante. Aus dem Graphen lesen wir weiter ab, dass die Konvexität (Konkavität) einer Funktion ihre Linkskrümmung (Rechtskrümmung) bedeutet.

Eine auf dem Intervall $[a,b]$ stetige und auf (a,b) differenzierbare Funktion ist genau dann konvex (konkav) auf $[a,b]$, wenn ihre Ableitung f' in (a,b) monoton wächst (fällt). Hieraus erhalten wir mit Satz 4.12 die folgende Aussage.

Satz 4.14 Es sei eine Funktion $f : \mathbb{R} \to \mathbb{R}$ mit $D(f) = [a,b]$ gegeben. f sei auf (a,b) zweimal differenzierbar. Dann gilt:

(a) f ist genau dann konvex, wenn $f''(x) \geq 0$ für alle $x \in (a,b)$ ist.

(b) Ist $f''(x) > 0$ für alle $x \in (a,b)$, so ist f streng konvex.

(c) Wenn wir in (a) und (b) $\geq$ und $>$ durch $\leq$ bzw. $<$ ersetzen, erhalten wir die entsprechende Aussage für (streng) konkave Funktionen.

(d) Hat f an der Stelle $x_0 \in (a,b)$ einen Wendepunkt, so gilt $f''(x_0) = 0$.

(e) Sei $n \in \mathbb{N}$, $n \geq 3$, eine ungerade Zahl. Wenn f in x_0 n-mal differenzierbar ist und wenn $f'(x_0) = f''(x_0) = \ldots = f^{(n-1)}(x_0) = 0$ und $f^{(n)}(x_0) \neq 0$ ist, dann besitzt f in x_0 einen Wendepunkt. $\quad\square$

Mithilfe der Ableitungen lassen sich, wie die obigen Sätze zeigen, viele Eigenschaften einer Funktion ermitteln. Dieses wollen wir jetzt an zwei weiteren Beispielen, einer ganzrationalen und einer rationalen Funktion, erläutern.

Beispiel 4.10 Wir betrachten erneut die Funktion $f : \mathbb{R} \to \mathbb{R}$ aus Beispiel 4.9 mit $D(f) = \mathbb{R}$ und

$$f(x) = \frac{1}{8}(x^3 + 3x^2 - 9x - 3).$$

Die Gleichung $f''(x) = \frac{3}{4}(x+1) = 0$ besitzt die einzige Lösung -1. Aus $f'''(x) = \frac{3}{4} \neq 0$ folgt, dass $(-1,1)$ ein Wendepunkt ist. Für $x < -1$ ist $f''(x) > 0$. Daher ist f auf $(-\infty, -1)$ streng konkav. Auf $(1, \infty)$ ist f streng konvex. $\quad\square$

Im folgenden Beispiel wird eine vollständige *Funktionsdiskussion* durchgeführt. Dabei werden noch fehlende Begriffe eingeführt.

Beispiel 4.11 Gegeben sei die Funktion $f : \mathbb{R} \to \mathbb{R}$ mit

$$f(x) = \frac{2x^2 + x - 1}{x^2 - 2x + 2}.$$

Da $x^2 - 2x + 2 > 0$ für alle $x \in \mathbb{R}$ ist, kann $D(f) = \mathbb{R}$ vorausgesetzt werden. Die Funktion durchstößt im Punkt $(0, -\frac{1}{2})$ die $f(x)$-Achse. Man sagt, f habe den $f(x)$-*Achsenabschnitt* $-\frac{1}{2}$. Es gibt zwei Stellen, nämlich $x_0 = -1$ und $x_1 = \frac{1}{2}$, für die f den Wert 0 annimmt. Diese Werte heißen *Nullstellen* von f.

Wie in den Beispielen 4.9 und 4.10 können wir mithilfe der Ableitungen die lokalen Extrema von f ermitteln. Die drei ersten Ableitungen lauten

$$f'(x) = -\frac{5x(x-2)}{(x^2 - 2x + 2)^2},$$

$$f''(x) = \frac{10(x-1)(x^2 - 2x - 2)}{(x^2 - 2x + 2)^3},$$

$$f'''(x) = -\frac{30(x^4 - 4x^3 + 8x - 4)}{(x^2 - 2x + 2)^4}.$$

Hieraus erhalten wir ein lokales Minimum für $(0, -\frac{1}{2})$ und ein lokales Maximum für $(2, \frac{9}{2})$. Die zugehörigen x-Werte $x_2 = 0$ und $x_3 = 2$ heißen *Extremstellen* von f. Es stellt sich heraus, dass diese lokalen Extrema auch gleichzeitig das globale Minimum bzw. das globale Maximum von f sind. Damit ergibt sich für den Wertebereich $W(f)$ der Funktion die Menge $W(f) = \{x \in \mathbb{R} \mid -\frac{1}{2} \leq x \leq \frac{9}{2}\}$. Mithilfe der zweiten und der dritten Ableitung von f bestimmen wir die drei *Wendestellen* $x_4 = 1 - \sqrt{3}$, $x_5 = 1$ und $x_6 = 1 + \sqrt{3}$. Die dazu gehörenden Wendepunkte sind $(1 - \sqrt{3}, 2 - \frac{5}{4}\sqrt{3})$, $(1, 2)$ und $(1 + \sqrt{3}, 2 + \frac{5}{4}\sqrt{3})$.

Die Funktion f ist auf den Intervallen $(-\infty, x_2)$ und (x_3, ∞) streng monoton fallend, auf (x_2, x_3) streng monoton wachsend. Auf den Intervallen (x_4, x_5) und (x_6, ∞) ist f streng konvex, auf $(-\infty, x_4)$ und (x_5, x_6) streng konkav.

Eine Funktion $F : \mathbb{R} \to \mathbb{R}$ heißt *punktsymmetrisch* zum Punkt (a, b), falls $F(a + x) - b = b - F(a - x)$ für alle zulässigen Werte ist. F ist *achsensymmetrisch* zur Achse a, falls $F(a + x) = F(a - x)$ ist. Die in diesem Beispiel betrachtete Funktion f ist punktsymmetrisch zum Punkt $(1, 2)$, aber nicht achsensymmetrisch.

Das *Verhalten der Funktion im Unendlichen* wird durch die Grenzwerte $\lim_{x \to \infty} = \lim_{x \to -\infty} = 2$ beschrieben. Die Funktion $g(x) = 2$ ist eine *Asymptote* von f, da $\lim_{x \to \infty}(f(x) - g(x)) = 0$ bzw. $\lim_{x \to -\infty}(f(x) - g(x)) = 0$ ist.

Die Funktion f ist nicht periodisch. Der Graph von f ist in Abb. 4.5 dargestellt. In das Bild wurde auch die Asymptote $g(x) = 2$ eingezeichnet. Sie ist durch Punkte angedeutet.

$\square$

Abb. 4.5 Graphen der Funktionen $f(x) = \frac{2x^2+x-1}{x^2-2x+2}$ und $g(x) = 2$

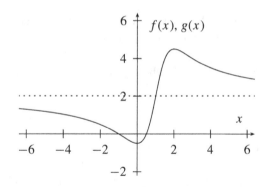

4.3 Größenordnungen von Funktionen

Wie bereits in der Einleitung zu diesem Kapitel erläutert wurde, verstehen wir unter der *Komplexität* eines Algorithmus die Anzahl der Schritte, die der Algorithmus ausführt bzw. den vom Algorithmus benötigten Speicherplatz. Man spricht von der *Laufzeit-* bzw. *Speicherkomplexität* des Algorithmus. Bei der Untersuchung der Laufzeitkomplexität muss natürlich definiert werden, was im Einzelnen unter einem Schritt zu verstehen ist. Dies kann zum Beispiel die Auswertung eines Ausdrucks oder aber auch die Ausführung einer elementaren Anweisung sein.

Die Komplexität hängt in der Regel von einem (meist mit der Eingabemenge wachsenden) Parameter $n \in \mathbb{N}_0$ ab und wird durch eine Funktion $f : \mathbb{N}_0 \to \mathbb{R}$ beschrieben. Wir wollen dies jetzt an einem Beispiel erläutern. Gegeben sei dazu ein Feld ganzer Zahlen $a[1..n]$, $n \geq 1$, das mit dem Algorithmus 4.1 *Sortieren durch Einfügen (Insertionsort)* aufsteigend sortiert werden soll. Diesem Verfahren liegt die folgende Idee zugrunde:

- Betrachte nacheinander die Elemente $a[j]$, $j = 2, \ldots, n$.
- Der Algorithmus stellt sicher, dass das Teilfeld $a[1..j-1]$ bereits sortiert ist.
- Verschiebe dafür die Elemente $a[j-1]$, $a[j-2]$, $\ldots$, die größer sind als $a[j]$, jeweils eine Stelle nach rechts, bis die Stelle für $a[j]$ frei geworden ist.
- Füge $a[j]$ an diese Stelle ein.

Die folgende Tabelle enthält den Ablauf für das Feld $[9, 0, 6, 7, 5, 4]$. Dabei ist der Feldinhalt zu Beginn jeder Iteration angegeben. Das einzufügende Feldelement $a[j]$ ist durch einen Rahmen hervorgehoben. Die letzte Zeile enthält das sortierte Feld am Ende des

Algorithmus.

$$j = 2: \quad 9 \quad \boxed{0} \quad 6 \quad 7 \quad 5 \quad 4$$
$$j = 3: \quad 0 \quad 9 \quad \boxed{6} \quad 7 \quad 5 \quad 4$$
$$j = 4: \quad 0 \quad 6 \quad 9 \quad \boxed{7} \quad 5 \quad 4$$
$$j = 5: \quad 0 \quad 6 \quad 7 \quad 9 \quad \boxed{5} \quad 4$$
$$j = 6: \quad 0 \quad 5 \quad 6 \quad 7 \quad 9 \quad \boxed{4}$$

$$0 \quad 4 \quad 5 \quad 6 \quad 7 \quad 9$$

Algorithmus 4.1 (*Sortieren durch Einfügen*)

Eingabe: Ein Feld $a[1..n]$, $n \geq 1$, ganzer Zahlen.
Zusammenfassung: Das Feld $a[1..n]$ wird aufsteigend sortiert.

> **for** $j := 2$ **to** n **do**
> $k := a[j]$;
> $i := j - 1$;
>   **while** $i \geq 1 \wedge a[i] > k$ **do**
> $a[i + 1] := a[i]$;
> $i := i - 1$
>   **od**;
> $a[i + 1] := k$
> **od** □

Wir wollen jetzt die Zeitkomplexität dieses Algorithmus bestimmen. Unter einem „Schritt" des Algorithmus verstehen wir die Ausführung einer der folgenden Anweisungen:

(a) eine Zuweisung,
(b) den Test $i \geq 1 \wedge a[i] > k$,
(c) eine Zuweisung an die Laufvariable j und den Test, ob $j > n$ ist.

Wegen des abschließenden Tests wird Schritt (c) genau einmal mehr ausgeführt als der Schleifenrumpf. Wenn wir mit $g(j)$ die Anzahl der Ausführungen der inneren Schleife bezeichnen, erhalten wir für die Anzahl $f(n)$ der Schritte des Algorithmus

$$f(n) = \sum_{j=2}^{n}(1 + 3 + 3g(j) + 1) + 1 = 5n - 4 + 3\sum_{j=2}^{n} g(j). \qquad (4.2)$$

Die Anzahl $g(j)$ der Ausführungen der inneren Schleife hängt von den Werten des Feldes a ab. Im *günstigsten Fall* ist $g(j) = 0$ für alle $j = 2, \ldots, n$. Dieser Fall tritt ein, wenn das Feld a bereits aufsteigend sortiert vorliegt. Wir erhalten dann $f(n) = 5n - 4$. Im *ungünstigsten Fall* ist das Feld a zu Beginn des Algorithmus absteigend sortiert. Das Element $a[j]$ muss also stets ganz vorne einsortiert werden, das heißt $g(j) = j - 1$. Wenn wir diesen Wert in Gl. 4.2 einsetzen, erhalten wir

$$f(n) = 5n - 4 + 3\sum_{j=2}^{n}(j - 1) = 5n - 4 + \frac{3}{2}n(n - 1) = \frac{3}{2}n^2 + \frac{7}{2}n - 4.$$

Algorithmus 4.1 wird also mindestens $f(n) = 5n - 4$ und höchstens $f(n) = \frac{3}{2}n^2 + \frac{7}{2}n - 4$ Schritte ausführen. Man kann aus diesen Angaben nicht die tatsächliche Ausführungszeit des Algorithmus errechnen. Hierfür gibt es verschiedene Gründe. Zum Einen sind die Einzelschritte unterschiedlich komplex. Eine Zuweisung und ein Test beanspruchen unterschiedliche Zeiten. Zum Anderen hängt die Ausführungszeit eines Einzelschritts natürlich vom verwendeten Rechner ab.

Wir müssen uns daher mit den Ausdrücken $f(n) = 5n - 4$ bzw. $f(n) = \frac{3}{2}n^2 + \frac{7}{2}n - 4$ für die Anzahl der Schritte zufriedengeben. Häufig lässt sich diese Anzahl allerdings nicht genau ermitteln, oder man ist an der genauen Zahl nicht interessiert. In diesen Fällen bestimmt man den dominierenden Term von $f(n)$ und vernachlässigt die Terme, die nur geringen Einfluss auf die Anzahl der Schritte haben. In unserem Beispiel sind $5n$ und $\frac{3}{2}n^2$ die wichtigen Terme.

Meistens geht man noch einen Schritt weiter und verzichtet auch noch auf die Angabe der Konstanten. Der dann entstehende Term wird die *Größenordnung* oder *Komplexitätsklasse* der Funktion f genannt. In unserem Beispiel erhalten wir n als Größenordnung für den günstigsten Fall und n^2 als Größenordnung für den ungünstigsten Fall. Man sagt, die Laufzeit von Algorithmus 4.1 sei im günstigsten Fall *linear* und im ungünstigsten Fall *quadratisch*.

In der Praxis ist in der Regel neben dem günstigsten und dem ungünstigsten Fall ein weiterer von Interesse, nämlich der sogenannte *erwartete Fall*. Hier wird versucht, mithilfe der Wahrscheinlichkeitsrechnung die „mittlere Anzahl" der ausgeführten Schritte zu bestimmen. Wir gehen auf diese Problematik in Abschn. 11.3 von Kap. 11 ein. An dieser Stelle sei lediglich erwähnt, dass für Algorithmus 4.1 für die mittlere Anzahl der Schritte $g(j) \approx \frac{j}{2}$ ist und hieraus n^2 als Größenordnung für den erwarteten Fall folgt.

Wir haben gesehen, dass für die Anzahl $f(n)$ der Schritte von Algorithmus 4.1 die Abschätzung

$$5n - 4 \le f(n) \le \frac{3}{2}n^2 + \frac{7}{2}n - 4$$

gilt. Die Größenordnung von $f(n)$ ist durch n nach unten und durch n^2 nach oben beschränkt. Hierfür wollen wir $f(n) = \Omega(n)$ und $f(n) = O(n^2)$ schreiben. Wir führen jetzt die genauen Bezeichnungen ein.

Definition 4.13 Es sei eine Funktion $g : \mathbb{N}_0 \to \mathbb{R}$ gegeben.

(a) $\Omega(g) = \{f : \mathbb{N}_0 \to \mathbb{R} \mid \exists c > 0, n_0 \geq 0 \; \forall n \geq n_0. \; 0 \leq cg(n) \leq f(n)\}$,

(b) $O(g) = \{f : \mathbb{N}_0 \to \mathbb{R} \mid \exists c > 0, n_0 \geq 0 \; \forall n \geq n_0. \; 0 \leq f(n) \leq cg(n)\}$,

(c) $\Theta(g) = \{f : \mathbb{N}_0 \to \mathbb{R} \mid \exists c_1 > 0, c_2 > 0, n_0 \geq 0 \; \forall n \geq n_0. \; 0 \leq c_1 g(n) \leq f(n) \leq c_2 g(n)\}$,

(d) $\omega(g) = \{f : \mathbb{N}_0 \to \mathbb{R} \mid \forall c > 0 \; \exists n_0 \geq 0 \; \forall n \geq n_0. \; 0 \leq cg(n) < f(n)\}$,

(e) $o(g) = \{f : \mathbb{N}_0 \to \mathbb{R} \mid \forall c > 0 \; \exists n_0 \geq 0 \; \forall n \geq n_0. \; 0 \leq f(n) < cg(n)\}$.

$\Omega, O, \Theta, \omega$ und o heißen *landausche Symbole*. $\square$

Für die Anzahl $f(n)$ der Schritte von Algorithmus 4.1 gilt $f(n) = O(n^2)$. An dieser Stelle muss angemerkt werden, dass diese Schreibweise zwei Ungenauigkeiten enthält. Erstens wird n^2 mit der Funktion $g : \mathbb{N}_0 \to \mathbb{R}$, $g(n) = n^2$ für alle $n \in \mathbb{N}_0$, identifiziert und zweitens muss es streng genommen $f(n) \in O(n^2)$ heißen. Da sich die Schreibweise $f(n) = O(n^2)$ durchgesetzt hat, werden wir sie im Folgenden beibehalten.

Die Zeitkomplexität für den ungünstigsten Fall $f(n)$ von Algorithmus 4.1 ist n^2. Um dies auszudrücken, muss $f(n) = \Theta(n^2)$ statt $f(n) = O(n^2)$ geschrieben werden. Erst dann wird klar, dass $f(n)$ genau wie n^2 wächst, da beispielsweise auch $f(n) = O(n^3)$ gilt.

Die Definitionen der landauschen Symbole verlangen für die Funktion f, dass eine natürliche Zahl $n_0 \geq 0$ mit $0 \leq f(n)$ bzw. $0 < f(n)$ für alle $n \geq n_0$ existiert. Solch eine Funktion f nennen wir *asymptotisch nicht negativ* bzw. *asymptotisch positiv*.

Es ist zu beachten, dass in der Definition von $O(g)$ die Gültigkeit der Ungleichung $0 \leq f(n) \leq cg(n)$ für *eine* Konstante c verlangt wird, während in der Definition von $o(g)$ die Gültigkeit von $0 \leq f(n) < cg(n)$ für *alle* Konstanten c gefordert wird. Für asymptotisch positive Funktionen f und g gilt deshalb $f(n) = o(g(n))$ genau dann, wenn $\lim_{n\to\infty} \frac{f(n)}{g(n)} = 0$ ist.

Beispiel 4.12 In diesem Beispiel sind alle Funktionen asymptotisch positiv.

(a) Es sei $f(n) = 3n^3 + 2n^2 - 4n - 2$. Um die Behauptung $f(n) = O(n^3)$ zu beweisen, betrachten wir zunächst die Ungleichung

$$f(n) = 3n^3 + 2n^2 - 4n - 2 \leq 3n^3 + 2n^3 + 4n^3 + 2n^3 = 11n^3.$$

Außerdem gilt $3n^3 + 2n^2 - 4n - 2 \geq 0$ für alle $n \geq 2$. Mit der Wahl $c = 11$ und $n_0 = 2$ ist daher $0 \leq 3n^3 + 2n^2 - 4n - 2 \leq 11n^3$ für alle $n \geq n_0$.

(b) Als Verallgemeinerung von (a) kann für ein beliebiges Polynom $P_k(n) = a_k n^k + \ldots + a_1 n + a_0$ mit $a_i \in \mathbb{R}$, $i = 0, \ldots, k$, $a_k > 0$, die Aussage $P_k(n) = O(n^k)$ gezeigt werden. Insbesondere gilt $c = O(1)$ für alle Konstanten $c > 0$.

(c) Es ist $2n^3 + 4n^2 \neq \Theta(n^2)$. Zum Nachweis dieser Aussage nehmen wir an, dass $2n^3 + 4n^2 = \Theta(n^2)$ ist. Dann gibt es Konstanten $c_2 > 0$ und $n_0 \geq 0$ mit $2n^3 + 4n^2 \leq c_2 n^2$ für alle $n \geq n_0$. Hieraus folgt $n \leq \frac{c_2 - 4}{2}$ für alle $n \geq n_0$. Dies ist ein Widerspruch, da $\frac{c_2 - 4}{2}$ konstant ist.

(d) Logarithmen zu verschiedenen Basen unterscheiden sich nur um einen konstanten Faktor. Für alle $n \geq 1$ und $r, s > 1$ ist

$$\log_r(n) = \frac{\log_s(n)}{\log_s(r)}.$$

Für alle Funktionen $f : \mathbb{N}_0 \to \mathbb{R}$ und für alle $r, s \in \mathbb{N}$ mit $r > 1, s > 1$ gilt deshalb

$$f(n) = O(\log_r(n)) \Leftrightarrow f(n) = O(\log_s(n)).$$

Auf die Angabe der Basis kann in diesem Fall also verzichtet und kurz $f(n) = O(\log(n))$ geschrieben werden.

(e) Es ist $3^n \neq O(2^n)$. Wir zeigen dies indirekt. Falls $3^n = O(2^n)$ gelten würde, gäbe es Konstanten $c > 0$ und $n_0 \geq 0$ mit $3^n \leq c 2^n$ für alle $n \geq n_0$. Hieraus würde $\left(\frac{3}{2}\right)^n \leq c$ für alle $n \geq n_0$ folgen, ein Widerspruch.

(f) Es ist $3n + 2 = o(n^2)$, aber $3n^2 + 2 \neq o(n^2)$. Dies folgt aus $\lim_{n \to \infty} \frac{3n+2}{n^2} = 0$ bzw. $\lim_{n \to \infty} \frac{3n^2 + 2}{n^2} = 3$.

(g) Für $r > 1$, $d > 0$ ist

$$\lim_{n \to \infty} \frac{\log_r n}{n^d} = 0.$$

Hieraus folgt $\log_r n = o(n^d)$. Eine Logarithmusfunktion wächst schwächer als eine Potenzfunktion.

(h) Für $r > 1$, $d > 0$ gilt

$$\lim_{n \to \infty} \frac{n^d}{r^n} = 0, \qquad .$$

das heißt $n^d = o(r^n)$. Eine Potenzfunktion wächst schwächer als eine Exponentialfunktion. $\square$

Wir haben gesehen, dass die Laufzeitkomplexität von Algorithmus 4.1 im günstigsten Fall linear und im ungünstigsten Fall quadratisch ist. Neben diesen Komplexitätsklassen gibt es weitere. In Tab. 4.1 sind die gebräuchlichsten zusammengestellt. Tab. 4.2 vermittelt einen Eindruck vom Wachstum der Funktionen. Aus ihr wird deutlich, dass Algorithmen mit einer exponentiellen Komplexität für praktische Zwecke im Allgemeinen unbrauchbar sind, aber auch, dass Algorithmen mit polynomialer Komplexität schnell unhandhabbar werden können.

Für das Rechnen mit den landauschen Symbolen gelten die folgenden Regeln, die in Aufgabe 4.5 bewiesen werden sollen.

Tab. 4.1 Komplexitätsklassen

1	Konstante Komplexität
$\log(n)$	Logarithmische Komplexität
n	Lineare Komplexität
$n \log n$	Linear-logarithmische Komplexität
n^2	Quadratische Komplexität
n^3	Kubische Komplexität
n^d	Polynomiale Komplexität
$2^n, 3^n, \dots$	Exponentielle Komplexität

Satz 4.15 f, f_1, f_2, g, g_1 und g_2 seien asymptotisch positive Funktionen. Dann gelten die folgenden Aussagen.

(a) $f_1(n) = O(g_1(n)) \wedge f_2(n) = O(g_2(n))$
$\Rightarrow (f_1 + f_2)(n) = O(\max\{g_1(n), g_2(n)\})$,
(b) $f_1(n) = O(g(n)) \wedge f_2(n) = O(g(n)) \Rightarrow (f_1 + f_2)(n) = O(g(n))$,
(c) $f_1(n) = O(g(n)) \wedge f_2(n) = O(g(n)) \Rightarrow (f_1 \cdot f_2)(n) = O((g(n))^2)$,
(d) $g(n) = O(f(n)) \Rightarrow (f + g)(n) = \Theta(f(n))$. $\quad\square$

Satz 4.15 kann dazu benutzt werden, um die Größenordnung von Algorithmen zu bestimmen. Als Beispiel betrachten wir Algorithmus 4.2. Er erhält ein Feld $a[1..n]$, $n \geq 1$, ganzer Zahlen als Eingabe. Dieses Feld enthalte einige Werte zweimal, aber nicht häufiger. Gesucht ist die Anzahl dieser *Dubletten*. Der Algorithmus sortiert zunächst das Feld a und zählt dann die Anzahl der Felder $a[i]$, für die $a[i] = a[i + 1]$, $1 \leq i < n$, ist. Die Sortierung erfolgt wiederum durch den Algorithmus „Sortieren durch Einfügen".

Algorithmus 4.2 (*Bestimmung der Anzahl von Dubletten*)

Eingabe: Ein Feld $a[1..n]$, $n \geq 1$, ganzer Zahlen.
Ausgabe: Anzahl der Elemente, die in $a[1..n]$ doppelt enthalten sind.

Tab. 4.2 Wachstum der Komplexitätsfunktionen

n	1	10	100	1000	10.000
1	1	1	1	1	1
$\log_2(n)$	0	3,32	6,64	9,97	13,29
n	1	10	10^2	10^3	10^4
$n \log_2(n)$	0	33,2	664,4	$9,97 \cdot 10^3$	$1,33 \cdot 10^5$
n^2	1	10^2	10^4	10^6	10^8
n^3	1	10^3	10^6	10^9	10^{12}
2^n	2	1024	$1,27 \cdot 10^{30}$	$1,07 \cdot 10^{301}$	$2,00 \cdot 10^{3010}$

Sortiere das Feld $a[1..n]$ mit Algorithmus 4.1;

$s := 0$;

for $j := 1$ **to** $n - 1$ **do**

    if $a[i] = a[i + 1]$ **then** $s := s + 1$ **fi**

od □

Gesucht ist die Anzahl der Schritte $f(n)$, die Algorithmus 4.2 höchstens ausführt. Es gilt $f(n) = f_1(n) + f_2(n)$, wobei $f_1(n)$ Schritte für das Sortieren und $f_2(n)$ Schritte zum Zählen der Dubletten benötigt werden. Wir haben bereits gesehen, dass $f_1(n) = O(n^2)$ gilt. Offenbar ist $f_2(n) = O(n)$. Mit Satz 4.15(a) erhalten wir $f(n) = O(\max(n^2, n)) = O(n^2)$. Die Laufzeit des Algorithmus liegt im ungünstigsten Fall also in $O(n^2)$, das heißt, sie ist quadratisch.

Die Aussage $f(n) = O(g(n))$ besagt, dass ein Vielfaches der Funktionswerte $g(n)$ ab einer Stelle n_0 stets größer gleich den Funktionswerten $f(n)$ ist. In diesem Sinne ist die Funktion g größer oder gleich der Funktion f. Hierfür sagen wir „f wächst höchstens wie g" und schreiben $f \preceq g$. In der folgenden Definition führen wir analoge Sprech- und Schreibweisen für alle landauschen Symbole ein.

Definition 4.14 Es seien Funktionen $f, g : \mathbb{N}_0 \to \mathbb{R}$ gegeben.

(a) f *wächst mindestens wie* g: $f \succeq g \Leftrightarrow f = \Omega(g)$.
(b) f *wächst höchstens wie* g: $f \preceq g \Leftrightarrow f = O(g)$.
(c) f *und* g *wachsen gleich stark*: $f \asymp g \Leftrightarrow f = \Theta(g)$.
(d) f *wächst stärker als* g: $f \succ g \Leftrightarrow f = \omega(g)$.
(e) f *wächst schwächer als* g: $f \prec g \Leftrightarrow f = o(g)$. □

Die landauschen Symbole können daher als Relationen auf Funktionenmengen aufgefasst werden. Für sie gilt, wie man ohne Schwierigkeiten zeigen kann, der folgende Satz.

Satz 4.16 $f, g : \mathbb{N}_0 \to \mathbb{R}$ seien asymptotisch positive Funktionen. Es gelten die folgenden Aussagen.

(a) $\succeq, \preceq, \asymp, \succ$ und $\prec$ sind transitiv.
(b) $\succeq, \preceq$ und $\asymp$ sind reflexiv.
(c) $\asymp$ ist symmetrisch.
(d) $f \asymp g \Leftrightarrow f \preceq g \wedge f \succeq g$.
(e) $f \preceq g \Leftrightarrow g \succeq f$.
(f) $f \prec g \Leftrightarrow g \succ f$. □

Die Relationen $\succeq$, $\preceq$, $\asymp$, $\succ$ und $\prec$ spielen auf der Menge der asymptotisch positiven Funktionen ähnliche Rollen wie $=$, $\leq$, $\geq$, $<$ und $>$ auf der Menge der reellen Zahlen. Wie wir gesehen haben, sind zum Beispiel $\succeq$, $\preceq$ und $\asymp$ transitiv und reflexiv.

Es können jedoch nicht alle Eigenschaften übertragen werden. Beispielsweise ist die Relation $\preceq$ nicht antisymmetrisch. Aus $f \preceq g$ und $g \preceq f$ folgt im Allgemeinen nicht $f = g$. Ein Gegenbeispiel hierfür bieten die Funktionen $f(n) = n^2$ und $g(n) = 2n^2$. Es gelten $f \preceq g$ und $f \succeq g$, es ist aber $f \neq g$. Ebenso ist $\preceq$ nicht linear, das heißt, es gibt Funktionen f und g, für die weder $f \preceq g$ noch $g \preceq f$ gilt. Die Funktionen $f(n) = n^2$ und

$$g(n) = \begin{cases} n, & n \text{ ungerade,} \\ n^3, & n \text{ gerade} \end{cases}$$

sind hierfür ein Beispiel.

Die Schreibweise $4n^3 + 3n^2 + 2n + 1 = \Theta(n^3)$ sagt aus, dass die Funktion $f(n) = 4n^3 + 3n^2 + 2n + 1$ zur Menge $\Theta(n^3)$ gehört. Die landauschen Symbole werden auch in komplexeren Gleichungen verwendet. Beispielsweise meint

$$4n^3 + 3n^2 + 2n + 1 = 4n^3 + \Theta(n^2), \tag{4.3}$$

dass es eine Funktion $f(n) = \Theta(n^2)$ mit

$$4n^3 + 3n^2 + 2n + 1 = 4n^3 + f(n)$$

für alle $n \in \mathbb{N}_0$ gibt. f wird als *anonyme Funktion* bezeichnet, da sie in Gl. 4.3 nicht auftritt.

Die landauschen Symbole können auch gleichzeitig auf der linken und der rechten Seite einer Gleichung wie zum Beispiel in

$$4n^3 + 3n^2 + \Theta(n) = \Theta(n^3)$$

auftreten. Diese Gleichung soll besagen, dass für jede Funktion $f(n) = \Theta(n)$ eine Funktion $g(n) = \Theta(n^3)$ mit $4n^3 + 3n^2 + f(n) = g(n)$ für alle $n \in \mathbb{N}_0$ existiert.

Gleichungsketten wie

$$\begin{aligned} 4n^3 + 3n^2 + 2n + 1 &= 4n^3 + 3n^2 + \Theta(n) \\ &= 4n^3 + \Theta(n^2) \\ &= \Theta(n^3) \end{aligned}$$

werden einzeln gelesen. Die erste Gleichung bedeutet mit dieser Konvention, dass es eine Funktion $f(n) = \Theta(n)$ mit $4n^3 + 3n^2 + 2n + 1 = 4n^3 + 3n^2 + f(n)$ für alle $n \in \mathbb{N}_0$

gibt. Die zweite Gleichung sagt aus, dass es für jede Funktion $g(n) = \Theta(n)$ eine Funktion $h(n) = \Theta(n^2)$ mit $4n^3 + 3n^2 + g(n) = 4n^3 + h(n)$ gibt. Wenn wir die drei Gleichungen hintereinander lesen, heißt dies $4n^3 + 3n^2 + 2n + 1 = \Theta(n^3)$.

Die landauschen Symbole werden in der Literatur teilweise unterschiedlich verwendet. Beispielsweise definieren *Thomas Ottmann* und *Peter Widmayer* $\Omega(g)$ in [74] durch

$$\Omega(g) = \{ f \mid \text{es existiert } c > 0, \text{sodass für unendlich viele } n \text{ gilt: } cg(n) \leq f(n)\}.$$

Diese Definition ist offensichtlich schwächer als die oben angegebene. Für die Funktionen $f(n) = n^2$ und

$$g(n) = \begin{cases} n, & n \text{ ungerade,} \\ n^3, & n \text{ gerade} \end{cases}$$

gilt mit dieser Definition sowohl $f = \Omega(g)$ als auch $g = \Omega(f)$. Wer mehr zu diesem Thema wissen möchte, sei auf den Artikel von *Donald E. Knuth* [56] sowie die Arbeit von *Lambert Meertens* und *Paul M. B. Vitanyi* [90] hingewiesen. Die Definitionen in diesem Buch stammen aus [18].

4.4 Rekurrenzgleichungen und erzeugende Funktionen

Bei der Berechnung der Komplexität eines rekursiven Algorithmus erhält man in der Regel eine sogenannte *Rekurrenzgleichung*, die es zu lösen gilt. Als Beispiel betrachten wir ein Feld $a[1..n]$, $n \geq 1$, ganzer Zahlen, das sortiert vorliegt. Es soll ermittelt werden, ob eine Zahl x im Feld enthalten ist. Der Einfachheit halber sei angenommen, dass n eine Zweierpotenz ist, das heißt $n = 2^k$ für ein $k \in \mathbb{N}_0$.

Die *binäre Suche* vergleicht x der Größe nach mit dem Feldelement $a[n/2]$. Falls $x = a[n/2]$ ist, war die Suche erfolgreich. Wenn $x < a[n/2]$ ist, fährt man rekursiv mit dem Feld $a[1..n/2]$ fort, sonst mit dem Feld $a[n/2 + 1..n]$. Für die Komplexität $T(n)$ des Verfahrens erhält man daher für den ungünstigsten Fall die Gleichung

$$T(n) = T\left(\frac{n}{2}\right) + 1. \tag{4.4}$$

Die *sequenzielle Suche* vergleicht das Feldelement $a[1]$ mit x und setzt die Suche ggf. rekursiv mit dem Feld $a[2..n]$ fort. Für die Komplexität $T(n)$ dieser Suche erhält man für den ungünstigsten Fall die Gleichung

$$T(n) = T(n - 1) + 1. \tag{4.5}$$

Unter einer *Rekurrenzgleichung* verstehen wir eine Gleichung, die den Wert einer Funktion an einer Stelle durch Werte dieser Funktion an anderen Stellen festlegt. In Gl. 4.4

wird $T(n)$ durch $T\left(\frac{n}{2}\right)$ und in Gl. 4.5 durch $T(n-1)$ bestimmt. Die Menge aller Funktionen, die eine gegebene Rekurrenzgleichung erfüllen, nennt man *allgemeine Lösung* dieser Rekurrenzgleichung. Jede spezielle Lösung ist eine *partikuläre Lösung* der Rekurrenzgleichung.

Wie wir in Beispiel 4.18(c) sehen werden, lautet die allgemeine Lösung der Gl. 4.4

$$T(n) = \log_2(n) + c.$$

Hierin ist $c \in \mathbb{R}$ eine beliebig wählbare Konstante. Für die allgemeine Lösung von Gl. 4.5 erhält man

$$T(n) = n + c$$

für eine Konstante $c \in \mathbb{R}$. Der Wert der Konstanten c ergibt sich im Einzelfall aus weiteren Bedingungen. Die Komplexität des binären Suchalgorithmus erhalten wir, indem wir die zusätzliche Bedingung $T(1) = 1$ berücksichtigen. Diese Bedingung besagt, dass wir einen Schritt benötigen, falls das Feld a nur aus einem Element besteht. Man nennt $T(1) = 1$ die *Anfangs-* oder *Randbedingung* der Rekurrenzgleichung. Wenn wir $T(1) = 1$ in die allgemeine Lösung einsetzen, bekommen wir $1 = \log_2(1) + c$ und hieraus $c = 1$. Die binäre Suche besitzt daher die logarithmische Zeitkomplexität $T(n) = \log_2(n) + 1 = \Theta(\log(n))$.

Für die sequenzielle Suche erhalten wir aus der Bedingung $T(1) = 1$ den Wert $c = 0$ und damit die lineare Zeitkomplexität $T(n) = n = \Theta(n)$.

An diesem Beispiel haben wir bereits die typische Vorgehensweise kennengelernt. Wir fassen sie noch einmal zusammen. Die Berechnung der Komplexität eines rekursiven Algorithmus führt in der Regel auf eine Rekurrenzgleichung. Die allgemeine Lösung dieser Gleichung enthält eine oder mehrere frei wählbare Konstanten, die mithilfe von Anfangsbedingungen bestimmt werden können. Durch Einsetzen der Werte der Konstanten in die allgemeine Lösung erhält man die gesuchte Komplexität als partikuläre Lösung der Rekurrenzgleichung.

Beispiel 4.13 In diesem Beispiel geben wir einige weitere Rekurrenzgleichungen an. Wir weisen noch einmal darauf hin, dass wir Folgen sowohl in der Folgenschreibweise T_n als auch in der Funktionsschreibweise $T(n)$ angeben.

(a) Die Definition der Fibonacci-Zahlen in Abschn. 4.1 ist die Rekurrenzgleichung

$$a_n = a_{n-1} + a_{n-2}$$

mit den Anfangsbedingungen $a_0 = 0$ und $a_1 = 1$.

(b) Der Algorithmus *Quicksort* sortiert ein Feld $a[1..n]$, $n \geq 1$, ganzer Zahlen, indem er zunächst ein Element, zum Beispiel $a[1]$, an die Position q tauscht und dabei gewährleistet, dass die zwei (eventuell leeren) Teilfelder $a[1..q-1]$ und $a[q+1..n]$ die folgende Eigenschaft besitzen: Jedes Element von $a[1..q-1]$ ist kleiner als $a[q]$ und

$a[q]$ ist wiederum kleiner als jedes Element von $a[q + 1..n]$. Danach wird der Algorithmus rekursiv auf die beiden Teilfelder $a[1..q - 1]$ und $a[q + 1..n]$ angewendet. Das Element $a[1]$ heißt *Pivot-Element*.

Der günstigste Fall ergibt sich, wenn das Feld $a[1..n]$ möglichst in der Mitte geteilt wird. Die Komplexität im günstigsten Fall wird daher durch die Rekurrenzgleichung

$$T(n) = 2T\left(\frac{n}{2}\right) + cn \tag{4.6}$$

beschrieben. Der lineare Term cn entsteht während der Zerlegung des Feldes. Für $n = 1$ ist der Aufwand konstant, das heißt $T(1) = 1$.

(c) Gegeben sei ein Feld $a[1..n]$, $n \geq 1$, ganzer Zahlen, das sortiert werden soll. Die rekursive Variante von *Bubblesort* bestimmt zunächst das Minimum des Feldes $a[1..n]$. Hierzu wird das Feld von hinten beginnend durchlaufen. Dabei werden benachbarte Elemente $a[i - 1]$ und $a[i]$, $i = n, \ldots, 2$, verglichen und im Fall $a[i - 1] > a[i]$ vertauscht. Auf diese Weise steigt das Minimum des Feldes $a[1..n]$ sozusagen als „Blase" an die Stelle $a[1]$ auf. Dabei werden $n - 1$ Vergleiche ausgeführt. Danach wird das Verfahren rekursiv auf das Restfeld $a[2..n]$ angewendet. Die Anzahl der insgesamt durchgeführten Vergleiche ergibt sich deshalb aus der Rekurrenzgleichung

$$T(n) = T(n - 1) + (n - 1) \tag{4.7}$$

und der Anfangsbedingung $T(1) = 0$.

(d) Die folgende Aufgabe wird als Problem der *Türme von Hanoi* bezeichnet.

Gegeben seien n Scheiben unterschiedlichen Durchmessers, die der Größe nach geordnet zu einem Turm geschichtet sind. Die größte Scheibe liegt dabei unten. Der Turm steht auf Platz 1. Unter Verwendung des Hilfsplatzes 3 soll der Turm schrittweise nach Platz 2 transportiert werden. Dabei darf in jedem Schritt nur eine Scheibe – und zwar die oberste eines Turms – bewegt werden. Außerdem darf zu keinem Zeitpunkt eine größere Scheibe auf einer kleineren liegen.

Man kann sehr leicht eine rekursive Lösung dieses Problems angeben: Im ersten Schritt werden rekursiv die obersten $n - 1$ Scheiben von Platz 1 nach Platz 3 bewegt. Anschließend wird in Schritt 2 die verbliebene unterste Scheibe von Platz 1 auf Platz 2 gelegt. Schließlich werden im dritten Schritt die $n - 1$ Scheiben rekursiv von Platz 3 nach Platz 2 transportiert.

Offensichtlich ist die Anzahl der Schritte dieses Algorithmus durch die Rekurrenzgleichung

$$T(n) = 2T(n - 1) + 1 \tag{4.8}$$

mit der Anfangsbedingung $T(1) = 1$ gegeben. $\square$

Die vorangegangen Beispiele haben deutlich gemacht, dass Rekurrenzgleichungen ein wichtiges Hilfsmittel bei der Bestimmung der Komplexität von Algorithmen sind. Wir werden in diesem Abschnitt Lösungsverfahren für einige Klassen von Rekurrenzgleichungen besprechen. Dabei beschränken wir uns allerdings auf die wichtigsten Fälle. Interessierte Leserinnen und Leser seien für weitere Informationen auf die Bücher [4, 38, 40] und [78] verwiesen.

Zur Lösung einer Rekurrenzgleichung ist es eine gute Idee, zuerst die Funktionswerte für kleine n zu bestimmen. Es sei $T(n)$ die Rekurrenzgleichung 4.8. Durch sukzessives Einsetzen erhalten wir $T(1) = 1$, $T(2) = 3$, $T(2) = 7$ und $T(3) = 15$. Diese Werte legen die Vermutung nahe, dass

$$T(n) = 2^n - 1$$

für alle $n \in \mathbb{N}$ gilt. Diese Vermutung kann leicht durch vollständige Induktion bestätigt werden. Der Induktionsanfang folgt aus $T(1) = 1 = 2^1 - 1$. Mit $T(n) = 2^n - 1$ als Induktionsvoraussetzung folgt die Behauptung aus

$$T(n + 1) = 2T(n) + 1 = 2 \cdot (2^n - 1) + 1 = 2^{n+1} - 1$$

für alle $n \in \mathbb{N}$. Der oben angegebene Algorithmus zur Lösung des Problems der Türme von Hanoi benötigt also $T(n) = 2^n - 1 = \Theta(2^n)$ Schritte. Er besitzt also eine exponentielle Komplexität.

Leider ist es in den meisten Fällen nicht möglich, die Lösung einer Rekurrenzgleichung zu raten und anschließend durch vollständige Induktion zu verifizieren. Im Allgemeinen besitzt eine Rekurrenzgleichung nicht einmal eine geschlossene Lösung. Wir beschränken uns daher im Folgenden darauf, für einige spezielle Rekurrenzgleichungen Lösungsmethoden anzugeben.

Definition 4.15 Eine Gleichung der Form

$$a_n = d_1 a_{n-1} + d_2 a_{n-2} + \ldots + d_k a_{n-k} + f(n) \tag{4.9}$$

mit Konstanten $d_1, d_2, \ldots, d_k \in \mathbb{R}$, $d_k \neq 0$, heißt *lineare Rekurrenzgleichung der Ordnung k mit konstanten Koeffizienten*. Falls $f(n) = 0$ für alle $n \in \mathbb{N}_0$ ist, heißt die Gleichung *homogen*, sonst *inhomogen*. Die Funktion $f(n)$ wird *Störfunktion* genannt. Die Gleichung $a_n = d_1 a_{n-1} + d_2 a_{n-2} + \ldots + d_k a_{n-k}$ ist die zugehörige *homogene Gleichung*. $\square$

Gl. 4.9 wird linear genannt, da die Terme a_{n-i} nur in der ersten Potenz vorkommen.
Wir betrachten zuerst den homogenen Fall. Für die Ordnung $k = 1$ nimmt Gl. 4.9 die Form

$$a_n = d_1 a_{n-1} \tag{4.10}$$

an. Offensichtlich ist $a_n = c \cdot d_1^n$ für die Anfangsbedingung $a_0 = c$ die Lösung dieser Rekurrenzgleichung. Den Fall $k = 2$ untersuchen wir in den beiden folgenden Sätzen.

Satz 4.17 Gegeben sei die lineare homogene Rekurrenzgleichung 2. Ordnung mit konstanten Koeffizienten

$$a_n = d_1 a_{n-1} + d_2 a_{n-2}. \tag{4.11}$$

x und y seien die Lösungen der *charakteristischen Gleichung*

$$t^2 - d_1 t - d_2 = 0.$$

Dann besitzt im Falle $x \neq y$ jede Lösung von Gl. 4.11 die Form

$$a_n = c_1 x^n + c_2 y^n, \tag{4.12}$$

wobei c_1 und c_2 frei wählbare reelle Konstanten sind. Mit den Anfangsbedingungen $a_0 = A_0$ und $a_1 = A_1$ erhalten wir die eindeutige partikuläre Lösung

$$a_n = \frac{A_1 - A_0 y}{x - y} x^n + \frac{A_0 x - A_1}{x - y} y^n. \tag{4.13}$$

Beweis Wir rechnen zuerst nach, dass $c_1 x^n + c_2 y^n$ eine Lösung von Gl. 4.11 ist:

$$\begin{aligned}
d_1 a_{n-1} + d_2 a_{n-2} &= d_1 (c_1 x^{n-1} + c_2 y^{n-1}) + d_2 (c_1 x^{n-2} + c_2 y^{n-2}) \\
&= c_1 x^{n-2} (d_1 x + d_2) + c_2 y^{n-2} (d_1 y + d_2) \\
&= c_1 x^{n-2} x^2 + c_2 y^{n-2} y^2 \\
&= c_1 x^n + c_2 y^n \\
&= a_n.
\end{aligned}$$

Zur Bestimmung der partikulären Lösung setzen wir die Anfangsbedingungen in die allgemeine Lösung ein und erhalten das Gleichungssystem

$$A_0 = c_1 + c_2,$$
$$A_1 = c_1 x + c_2 y$$

und hieraus $c_1 = \frac{A_1 - A_0 y}{x - y}$ und $c_2 = \frac{A_0 x - A_1}{x - y}$, da nach Voraussetzung $x \neq y$ ist.

Mit diesen Werten für c_1 und c_2 sind also die Anfangsbedingungen und die Rekurrenzgleichung 4.11 erfüllt. Da die Rekurrenzgleichung und die Anfangsbedingungen eindeutig eine Folge a_n definieren, ist die Lösung eindeutig bestimmt. $\square$

Es sei angemerkt, dass in Satz 4.17 $x \neq 0$ und $y \neq 0$ ist. Aus $x = 0$ oder $y = 0$ würde nämlich aus der charakteristischen Gleichung $d_2 = 0$ folgen. Dies kann aber nicht sein, da es sich nach Voraussetzung um eine Rekurrenzgleichung 2. Ordnung handelt.

Mit $c_1 = 1$ und $c_2 = 0$ erhalten wir die partikuläre Lösung x^n und mit $c_1 = 0$ und $c_2 = 1$ die partikuläre Lösung y^n. Diese werden *Basislösungen* der Rekurrenzgleichung genannt. Die allgemeine Lösung erhält man, wie wir eben gezeigt haben, als beliebige *Linearkombination* $c_1 x^n + c_2 y^n$ dieser Basislösungen. Wenn Anfangsbedingungen für a_0 und a_1 gegeben sind, setzt man diese in die allgemeine Lösung ein und berechnet hieraus die zugehörige partikuläre Lösung.

Beispiel 4.14 Wir betrachten wiederum die Folge der Fibonacci-Zahlen. Sie ist durch die Rekurrenzgleichung

$$a_n = a_{n-1} + a_{n-2}$$

mit den Anfangsbedingungen $a_0 = 0$ und $a_1 = 1$ gegeben. Die charakteristische Gleichung

$$t^2 - t - 1 = 0$$

besitzt die Lösungen $x = \frac{1+\sqrt{5}}{2}$ und $y = \frac{1-\sqrt{5}}{2}$. Mit

$$x - y = \frac{1 + \sqrt{5}}{2} - \frac{1 - \sqrt{5}}{2} = \sqrt{5}$$

erhalten wir den geschlossenen Ausdruck

$$a_n = \frac{1}{\sqrt{5}} \left(\frac{1 + \sqrt{5}}{2} \right)^n - \frac{1}{\sqrt{5}} \left(\frac{1 - \sqrt{5}}{2} \right)^n .$$

Zur Probe berechnen wir a_2 und erhalten

$$a_2 = \frac{1}{\sqrt{5}} \cdot \frac{6 + 2\sqrt{5}}{4} - \frac{1}{\sqrt{5}} \cdot \frac{6 - 2\sqrt{5}}{4} = 1 = a_1 + a_0. \quad \square$$

Satz 4.17 gilt nur, falls die Lösungen x und y der charakteristischen Gleichung verschieden sind. Den Fall einer doppelten Nullstelle behandeln wir jetzt.

Satz 4.18 Unter den Voraussetzungen von Satz 4.17 gelte $x = y$, das heißt, die charakteristische Gleichung $t^2 - d_1 t - d_2 = 0$ besitze die doppelte Nullstelle $x = y$. Dann ist $a_n = c_1 x^n + c_2 n x^n$ die allgemeine Lösung von Gl. 4.11.

Beweis Wir haben nur zu zeigen, dass $a_n = c_1 x^n + c_2 n x^n$ eine Lösung ist. Die Eindeutigkeit ergibt sich wie im Beweis von Satz 4.17.

Da x eine doppelte Nullstelle der charakteristischen Gleichung ist, folgt $d_1 = 2x$ und $d_2 = -\frac{d_1^2}{4} = -x^2$. Hieraus erhalten wir

$$\begin{aligned}
d_1 a_{n-1} + d_2 a_{n-2} &= d_1(c_1 x^{n-1} + c_2(n-1)x^{n-1}) + d_2(c_1 x^{n-2} + c_2(n-2)x^{n-2}) \\
&= 2c_1 x^n + 2c_2(n-1)x^n - c_1 x^n - c_2(n-2)x^n \\
&= c_1 x^n + c_2 n x^n \\
&= a_n. \quad \square
\end{aligned}$$

Auch für diesen Fall betrachten wir ein Beispiel.

Beispiel 4.15 Gegeben seien die Rekurrenzgleichung

$$a_n = 4a_{n-1} - 4a_{n-2}$$

sowie die Anfangsbedingungen $a_0 = 3$ und $a_1 = 5$. Die charakteristische Gleichung $t^2 - 4t + 4 = 0$ besitzt die doppelte Lösung $t = 2$. Als allgemeine Lösung erhalten wir

$$a_n = c_1 \cdot 2^n + c_2 n \cdot 2^n$$

für reelle Konstanten c_1 und c_2. Einsetzen der Anfangsbedingungen liefert das Gleichungssystem

$$3 = c_1 \cdot 2^0 + c_2 \cdot 0 \cdot 2^0 = c_1,$$
$$5 = c_1 \cdot 2^1 + c_2 \cdot 1 \cdot 2^1 = 2c_1 + 2c_2$$

mit den Lösungen $c_1 = 3$ und $c_2 = -\frac{1}{2}$. Die gesuchte partikuläre Lösung ist daher $a_n = 3 \cdot 2^n - \frac{1}{2}n \cdot 2^n = 3 \cdot 2^n - n \cdot 2^{n-1}$. $\square$

Bisher haben wir uns nur mit homogenen Rekurrenzgleichungen beschäftigt. Der folgende Satz beantwortet die Frage nach den Lösungen der entsprechenden inhomogenen Gleichungen.

Satz 4.19 Gegeben sei die lineare inhomogene Rekurrenzgleichung

$$a_n = d_1 a_{n-1} + d_2 a_{n-2} + \ldots + d_k a_{n-k} + f(n) \qquad (4.14)$$

der Ordnung k mit konstanten Koeffizienten $d_1, d_2, \ldots, d_k \in \mathbb{R}, d_k \neq 0$. Die allgemeine Lösung dieser Gleichung besitzt die Form

$$a_n = a_n^h + a_n^p, \qquad (4.15)$$

wobei a_n^h die allgemeine Lösung der zugehörigen homogen Gleichung $a_n = d_1 a_{n-1} + d_2 a_{n-2} + \ldots + d_k a_{n-k}$ und a_n^p eine partikuläre Lösung von 4.14 ist. $\square$

Um die allgemeine Lösung einer inhomogenen Rekurrenzgleichung zu berechnen, ist also zunächst die allgemeine Lösung der zugehörigen homogenen Gleichung zu bestimmen. Danach muss eine partikuläre Lösung der Ausgangsgleichung berechnet werden. Leider gibt es für diesen Schritt kein allgemeingültiges Verfahren.

Beispiel 4.16 Gegeben seien die Rekurrenzgleichung

$$a_n = 4a_{n-1} - 4a_{n-2} + n^2 - 8$$

sowie die Anfangsbedingungen $a_0 = 3$ und $a_1 = 5$. Aus Beispiel 4.15 kennen wir bereits die allgemeine Lösung a_n^h der zugehörigen homogenen Gleichung. Es ist

$$a_n^h = c_1 \cdot 2^n + c_2 n \cdot 2^n.$$

Wir müssen jetzt eine partikuläre Lösung a_n^p der Ausgangsgleichung berechnen. Die Störfunktion $f(n) = n^2 - 8$ ist ein Polynom. Da 1 keine Lösung der charakteristischen Gleichung ist, gibt es eine partikuläre Lösung (siehe die Überlegungen im Anschluss an dieses Beispiel), die ein Polynom des gleichen Grads ist. Wir wählen daher den Ansatz $a_n^p = An^2 + Bn + C$ und ermitteln die unbekannten Koeffizienten A, B und C. Einsetzen in die inhomogene Rekurrenzgleichung liefert

$$\begin{aligned} An^2 &+ Bn + C \\ &= 4(A(n-1)^2 + B(n-1) + C) - 4(A(n-2)^2 + B(n-2) + C) + n^2 - 8 \\ &= n^2 + 8An - 12A + 4B - 8. \end{aligned}$$

Ein Koeffizientenvergleich ergibt $A = 1$, $B = 8A = 8$ und $C = -12A + 4B - 8 = 12$. Die gesuchte partikuläre Lösung ist also $a_n^p = n^2 + 8n + 12$. Die allgemeine Lösung lautet

$$a_n = c_1 2^n + c_2 n 2^n + n^2 + 8n + 12.$$

Die Konstanten c_1 und c_2 berechnen wir aus den Ausgangsbedingungen $a_0 = 3$ und $a_1 = 5$. Wenn wir diese in die allgemeine Lösung einsetzen, erhalten wir das Gleichungssystem

$$3 = c_1 + 12,$$
$$5 = 2c_1 + 2c_2 + 21$$

mit der Lösung $c_1 = -9$ und $c_2 = 1$. Die gesuchte Lösung ist daher

$$a_n = -9 \cdot 2^n + n \cdot 2^n + n^2 + 8n + 12. \qquad \square$$

Für die Störfunktion gelte

$$f(n) = (d_k n^k + d_{k-1} n^{k-1} + \ldots + d_0) x^n.$$

Wenn x keine Lösung der charakteristischen Gleichung ist, dann hat eine partikuläre Lösung die Form

$$(e_k n^k + e_{k-1} n^{k-1} + \ldots + e_0) x^n.$$

In Beispiel 4.16 war dies für $x = 1$, $d_2 = 1$, $d_1 = 0$ und $d_0 = -8$ der Fall. Wenn jedoch x eine Lösung der charakteristischen Gleichung ist, muss

$$n^m (e_k n^k + e_{k-1} n^{k-1} + \ldots + e_0) x^n$$

als Ansatz für die partikuläre Lösung gewählt werden. Hier ist m die Vielfachheit der Nullstelle x.

In den vorangegangenen Sätzen und Beispielen haben wir lineare Rekurrenzgleichungen mit konstanten Koeffizienten 2. Ordnung untersucht. Mit den entsprechenden Anpassungen können diese Überlegungen auf lineare Rekurrenzgleichungen anderer Ordnungen übertragen werden. Im folgenden Beispiel sehen wir dies für eine Rekurrenzgleichung der Ordnung $k = 1$. Für die Rekurrenzgleichung $a_n = d_1 a_{n-1}$ lautet die charakteristische Gleichung $t - d_1 = 0$.

Beispiel 4.17 Wir betrachten die Rekurrenzgleichung 4.7, die die Komplexität von Bubblesort beschreibt. In Folgennotation lautet sie

$$a_n = a_{n-1} + (n - 1).$$

Die Anfangsbedingung sei $a_1 = 0$. Es handelt sich hier um eine Rekurrenzgleichung 1. Ordnung. Wir gehen analog zu den Gleichungen 2. Ordnung vor und bilden zuerst die charakteristische Gleichung. Sie lautet $t - 1 = 0$ und besitzt die Lösung $x = 1$. Als allgemeine Lösung der homogenen Gleichung erhalten wir $a_n^h = c_1 \cdot 1^n = c_1$. Die Störfunktion ist $f(n) = n - 1 = (n-1) \cdot 1^n$. Da $x = 1$ eine Lösung der charakteristischen Gleichung mit der Vielfachheit 1 ist, müssen wir nach den Vorbemerkungen zu diesem Beispiel als Ansatz für die partikuläre Lösung

$$a_n^p = n^1(An + B) \cdot 1^n = An^2 + Bn$$

wählen. Wir setzen dies in die Ausgangsgleichung ein und erhalten

$$An^2 + Bn = A(n-1)^2 + B(n-1) + (n-1)$$
$$= An^2 + (-2A + B + 1)n + A - B - 1.$$

Durch einen Koeffizientenvergleich erhalten wir $A = \frac{1}{2}$ und $B = -\frac{1}{2}$. Die allgemeine Lösung lautet somit $a_n = c_1 + \frac{1}{2}n^2 - \frac{1}{2}n$. Aus der Anfangsbedingung $a_1 = 0$ folgt $c_1 = 0$. Die Komplexität des rekursiven Bubblesort-Algorithmus ist somit $a_n = \frac{1}{2}n^2 - \frac{1}{2}n = \Theta(n^2)$. □

In den vorangegangenen Sätzen und Beispielen haben wir lineare Rekurrenzgleichungen mit konstanten Koeffizienten 1. und 2. Ordnung mit einer speziellen Störfunktion besprochen. Viele der durchgeführten Überlegungen lassen sich auf höhere Ordnungen und weitere Störfunktionen verallgemeinern. Wir können hierauf jedoch nicht eingehen, sondern müssen auf die bereits angegebene Literatur verweisen.

In Beispiel 4.13(b) haben wir das Sortierverfahren *Quicksort* kennengelernt. Hierbei handelt es sich um einen sogenannten *Teile-und-Beherrsche-Algorithmus (Divide-and-Conquer Algorithm)*. Algorithmen dieses Typs lösen ein Problem der Anfangsgröße n in drei Schritten.

(a) Zuerst wird das Problem in a Teilprobleme der Größe n/b aufgeteilt. Quicksort teilt im günstigsten Fall das Ausgangsfeld mit n Elementen in zwei Teilfelder mit je $n/2$ Elementen auf. Für Quicksort ist also $a = b = 2$.

(b) Dann werden die Teilprobleme rekursiv gelöst.

(c) Die Einzellösungen werden schließlich zur Lösung des Ausgangsproblems zusammengefügt.

Wenn wir mit $f(n)$ den Aufwand für das Zerlegen des Problems und die Zusammensetzung der Einzellösungen bezeichnen, erhalten wir für die Komplexität eines Teile-und-Beherrsche-Algorithmus die Rekurrenzgleichung

$$T(n) = aT(n/b) + f(n).$$

Im folgenden Satz geben wir die Lösung für viele Rekurrenzgleichungen dieser Form an. Die Formulierung des Satzes stammt aus [18]. Dort findet man auch seinen Beweis.

Satz 4.20 *(Mastertheorem)* Es seien $a, b \in \mathbb{N}$ mit $a \geq 1$ und $b > 1$ sowie die Rekurrenzgleichung

$$T(n) = aT(n/b) + f(n)$$

gegeben. n/b ist als Rundung $\lfloor \frac{n}{b} \rfloor$ oder $\lceil \frac{n}{b} \rceil$ zu lesen. $f(n)$ sei eine asymptotisch positive Funktion. Dann kann $T(n)$ folgendermaßen asymptotisch beschränkt werden.

1. Fall: $f(n)$ ist „polynomial kleiner" als die Vergleichsfunktion $g(n) = n^{\log_b a}$:
  Wenn $f(n) = O(n^{\log_b a - \varepsilon})$ für eine Konstante $\varepsilon > 0$ ist, dann gilt $T(n) = \Theta(n^{\log_b a})$.

2. Fall: $f(n)$ ist „genauso groß" wie die Vergleichsfunktion $g(n) = n^{\log_b a}$:
  Wenn $f(n) = \Theta(n^{\log_b a})$ ist, dann gilt $T(n) = \Theta(n^{\log_b a} \log(n))$.

3. Fall: $f(n)$ ist „polynomial größer" als die Vergleichsfunktion $g(n) = n^{\log_b a}$: Es sei also $f(n) = \Omega(n^{\log_b a + \varepsilon})$ für eine Konstante $\varepsilon > 0$. Zusätzlich gelte die folgende Regularitätsbedingung: Es existiere eine Konstante $c < 1$ und eine natürliche Zahl $n_0 \in \mathbb{N}_0$, sodass für alle $n \geq n_0$ die Bedingung $af(n/b) \leq cf(n)$ erfüllt ist. Unter diesen Voraussetzungen ist $T(n) = \Theta(f(n))$. □

Im Mastertheorem wird die Funktion $f(n)$ jeweils mit der Funktion $g(n) = n^{\log_b a}$ verglichen. Abhängig vom Ausgang dieses Vergleichs gilt entweder $T(n) = \Theta(n^{\log_b a})$, $T(n) = \Theta(n^{\log_b a} \log(n))$ oder $T(n) = \Theta(f(n))$. Dabei müssen natürlich die im Satz angegebenen Voraussetzungen beachtet werden.

Beispiel 4.18 Wir erläutern die Anwendung des Mastertheorems jetzt an einigen Beispielen.

(a) Die Zeitkomplexität von Quicksort (siehe Beispiel 4.13(b)) genügt der Rekurrenzgleichung $T(n) = 2T\left(\frac{n}{2}\right) + cn$. Wir vergleichen die Funktionen $f(n) = cn$ und $g(n) = n^{\log_2 2} = n$. Es ist $f(n) = \Theta(g(n))$. Damit tritt Fall 2 ein, und es gilt $T(n) = \Theta(n \log n)$ für die Laufzeit von Quicksort im günstigsten Fall.

(b) Für die Rekurrenzgleichung $T(n) = 4T\left(\frac{n}{2}\right) + cn$ mit einer Konstanten c ist $a = 4$, $b = 2$, $f(n) = cn$ und $g(n) = n^{\log_2 4} = n^2$. Damit gilt $f(n) = cn = O(n^{2-\varepsilon})$ für $\varepsilon = 1$. Die Voraussetzungen von Fall 1 sind erfüllt, und somit ist $T(n) = \Theta(n^2)$.

(c) Für die *binäre Suche* haben wir zu Beginn des Abschn. 4.4 die Rekurrenzgleichung $T(n) = T\left(\frac{n}{2}\right) + 1$ hergeleitet. Wir wenden das Mastertheorem mit $a = 1$, $b = 2$ und $f(n) = 1$ an. Wegen $g(n) = n^{\log_2 1} = 1$ ist $f(n) = \Theta(g(n))$. Wir erhalten mit Fall 2 die Aussage $T(n) = \Theta(\log n)$.

(d) Gegeben sei die Rekurrenzgleichung $T(n) = T\left(\frac{n}{2}\right) + n$. Wegen $a = 1$ und $b = 2$ ist $n^{\log_2 1} = n^0 = 1$. Hieraus folgt $f(n) = n = \Omega(n^{0+\varepsilon})$ für $\varepsilon = 1$. Da mit $c = 1/2 < 1$ die Regularitätsbedingung $af(n/b) = n/2 \leq cn = cf(n)$ für alle $n \in \mathbb{N}$ erfüllt ist, können wir Fall 3 anwenden und erhalten $T(n) = \Theta(n)$. $\square$

Leider kann das Mastertheorem nicht zur Lösung jeder Rekurrenzgleichung der Form $T(n) = aT(n/b) + f(n)$ verwendet werden. Als Beispiel betrachten wir die Gleichung

$$T(n) = T(n/2) + \log_2(n).$$

Mit $a = 1$, $b = 2$ ist $g(n) = n^{\log_2 1} = n^0 = 1$. $f(n) = \log_2(n)$ ist zwar „größer" als $g(n) = 1$, aber leider nicht „polynomial größer" als $g(n) = 1$, denn jede Potenzfunktion $n^{0+\varepsilon}$, $\varepsilon > 0$, wächst stärker als die Logarithmusfunktion $\log_2(n)$. Damit sind die Voraussetzungen von Satz 4.20 nicht erfüllt. Der Satz kann also nicht angewendet werden.

Das folgende Beispiel zeigt, wie mithilfe des Mastertheorems die Komplexität eines Algorithmus bequem bestimmt werden kann.

Beispiel 4.19 Wenn wir zwei n-stellige Zahlen mit dem aus der Schule bekannten Algorithmus multiplizieren wollen, so müssen wir eine dieser Zahlen mit den Ziffern der anderen multiplizieren und anschließend die entstehenden n Zahlen addieren. Die Komplexität dieses Algorithmus liegt offensichtlich in $\Theta(n^2)$. Mit der Teile-und-Beherrsche-Methode soll ein effizienterer Algorithmus entwickelt werden. Dazu wollen wir die Multiplikation der n-stelligen Zahlen auf die Multiplikation von Zahlen der Länge $n/2$ zurückführen. Wir verdeutlichen die Idee am Produkt von 6028 und 1523. Es ist

$$
\begin{aligned}
6028 \cdot 1523 &= (60 \cdot 10^2 + 28) \cdot (15 \cdot 10^2 + 23) \\
&= 60 \cdot 15 \cdot 10^4 + 60 \cdot 23 \cdot 10^2 + 28 \cdot 15 \cdot 10^2 + 28 \cdot 23.
\end{aligned}
$$

Die Multiplikation der zwei vierstelligen Zahlen $6028 \cdot 1523$ wurde auf die vier Multiplikationen $60 \cdot 15$, $60 \cdot 23$, $28 \cdot 15$ und $28 \cdot 23$ von zweistelligen Zahlen reduziert. Die

Multiplikationen mit Potenzen von 10 wurden nicht mitgezählt, da sie durch Anfügen von Nullen einfach zu realisieren sind.

Wir erläutern jetzt die Idee für den allgemeinen Fall, setzen dabei aber vereinfachend voraus, dass n eine Zweierpotenz ist. Für das Produkt der Zahlen $x = a \cdot 10^{n/2} + b$ und $y = c \cdot 10^{n/2} + d$ erhalten wir

$$xy = (a \cdot 10^{n/2} + b)(c \cdot 10^{n/2} + d)$$
$$= ac \cdot 10^n + (ad + bc) \cdot 10^{n/2} + bd.$$

Es müssen also die vier Produkte ac, ad, bc und bd berechnet, mit geeigneten Zehnerpotenzen multipliziert und anschließend addiert werden. Wenn wir diese Idee in einen Teile-und-Beherrsche-Algorithmus umsetzen, besitzt dieser daher die Zeitkomplexität $T(n)$ mit

$$T(n) = 4T(n/2) + cn.$$

Der lineare Term cn entsteht durch die Additionen. Diese Rekurrenzgleichung haben wir in Beispiel 4.18(b) gelöst und $T(n) = \Theta(n^2)$ erhalten. Dieser Algorithmus besitzt also die gleiche Komplexität wie der Schulalgorithmus.

Anfang der 1960er-Jahre erkannten *Anatolii A. Karatsuba* und *Yu Ofman*, dass man mit einer Multiplikation weniger auskommt. Weil weiter

$$xy = ac \cdot 10^n + (ad + bc) \cdot 10^{n/2} + bd$$
$$= ac \cdot 10^n + ((a + b)(c + d) - ac - bd) \cdot 10^{n/2} + bd$$

gilt, sind nur noch die drei Produkte ac, $(a + b)(c + d)$ und bd zu bestimmen. Der zugehörige Algorithmus besitzt daher die Zeitkomplexität $T(n)$ mit

$$T(n) = 3T(n/2) + cn.$$

Aus dem Mastertheorem folgt sofort $T(n) = \Theta(n^{\log_2 3}) = \Theta(n^{1,585})$, eine deutliche Verbesserung gegenüber dem Schulalgorithmus. Der Algorithmus wird zu Ehren seiner Entdecker heute als *Karatsuba-Ofman-Algorithmus* bezeichnet. Einzelheiten findet man im Buch von *Franz Winkler* [91]. □

Zum Schluss dieses Abschnitts besprechen wir eine weitere Technik zum Lösen von Rekurrenzgleichungen. Wir beginnen mit der zentralen Definition.

Definition 4.16 Gegeben sei eine reelle Zahlenfolge (a_n). Die Funktion

$$G(z) = a_0 + a_1 z + a_2 z^2 + \ldots = \sum_{n=0}^{\infty} a_n z^n \tag{4.16}$$

heißt die zur Folge $a_0, a_1, a_2, \ldots$ gehörende *erzeugende Funktion*. □

Durch Gl. 4.16 wird eine partielle Funktion definiert. Für welche Werte die Reihe $\sum_{n=0}^{\infty} a_n z^n$ konvergiert, das heißt, welche Werte zum Definitionsbereich von $G(z)$ gehören, interessiert uns in diesem Zusammenhang nicht. Wir betrachten erzeugende Funktionen lediglich als Hilfsmittel zum Lösen von Rekurrenzgleichungen. Diese Vorgehensweise ist zulässig, wenn wir anschließend die Richtigkeit der gefundenen Lösung nachweisen.

Hierzu schreibt *Donald E. Knuth* in [57] auf Seite 87:

„On the other hand, it often does not pay to worry about the convergence of the series when we work with generating functions, since we are only exploring possible approaches to the solution of some problem. When we discover the solution by *any* means, however sloppy, we may be able to justify the solution independently."

Im folgenden Beispiel geben wir für einige Zahlenfolgen erzeugende Funktionen an. Danach zeigen wir, wie diese Funktionen zur Lösung von Rekurrenzgleichungen verwendet werden können.

Beispiel 4.20 Die einfachsten erzeugenden Funktionen ergeben sich aus den ganzrationalen Funktionen.

(a) Die Folge $1, 2, 3, 0, 0, 0, \ldots$ besitzt die erzeugende Funktion $G(z) = 1 + 2z + 3z^2$. Jede Folge (a_n), für die $a_i = 0$ für alle i ab einer natürlichen Zahl $k + 1$ gilt, besitzt das Polynom $a_0 + a_1 z + a_2 z^2 + \ldots + a_k z^k$ als erzeugende Funktion.

(b) In Beispiel 4.2 haben wir die geometrische Reihe untersucht und dabei die Gleichung

$$\sum_{i=0}^{\infty} z^i = 1 + z + z^2 + z^3 + \ldots = \frac{1}{1-z}$$

für alle z, $|z| < 1$, gezeigt. Da wir, wie oben dargelegt, keine Konvergenzbetrachtungen durchführen, besitzt die konstante Folge $1, 1, 1, \ldots$ die erzeugende Funktion $G(z) = \frac{1}{1-z}$.

(c) Wenn wir in (b) z durch $4z$ ersetzen, erhalten wir

$$1 + 4z + 4^2 z^2 + 4^3 z^3 + \ldots = \frac{1}{1-4z}$$

und damit $G(z) = \frac{1}{1-4z}$ als erzeugende Funktion für die Folge (a_n) mit $a_n = 4^n$.

(d) Als Verallgemeinerung von (c) erhalten wir, dass die Folge $1, c, c^2, c^3, \ldots$ von der Funktion $G(z) = \frac{1}{1-cz}$ erzeugt wird.   □

Als erste Anwendung betrachten wir die Rekurrenzgleichung $a_n = 5a_{n-1} - 4a_{n-2}$ mit den Anfangsbedingungen $a_0 = 0$ und $a_1 = 1$. Wir notieren die ersten Terme und summieren sie wie folgt:

$$a_2 = 5a_1 - 4a_0, \qquad\qquad |\cdot z^2$$

$$a_3 = 5a_2 - 4a_1, \qquad\qquad |\cdot z^3$$

$$\vdots$$

$$a_n = 5a_{n-1} - 4a_{n-2}, \qquad\qquad |\cdot z^n$$

$$\vdots$$

$$\Rightarrow \qquad \sum_{n=2}^{\infty} a_n z^n = 5 \sum_{n=1}^{\infty} a_n z^{n+1} - 4 \sum_{n=0}^{\infty} a_n z^{n+2},$$

$$\Rightarrow \qquad G(z) - a_0 - a_1 z = 5z(G(z) - a_0) - 4z^2 G(z).$$

Wenn wir hierin die Werte für a_0 und a_1 einsetzen und die Gleichung nach $G(z)$ auflösen, erhalten wir

$$G(z) = \frac{z}{1 - 5z + 4z^2} = \frac{1}{3} \cdot \frac{1}{1 - 4z} - \frac{1}{3} \cdot \frac{1}{1 - z}.$$

Mit Beispiel 4.20(b) und (c) wird hieraus

$$G(z) = \frac{1}{3}(1 + 4z + 4^2 z^2 + 4^3 z^3 + \ldots) - \frac{1}{3}(1 + z + z^2 + z^3 + \ldots)$$

$$= \frac{1}{3}(4^0 - 1) + \frac{1}{3}(4^1 - 1)z + \frac{1}{3}(4^2 - 1)z^2 + \ldots$$

Da der Koeffizient von z^n nach Definition gleich dem n-ten Folgenglied a_n ist, erhalten wir als Lösung der Rekurrenzgleichung

$$a_n = \frac{1}{3}(4^n - 1)$$

für alle $n \geq 0$. Die Richtigkeit der Lösung wird durch vollständige Induktion nachgewiesen. Offenbar ist $a_0 = \frac{1}{3}(4^0 - 1) = 0$ und $a_1 = \frac{1}{3}(4^1 - 1) = 1$. Die Induktionsvoraussetzung lautet $a_i = \frac{1}{3}(4^i - 1)$ für alle i, $i < n$. Damit gilt

$$a_n = 5a_{n-1} - 4a_{n-2} = \frac{5}{3}(4^{n-1} - 1) - \frac{4}{3}(4^{n-2} - 1) = \frac{1}{3}(4^n - 1).$$

Da es sich bei $a_n = 5a_{n-1} - 4a_{n-2}$ um eine lineare Rekurrenzgleichung mit konstanten Koeffizienten handelt, hätten wir sie auch ohne erzeugende Funktionen lösen können. Die charakteristische Gleichung $t^2 - 5t + 4 = 0$ besitzt die Lösungen $x = 4$ und $y = 1$. Als allgemeine Lösung der Rekurrenzgleichung bekommen wir $a_n = c_1 4^n + c_2$. Die Anfangsbedingungen liefern $c_1 = \frac{1}{3}$ und $c_2 = -\frac{1}{3}$, sodass – wie erwartet – als Lösung $a_n = \frac{1}{3}(4^n - 1)$ herauskommt.

Mit erzeugenden Funktionen können nicht nur lineare Rekurrenzgleichungen mit konstanten Koeffizienten gelöst werden, sondern auch weitere Problemstellungen behandelt werden. In den Beispielen 4.22 und 4.23 zeigen wir dies, indem wir ein System von Rekurrenzgleichungen und eine nicht lineare Rekurrenzgleichung lösen.

Wir definieren zunächst einige Rechenoperationen für erzeugende Funktionen. Dazu seien die Konstante $c \in \mathbb{R}$ sowie die Funktionen $G(z) = a_0 + a_1 z + a_2 z^2 + \ldots$ und $H(z) = b_0 + b_1 z + b_2 z^2 + \ldots$ gegeben. Wir definieren die *Summe von* $G(z)$ *und* $H(z)$ durch

$$G(z) + H(z) = (a_0 + b_0) + (a_1 + b_1)z + (a_2 + b_2)z^2 + \ldots = \sum_{n=0}^{\infty} (a_n + b_n)z^n,$$

das *Produkt von* $G(z)$ *mit der Konstanten* c durch

$$cG(z) = ca_0 + ca_1 z + ca_2 z^2 + \ldots = \sum_{n=0}^{\infty} ca_n z^n,$$

das *Produkt von* $G(z)$ *und* $H(z)$ durch

$$
\begin{aligned}
G(z) \cdot H(z) &= (a_0 + a_1 z + a_2 z^2 + \ldots)(b_0 + b_1 z + b_2 z^2 + \ldots) \\
&= a_0 b_0 + (a_0 b_1 + a_1 b_0)z + (a_0 b_2 + a_1 b_1 + a_2 b_0)z^2 + \ldots \\
&= \sum_{n=0}^{\infty} \left(\sum_{k=0}^{n} a_k b_{n-k} \right) z^n
\end{aligned}
$$

sowie die *Ableitung von* $G(z)$ durch

$$G'(z) = \sum_{n=0}^{\infty} (n+1)a_{n+1} z^n.$$

Für die folgenden Beispiele benötigen wir die Fakultätsfunktion und die Binomialkoeffizienten. Wir werden auf diese Begriffe in Abschn. 11.1 über Abzählprobleme zurückgreifen.

Definition 4.17 Es sei $n \in \mathbb{N}_0$.

(a) Die *Fakultät von* n wird durch

$$n! = \begin{cases} n \cdot (n-1)!, & n > 0, \\ 1, & n = 0 \end{cases}$$

rekursiv definiert. Es ist $n! = 1 \cdot 2 \cdot 3 \cdot \ldots \cdot n$.

(b) Der *Binomialkoeffizient von n über k* ist durch den Ausdruck

$$\binom{n}{k} = \frac{n!}{k!(n-k)!}$$

für $k \in \mathbb{N}_0, 0 \leq k \leq n$, gegeben. Durch die Festlegung

$$\binom{n}{k} = \frac{n \cdot (n-1) \cdot \ldots \cdot (n-k+1)}{k!}$$

wird die Definition für alle $n \in \mathbb{R}, k \in \mathbb{N}_0$, erweitert. □

In Aufgabe 4.5 soll der folgende Satz gezeigt werden.

Satz 4.21 Für das Rechnen mit Binomialkoeffizienten gelten die folgenden Regeln.

(a) $\binom{n}{k} = \binom{n}{n-k}$ für alle $n \in \mathbb{N}_0, k \in \mathbb{N}_0, 0 \leq k \leq n$.
(b) $\binom{n}{k} = \binom{n-1}{k-1} + \binom{n-1}{k}$ für alle $n \in \mathbb{R}, k \in \mathbb{N}$.
(c) $\binom{-n}{k} = (-1)^k \binom{n+k-1}{k}$ für alle $n \in \mathbb{R}, k \in \mathbb{N}_0$. □

Der nächste Satz verallgemeinert die bekannte Formel $(x + y)^2 = x^2 + 2xy + y^2$. Er lässt sich leicht mithilfe vollständiger Induktion und der Rechenregeln für Binomialkoeffizienten beweisen.

Satz 4.22 *(Binomischer Satz)* Für alle $x, y \in \mathbb{R}, n \in \mathbb{N}_0$ gilt

$$(x + y)^n = \sum_{k=0}^{n} \binom{n}{k} x^k \cdot y^{n-k} = \sum_{k=0}^{n} \binom{n}{k} x^{n-k} \cdot y^k. \quad \square$$

Mithilfe der Binomialkoeffizienten können wir wichtige erzeugende Funktionen berechnen.

Beispiel 4.21 In diesem und den folgenden Beispielen verwenden wir die oben eingeführten Rechenoperationen für erzeugende Funktionen.

(a) Aus dem binomischen Satz folgt $(1 + z)^n = \binom{n}{0} + \binom{n}{1}z + \binom{n}{2}z^2 + \ldots + \binom{n}{n}z^n$ für $n \in \mathbb{N}_0$. Die Funktion $G(z) = (1+z)^n$ ist also die erzeugende Funktion für die Folge $\binom{n}{0}, \binom{n}{1}, \binom{n}{2}, \ldots, \binom{n}{n}, 0, 0, \ldots$ für $n \in \mathbb{N}_0$.
(b) Für $n \in \mathbb{R} \setminus \mathbb{N}_0$ und $k \in \mathbb{N}_0$ ist $\binom{n}{k} \neq 0$. Die Folge $\binom{n}{0}, \binom{n}{1}, \binom{n}{2}, \ldots$ nimmt für $n \in \mathbb{R} \setminus \mathbb{N}_0$ also nie den Wert 0 an. Beispielsweise erhalten wir

$$\sqrt{1 - 4z} = (1 - 4z)^{\frac{1}{2}} = \binom{1/2}{0} + \binom{1/2}{1}(-4z) + \binom{1/2}{2}(-4z)^2 + \ldots$$

als erzeugende Funktion der Folge (a_n) mit $a_n = \binom{1/2}{n}(-4)^n$. In Übungsaufgabe 4.5
soll $\binom{1/2}{n}(-4)^n = \frac{(-1)}{2n-1}\binom{2n}{n}$ gezeigt werden.

(c) Wir leiten die Funktion

$$\frac{1}{1-z} = 1 + z + z^2 + z^3 + \dots$$

aus Beispiel 4.20(b) ab und bekommen

$$\left(\frac{1}{1-z}\right)' = \frac{1}{(1-z)^2} = 1 + 2z + 3z^2 + 4z^3 + \dots$$

Die Funktion $G(z) = \frac{1}{(1-z)^2}$ erzeugt daher die Folge 1, 2, 3, 4, ...

(d) Wenn wir die zweite Gleichung von (c) mit z multiplizieren, erhalten wir

$$\frac{z}{(1-z)^2} = 0 + 1z + 2z^2 + 3z^3 + 4z^4 + \dots$$

Also ist $G(z) = \frac{z}{(1-z)^2}$ die erzeugende Funktion für die Folge 0, 1, 2, 3, ... □

In den beiden nächsten Beispielen zeigen wir, wie erzeugende Funktionen zur Lösung
weiterer Klassen von Rekurrenzgleichungen benutzt werden können.

Beispiel 4.22 Wie wir gesehen haben, führt die Berechnung der Komplexität rekursiver
Funktionen auf Rekurrenzgleichungen. In der Informatik betrachtet man auch wechselseitig rekursive Funktionen. In solch einem Fall rufen sich verschiedene Funktionen ge-
genseitig auf. Die Berechnung wechselseitig rekursiver Funktionen führt auf ein System
von Rekurrenzgleichungen. Dieses kann in vielen Fällen mithilfe erzeugender Funktionen
gelöst werden.

Als Beispiel betrachten wir das System

$$a_n = 4a_{n-1} + b_{n-1},$$
$$b_n = a_{n-1} + 4b_{n-1}$$

zweier Rekurrenzgleichungen für die Folgen (a_n) und (b_n) mit $a_0 = 0$ und $b_0 = 1$. Es
seien $G(z) = a_0 + a_1 z + a_2 z^2 + \dots = \sum_{n=0}^{\infty} a_n z^n$ und $H(z) = b_0 + b_1 z + b_2 z^2 + \dots = \sum_{n=0}^{\infty} b_n z^n$ die erzeugenden Funktionen für (a_n) und (b_n). Wenn wir wie in Beispiel 4.20
vorgehen, erhalten wir aus den Rekurrenzgleichungen das Gleichungssystem

$$G(z) - a_0 = 4zG(z) + zH(z),$$
$$H(z) - b_0 = zG(z) + 4zH(z).$$

Wir setzen die Werte für a_0 und b_0 ein und lösen dieses Gleichungssystem nach $G(z)$ und $H(z)$ auf. Das Ergebnis lautet

$$G(z) = \frac{z}{15z^2 - 8z + 1} = -\frac{1}{2} \cdot \frac{1}{1 - 3z} + \frac{1}{2} \cdot \frac{1}{1 - 5z},$$

$$H(z) = -\frac{4z - 1}{15z^2 - 8z + 1} = \frac{1}{2} \cdot \frac{1}{1 - 3z} + \frac{1}{2} \cdot \frac{1}{1 - 5z}.$$

Nach Beispiel 4.20(d) ist $\frac{1}{1-3z}$ die erzeugende Funktion der Folge (3^n) und $\frac{1}{1-5z}$ die erzeugende Funktion von (5^n). Damit bekommen wir

$$a_n = -\frac{1}{2} \cdot 3^n + \frac{1}{2} \cdot 5^n,$$

$$b_n = \frac{1}{2} \cdot 3^n + \frac{1}{2} \cdot 5^n$$

als Lösung des Systems. Die Richtigkeit dieser Lösung weist man wie üblich durch vollständige Induktion nach. $\square$

Beispiel 4.23 In der Theorie der Datenstrukturen spielen *binäre Bäume* eine große Rolle. In Satz 5.9 zeigen wir, dass die Anzahl b_n, $n \geq 0$, der binären Bäume mit n Knoten die Rekurrenzgleichung

$$b_{n+1} = b_0 b_n + b_1 b_{n-1} + b_2 b_{n-2} + \ldots + b_{n-1} b_1 + b_n b_0$$

und die Anfangsbedingung $b_0 = 1$ erfüllt. Hierbei handelt es sich um eine *nicht lineare Rekurrenzgleichung,* die wir mithilfe der Methode der erzeugenden Funktionen lösen wollen.

Es sei $G(z)$ die erzeugende Funktion für b_n, das heißt

$$G(z) = \sum_{n=0}^{\infty} b_n z^n = b_0 + b_1 z + b_2 z^2 + \ldots$$

Dann gilt

$$G(z) - b_0 = \sum_{n=0}^{\infty} b_n z^n - b_0 = \sum_{n=0}^{\infty} b_{n+1} z^{n+1} = z \sum_{n=0}^{\infty} (b_0 b_n + \ldots + b_n b_0) z^n = z(G(z))^2.$$

Wegen $b_0 = 1$ erhalten wir die quadratische Gleichung $G(z) - 1 = z(G(z))^2$ mit den Lösungen

$$G(z) = \frac{1 \pm \sqrt{1 - 4z}}{2z}.$$

Wir entscheiden uns für die Lösung $G(z) = \frac{1-\sqrt{1-4z}}{2z}$, da andernfalls (wie sich später herausstellen würde) b_n negativ wäre. In Beispiel 4.21(b) haben wir $\sqrt{1-4z}$ als erzeugende Funktion für die Folge $\frac{(-1)}{2n-1}\binom{2n}{n}$ erkannt. Damit erhalten wir

$$
\begin{aligned}
G(z) &= \frac{1}{2z}\left(1 - \sqrt{1-4z}\right) \\
&= \frac{1}{2z}\left(1 - \sum_{n=0}^{\infty} \frac{(-1)}{2n-1}\cdot\binom{2n}{n}z^n\right) \\
&= \frac{1}{2z}\left(1 - \left(1 - \sum_{n=1}^{\infty} \frac{1}{2n-1}\cdot\binom{2n}{n}z^n\right)\right) \\
&= \frac{1}{2z}\sum_{n=1}^{\infty} \frac{1}{2n-1}\cdot\binom{2n}{n}z^n.
\end{aligned}
$$

b_n ist der Koeffizient von z^n. Wegen des Faktors $\frac{1}{2z}$ gilt

$$
b_n = \frac{1}{2}\cdot\frac{1}{2(n+1)-1}\cdot\binom{2(n+1)}{n+1} = \frac{1}{4n+2}\cdot\binom{2n+2}{n+1}.
$$

Der letzte Term kann zu $\frac{1}{n+1}\cdot\binom{2n}{n}$ umgeformt werden. Die gesuchte Anzahl der Binärbäume ist also

$$
b_n = \frac{1}{n+1}\cdot\binom{2n}{n}
$$

für alle $n \geq 0$. Die Korrektheit dieser Lösung kann wiederum durch vollständige Induktion nachgewiesen werden. Die Zahl $b_n = \frac{1}{n+1}\cdot\binom{2n}{n}$ wird n-te *catalansche Zahl* genannt. □

4.5 Matroide

In Abschn. 4.4 haben wir gesehen, wie sich die Komplexität von rekursiven sowie von Teile-und-Beherrsche-Algorithmen bestimmen lässt. Neben diesen Algorithmenmustern gibt es viele weitere. Als Beispiel hierfür betrachten wir in diesem Abschnitt die sogenannten *Greedy-Algorithmen*, die auf deutsch *gierige Algorithmen* heißen. Sie werden in der Regel zur Lösung von Optimierungsproblemen verwendet und sind dadurch gekennzeichnet, dass sie bei Auswahlschritten stets diejenige Alternative wählen, die den größten sofortigen Gewinn verspricht. Eine allgemeine Fassung dieses Verfahrens werden wir in Algorithmus 4.3 vorstellen. Die Darstellung in diesem Abschnitt lehnt sich an das Buch [49] von *Thomas Ihringer* an.

Definition 4.18 Es sei E eine endliche Menge und $\mathcal{F}$ eine nicht leere Menge von Teilmengen von E, das heißt $\mathcal{F} \subseteq \mathcal{P}(E)$, $\mathcal{F} \neq \emptyset$. Wir nennen $(E, \mathcal{F})$ *Teilmengensystem*, wenn für alle $A, B \subseteq E$ die Bedingung

$$A \in \mathcal{F} \wedge B \subseteq A \Rightarrow B \in \mathcal{F}$$

erfüllt ist. Eine Abbildung $w : E \to \mathbb{R}$ heißt *Gewichtsfunktion* für das Teilmengensystem $(E, \mathcal{F})$. $\square$

Zu jedem Teilmengensystem $(E, \mathcal{F})$ mit einer Gewichtsfunktion $w : E \to \mathbb{R}$ kann man nach einer maximalen Menge F von $\mathcal{F}$ fragen, deren Gesamtgewicht

$$w(F) = \sum_{e \in F} w(e)$$

minimal ist. Die Bestimmung einer solchen Menge wird *Minimierungsproblem* für $(E, \mathcal{F}, w)$ genannt. Die Maximalität von F bedeutet, dass es keine echte Obermenge von F in $\mathcal{F}$ gibt.

Ein nahe liegender Ansatz zur Lösung dieses Problems besteht darin, die Elemente von E nach ihrem Gewicht zu sortieren und diese beim kleinsten beginnend zur gesuchten Lösungsmenge hinzuzufügen. Dabei muss natürlich sichergestellt sein, dass die entstehenden Teilmengen in $\mathcal{F}$ liegen. Das genaue Verfahren ist in Algorithmus 4.3 beschrieben.

Algorithmus 4.3 (*Greedy-Algorithmus*)

Eingabe: Teilmengensystem $(E, \mathcal{F})$ mit Gewichtsfunktion $w : E \to \mathbb{R}$.
Ausgabe: Maximale Teilmenge F von $\mathcal{F}$ mit minimalem Gewicht.

```
begin
    sortiere E = {e₁, e₂, ..., eₙ} nach steigendem Gewicht,
        das heißt w(eᵢ) ≤ w(eᵢ₊₁) für i = 1, ..., n − 1;
    F := ∅;
    for k := 1 to n do
        if F ∪ {eₖ} ∈ F then
            F := F ∪ {eₖ}
        fi
    od
end  □
```

Leider liefert dieser Algorithmus, wie das folgende Beispiel zeigt, nicht immer eine minimale Lösung.

Beispiel 4.24 Gegeben sei das Teilmengensystem $(E, \mathcal{F})$ mit $E = \{x, y, z\}$ und $\mathcal{F} = \{\emptyset, \{x\}, \{y\}, \{z\}, \{x, y\}\}$. Die Gewichtsfunktion $w : E \to \mathbb{R}$ sei durch $w(x) = w(y) = 2$ und $w(z) = 3$ definiert. Algorithmus 4.3 berechnet offenbar die Menge $F = \{x, y\}$ mit dem Gewicht $w(F) = 4$. Eine maximale Menge mit kleinerem Gewicht ist aber $G = \{z\}$ mit $w(G) = 3$. $\quad\square$

In der nächsten Definition geben wir eine Bedingung an, unter der Algorithmus 4.3 stets eine minimale Lösung findet.

Definition 4.19 Ein Teilmengensystem $(E, \mathcal{F})$ heißt *Matroid*, wenn für alle $A, B \in \mathcal{F}$ mit $|A| = |B| + 1$ ein Element $a \in A \setminus B$ mit $B \cup \{a\} \in \mathcal{F}$ existiert. Diese zusätzliche Bedingung wird *Austauscheigenschaft* genannt. $\quad\square$

Satz 4.23 Gegeben sei ein Teilmengensystem $(E, \mathcal{F})$.

(a) Algorithmus 4.3 löst für alle Gewichtsfunktionen $w : E \to \mathbb{R}$ das Minimierungsproblem für $(E, \mathcal{F}, w)$ genau dann, wenn $(E, \mathcal{F})$ ein Matroid ist.

(b) Wenn die Gewichte der Elemente von E paarweise verschieden sind, dann ist die Lösung, die Algorithmus 4.3 berechnet, eindeutig bestimmt.

(c) Es sei $f(n)$ die Zeit, die maximal für einen Test $F \cup \{e_k\} \in \mathcal{F}$ und die zugehörige Zuweisung $F := F \cup \{e_k\}$, $1 \le k \le n$, benötigt wird. Mit dieser Bezeichnung liegt die Laufzeit von Algorithmus 4.3 in $O(n \log n + n f(n))$.

Beweis Zum Nachweis von (a) müssen wir zwei Richtungen zeigen. Wir nehmen zuerst an, dass $(E, \mathcal{F})$ ein Matroid und $w : E \to \mathbb{R}$ eine Gewichtsfunktion ist. Es sei $E = \{e_1, e_2, \ldots, e_n\}$ mit $w(e_1) \le w(e_2) \ldots \le w(e_n)$. F sei die vom Algorithmus berechnete Menge. Aus dem Algorithmus ergibt sich, dass $F \in \mathcal{F}$ ist. Wir nehmen an, dass F nicht maximal in $\mathcal{F}$ ist. Dann gibt es eine Menge $F' \in \mathcal{F}$ mit $F \subsetneq F'$. Es sei F'' eine Menge mit $F \subsetneq F'' \subseteq F'$ und $|F''| = |F| + 1$. Da $(E, \mathcal{F})$ ein Teilmengensystem ist, folgt $F'' \in \mathcal{F}$. Wegen der Austauscheigenschaft gibt es ein Element $e_i \in F'' \setminus F$ mit $F \cup \{e_i\} \in \mathcal{F}$. Da jede Teilmenge von $F \cup \{e_i\} \in \mathcal{F}$ nach Definition 4.18 ein Element von $\mathcal{F}$ ist, hätte bei der Konstruktion von F gemäß dem Algorithmus auch e_i als Element von F aufgenommen werden müssen. Dies steht im Widerspruch zu $e_i \notin F$. Wir können daher schließen, dass F ein maximales Element von $\mathcal{F}$ ist.

Es bleibt zu zeigen, dass F eine solche Menge mit minimalem Gewicht ist. Dazu zeigen wir zunächst, dass maximale Mengen von $\mathcal{F}$ die gleiche Anzahl von Elementen besitzen. Wir nehmen hierzu an, dass F_1 und F_2 maximale Elemente von $\mathcal{F}$ mit $|F_1| > |F_2|$ sind. Wegen der Teilmengeneigenschaft existiert eine Menge $F_1' \subseteq F_1$ mit $|F_1'| = |F_2| + 1$. Da $(E, \mathcal{F})$ ein Matroid ist, gibt es ein Element $e \in F_1'$ mit $F_2 \cup \{e\} \in \mathcal{F}$. Dies ist ein Widerspruch zur Maximalität von F_2.

Wir zeigen nun, dass $w(F)$ minimal ist. Sei $G \in \mathcal{F}$ eine weitere maximale Menge. Wir können annehmen, dass F und G die gleiche Anzahl von Elementen besitzen. Es sei also $F = \{f_1, \ldots, f_m\}$ und $G = \{g_1, \ldots, g_m\}$. Wir nehmen weiter an, dass die Mengen F und G aufsteigend sortiert sind, das heißt $w(f_i) \leq w(f_{i+1})$ und $w(g_i) \leq w(g_{i+1})$ für $1 \leq i \leq m - 1$. Wir werden zeigen, dass für alle $1 \leq i \leq m$ die Aussage $w(g_i) \geq w(f_i)$ gilt. Daraus folgt dann die Behauptung $w(G) \geq w(F)$. Zum Nachweis von $w(g_i) \geq w(f_i)$ für $1 \leq i \leq m$ nehmen wir an, dass es einen kleinsten Index k, $1 \leq k \leq m$, mit $w(g_k) < w(f_k)$ gibt. Für alle $j = 1, \ldots, k - 1$ ist also $w(g_j) \geq w(f_j)$. Wir betrachten die Mengen $A = \{g_1, \ldots, g_{k-1}, g_k\} \in \mathcal{F}$ und $B = \{f_1, \ldots, f_{k-1}\} \in \mathcal{F}$. Wegen der Austauscheigenschaft gibt es ein Element $g_l \in A \setminus B$, $1 \leq l \leq k$, mit $B \cup \{g_l\} \in \mathcal{F}$. Für dieses Element gilt $w(g_l) \leq w(g_k) < w(f_k)$. Hieraus ergibt sich ein Widerspruch, denn wegen $w(g_l) < w(f_k)$, $f_k \notin B$ und $f_k \in F$ hätte der Algorithmus g_l schon vor f_k in F aufgenommen.

Wir zeigen jetzt die andere Richtung von (a) durch Kontraposition. Dazu nehmen wir an, dass das Teilmengensystem $(E, \mathcal{F})$ die Austauscheigenschaft nicht erfüllt. Wir konstruieren unter dieser Voraussetzung eine Gewichtsfunktion, für die der Algorithmus nicht die minimale Lösung berechnet.

Da die Austauscheigenschaft nicht erfüllt ist, gibt es Mengen $A \in \mathcal{F}$ und $B \in \mathcal{F}$ mit $|A| = |B| + 1$ und $B \cup \{a\} \notin \mathcal{F}$ für alle $a \in A \setminus B$. Wir setzen $r = |A|$. Die Gewichtsfunktion w sei durch

$$w(x) = \begin{cases} -r - 1, & \text{falls } x \in B, \\ -r, & \text{falls } x \in A \setminus B, \\ 0, & \text{sonst} \end{cases}$$

definiert. Wegen $B \cup \{a\} \notin \mathcal{F}$ für alle $a \in A \setminus B$ berechnet der Algorithmus eine Menge F mit $F \supseteq B$ und $F \cap (A \setminus B) = \emptyset$. Nach Definition von w ist $w(F) = |B| \cdot (-r - 1) = -(r - 1)(r + 1) = -r^2 + 1$. G sei eine maximale Menge von $\mathcal{F}$ mit $A \subseteq G$. Da alle Gewichte negativ bzw. 0 sind, erhalten wir für G die Ungleichung $w(G) \leq |A| \cdot (-r) = -r^2 < -r^2 + 1 = w(F)$. Die Menge G besitzt also ein kleineres Gewicht als die vom Algorithmus berechnete Menge F.

Die Aussage (b) ist wahr, da es unter der angegebenen Voraussetzung nur eine Sortierung von E gibt und der Algorithmus die Elemente von E in dieser Reihenfolge überprüft.

Behauptung (c) ergibt sich aus der Tatsache, dass die Menge E in $O(n \log(n))$ Schritten sortiert werden kann und die Schleife genau n-mal durchlaufen wird. $\quad\square$

Beispiel 4.25 Ein konkretes Beispiel geben wir auf in Abschn. 5.8 an. Dort besprechen wir den Algorithmus von *Kruskal* (vgl. Algorithmus 5.6), der zu einem gewichteten Graphen einen minimal spannenden Wald berechnet. $\quad\square$

Es sei erwähnt, dass zu einem Teilmengensystem $(E, \mathcal{F})$ und einer Gewichtsfunktion $w : E \to \mathbb{R}$ auch ein *Maximierungsproblem* formuliert werden kann. Dann wird eine maximale Menge F von $\mathcal{F}$ gesucht, deren Gesamtgewicht

$$w(F) = \sum_{e \in F} w(e)$$

maximal ist. Zur Lösung dieses Problems wird Algorithmus 4.3 modifiziert, sodass die Menge E nach fallendem Gewicht sortiert wird.

Aufgaben

(1) Ist die Folge (a_n) konvergent? Falls ja, bestimme ihren Grenzwert.

   (a) $a_n = \frac{2n^2-n+2}{3n^2-1}$,

   (b) $a_n = \frac{2n^2-n+2}{n^2-1}$,

   (c) $a_n = \frac{n+2}{3n^2-1}$,

   (d) $a_n = (-1)^n \frac{n+2}{3n^2-1}$,

   (e) $a_n = (-1)^n \frac{n+2}{n^2-1}$.

(2) Zeige, dass die Folge $a_n = \frac{1}{n^2} + \frac{2}{n^2} + \ldots + \frac{n}{n^2}$ konvergiert und bestimme ihren Grenzwert.

(3) Gegeben sei die rekursiv definierte Folge (a_n). Wie lauten die ersten fünf Folgenglieder?

   (a) $a_0 = 2, a_n = 2a_{n-1}^2 + a_{n-1} - 2 \quad (n \geq 1)$,

   (b) $a_0 = 1, a_n = \frac{a_{n-1}}{2} + \frac{1}{a_{n-1}} \quad (n \geq 1)$,

   (c) $a_0 = 2, a_1 = 3, a_n = a_1 a_2 + a_2 a_3 + \ldots + a_{n-2} a_{n-1} \quad (n \geq 2)$.

(4) Zeige durch vollständige Induktion für alle $n \in \mathbb{N}_0$ und $q \neq 1$

$$\sum_{i=1}^{n-1} i q^i = \frac{(n-1)q^{n+1} - n q^n + q}{(q-1)^2}.$$

Wie lautet die entsprechende Summe im Fall $q = 1$?

(5) Zeige $\sum_{i=1}^{\infty} \frac{1}{i(i+1)} = 1$. Hinweis: Es ist $\frac{1}{i(i+1)} = \frac{1}{i} - \frac{1}{i+1}$.

(6) Ist die Reihe

$$\sum_{i=0}^{\infty} \frac{1}{(k+i)(k+i+1)} \quad (k \neq 0, -1, -2, \ldots)$$

konvergent? Falls ja, bestimme ihre Summe.

(7) Konvergiert die Reihe $\sum_{i=0}^{\infty} \frac{2^i+i}{3^i}$? Falls ja, bestimme ihre Summe.

(8) Berechne den Funktionsgrenzwert $\lim_{x \to 3} \frac{2x^2-2x-12}{x-3}$.

(9) Wie müssen a und b gewählt werden, damit die Funktion f stetig ist?

$$f(x) = \begin{cases} 1 + x^2, & x \leq 1, \\ ax - x^3, & 1 < x \leq 2, \\ bx^2, & x > 2. \end{cases}$$

(10) Rechne die Aussagen von Beispiel 4.8(b), (c) und (d) nach.

(11) Zeichne den Graphen der *Sägezahnfunktion* $f(x) = x - \lfloor x \rfloor$. An welchen Stellen ist diese Funktion stetig bzw. differenzierbar. Bestimme ggf. die Ableitung.

(12) Es sei eine Funktion $f : \mathbb{R} \to \mathbb{R}$ gegeben, für die $D(f)$ ein Intervall mit dem rechten Randpunkt x_0 ist. y_0 ist der *linksseitige Grenzwert* von f, falls

$$\forall \varepsilon > 0 \, \exists \delta > 0 \, \forall x. \, x_0 - \delta < x < x_0 \Rightarrow |f(x) - y_0| < \varepsilon$$

ist. In diesem Fall wird $\lim_{x \to x_0-} f(x) = y_0$ geschrieben.

An welchen Stellen ist die Funktion $g(x) = \lceil 2x + \frac{1}{2} \rceil$ unstetig? Berechne für diese Stellen den linksseitigen Grenzwert von g.

(13) Für welche Werte von x sind die folgenden Funktionen differenzierbar? Bestimme die Ableitungen.

(a) $f(x) = \frac{1}{x} - \frac{3}{x^3} + \frac{5}{x^5}$,

(b) $f(x) = \sqrt{3x^2 - 5}$,

(c) $f(x) = \frac{x}{\ln(x)}$,

(d) $f(x) = \sin(x^2) + \cos(e^x - 2x)$,

(e) $f(x) = x + |x|$,

(f) $f(x) = \sqrt{x^2}$.

(14) Führe für die folgenden Funktionen eine Diskussion gemäß Beispiel 4.11 durch.

(a) $f(x) = x^3 - 9x^2 + 27x - 19$,

(b) $f(x) = \frac{x^2 - 4x + 1}{x^2 - 4x - 7}$,

(c) $f(x) = 1 + \frac{x^2}{e^x}$.

(15) Gegeben sei Algorithmus 4.4.

(a) Beschreibe die Arbeitsweise dieses Algorithmus am Beispiel des Feldes $a = [9, 0, 6, 7, 5, 4]$.

(b) Wie viele Schritte führt der Algorithmus im günstigsten bzw. ungünstigsten Fall aus? Gib die genaue Anzahl sowie die Größenordnung an.

Algorithmus 4.4 (*Sortieren durch Auswählen, Selektionsort*)

Eingabe: Ein Feld $a[1..n], n \geq 1$, ganzer Zahlen.

Aufgabe: Das Feld $a[1..n]$ wird aufsteigend sortiert.

$$\textbf{for } i := 1 \textbf{ to } n - 1 \textbf{ do}$$
$$p := i;$$
$$e := a[i];$$

for $j := i + 1$ **to** n **do**

    if $a[j] < e$ **then**

        $p := j$;

        $e := a[j]$

    fi

    od

    $t := a[i]$;

    $a[i] := a[p]$;

    $a[p] := t$

od

(16) Beweise oder widerlege die folgenden Aussagen.

    (a) $n \log_2 n = O(n^2)$,

    (b) $\binom{n}{2} = \Theta(n^2)$,

    (c) $2^{n+2} = O(2^n)$,

    (d) $2^{2n} = O(2^n)$,

    (e) $\sqrt{n} = O(\log n)$,

    (f) $(\log_2 n)^2 = O(\sqrt{n})$,

    (g) $\log_2 n^2 = \Theta(\log n)$.

(17) Gilt für alle Funktionen $f, g : \mathbb{N}_0 \to \mathbb{R}$ die Aussage

$$f(n) = o(g(n)) \Rightarrow f(n) = O(g(n))?$$

(18) Beweise Satz 4.15.

(19) Zeige durch vollständige Induktion, dass die Rekurrenzgleichung 4.7 mit der Anfangsbedingung $T(1) = 0$ die Lösung $T(n) = \frac{1}{2}n(n-1)$ besitzt. Bubblesort besitzt also wegen $\frac{1}{2}n(n-1) = \Theta(n^2)$ eine quadratische Laufzeitkomplexität.

(20) Löse die folgenden Rekurrenzgleichungen.

    (a) $a_n = 3a_{n-1}, a_0 = 9$,

    (b) $a_n = 5a_{n-1} + 6a_{n-2}, a_0 = 2, a_1 = 2$,

    (c) $a_n = -4a_{n-1} - 4a_{n-2}, a_0 = 1, a_1 = 3$.

(21) Löse die folgenden Rekurrenzgleichungen.

    (a) $a_n = 2a_{n-1} + 3a_{n-2} + 1, a_0 = 0, a_1 = 1$,

    (b) $a_n = 2a_{n-1} + 3a_{n-2} + n^2, a_0 = 0, a_1 = 1$,

    (c) $a_n = 2a_{n-1} + 3a_{n-2} + 2^n, a_0 = 0, a_1 = 1$,

    (d) $a_n = 2a_{n-1} + 3a_{n-2} + 3^n, a_0 = 0, a_1 = 1$.

(22) Löse mit dem Mastertheorem die folgenden Rekurrenzgleichungen.

    (a) $T(n) = 8T(n/2) + n^2$,

    (b) $T(n) = 8T(n/2) + n^3$,

    (c) $T(n) = 8T(n/2) + n^3 \log_2 n$,

    (d) $T(n) = 8T(n/2) + n^4$.

(23) Beweise Satz 4.21.

(24) Zeige $\binom{1/2}{n}(-4)^n = -\frac{1}{2n-1}\binom{2n}{n}$ für alle $n \in \mathbb{R}$.

(25) Löse die Rekurrenzgleichungen aus Aufgabe 4.5 mit der Methode der erzeugenden Funktionen.

(26) Zu welcher Zahlenfolge ist

$$G(z) = \frac{z(z+1)}{(1-z)^3}$$

die erzeugende Funktion?

(27) Bestimme die Lösung der Rekurrenzgleichung

$$a_{n+1} = a_n + n^2, \; n \geq 0, \; a_0 = 1$$

mithilfe einer erzeugenden Funktion.

(28) Bestimme die Lösung des Systems

$$a_n = -2a_{n-1} - 4b_{n-1},$$
$$b_n = 4a_{n-1} + 6b_{n-1}$$

mit den Anfangsbedingungen $a_0 = 1$ und $b_0 = 1$.

(29) Es seien eine Menge E und eine natürliche Zahl $n \in \mathbb{N}_0$ gegeben. Zeige, dass $(E, \mathcal{F})$ mit $\mathcal{F} = \{F \mid F \subseteq E, |F| \leq n\}$ ein Matroid ist.

(30) Gegeben seien ein Teilmengensystem $(E, \mathcal{F})$ und eine Gewichtsfunktion $w : E \to \mathbb{R}$. Formuliere Algorithmus 4.3 um, sodass das Maximierungsproblem für $(E, \mathcal{F}, w)$ gelöst wird und beweise eine Satz 4.23 entsprechende Aussage.

Graphentheorie

Für die Informatik ist das Speichern und das schnelle Wiederfinden von Daten eine wichtige Aufgabe. Um dies effizient zu leisten, benötigt man geeignete Datenstrukturen. Die Graphentheorie stellt für viele Fälle geeignete Hilfsmittel bereit. Insbesondere die spezielle Graphklasse der Bäume hat in diesem Zusammenhang eine große Bedeutung. Weiter sind viele praktische Probleme als Graphprobleme darstellbar. So lassen sich hierarchische Strukturen, Transportprobleme oder beispielsweise die Aufgabe, eine kostenoptimale Rundreise über mehrere Städte zu finden, mithilfe von Graphen beschreiben. Hierbei spielt auch die Komplexität der Algorithmen dieser Probleme eine große Rolle, was unter anderem in der theoretischen Informatik intensiv untersucht wird.

In diesem Kapitel geben wir einen ersten Einblick in die Graphentheorie, wobei wir auch einige Algorithmen vorstellen, die in der Informatik von Nutzen sind. In Abschn. 5.1 führen wir zunächst die grundlegenden Definitionen und Begriffe der Graphentheorie ein. Um die Speicherung von Graphen in Rechnern geht es in Abschn. 5.2. Es werden Adjazenzmatrizen und vor allem Adjazenzlisten definiert. Mithilfe der Adjazenzlisten wird dann ein Algorithmus für das topologische Sortieren angegeben. Bäume und Wälder besprechen wir in Abschn. 5.3. Von besonderem Interesse für die Informatik sind Wurzelbäume. Wir betrachten, wie mit ihrer Hilfe arithmetische Ausdrücke dargestellt werden können, vor allem aber gehen wir auf binäre Suchbäume ein, die für die Speicherung und das Wiederfinden von Daten in Rechnern verwendet werden können. Abschn. 5.4 beschäftigt sich mit planaren Graphen, also solchen Graphen, die in der Ebene so dargestellt werden können, dass sich die Kanten der Graphen nicht schneiden. Eine spezielle Teilklasse sind die klassischen platonischen Graphen. Ausgehend von dem Königsberger Brückenproblem untersuchen wir in Abschn. 5.5 eulersche und hamiltonsche Graphen. Wir definieren eulersche und hamiltonsche Wege und Kreise und das mit hamiltonschen Kreisen verwandte Problem des Handlungsreisenden, der eine optimale Rundreise über mehrere Städte finden will. Im Zusammenhang mit diesem Problem führen wir gewichtete Graphen ein. Abschn. 5.6 beschäftigt sich mit Färbungen von Graphen und dabei vor allem mit der Frage, ob bei Vorgabe von k Farben die Knoten eines Graphen so gefärbt werden

© Springer-Verlag Berlin Heidelberg 2016

W. Struckmann, D. Wätjen, *Mathematik für Informatiker*, DOI 10.1007/978-3-662-49870-5_5

können, dass die durch eine Kante verbundenen Knoten verschieden gefärbt sind. Wir beweisen, dass dies für planare Graphen mit fünf Farben möglich ist und diskutieren kurz den Vierfarbensatz, der das entsprechende Ergebnis für vier Farben behauptet. Ausgehend vom Heiratsproblem untersuchen wir in Abschn. 5.7 Matchingprobleme. Schließlich stellen wir in Abschn. 5.8 aufspannende Bäume und Wälder vor, die in gewisser Weise ein Skelett für Graphen darstellen. Wir behandeln den Algorithmus von *Kruskal*, der zu jedem gewichteten Graphen einen minimalen aufspannenden Baum liefert. Außerdem gehen wir auf die Tiefen- und Breitensuche von Graphen ein, mit deren Hilfe alle Knoten eines Graphen besucht werden können und gleichzeitig ein gerichteter aufspannender Wald erzeugt werden kann.

Es ist klar, dass wir in diesem Kapitel die Graphentheorie nicht umfassend darstellen können. Zur vertiefenden Beschäftigung mit der Graphentheorie und mit ihren zugehörigen Algorithmen empfehlen wir die Lehrbücher [12, 16, 18, 20, 49, 62].

5.1 Grundbegriffe der Graphentheorie

Definition 5.1 Es seien V und E endliche Mengen, die Menge der *Knoten* (englisch: *vertices*) und die Menge der *Kanten* (englisch: *edges*).

(a) $G = (V, E)$ heißt (endlicher) (*ungerichteter*) *Graph*, wenn $E \subseteq \{\{v_1, v_2\} \mid v_1, v_2 \in V, v_1 \neq v_2\}$ erfüllt ist. Ein Element $\{v_1, v_2\} \in E$ wird als *Kante* zwischen den Knoten v_1 und v_2 bezeichnet.

(b) $G = (V, E)$ heißt (endlicher) *gerichteter Graph*, wenn $E \subseteq (V \times V) \setminus \{(v, v) \mid v \in V\}$ erfüllt ist. Ein Element $(v_1, v_2) \in E$ wird als *gerichtete Kante* vom Knoten v_1 in den Knoten v_2 bezeichnet. □

Man kann auch unendliche Graphen betrachten, also Graphen mit unendlichen Mengen von Knoten und Kanten. Wir wollen uns hier jedoch auf endliche Graphen beschränken und im Folgenden das Wort endlich weglassen. Außerdem werden wir ungerichtete Graphen in der Regel einfach als Graphen bezeichnen.

Beispiel 5.1 Graphen haben eine bildliche Veranschaulichung, ein *Diagramm*. Bei einem Diagramm werden die Knoten als kleine schwarze „Punkte" und die Kanten als Linien zwischen diesen Knoten dargestellt. Ist der Graph speziell gerichtet, so wird die Richtung der Kante durch einen Pfeil an diesen Linien gekennzeichnet.

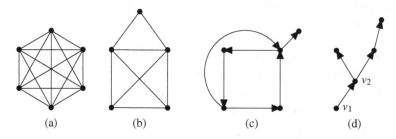

(a)   (b)   (c)   (d)

(a) und (b) sind ungerichtete Graphen, (c) und (d) gerichtete. Bei (d) sind zwei Knoten mit ihren Namen v_1 und v_2 bezeichnet. Der Pfeil von v_1 nach v_2 stellt die gerichtete Kante (v_1, v_2) dar. $\square$

Beispiel 5.2 Keine Graphen im Sinn der Definition 5.1 sind

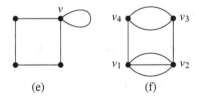

(e)   (f)

Beim Diagramm (e) liegt eine *Schlinge* beim Knoten v vor, bei (f) gibt es *parallele Kanten* zwischen v_1 und v_2 sowie zwischen v_3 und v_4. $\square$

Um auch die Bilder aus Beispiel 5.2 erfassen zu können, geben wir eine allgemeinere Definition an.

Definition 5.2 Es seien V und E endliche Mengen (die Menge der *Knoten* und die Menge der *Kanten*).

(a) $G = (V, E, e)$ heißt (endlicher) (*ungerichteter*) *Multigraph*, wenn e eine Abbildung $e : E \to \{\{v_1, v_2\} \mid v_1, v_2 \in V\}$ ist.
(b) $G = (V, E, e)$ heißt (endlicher) *gerichteter Multigraph*, wenn e eine Abbildung $e : E \to V \times V$ ist. $\square$

Die Diagramme aus Beispiel 5.2 stellen ungerichtete Multigraphen dar.

Ein Graph gemäß Definition 5.1 wird zur Unterscheidung von Multigraphen auch *schlichter Graph* genannt. Im weiteren Verlauf dieses Kapitels werden wir uns im Allgemeinen auf schlichte Graphen beschränken und entsprechend nur von Graphen sprechen. Sind Multigraphen gemeint, so wird dies explizit erwähnt.

Wir wollen nun eine Reihe von Bezeichnungen für ungerichtete Graphen $G = (V, E)$ einführen. Zwei Knoten $v_1, v_2 \in V$, die durch eine Kante $\{v_1, v_2\} \in E$ verbunden sind, heißen *adjazent* oder *benachbart*. Man sagt auch, dass v_1 und v_2 *Nachbarn* sind. Dabei ist die Kante $\{v_1, v_2\} \in E$ *inzident* zu den Knoten v_1 und v_2. Der *Grad* $d(v)$ eines Knotens v ist die Anzahl der zu v inzidenten Kanten. v_1 und v_2 sind die *Endknoten* der Kante $\{v_1, v_2\}$. Die *Nachbarschaftsmenge* eines Knotens $v \in V$ ist durch $N(v) = \{v' \mid \{v, v'\} \in E\}$ definiert. Ein Knoten v mit $N(v) = \emptyset$ heißt *isolierter Knoten*. Dann gilt $d(v) = 0$. Wenn die Knoten eines Graphen paarweise adjazent sind, wird er *vollständiger Graph* genannt. Hat ein vollständiger Graph n Knoten, so nennen wir ihn auch K_n. Die *Ordnung* eines Graphen G ist die Anzahl der Knoten von G und wird mit $|G|$ bezeichnet. Die *Größe* von G ist die Anzahl $|E|$ der Kanten von G.

Diese Bezeichnungen lassen sich auf gerichtete Graphen $G = (V, E)$ übertragen. Für eine gerichtete Kante $(v_1, v_2) \in E$ heißt v_1 der *Anfangsknoten* und v_2 der *Endknoten*. Die Anzahl der Kanten, für die v der Anfangsknoten ist, ist der *Außengrad* $d^+(v)$. Die Anzahl der Kanten, für die v der Endknoten ist, heißt *Innengrad* und wird mit $d^-(v)$ bezeichnet. Dann gilt $d(v) = d^+(v) + d^-(v)$.

Beispiel 5.3 Für den Graphen (d) aus Beispiel 5.1 ergibt sich $d^+(v_1) = 1, d^-(v_1) = 0$, $d^+(v_2) = 2, d^-(v_2) = 1$ sowie $d(v_2) = 3$.

Im Diagramm (a) von Beispiel 5.1 sind alle Knoten paarweise adjazent. Für jeden Knoten gilt dabei $N(v) = V \setminus \{v\}$ und $d(v) = 5$. Dieser Graph ist vollständig und wird, da er sechs Knoten besitzt, mit K_6 bezeichnet. Die vollständigen Graphen K_1 bis K_5 werden durch die folgenden Diagramme dargestellt.

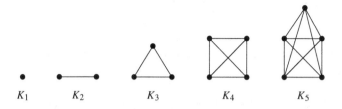

$$K_1 \qquad K_2 \qquad K_3 \qquad K_4 \qquad K_5$$

Wir sehen, dass K_1 nur aus einem isolierten Knoten besteht. □

Satz 5.1

(a) In jedem (ungerichteten) Graphen $G = (V, E)$ gilt

$$\sum_{v \in V} d(v) = 2 \cdot |E|.$$

(b) In jedem gerichteten Graphen $G = (V, E)$ gilt

$$\sum_{v \in V} d^+(v) = \sum_{v \in V} d^-(v).$$

Beweis Jede Kante besitzt zwei Knoten, sodass für (a) jede Kante den Beitrag 2 zur Summe leistet. Für (b) sind beide Summen gleich der Größe $|E|$ von G.   □

Definition 5.3 Es seien $G_1 = (V_1, E_1)$ und $G_2 = (V_2, E_2)$ Graphen. Dann heißt G_2 *Teilgraph* von G_1, wenn $V_2 \subseteq V_1$ und $E_2 \subseteq E_1$ gilt. Ist dabei $V_1 = V_2$, so wird G_2 *spannender* Teilgraph von G_1 genannt. Ist $E_2 = \{\{v_1, v_2\} \mid \{v_1, v_2\} \in E_1, v_1, v_2 \in V_2\}$, so heißt G_2 *gesättigter* Teilgraph von G_1. Man sagt auch, dass G_2 der von V_2 *aufgespannte* Teilgraph von G_1 ist. Er wird mit $G(V_2)$ bezeichnet.   □

Die Definition gilt analog auch für gerichtete Graphen.

Der Graph (b) aus Beispiel 5.1 ist ein spannender Teilgraph des Graphen K_5 aus Beispiel 5.3. Ein gesättigter Teilgraph G_2 von G_1 enthält die maximal mögliche Anzahl der Kanten von G_2. So ist beispielsweise, bei entsprechender Festlegung der Knoten, K_1 ein gesättigter Teilgraph von K_2, K_2 von K_3, K_3 von K_4 und K_4 von K_5, aber natürlich auch K_3 von K_5.

Definition 5.4 Zwei Graphen $G_1 = (V_1, E_1)$ und $G_2 = (V_2, E_2)$ heißen *isomorph* (in Zeichen $G_1 \simeq G_2$), wenn es eine bijektive Abbildung $\pi : V_1 \to V_2$ gibt mit

$$\{v_1, v_2\} \in E_1 \iff \{\pi(v_1), \pi(v_2)\} \in E_2$$

(bei ungerichteten Graphen) bzw.

$$(v_1, v_2) \in E_1 \iff (\pi(v_1), \pi(v_2)) \in E_2$$

(bei gerichteten Graphen). $\square$

Es ist klar, dass durch einen Graphisomorphismus auch eine bijektive Abbildung $E_1 \to E_2$ impliziert wird. Isomorphe Graphen unterscheiden sich also nur durch die Bezeichnungen ihrer Knoten und Kanten. Zuvor haben wir einen vollständigen Graphen mit n Knoten als „den" Graphen K_n bezeichnet. Das ist natürlich so zu verstehen, dass alle derartigen Graphen, wie immer ihre Knoten und Kanten bezeichnet sind, isomorph sind und daher alle denselben Namen K_n erhalten.

Der Graph (b) aus Beispiel 5.1 enthält genau fünf verschiedene Teilgraphen, die isomorph zum Graphen K_3 sind.

Definition 5.5 Es sei $G = (V, E)$ ein Graph.

(a) G heißt *bipartiter Graph* (oder *paarer Graph*), wenn zwei Mengen X und Y existieren mit $V = X \cup Y$, $X \cap Y = \emptyset$, und die Kanten von der Form $\{v_1, v_2\} \in E$ mit $v_1 \in X$ und $v_2 \in Y$ sind.
(b) Ein bipartiter Graph G heißt *vollständiger bipartiter Graph*, wenn $E = \{\{v_1, v_2\} \mid v_1 \in X, v_2 \in Y\}$ gilt. Für $|X| = m$ und $|Y| = n$ wird ein solcher Graph mit $K_{m,n}$ bezeichnet $\square$

Es ist klar, dass für beliebige m und n die Graphen $K_{m,n}$ und $K_{n,m}$ isomorph sind.

Beispiel 5.4

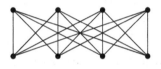 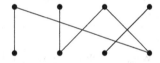

$K_{4,4}$

Das linke Diagramm zeigt den vollständigen bipartiten Graphen $K_{4,4}$, der Graph des rechten Diagramms ist ein bipartiter, jedoch kein vollständiger bipartiter Graph. □

Definition 5.6 Es sei $G = (V, E)$ ein Graph. Ein *Weg* P in G ist eine endliche Folge von Knoten $P = (v_1, \ldots, v_{k+1})$ mit zugehörigen Kanten $e_i = \{v_i, v_{i+1}\} \in E$, $i \in \{1, \ldots, k\}$, $k \in \mathbb{N}_0$. Es handelt sich um einen Weg vom Knoten v_1 in den Knoten v_{k+1} (oder von v_1 nach v_{k+1}). Die *Länge* des Wegs P ist dann $|P| = k$. Ein Weg heißt *einfacher* Weg, wenn seine Kanten alle verschieden sind. Er wird *elementarer* Weg genannt, wenn die Knoten $v_1, \ldots v_{k+1}$ paarweise verschieden sind. Ein Weg P ist ein *Kreis*, wenn $v_1 = v_{k+1}$ mit $k \geq 2$ gilt. Ist dabei P ein einfacher oder elementarer Weg, so ist P ein *einfacher* oder *elementarer Kreis*. Ein einzelner Knoten v wird als trivialer Weg der Länge 0 aufgefasst, der v mit sich selbst verbindet. □

Wir sehen, dass wir nach der Definition einen trivialen Weg nicht als Kreis auffassen. Da wir keine Schlingen zulassen, kommt für einen Kreis auch $k = 1$ nicht infrage. Man kann zeigen, dass ein Graph genau dann einen einfachen Kreis besitzt, wenn er einen elementaren Kreis hat (siehe Aufgabe 6).

Die Definition gilt analog auch für gerichtete Graphen, wenn die ungerichteten Kanten durch gerichtete Kanten ersetzt werden. Wir sprechen dann beispielsweise von einem *gerichteten Weg*.

Wir weisen darauf hin, dass in der Literatur unterschiedliche Namen für die Begriffe aus Definition 5.6 verwendet werden. So wird unser Weg häufig als *Kantenfolge*, ein einfacher Weg als *Kantenzug* und ein elementarer Weg als *Weg* bezeichnet.

Beispiel 5.5 Wir betrachten den Graphen

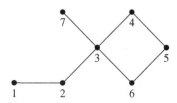

Ein Weg vom Knoten 1 zum Knoten 7 wird durch die Knotenfolge

$$P_1 = (1, 2, 3, 4, 3, 6, 5, 4, 3, 7)$$

gegeben. Dieser Weg ist weder einfach noch elementar, da die Kante $\{3, 4\}$ dreimal vorkommt. Dagegen ist

$$P_2 = (1, 2, 3, 4, 5, 6, 3, 7)$$

ein einfacher Weg, der allerdings wegen des zweimal auftretenden Knotens 3 nicht elementar ist. Insgesamt gibt es zwei einfache Wege von 1 nach 7. Ein elementarer Weg ist

$$P_3 = (1, 2, 3, 7).$$

Ein einfacher Kreis wird durch

$$(3, 4, 5, 6, 3)$$

gegeben. ☐

Satz 5.2 Es sei P ein Weg in einem Graphen G von v nach v'. Wenn G kein Kreis ist, dann gibt es in G als Teilfolge von P einen elementaren Weg von v nach v'.

Beweis Wir betrachten einen Weg

$$P = (v = v_1, \ldots, v_{i-1}, v_i, \ldots, v_j, v_{j+1}, \ldots, v_{k+1} = v').$$

Tritt kein Knoten mehrfach auf, so ist P elementar. Anderenfalls sei v_i der erste Knoten auf dem Weg P, der mehrfach auftritt, wobei $v_j = v_i$ sein letztmaliges Vorkommen in P ist. Wir ersetzen P durch Löschen entsprechender Kanten durch den Weg $P' = (v_1, \ldots, v_{i-1}, v_i = v_j, v_{j+1}, \ldots, v_{k+1} = v')$. Dieser Weg ist kürzer als P und enthält den Knoten $v_i = v_j$ genau einmal. Dieses Verfahren setzen wir fort, bis jeder Knoten auf dem so konstruierten Weg $\hat{P}$ nur einmal vorkommt. Dann ist $\hat{P}$ elementar. ☐

Die Wege P_1 und P_2 aus Beispiel 5.5 werden nach der Konstruktion des Beweises in einem Schritt zu dem Weg P_3 reduziert.

Definition 5.7 Es seien v_1, v_2 Knoten eines Graphen G. Ihr *Abstand* $d(v_1, v_2)$ in G ist die kleinste Länge eines Weges von v_1 nach v_2, falls solche Wege existieren. Anderenfalls wird $d(v_1, v_2) = \infty$ gesetzt. ☐

Wir können den Abstand als eine Abbildung $d : V \times V \to \mathbb{N}_0 \cup \{\infty\}$ beschreiben. Im Graphen aus Beispiel 5.5 gilt beispielsweise $d(1, 7) = 3$ und $d(2, 6) = 2$.

Man überzeugt sich unmittelbar, dass der folgende Satz erfüllt ist.

Satz 5.3 Es sei $G = (V, E)$ ein Graph und $d : V \times V \to \mathbb{N}_0 \cup \{\infty\}$ der Abstand. Es gilt

(a) $d(v_1, v_2) = 0 \iff v_1 = v_2$,
(b) $d(v_1, v_2) = d(v_2, v_1)$ für alle $v_1, v_2 \in V$,
(c) $d(v_1, v_3) \leq d(v_1, v_2) + d(v_2, v_3)$ für alle $v_1, v_2, v_3 \in V$. ☐

Die Eigenschaften (a) bis (c) machen den Abstand jeweils zu einer *Metrik* auf der Knotenmenge eines festen Graphen.

Definition 5.8 Es sei $G = (V, E)$ ein Graph.

(a) G heißt *zusammenhängend*, wenn je zwei seiner Knoten durch einen Weg verbunden sind. Ein isolierter Punkt wird ebenfalls als zusammenhängender Graph aufgefasst.
(b) Es sei $U \subseteq V$. Dann heißt $G(U)$ *Zusammenhangskomponente* von G, wenn $G(U)$ ein maximal zusammenhängender Teilgraph von G ist. □

Wenn wir das Diagramm aus Beispiel 5.3, das aus fünf Graphen besteht, als einen einzigen Graphen auffassen, so hat dieser Graph fünf Zusammenhangskomponenten.

Bevor wir auf den Zusammenhangsbegriff bei gerichteten Graphen eingehen, geben wir noch die folgende Definition an.

Definition 5.9 Es sei $G = (V, E)$ ein gerichteter Graph. Der G *zugrunde liegende ungerichtete* Graph $G' = (V, E')$ ist definiert durch $E' = \{\{v_1, v_2\} \mid (v_1, v_2) \in E\}$. □

Die Richtungen der Kanten werden vergessen. Sind (v_1, v_2) und (v_2, v_1) Kanten von G, so wird nur eine Kante $\{v_1, v_2\}$ im Graphen G' berücksichtigt.

Definition 5.10 Es sei G ein gerichteter Graph $G = (V, E)$.

(a) G heißt *zusammenhängend*, wenn der G zugrunde liegende Graph zusammenhängend ist.
(b) G heißt *stark zusammenhängend*, wenn für alle $v_1, v_2 \in V$, $v_1 \neq v_2$, ein gerichteter Weg von v_1 nach v_2 existiert.
(c) Es sei $U \subseteq V$. Dann heißt $G(U)$ *stark zusammenhängende Komponente* in G, wenn $G(U)$ ein maximal stark zusammenhängender Teilgraph von G ist. □

Beispiel 5.6 Die gerichteten Graphen (c) und (d) aus Beispiel 5.1 sind zusammenhängend, aber nicht stark zusammenhängend. Stark zusammenhängend ist jedoch der Graph

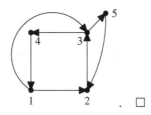

Eine besonders wichtige Teilklasse von Graphen erhält man durch kreisfreie Graphen.

Definition 5.11 Es sei $G = (V, E)$ ein gerichteter oder ungerichteter Graph. Er heißt *kreisfrei*, wenn er keinen einfachen Kreis enthält. □

Hier könnten wir nach der Bemerkung im Anschluss an Definition 5.6 auch verlangen, dass ein kreisfreier Graph keinen elementaren Kreis enthält.

Von allen bisher angegebenen Graphen sind nur der Graph (d) aus Beispiel 5.1, die Graphen K_1 und K_2 aus Beispiel 5.3 sowie der Graph des rechten Diagramms aus Beispiel 5.4 kreisfrei. Der Graph K_2 mit Knoten v_1, v_2 enthält zwar einen Kreis (v_1, v_2, v_1), dieser Kreis ist jedoch kein einfacher Kreis.

Beispiel 5.7 Wir betrachten den gerichteten kreisfreien Graphen

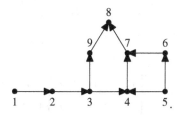

Wir sehen, dass der zugrunde liegende ungerichtete Graph nicht kreisfrei ist. Für den Außengrad des Knotens 8 und den Innengrad des Knotens 1 gilt $d^+(8) = 0$ und $d^-(1) = 0$. $\square$

Jeder gerichtete kreisfreie Graph muss, wie in diesem Beispiel, geeignete Knoten mit Innengrad 0 und Außengrad 0 besitzen.

Satz 5.4 Es sei $G = (V, E)$ ein kreisfreier gerichteter Graph. Dann besitzt G Knoten $v, u \in V$ mit $d^+(v) = 0$ und $d^-(u) = 0$.

Beweis Wir beweisen die Existenz eines Knotens $v \in V$ mit $d^+(v) = 0$. Der andere Teil des Beweises verläuft analog.

Es sei $|V| = n$, und es gelte $d^+(v) \geq 1$ für alle $v \in V$. Daher existiert für jeden Knoten $v_1 \in V$ eine Folge $v_1, v_2, \ldots, v_{n+1}$ von Knoten mit $(v_1, v_2), (v_2, v_3), \ldots, (v_n, v_{n+1}) \in E$. Mindestens einer dieser Knoten kommt zweimal in der Knotenfolge vor, etwa $v = v_i = v_j, 1 \leq i < j \leq k+1, j-i \geq 2$ (da Schlingen nicht erlaubt sind). Wir nehmen an, dass v_i das erste und v_j das zweite Vorkommen von v in der Folge ist. Sie führen daher zu einem einfachen gerichteten Kreis $(v_i, v_{i+1}, \ldots, v_{j-1}, v_i)$ in G. Dies steht im Widerspruch dazu, dass G kreisfrei ist. $\square$

5.2 Speicherung von Graphen

Die Darstellung von Graphen durch Diagramme ist offensichtlich nicht eindeutig und eignet sich daher nicht zur Eingabe und weiteren Verarbeitung in einem Rechner. Die einfachste Speicherungsmethode verwendet *Adjazenzmatrizen*, da Matrizen in fast allen

Programmiersprachen direkt oder indirekt als Datenstrukturen vorhanden sind. Für einen Graphen $G = (V, E)$ mit n Knoten $v_1, \ldots, v_n$ ist seine *Adjazenzmatrix* durch eine quadratische $n \times n$-Matrix A mit Einträgen aus $\{0, 1\}$ gegeben (allgemein werden Matrizen im Zusammenhang mit Vektorräumen in Definition 10.8 eingeführt), also durch ein Schema

$$
A = \begin{pmatrix}
a_{11} & a_{12} & \ldots & a_{1n} \\
a_{21} & a_{22} & \ldots & a_{2n} \\
\vdots & \vdots & & \vdots \\
a_{n1} & a_{n2} & \ldots & a_n
\end{pmatrix},
$$

wobei die Einträge durch

$$
a_{ij} = \begin{cases}
1, & \text{falls } \{v_i, v_j\} \in E, \\
0, & \text{falls } \{v_i, v_j\} \notin E
\end{cases}
$$

bestimmt sind. Der Speicherplatzbedarf für diese Darstellung ist offenbar von der Ordnung $O(n^2)$. In der Adjazenzmatrix A gehört zu jedem Knoten v_i die i-te Zeile und die i-te Spalte der Matrix. Wenn es in G eine Kante $\{v_i, v_j\} \in E$ gibt, dann steht im Schnittpunkt der i-ten Zeile mit der j-ten Spalte, aber ebenso im Schnittpunkt der j-ten Zeile mit der i-ten Spalte, eine 1, sonst aber eine 0. Die Matrix A ist symmetrisch in dem Sinn, dass $a_{ij} = a_{ji}$ für alle $i, j \in \{1, \ldots, n\}$ gilt. Die Elemente a_{ii}, also die Elemente der sogenannten *Hauptdiagonalen*, sind jeweils 0, da es in einem ungerichteten Graphen keine Kante von einem Knoten in sich selbst gibt.

Beispiel 5.8 Für den Graphen aus Beispiel 5.5 erhalten wir die Adjazenzmatrix

$$
\begin{pmatrix}
0 & 1 & 0 & 0 & 0 & 0 & 0 \\
1 & 0 & 1 & 0 & 0 & 0 & 0 \\
0 & 1 & 0 & 1 & 0 & 1 & 1 \\
0 & 0 & 1 & 0 & 1 & 0 & 0 \\
0 & 0 & 0 & 1 & 0 & 1 & 0 \\
0 & 0 & 1 & 0 & 1 & 0 & 0 \\
0 & 0 & 1 & 0 & 0 & 0 & 0
\end{pmatrix}.
$$

Nach den vorhergehenden Bemerkungen würde es reichen, davon nur die untere „Dreiecksmatrix" zu kennen, also die Matrix unterhalb der Hauptdiagonalen:

$$
\begin{pmatrix}
1 & & & & & \\
0 & 1 & & & & \\
0 & 0 & 1 & & & \\
0 & 0 & 0 & 1 & & \\
0 & 0 & 1 & 0 & 1 & \\
0 & 0 & 1 & 0 & 0 & 0
\end{pmatrix}.
$$

Dabei steht die erste Zeile für den Knoten 2, die letzte für den Knoten 7, die erste Spalte für den Knoten 1 und die letzte für den Knoten 6.   □

Für gerichtete Graphen ist die Adjazenzmatrix dadurch gegeben, dass für die Einträge der Matrix

$$
a_{ij} = \begin{cases} 1, & \text{falls } (v_i, v_j) \in E, \\ 0, & \text{falls } (v_i, v_j) \notin E \end{cases}
$$

gesetzt wird. Es ist klar, dass eine solche Matrix im Allgemeinen nicht symmetrisch ist, in der Hauptdiagonalen aber wieder Nullen stehen müssen. Wir betrachten dazu folgendes Beispiel.

Beispiel 5.9   Der gerichtete Graph aus Beispiel 5.6 hat die Adjazenzmatrix

$$
\begin{pmatrix}
0 & 1 & 1 & 0 & 0 \\
0 & 0 & 1 & 0 & 0 \\
0 & 0 & 0 & 1 & 1 \\
1 & 0 & 0 & 0 & 0 \\
0 & 1 & 0 & 0 & 0
\end{pmatrix}.   □
$$

Auch für Multigraphen können Adjazenzmatrizen gebildet werden. Für eine einfache Schlinge ist eine 1 an der entsprechenden Stelle der Hauptdiagonalen einzutragen. Bei parallelen Kanten $\{v_i, v_j\}$ (bzw. (v_i, v_j)) gibt dann a_{ij} die Anzahl der parallelen Kanten an.

Wir sehen an den Beispielen 5.8 und 5.9, dass die meisten Einträge in den Adjazenzmatrizen aus Nullen bestehen. Es wird daher viel Speicherplatz für nicht vorhandene Kanten benötigt. Muss man in einem Algorithmus alle Kanten eines Graphen besuchen, so ist, falls der Graph $G = (V, E)$ durch eine Adjazenzmatrix dargestellt ist, mindestens ein Zeitbedarf von $O(n^2)$ mit $n = |V|$ erforderlich. Geeigneter ist in vielen Fällen daher die Speicherung von Graphen durch *Adjazenzlisten*. Für jeden Knoten $v \in V$ eines Graphen $G = (V, E)$ gibt es eine Adjazenzliste $\text{Adj}(v)$, die v und die Knoten aus V enthält, die zu v adjazent sind. Sind die Knoten von v_1 bis v_n bezeichnet, so erhalten wir ein „Array" (Feld) $(\text{Adj}(v_1), \ldots, \text{Adj}(v_n))$ von Adjazenzlisten. Zumeist werden diese Adjazenzlisten als sogenannte *verkettete Listen* gespeichert, wobei jedes Element der Liste einen Wert, in diesem Fall den Namen des Knotens, und einen (ggf. leeren) Zeiger auf das nächste Element der Liste enthält. Der Kopf der Liste $\text{Adj}(v_i)$ enthält dann den Knoten v_i und einen Zeiger auf einen benachbarten Knoten. Wir wollen hier annehmen, dass die Reihenfolge der benachbarten Knoten in der verketteten Liste nicht festgelegt ist (eine andere Möglichkeit wäre es, die Knoten einer Liste nach ihren Indizes zu sortieren). Um einen Knoten in der verketteten Liste zu suchen, wird sie vom Kopf beginnend bis zum letzten Element durchsucht, bis ggf. der gesuchte Knoten gefunden ist.

Ein Vorteil der verketteten Liste ist, dass man in konstanter Zeit ein neues Element gleich hinter dem Kopf einfügen kann. Wenn man zusätzlich auch einen Zeiger zum letzten Element hat, kann man auch dort sofort ein Element anfügen. Auf Implementierungsdetails von verketteten Listen wollen wir nicht weiter eingehen und verweisen auf die Literatur über Algorithmen und Datenstrukturen. Der Speicherplatzbedarf ist hier von der Ordnung $O(n+k)$ mit $n = |V|$ und $k = |E|$. Für den Besuch aller Knoten ist ein Zeitbedarf von derselben Ordnung erforderlich. Dies ist besonders dann sehr viel günstiger als die Darstellung durch eine Adjazenzmatrix, wenn der Graph „dünn" in dem Sinn ist, dass k sehr viel kleiner als n^2 ist. Hat der Graph etwa 100 Knoten und 200 Kanten, so benötigen wir 300 Elemente in den zugehörigen Adjazenzlisten, während die entsprechende Adjazenzmatrix 10.000 Einträge hat.

Beispiel 5.10 Wir geben die Adjazenzlisten des ungerichteten Graphen G aus Beispiel 5.5 und des gerichteten Graphen H aus Beispiel 5.6 an:

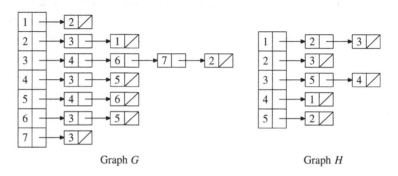

Graph G Graph H

Die leeren Zeiger am Ende einer Liste sind durch das gestrichene Quadrat gekennzeichnet. Wir sehen, dass beim ungerichteten Graphen G jede Kante zweimal gespeichert wird. Auch der Zeiger eines Listenkopfes kann natürlich leer sein, was wir am gerichteten Graphen $\bullet\!\!\longrightarrow\!\!\bullet$ und seiner Adjazenzlistendarstellung
12

erkennen. $\square$

Bei Multigraphen mit mehreren parallelen Kanten werden die Kanten entsprechend häufig aufgelistet.

Zum Abschluss dieses Abschnitts wollen wir am Beispiel der topologischen Ordnung (oder des topologischen Sortierens) konkret aufzeigen, dass die Art der Speicherung eines Graphen im Rechner einen wesentlichen Einfluss auf die Zeitkomplexität hat.

Definition 5.12 Es sei $G = (V, E)$ ein gerichteter kreisfreier Graph mit $V = \{v_1, \ldots, v_n\}$ für ein $n \in \mathbb{N}$. Eine Knotenreihenfolge $R = (v_{i_1}, \ldots, v_{i_n})$ aller Knoten aus V heißt *topologische Ordnung* von G, wenn für alle Kanten $(v_{i_j}, v_{i_k}) \in E$ die Beziehung $j < k$ gilt, das heißt, wenn v_{i_j} links von v_{i_k} in R steht. Wir sagen auch, dass die Knoten von G *topologisch sortiert* sind. $\square$

Die topologische Ordnung kann auch durch eine bijektive Abbildung ord $: V \to \{1, \ldots, n\}$ mit $\text{ord}(v_{i_j}) = j$ angegeben werden.

Wir können uns vorstellen, dass die Ausführung einer größeren Aufgabe, beispielsweise in einer Fabrik, als ein gerichteter Graph dargestellt wird, wobei die einzelnen Arbeitsschritte als Knoten des Graphen gewählt werden und es eine gerichtete Kante (i, j) in dem Graphen gibt, wenn die Ausführung des Arbeitsschritts j die Ergebnisse des Schritts i direkt benötigt. Eine topologische Ordnung des Graphen gibt dann eine mögliche Reihenfolge an, in der die einzelnen Arbeitsschritte erledigt werden können.

Satz 5.5 Ein gerichteter Graph $G = (V, E)$ ist genau dann kreisfrei, wenn er eine topologische Ordnung besitzt.

Beweis Wir nehmen zunächst an, dass G kreisfrei ist. Wir führen den Beweis durch Induktion über $|V| = n$. Ist $n = 1$, so ist die Aussage offensichtlich erfüllt. Wir nehmen jetzt an, dass $n > 1$ gilt. Nach Satz 5.4 besitzt G einen Knoten $v \in V$ mit $d^-(v) = 0$. Wir bilden den neuen Graphen $G' = (V \setminus \{v\}, E')$, wobei E' aus E durch Entfernen aller Kanten mit Anfangsknoten v entsteht. G' ist als Teilgraph von G kreisfrei und besitzt nach Induktionsannahme eine topologische Ordnung $(v_{i_1}, \ldots, v_{i_{n-1}})$. Diese können wir zu einer topologischen Ordnung $(v, v_{i_1}, \ldots, v_{i_{n-1}})$ von G erweitern.

Für die umgekehrte Beweisrichtung nehmen wir an, dass G einen einfachen gerichteten Kreis $(v_{i_1}, v_{i_2}, \ldots, v_{i_k}, v_{i_1})$ besitzt. Eine topologische Ordnung von G muss dann $i_1 < i_2 < \ldots < i_k < i_1$ erfüllen, ein Widerspruch. $\square$

Der Beweis von Satz 5.5 liefert eine Methode, wie eine topologische Ordnung für einen kreisfreien gerichteten Graphen $G = (V, E)$ erhalten werden kann. Man sucht einen Knoten $v_1 \in V$ mit $d^-(v_1) = 0$, also einen Knoten ohne Vorgänger, der als erster Knoten der topologischen Ordnung gewählt wird. Dann reduziert man G zu $G' = (V \setminus \{v_1\}, E')$, sucht einen Knoten $v_2 \in V \setminus \{v_1\}$ mit $d^-(v_2) = 0$ als zweiten Knoten der topologischen Ordnung und fährt entsprechend fort, bis alle Knoten topologisch sortiert sind. Ist dagegen G nicht kreisfrei, so erfüllen die Knoten v eines Kreises niemals $d^-(v) = 0$, sodass die entsprechenden Knoten nicht topologisch sortiert werden können und die angegebene Methode vorzeitig abbrechen muss. Diese Vorgehensweise wird durch den folgenden nicht sehr detaillierten Algorithmus beschrieben.

Algorithmus 5.1
Eingabe: Ein gerichteter Graph $G = (V, E)$.
Ausgabe: Feststellung, ob G kreisfrei ist; ggf. eine topologische Ordnung von V.

> **while** $V \neq \emptyset$ und kein Abbruch
>
> **do**   suche $v \in V$, für das kein $v' \in V$ mit $(v', v) \in E$ existiert;
>
> > **if** kein derartiges v existiert **then** „G nicht kreisfrei"; Abbruch
> >
> > **else** gib v in die Ausgabe;
> >
> > $$V := V - \{v\}$$
> >
> > **fi**
>
> **od** $\square$

Zur genaueren Beschreibung des Algorithmus ist die Art der Darstellung von G von Bedeutung. Auf der Basis von Algorithmus 5.1 können wir bei Verwendung der $n \times n$-Adjazenzmatrix A des Graphen direkt wie folgt vorgehen: Wir suchen eine Spalte von A, die nur aus Nullen besteht, zum Beispiel die j-te Spalte. Das bedeutet, dass der j-te Knoten keinen Vorgänger hat. Er kommt in die Ausgabe. Um diesen Knoten nicht mehr in der Adjazenzmatrix zu berücksichtigen, werden die j-te Spalte und j-te Zeile von A gestrichen und in dieser reduzierten Matrix wird wieder nach einer Spalte aus lauter Nullen gesucht. Das Verfahren wird fortgesetzt, bis A, falls der gegebene Graph kreisfrei war, zu einer einelementigen Matrix reduziert ist.

Das Suchen einer Spalte aus lauter Nullen erfordert im ungünstigsten Fall das Betrachten aller Elemente von A, also von n^2 Elementen. Im nächsten Schritt sind dies maximal

$(n-1)^2$ Elemente. Insgesamt müssen im ungünstigsten Fall

$$n^2 + (n-1)^2 + \ldots + 2^2 + 1^2 = \frac{n(n+1)(2n+1)}{6}$$

Elemente angesehen werden. Der Algorithmus hat bei dieser Verwendung von Adjazenzmatrizen also einen Zeitbedarf von $O(n^3)$.

Falls Graphen in Form von Adjazenzlisten implementiert werden, kann Algorithmus 5.1 viel effizienter durchgeführt werden. Wir nehmen an, dass die Knoten von G fortlaufend durch die Zahlen $1, 2, \ldots, n$ gegeben sind. Dann können wir ein „Array" $(d^-(1), \ldots, d^-(n))$ betrachten, das für jeden Knoten i den Innengrad angibt, das heißt die Anzahl der Kanten, die in diesem Knoten enden. Wird der Graph im Laufe des Algorithmus reduziert, dann wird auch jeder Wert $d^-(v)$ verringert. Wir setzen weiter

$$U = \{v \mid v \in V, \ d^-(v) = 0\}.$$

U ist also die Menge aller Knoten ohne Vorgänger. Sie kann als *Schlange* implementiert werden, also als eine (verkettete) Liste, bei der die Elemente vorn entnommen und hinten angehängt werden.

Algorithmus 5.2 *(Topologisches Sortieren)*
Eingabe: Gerichteter Graph $G = (V, E)$ mit n Knoten.
Ausgabe: Falls G kreisfrei ist: topologische Ordnung ord: $V \to \{1, \ldots, n\}$ von G, anderenfalls: Information, dass G nicht kreisfrei ist.

> $i := 0;$
>
> $U := \emptyset;$
>
> *{Bestimmung der Innengrade aller Knoten:}*
> $d^-(1) := 0; \ldots; d^-(n) := 0;$
> **for** $v := 1$ **to** n {für alle Knoten aus V}
>   **do for** alle Knoten v' mit $(v, v') \in E$
>   **do** $d^-(v') := d^-(v') + 1$ **od**
> **od**;
>
> *{Aufnahme der Knoten ohne Vorgänger von G in die Schlange U:}*
> **for** $v := 1$ **to** n {für alle Knoten aus V}
>   **do if** $d^-(v) = 0$ **then** $U := U \cup \{v\}$ **fi od**

{*Iterationsschritt:*}

while U einen Knoten v enthält

    do $U := U \setminus \{v\};$ {Entnehmen des vorderen Elements der Schlange}

    $i := i + 1;$

    $\text{ord}(v) := i;$

    for alle Knoten w mit $(v, w) \in E$

        do $d^-(w) := d^-(w) - 1;$

           if $d^-(w) = 0$ **then** $U := U \cup \{w\}$ **fi od**

od;

{Ausgabe:}

if $n = i$ **then** „ord ist eine topologische Ordnung von G" **fi**;

if $n > i$ **then** „G ist nicht kreisfrei" **fi** $\square$

Satz 5.6 Es sei $G = (V, E)$ ein Graph mit n Knoten und k Kanten. Algorithmus 5.2 sortiert die Knoten von G topologisch, falls G kreisfrei ist. Ist G nicht kreisfrei, so stellt der Algorithmus dies fest. Ist der Graph durch Adjazenzlisten implementiert, so ist seine Zeitkomplexität gleich $O(n + k)$.

Beweis Die Überlegungen nach dem Beweis von Satz 5.5 zeigen, dass wir nur noch die Aussage über die Zeitkomplexität beweisen müssen. Wir können annehmen, dass das Hinzufügen und Entfernen von Knoten zu bzw. aus (der Schlange) U jeweils eine konstante Zahl von Zeiteinheiten benötigt und auch jede Zuweisung in konstanter Zeit ausführbar ist. In der ersten **for**-Schleife werden alle n Knoten durchlaufen, wobei für jeden Knoten die Knoten der zugehörigen Adjazenzliste betrachtet werden. Dies erfordert eine Zeit von $O(n + k)$. Die zweite **for**-Schleife hat dagegen einen Zeitbedarf von $O(n)$, sodass insgesamt $O(n + k)$ Schritte bis zum Eintritt in die Iteration erforderlich sind. Beim Iterationsschritt wird die **while**-Schleife höchstens n-mal durchlaufen. Die **for**-Schleife hat bei Berücksichtigung aller Durchläufe der **while**-Schleife einen Gesamtzeitbedarf von $O(k)$. Somit ergibt sich für die Iteration eine Zeitschranke von $O(n + k)$. Die Ausgabe wird mit zwei Schritten in konstanter Zeit durchgeführt. Insgesamt ist somit die Zeitkomplexität des Algorithmus von der Ordnung $O(n + k)$. $\square$

Allgemein gilt $k = O(n^2)$. In vielen Beispielen ist jedoch, wie wir uns schon zuvor überlegt haben, k von kleinerer Ordnung, zum Beispiel $O(n)$, sodass in diesen Fällen $O(n + k) = O(n)$ gilt. Wenn die Graphen dann durch Adjazenzmatrizen implementiert sind, lässt sich die Zeitkomplexität $O(n + k)$ nicht erreichen. Man benötigt mindestens $\frac{n^2}{2}$ Schritte. Jeder Algorithmus muss nämlich für jedes Paar (i, j) mindestens eines der Elemente $a_{i,j}$ oder $a_{j,i}$ in der Matrix aufsuchen. Dies sehen wir wie folgt ein. Wir nehmen an, dass ein Algorithmus für das topologische Sortieren existiert, der für ein Paar (i', j')

keines der Elemente $a_{i',j'}$ oder $a_{j',i'}$ besucht. Für einen Graphen G mit n Knoten und keiner Kante liefert er natürlich eine triviale topologische Ordnung. Wenn wir nun durch Einführung von zwei Kanten (i', j') und (j', i') aus G einen neuen Graphen G' konstruieren, so würde A diesen Graphen G' auf genau dieselbe Weise wie G bearbeiten und zum selben Ergebnis kommen, obwohl G' kein kreisfreier Graph ist. Das ist ein Widerspruch.

5.3 Bäume und Wälder

Definition 5.13 Ein Graph $G = (V, E)$ heißt *Wald*, wenn er *kreisfrei* ist, das heißt, wenn er keinen einfachen nicht trivialen Kreis besitzt. Ein Wald ist ein *Baum*, wenn er zusammenhängend ist.   □

Wie sehen sofort, dass ein Graph genau dann ein Wald ist, wenn alle seine Zusammenhangskomponenten Bäume sind.

Beispiel 5.11 Wir betrachten den folgenden Wald:

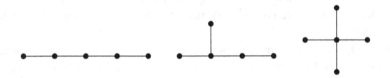

Der Wald besteht aus drei Bäumen mit jeweils fünf Knoten. Bis auf Isomorphie sind dies die einzigen Bäume mit fünf Knoten.

Ein Baum mit 12 Knoten ist beispielsweise

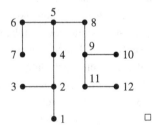

□

Satz 5.7 Es sei $G = (V, E)$ ein Graph mit n Knoten. Dann sind die folgenden Aussagen äquivalent:

(a) G ist ein Baum.
(b) Je zwei Knoten von G sind durch genau einen einfachen Weg verbunden.
(c) G ist zusammenhängend, und für jede Kante $e \in E$ ist $G' = (V, E \setminus \{e\})$ nicht zusammenhängend.

(d) G ist zusammenhängend und besitzt genau $n - 1$ Kanten.

(e) G ist kreisfrei und besitzt genau $n - 1$ Kanten.

(f) G ist kreisfrei und nach Hinzufügen einer Kante $\{v_1, v_2\}$ mit Knoten $v_1, v_2 \in V$, die in G nicht benachbart sind, erhält man einen Graphen mit genau einem einfachen Kreis.

Beweis (a) $\Rightarrow$ (b): Jeder Knoten v ist mit sich selbst durch den trivialen Weg verbunden. Es seien weiter $u, v \in V$ mit $u \neq v$. Wir nehmen an, dass es zwei verschiedene einfache Wege $P_1 = (u = v_1, \ldots, v_{k+1} = v)$ und $P_2 = (u = v_1', \ldots, v_{k'+1}' = v)$ gibt. Es sei i der kleinste Index mit $v_i \neq v_i'$. Der nächste Knoten von P_1, der auch auf P_2 vorkommt, sei $v_j = v_r'$. Dann gibt es einen Kreis $(v_{i-1}, v_i, \ldots, v_j = v_r', v_{r-1}', \ldots, v_i', v_{i-1}' = v_{i-1})$, was im Widerspruch dazu steht, dass G kreisfrei ist.

(b) $\Rightarrow$ (c): Die erste Aussage von (c) ist wegen Definition 5.8(a) erfüllt. Eine Kante $e = \{u, v\}$ ist wegen (b) der einzige einfache Weg von u nach v in G. Wird sie entfernt, dann besitzt G' zwei Zusammenhangskomponenten.

(c) $\Rightarrow$ (d): Die Entfernung einer Kante aus einem zusammenhängenden Graphen erhöht wegen (c) die Anzahl der Zusammenhangskomponenten um 1. Führt man diese Entfernung rekursiv für alle Zusammenhangskomponenten durch, so erhält man schließlich n Zusammenhangskomponenten (isolierte Punkte). Dafür mussten insgesamt $n - 1$ Kanten entfernt werden.

(d) $\Rightarrow$ (e): Es sei K ein einfacher Kreis in G. Er besitzt ebenso viele Kanten wie Knoten, etwa r. Von den restlichen $n - r$ Knoten muss es, da G zusammenhängend ist, jeweils einen Weg zu einem Knoten des Kreises geben. Insgesamt sind dafür mindestens $n - r$ weitere Kanten erforderlich. Das bedeutet, dass G mindestens n Kanten hat, ein Widerspruch.

(e) $\Rightarrow$ (f): Wir gehen von den n Knoten von G aus und betrachten sie als isolierte Punkte, die einen Graphen mit n Zusammenhangskomponenten darstellen. Durch Hinzufügen einer Kante von G wird die Anzahl der Zusammenhangskomponenten um 1 reduziert, sodass wir nach Hinzufügen der $(n - 1)$-ten Kante den Graphen G erhalten, der dann genau eine Zusammenhangskomponente enthält und daher zusammenhängend ist (dieses Argument beweist (e) $\Rightarrow$ (d)). Somit gibt es einen (nach Satz 5.2 einfachen) Weg von v_1 nach v_2, der durch die Kante $\{v_2, v_1\}$ zu einem einfachen Kreis ergänzt wird.

(f) $\Rightarrow$ (a): Nach Definition 5.13 muss gezeigt werden, dass G zusammenhängend ist. Wir nehmen an, dass die Knoten v_1 und v_2 in verschiedenen Zusammenhangskomponenten liegen. Durch Hinzufügen der Kante $\{v_1, v_2\}$ zum Graphen kann kein Kreis entstehen. Dies steht im Widerspruch zu (f). $\square$

Ohne Beweis (siehe zum Beispiel [49]) geben wir den folgenden Satz an.

Satz 5.8 *(Cayley)* Es gibt n^{n-2} verschiedene Bäume mit der Knotenmenge $\{1, \ldots, n\}$. $\square$

Verschieden bedeutet hier, dass eine Umbezeichnung von Knoten zu verschiedenen Bäumen führt, isomorphe Bäume also mehrfach gezählt werden.

Ein Baum, wie er in der Natur vorkommt, hat eine Wurzel und auch Blätter. Dies ist für die Bäume nach Definition 5.13, die in der Literatur auch als *freie Bäume* bezeichnet werden, nicht der Fall. Es liegt jedoch nahe, einen Knoten als Wurzel auszuzeichnen. Das führt dann zu

Definition 5.14 *(Wurzelbaum)* Es sei $B = (V, E)$ ein Baum. Er heißt *Wurzelbaum*, wenn ein Knoten $w \in V$ als *Wurzel* ausgezeichnet wird.

Es sei $B = (V, E)$ ein Wurzelbaum mit Wurzel w und $x \in V$. Jeder Knoten $v \in V$ auf dem einfachen Weg von w nach x heißt *Vorgänger* von x. Umgekehrt heißt dann x *Nachfolger* (oder *Nachkomme*) von v. Sind v und x durch eine Kante verbunden, so wird x als *Sohn* von v und v als *Vater* von x bezeichnet. Ein Knoten, der keinen Sohn besitzt, heißt *Blatt*.

Ein Wurzelbaum heißt *geordneter Baum*, wenn für die Söhne eines jeden Knotens eine Reihenfolge festgelegt ist. □

Statt von Vater und Sohn kann man natürlich auch von Tochter und Mutter sprechen.

In dem Diagramm eines Wurzelbaums wird die Wurzel meistens oben eingezeichnet, und die Kanten führen von der Wurzel fort. Bei einem geordneten Baum ist die Reihenfolge der Söhne durch ihre Anordnung (von links nach rechts) in der bildlichen Darstellung gegeben.

Beispiel 5.12 Wir betrachten den Baum mit 12 Knoten aus Beispiel 5.11 und wählen den Knoten 5 als Wurzel.

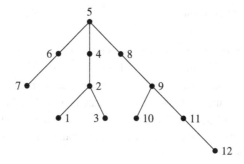

Die Knoten 7, 1, 3, 10 und 12 sind Blätter des Wurzelbaums. Es ist 11 ein Nachfolger von 8 und umgekehrt 8 ein Vorgänger von 11. Wird der Baum als geordneter Baum aufgefasst, so ist beispielsweise 6 der erste Sohn von 5, 4 sein zweiter und 8 der dritte Sohn. □

Definition 5.15 Es sei $B = (V, E)$ ein Baum mit Wurzel w.

(a) Ein *Teilbaum* von B mit Wurzel $x \in V$ ist der durch x und seine Nachfolger bestimmte Teilgraph von B.

(b) Das *Niveau* eines Knotens $v \in V$ ist die Länge des einfachen Wegs von w nach v.

(c) Die *Höhe* von B ist die maximale Länge eines einfachen Wegs von der Wurzel w zu einem Blatt.

(d) Ein Knoten $v \in V$ mit Grad $d(V) > 1$ heißt *innerer Knoten* von B. $\square$

Beispiel 5.13 Im Wurzelbaum von Beispiel 5.12 hat die Wurzel 5 das Niveau 0, die Knoten 1, 3, 10 und 11 sind Knoten vom Niveau 3. Die Höhe des Baums ist 4. Die inneren Knoten sind die Knoten 2, 4, 6, 8, 9 und 11. Mit der Wurzel 9 erhält man einen Teilbaum der Höhe 2. $\square$

Wurzelbäume sind sehr gut geeignet, hierarchische Strukturen darzustellen, etwa in Stammbäumen oder in Firmen, wo die Mitarbeiter als „Söhne" ihren jeweiligen Vorgesetzten zugeordnet werden. Besonders wichtig für die Informatik sind binäre Bäume, mit deren Hilfe Daten im Rechner gespeichert und auch sortiert werden können.

Definition 5.16 Ein Wurzelbaum B heißt *binärer Wurzelbaum*, wenn jeder seiner Knoten höchstens zwei Söhne besitzt. $\square$

Bei binären Wurzelbäumen spricht man auch von dem *linken* und *rechten Sohn*. Gelegentlich sind ternäre Bäume von Interesse, bei denen jeder Knoten höchstens drei Söhne hat. Allgemein kann man s-näre Bäume betrachten.

Satz 5.9 Es gibt (bis auf Isomorphie) $b_n = \frac{1}{n+1} \cdot \binom{2n}{n}$ binäre Wurzelbäume mit n Knoten.

Beweis Für $n = 0$ gibt es nur den leeren Baum, sodass $b_0 = 1$ gilt. Weiter sei w die Wurzel eines binären Wurzelbaums mit $n + 1$ Knoten, $n \geq 0$. Wir können dann den linken bzw. rechten Teilbaum betrachten. Diese beiden Teilbäume besitzen zusammen n Knoten, wobei ein einzelner Teilbaum von 0 bis n Knoten haben kann. Alle Möglichkeiten der Verteilung dieser n Knoten auf den linken und den rechten Teilbaum müssen berücksichtigt werden und führen für die Anzahl der binären Wurzelbäume mit $n + 1$ Knoten offenbar zu der nicht linearen Rekurrenzgleichung

$$b_{n+1} = b_0 b_n + b_1 b_{n-1} + \ldots + b_n b_0.$$

In Beispiel 4.23 haben wir gesehen, dass dann $b_n = \frac{1}{n+1} \cdot \binom{2n}{n}$ gilt. $\square$

Wir können einen binären Wurzelbaum als eine Datenstruktur auffassen, bei der jeder Knoten gewisse Datenelemente als gespeicherte Information enthält sowie zwei Zeiger, die auf die Söhne des Knotens zeigen. Ist der linke oder rechte Sohn nicht vorhanden, so enthält der Zeiger einen Verweis auf den leeren Baum, den wir mit $\perp$ bezeichnen wollen. In Programmiersprachen wie C++, Ada oder Java sind Konstrukte vorhanden, die es erlauben, solche Datenstrukturen leicht zu implementieren.

Eine wichtige Aufgabe ist es häufig, jeden Knoten genau einmal zu besuchen und dabei die Datenelemente auszugeben. Der binäre Baum muss also in systematischer Reihenfolge durchlaufen werden. Wir beschreiben jetzt den Inorder-, Preorder- und den Postorder-Durchlauf.

Definition 5.17 Es sei B ein binärer Wurzelbaum. Durch die folgenden rekursiven Algorithmen Inorder (B), Preorder (B) und Postorder (B) werden alle Knoten in der sogenannten *Inorder-, Preorder* bzw. *Postorder-Reihenfolge* besucht:

> Inorder (B) = **begin**
> > **if** $B \neq \perp$ **then**
> > > Inorder (linker Teilbaum von B);
> > > besuche die Wurzel von B;
> > > Inorder (rechter Teilbaum von B)
> > **fi**
> **end**.
> Preorder (B) = **begin**
> > **if** $B \neq \perp$ **then**
> > > besuche die Wurzel von B;
> > > Preorder (linker Teilbaum von B);
> > > Preorder (rechter Teilbaum von B)
> > **fi**
> **end**.
> Postorder (B) = **begin**
> > **if** $B \neq \perp$ **then**
> > > Postorder (linker Teilbaum von B);
> > > Postorder (rechter Teilbaum von B);
> > > besuche die Wurzel von B
> > **fi**
> **end**. $\square$

Beispiel 5.14 Arithmetische Ausdrücke können durch binäre Wurzelbäume dargestellt werden, wobei die Blätter mit Variablen oder Konstanten bezeichnet sind und die übrigen Knoten mit den Operationszeichen $+, -, *$ und $/$. Wir betrachten

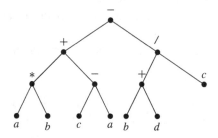

Die Operationszeichen stehen hier für zweistellige Operationen. Wird bei einem Durchlauf des Baums die Bezeichnung des jeweils besuchten Knotens ausgeschrieben, so erhalten wir in den drei Fällen:

Inorder: $a * b + c - a - b + d/c,$
Preorder: $- + *ab - ca/ + bdc,$
Postorder: $ab * ca - +bd + c/-.$

Wenn wir bei der Inorder-Reihenfolge den Term eines Teilbaums jeweils mit einer Klammer umschließen, so erhalten wir

$$((a * b) + (c - a)) - ((b + d)/c),$$

wodurch die Abarbeitung des Ausdrucks festgelegt ist. Auch der Postorder-Durchlauf liefert eine eindeutige Rechenvorschrift, wenn das Operationszeichen hinter seinen beiden Argumenten steht. Diese Schreibweise wird auch *polnische Notation* genannt und liefert bei Ausführung denselben Wert wie die Inorder-Notation. Eine Klammerung der Terme der Teilbäume zur eindeutigen Abarbeitung ist nicht erforderlich. Wenn bei der Preorder-Notation das Operationszeichen vor seinen beiden Argumenten steht, erhält man hier wieder dasselbe Ergebnis. Man nennt die Preorder-Notation auch *umgekehrte polnische Notation*. □

Eine Speicherung von Daten in einem Rechner kann in einer verketteten Liste erfolgen. Will man ein Element in einer solchen Liste suchen, so muss man im Mittel die Liste halb durchlaufen. Eine geeignetere Methode verwendet *binäre Suchbäume*, die eine wichtige Anwendung von Wurzelbäumen in der Informatik darstellen. Dabei geht man davon aus, dass die verschiedenen Daten zu einer total geordneten Menge M (siehe Definition 2.12) gehören. Die totale Ordnung kann zum Beispiel durch numerische Schlüssel oder die lexikografische Ordnung der Schlüsselwörter, die die Daten kennzeichnen, gegeben sein. Die eigentlichen Nutzdaten wollen wir in den folgenden Überlegungen außer Acht lassen. Das Suchen ist in der Regel mit geringerem Aufwand als bei linearen Listen möglich.

Definition 5.18 Es sei M eine total geordnete endliche Menge. Ein *binärer Suchbaum* zur Menge M ist ein binärer Wurzelbaum $B = (V, E)$, bei dem V mit M identifiziert wird, sodass für jeden Knoten $v \in V$ mit linkem Teilbaum B_l und rechtem Teilbaum B_r das Folgende gilt:

$$(v_1 \text{ aus } B_l \Rightarrow v_1 < v) \quad \text{und} \quad (v_2 \text{ aus } B_r \Rightarrow v_2 \geq v). \quad \Box$$

Um den binären Suchbaum einer total geordneten Menge M zu erhalten, geht man von dem leeren Suchbaum aus und erweitert ihn Schritt für Schritt durch jeweiliges Einfügen eines Elements von M, bis ganz M ausgeschöpft ist. Für diese Aufgabe benötigt man also einen Algorithmus zur Erweiterung eines binären Suchbaums um ein Element.

Algorithmus 5.3
Eingabe: Binärer Suchbaum $B = (V, E)$ und Element $x \notin V$.
Zusammenfassung: Der rekursive Algorithmus Einfügen(B, x) erweitert den Binärbaum
      um x.

$\text{Einfügen}(B, x) = $ **if** $B = \bot$

        then $\{B$ neuer Teilbaum mit:$\}$

        Wurzel $(B) := x$;

        rechter Teilbaum $(B) := \bot$;

        linker Teilbaum $(B) := \bot$

      else   **if** $x <$ Wurzel (B)

        then Einfügen (linker Teilbaum $(B), x$)

        else Einfügen (rechter Teilbaum $(B), x$)

        fi

      fi. $\Box$

Beispiel 5.15 Aus den Elementen der Menge $M = \{7, 3, 5, 16, 4, 2, 1, 17, 15\}$ bilden wir der Reihe nach mithilfe von Algorithmus 5.3 einen Binärbaum. Wir erhalten so

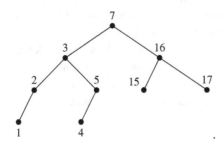

Wir erkennen, dass die Gestalt des binären Suchbaums von der Reihenfolge des Eintragens abhängt. Würden wir die Elemente von M in geordneter Reihenfolge eintragen, so erhielten wir einen zu einer verketteten Liste entarteten Baum. □

Das Suchen eines bestimmten Elements in einem binären Suchbaum erfolgt mit

Algorithmus 5.4
Eingabe: Binärer Suchbaum $B = (V, E)$ und Element x.
Zusammenfassung: Der rekursive Algorithmus Suchen(B, x) sucht das Element x in B.

$$\text{Suchen}\,(B, x) = \textbf{if } B = \bot$$

$$\textbf{then } x \text{ nicht gefunden}$$

$$\textbf{else if } x = \text{Wurzel}\,(B) \textbf{ then } x \text{ gefunden}$$

$$\textbf{else if } x < \text{Wurzel}\,(B)$$

$$\textbf{then } \text{Suchen (linker Teilbaum}\,(B), x)$$

$$\textbf{else } \text{Suchen (rechter Teilbaum}\,(B), x)$$

$$\textbf{fi}$$

$$\textbf{fi}$$

$$\textbf{fi}. \quad \square$$

Da wir unter x den Schlüssel gewisser Daten verstehen, können wir nach Finden von x die eigentlichen Daten auslesen. Offensichtlich gilt

Satz 5.10 Es sei B ein binärer Suchbaum der Höhe h. Die Algorithmen 5.3 und 5.4 haben einen Zeitbedarf $O(h)$. □

Auch das Löschen eines Knotens aus einem Binärbaum kann in derselben Zeit bewältigt werden. Eine einfache Methode, die Elemente einer Menge mit totaler Ordnung entsprechend ihrer Ordnung zu sortieren, besteht darin, aus diesen Elementen einen Suchbaum (der Höhe h) zu erzeugen und anschließend den Suchbaum in Inorder-Reihenfolge zu durchlaufen und dabei das jeweils besuchte Element auszugeben. Falls n die Anzahl der Elemente von M ist, so ist der Zeitbedarf für diese Methode $O(n \cdot h)$.

Für das Sortieren und Suchen ist es wichtig, dass h möglichst klein ist. Das bedeutet, dass der Binärbaum möglichst regelmäßig ist. Das ist natürlich nicht der Fall, wenn er zu einer verketteten Liste ausartet. Die Regelmäßigkeit kann auf verschiedene Weise erreicht werden, etwa in balancierten Bäumen, AVL-Bäumen oder B-Bäumen. Wir wollen darauf jedoch nicht eingehen und verweisen auf die Literatur.

5.4   Planare Graphen

Wenn wir die Graphen (a) (K_6) oder (b) aus Beispiel 5.1 oder K_5 aus Beispiel 5.3 betrachten, so sehen wir, dass sich in ihren Diagrammen einige Kanten schneiden. Es stellt sich die Frage, ob diese Schnittpunkte vermieden werden können. Für den Graphen (b) ist das leicht möglich, was in dem folgenden Beispiel deutlich wird.

Beispiel 5.16

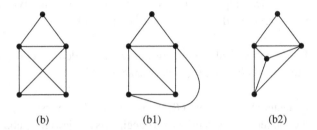

(b)   (b1)   (b2)

Der Graph (b) aus Beispiel 5.1 ist als linkes Diagramm der vorstehenden Abbildung noch einmal dargestellt. In ihm kann eine Kante vom „Inneren" des Bildes nach außen verlegt werden, dies ergibt das Diagramm (b1). Wird der rechte untere Punkt von (b) nach links oben verschoben, ergibt sich das Diagramm (b2).   □

Wir werden sehen, dass eine entsprechende Darstellung für die Graphen K_5 oder K_6 nicht möglich ist. Um dieses exakter formulieren zu können, führen wir die folgende Bezeichnung ein.

Definition 5.19 Es sei $n \in \mathbb{N}$ und $f : [0, 1] \to \mathbb{R}^n$ eine injektive stetige Abbildung. Dann heißt die Menge $\{ f(t) \mid t \in [0, 1] \}$ *Jordankurve* des $\mathbb{R}^n$.   □

Beispiel 5.17

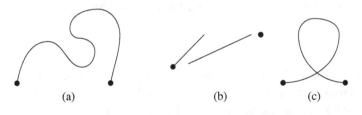

(a)   (b)   (c)

Es ist (a) eine Jordankurve des $\mathbb{R}^2$. (b) ist nicht stetig und (c) ist nicht injektiv, sodass (b) und (c) keine Jordankurven sind.   □

Eine Jordankurve ist also eine stetige schnittpunktfreie Kurve mit Anfangs- ($t = 0$) und Endpunkt ($t = 1$).

Definition 5.20 Ein Graph G heißt in den $\mathbb{R}^n$ *einbettbar*, wenn seine Knoten als paarweise verschiedene Punkte des $\mathbb{R}^n$ und seine Kanten als Jordankurven der entsprechenden Punkte dargestellt werden können, wobei je zwei Jordankurven außer in den Eckpunkten keine gemeinsamen Punkte besitzen. □

Man kann zeigen, dass jeder Graph in den $\mathbb{R}^3$ eingebettet werden kann. Wir wollen jedoch hier solche Graphen betrachten, die sich in den $\mathbb{R}^2$ einbetten lassen.

Definition 5.21 Ein Graph G heißt *planar*, wenn er sich in den $\mathbb{R}^2$ einbetten lässt. Das zugehörige Diagramm wird *ebenes Diagramm* genannt. □

Wir sehen, dass die Diagramme (b1) und (b2) aus Beispiel 5.16 verschiedene ebene Diagramme desselben Graphen sind. Wir erkennen dabei, dass das jeweilige ebene Diagramm die Ebene in mehrere zusammenhängende Gebiete, auch *Flächen* genannt, unterteilt. Das *Außengebiet* ist die unbeschränkte Fläche, daneben haben wir sowohl in (b1) als auch in (b2) vier weitere Flächen. Diese Begriffe werden formaler durch die folgende Definition beschrieben.

Definition 5.22 Ein Diagramm D sei durch die Einbettung eines Graphen in den $\mathbb{R}^2$ entstanden. Zwei Punkte $x, y \in \mathbb{R}^2 \backslash D$ heißen *äquivalent*, wenn sie durch eine Jordankurve verbunden werden können, die disjunkt zu D ist. Dadurch ergibt sich eine Äquivalenzrelation auf $\mathbb{R}^2 \backslash D$. Deren Äquivalenzklassen heißen *Flächen* von D. □

Wie immer die ebenen Diagramme eines planaren Graphen auch aussehen, sie besitzen alle dieselbe Anzahl von Flächen.

Satz 5.11 (Eulersche Formel, 1752) Es sei G ein zusammenhängender Graph mit n Knoten und k Kanten, der ein ebenes Diagramm mit f Flächen besitzt. Dann gilt

$$n + f = k + 2.$$

Beweis Wir beweisen den Satz durch Induktion über k. Ist $k = 0$, so kommt für einen zusammenhängenden Graphen nur $n = 1$ und damit $f = 1$ für das Außengebiet als einzige Fläche infrage, sodass die Gleichung des Satzes erfüllt ist.

Die Induktionsannahme ist, dass für zusammenhängende Graphen mit $k - 1$ Kanten die Formel gilt. Es sei jetzt G ein zusammenhängender Graph mit k Kanten. Ist G ein Baum, so gilt nach Satz 5.7 $k = n - 1$. Da es in einem Baum nur eine Fläche gibt, ist für diesen speziellen Fall der Satz bewiesen. Ist G kein Baum, so existiert ein einfacher Kreis P in G. Das Entfernen einer Kante e von P aus G führt zu einem ebenfalls zusammenhängenden

Graphen G' mit $k - 1$ Kanten. Aus einem beliebigen ebenen Diagramm D von G ergibt sich dadurch ein ebenes Diagramm D' von G', für das nach Induktionsannahme die Formel $n + f' = (k-1)+2$ gilt, wobei f' die Anzahl der Flächen von D' ist. Wenn wir zu D' die Kante e wieder hinzufügen, also D wiederherstellen, ist es anschaulich klar, dass eine Fläche von D' in zwei Flächen geteilt wird. Dann besitzt das ebene Diagramm D genau $f = f'+1$ Flächen und k Kanten, sodass $n + f = n + f'+1 = (k-1)+2+1 = k+2$ erfüllt ist. $\square$

Zur formalen Begründung, dass durch das Hinzufügen der Kante e zu D' eine Fläche geteilt wird, benötigt man den jordanschen Kurvensatz, worauf wir hier jedoch nicht eingehen wollen.

Man kann Satz 5.11 auch auf nicht zusammenhängende Graphen anwenden. Für jede einzelne Zusammenhangskomponente gilt die Aussage. Wir nehmen an, dass es z Zusammenhangskomponenten G_i gibt. Ist f_i die Anzahl der Flächen eines ebenen Diagramms von G_i, dann ergibt sich unter Berücksichtigung der Tatsache, dass nur eins der z Außengebiete gezählt wird, die Gleichung $n + f = n + \sum_{i=1}^{z} f_i - (z-1) = k+2z-(z-1) = k + z + 1$. Wir erhalten

Satz 5.12 Es sei G ein Graph mit n Knoten, k Kanten und z Zusammenhangskomponenten, der ein ebenes Diagramm mit f Flächen besitzt. Dann gilt

$$n + f = k + z + 1. \quad \square$$

Satz 5.13 Es sei G ein planarer Graph mit n Knoten und $k \geq 2$ Kanten. Dann gilt $k \leq 3n - 6$.

Beweis Zunächst sei G ein zusammenhängender Graph mit $k \geq 3$. Die Kanten von G (bzw. eines zugehörigen ebenen Diagramms) werden mit $e_1, \ldots, e_k$ und die f Flächen mit $F_1, \ldots, F_f$ bezeichnet. Wir definieren eine $k \times f$-Matrix A, deren Elemente a_{ij}, $1 \leq i \leq k$, $1 \leq j \leq f$, durch

$$a_{ij} = \begin{cases} 1, & \text{falls } e_i \text{ zum Rand der Fläche } F_j \text{ gehört,} \\ 0, & \text{sonst} \end{cases}$$

gegeben sind. Jede Kante gehört zum Rand von höchstens zwei Flächen, sodass in jeder Zeile der Matrix höchstens zwei Einsen stehen (falls G ein Baum ist, dann gehört jede Kante zu genau einer Fläche, dem Außengebiet). Die Gesamtzahl der Einsen in der Matrix ist daher $\leq 2k$. Da jede Fläche von mindestens drei Kanten begrenzt wird, gibt es in jeder Spalte der Matrix A mindestens drei Einsen. Damit ist die Anzahl der Einsen in der Matrix $\geq 3f$. Insgesamt folgt $3f \leq 2k$. Wegen Satz 5.11 ist $f = k + 2 - n$, sodass sich $3k + 6 - 3n \leq 2k$ und damit $k \leq 3n - 6$ ergibt.

Diese Ungleichung gilt auch für $k = 2$, da dann $n = 3$ gelten muss. Für nicht zusammenhängende Graphen erhalten wir das Ergebnis durch Addition der Ungleichungen ihrer jeweiligen Zusammenhangskomponenten. $\square$

Satz 5.14 Es sei G ein planarer Graph mit n Knoten und $k \geq 2$ Kanten, der keine einfachen Kreise der Länge 3 enthält. Dann gilt $k \leq 2n - 4$.

Beweis In dem vorhergehenden Beweis muss die Ungleichung $3f \leq 2k$ durch $4f \leq 2k$ ersetzt werden, woraus das Ergebnis folgt. $\square$

Satz 5.15 Jeder planare Graph besitzt einen Knoten v mit Grad $d(v) \leq 5$.

Beweis Es sei $G = (V, E)$ ein Graph mit n Knoten, k Kanten und $d(v) \geq 6$ für alle $v \in V$. Nach Satz 5.1 (a) gilt $2k = \sum_{v \in V} d(v) \geq 6n$, also $k \geq 3n$. Dies steht im Widerspruch zu Satz 5.13. $\square$

Für den nächsten Satz benötigen wir neben dem Graphen K_5 auch den Graphen $K_{3,3}$:

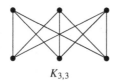

$K_{3,3}$

Satz 5.16 Die Graphen K_5 und $K_{3,3}$ sind nicht planar.

Beweis Der Graph K_5 hat fünf Knoten und zehn Kanten und erfüllt daher nicht die Ungleichung aus Satz 5.13. $K_{3,3}$ besitzt keine einfachen Kreise der Länge 3. Er erfüllt nicht die Ungleichung aus Satz 5.14, da er aus sechs Knoten und neun Kanten besteht. $\square$

Mithilfe der Sätze 5.13 und 5.14 kann man für viele weitere Graphen zeigen, dass sie nicht planar sind. Die Bedeutung der Graphen K_5 und $K_{3,3}$ liegt darin, dass jeder nicht planare Graph einen von ihnen, zwar nicht unbedingt direkt, aber in der Form einer sogenannten Unterteilung, als Teilgraph enthält. Eine Unterteilung eines Graphen G erhalten wir anschaulich dadurch, dass wir in die Kanten von G einen oder mehrere Knoten einfügen.

Definition 5.23 Es sei $G = (V, E)$ ein Graph und $\{v_1, v_2\} \in E$. Es sei u ein Element mit $u \notin V$. Dann heißt $G' = (V \cup \{u\}, (E \setminus \{v_1, v_2\}) \cup \{\{v_1, u\}, \{u, v_2\}\})$ der durch *Einfügen von u in die Kante* $\{v_1, v_2\}$ entstandene Graph. Ein Graph H heißt *Unterteilung* eines Graphen G, wenn er durch endlich viele Einfügungen von Knoten aus G entsteht. $\square$

Würde ein Graph eine Unterteilung von K_5 oder $K_{3,3}$ als Teilgraph enthalten, so ließe er sich offenbar nicht als ebenes Diagramm darstellen. Es gilt auch die Umkehrung, die wir hier nicht beweisen wollen (siehe [16, 20]).

Satz 5.17 *(Kuratowski)* Ein Graph G ist genau dann planar, wenn er keine Unterteilung von K_5 oder $K_{3,3}$ als Teilgraph besitzt. $\square$

Beispiel 5.18 Der folgende Graph (einschließlich der gestrichelten Kante) mit acht Knoten ist nicht planar, da er eine Unterteilung von $K_{3,3}$ als Teilgraph besitzt.

Die dicker ausgezeichneten Knoten entsprechen den Knoten von $K_{3,3}$, wobei etwa 1, 2 und 3 (in dieser Reihenfolge) den unteren Knoten im Diagramm von $K_{3,3}$ entsprechen und a, b, c den oberen Knoten. Alle Knoten gehören zu der Unterteilung von $K_{3,3}$, jedoch nicht die gestrichelte Kante. $\square$

Zum Abschluss dieses Abschnitts betrachten wir platonische Graphen, die mit den platonischen Körpern Tetraeder, Oktaeder, Hexaeder (Würfel), Ikosaeder und Dodekaeder zusammenhängen. Es handelt sich bei diesen platonischen Körpern um dreidimensionale Gebilde, die jeweils durch zueinander kongruente Vielecke mit gleichen Seiten und gleichen Winkeln begrenzt sind. Betrachtet man die Seiten als Kanten eines Graphen im $\mathbb{R}^2$, so kann gezeigt werden, dass dieser Graph planar ist.

Definition 5.24 Es sei $G = (V, E)$ ein planarer Graph. G heißt *platonisch*, wenn es $r, s \in \mathbb{N}$ mit $r, s \geq 3$ gibt, sodass die folgende Eigenschaft gilt:

(a) Es gilt $d(v) = r$ für alle $v \in V$.
(b) G besitzt ein ebenes Diagramm, in dem alle Flächen durch einfache Kreise der Länge s begrenzt sind. $\square$

Ein Beweis des folgenden Satzes findet sich beispielsweise in [49].

Satz 5.18 Es gibt (bis auf Isomorphie) genau die fünf platonischen Graphen aus Abb. 5.1.

In einer Tabelle geben wir für jeden Graphen die Werte r, s, die Anzahl der Flächen f, der Knoten n und der Kanten k sowie die zugehörigen platonischen Körper an.

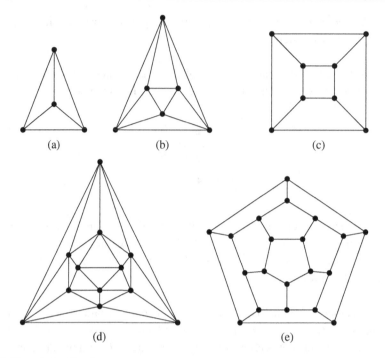

Abb. 5.1 Platonische Graphen

	r	s	f	n	k	zugehöriger platonischer Körper
(a)	3	3	4	4	6	Tetraeder
(b)	4	3	8	6	12	Oktaeder
(c)	3	4	6	8	12	Hexaeder
(d)	5	3	20	12	30	Ikosaeder
(e)	3	5	12	20	30	Dodekaeder

5.5 Eulersche und hamiltonsche Graphen

Euler hat 1736 das *Königsberger Brückenproblem* veröffentlicht. Dabei geht es um die Frage, ob es in Königsberg einen Spazierweg gibt, der jede der sieben Brücken über den Fluss Pregel genau einmal überquert. In der folgenden Abbildung ist links diese Situation dargestellt. *Euler* zeigte, dass es keinen derartigen Spazierweg gibt. Er abstrahierte Probleme dieser Art graphentheoretisch, indem Landmassen (wie die beiden Ufer und die Inseln) jeweils durch Knoten und die Brücken durch Kanten gegeben sind. Damit erhalten wir das Diagramm eines Multigraphen.

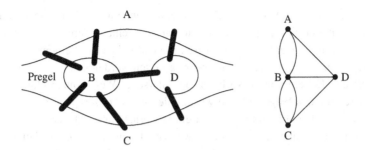

Ein Spazierweg in einem solchen Graphen wird eulerscher Weg genannt. Endet der Spazierweg am Ausgangspunkt, so heißt er eulerscher Kreis. Wir werden uns im Folgenden wieder auf schlichte Graphen beschränken, obwohl die Sätze dieses Abschnitts ohne Weiteres auf Multigraphen zu verallgemeinern sind.

Definition 5.25 Es sei G ein Graph. Ein *eulerscher Weg* von G ist ein einfacher Weg von G, der jede Kante von G genau einmal enthält. Ist er ein einfacher Kreis, so wird er *eulerscher Kreis* genannt. In diesem Fall heißt G *eulerscher Graph*. □

Der Graph aus Beispiel 5.12 ist weder ein eulerscher Graph noch enthält er eulersche Wege. Der Graph aus Beispiel 5.5 enthält einen eulerschen Weg, jedoch keinen eulerschen Kreis. Der Graph K_3 ist ein eulerscher Graph, K_4 jedoch nicht.

Satz 5.19 Es sei $G = (V, E)$ ein zusammenhängender Graph. G besitzt genau dann einen eulerschen Weg, wenn die Anzahl z der Knoten von G mit ungeradem Grad gleich 0 oder 2 ist. Genau für $z = 0$ handelt es sich dabei um einen eulerschen Kreis.

Beweis Wir gehen zunächst davon aus, dass G einen eulerschen Weg P von u nach v besitzt. Bis auf eventuell u und v wird jeder Knoten von G auf dem Weg P genau so oft betreten wie verlassen. Für $u \neq v$ haben dann genau u und v einen ungeraden Grad, was $z = 2$ bedeutet. Für $u = v$ (P ist ein eulerscher Kreis) folgt $z = 0$.

Die umgekehrte Richtung beweisen wir durch vollständige Induktion über die Anzahl n der Knoten von G. Für $n = 1$, einen isolierten Punkt, gilt offenbar $z = 0$, und es gibt nur den trivialen Kreis der Länge 0, der ein eulerscher Kreis ist. Für $n = 2$, also $V = \{v_1, v_2\}$, gibt es nur die Kante $\{v_1, v_2\}$, es ist also $z = 2$, und $P = (v_1, v_2)$ ist ein eulerscher Weg.

Wir nehmen nun an, dass für Graphen mit n Knoten die zu beweisende Aussage gilt. Es sei $G = (V, E)$ ein Graph mit $|V| = n + 1$. Zunächst wird der Fall $z = 2$ betrachtet. Es seien $u, v \in V$, $u \neq v$, die beiden Knoten mit $d(u)$ und $d(v)$ ungerade. Ohne Beschränkung der Allgemeinheit starten wir mit u und konstruieren einen von u ausgehenden Weg P sukzessive wie folgt: Ist $P' = (u = v_1, v_2, \dots, v_r)$ ein einfacher Weg, so suchen wir eine noch nicht durchlaufene Kante $\{v_r, v_{r+1}\} \in E$ und bilden den Weg

$P'' = (u, v_2, \ldots, v_r, v_{r+1})$. Da nur u und v einen ungeraden Grad haben, kann jeder Knoten $v_{r+1} \neq v$, der eine eingehende Kante hat, über eine andere noch nicht betretene Kante wieder verlassen werden. Die Konstruktion endet daher mit einem einfachen Weg $P = (u, v_2, \ldots, v_s = v)$, wobei v nicht mehr verlassen werden kann.

Enthält P alle Kanten von G, so ist er ein eulerscher Weg. Anderenfalls sei E_P die Menge aller Kanten des Weges P, und wir definieren den Teilgraphen $G' = (V, E \setminus E_P)$ von G. In G' hat v den Grad 0 und ist dort ein isolierter Punkt. Daher zerfällt G' in Zusammenhangskomponenten Z_1 bis Z_r mit jeweils höchstens n Knoten, wobei wir isolierte Punkte (wie beispielsweise v) außer Acht lassen wollen. Jeder Knoten (auch u) hat in G' einen geraden Grad. Daher besitzen die Komponenten Z_1 bis Z_r nach Induktionsannahme eulersche Kreise K_1 bis K_r. Da es keine Kanten zwischen den verschiedenen Komponenten Z_ρ und damit auch nicht zwischen den Kreisen K_ρ gibt, G jedoch zusammenhängend ist, muss jedes K_ρ mindestens einen Knoten von P besitzen, etwa v'_ρ. Nun können wir P und die eulerschen Kreise K_ρ zu einem eulerschen Weg zusammenfügen.

Wir gehen von P aus und setzen der Reihe nach die Kreise K_ρ ein. Es sei $P' = (u, \ldots, v'_\rho, \ldots, v)$ ein einfacher Weg, der noch nicht $K_\rho = (v'_\rho, v'', \ldots, v''', v'_\rho)$ enthält. Dann ist $P'' = (u, \ldots, v'_\rho, v'', \ldots, v''', v'_\rho, \ldots, v)$ ebenfalls ein einfacher Weg. Insgesamt erhalten wir einen einfachen Weg, der alle Kanten von G enthält, also einen eulerschen Weg.

Für den Fall $z = 0$ gehen wir von einem beliebigen Knoten $u \in V$ aus und erhalten mit der obigen Konstruktion zunächst einen einfachen Kreis von u nach u. Der Teilgraph G' von G wird wie zuvor definiert. In G' hat u den Grad 0, sodass die Zusammenhangskomponenten von G' höchstens n Knoten haben und die Induktionsannahme angewendet werden kann. Wie für $u \neq v$ erhalten wir einen eulerschen Weg von u nach $v = u$, der wegen $u = v$ ein eulerscher Kreis von G ist. $\square$

Aus dem Beweis von Satz 5.19 kann leicht ein Algorithmus zur Bestimmumg von eulerschen Wegen gewonnen werden, der bei geeigneter Implementierung in Linearzeit arbeitet.

Da der Satz auch für Multigraphen gilt und im Graphen für das Königsberger Brückenproblem jeder der vier Knoten einen ungeraden Grad hat, ist das Problem nicht lösbar. Man kann das Königsberger Brückenproblem auch mit einem schlichten Graphen darstellen (siehe Aufgabe 12).

Beispiel 5.19 Der Graph (b) aus Beispiel 5.1, der auch als „Haus des Nikolaus" bezeichnet wird, hat zwei Knoten ungeraden Grads und besitzt daher einen eulerschen Weg, jedoch keinen eulerschen Kreis. Mit jeder Silbe des Satzes „Dies ist das Haus des Nikolaus" ist eine Kante zu zeichnen. Um Erfolg zu haben, muss man mit einem der unteren Knoten beginnen und am anderen unteren Knoten enden.

Alle $2n$ Knoten des vollständigen Graphen K_{2n} haben einen ungeraden Grad. Für $n > 1$ besitzen diese vollständigen Graphen also keine eulerschen Wege oder Kreise. Der

Grad der Knoten eines vollständigen Graphen K_{2n+1}, $n \geq 1$, ist immer gerade, sodass diese Graphen jeweils eulersche Kreise enthalten.   □

1857 hat *Sir William Rowan Hamilton* ein Spiel erfunden, bei dem auf einer Landkarte, die dem Graphen (e) von Satz 5.18 (dem Dodekaeder) entspricht, eine Rundreise (ein einfacher Kreis) zu finden ist, bei der jede Stadt (Knoten) genau einmal besucht wird. Eine Lösung dieses Problems ist durch den folgenden Graphen gegeben, wobei die Kanten der Rundreise durch die dicker gezeichneten Kanten bestimmt sind.

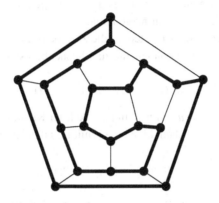

Definition 5.26 Es sei G ein Graph. Ein *hamiltonscher Weg* von G ist ein elementarer Weg von G, der jeden Knoten von G genau einmal enthält. Ist er ein elementarer Kreis, so wird er *hamiltonscher Kreis* genannt. In diesem Fall heißt G *hamiltonscher Graph*.   □

Neben dem Graphen für das Dodekaeder ist offenbar auch jeder vollständige Graph ein hamiltonscher Graph. Wir können uns K_n durch die Knoten $\{1, \ldots, n\}$ gegeben denken. Jeder hamiltonsche Kreis kann durch $(1, v_2, \ldots, v_n, 1)$ beschrieben werden, wobei $v_2, \ldots, v_n$ eine Permutation der Knoten 2 bis n ist. Da die Kreise $(1, v_2, \ldots, v_n, 1)$ und $(1, v_n, \ldots, v_2, 1)$ bei einem ungerichteten Graphen übereinstimmen, erhält man genau $\frac{(n-1)!}{2}$ hamiltonsche Kreise für K_n.

Da eulersche und hamiltonsche Graphen ähnlich definiert sind, könnte man erwarten, dass es entsprechend Satz 5.19 eine einfache Charakterisierung von hamiltonschen Graphen gibt. Eine solche ist allerdings, trotz intensiver Bemühungen, bis heute nicht gefunden worden. Es existiert aber eine Reihe von hinreichenden Bedingungen für hamiltonsche Graphen, die jedoch kein Verfahren liefern, einen derartigen Kreis zu bestimmen. Ein solches Teilergebnis wird durch den folgenden Satz gegeben.

Satz 5.20 Es sei G ein Graph mit $n \geq 3$ Knoten. Hat jeder Knoten einen Grad $\geq \frac{n}{2}$, dann ist G ein hamiltonscher Graph.

Beweis Wir nehmen an, dass $G = (V, E)$ kein hamiltonscher Graph ist, und führen diese Annahme zum Widerspruch. Durch Hinzufügen neuer Knoten, die jeweils mit allen Knoten von G durch eine Kante verbunden werden (im ungünstigsten Fall n neue Knoten), kann G zu einem hamiltonschen Graphen erweitert werden. Es sei r die minimale Anzahl derartiger Knoten und $G' = (V', E')$ der entsprechende hamiltonsche Graph.

Es sei $K = (u, x, v, \ldots, u)$ ein hamiltonscher Kreis in G' mit $u, v \in V$ und $x \in V' \backslash V$. Zwei aufeinanderfolgende neue Knoten $x, y \in V' \backslash V$ können auf einem solchen Kreis nicht vorkommen, da sie nach Konstruktion von G' nicht miteinander verbunden sind. Die Knoten u und v sind nicht benachbart, da sonst wegen $n \geq 3$ der neue Knoten x überflüssig wäre, im Widerspruch zur Minimalität von r.

Wir überlegen uns weiter, dass Knoten v', die zu v benachbart sind, auf dem Kreis K nicht direkt auf Knoten u' folgen können, die zu u benachbart sind. Anderenfalls hätte der Kreis die Darstellung

$$K = (u, x, v, \ldots, u', v', \ldots, u).$$

Wenn wir den Teilweg $(v, \ldots, u')$ von K in umgekehrter Richtung durchlaufen, also den Teilweg $(u', \ldots, v)$ betrachten, dann können wir mit ihm den Kreis

$$(u, u', \ldots, v, v', \ldots, u)$$

konstruieren, der ohne x auskommt und davon abgesehen dieselben Knoten wie K enthält. Dies widerspricht der Minimalität von r.

Wir definieren jetzt

$$N(u) = \text{Menge der Nachbarn von } u \text{ in } G',$$
$$N(v) = \text{Menge der Nachbarn von } v \text{ in } G',$$
$$F = \text{Menge der Knoten von } G', \text{ die auf } K \text{ direkt}$$
$$\text{auf einen Knoten von } N(u) \text{ folgen.}$$

Ein Knoten aus $N(v) \cap F$ wäre also ein Nachbar von v, der einem Nachbarn von u auf dem Kreis folgt. Solche Knoten gibt es nach den vorhergehenden Überlegungen jedoch nicht. Es folgt $N(v) \cap F = \emptyset$. Nach Konstruktion von G' gilt $|N(v)| \geq \frac{n}{2} + r$ und $|F| = |N(u)| \geq \frac{n}{2} + r$. Wir erhalten $|N(v) \cup F| = |N(v)| + |F| \geq n + 2r$. Da alle Knoten der disjunkten Vereinigung $N(v) \cup F$ zu G' gehören, widerspricht die letzte Ungleichung der Eigenschaft, dass G' genau $n + r$ Knoten enthält. $\square$

Die platonischen Graphen (a) und (b) aus Satz 5.18 erfüllen die Voraussetzung des Satzes 5.20 und sind daher hamiltonsche Graphen. Die platonischen Graphen (c), (d) und (e) erfüllen die Voraussetzung nicht, obwohl sie hamiltonsche Graphen sind.

Wir wollen jetzt noch kurz das Problem des Handlungsreisenden behandeln, das eng mit hamiltonschen Graphen zusammenhängt. Zunächst benötigen wir die folgende

Definition 5.27 (G, w) heißt *gewichteter Graph* (oder *bewerteter* Graph), wenn $G = (V, E)$ ein Graph und $w : E \to \mathbb{R}$ eine Abbildung ist, die jedem $\{v_1, v_2\} \in E$ sein *Gewicht* $w(\{v_1, v_2\})$ zuordnet. $\square$

Gelegentlich wird ein gewichteter Graph auch *Netzwerk* genannt, wobei es bei Definitionen von Netzwerken für gerichtete Graphen üblich ist, zusätzlich zwei verschiedene spezielle Knoten q und s (Quelle und Senke) zu fordern.

Das *Problem des Handlungsreisenden* (*Traveling Salesman Problem*) besteht darin, dass er eine Rundreise über eine Anzahl von Städten S_i, $i \in \{1, \dots, n\}$, machen möchte. Dabei gibt es gewisse Kosten d_{ij}, um von S_i zu S_j zu gelangen. Der Handlungsreisende sucht eine Rundfahrt, die jede Stadt genau einmal berührt und optimal ist, also minimale Kosten verursacht. Er sucht also eine Permutation $(i_1, \dots, i_n)$ der Zahlen $1, \dots, n$, sodass $d_{i_1 i_2} + d_{i_2 i_3} + \dots + d_{i_n i_1}$ minimal ist. Dies Problem kann durch einen gewichteten Graphen dargestellt werden, wobei die Städte durch die Knoten und die Kosten durch die Gewichte der Kanten repräsentiert werden. In dem folgenden Beispiel sind die Kosten durch natürliche Zahlen gegeben.

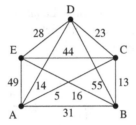

Die Kanten einer Rundreise bilden einen hamiltonschen Kreis. Da es hier $\frac{4!}{2}$ hamiltonsche Kreise gibt, kann man alle überprüfen. Man stellt fest, dass (A, C, B, E, D, A) eine Rundreise mit minimalen Kosten ist. Es ist klar, dass diese Methode, eine minimale Rundreise zu bestimmen, für große n praktisch undurchführbar ist. Die Frage ist, ob es andere Algorithmen gibt, die eine minimale Lösung in polynomialer Zeit finden. Dies ist offen.

Zu jedem Optimierungsproblem gibt es ein zugehöriges Entscheidungsproblem, das fragt, ob es eine Lösung gibt, die größer bzw. kleiner einer vorgegebenen Schranke ist. Ein solches Problem hat nur die Antwort „ja" oder „nein". Wenn das Optimierungsproblem in polynomialer Zeit zu lösen ist, dann ist offenbar das zugehörige Entscheidungsproblem in polynomialer Zeit entscheidbar. Im Fall des Problems des Handlungsreisenden gibt man für das Entscheidungsproblem eine Kostengrenze L vor und fragt, ob es eine Rundreise gibt, die diese Kosten nicht überschreitet. Dieses Problem ist ein sogenanntes *NP-vollständiges Problem*. Das bedeutet zum einen, dass es zur Klasse *NP* gehört, die aus genau den Entscheidungsproblemen besteht, bei denen für eine eventuelle Lösung in polynomialer Zeit überprüft werden kann, ob sie tatsächlich eine Lösung ist. In unserem speziellen Fall muss man für eine beliebige Rundreise nur überprüfen können, ob sie die

Kostengrenze nicht überschreitet. Das ist sicherlich in linearer Zeit bezüglich der Zahl n der Städte möglich. Zum anderen gehört es zu den in *NP* schwierigsten Problemen: Wäre das Entscheidungsproblem des Handlungsreisenden in polynomialer Zeit entscheidbar (wir sagen dann, dass es zur Klasse P gehört), dann würde das für jedes andere Problem aus *NP* gelten. Wir erhielten $P = NP$, und damit wäre das $P = NP$-Problem von Beispiel 1.4 gelöst.

Die Begriffe im Zusammenhang mit der *NP*-Vollständigkeit sind hier nur intuitiv und recht unpräzise definiert worden, sie können jedoch mathematisch genau gefasst werden. Dies wird intensiv in der theoretischen Informatik untersucht (als ersten Einstieg siehe zum Beispiel [45, 92]).

5.6 Färbungen von Graphen

Schon im 19. Jahrhundert hat man sich mit der Frage beschäftigt, wie viele Farben man benötigt, um auf einer Landkarte Länder mit einer gemeinsamen Grenze verschieden zu färben, wobei ein umgebendes Meer sich von den Anrainerstaaten durch eine andere, in der Regel blaue Farbe unterscheidet. Die linke Landkarte der folgenden Abbildung kann offenbar mit drei Farben gefärbt werden, die rechte, wie man sich überlegen kann, mit vier, aber nicht mit weniger Farben.

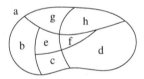

Wir werden in Satz 5.22 zeigen, dass bei einer beliebigen Karte immer fünf Farben ausreichen. Es wurde vermutet, dass vier Farben genügen, aber erst 1977 konnte dies bewiesen werden (siehe Bemerkungen zu Satz 5.23).

Jede Landkarte kann als ein planarer Graph aufgefasst werden, in dem die Punkte, an denen Grenzlinien zusammentreffen, als Knoten und die Grenzstücke zwischen zwei solchen Punkten als Kanten eines Graphen gedeutet werden. Die linke Landkarte hätte dann allerdings drei parallele Kanten. Um dies zu vermeiden, wird in zwei dieser Kanten jeweils ein Knoten zusätzlich eingeführt, und wir erhalten das linke Diagramm aus der nächsten Abbildung. Die rechte Landkarte lässt sich ohne solche Einfügungen in den planaren Graphen des unten stehenden rechten Diagramms umwandeln.

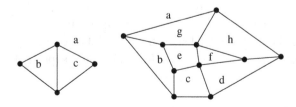

Die Färbung der Landkarte wird jetzt durch die Färbung der Flächen des entsprechen-
den Diagramms ersetzt, wobei das Außengebiet zusätzlich gefärbt wird. Da kein Land
eine Grenze mit sich selbst hat, gibt es keine *Brücke*, das heißt keine Kante $\{v_1, v_2\}$, deren
Entfernung die Anzahl der Zusammenhangskomponenten des Graphen erhöhen würde.
Eine Brücke ist offenbar der einzige elementare Weg von v_1 nach v_2 in dem gegebenen
Graphen. Eine Brücke ist beispielsweise in dem Diagramm

zu sehen, bei der sich auf ihren beiden Seiten das Außengebiet befindet.
Wir wollen jetzt die Begriffe exakter fassen.

Definition 5.28 Eine *Landkarte* ist ein ebenes Diagramm eines brückenfreien planaren
Graphen. Für $k \in \mathbb{N}$ heißt eine Landkarte *k-flächenfärbbar*, wenn den Flächen k Farben
so zuzuordnen sind, dass benachbarte Flächen (Flächen mit gemeinsamer Kante) unterschiedlich gefärbt sind. □

Statt die Flächen zu färben, kann man natürlich auch die Knoten oder Kanten färben. Wir
befassen uns hier mit der Knotenfärbung.

Definition 5.29 Es sei $G = (V, E)$ ein Graph. Er heißt *k-färbbar* (genauer *k-kno-
tenfärbbar*), wenn die Knoten von V so gefärbt werden können, dass bei jeder Kante
$\{v_1, v_2\} \in E$ die Knoten v_1 und v_2 verschieden gefärbt sind. Die *chromatische Zahl* $\chi(G)$
ist das kleinste $n \in \mathbb{N}$, für das G n-färbbar ist. □

Beispiel 5.20 Wir geben für einige Graphen, die wir in den vorangegangenen Abschnitten eingeführt haben, die chromatische Zahl an. Für den vollständigen Graphen K_n gilt
offenbar $\chi(K_n) = n$, da jede Kante mit jeder anderen verbunden ist. Beim vollständigen
bipartiten Graphen $K_{n,m}$ kann man die Knoten der zugehörigen Mengen X und Y (siehe Definition 5.5) durch jeweils eine Farbe färben, da die Knoten innerhalb X bzw. Y
nicht miteinander verbunden sind. Somit ergibt sich $\chi(K_{n,m}) = 2$. Bei einem elementaren
Kreis C_n mit n, $n \geq 3$, Knoten gilt offenbar $\chi(C_n) = 2$ bei geradem n und $\chi(C_n) = 3$ bei
ungeradem n. □

Der nächste Satz zeigt den Zusammenhang zwischen der k-Flächenfärbbarkeit von Landkarten und der k-Färbbarkeit von planaren Graphen.

Satz 5.21 Es sei $k \in \mathbb{N}$. Dann sind alle Landkarten genau dann k-flächenfärbbar, wenn
alle planaren Graphen k-färbbar sind.

Beweis Wir gehen zunächst davon aus, dass alle planaren Graphen k-färbbar sind, und zeigen, dass eine beliebige Landkarte G k-flächenfärbbar ist.

Aus der Landkarte G konstruieren wir einen planaren Graphen G' wie folgt. In jede Fläche von G zeichnen wir einen Punkt und fassen ihn als Knoten von G' auf. Solche Punkte in benachbarten Flächen werden durch eine Linie verbunden, die als Kante von G' interpretiert wird (siehe Beispiel 5.21). Offenbar ist G' ein planarer Graph mit der Eigenschaft, dass zwei Knoten genau dann benachbart sind, wenn die entsprechenden Flächen in der Landkarte G benachbart sind. Da G' nach Voraussetzung k-färbbar ist, muss daher G k-flächenfärbbar sein.

Für die Umkehrung gehen wir davon aus, dass alle Landkarten k-flächenfärbbar sind. Es sei H ein beliebiger planarer Graph. Wir beweisen die k-Färbbarkeit von H. Ohne Beschränkung der Allgemeinheit können wir annehmen, dass H zusammenhängend ist, denn wenn jede Zusammenhangskomponente k-färbbar ist, dann ist es auch der gesamte Graph. Wir gehen von einem festen ebenen Diagramm von H aus. In jede Fläche des Diagramms zeichnen wir einen Punkt. Für jede Kante von H betrachten wir die beiden benachbarten Flächen und die beiden gezeichneten Punkte. Wir zeichnen eine Linie zwischen diesen Punkten, die genau diese Kante schneidet (siehe Beispiel 5.21). Es ist klar, dass die Linien so gezeichnet werden können, dass sie sich nicht schneiden. Wenn wir die Punkte wieder als Knoten und die Linien als Kanten auffassen, dann heißt das so entstandene Diagramm der *geometrische Dualgraph* H^* von H. Da Parallelkanten und Schlingen entstehen können, handelt es sich dabei im Allgemeinen um das ebene Diagramm eines Multigraphen. Wenn wir in jede Mehrfachkante einen Knoten einfügen und in jede Schlinge zwei Knoten, dann erhalten wir das ebene Diagramm eines planaren Graphen H'. Es ist H^* und damit H' brückenfrei, denn anderenfalls wäre die Brücke in H^* aus einer Schlinge in H entstanden, die es dort jedoch nicht gibt. Folglich ist H' eine Landkarte. Die Konstruktion zeigt, dass zwei Knoten in H genau dann benachbart sind, wenn ihre zugehörigen Flächen in H' benachbart sind. Da die Landkarte H' k-flächenfärbbar ist, muss daher H k-färbbar sein. $\square$

Beispiel 5.21 Gemäß der ersten Beweisrichtung von Satz 5.21 wird aus dem Graphen der Landkarte G der planare Graph G' konstruiert:

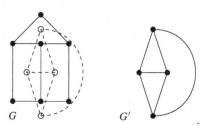

Gemäß der zweiten Beweisrichtung von Satz 5.21 wird aus dem planaren Graphen H zunächst der geometrische Dualgraph H^* konstruiert, der durch Einfügen zusätzlicher

Knoten bei der Schlinge und den parallelen Kanten zum brückenfreien Graphen H', also
zur Landkarte H', wird:

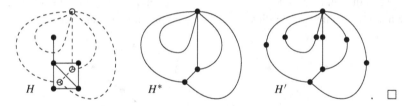

Die Möglichkeit der 5-Färbbarkeit einer Landkarte wird wegen Satz 5.21 jetzt durch den
folgenden Satz bewiesen.

Satz 5.22 Jeder planare Graph ist 5-färbbar.

Beweis Wir beweisen die Aussage des Satzes durch Induktion über die Anzahl der Knoten. Besitzt ein planarer Graph höchstens fünf Knoten, so ist die Aussage des Satzes
offenbar richtig. Es habe jetzt $G = (V, E)$ $n + 1$ Knoten, $n \geq 5$, und nach Induktionsannahme gelte die Aussage des Satzes für jeden planaren Graphen mit n Knoten. Nach
Satz 5.15 besitzt G einen Knoten $v \in V$ des Grads $d(v) \leq 5$. Aus G wird ein Teilgraph
H konstruiert, der aus G durch Entfernung von v und den zugehörigen (höchstens fünf)
Kanten entsteht. Nach Induktionsannahme färben wir H mit fünf Farben. Die Farben bezeichnen wir mit $1, 2, 3, 4$ und 5. Hat v in G einen Grad $d(v) \leq 4$, so kommt eine der fünf
Farben nicht bei einem Nachbarn von v vor, etwa j. Durch Färbung von v mit j erhalten
wir insgesamt eine 5-Färbung von G.

Es bleibt der Fall $d(v) = 5$ zu betrachten. Kommen nicht alle fünf Farben bei den
Nachbarn von v vor, so ist G offenbar 5-färbbar. Anderenfalls hat jeder der Nachbarn v_i,
$i \in \{1, 2, 3, 4, 5\}$, eine andere Farbe, wobei wir annehmen wollen, dass die Farbe i zum
Knoten v_i gehört.

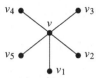

Im Folgenden benötigen wir zwei Teilgraphen von H. Es ist H_{13} der Teilgraph, der von
den mit 1 und 3 gefärbten Knoten aufgespannt wird (siehe Definition 5.3). H_{24} wird entsprechend von den mit 2 und 4 gefärbten Knoten von H aufgespannt.

Wir nehmen zunächst an, dass v_1 und v_3 in verschiedenen Zusammenhangskomponenten von H_{13} liegen. In diesem Fall können wir in der Zusammenhangskomponente, zu der
v_1 gehört, die Farben 1 und 3 vertauschen, wobei die 5-Färbbarkeit von H erhalten bleibt.
Dann ist v_1 mit 3 gefärbt und kein Nachbar von v mit 1. Durch die Färbung von v mit 1
erhalten wir so eine 5-Färbung von G.

Gehören v_1 und v_3 zur gleichen Zusammenhangskomponente von H_{13}, dann existiert ein elementarer Weg $P = (v_1, \ldots, v_3)$ in H, der nur mit 1 oder 3 gefärbt ist. Diesen können wir zu einem elementaren Kreis $(v_1, \ldots, v_3, v, v_1)$ im planaren Graphen G erweitern. Da die Knoten v_2, v_4 und v_5 auf diesem Kreis nicht vorkommen, befinden

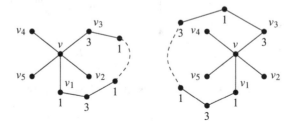

sich innerhalb dieses Kreises entweder v_2 oder aber v_4 und v_5. Daher besitzt ein elementarer Weg von v_2 nach v_4 in H auf jeden Fall einen Knoten, der mit 1 oder 3 gefärbt ist. Folglich gehören v_2 und v_4 zu verschiedenen Zusammenhangskomponenten von H_{24}. Entsprechend den vorhergehenden Überlegungen vertauschen wir in der Komponente, in der v_2 liegt, die Farben 2 und 4. Damit ist v_2 mit 4 gefärbt. Dies ändert nichts an der 5-Färbbarkeit von H. Kein Nachbar von v ist mit 2 gefärbt. Wir können jetzt v mit 2 färben und erhalten damit eine 5-Färbung für G. □

1852 hat *F. Guthrie* die Richtigkeit des Vierfarbensatzes (Satz 5.23) vermutet. Aber erst 1977 haben ihn *K. Appel, W. Haken* und *J. Koch* unter Einsatz eines Computers bewiesen. Die Korrektheit der dabei verwendeten Programme für die vielen Fallunterscheidungen ließ sich kaum überprüfen. Es mussten mehr als 1936 (später reduziert zu 1476) Fälle betrachtet werden. Daher wurde dieser Beweis noch nicht allgemein akzeptiert. 1997 haben *N. Robertson, D. P. Sanders, P. Seymour* und *R. Thomas* einen ähnlichen Beweis mit nur noch 633 Fallunterscheidungen vorgestellt. Schließlich haben *B. Werner* und *G. Gonthier* 2004 einen Beweis des Satzes innerhalb eines Beweissystems (des Coq-Beweissystems) formalisiert. Hier muss man nur noch dem Coq-Beweissystem vertrauen.

Satz 5.23 *(Vierfarbensatz)* Jeder planare Graph ist 4-färbbar. □

Beim Beweis des Satzes konnten effiziente Algorithmen gefunden werden, die mit einem Zeitbedarf der Ordnung $O(n^2)$ eine 4-Färbung finden, wobei n die Anzahl der Knoten ist. Ob drei Farben bei planaren Graphen reichen, ist jedoch ein *NP*-vollständiges Problem und lässt sich daher im Allgemeinen nicht in vernünftiger Zeit lösen. Für einen beliebigen Graphen ist die Frage, ob er k-färbbar ist, für $k \geq 3$ *NP*-vollständig (siehe [76]), für $k = 1$ und $k = 2$ gehört das Problem zur Klasse *P* und ist daher in polynomialer Zeit entscheidbar.

5.7 Matchingprobleme

Ein bekanntes Problem ist das *Heiratsproblem*. Gewisse Frauen können sich vorstellen, gewisse Männer zu heiraten. Was muss erfüllt sein, damit jede der n Frauen einen ihrer Wunschkandidaten heiraten kann (die Männer werden nicht gefragt!). Offenbar ist es dafür notwendig, dass je $k \leq n$ Frauen mindestens k verschiedene Männer heiraten würden. Wir werden in Satz 5.26 sehen, dass diese Bedingung schon hinreichend ist.

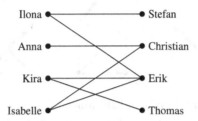

Der Graph dieser Heirat ist bipartit (siehe Definition 5.5).

Definition 5.30 Es sei $G = (V, E)$ ein bipartiter Graph. Eine *Heirat* von G ist eine Kantenmenge $M \subseteq E$, sodass keine zwei Kanten aus M einen gemeinsamen Knoten besitzen. $\square$

Das Heiratsproblem besteht darin, eine Heirat des entsprechenden bipartiten Graphen zu finden, bei dem mit der Menge S der Frauen $|M| = |S|$ gilt. Alle Frauen können dann heiraten. In unserem Beispiel ist eine Heirat durch die Menge der Kanten {(Ilona,Stefan), (Anna,Christian), (Kira,Thomas), (Isabelle,Erik)} gegeben, die dieselbe Mächtigkeit 4 wie die Anzahl der Frauen hat.

Eine Heirat ist ein Spezialfall des allgemeinen Matchingproblems.

Definition 5.31 Es sei $G = (V, E)$ ein Graph.

(a) Eine Kantenmenge $M \subseteq E$ heißt *Matching* von G, wenn keine zwei Kanten aus M einen gemeinsamen Knoten besitzen.

(b) Es sei M ein Matching von G. Ein Knoten $v \in V$ heißt M-*gesättigt*, wenn er zu einer Kante von M gehört. Anderenfalls wird er M-*ungesättigt* genannt.

(c) Ein Matching M von G heißt *perfektes Matching*, wenn jeder Knoten von G M-gesättigt ist.

(d) M wird *maximales Matching* von G genannt, wenn es unter allen Matchings von G die größte Anzahl von Kanten besitzt. $\square$

Um das Heiratsproblem zu lösen, müssen wir zeigen, dass alle Knoten des bipartiten Graphen, die den Frauen zugeordnet sind, M-gesättigt sind. In Satz 5.26 geben wir dafür eine äquivalente Bedingung an.

Beispiel 5.22 Wir betrachten den Graphen (b) aus Beispiel 5.1 und geben durch die „dicken" Kanten drei Matchings an.

Die drei Matchings sind alle maximal, jedoch nicht perfekt, da es offenbar jeweils genau einen M-ungesättigten Knoten gibt. Das vor Definition 5.31 angegebene Beispiel der Heirat ist ein perfektes Matching, das auch maximal ist. ☐

Definition 5.32 Es sei $G = (V, E)$ ein Graph und $M \subseteq E$ ein Matching in G. Ein M-*alternierender* Weg $P = (v_1, \ldots, v_{k+1})$ in G ist ein elementarer Weg mit der Eigenschaft

$$\{v_i, v_{i+1}\} \in M \iff \{v_{i+1}, v_{i+2}\} \in E \setminus M \text{ für } i \in \{1, \ldots, k-1\}.$$

Der M-alternierende Weg P heißt M-*Ergänzungsweg*, wenn die Knoten v_1 und v_{k+1} M-ungesättigt sind. ☐

Da der Weg elementar ist, sind alle Knoten eines M-alternierenden Weges voneinander verschieden. Wir erkennen, dass bei einem M-Ergänzungsweg die erste und letzte Kante zu $E \setminus M$ gehören und alle „inneren" Knoten M-gesättigt sind, also zu Kanten von M gehören. Ein M-gesättigter Knoten gehört zu genau zwei Kanten auf P. Ein M-Ergänzungsweg enthält genau eine Kante von $E \setminus M$ mehr als von M. Wenn man aus dem M-Ergänzungsweg die Kanten aus M entfernt, erhält man offenbar ein Matching von G.

Beispiel 5.23 Wir betrachten einen (bipartiten) Graphen G mit einem Matching M. M hat den M-Ergänzungsweg P. Nach dem folgenden Satz 5.24 erhalten wir daraus ein größeres Matching M'.

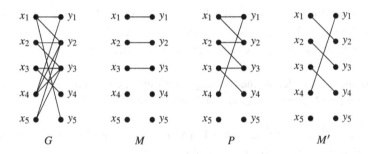

$$G \qquad M \qquad P \qquad M'$$

M' besitzt einen M'-Ergänzungsweg P'. Wir erhalten damit das Matching M'', für das es keinen M''-Ergänzungsweg gibt. Man erkennt, dass M'' maximal ist. Dies muss auch nach dem folgenden Satz 5.25 gelten.

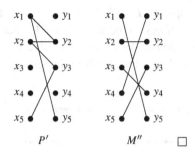

$$P' \qquad M'' \qquad \square$$

Satz 5.24 Es sei G ein Graph, M ein Matching von G und P ein M-Ergänzungsweg. Dann existiert ein Matching M' mit $|M'| > |M|$, das durch $M' = (K(P)\backslash M) \cup (M\backslash K(P))$ definiert wird. Dabei ist $K(P)$ die Menge der Kanten von P.

Beweis Es gilt $M' = (K(P)\backslash M) \cup (M\backslash K(P)) = (K(P) \cup M)\backslash(K(P) \cap M)$. Da $K(P)$ (siehe Bemerkung vor Beispiel 5.23) eine Kante von $K(P)\backslash M$ mehr enthält als von M, wird beim Entfernen der Kanten von $K(P) \cap M$ aus $K(P) \cup M$ eine Kante weniger entfernt als in $K(P)\backslash M$ enthalten ist. Wegen $|K(P) \cup M| = |M| + |K(P)\backslash M|$ ist daher $|M'| = |M| + 1$. Wir stellen weiter fest, dass die Kanten aus $M\backslash K(P)$ und $K(P)$ (und damit erst recht auch $K(P)\backslash M$) keine gemeinsamen Knoten besitzen. Wäre nämlich v ein solcher gemeinsamer Knoten, dann könnte er zunächst nicht gleich dem ersten Knoten v_1 oder dem letzten Knoten v_{k+1} des M-Ergänzungswegs P sein, da diese Knoten M-ungesättigt sind. Daher ist v ein innerer Knoten von P und somit ein Knoten, der zu einer Kante von M auf P gehört. Gleichzeitig ist aber v auch ein Knoten einer Kante aus $M\backslash K(P)$. Zwei verschiedene Kanten von M besitzen also v als Knoten. Das widerspricht jedoch der Matchingeigenschaft von M.

$M \backslash K(P)$ ist offensichtlich ein Matching. Ebenso ist es $K(P) \backslash M$, was wir im Anschluss an Definition 5.32 festgestellt haben. Da die Kanten beider Mengen keine gemeinsamen Knoten haben, ist ihre Vereinigung M' ein Matching. $\square$

Dieser Satz rechtfertigt den Namen M-Ergänzungsweg, da mithilfe eines solchen Wegs aus M ein um eine Kante vergrößertes Matching konstruiert wird.

Satz 5.25   Es sei $G = (V, E)$ ein Graph. Ein Matching M von G ist genau dann maximal, wenn es in G keinen M-Ergänzungsweg gibt.

Beweis   Satz 5.24 beweist, dass ein maximales Matching keinen M-Ergänzungsweg besitzen kann. Für die andere Beweisrichtung zeigen wir, dass für jedes Matching M, für das es ein größeres Matching $\hat{M}$ gibt, ein M-Ergänzungsweg existiert.

Es sei $\hat{G} = (V, \hat{E})$ der Graph mit $\hat{E} = (M \backslash \hat{M}) \cup (\hat{M} \backslash M)$. Die Kanten von $\hat{G}$ liegen also in genau einem der Matchings M oder $\hat{M}$. Jeder Knoten von $\hat{G}$ gehört somit zu höchstens zwei Kanten. Das bedeutet, dass $\hat{E}$ eine disjunkte Vereinigung von elementaren Kreisen und Wegen ist wie in dem folgenden Bild, in dem die Kanten aus M dicker als die von $\hat{M}$ gezeichnet sind.

In jedem elementaren Kreis wechseln sich die Kanten von M und $\hat{M}$ ab, da ein Matching nicht zwei Kanten mit gemeinsamen Knoten besitzt. Daher ist in jedem Kreis die Anzahl der Kanten von M gleich derjenigen von $\hat{M}$. Andererseits besitzt aber $\hat{G}$ mehr Kanten von $\hat{M}$ als von M. Daher gibt es einen maximalen Weg $P = (v_1, \ldots, v_{k+1})$ in $\hat{G}$, auf dem mehr Kanten von $\hat{M}$ als von M liegen. Dies ist nur möglich, wenn die erste Kante $\{v_1, v_2\}$ und die letzte Kante $\{v_k, v_{k+1}\}$ zu $\hat{M}$ gehören. Da P maximal ist, sind v_1 und v_{k+1} M-ungesättigt, da sonst P durch eine Kante von M verlängert werden könnte. Folglich ist P ein M-Ergänzungsweg. $\square$

Aus diesem Satz ergibt sich unmittelbar der folgende Algorithmus zur Bestimmung eines maximalen Matchings in einem beliebigen Graphen.

Algorithmus 5.5
Eingabe: Graph $G = (V, E)$.
Ausgabe: ein maximales Matching $M \subseteq E$.

$\qquad M := \emptyset;$

$\qquad$ **while** ein M-Ergänzungsweg W existiert

$\qquad\qquad$ **do** $M := M'$ mit M' aus Satz 5.24 **od** $\square$

Die Schwierigkeit bei diesem Algorithmus ist die Bestimmung eines M-Ergänzungsweges, falls er existiert. Eine Lösung findet sich in [13].

Im Folgenden wenden wir uns dem Heiratsproblem zu. Wir betrachten also wieder bipartite Graphen. Für eine Menge S von Knoten eines Graphen G bezeichnen wir mit $N(S)$ die Menge aller Knoten von G, die zu Knoten von S adjazent sind. $N(S)$ ist also die Menge aller Nachbarn der Knoten von S. Die Menge der Frauen entspricht der Menge X des folgenden Satzes.

Satz 5.26 Es sei $G = (V, E)$ ein bipartiter Graph mit Mengen $X \subseteq V$ und $Y \subseteq V$ entsprechend Definition 5.5(a). G besitzt genau dann ein Matching M, für das jeder Knoten von X M-gesättigt ist, wenn $|N(S)| \geq |S|$ für alle Teilmengen $S \subseteq X$ gilt.

Beweis Zunächst sei M ein Matching von G, für das jeder Knoten von X M-gesättigt ist, und es sei $S \subseteq X$. Jeder Knoten von S ist also M-gesättigt und daher ein Knoten einer Kante von M. Da G ein bipartiter Graph ist, führen die Kanten von M jeweils von einem Knoten in X zu einem Knoten in Y, sodass zwei Kanten von M keinen gemeinsamen Knoten besitzen. Daher folgt $|N(S)| \geq |S|$.

Umgekehrt gelte $|N(S)| \geq |S|$ für jedes $S \subseteq X$. Es sei M ein maximales Matching von G. Wir nehmen an, dass ein M-ungesättigter Knoten $u \in X$ existiert. Dann definieren wir die Menge

$$A = \{v \mid v \in V, \text{ es existiert ein } M\text{-alternierender Weg von } u \text{ nach } v\}.$$

Damit setzen wir

$$S = A \cap X \quad \text{und} \quad T = A \cap Y.$$

Wäre ein Knoten $v \in T \cup (S \setminus \{u\})$ M-ungesättigt, so wäre der M-alternierende Weg von u nach v ein M-Ergänzungsweg. Da M maximal ist, widerspricht dies Satz 5.25. Die Mengen T und $S \setminus \{u\}$ bestehen also nur aus M-gesättigten Knoten. Folglich haben alle M-alternierenden Wege aus der Definition von A die Gestalt

wobei $t_i \in T$, $s_i \in S$ und $\{t_i, s_i\} \in M$ für $i \in \{1, \dots, n\}$ mit einem geeigneten $n \in \mathbb{N}_0$ gilt. Jeder M-gesättigte Knoten von $S \setminus \{u\}$ ist mit einem M-gesättigten Knoten von T durch eine Kante von M verbunden. Da M ein Matching ist, folgt $|T| = |S| - 1$ und $N(S) = T$. Wir erhalten $|N(S)| = |T| = |S| - 1 < |S|$ im Widerspruch zu $|N(S)| \geq |S|$. Daher sind alle Knoten von X M-gesättigt. $\square$

5.8 Aufspannende Bäume und Wälder

Wir stellen uns vor, dass fünf Städte A, B, C, D und E mit Erdgas versorgt werden sollen, wozu Leitungen verlegt werden müssen. Die Baukosten, die bei einer Leitung zwischen zwei Städten entstehen würden, sind durch die Zahl (in Millionen €) angegeben, die sich an der zugehörigen Kante des linken Diagramms der folgenden Abbildung befindet. Für eine ausreichende Gasversorgung muss nicht jede Stadt mit jeder anderen verbunden werden. Um Baukosten zu sparen, reicht es, einen sogenannten aufspannenden Baum mit minimalen Kosten für den gewichteten Graphen zu finden. In unserem Beispiel handelt es sich dabei um das rechte Diagramm.

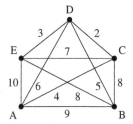 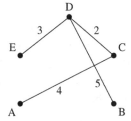

Allgemeiner betrachten wir (minimale) aufspannende Wälder.

Definition 5.33 Ein *aufspannender Wald* eines Graphen $G = (V, E)$ ist ein Wald $H = (V, E')$, für den es zu jeder Zusammenhangskomponente von G genau eine Zusammenhangskomponente (einen Baum) von H mit derselben Teilmenge von Knoten gibt. Falls G zusammenhängend ist, so ist es auch H. H wird in diesem Fall *aufspannender Baum* genannt. □

Man kann in einem zusammenhängenden Graphen G, der einen Kreis besitzt, diesen beseitigen, indem man genau eine Kante des Kreises entfernt, sodass der neue Graph zusammenhängend bleibt. Natürlich hat er dieselbe Anzahl der Knoten wie G. Wenn man auf diese Weise in jeder Zusammenhangskomponente eines beliebigen Graphen der Reihe nach alle Kreise entfernt, so erhält man schließlich einen aufspannenden Wald. Wir werden weiter unten Algorithmen angeben, die einen aufspannenden Wald konstruieren.

Definition 5.34 Es sei $G = (V, E)$ ein Graph und (G, w) ein gewichteter Graph. Ein *minimaler aufspannender Wald* von (G, w) ist ein aufspannender Wald $H = (V, E')$ von G mit minimalem Gewicht

$$w(H) = \sum_{e \in E'} w(e). \quad \square$$

Satz 5.27 Es sei $G = (V, E)$ ein Graph und

$$\mathcal{F} = \{A \subseteq E \mid (V, A) \text{ ist ein Wald}\}.$$

Dann existiert für beliebige $A, B \in \mathcal{F}$ mit $|A| = |B| + 1$ ein $a \in A \backslash B$ mit $B \cup \{a\} \in \mathcal{F}$.

Beweis Man beachte, dass alle Wälder von $\mathcal{F}$ dieselbe Knotenmenge V haben. Der Wald (V, A) besitzt eine Kante mehr als der Wald (V, B). Das bedeutet, dass es mindestens eine Kante $a \in A \backslash B$ gibt. Da a nicht zu B gehört, liegen die beiden Knoten von a in verschiedenen Zusammenhangskomponenten, also Bäumen von (V, B). Durch das Hinzufügen von a wird in B offenbar kein Kreis eingeführt, sondern aus den beiden Bäumen entsteht ein neuer Baum. Folglich ist $(V, B \cup \{a\})$ ein Wald, und es gilt $B \cup \{a\} \in \mathcal{F}$. □

Wir sehen sofort, dass für den Graphen $G = (V, E)$ das Paar $(E, \mathcal{F})$ ein Teilmengensystem ist (siehe Definition 4.18), denn für $A \in \mathcal{F}$ und $B \subseteq A$ folgt unmittelbar $B \in \mathcal{F}$. Wegen Definition 4.19 und Satz 5.27 erhalten wir

Satz 5.28 Es sei $G = (V, E)$ ein Graph und

$$\mathcal{F} = \{A \subseteq E \mid (V, A) \text{ ist ein Wald}\}.$$

Dann ist $(E, \mathcal{F})$ ein Matroid. □

Für einen gewichteten Graphen $(G, w) = ((V, E), w)$ mit dem Teilmengensystem $(E, \mathcal{F})$ können wir nun mithilfe des Greedy-Algorithmus (Algorithmus 4.3) ein maximales Element von $\mathcal{F}$ mit minimalem Gewicht bestimmen, also einen minimalen aufspannenden Wald.

Algorithmus 5.6 *(Algorithmus von Kruskal)*
Eingabe: Gewichteter Graph $(G, w) = ((V, E), w)$.
Ausgabe: Kantenmenge F eines minimalen aufspannenden Waldes.

> Sortiere die Kanten von E nach ihrem Gewicht: $w(e_1) \leq \ldots \leq w(e_k)$;
> $F := \emptyset$;
> **for** $i := 1$ **to** k **do**
> > **if** $(V, F \cup \{e_i\})$ ein Wald ist
> > **then** $F := F \cup \{e_i\}$
> > **fi**
> **od**. □

Der Algorithmus von *Kruskal* ist „gierig", indem er immer die jeweils kleinste Kante wählt. Diese Strategie wurde auch beim Beispiel zu Beginn dieses Abschnitts angewendet. Man konnte dabei nur eine einzige Lösung gewinnen. Im Allgemeinen gibt es jedoch mehrere Lösungsmöglichkeiten.

Satz 5.28 und Satz 4.23 liefern zusammen

Satz 5.29 Algorithmus 5.6 berechnet einen minimalen aufspannenden Wald F von (G, w). $\square$

Wenn man in Algorithmus 5.6 die Kanten nach absteigendem Gewicht sortiert, dann kann man mit ihm *maximale aufspannende Wälder* bestimmen.

Zur Bestimmung des Zeitbedarfs muss Algorithmus 5.6 detailliert ausformuliert werden. Das Sortieren ist in $O(k \log k)$ Schritten möglich (siehe beispielsweise [18]). Für den Test, ob $(V, F \cup \{e_i\})$ ein Wald ist, muss überprüft werden, ob durch die Kante e_i zwei verschiedene Zusammenhangskomponenten (Bäume) des aktuellen Waldes miteinander verbunden werden. Daher sollte man sich während des Ablaufs des Algorithmus die jeweiligen Zusammenhangskomponenten merken. In [18] wird gezeigt, dass der Zeitbedarf von der Ordnung $O(k \log |V|)$ ist.

In vielen Algorithmen für Graphen ist es eine Teilaufgabe, einen Graphen entlang der Kanten zu durchsuchen, wobei jeder Knoten erreicht wird und die Knoten entsprechend dem Zeitpunkt ihres erstmaligen Erreichens geordnet werden. Wir wollen hier zwei wichtige dieser Verfahren besprechen, die Tiefensuche und die Breitensuche. In beiden Fällen wird durch den Algorithmus ein aufspannender gerichteter Wald des ursprünglichen Graphen konstruiert.

Bei der *Tiefensuche* (DFS, depth-first search) startet man mit einem beliebigen Knoten s des Graphen und versucht, auf einem Weg von s ausgehend rekursiv so weit wie möglich „in die Tiefe" zu gehen und weitere Knoten zu besuchen. Ist dies nicht mehr möglich, geht man auf dem Weg zurück (*Backtracking*) bis zum ersten Knoten, der noch eine weitere nicht besuchte Verzweigung hat. Der Algorithmus folgt dann dieser Verzweigung nach demselben Verfahren. Sind schließlich alle von s ausgehenden Kanten durchlaufen, ist damit eine Zusammenhangskomponente des Graphen abgearbeitet. Man fährt dann mit einem noch nicht besuchten Knoten fort.

Wir beschreiben den Algorithmus genauer, und zwar durch den Hauptalgorithmus (Algorithmus 5.7) und den Algorithmus der Tiefensuche für einen Knoten v (Algorithmus 5.8). Dabei wollen wir davon ausgehen, dass die Knoten des Graphen zu Beginn, beispielsweise durch ihre Adjazenzlistendarstellung, in einer gewissen Reihenfolge vorliegen. Ein noch nicht besuchter Knoten ist *weiß*, wird er betreten, wird er *grau*. Sind alle von ihm ausgehenden Kanten abgearbeitet, so wird er schließlich *schwarz* gefärbt.

Algorithmus 5.7 *(Tiefensuche)*

Eingabe: Graph $G = (V, E)$.

Ausgabe: Menge W von gerichteten Kanten, wobei der W zugrunde liegende Graph ein aufspannender Wald von G ist und jede Zusammenhangskomponente von W ein (gerichteter) Wurzelbaum sowie eine Nummerierung $t(v)$, $v \in V$, der Knoten aus V, die die Reihenfolge der Abarbeitung angibt.

> $W := \emptyset; i := 0;$
>
> **for** alle $v \in V$
>
>   **do** Farbe$(v) :=$ weiß **od**;
>
> **for**   alle $v \in V$
>
>   **do if** Farbe$(v) =$ weiß **then** DFS(v) **fi od**. $\square$

Algorithmus 5.8 *(DFS(v), Tiefensuche für einen Knoten)*

Eingabe: Knoten v des Graphen G.

Zusammenfassung: Rekursive Ausführung der Tiefensuche DFS(v) für den Knoten v.

> Farbe$(v) :=$ grau; {der Knoten v wird erstmals betreten}
>
> $i := i + 1;$
>
> $t(v) := i;$ {der Knoten v wird nummeriert}
>
> **for** alle $u \in N(v)$ {Nachbarn von v}
>
>   **do if** Farbe$(u) =$ weiß {ein unbearbeiteter Knoten wird gefunden}
>
>   **then** $W := W \cup \{(v, u)\};$
>
>   DFS(u)
>
>   **fi**
>
> **od**;
>
> Farbe$(v) :=$ schwarz {alle Nachbarn von v sind abgearbeitet} $\square$

Bei einer Implementierung durch Adjazenzlisten sind die Nachbarn eines Knotens sofort zu finden, wobei abgearbeitete Nachbarn von v in der Adjazenzliste von v zu markieren sind oder aber durch einen zweiten Zeiger vom Listenkopf aus übersprungen werden. Die Adjazenzlisten werden beim Aufruf von Algorithmus 5.7 durch im Allgemeinen mehrere rekursive Aufrufe von DFS(v) genau einmal durchlaufen, sodass der Zeitbedarf hierfür $O(|E|)$ ist. Die beiden **for**-Schleifen aus Algorithmus 5.7 liefern dann noch den Beitrag $O(|V|)$ zur Zeitkomplexität, sodass diese insgesamt von der Ordnung $O(|V| + |E|)$ ist.

Satz 5.30 Die durch Algorithmus 5.7 konstruierte Menge W von gerichteten Kanten hat folgende Eigenschaften:

(a) Der W zugrunde liegende Graph ist ein aufspannender Wald von G.
(b) Jede Zusammenhangskomponente von W ist ein gerichteter Wurzelbaum.

Beweis Wenn zu W durch DFS(v) eine neue gerichtete Kante (v, u) hinzugefügt wird, dann ist u zu diesem Zeitpunkt weiß und ist daher vorher noch nicht betreten worden. Durch die anschließende Anwendung von DFS(u) wird u sofort grau und schließlich schwarz gefärbt. Es ist also nicht möglich, eine weitere Kante (v', u) zu W hinzuzufügen. Das bedeutet, dass jeder Knoten höchstens eine eingehende Kante in W besitzt. Zum Beweis von (a) müssen wir zunächst zeigen, dass der W zugrunde liegende Teilbaum keinen einfachen nicht trivialen Kreis besitzt. Wir nehmen an, dass $K = (v_1, v_2, \ldots, v_r = v_1)$ ($r \geq 3$) ein solcher Kreis ist. Da jeder Knoten höchstens eine eingehende Kante von W hat, muss K ein gerichteter Kreis sein, wobei entsprechend der Nummerierung durch Algorithmus 5.8 $t(v_1) < t(v_2) < \ldots t(v_r) < t(v_1)$ folgt, ein Widerspruch. Es sei nun $X = (V_X, E_X)$ eine (nicht starke) Zusammenhangskomponente von W und $v \in V_X$ der Knoten aus X mit minimalem Wert $t(v)$. Offenbar ist X in einer Zusammenhangskomponente $Y = (V_Y, E_Y)$ von G enthalten. Von v ausgehend werde entsprechend dem Algorithmus der Teilgraph $X' = (V_{X'}, E_{X'})$ von X erzeugt. Wir nehmen $V_{X'} \subsetneq V_Y$ an. Wegen des Zusammenhangs von Y existiert dann ein $u \in V_{X'}$ und ein $w \in V_Y$ mit $\{u, w\} \in E$. Der Knoten $w \in N(u)$ hätte aber bereits bei der Konstruktion von X' durch Algorithmus 5.8 gefunden werden müssen. Es folgt $V_{X'} = V_X = V_Y$. Daher ist der W zugrunde liegende Teilbaum ein aufspannender Wald von G.

Zum Beweis von (b) betrachten wir eine Zusammenhangskomponente B von W. Es sei $X = (V_X, E_X)$ der entsprechende ungerichtete Teilgraph von G. Nach den vorhergehenden Überlegungen wissen wir, dass X kreisfrei ist. Wenn nun in jeden Knoten von V_X mindestens eine Kante von W führen würde, dann gäbe es einen gerichteten Weg $P = (v_1, \ldots, v_{k+1})$, $k \geq |V_X|$, mit Knoten aus V_X. Mindestens ein Knoten müsste sich wiederholen, was der Kreisfreiheit von X widerspricht. Daher gibt es einen Knoten $w \in V_X$, in den keine Kante von W führt. Zu jedem $x \in V_X$ existiert, da X zusammenhängend ist, ein einfacher Weg $P = (w = v_1, v_2, \ldots, v_r = x)$ in X. Da (w, v_2) eine Kante in W sein muss und jeder Knoten höchstens eine eingehende Kante von W besitzt, ist P ein gerichteter Weg in B. Folglich ist w die Wurzel des gerichteten Wurzelbaums B. $\square$

Dieser Satz liefert zusammen mit den Überlegungen im Anschluss an Algorithmus 5.8

Satz 5.31 Algorithmus 5.7 ist korrekt und hat bei Implementierung des Graphen durch Adjazenzlisten einen Zeitbedarf von $O(|V| + |E|)$. $\square$

Beispiel 5.24 Wir betrachten den folgenden Graphen mit zwei Zusammenhangskomponenten.

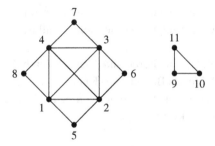

Wenn wir Algorithmus 5.7 so anwenden, dass die Reihenfolge der Knoten zunächst durch die Ordnung ihrer Bezeichnungen gegeben ist, dann liefert er W durch

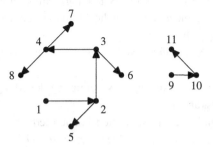

Die Reihenfolge der Knoten, in der sie besucht werden, ist 1, 2, 3, 4, 7, 8, 6, 5, 9, 10 und 11. $\square$

Definition 5.35 Es sei $G = (V, E)$ ein Graph und (V, W) ein durch die Tiefensuche entstandener (gerichteter) Wald.

(a) Die Kanten aus W heißen *gerichtete Baumkanten*.

(b) (v_1, v_2) heißt *gerichtete Rückwärtskante*, wenn $(v_2, v_1) \notin W$, $\{v_1, v_2\} \in E$ gelten und v_1 ein Nachfolger von v_2 in W ist.

(c) $\{v_1, v_2\} \in E$ heißt *(ungerichtete) Baumkante*, wenn $(v_1, v_2) \in W$ oder $(v_2, v_1) \in W$ gelten.

(d) $\{v_1, v_2\} \in E$ heißt *(ungerichtete) Rückwärtskante*, wenn (v_1, v_2) oder (v_2, v_1) gerichtete Rückwärtskanten sind.

(e) $\{v_1, v_2\} \in E$ heißt *Querkante*, wenn $\{v_1, v_2\}$ weder Baum- noch Rückwärtskante ist.
$\square$

Beispiel 5.25 Wir greifen Beispiel 5.24 wieder auf. Die Kanten des zweiten Diagramms sind die gerichteten Baumkanten. Die zugehörigen ungerichteten Kanten sind die Baumkanten.

Die gerichteten Rückwärtskanten sind durch

$$(8, 1), (5, 1), (3, 1), (4, 1), (4, 2), (6, 2), (7, 3) \text{ und } (11, 9)$$

gegeben. Die zugehörigen ungerichteten Kanten sind die Rückwärtskanten. Querkanten gibt es nicht. Der folgende Satz zeigt, dass dies kein Zufall ist. □

Satz 5.32 Es sei $G = (V, E)$ ein Graph, und t sei die durch Algorithmus 5.7 gelieferte Funktion, die die Reihenfolge des Besuchs der Knoten von V angibt. Es sei $\{v_1, v_2\} \in E$ und $t(v_1) < t(v_2)$. Dann ist v_2 ein Nachfolger von v_1 in W. Das bedeutet, dass $\{v_1, v_2\}$ eine Baumkante oder eine Rückwärtskante ist.

Beweis Die Knoten v_1 und v_2 liegen wegen $\{v_1, v_2\} \in E$ in derselben Zusammenhangskomponente. Wir nehmen an, dass v_2 kein Nachfolger von v_1 in W ist. Dann wird v_2 nicht im Rahmen des Aufrufs von DFS(v_1) besucht. Folglich kann wegen $t(v_1) < t(v_2)$ DFS(v_2) erst aufgerufen werden, wenn DFS(v_1) abgeschlossen ist. Das bedeutet jedoch, dass in DFS(v_1) alle Kanten, die von v_1 ausgehen, durchlaufen wurden, insbesondere auch $\{v_1, v_2\} \in E$, ein Widerspruch.

Die letzte Aussage des Satzes ergibt sich direkt aus Definition 5.35. □

Die Kantenmenge E ist also die disjunkte Vereinigung der Menge der Baumkanten mit der Menge der Rückwärtskanten.

Mithilfe der grauen und schwarzen Knoten können jedoch die Rückwärtskanten gefunden werden. Wenn in Algorithmus 5.8 der Knoten u weiß ist, so liegt eine gerichtete Baumkante vor. Man kann den Algorithmus an dieser Stelle einfach dadurch erweitern, dass bei Vorliegen eines grauen oder schwarzen Knotens u, für den (v, u) nicht zu W gehört, die Kante (u, v) als gerichtete Rückwärtskante ausgegeben wird.

Satz 5.33 Der Algorithmus der Tiefensuche, der wie zuvor beschrieben so abgeändert wurde, dass er ggf. auch Rückwärtskanten liefert, gibt eine Rückwärtskante genau dann aus, wenn G einen elementaren Kreis enthält.

Beweis Wenn der Algorithmus eine Rückwärtskante liefert, dann sei nach Definition 5.35 (v_1, v_2) die entsprechende gerichtete Rückwärtskante, wobei $(v_2, v_1) \notin W$ gilt und v_1 ein Nachfolger von v_2 in W ist. Daher gibt es einen gerichteten elementaren Weg $(v_2, u_1, \ldots, u_r = v_1)$, $r \geq 2$, in W, der durch $(v_2, v_1) \notin W$ zu einem gerichteten elementaren Kreis ergänzt werden kann. Folglich enthält erst recht G einen elementaren Kreis.

Umgekehrt besitze G einen elementaren Kreis $(v_1, v_2, \ldots, v_{r+1} = v_1)$, $r \geq 3$. Ohne Beschränkung der Allgemeinheit sei v_1 der erste Knoten, der von dem Algorithmus besucht wird. Entweder wird durch Anwendung von DFS(v_1) die Kante (v_1, v_2) als gerichtete Baumkante (dann gilt $t(v_1) < t(v_2)$) oder (v_2, v_1) als gerichtete Rückwärtskante gefunden. Im Falle der Rückwärtskante sind wir fertig. Ist (v_1, v_2) eine gerichtete Baumkante, dann wird (v_2, v_3) bei Anwendung von DFS(v_2) als gerichtete Baumkante (dann gilt $t(v_2) < t(v_3)$) oder (v_3, v_2) als gerichtete Rückwärtskante gefunden. Dies Verfahren setzen wir fort. Wenn es nicht mit einer gerichteten Rückwärtskante abbricht, ist schließlich (v_r, v_1) eine gerichtete Baumkante mit $t(v_r) < t(v_1)$. Dieser Fall kann jedoch wegen $t(v_1) < t(v_2) < \ldots t(v_r) < t(v_1)$ nicht eintreten.   □

In den bisherigen Überlegungen hätte man die grauen Knoten gleich auf schwarz setzen können und hätte so dieselben Ergebnisse erhalten. Passt man den Algorithmen zur Tiefensuche an gerichtete Graphen an, dann spielen die grauen und schwarzen Knoten jedoch eine besondere Rolle. Statt der Nummerierung $t(v)$ eines Knotens v wird hier der Zeitpunkt $d(v)$ bestimmt, zu dem v erstmalig besucht wurde, und der Zeitpunkt $f(v)$, zu dem alle von v ausgehenden Kanten vollständig abgearbeitet wurden.

Algorithmus 5.9 *(Tiefensuche für gerichtete Graphen)*

Eingabe: Gerichteter Graph $G = (V, E)$.

Ausgabe: Menge W von gerichteten Kanten, wobei jede Zusammenhangskomponente von (V, W) ein (gerichteter) Wurzelbaum ist.

> $W := \emptyset; i := 0;$
>
> **for** alle $v \in V$
>
> > **do** Farbe$(v) :=$ weiß **od**;
>
> **for** alle $v \in V$
>
> > **do if** Farbe$(v) =$ weiß **then** DFS(v) **fi od**.   □

Algorithmus 5.10 (DFS(v), *Tiefensuche für einen Knoten bei gerichteten Graphen*)

Eingabe: Knoten v des gerichteten Graphen G.

Zusammenfassung: Rekursive Ausführung der Tiefensuche DFS(v) für den Knoten v.

> Farbe$(v) :=$ grau; {der Knoten v wird erstmals besucht}
>
> $i := i + 1;$
>
> $d(v) := i;$ {Zeitpunkt des Beginns der Bearbeitung von v}
>
> **for** alle u mit $(v, u) \in E$ {Nachbarn von v}
>
> > **do if** Farbe$(u) =$ weiß {ein unbearbeiteter Knoten wird gefunden}
> >
> > > **then** $W := W \cup \{(v, u)\};$
> > >
> > > DFS(u)
> >
> > **fi**
>
> **od**;
>
> Farbe$(v) :=$ schwarz; {alle Nachbarn von v sind abgearbeitet}
>
> $i := i + 1;$
>
> $f(v) := i$ □

Schlingen oder parallele Kanten sind zugelassen, sodass wir es mit gerichteten Multigraphen zu tun haben. Daher müssten wir eigentlich in den Algorithmen 5.9 und 5.10 die Notation von Multigraphen gemäß Definition 5.2 verwenden. Allerdings sind auch bei der hier benutzten Schreibweise keine Missverständnisse zu befürchten.

Beispiel 5.26 Aus dem gerichteten Graphen $G = (V, E)$ des linken Diagramms erzeugt Algorithmus 5.9, falls die Knoten in der Reihenfolge ihrer Namen abgearbeitet werden, den gerichteten Graphen (V, W) des rechten Diagramms.

Wir sehen, dass es im Unterschied zum ungerichteten Fall zu einer Zusammenhangskomponente von G durchaus mehrere Zusammenhangskomponenten von (V, W) geben kann. $\square$

Die Kanten von G werden jetzt durch die Tiefensuche wie folgt aufgeteilt.

Definition 5.36 Es sei $G = (V, E)$ ein gerichteter Graph und (V, W) sei ein durch die Tiefensuche entstandener (gerichteter) Wald.

(a) Die Kanten aus W heißen *gerichtete Baumkanten*.
(b) (v_1, v_2) heißt *gerichtete Rückwärtskante*, wenn $(v_1, v_2) \in E$ gilt und v_1 ein Nachfolger von v_2 in W ist (Schlingen werden als Rückwärtskanten angesehen).
(c) $(v_1, v_2) \in E \backslash W$ heißt *(gerichtete) Vorwärtskante*, wenn v_2 ein Nachfolger von v_1 in W ist.
(d) Alle anderen Kanten sind *Querkanten*. $\square$

Wird beim Aufruf von DFS(v) in der **for**-Schleife ein weißer Knoten u vorgefunden, so ist (v, u) eine Baumkante. Ist er grau, so handelt es sich um eine Rückwärtskante. Ist u schwarz, so handelt es sich für $d(v) < d(u)$ um eine Vorwärtskante und für $d(u) < d(v)$ um eine Querkante. Der Beweis dieser Aussage findet sich beispielsweise in [62], wo sich weitere ausführliche Untersuchungen zur Tiefensuche bei gerichteten Graphen finden. So lassen sich mithilfe der Tiefensuche beispielsweise die starken Zusammenhangskomponenten eines gerichteten Graphen in der Zeit $O(|V| + |E|)$ bestimmen, und es kann ein weiterer Algorithmus zum topologischen Sortieren angegeben werden.

Anders als bei der Tiefensuche besucht man bei der *Breitensuche* (englisch: breadth-first search, BFS) zunächst alle Nachbarn des Ausgangsknotens, bevor man wiederum deren Nachbarknoten bearbeitet. Dazu benötigt man eine Warteschlange, in die die gerade erreichten Knoten aufgenommen werden. Wie schon beim topologischen Sortieren handelt es sich dabei um eine verkettete Liste, bei der die Elemente vorn entnommen und hinten hinzugefügt werden.

Wie bei der Tiefensuche gehen wir davon aus, dass die Knoten aufgrund ihrer Adjazenzlistendarstellung zunächst in einer gewissen Reihenfolge vorliegen. Auch hier werden die Knoten weiß, grau oder schwarz gefärbt.

Algorithmus 5.11 *(Breitensuche)*

Eingabe: Graph $G = (V, E)$.

Ausgabe: Menge W von gerichteten Kanten, wobei der W zugrunde liegende Graph ein aufspannender Wald von G und jede Zusammenhangskomponente von W ein (gerichteter) Wurzelbaum ist sowie eine Nummerierung $t(v)$, $v \in V$, der Knoten aus V, die die Reihenfolge der Abarbeitung angibt.

$W := \emptyset; i := 0;$

for alle $v \in V$

    do Farbe$(v) :=$ weiß **od**;

while existiert $v \in V$ mit Farbe$(v) =$ weiß

    {aus einer bislang nicht bearbeiteten Zusammenhangskomponente}

for do Farbe$(v) :=$ grau; $i := i + 1; t(v) := i; U := \{v\};$ {Warteschlange}

    while $U \neq \emptyset$

        do $u :=$ erstes Element der Schlange $U; U := U \backslash \{u\};$

            for alle $v \in V$ mit $\{u, v\} \in E$

                do if Farbe$(v) =$ weiß {ein unbearbeiteter Knoten wird gefunden}

                    then Farbe$(v) :=$ grau; $i := i + 1; t(v) := i; W := W \cup \{(u, v)\};$

                        $U := U \cup \{v\};$ {hänge v an die Schlange an}

                fi

            od;

        Farbe$(u) :=$ schwarz {alle Nachbarn des Knotens u sind abgearbeitet}

    od

od $\square$

Satz 5.34 Algorithmus 5.11 ist korrekt und hat bei Implementierung des Graphen durch Adjazenzlisten einen Zeitbedarf von $O(|V| + |E|)$. $\square$

Auf einen Beweis dieses Satzes verzichten wir. Er ist im Wesentlichen analog zum Beweis von Satz 5.30 durchzuführen.

Wenn man für einen Knoten s eines Graphen seinen Abstand zu allen anderen Knoten von G angeben will, dann kann man dies mithilfe der Breitensuche durchführen.

Da für alle Knoten v, die nicht in derselben Zusammenhangskomponente wie s liegen, $d(s,v) = \infty$ gilt (siehe Definition 5.7), kann die äußere **while**-Schleife von Algorithmus 5.11 entfallen. Mit entsprechenden Änderungen erhalten wir

Algorithmus 5.12
Eingabe: Graph $G = (V, E)$, Knoten $s \in V$.
Ausgabe: Abstand $d(v) = d(s,v)$ von jedem $v \in V$ zu s.

> **for** alle $v \in V$
>> **do** Farbe(v) := weiß; $d(v) = \infty$ **od**;
>
> Farbe(s) := grau; $d(s)$:= 0; U := $\{s\}$; {Warteschlange}
> **while** $U \neq \emptyset$
>> **do** u := erstes Element der Schlange U; U := $U \setminus \{u\}$;
>>> **for** alle $v \in V$ mit $\{u, v\} \in E$
>>>> **do if** Farbe(v) = weiß {ein unbearbeiteter Knoten wird gefunden}
>>>>> **then** Farbe(v) := grau; $d(v)$:= $d(u) + 1$;
>>>>> U := $U \cup \{v\}$; {hänge v an die Schlange an}
>>>> **fi**
>>> **od**;
>> Farbe(u) := schwarz {alle Nachbarn des Knoten u sind besucht}
> **od** □

Natürlich kann man hier gleichzeitig auch den gerichteten Wurzelbaum W bestimmen, der zu derjenigen Zusammenhangskomponente von G gehört, in der der Knoten s liegt. Man muss nur gleich zu Beginn des Algorithmus W := $\emptyset$ setzen und vor oder hinter der Zuweisung U := $U \cup \{v\}$ noch die Zuweisung W := $W \cup \{(u, v)\}$ einfügen. Der Wert $d(v)$ der Knoten dieses Wurzelbaums gibt gleichzeitig ihr Niveau in diesem Baum an (siehe Definition 5.15(c)). Andere Zusammenhangskomponenten werden nicht betrachtet, da der Wert $d(v)$ des Abstands ihrer Knoten zu s zu Beginn richtig initialisiert worden ist.

Auf die Angabe der entsprechenden Algorithmen der Breitensuche für gerichtete Graphen verzichten wir und überlassen sie dem Leser.

Beispiel 5.27 Der Graph G der folgenden Abbildung wird mithilfe von Algorithmus 5.12 bearbeitet. Man sucht die Abstände der Knoten zum Knoten 1. In der Reihenfolge 1, 2, 5, 3, 7, 6, 4 werden die Knoten an die Schlange U angehängt. Konstruiert man gleichzeitig den Wurzelbaum W, erhält man das rechte Diagramm, wobei der im Algorithmus berechnete Abstand mit dem Niveau der entsprechenden Knoten in diesem Graphen übereinstimmt.

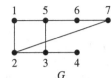

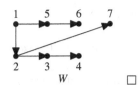

G W □

Aufgaben

(1)   (a) Zeichne Diagramme von allen Graphen mit vier Kanten und ohne isolierte Knoten. Wie viele solcher (nicht isomorpher) Graphen gibt es?

      (b) Welche dieser Graphen besitzen einen Teilgraphen mit Diagramm

 ?

(2) Beweise: Ein Graph $G = (V, E)$ ist genau dann zusammenhängend, wenn für eine disjunkte Zerlegung $V = V_1 \cup V_2$ seiner Kantenmenge, $V_1 \neq \emptyset \neq V_2$, eine Kante $\{v_1, v_2\} \in E$ existiert mit $v_1 \in V_1$, $v_2 \in V_2$.

(3) Bestimme einen Isomorphismus zwischen den Graphen G_1 und G_2.

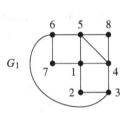

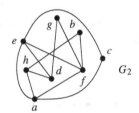

(4) Unter dem *Komplement* eines Graphen $G = (V, E)$ versteht man den Graphen $\bar{G} = (V, \bar{E})$ mit $\bar{E} = \{\{v_1, v_2\} \mid v_1, v_2 \in V, v_1 \neq v_2\} \setminus E$. Zeige:

      (a) Sind zwei Graphen $G_1 = (V_1, E_1)$ und $G_2 = (V_2, E_2)$ isomorph vermöge der bijektiven Abbildung $\pi : V_1 \to V_2$, dann sind auch $\bar{G}_1$ und $\bar{G}_2$ isomorph vermöge derselben Abbildung π.

      (b) Welche Graphen mit 3, 4 und 5 Knoten sind isomorph zu ihrem eigenen Komplement?

(5) Stelle den Graphen aus Beispiel 5.7 in Adjazenzlistendarstellung auf und bestimme seine topologische Ordnung gemäß Algorithmus 5.2.

(6) Beweise: Ein Graph besitzt genau dann einen einfachen Kreis, wenn er einen elementaren Kreis hat.

(7) Es sei $F = (V, E)$ ein Wald und $v_1, v_2 \in V$ seien nicht adjazent. Betrachte den Graphen $G = (V, E \cup \{v_1, v_2\})$. Beweise, dass G genau dann ein Wald ist, wenn v_1 und v_2 in verschiedenen Zusammenhangskomponenten von F liegen.

(8) Zeige, dass jeder Baum mit mindestens zwei Knoten ein bipartiter Graph ist.

(9)   Stelle den arithmetischen Ausdruck

$$((a + d)/(c - d)) * ((a - b)/c) + (b * f)/a$$

als binären Wurzelbaum dar. Wie sehen die polnische und die umgekehrte polnische Notation dieses Ausdrucks aus?

(10) Schreibe einen Algorithmus, der für einen Knoten x eines binären Suchbaums den Nachfolger von x bezüglich der Schlüsselgröße liefert (sofern nicht x schon das Maximum im Baum ist).

(11) Sind die beiden folgenden Graphen planar? Falls nicht, finde eine Unterteilung von K_5 oder $K_{3,3}$ als Teilgraph.

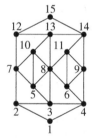

(12) Wie kann das Königsberger Brückenproblem mithilfe eines schlichten Graphen gelöst werden?

(13) Konstruiere, falls vorhanden, für die folgenden Graphen einen eulerschen Weg oder eulerschen Kreis.

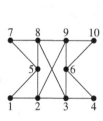

Beschreibe den Ablauf der Konstruktion (des Algorithmus).

(14) Bestimme die chromatischen Zahlen der platonischen Graphen.

(15) Bestimme für den folgenden planaren Graphen H

den geometrischen Dualgraphen H^* und die Landkarte H'.

(16) In den Graphen aus Aufgabe 13 ist jeweils durch die dick gezeichneten Linien ein Matching gegeben. Konstruiere davon ausgehend maximale Matchings.

(17) In einer großen Informatikfakultät sind fünf Stellen für wissenschaftliche Mitarbeiter zu besetzen, und zwar je eine für theoretische Informatik, Software Engineering, Robotik, Informationssysteme und Computergrafik. Es gibt sechs Bewerber. Einer interessiert sich für die Stellen in theoretischer Informatik oder Software Engineering, der zweite für Computergrafik, der dritte für Informationssysteme, der vierte und der fünfte für Informationssysteme oder Computergrafik und der sechste für Software Engineering oder Robotik. Kann die Fakultät alle Stellen besetzen? Formuliere das Problem als Heiratsproblem. Was passiert, wenn der zweite Bewerber zusätzlich an der Stelle für Software Engineering interessiert ist?

(18) Bestimme zwei minimale aufspannende Bäume des folgenden gewichteten Graphen. Wie viele maximale aufspannende Bäume gibt es? Bestimme sie!

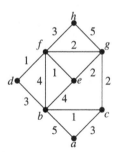

(19) Führe die Tiefensuche an dem Graphen aus Beispiel 5.27 und die Breitensuche am Graphen aus Beispiel 5.24 aus und bestimme jeweils den (gerichteten) aufspannenden Wald. Gib die Reihenfolge der Abarbeitung der Knoten an und verfolge den Auf- und Abbau der Schlange im Fall der Breitensuche.

Grundlagen der Zahlentheorie

6

Die Zahlentheorie ist ein Gebiet, das die Menschen schon immer interessiert hat. Abgesehen vom Zählen und Rechnen beschäftigte man sich schon früh besonders mit Primzahlen. Im Laufe der Jahrhunderte haben sich viele bedeutende Mathematiker mit ihnen auseinandergesetzt wie zum Beispiel *Euklid*, der gezeigt hat, dass es unendlich viele Primzahlen gibt, oder *Carl Friedrich Gauß*, der schon in jungen Jahren die Aussage des Primzahlsatzes (siehe Satz 6.28) erkannt hat, die erst etwa 100 Jahre später bewiesen wurde. Trotzdem war lange kaum eine praktische Anwendung von Primzahlen bekannt. Das hat sich heute geändert. Mit der Verbreitung von Rechnernetzen und den zugehörigen Sicherheitsanforderungen ist ein enormer Bedarf an Kryptografie entstanden. Diese kommt nicht ohne Zahlentheorie und Ausnutzung von Primzahleigenschaften aus. Wir werden daher in diesem Kapitel neben der Zahlentheorie einige Anwendungen in der Kryptografie besprechen.

Am bekanntesten ist das RSA-Public-Key-Kryptosystem (siehe [81, 93]), das im Zusammenhang mit der elektronischen Signatur von besonderer Bedeutung ist. Es beruht auf sehr großen Primzahlen p und q (heute werden mindestens 512 Bits empfohlen) und der Schwierigkeit, aus dem Produkt $n = pq$ diese Primfaktoren zurückzugewinnen. Im Zusammenhang mit diesem Verfahren werden Exponentiationen $c = m^e \bmod n$ durchgeführt, wobei c der Rest der Division von m^e durch n ist. Falls $m \geq 2$ und e eine k-Bit-Zahl ist, so hat m^e mindestens $2^{k-1} + 1$ Bits. Schon für $k = 100$ ergeben sich also Zahlen einer Länge, die in keinem Rechner darstellbar sind. Um Rechnungen $c = m^e \bmod n$ in vernünftiger Zeit durchführen zu können, muss also der Modul n früh genug verwendet werden. Die dafür notwendigen Regeln liefert die modulare Arithmetik, die in diesem Kapitel ausführlich dargestellt wird.

Ein weiteres kryptografisches Problem ist die Verteilung eines Geheimnisses auf n Parteien. In einem Unternehmen kann das Geheimnis ein elektronischer Schlüssel sein, mit dem beispielsweise ein Tresor zu öffnen ist. Kein Mitarbeiter besitzt diesen Schlüssel, jedoch gibt es n berechtigte Mitarbeiter mit unterschiedlichen Teilschlüsseln. Da selten alle gleichzeitig anwesend sind, wird eine Zahl $t \leq n$ festgelegt, die angibt, wie viele

© Springer-Verlag Berlin Heidelberg 2016

W. Struckmann, D. Wätjen, *Mathematik für Informatiker*, DOI 10.1007/978-3-662-49870-5_6

Berechtigte mitwirken müssen, um durch den gemeinsamen Einsatz der entsprechenden Teilschlüssel den Schlüssel zu rekonstruieren und damit den Tresor zu öffnen. Solche Secret-Sharing-Verfahren sind in der Literatur ausführlich untersucht worden. Eine Lösung benutzt den chinesischen Restesatz, der in diesem Kapitel besprochen wird.

In Abschn. 6.1 betrachten wir zunächst für Elemente aus der Menge der natürlichen Zahlen $\mathbb{N}_0$ und der Menge der ganzen Zahlen $\mathbb{Z}$ die Teilbarkeitsrelation, den größten gemeinsamen Teiler und den euklidischen Algorithmus. Primzahlen und ihre Eigenschaften werden in Abschn. 6.2 behandelt. Für das RSA-Verfahren ist es wichtig, wie man große Primzahlen leicht finden kann. Dazu sind unter anderem der Primzahlsatz und Primzahltests von Bedeutung. Danach wird in Abschn. 6.3 die modulare Arithmetik eingeführt, die es erlaubt, modulare Rechnungen auch für sehr große Zahlen in vernünftiger Zeit durchzuführen. Abschn. 6.4 behandelt die Bestimmung des modularen Inversen. Damit ist es dann möglich, in Abschn. 6.5 das RSA-Verfahren darzustellen und seine Funktionsweise zu verstehen. Das Lösen von modularen Gleichungen wird in Abschn. 6.6 in Angriff genommen. In diesem Zusammenhang wird insbesondere der chinesische Restesatz besprochen. Wir betrachten seine Anwendung in einem Secret-Sharing-Verfahren, außerdem geben wir einige Überlegungen zu seiner Anwendung in der Computeralgebra wieder.

6.1 Teilbarkeit und euklidischer Algorithmus

Definition 6.1 Eine Zahl $a \in \mathbb{Z}$ teilt eine Zahl $b \in \mathbb{Z}$, wenn eine Zahl $k \in \mathbb{Z}$ existiert mit $b = k \cdot a$. Wir schreiben dafür auch $a \mid b$. Die Zahl a wird *Teiler* von b und b ein *Vielfaches* von a genannt. □

Beispiel 6.1 Mit -7 und 14 gilt $-7 \mid 14$, da in Definition 6.1 $k = -2$ gewählt werden kann. Es ist -7 ein Teiler von 14 und 14 ein Vielfaches von -7.

Die Zahl 0 ist ein Vielfaches jeder Zahl $a \in \mathbb{Z}$, da immer $k = 0$ gewählt werden kann. □

Definition 6.2 Es sei $a \in \mathbb{Z}$. Dann heißt

$$T(a) = \{b \mid b \geq 0, \, b \mid a\}$$

die *Menge der nicht negativen Teiler von* a und

$$V(a) = \{b \mid b > 0, a \mid b\}$$

die *Menge der positiven Vielfachen von* a. □

Offensichtlich gilt

Satz 6.1

(a) Für alle $a \in \mathbb{Z}$ gilt $T(a) = T(-a)$. Es ist $T(0) = \mathbb{N}_0$, und für $a \neq 0$ ist $T(a)$ eine endliche Menge.

(b) Für alle $a \in \mathbb{Z}$, $a \neq 0$, gilt $V(a) = V(-a)$. Es ist $V(0) = \emptyset$, und für $a \neq 0$ ist $V(a)$ eine unendliche Menge.

(c) Für alle $a, b \in \mathbb{N}$ sind $a \in T(b)$ und $b \in V(a)$ äquivalent. $\quad\square$

Beispiel 6.2 Für $a = 40$ erhalten wir

$$T(40) = T(-40) = \{1, 2, 4, 5, 8, 10, 20, 40\} \text{ und}$$
$$V(40) = V(-40) = \{40, 80, 120, 160, 200, \ldots\}. \quad\square$$

Die Teilbarkeit ist eine reflexive und transitive Relation (siehe Definition 2.8). Dies zeigt

Satz 6.2 Es seien $a, b, c \in \mathbb{Z}$. Dann gilt:

(a) $a \mid a$,

(b) aus $a \mid b$ und $b \mid c$ folgt $a \mid c$.

Beweis Die Aussage (a) ist wegen $a = 1 \cdot a$ erfüllt. Nach Voraussetzung der Aussage (b) existieren $k_1, k_2 \in \mathbb{Z}$ mit

$$b = k_1 a, \quad c = k_2 b.$$

Damit ist $c = k_2 b = k_2 k_1 a$. Wegen $k_2 k_1 \in \mathbb{Z}$ folgt $a \mid c$. $\quad\square$

Die einfachen Ergebnisse aus Satz 6.2 und die aus dem folgenden Satz werden häufig ohne weitere Erwähnung benutzt.

Satz 6.3 Es seien $a, b, c \in \mathbb{Z}$. Dann gilt:

(a) Aus $a, b > 0$ und $a \mid b$ folgt $a \leq b$.

(b) Aus $a, b > 0$, $a \mid b$ und $b \mid a$ folgt $a = b$.

(c) Aus $a \mid b$ folgt $(-a) \mid b$ und $a \mid (-b)$.

(d) Aus $a \mid b$ und $a \mid c$ folgt $a \mid (b + c)$ und $a \mid (b - c)$.

Beweis Wegen $a \mid b$ existiert ein $k \in \mathbb{Z}$ mit $b = ka$. In (a) muss dann wegen $a, b > 0$ auch $k > 0$ gelten, und es folgt $a \leq b$. Wegen der Gültigkeit von (a) gilt in (b) sowohl

$a \leq b$ und $b \leq a$ und damit $a = b$. Wegen $b = ka$ gilt auch $b = (-k)(-a)$ und $-b = (-k)a$, womit (c) bewiesen ist. Ist zusätzlich $a \mid c$ erfüllt, so existiert ein $l \in \mathbb{Z}$ mit $la = c$. Dann erhalten wir $(k + l)a = b + c$ und $(k - l)a = b - c$ und damit die Aussage (d). $\square$

Wenn wir $\mathbb{Z}$ mit der Relation $\mid$ betrachten, so stellen wir sofort fest, dass zum Beispiel $(-3) \mid 3$ und $3 \mid (-3)$ gilt, daraus aber keineswegs $3 = -3$ folgt. Das heißt, die Teilbarkeitsrelation ist nicht antisymmetrisch und $(\mathbb{Z}, \mid)$ daher keine partiell geordnete Menge (siehe Definition 2.12). Beschränken wir uns jedoch auf $(\mathbb{N}, \mid)$, so gilt nach Satz 6.3 auch die Antisymmetrie. Folglich ist $(\mathbb{N}, \mid)$ eine partiell geordnete Menge.

Definition 6.3
(a) Es seien $a, b \in \mathbb{Z}$ mit $|a| + |b| \neq 0$. Der *größte gemeinsame Teiler von a und b* ist das größte $g \in \mathbb{Z}$ mit $g \mid a$ und $g \mid b$. Wir schreiben auch $g = \text{ggT}(a, b)$. Zusätzlich wird $\text{ggT}(0, 0) = 0$ gesetzt.
(b) Zwei Zahlen $a, b \in \mathbb{Z}$ heißen *relativ prim*, wenn $\text{ggT}(a, b) = 1$ gilt. $\square$

Offenbar gilt für zwei Zahlen $a, b \in \mathbb{Z}$ mit $|a| + |b| \neq 0$

$$\text{ggT}(a, b) = \max\{n \mid n \in T(a) \cap T(b)\}.$$

Beispiel 6.3 Es ist $\text{ggT}(5, 0) = 5$, $\text{ggT}(4, 21) = 1$ und $\text{ggT}(28, 40) = 4$. Die Zahlen 4 und 21 sind relativ prim. $\square$

Man kann die Definition des größten gemeinsamen Teilers auf mehr als zwei Zahlen ausdehnen.

Definition 6.4 Es seien $a_1, \ldots, a_r \in \mathbb{Z}$, $r \in \mathbb{N}$, $r \geq 2$, und $|a_1| + \ldots + |a_r| \neq 0$. Dann heißt

$$\text{ggT}(a_1, \ldots, a_r) = \max\{n \mid n \in T(a_1) \cap \ldots \cap T(a_r)\}$$

der *größte gemeinsame Teiler der Zahlen* $a_1, \ldots, a_r$. Gilt $a_1 = \ldots = a_r = 0$, so setzen wir $\text{ggT}(a_1, \ldots, a_r) = 0$. $\square$

Wir geben jetzt einen Satz an, der einige einfache Rechenregeln für den größten gemeinsamen Teiler enthält.

Satz 6.4 Für alle $a, b, c \in \mathbb{Z}$ gelten die folgenden Aussagen.

(a) $\text{ggT}(a, b) = \text{ggT}(-a, b) = \text{ggT}(a, -b)$,
(b) $\text{ggT}(a, b) = \text{ggT}(b, a)$,
(c) $\text{ggT}(a, b) = \text{ggT}(a + bc, b)$.

Beweis Die Aussage (a) ist wegen $T(a) = T(-a)$ für alle $a \in \mathbb{Z}$ erfüllt, (b) ergibt sich unmittelbar aus der Definition 6.3. Die Aussage (c) ist für $b = 0$ richtig. Für $b \neq 0$ ist $T(b)$ endlich und folglich sind es auch die beiden Mengen $T(a) \cap T(b)$ sowie $T(a+bc) \cap T(b)$. Wir zeigen ihre Gleichheit. Es sei $t \in T(a) \cap T(b)$. Dann existieren $k_1, k_2 \in \mathbb{Z}$ mit $k_1 t = a$, $k_2 t = b$. Es folgt $(k_1 + k_2 c)t = k_1 t + k_2 t c = a + bc$ und damit $t \in T(a+bc) \cap T(b)$. Ist umgekehrt $t' \in T(a+bc) \cap T(b)$, dann gibt es Zahlen $k_1', k_2' \in \mathbb{Z}$ mit $k_1' t' = a + bc$ und $k_2' t' = b$. Wir erhalten daraus $(k_1' - k_2' c)t' = k_1' t' - k_2' t' c = (a+bc) - bc = a$ und somit $t' \in T(a) \cap T(b)$. Aus $T(a) \cap T(b) = T(a+bc) \cap T(b)$ schließen wir, dass beide Mengen dasselbe Maximum haben und daher die Gleichung (c) erfüllt ist. $\square$

Beispiel 6.4 Zur Verdeutlichung der Aussage (c) wählen wir $a = 6$, $b = 16$ und $c = 8$. Einerseits gilt

$$\mathrm{ggT}(a,b) = \mathrm{ggT}(6, 16) = 2,$$

andererseits

$$\mathrm{ggT}(a + bc, b) = \mathrm{ggT}(6 + 16 \cdot 8, 16) = \mathrm{ggT}(134, 16) = 2. \quad \square$$

Satz 6.5 *(Division mit Rest)* Es seien $a \in \mathbb{Z}$ und $n \in \mathbb{N}$. Dann existieren eindeutig bestimmte Zahlen $q \in \mathbb{Z}$ und $r \in \mathbb{N}_0$ mit

$$a = qn + r, \ 0 \leq r \leq n - 1.$$

Beweis Es gilt $-|a|n \leq a \leq (|a| + 1)n$. In der endlichen Menge der Zahlen $q' \in \mathbb{Z}$ mit $-|a| \leq q' \leq |a| + 1$ finden wir daher die maximale Zahl $q \in \mathbb{Z}$ mit $qn \leq a$. Für sie gilt $qn \leq a < (q + 1)n$. Mit $r = a - qn$ erhalten wir $0 \leq r \leq n - 1$ und $a = qn + r$.

Zum Beweis der Eindeutigkeit von r und q seien r' und q' Zahlen mit $a = q'n + r'$ und $0 \leq r' \leq n - 1$. Es folgt

$$a - a = 0 = qn + r - (q'n + r') = (q - q')n + (r - r').$$

Wegen $-(n - 1) \leq r - r' \leq n - 1$ ergibt sich 0 nur mit $q - q' = 0$, also $q = q'$. Dann muss aber auch $r - r' = 0$, also $r = r'$, gelten. Die Zahlen q und r sind somit eindeutig bestimmt. $\square$

Beispiel 6.5 Es sei $a = 17$ und $n = 8$. Mit $q = 2$ und $r = 1$ gilt $17 = 2 \cdot 8 + 1$. Für $a = -17$ und $n = 8$ erhalten wir dagegen $-17 = -3 \cdot 8 + 7$, also $q = -3$ und $r = 7$. $\square$

Es ist q der Quotient bei der ganzzahligen Division von a durch n, und r ist der Rest. Mit dem klassischen Algorithmus zur Division, der aus der Schule bekannt ist, können die Werte q und r bestimmt werden. Im Laufe des Algorithmus wird höchstens $(\log a - \log n + 1)$-mal eine einstellige Zahl mit n multipliziert und dieses Ergebnis subtrahiert, sodass sich ein Zeitbedarf von $O((\log a - \log n + 1)\log n)$ ergibt (siehe auch Aufgabe 2). Wegen ihrer besonderen Bedeutung wollen wir r und q speziell bezeichnen.

Definition 6.5 Es seien n, a, q und r die Werte aus Satz 6.5. Dann setzen wir

$$a \bmod n = r,$$
$$a \operatorname{div} n = q. \quad \square$$

Wir wenden uns jetzt der Berechnung des größten gemeinsamen Teilers zu. Dies geschieht mit der iterativen Version des klassischen euklidischen Algorithmus.

Algorithmus 6.1 *(Euklidischer Algorithmus)*
Eingabe: $a, b \in \mathbb{Z}$.
Ausgabe: $d = \mathrm{ggT}(a, b)$.

>**begin**
>**if** $|a| \geq |b|$
>>   **then** $g_0 := |a|; g_1 := |b|$
>>   **else** $g_0 := |b|; g_1 := |a|$
>
>**fi**;
>$i := 1$;
>**while** $g_i \neq 0$ **do**
>> $g_{i+1} := g_{i-1} \bmod g_i$;
>> $i := i + 1$
>
>**od**;
>$d := g_{i-1}$
>**end** $\square$

Satz 6.6 Es seien $a, b \in \mathbb{Z}$. Dann berechnet Algorithmus 6.1 den größten gemeinsamen Teiler von a und b. Die Zahl der binären Rechenschritte ist von der Ordnung $O(\log|a| \cdot \log|b|)$.

Beweis Für $ab = 0$ erhalten wir $g_1 = 0$, und der größte gemeinsame Teiler wird dann durch g_0 korrekt bestimmt.

Im Folgenden sei $ab \neq 0$. Da für $g_i \neq 0$ mit $i \geq 1$ immer $g_{i+1} < g_i$ gilt, wird im Algorithmus schließlich ein Index j mit $g_j = 0$ erreicht und die Schleife abgebrochen. Wegen Satz 6.4 gilt $\mathrm{ggT}(a, b) = \mathrm{ggT}(g_0, g_1)$ mit $g_0 \geq g_1$. Es sei j derjenige Index, für den sich im Algorithmus $g_j = 0$ ergibt und die Schleifenabarbeitung beendet wird. Die berechneten Werte g_i erfüllen nach Satz 6.5 mit geeigneten $b_i \in \mathbb{Z}$, $i \in \{1, \ldots, j-1\}$,

$$
\begin{aligned}
g_0 &= b_1 g_1 + g_2, & 0 < g_2 < g_1, \\
g_1 &= b_2 g_2 + g_3, & 0 < g_3 < g_2, \\
&\ \ \vdots \\
g_{j-3} &= b_{j-2} g_{j-2} + g_{j-1}, & 0 < g_{j-1} < g_{j-2}, \\
g_{j-2} &= b_{j-1} g_{j-1}.
\end{aligned}
$$

Die letzte Gleichung liefert $g_{j-1} \mid g_{j-2}$, die vorletzte damit nach Satz 6.3(d) $g_{j-1} \mid g_{j-3}$. Diese Überlegungen können fortgeführt werden, sodass sich schließlich $g_{j-1} \mid g_1$ und $g_{j-1} \mid g_0$ ergibt, das heißt, g_{j-1} ist ein gemeinsamer Teiler von g_0 und g_1. Ist dagegen g ein beliebiger Teiler von g_0 und g_1, dann folgt, wieder mithilfe von Satz 6.3, aus der ersten Gleichung $g \mid g_2$, anschließend aus der zweiten $g \mid g_3$ usw., bis endlich $g \mid g_{j-1}$ gilt. Damit ist g_{j-1} der größte gemeinsame Teiler von g_0 und g_1.

Zur Bestimmung der Anzahl der binären Rechenschritte betrachten wir zunächst die **while**-Schleife. Wir zeigen, dass sie für $ab \neq 0$ höchstens $O(\log(\min\{|a|, |b|\}))$-mal durchlaufen wird. Dafür betrachten wir, sofern nicht g_i bereits 0 ist, die drei aufeinanderfolgenden Werte g_{i-1}, g_i und g_{i+1} im Algorithmus. Ist $g_i > \frac{1}{2} g_{i-1}$, so folgt wegen $g_{i-1} > g_i > \frac{1}{2} g_{i-1}$ die Beziehung

$$
g_{i+1} = g_{i-1} \bmod g_i = g_{i-1} - g_i < \tfrac{1}{2} g_{i-1}.
$$

Für $g_i \leq \frac{1}{2} g_{i-1}$ erhalten wir sofort

$$
g_{i+1} = g_{i-1} \bmod g_i < g_i \leq \tfrac{1}{2} g_{i-1},
$$

insgesamt also $g_{i+1} < \frac{1}{2} g_{i-1}$. Sofern man nicht zuvor 0 erreicht, wird g_i in höchstens zwei Runden halbiert, die **while**-Schleife wird also höchstens $2 \cdot \log_2(\min\{|a|, |b|\})$-mal durchlaufen.

In der Schleife wird die Division mit Rest durchgeführt, die im Schritt i

$$
O((\log g_{i-1} - \log g_i + 1) \log g_i)
$$

binäre Rechenoperationen erfordert (s. oben). Sie wird höchstens $(j-1)$-mal durchlaufen. Mit einer gemeinsamen Konstanten c kann die Anzahl der binären Rechenoperationen wegen $g_i < g_{i-1}$ nach oben durch

$$
\begin{aligned}
& c \cdot \textstyle\sum_{i=1}^{j-1} (\log g_{i-1} - \log g_i + 1) \log g_i \\
< & c \cdot \textstyle\sum_{i=1}^{j-1} (\log g_{i-1} - \log g_i + 1) \log g_1 \\
= & c \cdot \textstyle\sum_{i=1}^{j-1} (\log g_{i-1} - \log g_i) \log g_1 + (j-1) \log g_1 \\
= & c \cdot ((\log g_0 - \log g_{j-1}) \log g_1 + (j-1) \log g_1)
\end{aligned}
$$

abgeschätzt werden, wobei wir hier unter log den Logarithmus zur Basis 2 verstehen wollen. Da $\log g_{j-1}$ wegen $g_{j-1} < g_0$ auch von der Ordnung $O(\log g_0)$ und, wie zuvor bewiesen, j von der Ordnung $O(\log(\min\{|a|,|b|\}))$ ist, ist die Gesamtanzahl der binären Rechenschritte von der Ordnung $O(\log g_0 \log g_1 + (j-1)\log g_1) = O(\log g_0 \log g_1)$. $\square$

Aus der ersten Hälfte des Beweises von Satz 6.6 folgt für $ab \neq 0$ unmittelbar die Gleichung

$$T(a) \cap T(b) = T(\text{ggT}(a,b)),$$

die wegen $\text{ggT}(a,0) = a$ für alle $a \in \mathbb{Z}$ auch für $ab = 0$ gilt. Damit erhalten wir

Satz 6.7 Es seien $a, b, c \in \mathbb{Z}$. Aus $c \mid a$ und $c \mid b$ folgt $c \mid \text{ggT}(a,b)$. $\square$

Der größte gemeinsame Teiler von zwei Zahlen a und b kann als Linearkombination von a und b dargestellt werden. Mithilfe des folgenden erweiterten euklidischen Algorithmus können wir dies erreichen. Dieser Algorithmus wird in Abschn. 6.4 benutzt, um modulare Inverse zu berechnen.

Im Algorithmus verwenden wir die Funktion sign : $\mathbb{Z} \to \{-1, 0, 1\}$ mit

$$\text{sign}(a) = \begin{cases} 1, & \text{falls } a > 0, \\ 0, & \text{falls } a = 0, \\ -1, & \text{falls } a < 0, \end{cases}$$

die bereits in Abschn. 4.2 als reelle Funktion definiert wurde. Sie erfüllt $\text{sign}(a) \cdot |a| = a$ für alle $a \in \mathbb{Z}$.

Algorithmus 6.2 *(Erweiterter euklidischer Algorithmus)*
Eingabe: $a, b \in \mathbb{Z}$.
Ausgabe: $d = \text{ggT}(a,b)$ und $x, y \in \mathbb{Z}$ mit $d = xa + yb$.

      begin
      if $|a| \geq |b|$
          then $g_0 := |a|; g_1 := |b|$
          else $g_0 := |b|; g_1 := |a|$ **fi**;
          $u_0 := 1; v_0 := 0$;
          $u_1 := 0; v_1 := 1$;
          $i := 1$;

while $g_i \neq 0$ **do** {Schleifeninvariante: $g_i = u_i g_0 + v_i g_1$}

$\quad s := g_{i-1} \text{div } g_i$; {ganzzahlige Division, Rest vergessen}

$\quad g_{i+1} := g_{i-1} - s \cdot g_i$;

$\quad u_{i+1} := u_{i-1} - s \cdot u_i$;

$\quad v_{i+1} := v_{i-1} - s \cdot v_i$;

$\quad i := i + 1$

od;

$d := g_{i-1}$;

if $|a| \geq |b|$

$\quad$ **then** $x := \text{sign}(a) \cdot u_{i-1}$;

$\qquad\quad y := \text{sign}(b) \cdot v_{i-1}$

$\quad$ **else** $x := \text{sign}(a) \cdot v_{i-1}$;

$\qquad\quad y := \text{sign}(b) \cdot u_{i-1}$ **fi**

end $\square$

Satz 6.8 Es seien $a, b \in \mathbb{Z}$. Dann berechnet Algorithmus 6.2 $d = \text{ggT}(a, b)$ und Zahlen $x, y \in \mathbb{Z}$ mit

$$d = xa + yb.$$

Die Zahl der binären Rechenschritte ist von der Ordnung $O(\log|a| \cdot \log|b|)$.

Beweis Offensichtlich terminiert der Algorithmus, und die Aussage über die Anzahl der binären Rechenschritte ergibt sich aus den entsprechenden Überlegungen im Beweis von Satz 6.6. Nach Satz 6.6 gilt für $g_i = 0$ die Gleichung $d = g_{i-1} = \text{ggT}(a, b)$. Durch vollständige Induktion über i beweisen wir die Gültigkeit der Schleifeninvariante. Für $i = 0$ und $i = 1$ ist sie erfüllt. Bei Eintritt in die **while**-Schleife gilt $i = 1$. Zu zeigen ist $g_{i+1} = u_{i+1} g_0 + v_{i+1} g_1$. Speziell für $s = g_{i-1} \text{ div } g_i$ erhalten wir aufgrund der Zuweisungen in der Schleife und der Gültigkeit der Schleifeninvariante für i und $i - 1$

$$g_{i+1} = g_{i-1} - s g_i = u_{i-1} g_0 + v_{i-1} g_1 - s(u_i g_0 + v_i g_1)$$
$$= (u_{i-1} - s u_i) g_0 + (v_{i-1} - s v_i) g_1$$
$$= u_{i+1} g_0 + v_{i+1} g_1.$$

Nach Abschluss des Algorithmus gilt für $|a| \geq |b|$

$$d = g_{i-1} = u_{i-1}|a| + v_{i-1}|b|,$$

für $|a| < |b|$

$$d = g_{i-1} = u_{i-1}|b| + v_{i-1}|a|,$$

woraus die behauptete Gleichung für den größten gemeinsamen Teiler folgt. $\square$

Man erkennt, dass statt g_{i-1}, g_i und g_{i+1} auch drei lokale Variablen g_-, g und g_+ verwendet werden können. Für u und v gilt Entsprechendes.

Beispiel 6.6 Bei der Berechnung von ggT$(186, 66)$ mit Algorithmus 6.2 werden die folgenden Werte durchlaufen:

i	g_i	u_i	v_i	s
0	186	1	0	–
1	66	0	1	2
2	54	1	−2	1
3	12	−1	3	4
4	6	5	−14	2
5	0			

Wir erhalten ggT$(186, 66) = 6 = 5 \cdot 186 + (-14) \cdot 66$. $\square$

Mithilfe der Gleichung aus Satz 6.8 ergeben sich jetzt einige weitere Resultate.

Satz 6.9 Es seien $a, b \in \mathbb{Z}$ und $k \in \mathbb{N}$. Dann gilt

$$\text{ggT}(ka, kb) = k \cdot \text{ggT}(a, b).$$

Beweis Für $a = b = 0$ ist die Behauptung erfüllt. Es sei $d = \text{ggT}(a, b)$. Nach Satz 6.8 existieren Zahlen $x, y \in \mathbb{Z}$ mit $d = xa + yb$. Durch Multiplikation mit k erhalten wir $kd = x(ka) + y(kb)$. Wegen Satz 6.3(d) schließen wir $\text{ggT}(ka, kb) \mid kd$. Offensichtlich teilt kd auch ka und kb. Nach Satz 6.7 gilt dann $kd \mid \text{ggT}(ka, kb)$. Wegen Satz 6.3(b) ist folglich $kd = \text{ggT}(ka, kb)$. $\square$

Beispiel 6.7 Mithilfe von Satz 6.9 berechnen wir

$$\text{ggT}(48, 72) = \text{ggT}(12 \cdot 4, 12 \cdot 6) = 12 \cdot \text{ggT}(4, 6) = 12 \cdot 2 = 24. \square$$

Satz 6.10 Es seien $a, b \in \mathbb{Z}$. Dann sind die folgenden Aussagen äquivalent:

(1) a und b sind relativ prim.
(2) Es existieren $x, y \in \mathbb{Z}$ mit $1 = xa + yb$.

Beweis Nach Definition 6.3(b) sind a und b relativ prim, wenn $\text{ggT}(a,b) = 1$ gilt. Ist (1) erfüllt, so gilt wegen Satz 6.8 die Aussage (2). Unter der Annahme von (2) können nicht x und y gleichzeitig 0 sein. Ein gemeinsamer Teiler von a und b teilt daher 1, es ist also $\text{ggT}(a,b) = 1$. □

Satz 6.11 Es seien $a, b, c \in \mathbb{Z}$. Sind a und c relativ prim, so gilt

$$\text{ggT}(a, bc) = \text{ggT}(a, b).$$

Beweis Da a und c relativ prim sind, erhalten wir nach Satz 6.10 die Gleichung $1 = xa + yc$. Multiplikation mit b liefert $b = (xb)a + y(bc)$. Ein Teiler von a und bc teilt daher auch a und b. Da jeder Teiler von a und b auch a und bc teilt, folgt die Behauptung. □

Beispiel 6.8 Da 4 und 9 relativ prim sind, liefert Satz 6.11

$$\text{ggT}(4, 108) = \text{ggT}(4, 12 \cdot 9) = \text{ggT}(4, 12) = 4. \quad \square$$

Satz 6.12 Es seien $a, b, c \in \mathbb{Z}$, wobei a und b relativ prim sind. Aus $a \mid c$ und $b \mid c$ folgt $ab \mid c$.

Beweis Nach Voraussetzung existieren Zahlen $k_1, k_2 \in \mathbb{Z}$ mit $c = k_1 a = k_2 b$. Wegen Satz 6.10 können wir $1 = xa + yb$ mit geeigneten $x, y \in \mathbb{Z}$ schreiben. Multiplikation mit c liefert

$$c = cxa + cyb = k_2 bxa + k_1 ayb = (k_2 x + k_1 y)ab.$$

Wir erhalten $ab \mid c$. □

Beispiel 6.9 Es gilt $5 \mid 60$ und $6 \mid 60$. Nach Satz 6.12 folgt $5 \cdot 6 = 30 \mid 60$. □

Neben dem größten gemeinsamen Teiler benötigt man gelegentlich auch das kleinste gemeinsame Vielfache zweier Zahlen.

Definition 6.6 Es seien $a, b \in \mathbb{Z}$. Für $ab \neq 0$ ist das *kleinste gemeinsame Vielfache* von a und b durch

$$\text{kgV}(a, b) = \min\{c \mid c \in V(a) \cap V(b)\}$$

gegeben. Für $ab = 0$ setzen wir $\text{kgV}(a, b) = 0$. □

Beispiel 6.10 Es sei $a = 12$ und $b = 15$. Nach Definition 6.6 betrachten wir zunächst

$$V(12) = \{12, 24, 36, 48, 60, 72, \ldots\} \text{ und } V(15) = \{15, 30, 45, 60, 75, \ldots\}$$

und erhalten damit 60 als minimales Element des Durchschnitts $V(12) \cap V(15)$. Somit ist $60 = \text{kgV}(12, 15)$. □

Definition 6.7 Es seien $a_1, \ldots, a_r \in \mathbb{Z}$, $r \in \mathbb{N}$, $r \geq 2$, und $a_1 \cdots a_r \neq 0$. Dann heißt

$$\mathrm{kgV}(a_1, \ldots, a_r) = \min\{n \mid n \in V(a_1) \cap \ldots \cap V(a_r)\}$$

das kleinste gemeinsame Vielfache der Zahlen $a_1, \ldots, a_r$. Gilt $a_1 \cdots a_r = 0$, so setzen wir $\mathrm{kgV}(a_1, \ldots, a_r) = 0$. $\square$

Die in Beispiel 6.10 angewandte Methode, das kleinste gemeinsame Vielfache zweier Zahlen zu bestimmen, ist in der Praxis, insbesondere bei sehr großen Zahlen, zumeist sehr ineffizient. Im nächsten Abschnitt werden wir die Primzahlzerlegung von Zahlen betrachten. Ist die Primzahlzerlegung bekannt, dann kann auf eine effizientere Weise das kleinste gemeinsame Vielfache bestimmt werden. Wir kommen daher im nächsten Abschnitt kurz auf das kleinste gemeinsame Vielfache und seinen Zusammenhang mit dem größten gemeinsamen Teiler zurück.

6.2 Primzahlen

Definition 6.8 Eine Zahl $p \in \mathbb{N}$, $p \geq 2$, heißt *Primzahl*, wenn sie genau durch 1 und p teilbar ist. Eine Zahl $n \in \mathbb{N}$ heißt *zusammengesetzte Zahl*, wenn sie keine Primzahl ist. $\square$

Die ersten zehn Primzahlen sind 2, 3, 5, 7, 11, 13, 17, 19, 23 und 29. Ist p eine Primzahl, so sagen wir auch, dass p *prim* ist. Gilt $a = pb$ für eine Primzahl p und Zahlen $a, b \in \mathbb{Z}$, so wird p *Primteiler* oder *Primfaktor* von a genannt.

Laut Definition existiert für eine zusammengesetzte Zahl n ein Teiler $m \in \mathbb{N}$ mit $1 < m < n$. Insgesamt existieren Zahlen $m, m' \in \mathbb{N}$, $1 < m, m' < n$, mit $n = mm'$, das heißt, n setzt sich aus m und m' zusammen.

Satz 6.13 Es sei $n \in \mathbb{N}$, $n \geq 2$. Dann gibt es eine Primzahl p mit $p \mid n$.

Beweis Wir betrachten die Menge $T(n) \setminus \{1\}$, die wegen $n \mid n$ nicht leer ist. Als endliche Menge besitzt sie ein minimales Element $a \geq 2$. Wir nehmen an, dass a zusammengesetzt ist. Dann existieren $m_1, m_2 \in \mathbb{N}$ mit $a = m_1 m_2$ und $1 < m_1, m_2 < a$. Es folgt $m_1 \mid n$, also $m_1 \in T(n) \setminus \{1\}$. Dies steht im Widerspruch dazu, dass a ein minimales Element von $T(n) \setminus \{1\}$ ist. $\square$

Satz 6.14 *(Euklid)* Es existieren unendlich viele Primzahlen.

Beweis Wir nehmen an, dass es nur endlich viele Primzahlen gibt, etwa $p_1, \ldots, p_k$ für ein $k \in \mathbb{N}$. Dann betrachten wir die Zahl

$$p = p_1 \cdots p_k + 1.$$

Ist p eine Primzahl, so haben wir eine neue Primzahl gefunden. Ist p keine Primzahl, so existiert nach Satz 6.13 ein $j \in \{1, \ldots, k\}$ mit $p_j \mid p$. Da p_j auch $p_1 \cdots p_k$ teilt, erhalten wir nach Satz 6.3(d) die Beziehung $p_j \mid 1$, was wegen $p_j \geq 2$ nicht möglich ist. Folglich muss p eine neue Primzahl sein. $\square$

Betrachten wir die drei Primzahlen 2, 3 und 5, dann ist nach der Konstruktion des Beweises auch $2 \cdot 3 \cdot 5 + 1 = 31$ eine Primzahl.

Satz 6.15 Es sei $n \in \mathbb{N}$. Dann existiert eine Primzahl p mit $n < p \leq n! + 1$.

Beweis Es sei $m = n! + 1$. Entweder ist m bereits eine Primzahl, oder nach Satz 6.13 existiert eine Primzahl p mit $p \mid m$. Ist $p \leq n$, so folgt auch $p \mid n!$. Mit Satz 6.3 erhalten wir $p \mid (m - n!)$. Wegen $m - n! = 1$ ist dies ein Widerspruch, es muss also $n < p \leq n! + 1$ gelten. $\square$

Satz 6.16 Ist $n \in \mathbb{N}$ zusammengesetzt, so existiert ein Primteiler p von n mit $p \leq \sqrt{n}$.

Beweis Es sei p der kleinste Primteiler von n. Da n zusammengesetzt ist, gilt $n = m_1 m_2$ mit $m_1, m_2 > 1$. Nach Satz 6.13 besitzen sowohl m_1 als auch m_2 Primteiler. Jeder Primteiler von m_1 oder m_2 ist auch ein Primteiler von n. Daher folgt $p \leq m_1$ und $p \leq m_2$ und damit $p^2 \leq m_1 m_2 = n$, also $p \leq \sqrt{n}$. $\square$

Es gibt Primzahlen, die sich nur um 2 unterscheiden, die sogenannten *Primzahlzwillinge*, zum Beispiel 11 und 13 oder 29 und 31. Die Frage ist, ob es eine Schranke für aufeinanderfolgende zusammengesetzte Zahlen gibt. Dies wäre bei der Suche großer Primzahlen, die wir zum Beispiel für das RSA-Verfahren benötigen, sehr angenehm. Wir erhalten jedoch

Satz 6.17 Es sei $n \in \mathbb{N}$. Dann gibt es eine Folge von n aufeinanderfolgenden zusammengesetzten Zahlen.

Beweis Wir betrachten die aufeinanderfolgenden Zahlen

$$(n + 1)! + 2, (n + 1)! + 3, \ldots, (n + 1)! + (n + 1).$$

Nach Definition von $n!$ sind $2, 3, \ldots, (n + 1)$ Teiler von $(n + 1)!$. Nach Satz 6.3(d) gilt dann $i \mid ((n + 1)! + i)$ für alle $i \in \{2, \ldots, n + 1\}$. Folglich sind n aufeinanderfolgende zusammengesetzte Zahlen gefunden. $\square$

Für $n = 3$ liefert die Konstruktion des Beweises die drei aufeinanderfolgenden zusammengesetzten Zahlen $(3 + 1)! + 2, (3 + 1)! + 3, (3 + 1)! + 4$, also 26, 27 und 28.

Wir wollen zu einer vorgegebenen Zahl $n \in \mathbb{N}$ alle Primzahlen p mit $2 \leq p \leq n$ finden. Dies leistet das *Sieb des Eratosthenes*, das um 200 vor Christus von *Eratosthenes* entwickelt wurde. Die Grundidee ist, dass aus allen Zahlen von 2 bis n die Primzahlen herausgesiebt werden, wohingegen die Nichtprimzahlen durch das Sieb fallen, also gestrichen werden. Wir wollen uns dies an einem Beispiel klar machen.

Beispiel 6.11 Es sei $n = 49$. Wir betrachten alle Zahlen von 2 bis 49, also

$$
\begin{array}{cccccccccc}
 & 2 & 3 & 4 & 5 & 6 & 7 & 8 & 9 & 10 \\
11 & 12 & 13 & 14 & 15 & 16 & 17 & 18 & 19 & 20 \\
21 & 22 & 23 & 24 & 25 & 26 & 27 & 28 & 29 & 30 \\
31 & 32 & 33 & 34 & 35 & 36 & 37 & 38 & 39 & 40 \\
41 & 42 & 43 & 44 & 45 & 46 & 47 & 48 & 49 & .
\end{array}
$$

Wir wissen, dass 2 eine Primzahl ist. Folglich sind alle $j \cdot 2$, $j \geq 2$, keine Primzahlen, die wir streichen. In der Tabelle wird dafür ein Strich ($-$) eingefügt. Wir erhalten

$$
\begin{array}{cccccccccc}
 & 2 & 3 & - & 5 & - & 7 & - & 9 & - \\
11 & - & 13 & - & 15 & - & 17 & - & 19 & - \\
21 & - & 23 & - & 25 & - & 27 & - & 29 & - \\
31 & - & 33 & - & 35 & - & 37 & - & 39 & - \\
41 & - & 43 & - & 45 & - & 47 & - & 49 & .
\end{array}
$$

Nun streichen wir noch alle verbliebenen $j \cdot 3$, $j \geq 3$, die ebenfalls keine Primzahlen sein können. Wir setzen das Zeichen $\times$ an die entsprechende Stelle.

$$
\begin{array}{cccccccccc}
 & 2 & 3 & - & 5 & - & 7 & - & \times & - \\
11 & - & 13 & - & \times & - & 17 & - & 19 & - \\
\times & - & 23 & - & 25 & - & \times & - & 29 & - \\
31 & - & \times & - & 35 & - & 37 & - & \times & - \\
41 & - & 43 & - & \times & - & 47 & - & 49 & .
\end{array}
$$

Streichen aller verbliebenen $j \cdot 5$, $j \geq 5$ (Ersetzung durch $*$) und anschließendes Streichen des letzten verbliebenen $j \cdot 7$, $j \geq 7$, nämlich 49 (Ersetzung durch #), liefert

$$
\begin{array}{cccccccccc}
 & 2 & 3 & - & 5 & - & 7 & - & \times & - \\
11 & - & 13 & - & \times & - & 17 & - & 19 & - \\
\times & - & 23 & - & * & - & \times & - & 29 & - \\
31 & - & \times & - & * & - & 37 & - & \times & - \\
41 & - & 43 & - & \times & - & 47 & - & \# & .
\end{array}
$$

Die Zahlen der letzten Tabelle sind alle Primzahlen zwischen 2 und 49.   □

Der folgende Algorithmus beschreibt das allgemeine Verfahren. Dabei wird das Streichen durch das Nullsetzen der entsprechenden Zahl ausgedrückt.

Algorithmus 6.3 *(Sieb des Eratosthenes)*

Eingabe: $n \in \mathbb{N}$.

Ausgabe: Die Liste der Primzahlen zwischen 2 und n.

> **begin** erzeuge eine Liste $(a_2, \ldots, a_n)$ der Zahlen zwischen 2 und n;
>
> $i := 2$;
>
>   **while** $i^2 \leq n$ **do**
>
>   **if** $a_i \neq 0$ **then**
>
> $j := 2$;
>
>   **while** $j \cdot i \leq n$ **do**
>
> $a_{ji} := 0$; {Streichen der zusammengesetzten Zahl ji}
>
> $j := j + 1$
>
>   **od**
>
>   **fi**;
>
> $i := i + 1$
>
>   **od**;
>
>   **for** $i = 2$ **to** n **do**
>
>   **if** $a_i \neq 0$ **then** trage a_i in die Liste der Primzahlen ein **fi**
>
>   **od**
>
> **end** $\square$

Satz 6.18 Algorithmus 6.3 liefert die Liste der Primzahlen zwischen 2 und n. Er benötigt $O(n \log n)$ Schritte.

Beweis Offensichtlich wird in Algorithmus 6.3 ein a_{ji} nur dann auf 0 gesetzt, wenn $i, j \geq$ 2 sind. Für Primzahlen p gilt daher immer $p = a_p$, sodass alle Primzahlen aufgelistet werden. Außerdem wird jede Primzahl p mit $p^2 \leq n$ als ein entsprechendes i in der inneren **while**-Schleife verwendet. Wir zeigen jetzt, dass jede zusammengesetzte Zahl $m \leq n$ gestrichen wird. Sie hat eine Darstellung $m = m_1 m_2$ mit $2 \leq m_1 \leq m_2$. Offenbar gilt dabei $m_1 \leq \sqrt{m} \leq \sqrt{n}$. Gemäß Satz 6.13 existiert eine Primzahl p, für die $p \mid m_1$ und damit $p \mid m$ und $p \leq m_1 \leq \sqrt{n}$ erfüllt ist. Folglich gibt es ein $j \geq m_2$ mit $m = jp$. Als Vielfaches einer solchen Primzahl p wird m jedoch durch den Algorithmus gestrichen.

Die äußere **while**-Schleife wird $\sqrt{n}$-mal durchlaufen. Für einen Durchgang mit $a_i = 0$ wird eine konstante Anzahl von Schritten durchgeführt, sodass der Gesamtbedarf aller derartiger Durchgänge durch $O(\sqrt{n})$ gegeben ist. Bei $a_i \neq 0$, was nur für Primzahlen $p = i$ vorkommt, wird die innere **while**-Schleife jeweils höchstens $\frac{n}{p}$-mal durchlaufen.

Dies sind insgesamt

$$\sum_{\substack{p \text{ prim,} \\ p \le \sqrt{n}}} \frac{n}{p} = n \cdot \sum_{\substack{p \text{ prim,} \\ p \le \sqrt{n}}} \frac{1}{p} < n \cdot \sum_{k \le \sqrt{n}} \frac{1}{k}$$

Schritte. Nun gilt jedoch $\sum_{k \le \sqrt{n}} \frac{1}{k} \le 1 + \ln \sqrt{n} = 1 + \frac{1}{2} \ln n$ (siehe Gleichung 4.1), sodass die Gesamtzahl der Schritte durch $O(n \log n)$ beschränkt ist. $\square$

Man kann zeigen, dass für $x \to \infty$ die Abschätzung $\displaystyle\sum_{\substack{p \text{ prim,} \\ p \le x}} \frac{1}{p} = \ln \ln x + O(1)$ gilt (siehe [73]). Folglich ist die Anzahl der Schritte von Algorithmus 6.3 sogar durch $O(n \ln \ln n)$ beschränkt.

Mit Algorithmus 6.3 kann man überprüfen, ob eine vorgelegte Zahl eine Primzahl ist. Als Eingabe wird die zu testende Zahl eingegeben. Sie muss dann in der Ausgabeliste der Primzahlen vorkommen. In der Kryptografie werden inzwischen Primzahlen von mehr als 1000 Binärstellen benötigt. Es ist klar, dass das Sieb des *Eratosthenes* für den Test solcher Primzahlen völlig ungeeignet ist, da die Rechenzeit selbst bei den bisher schnellsten bekannten Rechnern jedes Vorstellungsvermögen sprengt. Wir werden später mit Algorithmus 6.6 einen sehr brauchbaren Testalgorithmus angeben.

Satz 6.19 Es seien p und $q_1, \dots, q_k$ für $k \in \mathbb{N}$ Primzahlen. Es gelte $p \mid \prod_{i=1}^{k} q_i$. Dann existiert ein $j \in \{1, \dots, k\}$ mit $p = q_j$.

Beweis Der Beweis wird durch vollständige Induktion über k geführt. Für $k = 1$ gilt $p \mid q_1$. Da p und q_1 prim sind und außerdem $p > 1$ ist, folgt $p = q_1$. Für $k > 1$ ist p ein Teiler von $q_1(q_2 \cdots q_k)$. Wir nehmen an, dass p nicht q_1 teilt. Da p eine Primzahl ist, gilt $\text{ggT}(p, q_1) = 1$ und damit nach Satz 6.8 $1 = xp + yq_1$ mit Zahlen $x, y \in \mathbb{Z}$. Multiplikation mit $q_2 \cdots q_k$ liefert

$$q_2 \cdots q_k = xpq_2 \cdots q_k + yq_1 \cdots q_k.$$

Beide Summanden der rechten Seite werden von p geteilt, sodass nach Satz 6.3 $p \mid q_2 \cdots q_k$ gilt. In analoger Weise können wir zeigen, dass unter der Voraussetzung, dass p nicht $q_2 \cdots q_k$ teilt, $p \mid q_1$ gilt. Insgesamt schließen wir auf $p \mid q_1$ oder $p \mid q_2 \cdots q_k$. Beide Produkte haben weniger als k Faktoren, sodass nach der Induktionsannahme die Behauptung folgt. $\square$

Satz 6.20 *(Fundamentalsatz der Arithmetik)* Jede Zahl $n \in \mathbb{N}$, $n \ge 2$, kann in eindeutiger Weise als Produkt von Primfaktoren geschrieben werden, falls die Reihenfolge der Primfaktoren außer Acht gelassen wird.

Beweis Der Beweis erfolgt durch vollständige Induktion über n. Für $n = 2$ ist die Aussage des Satzes richtig. Es sei $n > 2$. Wir zeigen zunächst, dass n als ein Produkt von Primfaktoren geschrieben werden kann. Nach Satz 6.13 gibt es einen Primteiler p von n, also $n = pm$ mit einem $m \in \mathbb{N}$, $1 \le m < n$. Für $m = 1$ ist die Aussage offenbar erfüllt, für $m > 1$ lässt sich m aufgrund der Induktionsannahme als Produkt von Primfaktoren schreiben und damit auch n.

Es fehlt noch die Eindeutigkeit. Es seien

$$n = p_1 \cdots p_k \quad \text{und} \quad n = q_1 \cdots q_l$$

zwei Darstellungen von n als Produkt von Primfaktoren. Aus $p_1 \mid n$ folgt nach Satz 6.19 die Existenz eines $j \in \{1, \ldots, l\}$ mit $p_1 = q_j$. Nach Umbenennung und Umordnung der Primfaktoren $q_1, \ldots, q_l$ können wir $p_1 = q_1$ annehmen. Wir betrachten $m = \frac{n}{p_1}$. Ist $m = 1$, so ist $n = p_1$ und die Behauptung bewiesen. Anderenfalls gilt $1 < m < n$. Die Zahl m hat dann nach Induktionsannahme eine (bis auf die Reihenfolge) eindeutige Primfaktorzerlegung. Damit ist auch die Primfaktorzerlegung von n eindeutig. $\quad\square$

Der Satz wird auch Hauptsatz oder Fundamentalsatz der elementaren Zahlentheorie genannt. Gleiche Primfaktoren können dabei zusammengefasst werden. Jede Zahl $n \ge 2$ hat damit eine Darstellung

$$n = p_1^{\alpha_1} \cdots p_r^{\alpha_r}$$

mit $r \in \mathbb{N}$, $\alpha_i \in \mathbb{N}$ und paarweise verschiedene Primzahlen p_i, $i \in \{1, \ldots, r\}$. Als Beispiel betrachten wir $600 = 2^3 \cdot 3^1 \cdot 5^2$.

Satz 6.21 Es sei p eine Primzahl und $m, n \in \mathbb{N}$. Aus $p \mid mn$ folgt $p \mid m$ oder $p \mid n$.

Beweis Nach Satz 6.20 besitzen m und n die eindeutigen Primfaktordarstellungen

$$m = p_1 \cdots p_k \quad \text{und} \quad n = q_1 \cdots q_l.$$

Wir erhalten $mn = p_1 \cdots p_k q_1 \cdots q_l$. Aus $p \mid mn$ folgt nach Satz 6.19, dass $p = p_i$ oder $p = q_j$ für ein geeignetes $i \in \{1, \ldots, k\}$ bzw. $j \in \{1, \ldots, l\}$ gilt. Wir erhalten $p \mid m$ oder $p \mid n$. $\quad\square$

Satz 6.22 Es seien $p_1, \ldots, p_k$ verschiedene Primteiler einer Zahl $n \in \mathbb{N}$. Dann folgt $p_1 \cdots p_k \mid n$.

Beweis Nach Satz 6.20 besitzt n die eindeutige Primfaktordarstellung $n = q_1 \cdots q_r$, $r \in \mathbb{N}$. Nach Satz 6.19 existiert zu jedem p_i ein q_{j_i}, $j_i \in \{1, \ldots, r\}$. Da die p_i paarweise verschieden sind, muss $j_i \ne j_{i'}$ für $i \ne i'$ gelten. Nach Umordnung sei $p_i = q_i$ für $i \in \{1, \ldots, k\}$. Dann folgt $n = (p_1 \cdots p_k)(q_{k+1} \cdots q_r)$, also $p_1 \cdots p_k \mid n$. $\quad\square$

Beispielsweise gilt $3 \mid 30$ und $5 \mid 30$. Damit ist auch $3 \cdot 5 = 15 \mid 30$ erfüllt.

Satz 6.23 Es seien $m = p_1 \cdots p_k$ und $n = q_1 \cdots q_l$ die Primfaktordarstellungen von $m, n \in \mathbb{N}$. Die Zahlen m und n sind genau dann relativ prim, wenn $\{p_1, \ldots, p_k\} \cap \{q_1, \ldots, q_l\} = \emptyset$ gilt.

Beweis Nach Definition 6.3(b) heißen m und n relativ prim, wenn $\mathrm{ggT}(m, n) = 1$ gilt. Wir führen einen indirekten Beweis. Zunächst gehen wir davon aus, dass $\mathrm{ggT}(m, n) = 1$ gilt und der Durchschnitt der beiden Mengen aus der Satzformulierung nicht leer ist. Dann gibt es eine Primzahl p, die in beiden Mengen liegt und daher $p \mid m$ und $p \mid n$ erfüllt. Somit ist $\mathrm{ggT}(m, n) \geq p$ ein Widerspruch.

Umgekehrt sei der Durchschnitt leer und $\mathrm{ggT}(m, n) = g > 1$. Dann existiert eine Primzahl p mit $p \mid g$ und damit auch $p \mid m$ und $p \mid n$. Nach Satz 6.19 ist dann p ein Primteiler sowohl von m als auch von n. Dies widerspricht der Annahme, dass der Durchschnitt leer ist. $\square$

Satz 6.24 Es seien $a, b, c \in \mathbb{N}$ mit a und b relativ prim und $a \mid bc$. Dann gilt $a \mid c$.

Beweis Für $a = 1, b = 1$ oder $c = 1$ ist die Aussage offensichtlich erfüllt. Im Folgenden gelte $a, b, c \geq 2$. Nach Satz 6.20 existieren die (bis auf die Reihenfolge) eindeutigen Primfaktorzerlegungen $a = p_1 \cdots p_r$, $b = p_1' \cdots p_s'$ und $c = p_1'' \cdots p_t''$ für geeignete $r, s, t \in \mathbb{N}$. Da a und b relativ prim sind, gilt nach Satz 6.23 $\{p_1, \ldots, p_r\} \cap \{p_1', \ldots, p_s'\} = \emptyset$. Wegen $a \mid bc$ erhalten wir

$$p_1' \cdots p_s' p_1'' \cdots p_t'' = p_1 \cdots p_r \cdot d$$

für ein geeignetes $d \in \mathbb{N}$. Aus beiden Aussagen zusammen folgt, dass ein $e \in \mathbb{N}$ existiert mit $p_1 \cdots p_r \cdot e = p_1'' \cdots p_t''$. Somit gilt $a \mid c$. $\square$

Satz 6.25 Es seien $m, n \in \mathbb{N}$, $m, n \geq 2$, Zahlen mit Primfaktorzerlegungen

$$m = p_1^{\alpha_1} \cdots p_r^{\alpha_r} \quad \text{und} \quad n = p_1^{\beta_1} \cdots p_r^{\beta_r},$$

wobei $\alpha_i, \beta_i \geq 0$ für $i \in \{1, \ldots, r\}$ gilt. Dann folgt

$$\mathrm{ggT}(m, n) = p_1^{\min\{\alpha_1, \beta_1\}} \cdots p_r^{\min\{\alpha_r, \beta_r\}},$$
$$\mathrm{kgV}(m, n) = p_1^{\max\{\alpha_1, \beta_1\}} \cdots p_r^{\max\{\alpha_r, \beta_r\}}.$$

Beweis Offenbar ist $g = p_1^{\min\{\alpha_1, \beta_1\}} \cdots p_r^{\min\{\alpha_r, \beta_r\}}$ ein gemeinsamer Teiler von m und n. Wir erkennen sofort, dass jeder gemeinsame Teiler von m und n keine anderen Primfaktoren oder für ein $i \in \{1, \ldots, r\}$ mehr als $\min\{\alpha_i, \beta_i\}$ Primfaktoren p_i enthalten darf. Folglich gilt $g = \mathrm{ggT}(m, n)$.

Weiter ist $k = p_1^{\max\{\alpha_1, \beta_1\}} \cdots p_r^{\max\{\alpha_r, \beta_r\}}$ ein gemeinsames Vielfaches von m und n. Ein gemeinsames Vielfaches von m und n darf für jedes $i \in \{1, \ldots, r\}$ offenbar nicht weniger als $\max\{\alpha_i, \beta_i\}$ Primfaktoren p_i enthalten. Folglich gilt $k = \mathrm{kgV}(m, n)$. $\square$

Beispiel 6.12 Wir wählen

$$m = 2^3 \cdot 3^4 \cdot 7^2 \quad \text{und} \quad n = 3^3 \cdot 5^1 \cdot 7^3.$$

Dann können wir

$$\alpha_1 = 3, \alpha_2 = 4, \alpha_3 = 0, \alpha_4 = 2 \quad \text{und} \quad \beta_1 = 0, \beta_2 = 3, \beta_3 = 1, \beta_4 = 7$$

setzen und erhalten

$$\text{ggT}(m,n) = 2^0 \cdot 3^3 \cdot 5^0 \cdot 7^2 \quad \text{und} \quad \text{kgV}(m,n) = 2^3 \cdot 3^4 \cdot 5^1 \cdot 7^3. \quad \square$$

Das kleinste gemeinsame Vielfache kann aus dem größten gemeinsamen Teiler berechnet werden und umgekehrt. Dies zeigt

Satz 6.26 Es seien $m, n \in \mathbb{N}$. Dann gilt

$$\text{kgV}(m,n) = \frac{mn}{\text{ggT}(m,n)}.$$

Beweis Für $m = 1$ oder $n = 1$ ist die Gleichung offenbar erfüllt. Sonst gilt mit den Bezeichnungen von Satz 6.25

$$\begin{aligned}
\text{kgV}(m,n) \cdot \text{ggT}(m,n) &= p_1^{\min\{\alpha_1,\beta_1\}+\max\{\alpha_1,\beta_1\}} \cdots p_k^{\min\{\alpha_k,\beta_k\}+\max\{\alpha_k,\beta_k\}} \\
&= p_1^{\alpha_1+\beta_1} \cdots p_k^{\alpha_k+\beta_k} = mn. \quad \square
\end{aligned}$$

Wegen $\text{kgV}(m,n) = 0$ für $mn = 0$ gilt die Gleichung $\text{kgV}(m,n) \cdot \text{ggT}(m,n) = mn$ für alle $m, n \in \mathbb{N}_0$.

Aus der zweiten Hälfte des Beweises von Satz 6.25 folgt

Satz 6.27 Es seien $a, b \in \mathbb{Z}$ mit $|a| + |b| \neq 0$, und es sei $k = \text{kgV}(a,b)$. Ist v ein gemeinsames Vielfaches von a und b, dann folgt $k \mid v$. $\quad \square$

Nach Satz 6.17 gibt es beliebig große Abschnitte von Zahlen, innerhalb derer keine Primzahlen vorkommen, sogenannte Primzahllücken. Wie kann man nun trotzdem Primzahlen einer gewünschten Größenordnung finden? Dazu ist der Primzahlsatz nützlich. Zunächst betrachten wir

Definition 6.9 Es sei $n \in \mathbb{N}$. Mit $\pi(n)$ wird die Anzahl der Primzahlen $\leq n$ bezeichnet. $\square$

Für einige Werte von n notieren wir die Anzahl $\pi(n)$.

n	2	3	4	5	6	7	8	9	10	20	30	100	1000	10.000
$\pi(n)$	1	2	2	3	3	4	4	4	4	8	10	25	168	1229

Im Folgenden geben wir den Primzahlsatz an. Er wurde bereits von *Carl Friedrich Gauß* vorhergesagt und schließlich von *Jacques Salomon Hadamard* und *Charles Jean Gustave Nicolas Baron de la Vallée Poussin* 1896 unabhängig voneinander bewiesen. Der Beweis, der den Rahmen dieses Buches sprengen würde, findet sich zum Beispiel in [6].

Satz 6.28 *(Primzahlsatz)* Es gilt $\lim\limits_{n\to\infty} \frac{\pi(n)}{n/\ln n} = 1$. □

Das bedeutet, dass für genügend große n die Anzahl $\pi(n)$ der Primzahlen $\leq n$ sich zu der Zahl n approximativ wie 1 zu $\ln n$ verhält, dass also die *Dichte* $\frac{\pi(n)}{n}$ der Primzahlen in der Nachbarschaft von n ungefähr gleich $\frac{1}{\ln n}$ ist. Ungefähr eine von $\ln n$ aufeinanderfolgenden Zahlen ist eine Primzahl.

In der folgenden Tabelle geben wir für einige Zehnerpotenzen den Vergleich der Primzahldichte zu dem entsprechenden Wert des Primzahlsatzes an.

n	$\pi(n)$	$\pi(n)/n$	$1/\ln n$
10	4	0,4000	0,4343
100	25	0,2500	0,2171
1000	168	0,1680	0,1448
10.000	1229	0,1229	0,1086
100.000	9592	0,0959	0,0869
1.000.000	78.498	0,0785	0,0724
10.000.000	664.579	0,0665	0,0620

Meistens reicht es zu wissen, dass die Primzahldichte von der Ordnung $\Theta\left(\frac{1}{\ln n}\right)$ ist. Eine erste derartige Aussage wurde um 1856 von *Pafnuty Lwowitsch Tschebyschew* bewiesen:

$$0{,}98 \cdot \frac{n}{\ln n} < \pi(n) < 1{,}11 \cdot \frac{n}{\ln n} \quad \text{für genügend große } n.$$

Ein ähnlicher Satz, dessen Beweis in [21] zu finden ist (und leichter als der von Satz 6.28 zu beweisen ist), ist wie folgt gegeben.

Satz 6.29 Für alle $n \in \mathbb{N}, n \geq 2$, gilt

$$\frac{n}{\ln n} - 2 \leq \pi(n) \leq \frac{3n}{\ln n}. \quad \square$$

Es stellt sich die Frage, wie man so große Primzahlen erhält, wie sie für das RSA-Verfahren oder andere kryptografische Verfahren benötigt werden. Wir beschreiben im Folgenden die *Suche nach großen Primzahlen*. Wegen Satz 6.28 oder auch Satz 6.29 kann der folgende heuristische Algorithmus zum Finden großer Primzahlen mit zum Beispiel 500 binären Stellen benutzt werden. Man erzeuge zufällig eine Folge

$$m = \alpha_1, \alpha_2, \ldots, \alpha_{500}, \alpha_i \in \{0, 1\} \text{ und } \alpha_1 = 1,$$

und betrachte m als eine Binärzahl. Wir nehmen an, dass m gerade ist. Dann müssen fortlaufend die Zahlen $m + 1, m + 3, \ldots$ gebildet werden. Für jedes der $m + i$ wird ein Primzahltest durchgeführt, wie er zum Beispiel in Abschn. 6.5 durch Algorithmus 6.6 beschrieben ist. Die Dichte der Primzahlen um $n = 2^{500}$ liegt bei $\frac{1}{\ln n} > \frac{1}{\log_2 n} = \frac{1}{500}$. Dadurch ist eine Abbruchregel motiviert. Wenn innerhalb von 1000 Versuchen keine Primzahl gefunden wurde, dann wird das Verfahren mit einer neuen zufälligen Folge m begonnen.

Wir haben schon in Abschn. 6.2 vor Satz 6.19 festgestellt, dass das Sieb des *Eratosthenes* für den Primzahltest solcher großen Zahlen völlig ungeeignet ist. Der Zeitaufwand ist im Wesentlichen linear in der getesteten Zahl n. Da die (binäre) Darstellung dieser Zahl die Länge $\log_2 n$ hat, ist der Zeitaufwand exponentiell in der Länge von n.

Der Satz von *Fermat* (siehe Satz 6.41), der aus dem 17. Jahrhundert stammt, war der Beginn der Suche nach effizienteren Algorithmen. Jedoch wurde erst 1983 von *L. M. Adleman, C. Pomerance* und *R. S. Rumely* [2] ein Algorithmus gefunden, der keinen exponentiellen, sondern einen subexponentiellen Zeitbedarf von

$$(\log n)^{O(\log \log \log n)}$$

besitzt. *M. Agrawal, N. Kayal* und *N. Saxena* [3] entdeckten schließlich 2002 einen polynomialen Algorithmus, für den zunächst ein Zeitbedarf von ungefähr $O(\log^{12} n)$ angegeben wurde, wobei jedoch inzwischen $O(\log^6 n)$ mit einer großen Konstanten vermutet wird. Eine ausführliche Darstellung dieses polynomialen Algorithmus findet sich in [21]. Selbst ein Zeitbedarf von $O(\log^6 n)$ ist noch sehr groß. Für praktisch zu testende Zahlen von 500, 1000 oder 2000 Bits gibt es Varianten des Algorithmus von *Adleman, Pomerance* und *Rumely* mit subexponentiellem Zeitbedarf, die viel schneller sind. Noch schneller sind jedoch probabilistische Algorithmen aus dem Jahr 1976 (*Michael O. Rabin* [79, 80]) oder 1977 (*R. Solovay* und *V. Strassen* [87]), die allerdings gelegentlich, mit einer verschwindend kleinen Wahrscheinlichkeit, eine falsche Antwort geben können. Wir werden in Abschn. 6.5 einen solchen Algorithmus vorstellen, der im Wesentlichen dem ursprünglichen Algorithmus von *Rabin* entspricht.

6.3 Modulare Arithmetik

Die Menge $\mathbb{Z}$ der ganzen Zahlen erfüllt bekanntlich die folgenden Eigenschaften: Für beliebige Elemente $a, b, c \in \mathbb{Z}$ gehören $a + b$ und ab wieder zu $\mathbb{Z}$, und es gilt

$$
\begin{aligned}
a + b &= b + a, & ab &= ba && \text{(Kommutativität),} \\
(a + b) + c &= a + (b + c), & (ab)c &= a(bc) && \text{(Assoziativität),} \\
a + 0 &= a, & a \cdot 1 &= a && \text{(Neutrale Elemente) und} \\
a(b + c) &= ab + ac, & & && \text{(Distributivität).}
\end{aligned}
$$

Außerdem existiert zu jedem $a \in \mathbb{Z}$ das additive Inverse $-a \in \mathbb{Z}$ mit $a + (-a) = 0$. Diese Eigenschaften machen $\mathbb{Z}$ zu einem *kommutativen Ring* mit Nullelement 0 und Einselement 1. Wir schreiben auch $(\mathbb{Z}, +, \cdot)$. Beschränkt man sich auf die Addition, so ist $(\mathbb{Z}, +)$ eine (additive) *kommutative Gruppe*. Umfassender werden wir in den Kap. 8 und 9 auf Gruppen und Ringe und ihre Eigenschaften eingehen. Für die Überlegungen dieses Abschnitts reichen die anhand von $\mathbb{Z}$ eben eingeführten Begriffe und Eigenschaften.

Definition 6.10 Es seien $a, b \in \mathbb{Z}$ und $n \in \mathbb{N}$. a heißt *kongruent* b modulo n (in Zeichen: $a \equiv_n b$), wenn es ein $k \in \mathbb{Z}$ gibt mit $a - b = k \cdot n$. $\square$

Es ist also $\equiv_n$ eine Relation auf der Menge $\mathbb{Z}$. Die Bedingung der Definition ist gleichwertig damit, dass n die Zahl $a - b$ teilt. Dabei heißt b *Rest* von a modulo n und a *Rest* von b modulo n. Bei vorgegebenem $a \in \mathbb{Z}$ und $n \in \mathbb{N}$ gibt es nach Satz 6.5 ein eindeutig bestimmtes $r \in \{0, \ldots, n-1\}$ mit $a - r = kn$ für ein geeignetes $k \in \mathbb{Z}$. Dieses Element haben wir nach Definition 6.5 mit $a \bmod n$ bezeichnet. Für die folgenden Überlegungen sind diese Reste modulo n von besonderer Bedeutung. Die entsprechende Menge von Zahlen wird speziell bezeichnet.

Definition 6.11 Es sei $n \in \mathbb{N}$. Dann heißt $\mathbb{Z}_n = \{0, 1, \ldots, n-1\}$ *Menge der Reste modulo* n. $\square$

Satz 6.30 Für $n \in \mathbb{N}$ ist $\equiv_n$ eine Äquivalenzrelation auf $\mathbb{Z}$.

Beweis Wir müssen die Eigenschaften von Definition 2.9 für die Relation $\equiv_n$ nachweisen. Zunächst gilt $a - a = 0 \cdot n$, was zu $a \equiv_n a$, der Reflexivität von $\equiv_n$, äquivalent ist. Aus $a \equiv_n b$, also $a - b = kn$ für ein geeignetes $k \in \mathbb{Z}$, folgt $b - a = (-k)n$ und damit $b \equiv_n a$, sodass $\equiv_n$ symmetrisch ist. Ist weiter $b \equiv_n c$, also $b - c = k'n$ für ein $k' \in \mathbb{Z}$, so erhalten wir insgesamt $a - c = (a - b) + (b - c) = kn + k'n = (k + k')n$ und damit $a \equiv_n c$, das heißt die Transitivität der Relation. $\square$

Im folgenden Satz wird eine Eigenschaft der Relation $\equiv_n$ gezeigt, die sie wegen ihrer Verträglichkeit mit der Addition und Multiplikation zu einer sogenannten *Kongruenzrelation* (vgl. auch Abschn. 9.2, Beispiel 9.8) macht.

Satz 6.31 Es sei $n \in \mathbb{N}$ und $a, a', b, b' \in \mathbb{Z}$. Aus $a \equiv_n a'$ und $b \equiv_n b'$ folgen

$$a + b \equiv_n a' + b' \text{ und } ab \equiv_n a'b'.$$

Beweis Nach Definition 6.10 gilt $a - a' = k_1 n$ und $b - b' = k_2 n$ mit geeigneten $k_1, k_2 \in \mathbb{Z}$. Damit ergeben sich die Gleichungen

$$(a + b) - (a' + b') = (a - a') + (b - b') = (k_1 + k_2)n \text{ und}$$
$$ab - a'b' = (k_1 n + a')b - a'b' = k_1 bn + a'(k_2 n + b') - a'b' = (k_1 b + k_2 a')n,$$

was zu beweisen war. $\square$

Die Mengen $[a] = \{a' \in \mathbb{Z} \mid a' \equiv_n a\}$ werden als *Kongruenzklassen* von $\equiv_n$ bezeichnet oder auch als *Restklassen* modulo n. Sie sind spezielle Äquivalenzklassen (siehe Definition 2.9). Dabei heißt a *Repräsentant* der Klasse $[a]$. Jedes $a' \in [a]$ ist ein Repräsentant von $[a]$. Die Menge $\{[a] \mid a \in \mathbb{Z}\}$ bildet eine Zerlegung von $\mathbb{Z}$ (siehe Definition 2.10 und Satz 2.5). Gemäß Definition 2.11 schreiben wir für diese Menge $\mathbb{Z}/\equiv_n$ und nennen sie Faktormenge von $\mathbb{Z}$ bezüglich $\equiv_n$. Auf $\mathbb{Z}/\equiv_n$ können wir eindeutig eine Addition und Multiplikation definieren.

Definition 6.12 Es seien $[a], [b] \in \mathbb{Z}/\equiv_n$. Dann setzen wir

$$[a] \oplus [b] = [a + b] \text{ und } [a] \odot [b] = [a \cdot b]. \quad \square$$

Satz 6.31 zeigt, dass die Definition unabhängig von den jeweils gewählten Repräsentanten der Klassen ist. Dies wollen wir an einem Beispiel verdeutlichen.

Beispiel 6.13 Es sei $n = 4$. Wir erhalten die Klassen

$$\ldots = [-4] = [0] = [4] = [8] = \ldots = \{\ldots, -4, 0, 4, 8, \ldots\},$$
$$\ldots = [-3] = [1] = [5] = [9] = \ldots = \{\ldots, -3, 1, 5, 9 \ldots\},$$
$$\ldots = [-2] = [2] = [6] = [10] = \ldots = \{\ldots, -2, 2, 6, 10 \ldots\},$$
$$\ldots = [-1] = [3] = [7] = [11] = \ldots = \{\ldots, -1, 3, 7, 11, \ldots\}.$$

Dann beziehen sich beispielsweise die Additionen

$$[2] \oplus [7] = [2 + 7] = [9] = [1] \text{ und } [6] \oplus [11] = [6 + 11] = [17] = [1]$$

auf dieselben Elemente von $\mathbb{Z}/\equiv_n$, jedoch mit unterschiedlichen Repräsentanten. Nach Satz 6.31 liefern beide Rechnungen dasselbe Resultat. Entsprechendes gilt für die Multiplikationen

$$[2] \odot [7] = [2 \cdot 7] = [14] = [2] \text{ und } [6] \odot [11] = [6 \cdot 11] = [66] = [2]. \quad \square$$

Mit $\mathbb{Z}$ erfüllt auch $\mathbb{Z}/\equiv_n$ Gleichungen entsprechend denen, die zu Beginn dieses Abschnitts für $\mathbb{Z}$ genannt wurden. Unter Berücksichtigung der Assoziativität von $\mathbb{Z}$ und der Definition der Addition in $\mathbb{Z}/\equiv_n$ gilt beispielsweise

$$([a] \oplus [b]) \oplus [c] = [a+b] \oplus [c] = [(a+b)+c] = [a+(b+c)] = [a] \oplus [b+c]$$
$$= [a] \oplus ([b] \oplus [c]).$$

Die anderen Gleichungen können ähnlich bewiesen werden (siehe Aufgabe 11). Damit ist auch $\mathbb{Z}/\equiv_n$ ein kommutativer Ring mit Einselement.

Für $n \in \mathbb{N}$ definieren wir eine Abbildung

$$f_n : \mathbb{Z} \to \mathbb{Z}/\equiv_n \quad \text{mit} \quad f_n(a) = [a].$$

Die Gleichungen aus Definition 6.12 liefern

$$f_n(a+b) = f_n(a) \oplus f_n(b) \text{ und } f_n(a \cdot b) = f_n(a) \odot f_n(b).$$

In Definition 9.11 werden wir eine solche Abbildung als Ringhomomorphismus bezeichnen.

Wir betrachten jetzt den Zusammenhang zwischen $\mathbb{Z}_n$ und $\mathbb{Z}/\equiv_n$. Es sei $a \in \mathbb{Z}$. Es werde $r = a \bmod n \in \mathbb{Z}_n$ gesetzt. Dann gilt $a \equiv_n r$, also $[a] = [r]$ in $\mathbb{Z}/\equiv_n$. Allgemein erhalten wir

$$[a] = [b] \iff a \bmod n = b \bmod n,$$

das heißt, kongruente Zahlen haben denselben Rest in $\mathbb{Z}_n$. Es ist $a \bmod n$ der kleinste nicht negative Repräsentant der Klasse $[a]$. Wegen der Äquivalenz haben $\mathbb{Z}_n$ und $\mathbb{Z}/\equiv_n$ gleich viele Elemente. Die Addition und Multiplikation von $\mathbb{Z}/\equiv_n$ können wir auf $\mathbb{Z}_n$ übertragen, indem wir in Definition 6.12 jedes Element $[x]$ durch $x \bmod n$ ersetzen. In diesem Sinn können $\mathbb{Z}_n$ und $\mathbb{Z}/\equiv_n$ identifiziert werden. Nach Definition 9.11 heißen sie dann auch isomorph. Insgesamt erhalten wir

Satz 6.32 Die Menge $\mathbb{Z}_n$ wird mit

$$a \oplus b = (a+b) \bmod n, \ a \odot b = (a \cdot b) \bmod n \text{ für alle } a,b \in \mathbb{Z}_n$$

zu einem Ring $(\mathbb{Z}_n, \oplus, \odot)$. Die Abbildung $f_n : \mathbb{Z} \to \mathbb{Z}_n$ mit $f_n(a) = a \bmod n$, die *Reduktion modulo n*, erfüllt

$$f_n(a+b) = (a \bmod n) \oplus (b \bmod n) \text{ und } f_n(a \cdot b) = (a \bmod n) \odot (b \bmod n). \quad \square$$

In diesem Kapitel werden wir nur noch $\mathbb{Z}_n$ verwenden.

Als Rechenbeispiele in $\mathbb{Z}_7$ geben wir $5 \oplus 6 = 4$ oder $5 \odot 6 = 2$ an. Die Gleichungen gelten wegen $11 = 4 + 1 \cdot 7$ bzw. $30 = 2 + 4 \cdot 7$. Um Missverständnisse über den Modulus zu vermeiden, schreiben wir dafür meistens $(5+6) \bmod 7 = 4$ oder $5 \cdot 6 \bmod 7 = 2$.

Aus Satz 6.32 ergibt sich das folgende Prinzip der modularen Arithmetik, wobei op : $\mathbb{Z} \times \mathbb{Z} \to \mathbb{Z}$ den jeweiligen Operator $+$ oder $\cdot$ darstellt:

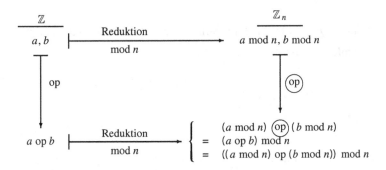

Modulare Arithmetik kann auch auf die Exponentiation angewendet werden. Wir erhalten dann

$$e^t \bmod n = \left(\prod_{i=1}^{t} (e \bmod n) \right) \bmod n.$$

Man beachte, dass für $t > n$ im Allgemeinen $e^{t \bmod n} \bmod n \neq e^t \bmod n$ ist, so zum Beispiel $(2^{5 \bmod 3}) \bmod 3 = 1 \neq 2 = 2^5 \bmod 3$.

Beispiel 6.14 Die Berechnung des Ausdrucks $3^5 \bmod 7$ kann durch wiederholtes Quadrieren und Multiplizieren auf zwei unterschiedliche Arten erfolgen:

(a)   (a) Quadriere 3: $3 \cdot 3 = 9$.
    (b) Quadriere das Ergebnis: $9 \cdot 9 = 81$.
    (c) Multipliziere mit 3: $81 \cdot 3 = 243$.
    (d) Reduziere modulo 7: $243 \bmod 7 = 5$.
(b)   (a) Quadriere 3: $(3 \cdot 3) \bmod 7 = 2$.
    (b) Quadriere das Ergebnis: $(2 \cdot 2) \bmod 7 = 4$.
    (c) Multipliziere mit 3: $(4 \cdot 3) \bmod 7 = 5$.   □

Falls n aus k Bits besteht, $2^{k-1} \leq n < 2^k$, bewirkt die modulare Arithmetik, dass das Ergebnis nach der Addition, Subtraktion oder Multiplikation zweier Werte höchstens $2k$ Bits umfasst. Die Rechnungen werden damit einfacher. Wir geben einen entsprechenden Algorithmus für die Exponentiation an.

Algorithmus 6.4 *(Schnelle Exponentiation)*
Eingabe: $n, z \in \mathbb{N}, a \in \mathbb{Z}$.
Ausgabe: fastexp $= a^z \bmod n$.

begin

$a_1 := a; z_1 := z;$

$x := 1;$

while $z_1 \neq 0$ **do** {Schleifeninvariante: $(x \cdot a_1^{z_1}) \bmod n = a^z \bmod n$}

  while $(z_1 \bmod 2) = 0$ **do**

    $z_1 := z_1/2;$

    $a_1 := (a_1 \cdot a_1) \bmod n$

  od;

  $z_1 := z_1 - 1;$

  $x := (x \cdot a_1) \bmod n$

od

fastexp $:= x$

end □

Satz 6.33 Algorithmus 6.4 terminiert und liefert $a^z \bmod n$ als Ergebnis.

Beweis Die äußere Schleife wird verlassen, wenn $z_1 = 0$ wird. Diese Bedingung tritt, da z_1 fortlaufend verkleinert wird, irgendwann ein. Damit ist die Terminierung gesichert. Es muss noch die Richtigkeit der Schleifeninvariante nachgewiesen werden. Dies geschieht durch Induktion. Beim erstmaligen Eintritt in die Schleife ist die Schleifeninvariante offenbar erfüllt. Vor einem Durchlauf der äußeren Schleife habe x den Wert x', a_1 den Wert a_1' und z_1 den Wert z_1'. Die innere Schleife werde nun m-mal durchlaufen. Dann ist $z_1 = \frac{z_1'}{2^m}$ und $a_1 = (a_1')^{2^m} \bmod n$. Anschließend wird

$$z_1 := \frac{z_1'}{2^m} - 1 \quad \text{und} \quad x := x' \cdot (a_1')^{2^m} \bmod n$$

gebildet. Damit gilt nach diesem einmaligen Durchlauf der äußeren Schleife

$$(x \cdot a_1^{z_1}) \bmod n = \left(x'(a_1')^{2^m} (a_1')^{2^m \cdot \left(\frac{z_1'}{2^m} - 1 \right)} \right) \bmod n$$

$$= \left(x' (a_1')^{2^m + z_1' - 2^m} \right) \bmod n = \left(x' (a_1')^{z_1'} \right) \bmod n$$

$$= a^z \bmod n \text{ (laut Induktionsannahme).}$$

Der Abbruch der äußeren Schleife erfolgt mit $z_1 = 0$. Wegen $x < n$ schließen wir dann aus der Schleifeninvariante, dass

$$x = (x \cdot a_1^0) \bmod n = a^z \bmod n$$

als Ergebnis geliefert wird. □

Die binäre Darstellung von z sei $z_{k-1} z_{k-2} \cdots z_0$. Der Algorithmus verarbeitet die Bits in der Reihenfolge $z_0, z_1, \ldots, z_{k-1}$. Dabei wird quadriert, wenn ein Bit 0 ist, und multipliziert und quadriert, wenn ein Bit 1 ist. In einer Hardware-Implementierung können diese Bits direkt angesprochen werden, sodass die Rechnungen

$$z_1 \bmod 2, \ z_1/2 \text{ und } z_1 - 1$$

effizient gestaltet werden können. Es ist nämlich $z_1 \bmod 2$ das Bit kleinster Ordnung von z_1, die Ausführung von $z_1/2$ in Algorithmus 6.4 bedeutet eine Verschiebung der Bits von z_1 um eine Stelle nach rechts, und für $z_1 - 1$ wird nur das Bit kleinster Ordnung von z_1 auf 0 gesetzt.

Satz 6.34 Es sei T die Anzahl der Multiplikationen, z der Exponent von Algorithmus 6.4 und $k = \lfloor \log_2 z \rfloor$. Dann gilt $k + 1 \leq T \leq 2k + 1$.

Beweis Nach den Satz 6.34 vorangehenden Ausführungen veranlasst jedes 0-Bit eine Multiplikation, jedes 1-Bit zwei Multiplikationen. Eine Ausnahme stellt das am weitesten links gelegene 1-Bit dar, welches nur eine Multiplikation bewirkt. Es folgt $k + 1 \leq T \leq 2k + 1$. $\square$

Die erwartete Anzahl von Multiplikationen ist $1,5 \cdot k + 1$. Ein naiver Algorithmus für die Exponentiation benötigt dagegen $z - 1$ Multiplikationen und ist somit exponentiell in der Länge von z.

6.4 Bestimmung des modularen Inversen

Im Folgenden interessieren wir uns für multiplikative Inverse in $\mathbb{Z}_n$, das heißt, für ein vorgegebenes $a \in \mathbb{Z}$ suchen wir ein $x \in \mathbb{Z}_n$, sodass $xa \bmod n = 1$ gilt. Wir werden sehen, dass unter der Voraussetzung, dass $\mathrm{ggT}(a, n) = 1$ gilt, ein solches Inverses existiert.

Satz 6.35 Es sei $a \in \mathbb{Z}$, $n \in \mathbb{N}$, und es gelte $\mathrm{ggT}(a, n) = 1$. Dann ist für alle $i, j \in \mathbb{N}_0$, $0 \leq i < j < n$, die Relation $(a \cdot i) \bmod n \neq (a \cdot j) \bmod n$ erfüllt.

Beweis Wir nehmen das Gegenteil an. Dann folgt $n \mid (ai - aj) = a(i - j)$. Wegen $\mathrm{ggT}(a, n) = 1$ erhalten wir $n \mid (i - j)$. Dies ist ein Widerspruch zu $0 \leq i < j < n$. $\square$

Folgerung Es sei $a \in \mathbb{Z}$, $n \in \mathbb{N}$, und es gelte $\mathrm{ggT}(a, n) = 1$. Die $(a \cdot i) \bmod n$, $i = 0, 1, \ldots, n - 1$, liefern jeweils verschiedene Reste modulo n, es gilt also

$$\mathbb{Z}_n = \{(a \cdot i) \bmod n \mid i \in \{0, 1, \ldots, n - 1\}\}. \quad \square$$

Satz 6.36 Es sei $a \in \mathbb{Z}$, $n \in \mathbb{N}$, $n \geq 2$, und es gelte $\text{ggT}(a,n) = 1$. Dann existiert genau ein $x \in \mathbb{N}$, $0 < x < n$, mit

$$(a \cdot x) \bmod n = 1 \quad \text{und} \quad \text{ggT}(x,n) = 1.$$

Beweis Wegen $1 \in \mathbb{Z}_n$ liefert die Folgerung genau ein x mit $0 < x < n$ und $ax \bmod n = 1$. Diese Gleichung ist äquivalent zur Existenz eines $k \in \mathbb{Z}$ mit $ax = 1 + kn$ oder $1 = ax - kn$. Nach Satz 6.10 bedeutet dies, dass x und n relativ prim sind, also $\text{ggT}(x,n) = 1$ gilt. □

Der Satz liefert unter den gegebenen Voraussetzungen die Existenz eines inversen Elements bezüglich der Multiplikation. Wir schreiben dafür auch $x = a^{-1} \bmod n$. Mithilfe von Algorithmus 6.2 können wir ein solches Inverses leicht berechnen.

Satz 6.37 Es seien $a \in \mathbb{Z}$ und $n \in \mathbb{N}$, $n \geq 2$, und es gelte $\text{ggT}(a,n) = 1$. Wird in Algorithmus 6.2 $b = n$ gesetzt, so gilt $x \bmod n = a^{-1} \bmod n$ für den dort berechneten Wert x.

Beweis Der Algorithmus liefert $d = \text{ggT}(a,n) = 1$ und Zahlen $x, y \in \mathbb{Z}$ mit $d = 1 = xa + yn$. Durch Reduktion modulo n erhalten wir wegen $n \bmod n = 0$ daraus die Beziehung

$$xa \bmod n = 1,$$

also $x \bmod n = a^{-1} \bmod n$. □

Man beachte, dass nach Satz 6.8 die Zahl der binären Rechenschritte des Algorithmus von der Ordnung $O(\log|a|\log|n|)$ ist. Wenn wir uns nur für das Inverse interessieren, dann benötigen wir, je nachdem, ob $|a| \geq n$ gilt oder nicht, aus Algorithmus 6.2 nur die Variablen u bzw. v. Wir erhalten somit

Algorithmus 6.5 *(Berechnung des Inversen)*
Eingabe: $a \in \mathbb{Z}$, $n \in \mathbb{N}$.
Ausgabe: $x = a^{-1} \bmod n$.

        begin
          if $|a| \geq n$ **then** $g_0 := |a|$; $g_1 := n$; $w_0 := 1$; $w_1 := 0$
                  else $g_0 := n$; $g_1 := |a|$; $w_0 := 0$; $w_1 := 1$ **fi**;
          $i := 1$;

while $g_i \neq 0$ **do**

$\quad s := g_{i-1} \text{ div } g_i;$

$\quad g_{i+1} := g_{i-1} - s \cdot g_i;$

$\quad w_{i+1} := w_{i-1} - s \cdot w_i;$

$\quad i := i + 1$

od;

$x := (\text{sign}(a) w_{i-1}) \text{ mod } n$

end $\square$

Man kann zeigen, dass w_{i-1} zwischen $-(n-1)$ und $n-1$ liegt.

Beispiel 6.15 Bei der Berechnung von $x = 325^{-1} \text{ mod } 1848$ mit Algorithmus 6.5 werden folgende Werte durchlaufen:

i	g_i	w_i	s
0	1848	0	–
1	325	1	5
2	223	−5	1
3	102	6	2
4	19	−17	5
5	7	91	2
6	5	−199	1
7	2	290	2
8	1	−779	2
9	0		

Die Lösung lautet $x = (-779) \text{ mod } 1848 = 1069$. $\square$

Die Menge der Zahlen zwischen 1 und $n - 1$, die relativ prim zu n sind, ist von besonderer Bedeutung.

Definition 6.13 $\mathbb{Z}_n^* = \{a \in \mathbb{Z}_n \mid \text{ggT}(a, n) = 1\}$ heißt die *reduzierte Menge der Reste* modulo n. $\square$

Beispiel 6.16 Die reduzierte Menge der Reste modulo 12 ist $\mathbb{Z}_{12}^* = \{1, 5, 7, 11\}$, die reduzierte Menge der Reste modulo p, wobei p eine Primzahl ist, ist $\mathbb{Z}_p^* = \{1, 2, \ldots, p - 1\}$. $\square$

Definition 6.14 $\varphi(n)$ *(Eulersche φ-Funktion)* bezeichnet die Anzahl der Elemente der reduzierten Menge der Reste modulo n. Sie ist gleich der Anzahl der Zahlen a, $1 \le a \le n$, mit $\mathrm{ggT}(a,n) = 1$. $\square$

Speziell ist $\varphi(1) = 1$. Für Zahlen $n > 1$ reicht es natürlich, Zahlen a, $1 \le a < n$, mit $\mathrm{ggT}(a,n) = 1$ zu betrachten.

Wenn wir auch erst in Kap. 8 genau auf Gruppen eingehen werden, geben wir bereits jetzt kurz den Begriff einer *kommutativen Gruppe* G mit Multiplikation $\cdot : G \times G \to G$ und Einselement 1 an: Sie ist dadurch gegeben, dass für die Multiplikation die Regeln der Kommutativität, Assoziativität und die Gleichung $a \cdot 1 = a$ entsprechend dem Beginn von Abschn. 6.3 erfüllt sind und außerdem zu jedem Element $a \in G$ ein inverses Element $a^{-1} \in G$ mit $a \cdot a^{-1} = 1$ existiert.

Satz 6.38 Es sei $n \in \mathbb{N}$, $n \ge 2$. Dann ist die reduzierte Menge $\mathbb{Z}_n^*$ der Reste modulo n eine kommutative multiplikative Gruppe.

Beweis Zu zeigen ist, dass das Produkt zweier Elemente aus $\mathbb{Z}_n^*$ wieder zu $\mathbb{Z}_n^*$ gehört, dass weiter ein Einselement und zu jedem $a \in \mathbb{Z}_n^*$ ein Inverses existiert. Offenbar ist $1 \in \mathbb{Z}_n^*$ das Einselement. Für zwei Elemente $a, b \in \mathbb{Z}_n^*$ gilt $\mathrm{ggT}(a,n) = 1$ und $\mathrm{ggT}(b,n) = 1$ und damit $\mathrm{ggT}(ab,n) = 1$ (siehe Aufgabe 4 oder 8), sodass ihr Produkt $ab \bmod n$ wieder in $\mathbb{Z}_n^*$ liegt. Schließlich sei $a \in \mathbb{Z}_n^*$. Nach Satz 6.36 existiert ein Inverses $x \in \mathbb{Z}_n$ mit $\mathrm{ggT}(x,n) = 1$, also $x \in \mathbb{Z}_n^*$. Insgesamt ist $\mathbb{Z}_n^*$ somit eine multiplikative Gruppe. $\square$

Beispiel 6.17 Wir greifen Beispiel 6.16 wieder auf und betrachten die Multiplikationstabelle für $\mathbb{Z}_{12}^*$. In die erste Spalte schreiben wir den ersten Faktor der Multiplikation $a \cdot b$, in die erste Zeile den zweiten Faktor.

	1	5	7	11
1	1	5	7	11
5	5	1	11	7
7	7	11	1	5
11	11	7	5	1

Wir erkennen, dass alle Elemente von $\mathbb{Z}_{12}^*$ sich selbst als inverses Element besitzen. $\square$

Ist $n = p$ prim, dann besitzt nach Satz 6.38 jedes $a \in \mathbb{Z}_p$, $a \ne 0$, ein Inverses in $\mathbb{Z}_p$. Ganz allgemein ist ein kommutativer Ring K, bei dem $(K \setminus \{0\}, \cdot)$ eine multiplikative Gruppe ist, ein *Körper* (siehe Definition 9.8). Somit ist $\mathbb{Z}_p$ ein Körper mit der multiplikativen Gruppe $\mathbb{Z}_p^*$.

Satz 6.39 *(Eigenschaften der eulerschen Funktion)* Es sei p eine Primzahl. Dann gilt:

(a) $\varphi(p) = p - 1$.

(b) Ist $k \in \mathbb{N}$, dann folgt $\varphi(p^k) = p^{k-1}(p - 1)$.

(c) Ist q eine Primzahl mit $p \neq q$, dann folgt $\varphi(pq) = \varphi(p)\varphi(q) = (p - 1)(q - 1)$.

Beweis

(a) Ist trivial.

(b) Von den $p^k - 1$ Zahlen von 1 bis $p^k - 1$ sind genau die Zahlen $p, 2p, \ldots, p^k - p = \left(p^{k-1} - 1\right) \cdot p$ Vielfache von p. Die übrigen sind zu p teilerfremd. Daraus folgt

$$\varphi(p^k) = p^k - 1 - \left(p^{k-1} - 1\right) = p^{k-1}(p - 1).$$

(c) Von den $pq - 1$ Zahlen von 1 bis $pq - 1$ sind genau die Zahlen $p, 2p, \ldots, (q - 1)p$ und $q, 2q, \ldots, (p - 1)q$ Vielfache von p bzw. q. Da der Primteiler p nicht in q und $1, 2, \ldots, p - 1$ vorkommt und entsprechend q nicht in p und $1, 2, \ldots, q - 1$, sind diese Zahlen paarweise verschieden. Somit ist

$$\varphi(n) = pq - 1 - (q - 1) - (p - 1) = pq - p - q + 1$$
$$= (p - 1)(q - 1). \quad \square$$

Aus der Primfaktorzerlegung $n = p_1^{l_1} p_2^{l_2} \cdots p_t^{l_t}$ einer Zahl n ergibt sich, wie man zum Beispiel in [75] nachlesen kann, die allgemeine Form

$$\varphi(n) = \prod_{i=1}^{t} p_i^{l_i - 1}(p_i - 1).$$

So gilt zum Beispiel $\varphi(45) = \varphi(3^2 \cdot 5) = 3 \cdot (3 - 1)(5 - 1) = 3 \cdot 2 \cdot 4 = 24$.

Eine weitere nützliche Eigenschaft der eulerschen φ-Funktion wird durch den folgenden Satz gegeben.

Satz 6.40 Es sei $n \in \mathbb{N}$. Dann gilt

$$\sum_{d \mid n, d > 0} \varphi(d) = n.$$

Beweis Die Menge der positiven Teiler von n ist auch gleich $\left\{\frac{n}{d} \mid d \mid n, d > 0\right\}$. Daher erhalten wir

$$\sum_{d \mid n, d > 0} \varphi(d) = \sum_{d \mid n, d > 0} \varphi\left(\frac{n}{d}\right).$$

Nach Definition ist $\varphi\left(\frac{n}{d}\right) = |\{a \mid 1 \le a \le \frac{n}{d}, \mathrm{ggT}\left(a, \frac{n}{d}\right) = 1\}|$. Wegen Satz 6.9 gilt $\mathrm{ggT}(da, n) = \mathrm{ggT}\left(da, d \cdot \frac{n}{d}\right) = d \cdot \mathrm{ggT}\left(a, \frac{n}{d}\right)$. Daher folgt

$$\varphi\left(\frac{n}{d}\right) = |\{a' \mid 1 \le a' \le n, \mathrm{ggT}(a', n) = d\}|,$$

womit sich

$$\sum_{d|n, d>0} \varphi(d) = \sum_{d|n, d>0} |\{a' \mid 1 \le a' \le n, \mathrm{ggT}(a', n) = d\}|$$

ergibt. Trivialerweise ist aber

$$\{1, 2, \ldots, n\} = \bigcup_{d|n, d>0} \{a' \mid 1 \le a' \le n, \mathrm{ggT}(a', n) = d\}$$

mit disjunkter Vereinigungsbildung. Daraus folgt die Behauptung. $\square$

Satz 6.41 *(Fermat)* Es sei p eine Primzahl und $a \in \mathbb{Z}$ mit $\mathrm{ggT}(a, p) = 1$. Dann ist

$$a^{p-1} \bmod p = 1.   \square$$

Der Satz von *Fermat* folgt aus

Satz 6.42 *(Euler)* Es sei $n \in \mathbb{N}$ und $a \in \mathbb{Z}$ mit $\mathrm{ggT}(a, n) = 1$. Dann ist

$$a^{\varphi(n)} \bmod n = 1.$$

Beweis Nach der Folgerung zu Satz 6.35 gilt für ein festes Element $a \in \mathbb{Z}_n^*$

$$\mathbb{Z}_n^* = \{ax \bmod n \mid x \in \mathbb{Z}_n^*\}.$$

Da $\varphi(n)$ die Anzahl der Elemente von $\mathbb{Z}_n^*$ ist, erhalten wir in $\mathbb{Z}_n^*$ die Produkte

$$((a^{\varphi(n)}) \bmod n) \odot \prod_{x \in \mathbb{Z}_n^*} x = \prod_{x \in \mathbb{Z}_n^*} ((ax) \bmod n) = \prod_{x \in \mathbb{Z}_n^*} x.$$

Durch Multiplikation mit dem inversen Element von $\prod_{x \in \mathbb{Z}_n^*} x$ folgt die gewünschte Gleichung $a^{\varphi(n)} \bmod n = 1$. $\square$

Aus diesem Satz erhalten wir die beiden folgenden wichtigen Sätze.

Satz 6.43 *(Rechenregel für die Exponentiation)* Es seien $n \in \mathbb{N}$ und $a \in \mathbb{Z}$ mit $\gcd(a, n) = 1$, und für $r_1, r_2 \in \mathbb{N}_0$ gelte $r_1 \bmod \varphi(n) = r_2 \bmod \varphi(n)$. Dann folgt

$$a^{r_1} \bmod n = a^{r_2} \bmod n.$$

Beweis Ohne Beschränkung der Allgemeinheit sei $r_1 \geq r_2$. Dann existiert nach der Voraussetzung und Definition 6.10 ein $k \in \mathbb{N}_0$ mit $r_1 = r_2 + \varphi(n) \cdot k$. Wir erhalten so

$$a^{r_1} \bmod n = a^{r_2 + \varphi(n) \cdot k} \bmod n = (a^{r_2}(a^{\varphi(n)})^k) \bmod n$$
$$= (a^{r_2}(a^{\varphi(n)} \bmod n)^k) \bmod n = (a^{r_2}(1^k)) \bmod n = a^{r_2} \bmod n,$$

da für $a \in \mathbb{Z}_n^*$ nach Satz 6.42 die Beziehung $a^{\varphi(n)} \bmod n = 1$ gilt. $\square$

Damit ist eine wichtige Rechenregel gegeben: Unter der Voraussetzung, dass die Basis a und der Modulus n teilerfremd sind, können Exponenten, die modulo $\varphi(n)$ gleich sind, ausgetauscht werden, ohne das Ergebnis der Exponentiation zu ändern.

Der folgende Satz ergibt sich unmittelbar aus Satz 6.42.

Satz 6.44 *(Weitere Inversenbestimmung)* Es seien $n \in \mathbb{N}, n \geq 2, a \in \mathbb{Z}$ mit $\gcd(a, n) = 1$ und $(ax) \bmod n = 1$. Dann gilt

$$x = a^{\varphi(n)-1} \bmod n.$$

Falls n prim ist, folgt $x = a^{n-2} \bmod n$. $\square$

Offenbar gilt $x = a^{-1} \bmod n$. Falls $\varphi(n)$ bekannt ist, erhalten wir mithilfe der schnellen Exponentiation, also mithilfe von Algorithmus 6.4,

$$x = a^{\varphi(n)-1} \bmod n.$$

Dies ist neben Algorithmus 6.5 ein weiterer schneller Algorithmus zur Inversenberechnung. Allerdings ist es bei großen Zahlen n mit unbekannter Primfaktorzerlegung praktisch unmöglich, $\varphi(n)$ zu berechnen.

Speziell betrachten wir $e, n \in \mathbb{N}$ mit $\gcd(e, \varphi(n)) = 1$. Dann wird nach Satz 6.44 das Inverse von e modulo $\varphi(n)$, also $e^{-1} \bmod \varphi(n)$, durch $d = e^{\varphi(\varphi(n))-1} \bmod \varphi(n)$ bestimmt. Dieses Inverse wird im nächsten Satz benutzt.

Satz 6.45 Es seien $e, n \in \mathbb{N}$, und es gelte $\gcd(e, \varphi(n)) = 1$. Dann ist die Abbildung $f : \mathbb{Z}_n^* \to \mathbb{Z}_n^*$ mit $f(a) = a^e \bmod n$ für alle $a \in \mathbb{Z}_n^*$ eine Bijektion. Dabei ist die inverse Abbildung durch $g(a) = a^d \bmod n$ mit $d = e^{-1} \bmod \varphi(n)$ für alle $a \in \mathbb{Z}_n^*$ gegeben.

Beweis Wegen $ed \bmod \varphi(n) = 1$ folgt mithilfe von Satz 6.43 für alle $a \in \mathbb{Z}_n^*$

$$f(g(a)) = g(f(a)) = (a^e \bmod n)^d \bmod n = a^{ed} \bmod n = a^1 \bmod n = a \bmod n.$$

Folglich ist g das Inverse von f. $\square$

Falls n eine Primzahl ist, gilt $\mathbb{Z}_n = \mathbb{Z}_n^* \cup \{0\}$. Dann kann f zu einer bijektiven Abbildung auf $\mathbb{Z}_n$ erweitert werden.

6.5 Das RSA-Public-Key-Kryptosystem

Das RSA-Public-Key-Kryptosystem benötigt große Primzahlen. Die Suche nach großen Primzahlen gemäß den Überlegungen unter Satz 6.29 erfordert einen schnellen Primzahltest. Wir werden daher zunächst einen schnellen probabilistischen Primzahltest vorstellen.

Algorithmus 6.6 *(Rabin-Miller)*

Eingabe: $n \in \mathbb{N}$, $n > 1$ ungerade, das heißt $n - 1 = 2^l m$ mit $m, l \in \mathbb{N}$, m ungerade.
Ausgabe: Antwort „n ist zusammengesetzt" (sicher) oder „n ist eine Primzahl".

```
Wähle zufällig ein x mit 1 ≤ x < n;
x₀ := xᵐ mod n;
if x₀ = 1 or x₀ = n − 1
then write(„n ist eine Primzahl");
        goto ENDE
end;
for i := 1 to l − 1 do
    xᵢ := x²ᵢ₋₁ mod n;
    if xᵢ = n − 1
    then write(„n ist eine Primzahl");
        goto ENDE
    else if xᵢ = 1
        then write(„n ist zusammengesetzt"); {sicher}
        goto ENDE
        end
    end
end;
```

write(„n ist zusammengesetzt"); {sicher}

ENDE: □

Wir betrachten den Fall, dass $n = 2^l m + 1$ tatsächlich eine Primzahl ist. Falls $x_0 = x^m \bmod n = 1$ gilt, wird die richtige Antwort gegeben. Es sei nun $x^m \bmod n \neq 1$. Dann endet die Folge

$$x^m \bmod n, x^{2m} \bmod n, x^{4m} \bmod n, \ldots, x^{2^l m} \bmod n$$

mit 1, da nach Satz 6.41 $x^{2^l m} \bmod n = x^{n-1} \bmod n = 1$ gilt. Die einzige Zahl, die quadriert 1 liefert, ist außer 1 die Zahl $n - 1$. Dies sehen wir folgendermaßen ein. Da n eine Primzahl ist, ist $\mathbb{Z}_n$ nach den Bemerkungen im Anschluss an Satz 6.38 ein Körper. Nach Satz 9.36 besitzt ein vom Nullpolynom verschiedenes Polynom $f(x) = a_n x^n + \ldots + a_1 x + a_0$ des Grads n mit Koeffizienten über einem Integritätsbereich K (jeder Körper ist ein Integritätsbereich) höchstens n Nullstellen in K. Folglich hat die quadratische Gleichung $y^2 \bmod n = 1$ im Körper $\mathbb{Z}_n$ genau zwei Lösungen, und zwar $y = 1$ und $y = -1 \bmod n = n - 1$. Der ersten 1 in dieser Folge geht also die Zahl $n - 1$ unmittelbar voraus.

Diese Überlegungen führen dazu, dass im Algorithmus im Fall $x_i = n - 1$, $i = 0, \ldots, l - 1$, die Aussage „n ist eine Primzahl" gemacht wird, die jedoch auch falsch sein kann. Geht der 1 dagegen nicht unmittelbar $n - 1$ voraus, so ist man sicher, dass n zusammengesetzt ist. Das ergibt sich im Algorithmus, falls man für $i \geq 1$ auf $x_i = 1$ stößt. Das ist nur möglich für $x_{i-1} \neq n - 1$, da sonst schon für $i - 1$ die Schleife abgebrochen worden wäre. Wird die Schleife bis zum Ende durchlaufen und gilt $x_{l-1} \neq n - 1$, $x_{l-1} \neq 1$, dann folgt, und zwar unabhängig davon, ob $x_l = 1$ oder $x_l \neq 1$ gilt, dass n zusammengesetzt ist.

Für eine zusammengesetzte Zahl kann, und zwar mit einer Wahrscheinlichkeit $\leq \frac{1}{4}$ (siehe zum Beispiel [59], S. 132–134), die Antwort „n ist eine Primzahl" lauten. Der Wert $\frac{1}{4}$ ist unabhängig von der Wahl von n. Für die meisten n ist die Wahrscheinlichkeit in Wirklichkeit bedeutend kleiner. Unter Verwendung dieses Ergebnisses formulieren wir

Satz 6.46 Der Algorithmus 6.6 benötigt höchstens $4 \log_2 n$ Berechnungsschritte. Wenn n eine Primzahl ist, dann ist die Aussage des Algorithmus immer richtig. Ist n dagegen zusammengesetzt, so ist die Wahrscheinlichkeit eines Irrtums $\leq \frac{1}{4}$.

Beweis Es muss nur noch die Komplexitätsaussage bewiesen werden. Wenn sich bei einer Multiplikation eine Zahl $d \geq n$ ergibt, so muss $d_1 = d \bmod n$ bestimmt und damit fortgefahren werden. Somit kommen nur Multiplikationen von Zahlen $a, b < n$ und Divisionen von $d < n^2$ durch n mit Rest d_1 vor. Für jede Multiplikation werden also zwei Schritte benötigt. Von x_0 ausgehend sind noch $l - 1$ Multiplikationen erforderlich. Die Berechnung von $x_0 = x^m \bmod n$ wird nach Satz 6.34 mit höchstens $2 \log_2 m + 1$ Multiplikationen durchgeführt. Folglich ist die Anzahl der Schritte beschränkt durch

$$2(l - 1 + 2\log_2 m + 1) = 2(l + 2\log_2 m)$$
$$\leq 2(2l + 2\log_2 m) = 4(l + \log_2 m)$$
$$= 4\log_2(n - 1) < 4\log_2 n. \quad \square$$

Die einzelnen Rechenschritte benötigen jeweils $O((\log n)^2)$ Bitoperationen. Die Antwort „n ist zusammengesetzt" ist immer richtig. Es ist aber möglich, dass der Algorithmus 6.6 eine Zahl n als Primzahl erkennt, obwohl sie zusammengesetzt ist. Wird der Test 100-mal wiederholt, dann sinkt die Irrtumswahrscheinlichkeit unter $\frac{1}{4^{100}}$. Für die meisten n wird diese Grenze der Irrtumswahrscheinlichkeit um viele Größenordnungen unterschritten. Im Grunde kann man sich auf das Ergebnis des Algorithmus verlassen. Es ist wahrscheinlicher, dass bei zehn aufeinanderfolgenden Ziehungen im Lotto dieselben Zahlen vorkommen, als dass bei 100-facher Wiederholung des Algorithmus die falsche Antwort gegeben wird. Wenn man dem Ergebnis trotzdem nicht traut, kann man zur Bestätigung einen subexponentiellen Primzahltest nach *Adleman*, *Pomerance* und *Rumely* anwenden.

Bevor wir das RSA-Public-Key-Kryptosystem vorstellen, wollen wir kurz auf das allgemeine Prinzip von Public-Key-Kryptosystemen eingehen, das 1976 von *W. Diffie* und *M. Hellman* [22] eingeführt wurde. Jede Benutzerin oder jeder Benutzer eines solchen Systems, etwa Alice, hat einen öffentlichen Schlüssel e_A und einen privaten Schlüssel d_A. Aus den Schlüsseln ergeben sich die *öffentliche* Chiffriertransformation E_A und die *private* Dechiffriertransformation D_A. Die Kommunikation zweier Benutzer erfolgt unter der Kenntnis der gegenseitigen öffentlichen Schlüssel. Das System kann e_A allen Benutzern zur Verfügung stellen, zum Beispiel durch Registrierung in einem öffentlichen Verzeichnis, d_A ist dagegen nur Alice bekannt. Für jeden außer Alice muss es also praktisch unmöglich sein, aus dem öffentlichen Schlüssel e_A den geheimen Schlüssel d_A zu berechnen.

Die Kommunikation bei einem Public-Key-Kryptosystem beginnt ohne vorhergehenden Schlüsselaustausch. Ein Public-Key-Kryptosystem erlaubt sowohl die Geheimhaltung von Nachrichten als auch die Gewährleistung der Authentizität der Nachrichten, also das Ausführen einer digitalen Signatur.

Wir betrachten zunächst die Geheimhaltung. Bob (B) möchte an Alice (A) eine private Nachricht M schicken. Bob kennt Alice' öffentlichen Schlüssel und damit E_A. Bob bildet den Chiffretext $C = E_A(M)$ und sendet ihn Alice. Nur Alice kennt die Dechiffriertransformation D_A, und nur sie kann damit den Text durch

$$D_A(C) = D_A(E_A(M)) = M$$

entschlüsseln. Allerdings kann Alice nicht sicher sein, dass der Text von Bob stammt, da sich ja jeder Benutzer des Systems den öffentlichen Schlüssel von Alice verschaffen kann.

Wie kann nun Alice eine Nachricht M digital signieren? Dies geschieht mithilfe ihres geheimen Schlüssels. Alice sendet $C = D_A(M)$ an Bob. Unter Benutzung des öffentlichen Schlüssels e_A und damit der öffentlichen Transformation E_A kann Bob den Klartext M durch

$$E_A(C) = E_A(D_A(M)) = M$$

zurückgewinnen. Nur Alice war in der Lage, einen Text so zu verschlüsseln, dass sich durch Anwendung ihres öffentlichen Schlüssels ein vernünftiger Klartext ergibt. Jeder Benutzer, der E_A kennt, kann jedoch diese Nachricht M lesen.

Bei vielen Public-Key-Kryptosystemen kann, bei geeigneter Wahl der verschiedenen Schlüssel, gleichzeitige Geheimhaltung und Authentizität gewährleistet werden.

Das RSA-Verfahren wurde 1977 von *Ronald Rivest, Adi Shamir* und *Leonard Adleman* gefunden, wobei die eigentliche Idee von *Rivest* stammt, der aber ohne ständige Diskussionen mit den beiden anderen nicht diesen Erfolg hätte haben können. Es soll erwähnt werden, dass Ende 1997 bekannt wurde, dass *Clifford Cocks* von den britischen Government Communications Headquarters (GCHQ) bereits Ende 1975 dieselbe Idee hatte, diese aber strenger Geheimhaltung unterlag. Die Algorithmen zur Schlüsselerzeugung, Verschlüsselung und Signatur werden im Folgenden angegeben.

Algorithmus 6.7 *(Schlüsselerzeugung für das RSA-Public-Key-Kryptosystem)*
Zusammenfassung: Alice erzeugt sich einen öffentlichen und einen zugehörigen privaten
             Schlüssel.

(1) Alice erzeugt zwei große Primzahlen p und q von ungefähr der gleichen Länge (siehe
     unter Satz 6.29 und Algorithmus 6.6).
(2) Alice berechnet $n = pq$ und (siehe Satz 6.39(c)) $\varphi(n) = (p-1)(q-1)$.
(3) Alice wählt eine Zahl e, $1 < e < \varphi(n)$, mit $\mathrm{ggT}(e, \varphi(n)) = 1$.
(4) Mithilfe von Algorithmus 6.5 berechnet Alice $d = e^{-1} \bmod \varphi(n)$.
(5) Der öffentliche Schlüssel von Alice ist (n, e), der private d.   □

Als Primzahlen werden zurzeit Zahlen mit mindestens 1024 Bit empfohlen. Da Alice die Primfaktorzerlegung von n kennt, kann sie sehr leicht d berechnen. Sind einem Außenstehenden nur e und n bekannt, so ist es ihm praktisch unmöglich, d zu bestimmen. Die Sicherheit des Verfahrens beruht dabei auf der Schwierigkeit, die Zahl n in die beiden Primzahlen zu zerlegen. Der schnellste zurzeit bekannte Algorithmus für diese Aufgabe hat einen subexponentiellen Zeitbedarf von

$$O\left(e^{(c+o(1))(\ln n)^{\frac{1}{3}}(\ln(\ln n))^{\frac{2}{3}}}\right)$$

mit $c = 1{,}923$. Hat n etwa 1024 Bits, so sind die Rechnungen praktisch nicht durchführbar.

Algorithmus 6.8 *(RSA-Public-Key-Verschlüsselung)*

Zusammenfassung: Bob chiffriert eine Nachricht M für Alice, die diese dechiffriert.

(1) Zur Chiffrierung führt Bob die folgenden Schritte aus:
    (a) Bob besorgt sich den authentischen öffentlichen Schlüssel (n, e) von Alice.
    (b) Bob stellt M als Zahl in $\mathbb{Z}_n$ dar.
    (c) Bob berechnet $C = M^e \bmod n$ mithilfe von Algorithmus 6.4.
    (d) Bob übermittelt $E_A(M) = C$ an Alice.
(2) Zur Dechiffrierung führt Alice den folgenden Schritt aus:
    Mit ihrem privaten Schlüssel d berechnet sie $M = D_A(C) = C^d \bmod n$. $\square$

Falls $\mathrm{ggT}(M, n) = 1$ gilt, erhalten wir nach Satz 6.45 die Gleichung $D_A(E_A(M)) = M$. Da nur Alice den privaten Schlüssel kennt, ist nur sie in der Lage, die angegebene Rechnung durchzuführen, sodass die Geheimhaltung gewährleistet ist.

Algorithmus 6.9 *(RSA-Public-Key-Signaturverfahren)*

Zusammenfassung: Alice signiert eine Nachricht M für Bob, die dieser verifiziert und
                dadurch M erhält.

(1) Zur Signierung führt Alice die folgenden Schritte aus:
    (a) Alice stellt M als Zahl in $\mathbb{Z}_n$ dar.
    (b) Alice berechnet $C = M^d \bmod n$ mithilfe von Algorithmus 6.4.
    (d) Alice übermittelt die Signatur $D_A(M) = C$ an Bob.
(2) Zur Verifizierung und zum Erhalt der Nachricht führt Bob die folgenden Schritte aus:
    (a) Bob besorgt sich den authentischen öffentlichen Schlüssel (n, e) von Alice.
    (b) Bob berechnet $M = E_A(C) = C^e \bmod n$. Wenn $C^e \bmod n$ kein vernünftiger Klartext ist, wird die Signatur abgelehnt, anderenfalls wird sie akzeptiert und $C^e \bmod n$ als M anerkannt. $\square$

Falls $\mathrm{ggT}(M, n) = 1$ gilt, erhalten wir nach Satz 6.45 die Gleichung $E_A(D_A(M)) = M$. Da nur Alice den privaten Schlüssel d kennt, ist nur sie in der Lage, den Text so mit D_A zu chiffrieren, dass die Anwendung von E_A einen vernünftigen Klartext liefert. Damit ist die Authentizität der Nachricht M erfüllt, Alice hat also eine digitale Signatur auf der Nachricht erzeugt.

Die Gleichungen $D_A(E_A(M)) = M$ und $E_A(D_A(M)) = M$ gelten auch, falls $\mathrm{ggT}(M, n) \neq 1$ gilt (siehe auch Aufgabe 18). Dies sind neben dem trivialen Fall $M = 0$ die Fälle, in denen M ein Vielfaches von p oder q ist. Sollte Bob zufällig eine solche Nachricht wählen, hat er bereits schon eine Primfaktorzerlegung von n gefunden und das System gebrochen. Dies kommt jedoch praktisch nie vor.

Beispiel 6.18 Beim RSA-Verfahren werden ganze Blöcke von Buchstaben als Zahlen aus $\mathbb{Z}_n$ dargestellt, wobei n mindestens 1024 Bits hat. Ein solcher Buchstabenblock wird dann gemeinsam verschlüsselt. In diesem Beispiel betrachten wir vereinfachend nur Blöcke aus zwei Buchstaben, die nach folgendem Muster codiert sind:

$$
\begin{aligned}
\text{AA} &\rightarrow 0 \cdot 26 + 0 = 0, \\
\text{AB} &\rightarrow 0 \cdot 26 + 1 = 1, \\
&\vdots \\
\text{KL} &\rightarrow 10 \cdot 26 + 11 = 271, \\
&\vdots \\
\text{ZY} &\rightarrow 25 \cdot 26 + 24 = 674, \\
\text{ZZ} &\rightarrow 25 \cdot 26 + 25 = 675.
\end{aligned}
$$

Gemäß Algorithmus 6.7 wählt Alice zwei Primzahlen $p = 29$ und $q = 31$ und berechnet $n = 29 \cdot 31 = 899$ sowie $\varphi(n) = 28 \cdot 30 = 840$. Sie bestimmt den Exponenten $e = 13$, für den offenbar $\text{ggT}(13, 840) = 1$ gilt, und berechnet $d = 13^{-1} \bmod 840 = 517$. Der öffentliche Schlüssel ist jetzt $(n, e) = (899, 13)$, der geheime $d = 517$.

Bob möchte entsprechend Algorithmus 6.8 Alice den Text KLEINESBEISPIEL zukommen lassen, den er durch den Buchstaben X ergänzt. Nach der Codierung sind die Buchstabenpaare als Elemente $M \in \mathbb{Z}_{899}$ dargestellt und werden durch $M^{13} \bmod 899$ verschlüsselt. Das Ergebnis ist in der folgenden Tabelle dargestellt:

	KL	EI	NE	SB	EI	SP	IE	LX
M	271	112	342	469	112	483	212	309
C	635	355	807	64	355	206	274	61

Die Dechiffrierung des ersten Buchstabenpaars erfolgt durch $635^{517} \bmod 899 = 271$. Die anderen Paare werden entsprechend dechiffriert. $\square$

6.6 Das Lösen von modularen Gleichungen und der chinesische Restesatz

Der Algorithmus 6.5 kann zur Lösung des folgenden Problems erweitert werden: Gegeben seien $a \in \mathbb{Z}$ und $n \in \mathbb{N}$ mit $\text{ggT}(a, n) = 1$. Gesucht ist ein x mit

$$(ax) \bmod n = b \bmod n$$

für ein $b \in \mathbb{Z}$. Nach der Folgerung zu Satz 6.35 gibt es genau ein $x \in \mathbb{Z}_n$, das diese Gleichung erfüllt. Offensichtlich ist

$$x = a^{-1}b \bmod n$$

diese Lösung. Falls jedoch $\text{ggT}(a, n) \neq 1$ ist, dann hat die Gleichung $(ax) \bmod n = b$ mehr als eine oder auch keine Lösung. Dieser Fall wird im folgenden Satz betrachtet.

Satz 6.47 *(Lösen linearer modularer Gleichungen)* Es seien $a \in \mathbb{Z}$ und $n \in \mathbb{N}$, $n \geq 2$. Es gelte $g = \text{ggT}(a, n)$. Für $g \nmid b$ besitzt die Gleichung

$$(ax) \bmod n = b$$

keine Lösung. Für $g \mid b$ besitzt diese Gleichung genau g Lösungen der Form

$$x = \left(\frac{b}{g} \cdot x_0 + t \cdot \frac{n}{g} \right) \bmod n, \ \ t = 0, 1, 2, \ldots, g-1,$$

in $\mathbb{Z}_n$. Für $g = n$ wird dabei $x_0 = 0$ gesetzt, für $g \neq n$ gilt

$$x_0 = \left(\frac{a}{g} \right)^{-1} \bmod \left(\frac{n}{g} \right).$$

Beweis Falls $(ax) \bmod n = b$ eine Lösung $x \in \mathbb{Z}_n$ besitzt, dann gilt $b = ax + tn$ mit einem geeigneten $t \in \mathbb{Z}$. Aus $g \mid n$ und $g \mid a$ folgt daher $g \mid b$. Wir erkennen daraus, dass für $g \nmid b$ keine Lösung existiert. Es gelte weiter $g \mid b$. Für $g = n$ gilt $b \bmod n = 0$, und offenbar sind dann alle Elemente von $\mathbb{Z}_n$ Lösungen. Für $g \neq n$ ist

$$\text{ggT}\left(\frac{a}{g}, \frac{n}{g} \right) = 1.$$

Dann existiert $x_0 = \left(\frac{a}{g} \right)^{-1} \bmod \left(\frac{n}{g} \right) \in \{1, \ldots, \frac{n}{g} - 1\}$. Nach den Überlegungen, die diesem Satz vorangehen, ist damit $x_1 = \frac{b}{g} \cdot x_0 \bmod \left(\frac{n}{g} \right)$ eine eindeutige Lösung von

$$\left(\frac{a}{g} \cdot x \right) \bmod \left(\frac{n}{g} \right) = \frac{b}{g} \tag{6.1}$$

in $\{0, 1, \ldots, \frac{n}{g} - 1\}$. Es existiert also ein $k \in \mathbb{Z}$ mit

$$\frac{a}{g} \cdot x_1 - \frac{b}{g} = k \cdot \frac{n}{g}.$$

Durch Multiplikation mit g erhalten wir

$$ax_1 - b = k \cdot n,$$

das heißt, x_1 ist eine Lösung von $(ax) \bmod n = b$. Jedes $x \in \{0, 1, \ldots, n-1\}$ mit $x \equiv_{\frac{n}{g}} x_1$ ist ebenfalls eine Lösung von $(ax) \bmod n = b$. Alle anderen x sind keine

Lösungen, da sonst $x_1' = x \bmod \left(\frac{n}{g}\right)$, $x_1' \in \{0, 1, \ldots, \frac{n}{g} - 1\}$, $x_1' \neq x_1$, ebenfalls eine Lösung der Gleichung 6.1 wäre. Alle Lösungen von $(ax) \bmod n = b$ lauten also

$$x = x_1 + t \cdot \frac{n}{g}, \; t = 0, 1, \ldots, g - 1. \quad \square$$

Beispiel 6.19 Gegeben sei die Gleichung $(6x) \bmod 15 = 9$. Wegen $g = \mathrm{ggT}(6, 15) = 3$ und $3 \mid 9$ existieren drei Lösungen. Wir bestimmen zunächst

$$x_0 = \left(\frac{6}{3}\right)^{-1} \bmod \left(\frac{15}{3}\right) = 2^{-1} \bmod 5 = 3.$$

Damit erhalten wir die Lösungen

$$x = \left(\frac{9}{3} \cdot 3 + t \cdot \frac{15}{3}\right) \bmod 15 \quad \text{für } t = 0, 1, 2,$$

der gegebenen Gleichung, also $x = 9$, $x = 14$ und $x = 4$. $\quad \square$

Bevor wir eine weitere Methode zur Lösung einer Gleichung $(ax) \bmod n = b$ betrachten, gehen wir noch einmal auf Rechnungen mit Additionen, Subtraktionen und Multiplikationen modulo n ein, wobei uns hier insbesondere die Darstellung von n als

$$n = d_1 d_2 \cdots d_t, \; i \in \{1, \ldots, t\},$$

mit relativ primen Faktoren d_i, also $\mathrm{ggT}(d_i, d_j) = 1$ für $i \neq j$, interessiert. Das Ergebnis einer Folge solcher Rechnungen kann in der Form $x = f(y_1, \ldots, y_r) \bmod n$ dargestellt werden, wobei f ein Polynom über r Variablen aus $\mathbb{Z}$ ist. Es gilt

Satz 6.48 Gegeben seien $d_i \in \mathbb{N}$, $i \in \{1, \ldots, t\}$, $t \in \mathbb{N}$, mit $\mathrm{ggT}(d_i, d_j) = 1$ für $i \neq j$. Es sei $n = d_1 \cdots d_t$, f ein Polynom in r Variablen über $\mathbb{Z}$ und $y_1, \ldots, y_r \in \mathbb{Z}$. Dann gilt

$$x = f(y_1, \ldots, y_r) \bmod n \iff x \bmod d_i = f(y_1, \ldots, y_r) \bmod d_i$$

$$\text{für alle } i \in \{1, \ldots, t\}.$$

Beweis Aufgrund der Voraussetzungen gilt mithilfe von Satz 6.12

$$n \mid ((f(y_1, \ldots, y_r) - x) \iff d_i \mid ((f(y_1, \ldots, y_r) - x) \text{ für alle } i \in \{1, \ldots, t\}. \quad \square$$

Rechnungen modulo n sollen also durch Rechnungen modulo d_i ersetzt werden. Wenn man x bestimmen möchte, stellt sich die Frage, wie man aus t berechneten Werten $x_i = f(y_1, \ldots, y_r) \bmod d_i$ einen solchen gemeinsamen Wert x mit $x_i = x \bmod d_i$ erhält. Dies erfolgt mithilfe des chinesischen Restesatzes.

Satz 6.49 *(Chinesischer Restesatz, Qin Jiushao, 1247)* Es seien $d_i \in \mathbb{N}$, $x_i \in \mathbb{Z}$, $i \in \{1 \dots, t\}$, $t \in \mathbb{N}$, mit $\mathrm{ggT}(d_i, d_j) = 1$ für $i \neq j$. Es sei $n = d_1 d_2 \cdots d_t$. Dann besitzt das System der Gleichungen

$$x \bmod d_i = x_i \bmod d_i, \ i = 1, 2, \ldots, t,$$

genau eine Lösung x in $\mathbb{Z}_n$.

Beweis Für alle $i \in \{1, \ldots, t\}$ gilt $\mathrm{ggT}(\frac{n}{d_i}, d_i) = 1$. Dann existiert das Inverse

$$y_i = \left(\frac{n}{d_i} \bmod d_i \right)^{-1} \bmod d_i.$$

Für y_i ist also $\frac{n}{d_i} \cdot y_i \bmod d_i = 1$ erfüllt. Wegen $d_j \mid \frac{n}{d_i}$ folgt $\frac{n}{d_i} \cdot y_i \bmod d_j = 0$ für $i \neq j$. Wir setzen

$$x = \left(\sum_{j=1}^{t} \frac{n}{d_j} \cdot y_j \cdot x_j \right) \bmod n.$$

Damit ergibt sich $x \bmod d_i = \frac{n}{d_i} \cdot y_i \cdot x_i \bmod d_i = x_i \bmod d_i$, d. h., $x \in \mathbb{Z}_n$ ist eine Lösung.

Wir nehmen an, dass $x, x' \in \mathbb{Z}_n, x \neq x'$, zwei verschiedene Lösungen sind. Dann erhalten wir $(x - x') \bmod d_i = 0$. Wir schließen die Gültigkeit von $d_i \mid (x - x')$ für alle $i \in \{1, \ldots, t\}$. Da die d_i paarweise teilerfremd sind, folgt

$$n = d_1 d_2 \cdots d_t \mid (x - x').$$

Dies stellt einen Widerspruch zu $|x - x'| < n = d_1 d_2 \cdots d_t$ dar. Somit existiert genau eine Lösung in $\mathbb{Z}_n$. $\quad \square$

Aus dem Beweis ergibt sich der folgende

Algorithmus 6.10 *(Lösung eines Kongruenzsystems nach dem chinesischen Restesatz)*
Eingabe: Zahlen wie in der Voraussetzung von Satz 6.49.
Ausgabe: $x \in \mathbb{Z}_n$ mit $x \bmod d_i = x_i \bmod d_i$ für alle $i \in \{1, \ldots, t\}$.

    begin

        for $i := 1$ **to** t **do** $y_i := \left(\dfrac{n}{d_i} \bmod d_i \right)^{-1} \bmod d_i$ {Algorithmus 6.5}   **end**;

        $x := 0$;

        for $i := 1$ **to** t **do** $x := \left(x + \dfrac{n}{d_i} \cdot y_i \cdot x_i \right) \bmod n$ **end**;

    end $\square$

Beispiel 6.20 Gesucht ist eine gemeinsame Lösung der drei Gleichungen

$$x \bmod 4 = x_1 = 3,$$
$$x \bmod 3 = x_2 = 1,$$
$$x \bmod 5 = x_3 = 3.$$

Nach Algorithmus 6.10 berechnen wir

$$y_i = \left(\left(\frac{60}{d_i} \right) \bmod d_i \right)^{-1} \bmod d_i, \ i = 1, 2, 3,$$

also $y_1 = 3^{-1} \bmod 4 = 3$, $y_2 = 2^{-1} \bmod 3 = 2$ und $y_3 = 2^{-1} \bmod 5 = 3$. Wir erhalten

$$x = \left(\frac{60}{4} \cdot 3 \cdot 3 + \frac{60}{3} \cdot 2 \cdot 1 + \frac{60}{5} \cdot 3 \cdot 3 \right) \bmod 60 = 283 \bmod 60 = 43. \quad \square$$

Wir betrachten jetzt wieder eine Gleichung $(ax) \bmod n = b$, wobei

$$n = d_1 d_2 \cdots d_t, \ i \in \{1, \ldots, t\},$$

gilt mit relativ primen Faktoren d_i. Entsprechend Satz 6.48 ist diese Gleichung äquivalent zu den Gleichungen

$$ax \bmod d_i = b \bmod d_i, \ i \in \{1, \ldots, t\}.$$

Es seien $x_1, \ldots, x_t$ unabhängige Lösungen dieser t Gleichungen. Jede Zahl x mit $x \bmod d_i = x_i$ ist dann eine Lösung von $(ax) \bmod n = b$. Ihre Berechnung erfolgt wieder nach dem chinesischen Restesatz.

Beispiel 6.21 Die Gleichung

$$(6x) \bmod 15 = 9$$

aus Beispiel 6.19 soll mithilfe der eben durchgeführten Überlegungen bearbeitet werden. Lösungen sind gemeinsame Lösungen der beiden Gleichungen

$$(6x) \bmod 5 = 4 \quad \text{und} \quad (6x) \bmod 3 = 0.$$

Die erste Gleichung hat die Lösung $x_1 = 4$. Die zweite besitzt wegen $\text{ggT}(6, 3) = 3$ nach Satz 6.47 genau drei Lösungen, und zwar sind dies $y_1 = 0$, $y_2 = 1$ und $y_3 = 2$. Die drei Lösungen der gegebenen Gleichung folgen aus den Gleichungssystemen

$$\begin{array}{lll}
x \bmod 5 = x_1 = 4, & x \bmod 5 = x_1 = 4, & x \bmod 5 = x_1 = 4, \\
x \bmod 3 = y_1 = 0, & x \bmod 3 = y_2 = 1, & x \bmod 3 = y_3 = 2.
\end{array}$$

Das erste System liefert die Lösung $x = 9$, das zweite $x = 4$ und das dritte $x = 14$. $\quad \square$

Eine wichtige Anwendung von Satz 6.48 und dem chinesischen Restesatz findet sich in der Computeralgebra. Statt Additionen, Subtraktionen und Multiplikationen in $\mathbb{Z}$ durchzuführen oder dort auch Gleichungssysteme zu lösen, werden die beteiligten Werte reduziert und die Rechnungen komponentenweise für die einzelnen Moduli durchgeführt. Dabei muss man natürlich sicher sein, dass ein Wert, den man nach Anwendung des chinesischen Restesatzes erhält, dem tatsächlichen zu berechnenden Wert entspricht und bei den Operationen kein Überlauf stattgefunden hat. Will man beispielsweise das Produkt zweier Zahlen $a, b \in \mathbb{Z}$ von jeweils höchstens r Bit Länge berechnen, so weiß man, dass das Ergebnis höchstens $2r$ Bit lang ist. Folglich ist hier ein Modulus $n = \prod_{i=1}^{t} d_i > 2^{2r}$ zu wählen, wobei die d_i relativ prim sind und nicht zu groß sein sollten.

Die Rechnungen erfordern die Modularisierung der Eingaben, was natürlich einen zusätzlichen Zeitbedarf bedeutet, außerdem muss am Ende der chinesische Restealgorithmus angewandt werden. Lohnt sich dieser Aufwand? Gilt $a_i = a \bmod d_i$, $b_i = b \bmod d_i$, so sind die modularen Rechnungen durch

$$(a_i \pm b_i) \bmod d_i \quad \text{bzw.} \quad (a_i b_i) \bmod d_i, \ i \in \{1, \ldots, t\},$$

gegeben. Die einzelnen Rechnungen sind relativ schnell durchzuführen. Wird sequenziell vorgegangen, so hat dies bei Addition und Subtraktion keinen besonderen Vorteil, da die Addition und Subtraktion von r-Bit-Zahlen einen Aufwand von $O(r)$ hat. Wird jedoch für jeden Modulus parallel eine eigene Rechnung durchgeführt, kann auch bei Addition und Subtraktion ein Zeitgewinn erreicht werden.

Betrachtet man die Multiplikation, so ist der Aufwand bei der nicht modularen Rechnung und dem Standardalgorithmus der Multiplikation durch

$$(\log n)^2 = \left(\log \prod_{i=1}^{t} d_i\right)^2 = \left(\sum_{i=1}^{t} \log d_i\right)^2 = \sum_{i=1}^{t} \log^2 d_i + \sum_{i \neq j} (\log d_i)(\log d_j)$$

gegeben, die modularen Rechnungen haben dagegen zusammen einen Aufwand von

$$\sum_{i=1}^{t} \log^2 d_i.$$

Dies zeigt den Vorteil der modularen Multiplikation, insbesondere dann, wenn viele Multiplikationen durchzuführen sind und erst am Ende der chinesischen Restealgorithmus angewandt wird.

Mithilfe des chinesischen Restesatzes arbeitet auch der Algorithmus von *Arnold Schönhage* zur Multiplikation zweier Zahlen (siehe [84]). Wenn wir ihn hier auch nicht darstellen können, so soll doch seine Komplexität genannt werden: $O(n^{1+(\sqrt{2}+\epsilon)/\sqrt{\log_2 n}})$ für ein beliebiges $\epsilon > 0$, das heißt, er hat nahezu linearen Zeitbedarf. Der Vorteil seiner Komplexität ergibt sich aber wegen der versteckten Konstanten erst bei sehr großen Zahlen.

Wir wollen jetzt noch eine kryptografische Anwendung vorstellen, die auf dem chinesischen Restesatz beruht. Es handelt sich um ein Secret-Sharing-Verfahren, bei dem ein Geheimnis auf mehrere Personen einer Gruppe aufgeteilt wird. Dabei soll jede Person das eigentliche Geheimnis nicht kennen, sondern nur einen Teil davon. Solche Verfahren können in der Praxis zum Beispiel in Unternehmen eingesetzt werden, wo kritische Aktionen oft der Zustimmung mehrerer Personen bedürfen. So ist etwa der Zugriff auf bestimmte Konten nur möglich, wenn mehrere berechtigte Personen einverstanden sind. Dabei reicht es häufig, dass nicht alle Berechtigten daran mitwirken, sondern nur eine gewisse Mindestanzahl von ihnen. Ein Beispiel ist das (t, n)-Schwellenwertverfahren von *Asmuth* und *Blom* [7].

Das Geheimnis ist hier eine Zahl k, die als Schlüssel für ein Kryptosystem aufgefasst werden kann, mit dessen Hilfe die eigentliche geheime Information chiffriert ist. Neben den n Parteien, auf die das Geheimnis verteilt werden soll, gibt es den Verteiler Don, der das Geheimnis erzeugt und verteilt. Aus t oder mehr Teilgeheimnissen kann dann das Geheimnis rekonstruiert werden. Wir können uns vorstellen, dass diese Rekonstruktion durch eine Person durchgeführt wird, den Combiner Carl.

Protokoll 6.1 *((t, n)-Schwellenwertverfahren nach Asmuth und Bloom)*

Gegeben: Teilnehmer $\{P_1, \ldots, P_n\}$, $n \in \mathbb{N}$, Schwellenwert $t \in \mathbb{N}$ mit $t \leq n$, Moduli $p_0, p_1, \ldots, p_n$ mit $\mathrm{ggT}(p_i, p_j) = 1$ für $i \neq j$, $p_0 < p_1 < \ldots < p_n$ sowie $\prod_{i=n-t+2}^{n} p_i < \prod_{i=1}^{t} p_i$, sodass die Differenz der letzten beiden Werte groß genug ist (je nach gewünschter Sicherheit).

Zusammenfassung: Ein Geheimnis $k \in \mathbb{Z}_{p_0}$ wird von Don erzeugt und so auf die n Teilnehmer verteilt, dass t von ihnen gemeinsam k rekonstruieren können, $t - 1$ oder weniger jedoch nicht.

(1) Der Verteiler Don wählt zufällig eine Zahl $y \in \mathbb{N}$ mit $\prod_{i=n-t+2}^{n} p_i < y < \prod_{i=1}^{t} p_i$. Dadurch bestimmt er das Geheimnis $k = y \bmod p_0$.

(2) Don berechnet die Teilgeheimnisse (Shares)

$$y_i = y \bmod p_i, \ i \in \{1, \ldots, n\},$$

und verteilt sie über einen sicheren Kanal an die jeweiligen Teilnehmer $P_1, \ldots, P_n$.

(3) Der Combiner Carl erhält auf eine sichere Weise die Shares

$$y_{i_1}, \ldots, y_{i_t}$$

und stellt das Kongruenzsystem

$$y \bmod p_{i_1} = y_{i_1},$$
$$\vdots$$
$$y \bmod p_{i_t} = y_{i_t}$$

auf.

(4) Gemäß dem chinesischen Restesatz (siehe Satz 6.49 und Algorithmus 6.10) erhält Carl eine eindeutige Lösung y mit $0 < y < \prod_{j=1}^{t} p_{i_j}$.

(5) Carl bestimmt das Geheimnis $k = y \bmod p_0$. $\square$

Da das von Don in Schritt 1 gewählte y mit $y < \prod_{i=1}^{t} p_i \leq \prod_{j=1}^{t} p_{i_j}$ wegen der Bestimmung der y_i in Schritt 2 ebenfalls das Kongruenzsystem aus 3 erfüllt, stimmt wegen der Eindeutigkeit der Lösung in 4 diese berechnete Lösung mit dem von Don gewählten Wert y überein. Folglich wird in 5 auch das Geheimnis rekonstruiert. Wegen $y > \prod_{i=n-t+2}^{n} p_i$ können nicht $t - 1$ oder weniger Teilnehmer das Geheimnis wiederherstellen. Es seien nämlich P_{i_1} bis $P_{i_{t-1}}$ diese Teilnehmer. Dann können sie gemeinsam ein $y' < p_{i_1} \cdots p_{i_{t-1}} < y$ bestimmen, für das zwar $y' \bmod p_{i_j} = y_{i_j}$ für $j \in \{1, \ldots, t-1\}$ gilt, das aber offenbar keine Lösung ist. Für ein weiteres p_{i_t}, das sie ggf. kennen, können sie nur p_{i_t} Werte aus $\{0, \ldots, p_{i_t} - 1\}$ für das ihnen unbekannte y_{i_t} raten und daraus p_{i_t} verschiedene Lösungen für y berechnen. Die Erfolgswahrscheinlichkeit dieses Vorgehens ist also $\frac{1}{p_{i_t}}$.

Im Protokoll wählt Don die Zahl y, nicht das Geheimnis. Will er ein bestimmtes Geheimnis $k \in \mathbb{Z}_{p_0}$ verteilen, so wählt er einfach zufällig ein y aus dem angegebenen Bereich mit $y \bmod p_0 = k$.

Beispiel 6.22 Wir betrachten ein $(3, 5)$-Schwellenwertverfahren. Es seien die Moduli

$$p_0 = 7, \quad p_1 = 8, \quad p_2 = 11, \quad p_3 = 15, \quad p_4 = 19 \text{ und } p_5 = 23$$

festgelegt. Dann ist $\prod_{i=1}^{3} p_i = 8 \cdot 11 \cdot 15 = 1320$. Don wählt $y = 1000$, sodass das Geheimnis $k = 1000 \bmod 7 = 6$ ist. Die Shares werden zu

$$y_1 = 1000 \bmod 8 = 0, \quad y_2 = 1000 \bmod 11 = 10, \quad y_3 = 1000 \bmod 15 = 10,$$
$$y_4 = 1000 \bmod 19 = 12, \quad y_5 = 1000 \bmod 23 = 11$$

bestimmt. Die Teilnehmer P_1, P_4 und P_5 wollen das Geheimnis wiederherstellen. Carl stellt das Kongruenzsystem

$$y \bmod 8 = 0,$$
$$y \bmod 19 = 12,$$
$$y \bmod 23 = 11$$

auf. Mit dem chinesischen Restesatz erhalten wir die eindeutige Lösung

$$y = \left(0 + \tfrac{3496}{19} \cdot \left(\tfrac{3496}{19} \bmod 19\right)^{-1} \cdot 12 + \tfrac{3496}{23} \cdot \left(\tfrac{3496}{23} \bmod 23\right)^{-1} \cdot 11\right) \bmod 3496$$

$$= (184 \cdot (13^{-1} \bmod 19) \cdot 12 + 152 \cdot (14^{-1} \bmod 23) \cdot 11) \bmod 3496$$

$$= (184 \cdot 3 \cdot 12 + 152 \cdot 5 \cdot 11) \bmod 3496$$

$$= (3128 + 1368) \bmod 3496 = 4496 \bmod 3496 = 1000$$

in $\mathbb{Z}_{3496}$. Damit ergibt sich das Geheimnis $y \bmod 7 = 1000 \bmod 7 = 6$. $\square$

Aufgaben

(1) Bestimme unter Benutzung der Gleichung

$$\mathrm{ggT}(a,b) = \max\{n \mid n \in T(a) \cap T(b)\}, a,b \in \mathbb{Z},$$

den Wert $\mathrm{ggT}(72, 54)$.

(2) Führe den Schulalgorithmus zur Division mit Rest ($a = qn + r, 0 \le r \le n - 1$) an den Beispielen

3.224.672 : 2114 (mit Dezimalzahlen) und 111111111 : 10001 (mit Dualzahlen)

durch. Man überzeuge sich, dass der Zeitbedarf durch $O((\log a - \log n + 1)\log n)$ gegeben ist.

(3) Bestimme unter Benutzung des erweiterten euklidischen Algorithmus

$$d = \mathrm{ggT}(41.650, 750)$$

sowie Zahlen $a, b \in \mathbb{Z}$ mit $d = a \cdot 41.650 + b \cdot 750$ (man kann diese Aufgabe mit Bleistift und Papier rechnen!).

(4) Es seien a und c sowie b und c relativ prim. Beweise (mithilfe von Satz 6.10), dass ab und c relativ prim sind.

(5) Es seien $a, b \in \mathbb{Z}$ mit $ab \ne 0$. Es sei $d = \mathrm{ggT}(a,b)$. Beweise, dass $\frac{a}{d}$ und $\frac{b}{d}$ relativ prim sind.

(6) Es seien $a, b, c \in \mathbb{Z}$. Beweise $\mathrm{ggT}(a,b,c) = \mathrm{ggT}(\mathrm{ggT}(a,b),c)$.

(7) Beweise, dass für alle $a, b, c \in \mathbb{Z}$ Zahlen $x, y, z \in \mathbb{Z}$ existieren mit $\mathrm{ggT}(a,b,c) = xa + yb + zc$.

(8) Beweise die Aussage aus Aufgabe 4 mithilfe von Satz 6.23.

(9) Es seien $a, b, c \in \mathbb{Z}$. Beweise:
(a) $\mathrm{ggT}(\mathrm{kgV}(a,b),c) = \mathrm{kgV}(\mathrm{ggT}(a,c),\mathrm{ggT}(b,c))$.
(b) $\mathrm{ggT}(a,b) = \mathrm{ggT}(a + b, \mathrm{kgV}(a,b))$.

(10) Zeige, dass Satz 6.17 nicht der Aussage widerspricht, dass die Primzahldichte der Zahlen um n etwa $\frac{1}{\ln n}$ ist.

(11) Zeige, dass $\mathbb{Z}/\equiv_n$ ein kommutativer Ring mit Einselement ist (vgl. Anfang Abschn. 6.3).

(12) Zeige, dass die Bedingung $a \in \mathbb{Z}_n^*$ (das heißt $\mathrm{ggT}(a, n) = 1$) in Satz 6.45 notwendig ist. Mit anderen Worten: Finde ein Gegenbeispiel zu $(a^e \bmod n)^d \bmod n = a$, wobei $ed \bmod \varphi(n) = 1$ und $\mathrm{ggT}(a, n) \neq 1$ gilt.

(13) Es ist ein mit dem RSA-Verfahren verschlüsselter Text gegeben:

$$28.019, 7257, 20.735, 34.480, 11.347, 13.192, 27.331.$$

Ermittle den Klartext. Der öffentliche Schlüssel ist $(n, e) = (34.571, 4913)$. Es wurden immer drei Buchstaben gemeinsam als ein Element von $\mathbb{Z}_n$ codiert, zum Beispiel

$$\mathrm{BCD} \to \ 1 \cdot 26^2 + \ 2 \cdot 26 + \ 3 = \ \ \ 731,$$
$$\vdots$$
$$\mathrm{ZZZ} \to 25 \cdot 26^2 + 25 \cdot 26 + 25 = 17.575.$$

(14) Beweise, dass das RSA-Verfahren auch dann funktioniert, wenn man zum Exponenten e mit $\mathrm{ggT}(e, \varphi(n)) = 1$ einen Exponenten d mit

$$(ed) \bmod \mathrm{kgV}(p - 1, q - 1) = 1$$

wählt.

(15) Bestimme die Lösungen von

$$\begin{aligned} \text{(a)} \quad & 6138x \bmod 8091 = 4801, \\ \text{(b)} \quad & 45x \bmod \ 273 = \ 123. \end{aligned}$$

(16) Bestimme eine gemeinsame Lösung von

$$\begin{aligned} 5x \bmod 16 &= 4 \\ 8x \bmod \ 9 &= 7 \\ 8x \bmod 23 &= 3. \end{aligned}$$

(17) Drei Teilnehmer A_1, A_2 und A_3 verwenden das RSA-Verfahren mit öffentlichen Schlüsseln $(n_1, 3)$, $(n_2, 3)$, $(n_3, 3)$. Die n_i seien relativ prim. Alice schickt den Teilnehmern A_i jeweils dieselbe Nachricht M, und zwar chiffriert durch

$$C_i = M^3 \bmod n_i, \ i = 1, 2, 3.$$

Wie kann Oskar, der die Chiffretextnachrichten abfängt und die n_i kennt, den Klartext M bestimmen? Wie kann man sich gegen einen solchen Angriff schützen?

(18) Beweise mithilfe des chinesischen Restesatzes, dass beim RSA-Verfahren die Gleichung

$$(M^e \bmod n)^d \bmod n = M$$

für alle $M \in \mathbb{Z}_n$ gilt.

Halbgruppen und Monoide

7

Die in Kap. 3 eingeführten Mengen von Zahlen sind bezüglich der Addition abgeschlossen. Zum Beispiel ist die Addition zweier natürlicher Zahlen wieder eine natürliche Zahl. Diese Eigenschaft macht die Menge $\mathbb{N}$, zusammen mit der assoziativen Addition, zu einer Halbgruppe. Zunächst werden wir diese einfache algebraische Struktur und die zugehörigen Homomorphismen betrachten. Wenn wir bei den natürlichen Zahlen die 0 hinzufügen, also $\mathbb{N}_0$ statt $\mathbb{N}$ betrachten, dann können sie als eine etwas komplexere algebraische Struktur aufgefasst werden, als ein Monoid. Im ersten Abschnitt dieses Kapitels werden wir die grundlegenden Definitionen angeben.

Im zweiten Abschnitt gehen wir auf freie Monoide ein. Für die Informatik sind freie Monoide und ihre Elemente von besonderer Bedeutung. Sie dienen unter anderem als ein Hilfsmittel zur Beschreibung von Sprachen, sowohl von formalen Sprachen als auch von Programmiersprachen. In diesem Zusammenhang werden sie auch zur Definition von Grammatiken benutzt. Auf diese Anwendung kommen wir im dritten Abschnitt zu sprechen.

7.1 Die grundlegenden Definitionen

Definition 7.1 Es sei H eine Menge und $\circ : H \times H \rightarrow H$ eine Abbildung, die jedem Paar $(a, b) \in H \times H$ ein Element $a \circ b$ zuordnet. Dann heißt $\circ$ *innere Verknüpfung* von H. $\square$

Wir erkennen sofort, dass in $\mathbb{N}$ sowohl die Addition $+ : \mathbb{N} \times \mathbb{N} \rightarrow \mathbb{N}$ als auch die Multiplikation $\cdot : \mathbb{N} \times \mathbb{N} \rightarrow \mathbb{N}$ innere Verknüpfungen sind.

Durch weitere Anforderungen, die an Mengen mit inneren Verknüpfungen gestellt werden, erhalten wir verschiedene algebraische Strukturen. Neben den in Definition 7.2 und Definition 7.4 eingeführten Halbgruppen bzw. Monoiden sind dies zum Beispiel Gruppen, die in Kap. 8 behandelt werden. Im Allgemeinen werden auch Mengen mit zwei oder mehr

Springer-Verlag Berlin Heidelberg 2016
W. Struckmann, D. Wätjen, *Mathematik für Informatiker*, DOI 10.1007/978-3-662-49870-5_7

267

verschiedenen inneren Verknüpfungen betrachtet, was schon durch die zwei verschiedenen inneren Verknüpfungen von $\mathbb{N}$ nahe gelegt wird. Wir untersuchen in Kap. 9 speziell Ringe und Körper, die zwei innere Verknüpfungen haben.

Neben inneren Verknüpfungen gibt es auch äußere Verknüpfungen, etwa bei Vektorräumen, die wir in Kap. 10 betrachten. Wir werden zunächst nur von Verknüpfung sprechen, wenn eine innere Verknüpfung gemeint ist.

In allgemeinerem Zusammenhang gehen wir auf algebraische Strukturen in Abschn. 10.11 von Kap. 10 ein. Sie werden dort auch als allgemeine Algebren (von einem gewissen Typ) bezeichnet.

Definition 7.2 Das Paar $(H, \circ)$ mit einer Menge H und einer Verknüpfung $\circ : H \times H$ heißt *Halbgruppe*, wenn für alle $a, b, c \in H$ die Beziehung

$$(a \circ b) \circ c = a \circ (b \circ c)$$

gilt. Sie heißt *kommutative* (oder *abelsche*) Halbgruppe, wenn außerdem

$$a \circ b = b \circ a$$

für alle $a, b \in H$ erfüllt ist. □

Falls keine Missverständnisse über die Verknüpfung möglich sind, schreiben wir für die Halbgruppe auch nur H. Wir sagen, dass die Verknüpfung der Halbgruppe *assoziativ* ist bzw. das *Assoziativgesetz* erfüllt, da für alle $a, b, c \in H$ die erste Gleichung der Definition 7.2 gilt.

Beispiel 7.1 Beispiele für Halbgruppen sind neben $(\mathbb{N}, +)$ offenbar auch $(\mathbb{N}_0, +)$, $(\mathbb{Z}, +)$, $(\mathbb{Q}, +)$, $(\mathbb{R}, +)$ und $(\mathbb{C}, +)$ und ebenso dieselben Mengen mit der Multiplikation als Verknüpfung. Sie sind alle kommutativ. □

Beispiel 7.2 Die leere Menge $\emptyset$ ist eine kommutative Halbgruppe. Da in diesem Fall H leer ist, sind die Beziehungen für die Elemente von H trivialerweise richtig. □

Beispiel 7.3 Für eine beliebige Menge H betrachten wir die Halbgruppe $(H, \circ)$ mit

$$x \circ y = y \quad \text{für alle } x, y \in H.$$

Wegen

$$(x \circ y) \circ z = z = x \circ (y \circ z)$$

für alle $x, y, z \in H$ gilt das Assoziativgesetz. Folglich ist $(H, \circ)$ eine Halbgruppe. Besitzt H mindestens zwei verschiedene Elemente $a, b \in H$, dann ist $(H, \circ)$ wegen

$$a \circ b = b \neq a = b \circ a$$

nicht kommutativ. □

Beispiel 7.4 Es sei

$$(H, \circ) = (\{a, b\}, \circ) \text{ mit } a \circ b = a \circ a = b \text{ und } b \circ a = b \circ b = a.$$

Wir erhalten

$$a \circ (b \circ b) = a \circ a = b,$$
$$(a \circ b) \circ b = b \circ b = a.$$

Das Assoziativgesetz ist also nicht erfüllt. Das bedeutet, dass $(H, \circ)$ keine Halbgruppe ist.
□

Beispiel 7.5 Die Bildung des größten gemeinsamen Teilers zweier Zahlen $a, b \in \mathbb{N}$ (siehe Definition 6.3) kann als eine Verknüpfung ggT : $\mathbb{N} \times \mathbb{N} \to \mathbb{N}$ aufgefasst werden. Wegen Satz 6.4(b) ist sie kommutativ. Die Assoziativität bedeutet

$$\text{ggT}(\text{ggT}(a, b), c) = \text{ggT}(a, \text{ggT}(b, c))$$

für alle $a, b, c \in \mathbb{N}$, die unter Anwendung von Satz 6.25 leicht zu beweisen ist. Folglich ist $(\mathbb{N}, \text{ggT})$ eine kommutative Halbgruppe. Ähnlich ergibt sich, dass $(\mathbb{N}, \text{kgV})$ eine kommutative Halbgruppe ist (siehe Aufgabe 3). □

Beispiel 7.6 In Beispiel 1.6 haben wir die Schaltalgebra mit den Operationen $\wedge$ und $\vee$ auf der Menge $\mathbb{B} = \{0, 1\}$ kennengelernt. Sowohl $(\mathbb{B}, \wedge)$ als auch $(\mathbb{B}, \vee)$ sind kommutative Halbgruppen. □

Bei mehr als drei durch $\circ$ verknüpften Elementen einer Halbgruppe gibt es mehr als zwei verschiedene Möglichkeiten, diese Elemente zu klammern. Der folgende Satz zeigt jedoch, dass alle Klammern weggelassen werden können.

Satz 7.1 Es sei H eine Halbgruppe und $k \in \mathbb{N}$. Die Verknüpfung von k Elementen $a_i \in H, i \in \{1, \dots, k\}$, behält in jeder Beklammerung denselben Wert.

Beweis Für alle $a_i \in H$ setzen wir

$$a_1 \circ a_2 \circ a_3 = (a_1 \circ a_2) \circ a_3, \ a_1 \circ a_2 \circ a_3 \circ a_4 = (a_1 \circ a_2 \circ a_3) \circ a_4 \text{ usw.}$$

Die Aussage des Satzes wird durch vollständige Induktion über k bewiesen. Da H assoziativ ist, ist die Behauptung für $k = 1, 2, 3$ richtig.

Wir nehmen an, dass die Behauptung für Verknüpfungen von bis zu k Elementen richtig ist. Unter zusätzlicher Benutzung der Gültigkeit des Assoziativgesetzes gilt dann

$$(a_1 \circ \ldots \circ a_i) \circ (a_{i+1} \circ \ldots \circ a_k \circ a_{k+1})$$
$$= (a_1 \circ \ldots \circ a_i) \circ ((a_{i+1} \circ \ldots \circ a_k) \circ a_{k+1})$$
$$= ((a_1 \circ \ldots \circ a_i) \circ (a_{i+1} \circ \ldots \circ a_k)) \circ a_{k+1}$$
$$= (a_1 \circ \ldots \circ a_i \circ a_{i+1} \circ \ldots \circ a_k) \circ a_{k+1}$$
$$= a_1 \circ \ldots \circ a_i \circ a_{i+1} \circ \ldots \circ a_k \circ a_{k+1}. \qquad \square$$

Häufig wird die Verknüpfung multiplikativ geschrieben, $a \circ b$ wird dann zu $a \cdot b$ oder ab. In diesem Sinn wird

$$\prod_{i=1}^{n} a_i = a_1 \ldots a_n \;\; \text{für} \;\; a_i \in H, i \in \{1, \ldots, n\}, \; n \in \mathbb{N},$$

gesetzt. Sind alle a_i gleich, also $a_i = a$, so sprechen wir auch von der n-ten *Potenz* von a und schreiben

$$a^n = \prod_{i=1}^{n} a.$$

Dafür gelten die *Potenzgesetze*, das heißt

$$(a^n)^m = a^{nm} \;\; \text{und} \;\; a^n a^m = a^{n+m} \;\; \text{für alle} \;\; a \in H, \; n, m \in \mathbb{N}.$$

Ist H kommutativ, so gilt

$$(ab)^n = a^n b^n \;\; \text{für alle} \;\; n \in \mathbb{N}.$$

Bei additiver Schreibweise erhalten wir entsprechend

$$\sum_{i=1}^{n} a_i = a_1 + \ldots + a_n,$$
$$\sum_{i=1}^{n} a = na,$$
$$m(na) = (mn)a \;\; \text{und}$$
$$n(a+b) = na + nb \;\; \text{im kommutativen Fall.}$$

Für die Mengen aus Beispiel 7.1 gelten die Inklusionen

$$\mathbb{N} \subsetneqq \mathbb{N}_0 \subsetneqq \mathbb{Z} \subsetneqq \mathbb{Q} \subsetneqq \mathbb{R} \subsetneqq \mathbb{C}.$$

Dabei liefert die Addition oder die Multiplikation von zwei Elementen in einer kleineren Menge denselben Wert wie in einer umfassenden Menge. Eine solche Inklusion kann als Spezialfall eines Halbgruppenhomomorphismus ausgedrückt werden.

Definition 7.3 Es seien zwei Halbgruppen $(H_1, \circ_1)$ und $(H_2, \circ_2)$ gegeben. Eine Abbildung $f : H_1 \to H_2$ heißt *Halbgruppenhomomorphismus* von $(H_1, \circ_1)$ in $(H_2, \circ_2)$, wenn

$$f(a \circ_1 b) = f(a) \circ_2 f(b)$$

für alle $a, b \in H_1$ erfüllt ist. Er heißt *Halbgruppenisomorphismus*, wenn die Abbildung f bijektiv ist. □

Wir schreiben auch $f : (H_1, \circ_1) \to (H_2, \circ_2)$. Falls keine Missverständnisse möglich sind, wird durch $f : H_1 \to H_2$ der entsprechende Halbgruppenhomomorphismus bezeichnet.

Beispiel 7.7
(a) Für jede Halbgruppe H ist die durch $1_H(a) = a$ für alle $a \in H$ definierte Identität ein Halbgruppenhomomorphismus.
(b) Wir betrachten die Abbildung $f_2 : \mathbb{N}_0 \to \mathbb{N}_0$, die durch

$$f_2(x) = 2x \quad \text{für alle } x \in \mathbb{N}_0$$

definiert ist. Offenbar gilt für alle $x, y \in \mathbb{N}_0$

$$f_2(x + y) = 2(x + y) = 2x + 2y = f_2(x) + f_2(y),$$

sodass f_2 ein Halbgruppenhomomorphismus von $(\mathbb{N}_0, +)$ in $(\mathbb{N}_0, +)$ ist. Allgemeiner wird für jedes $k \in \mathbb{N}_0$ durch $f_k(x) = kx$ für alle $x \in \mathbb{N}_0$ ein Halbgruppenhomomorphismus bestimmt.
(c) Durch $g(x) = \frac{1}{x}$ für alle $x \in \mathbb{N}$ wird eine Abbildung $g : \mathbb{N} \to \mathbb{Q}$ festgelegt, die wegen

$$g(x \cdot y) = \frac{1}{xy} = \frac{1}{x} \cdot \frac{1}{y} = g(x) \cdot g(y)$$

ein Halbgruppenhomomorphismus von $(\mathbb{N}, \cdot)$ in $(\mathbb{Q}, \cdot)$ ist. Man beachte, dass sich durch $h(x) = \frac{2}{x}$ kein Halbgruppenhomomorphismus ergibt.
(d) Wir setzen

$$h(x) = 2^x \quad \text{für alle } x \in \mathbb{N}_0.$$

Diese Definition liefert wegen

$$h(x + y) = 2^{x+y} = 2^x \cdot 2^y = h(x) \cdot h(y)$$

einen Halbgruppenhomomorphismus von $(\mathbb{N}_0, +)$ in $(\mathbb{N}, \cdot)$. □

Satz 7.2 Es seien $f : H_1 \to H_2$ und $g : H_2 \to H_3$ Halbgruppenhomomorphismen. Dann ist die durch $(g \circ f)(a) = g(f(a))$ definierte Abbildung $g \circ f : H_1 \to H_3$ ein Halbgruppenhomomorphismus.

Beweis Wegen der Homomorphieeigenschaft von f und g gilt $g(f(ab)) = g(f(a)f(b)) = g(f(a))g(f(b))$ für alle $a, b \in H_1$. □

In den üblichen Zahlenmengen aus Beispiel 7.1 gibt es ein neutrales Element bezüglich der Multiplikation, nämlich die 1, und, mit Ausnahme von $\mathbb{N}$, ein neutrales Element bezüglich der Addition, nämlich die 0. Allgemein definieren wir:

Definition 7.4 Es sei $(M, \circ)$ eine Halbgruppe. Sie heißt *Monoid*, wenn es ein *neutrales Element* $e \in M$ mit

$$e \circ a = a \circ e = a \quad \text{für alle} \ a \in M$$

gibt. Ein Monoid heißt *kommutativ* (oder *abelsch*), wenn die zugehörige Halbgruppe kommutativ ist. Ein *Monoidhomomorphismus* f von $(M_1, \circ_1)$ in $(M_2, \circ_2)$ ist ein Halbgruppenhomomorphismus, der für die neutralen Elemente $e_1 \in M_1$ und $e_2 \in M_2$ die Gleichung $f(e_1) = e_2$ erfüllt. □

Satz 7.3 Es sei $(M, \circ)$ ein Monoid. Dann gibt es genau ein neutrales Element in M.

Beweis Wir nehmen an, dass $e, e' \in M$ neutrale Elemente von M sind. Nach Definition 7.4 folgt

$$e = e \circ e' = e'.$$

Dabei gilt das linke Gleichheitszeichen, weil e' ein Einselement ist, das rechte, weil auch e ein Einselement ist. □

Beispiel 7.8
(a) Die kommutativen Halbgruppen aus Beispiel 7.1 sind auch, mit der Ausnahme von $(\mathbb{N}, +)$, kommutative Monoide.
(b) Falls die Halbgruppe H aus Beispiel 7.3 mindestens zwei verschiedene Elemente hat, dann besitzt sie kein neutrales Element. Für ein solches Element e müsste $a \circ e = a$ für jedes Element $a \neq e$ gelten, laut Definition von H ist jedoch $a \circ e = e$.
(c) Die Halbgruppenhomomorphismen f_2 aus Beispiel 7.7(b) und h aus Beispiel 7.7(d) sind Monoidhomomorphismen.
(d) Es sei X eine Menge und

$$X^X = \{f \mid f : X \to X \ \text{Abbildung}\}.$$

Dann ist X^X, wobei die Komposition der Abbildungen als Verknüpfung gewählt wird, ein Monoid mit neutralem Element 1_X. Spezieller ist auch für eine Halbgruppe H die Menge

$$H^H = \{f \mid f : H \to H \ \text{Halbgruppenhomomorphismus}\}$$

ein Monoid mit neutralem Element 1_H. □

Zu einem Element $a \in M$ eines Monoids M kann es ein Element b mit $a \circ b = e$ geben.

Definition 7.5 Es sei $(M, \circ)$ ein Monoid mit neutralem Element e. Ein Element $a \in M$ heißt *invertierbar*, wenn es ein Element $b \in M$ mit $a \circ b = e$ und $b \circ a = e$ gibt. b wird auch *inverses Element* von a genannt. $\square$

Satz 7.4 Es sei $(M, \circ)$ ein Monoid. Existiert zu einem $a \in M$ ein inverses Element b, so ist b eindeutig bestimmt.

Beweis Es sei e das neutrale Element von M. Sind b und b' inverse Elemente von a, so gilt

$$b = b \circ e = b \circ (a \circ b') = (b \circ a) \circ b' = e \circ b' = b'. \quad \square$$

Das inverse Element von a wird üblicherweise als a^{-1} geschrieben.

Beispiel 7.9 In $(\mathbb{N}, +)$ besitzt kein Element ein inverses Element. In $(\mathbb{N}, \cdot)$, $(\mathbb{N}_0, \cdot)$ und $(\mathbb{N}_0, +)$ hat nur das neutrale Element, also 1 bzw. 0, ein Inverses, und zwar sich selbst. Ein beliebiges Element $z \in \mathbb{Z}$ ist in $(\mathbb{Z}, +)$ invers zu $-z \in \mathbb{Z}$, wohingegen in $(\mathbb{Z}, \cdot)$ nur 1 ein Inverses besitzt. Schließlich hat in $(\mathbb{Q}, +)$, $(\mathbb{R}, +)$ und $(\mathbb{C}, +)$ jedes Element ein Inverses, für die entsprechenden Mengen mit der Multiplikation ist dies für alle von 0 verschiedenen Elemente ebenfalls richtig. $\square$

7.2 Freie Halbgruppen und Monoide

Definition 7.6 Es sei X eine Menge. Wir definieren eine Menge

$$X^* = \{(x_1, \ldots, x_n) \mid x_i \in X, i \in \{1, \ldots, n\}, n \in \mathbb{N}_0\}$$

von endlichen Folgen sowie eine Multiplikation $\cdot$ auf dieser Menge durch

$$(x_1, \ldots, x_n) \cdot (y_1, \ldots, y_m) = (x_1, \ldots, x_n, y_1, \ldots, y_m)$$

für alle $x_i \in X, i \in \{1, \ldots, n\}, n \in \mathbb{N}_0$, und $y_i \in X, i \in \{1, \ldots, m\}, m \in \mathbb{N}_0$. $\square$

Man beachte, dass man auch für $n = 0$ ein Element von X^* erhält, die *leere Folge*. Für sie schreiben wir ε. Es ist offensichtlich, dass $(X^*, \cdot)$ mit ε ein Monoid ist.

Satz 7.5 $(X^*, \cdot)$ ist ein Monoid und wird *freies Monoid über X* genannt. Wird die leere Folge ε aus X^* entfernt, so erhalten wir eine Halbgruppe, die *freie Halbgruppe $(X^+, \cdot)$ über X*. $\square$

Zwei Wörter $(x_1, \ldots, x_n)$ und $(y_1, \ldots, y_m)$ eines freien Monoids sind nach Definition genau dann gleich, wenn $n = m$ und $x_i = y_i$ für alle $i \in \{1, \ldots, n\}$ gilt. Dabei wird n auch als *Länge* des Wortes $(x_1, \ldots, x_n)$ bezeichnet.

Daten werden in Rechnern häufig in Listen abgelegt, die Einträge von Zahlen, Namen oder alphanumerischen Daten enthalten. Eine wichtige Operation bei solchen Listen ist das Zusammenfügen von zwei oder mehr Listen zu einer neuen Liste. Wir erkennen sofort, dass die Menge aller Listen mit Einträgen aus einer Menge X als ein freies Monoid über X aufgefasst werden kann.

In theoretischen Untersuchungen der Informatik wird üblicherweise

$$X^* = \{x_1 \ldots x_n \mid x_i \in X, i \in \{1, \ldots, n\}, n \in \mathbb{N}_0\}$$

als *Menge der Wörter über X* definiert. Dabei wird die Multiplikation zweier Wörter $w_1, w_2 \in X^*$ durch die Hintereinanderschreibung $w_1 w_2 \in X^*$ gegeben, die *Konkatenation*. Das neutrale Element wird *leeres Wort* genannt und durch ε bezeichnet. Offenbar ist das so definierte X^* ein Monoid. Formal stimmt diese Definitionen nicht mit der aus Definition 7.6 überein, aber zwischen den beiden Monoiden besteht ein offensichtlicher Isomorphismus, der eine endliche Folge $(x_1, \ldots, x_n)$ in ein Wort $x_1 \ldots x_n$ überführt. Die Isomorphie eines Monoids zum freien Monoid über X lässt sich auch durch den folgenden Satz beschreiben. In seinem Beweis verwenden wir die ursprüngliche Definition 7.6 von X^*.

Satz 7.6 Es sei M ein Monoid und X^* das freie Monoid über X. Es ist M genau dann isomorph zu X^*, wenn eine Abbildung

$$\eta : X \to M$$

existiert, sodass es für jedes Monoid M' und jede Abbildung $f : X \to M'$ einen eindeutig bestimmten Monoidhomomorphismus $\varphi : M \to M'$ gibt, für den das Diagramm

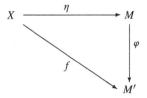

kommutativ ist, also $\varphi(\eta(x)) = f(x)$ für alle $x \in X$ gilt.

Beweis Es sei $h : X^* \to M$ ein Monoidisomorphismus. Daher lässt sich jedes Element aus M in der Form

$$h((x_1, \ldots, x_n))$$

mit einem eindeutig bestimmten $(x_1, \ldots, x_n) \in X^*$ darstellen. Für jedes $x \in X$ definieren wir $\eta(x) = h((x))$. Es sei $f : X \to M'$ eine beliebige Abbildung. Für den zu definierenden Homomorphismus φ muss $\varphi(\eta(x)) = f(x)$ für alle $x \in X$ gelten. Falls es einen solchen Homomorphismus gibt, muss er wegen seiner Homomorphieeigenschaft und der von h

$$\varphi(h((x_1,\ldots,x_n))) = \varphi(h((x_1))\ldots h((x_n)))$$
$$= \varphi(h((x_1)))\ldots\varphi(h((x_n)))$$
$$= f(x_1)\ldots f(x_n)$$

erfüllen. Daher wird durch

$$\varphi(h((x_1,\ldots,x_n))) = f(x_1)\ldots f(x_n)$$

in eindeutiger Weise ein Homomorphismus mit der gewünschten Eigenschaft definiert.

Für die umgekehrte Beweisrichtung gehen wir von einem Monoid M mit einer Abbildung $\eta : X \to M$ mit der angegebenen Eigenschaft aus. Zum einen setzen wir $M' = M$ mit $f = \eta$ und zum anderen $M' = X^*$ und $f = i_X$ mit $i_X(x) = (x)$ für alle $x \in X$. Dann existieren die eindeutig bestimmten Homomorphismen $1_M : M \to M$ und $\varphi_1 : M \to X^*$, sodass die Diagramme

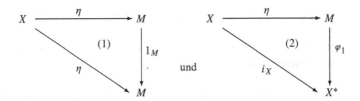

kommutativ sind. Das freie Monoid X^* ist zu sich selbst isomorph. Daher kann es anstelle von M in die Argumentation der ersten Beweisrichtung eingesetzt werden. Dabei werde η durch i_X ersetzt. Für $M' = X^*$ und $f = i_X$ bzw. $M' = M$ und $f = \eta$ existieren daher die eindeutig bestimmten Homomorphismen $1_{X^*} : X^* \to X^*$ und $\varphi_2 : X^* \to M$, sodass die Diagramme

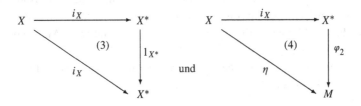

kommutativ sind. Aus der Kommutativität der Diagramme (2) und (4) folgt

$$\varphi_2(\varphi_1(\eta(x))) = \varphi_2(i_X(x)) = \eta(x) \quad \text{und}$$
$$\varphi_1(\varphi_2(i_X(x))) = \varphi_1(\eta(x)) = i_X(x)$$

für alle $x \in X$. Da die Diagramme (1) und (3) nur mit den Homomorphismen 1_M und 1_{X^*} kommutativ sind, folgt

$$\varphi_2 \circ \varphi_1 = 1_M \quad \text{und} \quad \varphi_1 \circ \varphi_2 = 1_{X^*}.$$

Somit ist nach Satz 2.8(d) $\varphi_2 : X^* \to M$ ein Monoidisomorphismus. $\square$

Satz 7.7 Die Abbildung $\eta : X \to M$ aus Satz 7.6 ist injektiv.

Beweis Wir nehmen das Gegenteil an, also die Existenz von Elementen $a, b \in X$ mit $a \neq b$ und $\eta(a) = \eta(b)$. Für M' aus dem Diagramm von Satz 7.6 wählen wir $(\mathbb{N}_0, +)$, und $f : X \to \mathbb{N}_0$ sei eine beliebige Abbildung mit $f(a) = 0$, $f(b) = 1$. Offensichtlich existiert keine Abbildung $\varphi : M \to \mathbb{N}_0$ mit $\varphi \circ \eta = f$. Folglich muss η injektiv sein. $\square$

Beispiel 7.10 Wir betrachten X^* als Menge der Wörter über X, wobei $\eta = \text{inj} : X \to X^*$ durch $\text{inj}(x) = x$ für alle $x \in X$ definiert ist. Für ein Monoid M und eine beliebige Abbildung $f : X \to M$ kann ein Monoidhomomorphismus $\varphi : X^* \to M$ mit $\varphi(x) = \varphi(\text{inj}(x)) = f(x)$ für alle $x \in X$ wegen der Homomorphieeigenschaft von φ nur durch

$$\varphi(x_1 \ldots x_n) = \varphi(x_1) \ldots \varphi(x_n) = f(x_1) \ldots f(x_n)$$

eindeutig definiert werden. Das bedeutet, dass φ durch seine Werte auf den Symbolen von X bereits eindeutig bestimmt ist. $\square$

Beispiel 7.11 Wir betrachten $(\mathbb{N}_0, +)$ und die Abbildung $\text{inj} : \{1\} \to \mathbb{N}_0$ mit $\text{inj}(1) = 1$. Für ein Monoid $(M, \cdot)$ und eine Abbildung $f : \{1\} \to M$ wird ein Homomorphismus $\varphi : (\mathbb{N}_0, +) \to (M, \cdot)$ durch $\varphi(n) = (f(1))^n$ für alle $n \in \mathbb{N}_0$ definiert. Er ist der einzige Homomorphismus φ mit $\varphi \circ \text{inj} = f$. Folglich ist nach Satz 7.6 $(\mathbb{N}_0, +)$ isomorph zum freien Monoid über $\{1\}$. $\square$

Das Diagramm aus Satz 7.6 zeigt, dass ein Monoidhomomorphismus $f : M \to M'$, wobei M zum freien Monoid über X isomorph ist, eindeutig durch die Bilder von φ auf den Elementen von $\eta(X)$ definiert ist. Ist insbesondere X endlich, so ist die Abbildung φ auf der unendlichen Menge M durch ihre Werte auf einer endlichen Menge bestimmt.

Beispiel 7.12 Es sei $X = \{a, b\}$ und $M = \mathbb{N}_0$. Wir definieren einen Monoidhomomorphismus $\varphi : X^* \to \mathbb{N}_0$ durch

$$\varphi(a) = 5 \quad \text{und} \quad \varphi(b) = 7.$$

Für den Fall, dass $(\mathbb{N}_0, +)$ betrachtet wird, gilt zum Beispiel $\varphi(aabab) = 3 \cdot 5 + 2 \cdot 7 = 29$, im Fall $(\mathbb{N}_0, \cdot)$ erhalten wir $\varphi(aabab) = 5^3 \cdot 7^2 = 6125$. $\square$

7.3 Anwendungen in der Informatik

Wie schon in Abschn. 7.2 erwähnt wurde, sind freie Halbgruppen und Monoide in vielen Gebieten der Informatik von Bedeutung. Besonders wichtig sind sie für die Theorie der Automaten und formalen Sprachen, bei der Definition von Programmiersprachen und den Anwendungen dieser Gebiete in anderen Bereichen der Informatik. Ein wichtiger, aber auch sehr einfacher Begriff, ist der einer formalen Sprache.

Definition 7.7 Eine endliche Menge heißt *Alphabet*. Eine beliebige Teilmenge $L \subseteq X^*$, wobei X ein Alphabet ist, wird *formale Sprache* über X genannt. $\square$

Beispiel 7.13 Es sei $X = \{a, b\}$. Dann ist $L = \{a^i b^i \mid i \in \mathbb{N}_0\}$ eine formale Sprache über $\{a, b\}$, wobei wir unter a^0 und b^0 jeweils das leere Wort ε verstehen wollen. Die Elemente von L werden *Wörter* der Sprache genannt. $\square$

Beispiel 7.14 Texte der deutschen Sprache können als „Wörter" über dem üblichen Alphabet dargestellt werden, unter zusätzlicher Verwendung weiterer Zeichen entsprechend der Tastatur einer Schreibmaschine. In diesem Sinn ist „Dies ist ein Satz" als ein „Wort" aufzufassen. Obwohl eine natürliche Sprache nicht genau formal beschrieben werden kann, können wir Deutsch als eine Teilmenge $\mathcal{M} \subseteq V^*$ auffassen, wobei V das Alphabet der Schreibmaschinentastatur ist.

In der (klassischen) Kryptografie sind Substitutionschiffren dadurch gegeben, dass Wörter des Klartextes (Texte in der normalen Sprache über dem Klartextalphabet K) unter Verwendung eines Schlüssels in Wörter des Chiffretextalphabets C übertragen werden. Bei einer *Chiffre durch einfache Substitution* wird jeweils ein Buchstabe des Klartextalphabets durch einen Buchstaben des Chiffretextalphabets ersetzt. Dies kann als eine Abbildung $f : K \to C$ ausgedrückt werden. Die Chiffrierung bei dieser Zuordnung kann folglich durch den Monoidhomomorphismus $\varphi : K^* \to C^*$ beschrieben werden, der nach Satz 7.6 durch Angabe von $\varphi(k) = f(k)$ für alle Elemente des Klartextalphabets eindeutig bestimmt ist. Der Schlüssel der Chiffre ist die Abbildung f. Unter Kenntnis von f kann man aus einem Chiffretext den Klartext zurückgewinnen.

Da die verwendeten Alphabete relativ klein sind, kann durch Probieren aller Schlüssel mithilfe eines Computers jede derartige Substitutionschiffre leicht gebrochen werden. Ein (berechnungsmäßig) sicheres kryptografisches Verfahren, das RSA-Verfahren, haben wir bereits in Abschn. 6.4 in den Algorithmen 6.7, 6.8 und 6.9 kennengelernt, weitere Verfahren werden wir in den Kap. 8 und 9 betrachten. Im Übrigen verweisen wir auf die Literatur zur Kryptografie (zum Beispiel [69, 88, 93]). $\square$

Beispiel 7.15 Viele formale Sprachen können durch Grammatiken erzeugt werden. Wir betrachten hier den Fall einer *kontextfreien Grammatik*

$$G = (\Sigma, V, S, F),$$

wobei Σ ein Alphabet, das *Terminalalphabet*, V eine endliche *Menge von Nichtterminalzeichen* mit $\Sigma \cap V = \emptyset$, $S \in V$ das *Anfangssymbol* der Grammatik und $F \subseteq \{(X, w) \mid X \in V, w \in (\Sigma \cup V)^*\}$ die endliche *Menge der Produktionen* ist. Eine Produktion (X, w) wird auch in der Form $X \to w$ geschrieben. Ein *direkter Ableitungsschritt* oder *Ersetzungsschritt* $\Longrightarrow$ gemäß der Grammatik G ist eine Relation $\Longrightarrow \subseteq (\Sigma \cup V)^* \times (\Sigma \cup V)^*$ mit

$$w_1 \Longrightarrow w_2,$$

falls $w_1 = v_1 X v_2$, $w_2 = v_1 w v_2$ mit $v_1, v_2 \in (\Sigma \cup V)^*$ und $(X, w) \in F$ gilt. Es sei $\Longrightarrow^*$ die reflexive transitive Hülle von $\Longrightarrow$ (siehe Satz 2.7). Dann ist

$$L(G) = \{w \mid w \in \Sigma^*, S \Longrightarrow^* w\}$$

die von G erzeugte *kontextfreie Sprache*.

Speziell betrachten wir die Grammatik

$$G = (\{a, b\}, \{S\}, S, \{(S, aSb), (S, \varepsilon)\}).$$

Unter Benutzung der Produktion (S, aSb) erhalten wir eine unendliche Folge

$$S \Longrightarrow aSb \Longrightarrow a^2 S b^2 \Longrightarrow \ldots \Longrightarrow a^i S b^i \Longrightarrow \ldots$$

von direkten Ableitungsschritten. Bei jedem der hier auftretenden Wörter kann S direkt mithilfe der Produktion (S, ε) auch durch ε ersetzt werden. Das heißt, dass wir die Terminalwörter

$$\varepsilon, ab, a^2 b^2, \ldots, a^i b^i, \ldots$$

ableiten können. Insgesamt gilt

$$L(G) = \{a^i b^i \mid i \in \mathbb{N}_0\}.$$

Wir sehen also, dass die Sprache aus Beispiel 7.13 kontextfrei ist. $\square$

In vorhergehenden Kapiteln haben wir Algorithmen in der Regel in Pseudocode dargestellt. Das heißt, wir haben neben der wörtlichen Beschreibung einiger ihrer Schritte auch Elemente von üblichen Programmiersprachen verwendet. Man kann sagen, dass wir eine Pseudoprogrammiersprache benutzt haben, deren Syntax allerdings nicht exakt zu definieren ist. Damit eine Programmiersprache von einem Rechner verstanden wird, muss ihre Syntax jedoch genauer festgelegt werden.

Beispiel 7.16 Die Syntax einer Programmiersprache wird häufig durch die Angabe einer kontextfreien Grammatik festgelegt. Wir wollen dies für eine einfache Beispielsprache angeben. Dabei wird eine spezielle Darstellungsweise kontextfreier Grammatiken verwendet, die *Backus-Naur-Form*. Nichtterminalzeichen werden als in „<" und „>" eingeschlossene Wörter dargestellt. Falls es zu einem Nichtterminalzeichen mehrere Produktionen mit diesem Zeichen als linke Seite gibt, so werden die rechten Seiten der verschiedenen Produktionen durch „|" getrennt hintereinander aufgeschrieben. Die zugehörige linke Seite wird durch das Zeichen „::=" von den rechten Seiten abgetrennt.

Das Terminalalphabet A der Beispielsprache sei

$$A = \{a, \ldots, z, 0, \ldots, 9, \textbf{skip}, \textbf{begin}, \textbf{end}, \textbf{if}, \textbf{then}, \textbf{else}, \textbf{fi}, \textbf{while}, \textbf{do}, \textbf{od},$$
$$:=, ;, +, -, *, <, \leq, >, \geq, =, \neq, (,)\}.$$

Das Anfangssymbol der Grammatik heiße $< program >$. Die Nichtterminalzeichen seien durch die auf der linken Seite der Produktionen auftretenden Symbole gegeben. Die Produktionen sind in der folgenden Tabelle zusammengestellt.

$< program >$	$::=$	$< stmt >$
$< stmt >$	$::=$	$< nullstmt > \mid < assignstmt > \mid < compstmt > \mid$
		$< ifstmt > \mid < whilestmt >$
$< nullstmt >$	$::=$	$\textbf{skip}$
$< assignstmt >$	$::=$	$< var >:=< expr >$
$< compstmt >$	$::=$	$\textbf{begin} < stmt >; < stmt > \textbf{end}$
$< ifstmt >$	$::=$	$\textbf{if} < test > \textbf{then} < stmt > \textbf{else} < stmt > \textbf{fi}$
$< whilestmt >$	$::=$	$\textbf{while} < test > \textbf{do} < stmt > \textbf{od}$
$< test >$	$::=$	$< expr >< relation >< expr >$
$< relation >$	$::=$	$< \mid \leq \mid > \mid \geq \mid = \mid \neq$
$< expr >$	$::=$	$< opd > \mid < mopr >< opd > \mid$
		$< opd >< dopr >< opd >$
$< mopr >$	$::=$	$+$
$< dopr >$	$::=$	$+ \mid - \mid *$
$< opd >$	$::=$	$< const > \mid < var > \mid (< expr >)$
$< const >$	$::=$	$< const >< digit > \mid < digit >$
$< digit >$	$::=$	$0 \mid \ldots \mid 9$
$< var >$	$::=$	$< var >< letter > \mid < letter >$
$< letter >$	$::=$	$a \mid \ldots \mid z$

Die Menge aller Wörter aus A^*, die aus einem bestimmten Nichtterminalzeichen ableitbar sind, nennen wir den *syntaktischen Bereich* des jeweiligen Nichtterminalzeichens und bezeichnen sie mit dem entsprechenden Nichtterminalzeichen, geschrieben in Großbuchstaben, also zum Beispiel PROGRAM $= \{w \in A^* \mid < program >\Longrightarrow^* w\}$ oder

STMT $= \{w \in A^* | < stmt > \Longrightarrow^* w\}$. STMT wird als Menge aller Statements der Beispielsprache, EXPR als Menge aller Ausdrücke, MOPR als Menge aller monadischen Operatoren bezeichnet usw. Die erzeugte Sprache der Grammatik ist PROGRAM und liefert alle syntaktisch richtigen Programme der Beispielsprache.

Die Bedeutung eines Programms kann als eine partielle Funktion $f : \mathbb{N}_0^n \to \mathbb{N}_0^m$ aufgefasst werden, wobei n Eingabevariablen und m Ausgabevariablen festzulegen sind. Außerdem kann es weitere Hilfsvariablen geben. Die Eingabevariablen werden mit den Eingabewerten vorbelegt, alle anderen Variablen sind mit 0 vorbesetzt. Falls das Programm terminiert, erhält man das Ergebnis aus den Werten der Ausgabevariablen. Möglich ist es auch, dass Ein- oder Ausgabevariablen gar nicht in dem Programmtext erscheinen. In diesem Sinn kann jedes Programm beliebigstellige Funktionen berechnen. Legen wir zum Beispiel X und Y als Eingabevariablen und Z als Ausgabevariable fest, so berechnet es eine Funktion $f : \mathbb{N}_0^2 \to \mathbb{N}_0$. Das Programm **skip**, das ja keine Änderungen bewirkt, berechnet die Identitätsfunktion.

Genauere Betrachtungen zur Semantik dieser Beispielsprache finden sich in [92]. Der Spezialfall des **while**-Statements wird auch in Abschn. 12.5 betrachtet. $\square$

Aufgaben

(1)   Es sei H eine Menge mit m Elementen. Wie viele Verknüpfungen können auf H definiert werden?

(2)   Finde für die Menge $H = \{a, b\}$ Verknüpfungen, die von denen aus den Beispielen 7.3 und 7.4 verschieden sind, sodass $(H, \circ)$
  (a)   eine kommutative Halbgruppe,
  (b)   eine nicht kommutative Halbgruppe,
  (c)   keine Halbgruppe ist.

(3)   Führe den vollständigen Beweis, dass $(\mathbb{N}, \mathrm{ggT})$ und $(\mathbb{N}, \mathrm{kgV})$ kommutative Halbgruppen sind. Gilt dies auch für $(\mathbb{N}_0, \mathrm{ggT})$ und $(\mathbb{Z}, \mathrm{ggT})$?

(4)   Es sei $f : \mathbb{N} \to \mathbb{R}$ definiert durch $f(n) = \log_{10} n$. Zeige, dass f bei geeigneter Wahl der Verknüpfungen in $\mathbb{N}$ und $\mathbb{R}$ ein Halbgruppenhomomorphismus ist.

(5)   Es sei $(M, \circ)$ ein Monoid mit Einselement $1 \in M$. Wir wählen ein Element $e \notin M$ und setzen $M' = M \cup \{e\}$. Auf M' wird eine Verknüpfung $\circ'$ durch

$$m \circ' m' = \begin{cases} m \circ m', & \text{falls } m, m' \in M, \\ m, & \text{falls } m' = e, \\ m', & \text{falls } m = e \end{cases}$$

definiert. Zeige, dass $(M', \circ')$ mit e als neutralem Element ein Monoid ist. Warum ist 1 nicht das Einselement von M'?

(6)   Sind $(\mathbb{N}_0, \mathrm{ggT})$, $(\mathbb{N}, \mathrm{ggT})$ und $(\mathbb{N}, \mathrm{kgV})$ Monoide?

(7) Formuliere den Algorithmus zur Berechnung der ganzzahligen Wurzel von Algorithmus 1.1 in der Programmiersprache von Beispiel 7.16. Gib eine Ableitung aus dem Startsymbol $< program >$ an, das zu einem Wort führt, das als Nichtterminalzeichen nur noch $< expr >$ und $< assignstmt >$ enthält und aus dem das Programm des Algorithmus abgeleitet werden kann.

(8) Ein endlicher *Mealy-Automat* ist durch ein 5-Tupel

$$M = (Z, X, Y, \delta, \lambda)$$

mit endlichen Mengen Z, X, Y (Zustandsmenge, Eingabealphabet bzw. Bandalphabet) und zwei Funktionen $\delta : Z \times X \rightarrow Z$ (Zustandsüberführungsfunktion) und $\lambda : Z \times X \rightarrow Y$ (Ausgabefunktion) definiert. Die Zustandsüberführungsfunktion ist so zu interpretieren, dass der Automat, der in einem Zustand $z \in Z$ ein Eingabesymbol $x \in X$ liest, in den Folgezustand $\delta(z, x)$ übergeht. Entsprechendes gilt für die Ausgabefunktion. Im diesem Folgezustand kann ein weiteres Eingabesymbol eingegeben werden. Daher ist es vernünftig, die Abbildung δ zu einer Abbildung $\delta^* : Z \times X^* \rightarrow Z$ zu erweitern, die in Abhängigkeit von einem Zustand $z \in Z$ und dem gelesenen Wort $w \in X^*$ den Zustand liefert, der sich nach Abarbeitung von w ergibt.

(a) Gib eine induktiv-rekursive Definition der Abbildung $\delta^* : Z \times X^* \rightarrow Z$ an, wobei wir annehmen, dass ein Wort von links nach rechts abgearbeitet wird.

(b) Beweise durch Induktion, dass für alle $z \in Z$, $x \in X$ und alle $w_1, w_2 \in X^*$ die Gleichungen

$$\delta^*(z, x) = \delta(z, x) \text{ und } \delta^*(z, w_1 w_2) = \delta^*(\delta^*(z, w_1), w_2)$$

gelten.

(9) Für beliebige Mengen X, Y sei Y^X die Menge aller Abbildungen $Y \rightarrow X$.

(a) Es seien X, Y, Z Mengen. Gib eine Bijektion zwischen der Menge der Abbildungen $Z \times X \rightarrow Y$ und der Menge der Abbildungen $X \rightarrow Y^Z$ an.

(b) Für das Monoid Z^Z verwenden wir, abweichend von Beispiel 7.8, die Verknüpfung $f \cdot g = g \circ f$, wobei $\circ$ die übliche Komposition der Abbildungen bedeutet. Beweise unter Verwendung von (a) und Satz 7.6 die Existenz der Abbildung δ^* aus Aufgabe 8(a) und die Gültigkeit der Gleichungen aus Aufgabe 8(b).

Gruppen

8

Bereits in Abschn. 6.3 haben wir die Gruppen $(\mathbb{Z}, +)$ und $(\mathbb{Z}_n, \oplus)$ kennengelernt, in Abschn. 6.4 die multiplikative Gruppe $(\mathbb{Z}_n^*, \odot)$. Auf $\mathbb{Z}_n^*$ beruhte das RSA-Verfahren, das eine wichtige Anwendung der Gruppentheorie in der Informatik, speziell in der Kryptografie, darstellt. In diesem Kapitel wollen wir die algebraische Struktur der Gruppen allgemeiner untersuchen. Die Bedeutung der Gruppentheorie für die Informatik ergibt sich bereits aus vielen direkten Anwendungen in der Kryptografie, aber vor allem dadurch, dass Gruppen für die in Kap. 9 behandelten Ringe und Körper sowie für die Vektorräume aus Kap. 10, die ihrerseits vielfältig in verschiedenen Gebieten der Informatik benötigt werden, eine wichtige Grundlage sind.

Nach der Einführung in Abschn. 8.1 mit ersten Definitionen und einfachen Sätzen und Beispielen erhalten wir in Abschn. 8.2 mit Permutationsgruppen eine umfangreiche Klasse von Beispielen. In Abschn. 8.3 werden Untergruppen, also Teilmengen von Gruppen, die selber Gruppen sind, untersucht und charakterisiert. Besonders wichtig sind die zyklischen Gruppen, die bereits in Kap. 6 eine wichtige Rolle auch für die Anwendung in der Kryptografie spielten und die in Abschn. 8.4 ausführlich behandelt werden. In solchen Gruppen ist das Problem des diskreten Logarithmus von besonderem praktischen Interesse, beispielsweise in $\mathbb{Z}_p^*$ das Problem, bei vorgelegter Basis $g \in \mathbb{Z}_p^*$ und einer Zahl $a \in \mathbb{Z}_p^*$ einen Exponenten $e \in \mathbb{Z}_{p-1}$ zu finden mit $g^e \bmod p = a$. Auf der Tatsache, dass dieser diskrete Logarithmus bei sehr großen Zahlen (von beispielsweise 1024 Bit Länge) praktisch nicht berechnet werden kann, beruht das ElGamal-Public-Key-Verfahren aus Abschn. 8.5. In Abschn. 8.6 werden zunächst Normalteiler behandelt, mit deren Hilfe sich neue Gruppen, die Faktorgruppen, konstruieren lassen. Diese Konstruktion ist in erweiterter Form auch in Kap. 9 bei Ringen und Körpern von Bedeutung und führt dort zu neuen Körpern, die besonders im Rahmen der Kryptografie und Codierungstheorie vielfältige Anwendungen in der Informatik finden. Außerdem wird in diesem Abschnitt durch die Bildung direkter Produkte eine weitere Möglichkeit angegeben, aus vorhandenen Gruppen neue Gruppen zu definieren. In Abschn. 8.7 gehen wir noch auf Homomorphismen

© Springer-Verlag Berlin Heidelberg 2016
W. Struckmann, D. Wätjen, *Mathematik für Informatiker*, DOI 10.1007/978-3-662-49870-5_8

von Gruppen ein. Dabei können wir einen natürlichen Zusammenhang zwischen ihnen und den Faktorgruppen durch den sogenannten 1. Isomorphiesatz ausdrücken.

8.1 Einführung in Gruppen

Definition 8.1 Es sei G eine Menge mit einer assoziativen Verknüpfung $\circ$. $(G, \circ)$ heißt *Gruppe*, wenn

(a) ein neutrales Element $e \in G$ mit $e \circ a = a \circ e = a$ für alle $a \in G$ existiert und
(b) jedes Element $a \in G$ ein inverses Element $a^{-1} \in G$ mit $a^{-1} \circ a = a \circ a^{-1} = e$ besitzt.

Eine Gruppe heißt *abelsch* oder *kommutativ*, wenn für alle $a, b \in G$ die Gleichung $a \circ b = b \circ a$ erfüllt ist. Die Kardinalität von G wird auch *Ordnung* $|G|$ der Gruppe G genannt.
□

Nach den Definitionen 7.2 und 7.4 einer Halbgruppe bzw. eines Monoids erhalten wir als äquivalente Charakterisierung sofort

Satz 8.1 Es ist $(G, \circ)$ genau dann eine Gruppe, wenn $(G, \circ)$ ein Monoid ist, in dem jedes Element $a \in G$ ein inverses Element $a^{-1} \in G$ besitzt. □

Falls keine Missverständnisse möglich sind, sprechen wir zumeist von der Gruppe G statt von $(G, \circ)$. Wegen Satz 8.1 folgt aus den Sätzen 7.3 und 7.4

Satz 8.2 Es sei G eine Gruppe. Dann existiert in G genau ein neutrales Element, und zu jedem Element $a \in G$ gibt es genau ein inverses Element $a^{-1} \in G$. □

Beispiel 8.1 Offenbar sind $(\mathbb{Z}, +)$, $(\mathbb{Q}, +)$, $(\mathbb{R}, +)$ und $(\mathbb{C}, +)$ abelsche Gruppen mit neutralem Element 0. Das inverse Element von beispielsweise $a \in \mathbb{Z}$ ist $-a \in \mathbb{Z}$. Bezüglich der Multiplikation sind die entsprechenden Mengen keine Gruppen, da das Nullelement dann kein inverses Element besitzt. Betrachten wir jedoch die Mengen $\mathbb{Q}$, $\mathbb{R}$ und $\mathbb{C}$ ohne die 0, so erhalten wir auch bezüglich der Multiplikation jeweils Gruppen. Wir nennen sie auch die *multiplikativen Gruppen* von $\mathbb{Q}, \mathbb{R}$ bzw. $\mathbb{C}$. □

Im Folgenden wollen wir Gruppen in der Regel multiplikativ schreiben, statt $\circ$ also $\cdot$ verwenden, wobei das Multiplikationszeichen zumeist entfällt. Das neutrale Element der Gruppe G wird dann *Einselement* genannt und als 1_G oder auch, falls keine Missverständnisse möglich sind, als 1 geschrieben. Wie bei Halbgruppen wird das n-fache Produkt ($n \in \mathbb{N}$) eines Elements a mit sich selbst als a^n bezeichnet. Außerdem wird auch $a^0 = 1$ und $a^{-n} = (a^{-1})^n$ gesetzt.

Satz 8.3 Es sei H eine Halbgruppe, die die folgenden Eigenschaften erfüllt:

(a) Es existiert ein (rechtsneutrales Element) $1 \in H$ mit $a1 = a$ für alle $a \in H$.
(a) Für alle $a \in H$ existiert ein (rechtsinverses Element) $b \in H$ mit $ab = 1$.

Dann ist H eine Gruppe.

Beweis Ist b ein Rechtsinverses von a und c ein Rechtsinverses von b, so gilt

$$ba = (ba)1 = (ba)(bc) = babc = b(ab)c = bc = 1,$$

insgesamt also $ab = ba = 1$. Weiter erhalten wir

$$1a = 1 \cdot 1 \cdot a = (ab)1a = a(b1)a = aba = a(ba) = a1 = a.$$

Nach Definition 8.1 ist H eine Gruppe. $\square$

Dieser Satz zeigt, dass für eine Gruppe nur die Existenz eines rechtsneutralen Elements sowie eines rechtsinversen Elements zu jedem Element der Gruppe gefordert werden muss. In dieser Form haben wir die Definition einer Gruppe in Beispiel 1.18 angegeben. Aus Symmetriegründen ist die Definition einer Gruppe auch mit linksneutralem Element und linksinversen Elementen möglich.

In der Menge der ganzen Zahlen sind Gleichungen wie etwa $x + 17 = -37$ eindeutig lösbar. Diese Eigenschaft ist allgemein in beliebigen Gruppen erfüllt.

Satz 8.4 Es seien G eine Gruppe und $a, b \in G$. Dann gilt:

(a) Es existieren eindeutig bestimmte Elemente $x, y \in G$ mit $ax = b$ und $ya = b$, und zwar $x = a^{-1}b$ und $y = ba^{-1}$.
(b) Es gilt $(ab)^{-1} = b^{-1}a^{-1}$.

Beweis Wir beweisen zunächst (a). Mit $x = a^{-1}b$ gilt $ax = aa^{-1}b = b$. Es existiert also eine Lösung von $ax = b$. Ist x' eine weitere Lösung mit $ax' = b$, so erhalten wir wegen $x' = a^{-1}ax' = a^{-1}b = x$ die Eindeutigkeit. Aus Symmetriegründen ist $y = ba^{-1}$ das eindeutig bestimmte Element y mit $ya = b$.

Schließlich betrachten wir

$$(ab)^{-1}ab = 1 \quad \text{und} \quad b^{-1}a^{-1}ab = b^{-1}1b = b^{-1}b = 1.$$

Nach (a) folgt $(ab)^{-1} = b^{-1}a^{-1}$. $\square$

In Definition 7.3 und Definition 7.4 wurden Halbgruppen- bzw. Monoidhomomorphismen definiert. In analoger Form werden auch Gruppenhomomorphismen angegeben.

Definition 8.2 Es seien $(G_1, \circ_1)$ und $(G_2, \circ_2)$ Gruppen. Eine Abbildung $f : G_1 \to G_2$ heißt *Gruppenhomomorphismus*, wenn

$$f(a_1 \circ_1 a_2) = f(a_1) \circ_2 f(a_2)$$

für alle $a_1, a_2 \in G_1$ erfüllt ist. Ist f außerdem eine bijektive Abbildung, so heißt f *Gruppenisomorphismus*. Die Gruppen G_1 und G_2 werden dann auch *isomorph* genannt. □

Falls keine Missverständnisse möglich sind, werden die im Allgemeinen verschiedenen Verknüpfungen in der Darstellung nicht unterschieden und zumeist multiplikativ geschrieben.

Satz 8.5 Es seien $f : G_1 \to G_2$ und $g : G_2 \to G_3$ Gruppenhomomorphismen. Dann ist auch $g \circ f : G_1 \to G_3$ ein Gruppenhomomorphismus.

Beweis Aufgabe 3. □

Beispiel 8.2 Wir betrachten die Gruppen $(\mathbb{Z}, +)$, $(\mathbb{Q}, +)$ und $(\mathbb{R}, +)$. Dann werden offenbar Gruppenhomomorphismen $f : \mathbb{Z} \to \mathbb{Q}$ und $g, g' : \mathbb{Q} \to \mathbb{R}$ durch $f(z) = z$, $g(q) = q$ und $g'(q) = 0$ für alle $z \in \mathbb{Z}$, $q \in \mathbb{Q}$ definiert. Auch die Abbildungen $g \circ f, g' \circ f : \mathbb{Z} \to \mathbb{R}$ mit $(g \circ f)(z) = z$ und $(g' \circ f) = 0$ sind Gruppenhomomorphismen. □

Satz 8.6 Es sei $f : G_1 \to G_2$ ein Gruppenhomomorphismus. Es sei $a \in G_1$, 1_{G_1} sei das Einselement von G_1 und 1_{G_2} das von G_2. Dann gilt

$$f(1_{G_1}) = 1_{G_2} \quad \text{und} \quad f(a^{-1}) = (f(a))^{-1}.$$

Beweis Offenbar ist

$$f(1_{G_1}) = f(1_{G_1} 1_{G_1}) = f(1_{G_1}) f(1_{G_1}).$$

Wegen der Eindeutigkeit aus Satz 8.4(a) folgt $f(1_{G_1}) = 1_{G_2}$. Dann gilt aber auch

$$1_{G_2} = f(1_{G_1}) = f(a^{-1} a) = f(a^{-1}) f(a),$$

sodass wir wegen desselben Satzes $f(a^{-1}) = (f(a))^{-1}$ erhalten. □

Satz 8.7 Es sei $f : G_1 \to G_2$ ein Gruppenisomorphismus. Dann ist die inverse Abbildung $f^{-1} : G_2 \to G_1$ ebenfalls ein Gruppenisomorphismus.

Beweis Es muss nur die Homomorphieeigenschaft von f^{-1} gezeigt werden. Für $a, b \in G_2$ gilt sowohl $f(f^{-1}(ab)) = ab$ als auch $f(f^{-1}(a)f^{-1}(b)) = f(f^{-1}(a))f(f^{-1}(b)) = ab$. Da f als bijektive Abbildung auch injektiv ist, erhalten wir so $f^{-1}(ab) = f^{-1}(a)f^{-1}(b)$. $\square$

Ist f speziell ein Isomorphismus, so erkennen wir, dass sich isomorphe Gruppen nur in der Schreibweise unterscheiden. Wenn wir unter $2\mathbb{Z}$ die Menge der geraden ganzen Zahlen verstehen, wird durch $f(z) = 2z$ für alle $z \in \mathbb{Z}$ ein Isomorphismus $f : (\mathbb{Z}, +) \to (2\mathbb{Z}, +)$ definiert. Bis auf die Schreibweise sind also $\mathbb{Z}$ und $2\mathbb{Z}$ nicht zu unterscheiden. Dies gilt allerdings nur, solange wir uns auf die Addition beschränken und die Multiplikation außer Acht lassen.

Beispiel 8.3

(a) Wenn wir von Isomorphismen absehen, gibt es genau eine Gruppe der Ordnung 1, nämlich $G = \{1\}$ mit $1 \cdot 1 = 1$ und $1^{-1} = 1$.

(b) Wir suchen alle Gruppen $G = \{1, a\}$ der Ordnung 2. Ein Element muss das Einselement sein, etwa 1. Wenn wir nun das Ergebnis der Multiplikation in einer Gruppentafel

	1	a
1	1	a
a	a	x

notieren, so ist wegen der Eigenschaft eines Einselements nur noch das Ergebnis der Multiplikation $aa = x$ festzulegen. Wäre $x = a$, so würde $aa = a$ und $a1 = a$ gelten, ein Widerspruch zu Satz 8.4. Mit $x = 1$ wird die Gruppentafel jedoch richtig erfüllt. Die Eigenschaften einer Gruppe, insbesondere die Assoziativität der Multiplikation, sind sofort nachzuweisen. Das Element a ist zu sich selbst invers. Bis auf Isomorphie gibt es also genau eine Gruppe mit zwei Elementen.

(c) Wenn wir die Definition durch eine Gruppentafel betrachten, dann darf wegen Satz 8.4 in keiner Spalte oder Zeile der Tafel, die durch die Paare der zu multiplizierenden Gruppenelemente indiziert wird, ein Element mehrfach vorkommen. In (b) hat das dazu geführt, dass nur $x = 1$ möglich war. Wir betrachten nun mögliche Gruppen $G = \{1, a, b\}$ der Ordnung 3, wobei 1 wieder das Einselement sein soll. Welche Werte kann in der unvollständigen Gruppentafel

	1	a	b
1	1	a	b
a	a	x	
b	b		

das Element x annehmen? Nicht möglich ist offenbar $x = a$. Wäre nun $x = 1$, so müsste in der zweiten Spalte ganz unten b stehen, was jedoch zu einem Widerspruch in der letzten Zeile führt. Folglich ist $x = b$ zu setzen, und insgesamt kann die Tafel nur zu

$$
\begin{array}{c|ccc}
 & 1 & a & b \\
\hline
1 & 1 & a & b \\
a & a & b & 1 \\
b & b & 1 & a
\end{array}
$$

ergänzt werden. Wieder überprüft man leicht, dass dadurch tatsächlich eine Gruppe definiert wird. Sie ist bis auf Isomorphie die einzige Gruppe mit drei Elementen.

(d) Bei derselben Vorgehensweise erhält man zunächst vier Gruppen $G = \{1, a, b, c\}$ der Ordnung 4, die durch die Gruppentafeln

$$
\begin{array}{c|cccc}
 & 1 & a & b & c \\
\hline
1 & 1 & a & b & c \\
a & a & 1 & c & b \\
b & b & c & 1 & a \\
c & c & b & a & 1
\end{array}
\qquad
\begin{array}{c|cccc}
 & 1 & a & b & c \\
\hline
1 & 1 & a & b & c \\
a & a & 1 & c & b \\
b & b & c & a & 1 \\
c & c & b & 1 & a
\end{array}
\qquad
\begin{array}{c|cccc}
 & 1 & a & b & c \\
\hline
1 & 1 & a & b & c \\
a & a & b & c & 1 \\
b & b & c & 1 & a \\
c & c & 1 & a & b
\end{array}
\qquad
\begin{array}{c|cccc}
 & 1 & a & b & c \\
\hline
1 & 1 & a & b & c \\
a & a & c & 1 & b \\
b & b & 1 & c & a \\
c & c & b & a & 1
\end{array}
$$

gegeben sind. Eine genaue Betrachtung zeigt, dass durch Vertauschung der Elemente die zweite bis vierte Gruppentafel auseinander entstehen, und zwar durch Vertauschung von a und c die zweite und vierte sowie von a und b die zweite und dritte Tafel. Es folgt, dass durch Vertauschung von c und b die dritte und vierte Tafel auseinander hervorgehen. Eine ganz andere Gestalt hat die erste Tafel. Bis auf Isomorphie gibt es also genau zwei Gruppen der Ordnung 4.

Für die Gruppe der ersten Tafel gilt $xx = 1$ für alle $x \in \{1, a, b, c\}$. Diese Gruppe wird auch nach dem Mathematiker *Felix Klein* die *kleinsche Vierergruppe* genannt. Für die andere Gruppe betrachten wir die dritte Tafel. Wir wollen sie jetzt additiv schreiben und ersetzen daher das Einselement 1 durch das Nullelement 0 und weiter die Elemente a, b, c in dieser Reihenfolge durch $1, 2, 3$. Wir erhalten

$$
\begin{array}{c|cccc}
 & 0 & 1 & 2 & 3 \\
\hline
0 & 0 & 1 & 2 & 3 \\
1 & 1 & 2 & 3 & 0 \\
2 & 2 & 3 & 0 & 1 \\
3 & 3 & 0 & 1 & 2
\end{array}
$$

Dies ist offensichtlich die Gruppe $\mathbb{Z}_4$ (siehe Definition 6.11). Entsprechend sind die Gruppen in (b) und (c) zu $\mathbb{Z}_2$ bzw. $\mathbb{Z}_3$ isomorph. $\quad\square$

8.2 Permutationsgruppen

In Kap. 2 wurden Mengen, Abbildungen und auch die Komposition von Abbildungen betrachtet. Unter anderem wurde in den Ausführungen vor Beispiel 2.14 darauf hingewiesen, dass die Gleichung 2.10 auch für Abbildungen gilt, die Komposition von Abbildungen also assoziativ ist. Für bijektive Abbildungen auf einer festen Menge erhalten wir sogar eine Gruppe.

Definition 8.3 Es sei M eine Menge und $f : M \to M$ eine bijektive Abbildung. Dann heißt f eine *Transformation* von M. Ist M endlich, so heißt f eine *Permutation* von M. $\square$

Satz 8.8 Es sei M eine Menge und

$$\text{Sym}(M) = \{ f \mid f : M \to M \text{ Transformation} \}$$

die Menge aller Transformationen von M. Dann ist $(\text{Sym}(M), \circ)$, wobei $\circ$ die Komposition von Abbildungen ist, eine Gruppe, die *symmetrische Gruppe* von M.

Beweis Offenbar ist die Komposition zweier Transformationen wieder eine Transformation. Die identische Abbildung $1_M : M \to M$ ist ein Einselement in $\text{Sym}(M)$. Zu jeder Transformation f existiert die inverse bijektive Abbildung f^{-1}, sodass nach Definition 8.1 $\text{Sym}(M)$ eine Gruppe ist. $\square$

Ist M endlich, so ist $\text{Sym}(M)$ eine Gruppe von Permutationen. Ist $M = \{a_1, \ldots, a_n\}$, so kann eine Permutation f durch das Schema

$$\begin{pmatrix} a_1 & a_2 & \ldots & a_n \\ f(a_1) & f(a_2) & \ldots & f(a_n) \end{pmatrix}$$

dargestellt werden. Bei n Elementen können wir ohne Beschränkung der Allgemeinheit M auch durch die Menge $\{1, 2, \ldots, n\}$ charakterisieren. Wir erhalten damit

Definition 8.4 Es sei $M = \{1, \ldots, n\}$, $n \in \mathbb{N}$. Dann heißt

$$S_n = \{ f \mid f \text{ Permutation von } \{1, \ldots, n\} \}$$

die *symmetrische Gruppe vom Grad n*. $\square$

Beispiel 8.4 Wir betrachten S_6 und ihre Elemente

$$f = \begin{pmatrix} 1 & 2 & 3 & 4 & 5 & 6 \\ 4 & 5 & 2 & 6 & 3 & 1 \end{pmatrix} \text{ und } g = \begin{pmatrix} 1 & 2 & 3 & 4 & 5 & 6 \\ 6 & 2 & 4 & 1 & 3 & 5 \end{pmatrix}.$$

Es folgt

$$f \circ g = \begin{pmatrix} 1 & 2 & 3 & 4 & 5 & 6 \\ 1 & 5 & 6 & 4 & 2 & 3 \end{pmatrix} \text{ sowie } g \circ f = \begin{pmatrix} 1 & 2 & 3 & 4 & 5 & 6 \\ 1 & 3 & 2 & 5 & 4 & 6 \end{pmatrix}.$$

Wegen $f \circ g \neq g \circ f$ ist S_6 nicht kommutativ. Das Inverse eines Elements ergibt sich durch die Vertauschung der beiden Zeilen und entsprechende Umsortierung, beispielsweise

$$f^{-1} = \begin{pmatrix} 1 & 2 & 3 & 4 & 5 & 6 \\ 6 & 3 & 5 & 1 & 2 & 4 \end{pmatrix}. \quad \square$$

Satz 8.9 Die symmetrische Gruppe S_n, $n \in \mathbb{N}$, besitzt $n!$ Elemente, sie ist kommutativ für $n = 1, 2$ und nicht kommutativ für $n \geq 3$.

Beweis Da es $n!$ Möglichkeiten gibt, die Zahlen in der zweiten Zeile des Schemas für eine Permutation anzuordnen, ist die erste Aussage bewiesen.

S_1 und S_2 sind trivialerweise kommutativ. In S_3 erhalten wir aus

$$f = \begin{pmatrix} 1 & 2 & 3 \\ 2 & 3 & 1 \end{pmatrix} \text{ und } g = \begin{pmatrix} 1 & 2 & 3 \\ 3 & 2 & 1 \end{pmatrix}$$

die verschiedenen Permutationen

$$f \circ g = \begin{pmatrix} 1 & 2 & 3 \\ 1 & 3 & 2 \end{pmatrix} \text{ sowie } g \circ f = \begin{pmatrix} 1 & 2 & 3 \\ 2 & 1 & 3 \end{pmatrix},$$

S_3 ist also nicht kommutativ.

Jede Permutation aus S_n kann als eine Permutation aus S_{n+1} aufgefasst werden, die das Element $n + 1$ an seiner Stelle lässt. In diesem Sinn ist S_n eine Teilmenge von S_{n+1}. Folglich sind mit S_3 auch alle S_n mit $n \geq 3$ nicht kommutativ. $\quad \square$

Die in Abschn. 8.1 angegebenen Beispiele von Gruppen sind alle kommutativ. S_3 ist jedoch eine Gruppe mit sechs Elementen, die nicht kommutativ ist.

Wenn wir die Permutation f aus Beispiel 8.4 betrachten, so sehen wir, dass 1 in 4, 4 in 6 und 6 wieder in 1 übergeht. Wir erhalten einen Zyklus der Länge 3. Dafür schreiben wir (146). Dieser Zyklus kann auch durch den äquivalenten Zyklus (461) ersetzt werden, der durch eine zyklische Vertauschung der Elemente entsteht. Neben (146) ist in f ein

Zyklus (253) enthalten. (146) und (253) sind disjunkte Zyklen, da sie unterschiedliche Elemente bewegen. Beide können als Permutationen von S_6 verstanden werden. Folglich können wir $f = (146)(253)$ schreiben, wobei es auf die Reihenfolge der Zyklen und die zyklischen Vertauschungen innerhalb der Zyklen nicht ankommt und das Kompositionszeichen ∘ unterdrückt wurde. Es ist klar, dass sich jede Permutation als ein Produkt disjunkter Zyklen schreiben lässt, wobei Zyklen der Länge 1 weggelassen werden können.

Definition 8.5 Eine Permutation $t \in S_n$, $n \geq 2$, die sich als ein Zyklus der Länge 2 darstellen lässt, heißt *Transposition*. □

Eine Transposition vertauscht also nur zwei Elemente, die anderen Elemente werden nicht bewegt.

Satz 8.10 Jede Permutation $f \in S_n$, $n \geq 2$, lässt sich als Produkt $t_k t_{k-1} \ldots t_1$ von Transpositionen darstellen. Bei zwei solchen Darstellungen derselben Permutation f bestehen beide entweder aus einer geraden oder beide aus einer ungeraden Anzahl von Transpositionen.

Beweis Für die identische Permutation Id gilt beispielsweise Id $= (12)(12)$. Sonst ist

$$f = \begin{pmatrix} 1 & 2 & \ldots & n \\ a_1 & a_2 & \ldots & a_n \end{pmatrix},$$

wobei ein $r \in \{1, \ldots, n\}$ existiert mit $a_1 = 1, \ldots, a_{r-1} = r - 1, a_r \neq r$. Wir multiplizieren f von links mit der Transposition $t_1 = (ra_r)$ und erhalten

$$(ra_r)f = \begin{pmatrix} 1 & 2 & \ldots & n \\ b_1 & b_2 & \ldots & b_n \end{pmatrix}$$

mit $b_1 = 1, \ldots, b_{r-1} = r - 1, b_r = r$. Das Verfahren wiederholen wir, indem wir von links erneut den ersten Index r' mit $b_{r'} \neq r'$ suchen, falls er existiert. Nach $s \leq n - 1$ Schritten haben wir auf diese Weise die identische Permutation konstruiert, also

$$\text{Id} = t_s t_{s-1} \ldots t_1 f.$$

Einsetzen von $t_1 \ldots t_s$ für f auf der rechten Seite dieser Gleichung liefert wegen $t_\sigma^2 = \text{Id}$ für $\sigma \in \{1, \ldots, s\}$ eine Lösung der Gleichung. Wegen der Eindeutigkeit aus Satz 8.4(a) folgt $f = t_1 \ldots t_s$.

Um die zweite Behauptung zu beweisen, betrachten wir das Produkt

$$p = \prod_{1 \leq i < j \leq n} (i - j).$$

Wird in diesem Produkt jedes $i \in \{1, \ldots, n\}$ durch $f(i)$ ersetzt, so schreiben wir

$$\pi_f(p) = \prod_{1 \le i < j \le n} (f(i) - f(j)).$$

Es kann gezeigt werden (siehe [67, Lemma 3.1.18]), dass speziell $\pi_t(p) = -p$ für jede Transposition t gilt. Für zwei Transpositionen t_1, t_2 ist offenbar $\pi_{t_2 t_1}(p) = \pi_{t_2}(\pi_{t_1}(p)) = p$, sodass bei zwei Darstellungen von f als Produkt von Transpositionen entweder beide aus einer geraden oder beide aus einer ungeraden Anzahl von Transpositionen bestehen müssen. $\square$

Die Gültigkeit der Gleichung $\pi_t(p) = -p$ aus dem vorhergehenden Beweis wollen wir an einem Beispiel zeigen.

Beispiel 8.5 Es sei $n = 4$ und damit

$$p = (1 - 2)(1 - 3)(1 - 4)(2 - 3)(2 - 4)(3 - 4).$$

Wir betrachten die Transformation $t = (14)$ aus S_4 und erhalten

$$\pi_t(p) = (4 - 2)(4 - 3)(4 - 1)(2 - 3)(2 - 1)(3 - 1) = -p.$$

Es ist einsichtig, dass bis auf das Vorzeichen die Faktoren von p wieder in $\pi_t(p)$ auftauchen. Es finden genau fünf Vorzeichenwechsel statt. $\square$

Beispiel 8.6 Die Konstruktion des ersten Teils des Beweises von Satz 8.10 wenden wir auf die Permutation f aus Beispiel 8.4 an. Im ersten Schritt erhalten wir $t_1 = (14)$ und damit

$$(14)f = \begin{pmatrix} 1 & 2 & 3 & 4 & 5 & 6 \\ 1 & 5 & 2 & 6 & 3 & 4 \end{pmatrix}.$$

Es ist also $t_2 = (25)$. Wegen

$$(25)(14)f = \begin{pmatrix} 1 & 2 & 3 & 4 & 5 & 6 \\ 1 & 2 & 5 & 6 & 3 & 4 \end{pmatrix}$$

ergibt sich $t_3 = (35)$. Die Fortsetzung des Verfahrens liefert schließlich $t_4 = (46)$ mit $(46)(35)(25)(14)f = \mathrm{Id}$ und daher $f = (14)(25)(35)(46)$. $\square$

Definition 8.6 Es sei $f \in S_n$, $n \in \mathbb{N}$. Ist f das Produkt einer geraden Anzahl von Transformationen, so heißt f eine *gerade Permutation*, anderenfalls ist f eine *ungerade Permutation*. Mit A_n wird die *Menge der geraden Permutationen des Grads n* bezeichnet. $\square$

Man beweist sofort (siehe Aufgabe 4)

Satz 8.11 A_n, $n \in \mathbb{N}$, ist eine Gruppe (die *alternierende Gruppe*) und besitzt $\frac{1}{2} \cdot n!$ Elemente. □

8.3 Untergruppen

Wenn wir die Gruppen $(\mathbb{Z}, +)$ und $(\mathbb{Q}, +)$ betrachten, so werden durch das gleiche Additionszeichen $+$ die beiden Verknüpfungen $+ : \mathbb{Z} \times \mathbb{Z} \to \mathbb{Z}$ und $+ : \mathbb{Q} \times \mathbb{Q} \to \mathbb{Q}$ bezeichnet. Dabei bedeutet die Addition in $\mathbb{Z}$ eine Einschränkung der Addition in $\mathbb{Q}$. Man sagt auch, dass $(\mathbb{Z}, +)$ eine Untergruppe von $(\mathbb{Q}, +)$ ist. Allgemein formulieren wir

Definition 8.7 Es sei $(G, \circ)$ eine Gruppe und U eine Teilmenge von G. Für $a, b \in U$ gelte $a \circ b \in U$, wodurch eine Restriktion $\circ' : U \times U \to U$ der Verknüpfung $\circ$ gegeben wird. Ist $(U, \circ')$ eine Gruppe, so heißt sie *Untergruppe* von $(G, \circ)$. □

Beispiel 8.7
(a) Die alternierende Gruppe A_n ist eine Untergruppe der symmetrischen Gruppe S_n.
(b) Für eine Zahl $n \in \mathbb{N}_0$ definieren wir die Menge

$$n\mathbb{Z} = \{n \cdot z \mid z \in \mathbb{Z}\}.$$

Offenbar ist $n\mathbb{Z}$ eine Teilmenge von $\mathbb{Z}$. Bei Restriktion der Addition von $\mathbb{Z}$ auf $n\mathbb{Z}$ erhalten wir die Untergruppe $(n\mathbb{Z}, +)$ von $(\mathbb{Z}, +)$. □

Definition 8.7 sagt nicht, dass das Einselement von U gleich dem Einselement von G und das Inverse eines Elements $a \in U$ gleich dem Inversen von $a \in G$ ist. Dies wird erst durch den Beweis des folgenden Satzes gezeigt.

Satz 8.12 Es sei U eine Untergruppe von G. Dann stimmt das Einselement von U mit dem Einselement von G überein, und für jedes Element $a \in U$ sind die Inversen in U und G gleich.

Beweis Es sei a ein beliebiges Element von U. Ist $1'$ das Einselement von U und 1 das von G, so gilt
$$1'a = a = 1a.$$

Nach Satz 8.4 folgt $1' = 1$. Weiter sei a_U^{-1} das Inverse von a in U. Dann ist

$$a_U^{-1}a = 1' = 1.$$

Wegen Satz 8.2 ist $a_U^{-1} = a^{-1}$ auch das Inverse von a in G. □

Satz 8.13 *(Charakterisierung einer Untergruppe)* Es sei U eine nicht leere Teilmenge einer Gruppe G. U ist genau dann eine Untergruppe von G, wenn eine der beiden Bedingungen erfüllt ist:

(a) Aus $a, b \in U$ folgt $ab^{-1} \in U$.
(b) Aus $a, b \in U$ folgt $a^{-1}b \in U$.

Beweis Wir beweisen nur die Äquivalenz der Untergruppeneigenschaft zur ersten Bedingung. Die zweite ergibt sich analog.

Ist U eine Untergruppe, so ist die Aussage (a) offensichtlich richtig. Umgekehrt betrachten wir ein beliebiges Element $a \in U$. Es erfüllt $aa^{-1} = 1 \in U$, wobei 1 das Einselement von G ist. Mit $1 \in U$ folgt auch $1a^{-1} = a^{-1} \in U$. Da außerdem für beliebige $a, b \in U$ die Gleichung $ab = a(b^{-1})^{-1}$ gilt, erhalten wir $ab \in U$. Nach Definition 8.1 ist U eine Gruppe und daher eine Untergruppe von G. $\square$

Ist G endlich, so gilt auch der folgende Satz, dessen Beweis als Aufgabe 5 gestellt ist.

Satz 8.14 Es sei U eine nicht leere Teilmenge einer endlichen Gruppe G. U ist genau dann eine Untergruppe, wenn aus $a, b \in U$ stets $ab \in U$ folgt. $\square$

Da das Produkt zweier gerader Permutationen (siehe Definition 8.6) wieder eine gerade Permutation ist, folgt aus Satz 8.14 sofort, dass A_n eine Untergruppe von S_n ist.

Satz 8.15 Es sei G eine Gruppe, U_i, $i \in I$, seien Untergruppen von G für eine Indexmenge I. Dann ist $\bigcap_{i \in I} U_i$ eine Untergruppe von G.

Beweis Es seien $a, b \in \bigcap_{i \in I} U_i$. Wegen $a, b \in U_i$ für alle $i \in I$ und Satz 8.13 folgt $ab^{-1} \in U_i$ und damit $ab^{-1} \in \bigcap_{i \in I} U_i$. Wiederum nach Satz 8.13 ist damit $\bigcap_{i \in I} U_i$ eine Untergruppe von G. $\square$

Definition 8.8 Es sei G eine Gruppe und X eine Teilmenge von G. Dann heißt

$$\langle X \rangle = \bigcap_{U \text{ Untergruppe von } G, X \subseteq U} U$$

die *von X erzeugte Untergruppe von G*. $\square$

Da G selbst eine Untergruppe von G ist, die X enthält, existiert $\langle X \rangle$ für jede Teilmenge von G. Offenbar ist $\langle X \rangle$ die kleinste Untergruppe von G, die X enthält. Speziell gilt $\langle \emptyset \rangle = \{1\}$.

Satz 8.16 Es sei X eine Teilmenge der Gruppe G. Dann gilt

$$\langle X \rangle = \{a \mid a = a_{i_1}^{\epsilon_{i_1}} \dots a_{i_k}^{\epsilon_{i_k}}, a_{i_\kappa} \in X, \epsilon_{i_\kappa} \in \{1, -1\}, \kappa \in \{1, \dots, k\}, k \in \mathbb{N}_0\}.$$

Beweis Die rechte Menge nennen wir M. Wegen $a_{i_\kappa} \in X$ für jedes $\kappa \in \{1, \dots, k\}$, $k \in \mathbb{N}_0$, gehört jedes $a \in M$ zu $\langle X \rangle$, $M \subseteq \langle X \rangle$ ist also erfüllt. Umgekehrt gilt offenbar zunächst $X \subseteq M$. Weiter erhalten wir für zwei Elemente $a_1, a_2 \in M$ nach der Definition von M auch $a_1 a_2^{-1} \in M$, sodass nach Satz 8.13 M eine Untergruppe von G ist. Da $\langle X \rangle$ die kleinste Untergruppe von G ist, die X umfasst, folgt $\langle X \rangle \subseteq M$. $\square$

Für Teilmengen A, B einer Gruppe G definieren wir ihr Produkt durch

$$AB = \{ab \mid a \in A, b \in B\}.$$

Ist dabei A oder B eine Untergruppe und die andere Menge einelementig, so erhalten wir die folgende

Definition 8.9 Es sei G eine Gruppe, U eine Untergruppe und a ein beliebiges Element von G. Dann heißen

$$aU = \{au \mid u \in U\} \quad \text{und} \quad Ua = \{ua \mid u \in U\}$$

Linksnebenklasse bzw. *Rechtsnebenklasse* von U in G. $\square$

Da G eine Untergruppe von sich selbst ist, können wir auch die Linksnebenklassen aG für alle $a \in G$ betrachten. Nach Satz 8.4 lässt sich jedes Element $b \in G$ als ax mit einem geeigneten $x \in G$ darstellen, was $aG = G$ für alle $a \in G$ bedeutet. Wir sehen also, dass eine Links- und entsprechend eine Rechtsnebenklasse von $U \neq \{1\}$ keine eindeutige Darstellung hat. Außerdem müssen Rechts- und Linksnebenklassen für nicht kommutative Gruppen nicht übereinstimmen, das heißt, es kann ein $a \in G$ existieren mit $aU \neq Ua$.

Beispiel 8.8

(a) Wir betrachten die additive Gruppe $\mathbb{Z}_4 = \{0, 1, 2, 3\}$. Nach Satz 8.14 ist $U = \{0, 2\}$ eine Untergruppe von $\mathbb{Z}_4$ (und wegen Beispiel 8.3 isomorph zu $\mathbb{Z}_2$). Die Links- und Rechtsnebenklassen von U in $\mathbb{Z}_4$ sind

$$
\begin{aligned}
0 + U = 2 + U = \quad & U \quad = U + 2 = U + 0 \quad \text{und} \\
1 + U = 3 + U = \quad & \{1, 3\} \quad = U + 3 = U + 1.
\end{aligned}
$$

Wegen der Kommutativität von $\mathbb{Z}_4$ stimmen für alle $a \in \mathbb{Z}_4$ die Linksnebenklassen $a + U$ mit den Rechtsnebenklassen $U + a$ überein.

(b) Wir betrachten S_3 mit der Untergruppe $U = \{\mathrm{Id}, g\}$, wobei g wie im Beweis von Satz 8.9 definiert ist. Mit der dort angegebenen Permutation f gilt weiter $fU = \{f, f \circ g\}$ und $Uf = \{f, g \circ f\}$ sowie $fU \cap Uf = \{f\}$, also $fU \neq Uf$. Die Links- und Rechtsnebenklassen sind hier nicht gleich. $\square$

Satz 8.17 Es sei G eine Gruppe und U eine Untergruppe von G.

(a) Es seien $a, b \in G$. Dann gilt entweder $aU = bU$ oder $aU \cap bU = \emptyset$.

(b) Die paarweise verschiedenen Linksnebenklassen von U liefern eine Zerlegung von G. Die dadurch bestimmte Äquivalenzrelation $\sim$ erfüllt

$$a \sim b \iff aU = bU \iff a \in bU \iff b^{-1}a \in U$$

für alle $a, b \in G$.

(c) Für alle $a \in G$ gilt $|aU| = |U|$.

Beweis Zum Beweis von (a) nehmen wir $aU \cap bU \neq \emptyset$ an. Dann existieren Elemente $u_1, u_2 \in U$ mit $au_1 = bu_2$. Wir erhalten $b = au_1u_2^{-1}$. Es sei bu_3 mit $u_3 \in U$ ein beliebiges Element von bU. Wegen $bu_3 = au_1u_2^{-1}u_3$ gilt $bu_3 \in aU$, also $bU \subseteq aU$. Ebenso kann $bU \subseteq aU$ bewiesen werden, sodass insgesamt $aU = bU$ erfüllt ist.

Wir betrachten (b). Für das Einselement $1 \in U \subseteq G$ gilt immer $g = g1 \in gU$ für alle $g \in G$, sodass wir durch die paarweise verschiedenen Linksnebenklassen eine Zerlegung (siehe Definition 2.10) von G erhalten. Für die dadurch gegebene Äquivalenzrelation gilt (siehe Satz 2.5)

$$a \sim b \iff aU = bU.$$

Aus $aU = bU$ folgt wegen $1 \in U$ die Gleichung $a = bu$ für ein $u \in U$, also $a \in bU$. Umgekehrt sei $a \in bU$. Wegen $a \in bU$, $a \in aU$ und der Aussage (a) muss daher $aU = bU$ gelten. Die letzte Äquivalenz ist offensichtlich.

Schließlich betrachten wir die durch $f(u) = au$ für alle $u \in U$ gegebene Abbildung $f : U \to aU$. Sie ist wegen Satz 8.4 bijektiv. Somit ist (c) erfüllt. $\square$

Jedes $a' \in aU$ ist ein Repräsentant derjenigen Äquivalenzklasse, die gleich der Linksnebenklasse $aU = a'U$ ist.

Derselbe Satz kann auch für Rechtsnebenklassen bewiesen werden. Insbesondere gilt dann für die entsprechende Äquivalenzrelation $\sim$

$$a \sim b \iff Ua = Ub \iff a \in Ub \iff ab^{-1} \in U$$

für alle $a, b \in G$.

Wir zeigen jetzt, dass die Anzahl der Linksnebenklassen einer Gruppe gleich der Anzahl ihrer Rechtsnebenklassen ist.

Satz 8.18 Es sei U eine Untergruppe einer Gruppe G. Dann existiert eine bijektive Abbildung $f : \mathcal{L} = \{aU \mid a \in G\} \to \mathcal{R} = \{Ua \mid a \in G\}$.

Beweis Für $aU \in \mathcal{L}$ definieren wir $f(aU) = Ua^{-1}$. Wir zeigen zunächst, dass f wohldefiniert ist. Es gelte $aU = bU$. Dann erhalten wir nach Satz 8.17(b) $b^{-1}a \in U$. Da U eine Gruppe ist, folgt $(b^{-1}a)^{-1} \in U$. Wegen $(b^{-1}a)^{-1} = a^{-1}b = a^{-1}(b^{-1})^{-1} \in U$ und der Satz 8.17 entsprechenden Aussage für Rechtsnebenklassen ist damit $Ua^{-1} = Ub^{-1}$ erfüllt.

Die Abbildung f ist auch injektiv. Es sei $f(aU) = f(bU)$ für $aU, bU \in \mathcal{L}$. Es folgt $Ua^{-1} = Ub^{-1}$. Dies ist äquivalent zu $a^{-1}(b^{-1})^{-1} \in U$ oder auch $a^{-1}b \in U$. Nach Satz 8.17(b) bedeutet dies $bU = aU$, was zu beweisen war.

Schließlich betrachten wir ein beliebiges $Ua \in \mathcal{R}$. Offenbar ist $f(a^{-1}U) = Ua$, sodass f auch surjektiv ist. $\square$

Definition 8.10 Es sei U eine Untergruppe von G. Die Anzahl der paarweise verschiedenen Links- bzw. Rechtsnebenklassen von U in G wird mit $[G : U]$ bezeichnet und *Index* von U in G genannt. $\square$

Ist G eine endliche Gruppe, dann ist $[G : U]$ immer endlich. Ist G unendlich, so kann $[G : U]$ endlich oder unendlich sein. Dies zeigt die additive Gruppe $\mathbb{Z}$ mit der Untergruppe $U_1 = \{2 \cdot z \mid z \in \mathbb{Z}\}$, für die $[\mathbb{Z} : U_1] = 2$ gilt, und die triviale Untergruppe $U_2 = \{0\}$ mit $[\mathbb{Z} : U_2] = \infty$.

Nun können wir den Satz von *Joseph Louis Lagrange* beweisen, der in der Gruppentheorie häufig gebraucht wird.

Satz 8.19 Es sei U eine Untergruppe einer endlichen Gruppe G. Dann teilt die Ordnung $|U|$ von U die Ordnung $|G|$ von G, oder genauer

$$|G| = [G : U] \cdot |U|.$$

Beweis Nach Satz 8.17(c) haben alle Linksnebenklassen dieselbe Anzahl von Elementen. Daher ist die Gleichung des Satzes erfüllt. $\square$

Beispiel 8.9 Wir gehen auf Beispiel 8.8(b) zurück. S_3 hat sechs Elemente, und es gilt $|U| = 2$. Wir erhalten daher $[S_3 : U] = 3$. Es gibt also sowohl drei Links- als auch Rechtsnebenklassen von U in S_3. $\square$

8.4 Zyklische Gruppen

Definition 8.11 Eine Gruppe heißt *zyklisch*, wenn $G = \langle a \rangle$ für ein Element $a \in G$ gilt. Dabei heißt a *erzeugendes Element* von G. $\square$

Beispiel 8.10

(a) Die Gruppe $(\mathbb{Z}, +)$ ist zyklisch, da $\mathbb{Z} = \langle 1 \rangle$ gilt.
(b) Die Menge $\mathbb{Z}_n = \{0, 1, \ldots, n-1\}$ für $n \in \mathbb{N}$ ist mit der Addition $a \oplus b = (a + b) \bmod n$ eine Gruppe (siehe Satz 6.32). Offensichtlich gilt $\mathbb{Z}_n = \langle 1 \rangle$, sie ist also zyklisch.

(c) In Definition 6.13 wurde die Menge $\mathbb{Z}_n^*$ der reduzierten Reste modulo n definiert, in
   Satz 6.38 wurde gezeigt, dass sie eine kommutative multiplikative Gruppe ist. Speziell
   gilt beispielsweise $\mathbb{Z}_5^* = \langle 2 \rangle$ oder $\mathbb{Z}_{11}^* = \langle 8 \rangle$. Jedoch ist $\mathbb{Z}_{12}^* = \{1, 5, 7, 11\}$ wegen
   $a^2 = 1$ für alle $a \in \mathbb{Z}_{12}^*$ nicht zyklisch. Gemäß Beispiel 8.3 muss sie dann isomorph
   zur kleinschen Vierergruppe sein. Wir werden in Satz 9.41 zeigen, dass $\mathbb{Z}_p^*$ für jede
   Primzahl p zyklisch ist. □

Für ein Element a einer Gruppe G kann man die zyklische Untergruppe $\langle a \rangle$ von G betrachten und die Anzahl ihrer Elemente, also ihre Ordnung, betrachten. Dadurch ist auch
die Ordnung des Elements $a \in G$ gekennzeichnet.

Definition 8.12 Es sei G eine Gruppe und $a \in G$. Dann heißt $|a| = |\langle a \rangle|$ die *Ordnung*
von a. □

Das neutrale Element einer Gruppe (Null- bzw. Einselement) hat immer die Ordnung 1. In
$\mathbb{Z}$ haben alle von 0 verschiedenen Elemente unendliche Ordnung. In $\mathbb{Z}_n$ hat 1 die Ordnung
n. In der kleinschen Vierergruppe (siehe Beispiel 8.3(d)) haben alle Elemente, bis auf das
Einselement, die Ordnung 2.

Satz 8.20 Es sei a ein Element einer Gruppe G, 1 sei das Einselement von G. Dann
gelten die folgenden Aussagen:

(a) Hat a unendliche Ordnung, so gilt $a^i \neq a^j$ für $i \neq j$.
(b) Hat a die endliche Ordnung d, dann ist d die kleinste Zahl $d \in \mathbb{N}$ mit $a^d = 1$. Dann
   besteht $\langle a \rangle$ aus den Elementen $\{1, a, a^2, \ldots, a^{d-1}\}$.
(c) Hat a die endliche Ordnung d, so gilt $a^m = 1$ genau dann, wenn d die Zahl m teilt.
(d) Hat G die endliche Ordnung m und ist d die Ordnung von a, so gilt $d \mid m$ und
   $a^m = 1$.

Beweis
(a) Wir betrachten $i, j \in \mathbb{N}$ mit $a^i = a^j$. Ohne Beschränkung der Allgemeinheit gelte
   $j > i$. Damit erhalten wir $a^i = a^j = a^i a^{j-i}$. Nach Satz 8.4(a) folgt $a^{j-i} = 1$ im
   Widerspruch zu der Annahme, dass a unendliche Ordnung hat.
(b) Es sei $d \in \mathbb{N}$ die kleinste Zahl $d \in \mathbb{N}$ mit $a^d = 1$. Zu zeigen ist, dass d die Ordnung
   von a ist. Jedes $m \in \mathbb{N}$ lässt sich nach Satz 6.5 als $m = qd + r$ mit einem $q \in \mathbb{N}_0$
   und einem $r \in \mathbb{N}_0$, $0 \leq r < d$, darstellen. Folglich gilt $a^m = (a^d)^q a^r = a^r$. Dies
   beweist $\{1, a, a^2, \ldots, a^{d-1}\} = \langle a \rangle$, d ist also die Ordnung von a.
(c) Gemäß den Überlegungen in (b) ist $a^m = 1$ genau dann erfüllt, wenn $r = 0$ gilt. Dies
   ist genau für $m = qd$ der Fall, also für $d \mid m$.
(d) Es ist $\langle a \rangle$ eine Untergruppe von G. Nach Satz 8.19 folgt $d \mid m$. Nach (c) erhalten wir
   $a^m = 1$. □

Die Sätze 6.41 und 6.42 sind Spezialfälle der Aussage aus Satz 8.20(d), dass bei einer Gruppe der Ordnung m für jedes Element a die Gleichung $a^m = 1$ gilt. Eine wichtige Rechenregel wird durch den folgenden Satz gegeben.

Satz 8.21 (*Rechenregel*) Es sei a ein Element der Ordnung d der Gruppe G. Es gelte $r_1, r_2 \in \mathbb{Z}$ mit $r_1 \bmod d = r_2 \bmod d$. Dann folgt

$$a^{r_1} = a^{r_2}.$$

Beweis Ohne Beschränkung der Allgemeinheit sei $r_1 \geq r_2$. Dann existiert nach der Voraussetzung ein $k \in \mathbb{N}_0$ mit $r_1 = r_2 + d \cdot k$. Wir erhalten so

$$a^{r_1} = a^{r_2 + d \cdot k} = a^{r_2}(a^d)^k = a^{r_2}(1^k) = a^{r_2}. \quad \square$$

Satz 8.22 Jede zyklische Gruppe G der Ordnung n ist isomorph zu $(\mathbb{Z}_n, +)$. Jede unendliche zyklische Gruppe ist isomorph zu $(\mathbb{Z}, +)$.

Beweis Gilt $G = \langle a \rangle$ und ist G multiplikativ geschrieben, so wird durch $f(a^r) = r$, $r \in \{0, 1, \ldots, n-1\}$ bzw. $r \in \mathbb{Z}$, ein Isomorphismus $f : (G, \cdot) \rightarrow (\mathbb{Z}_n, +)$ bzw. $f : (G, \cdot) \rightarrow (\mathbb{Z}, +)$ definiert. $\quad \square$

Satz 8.23 Es sei p eine Primzahl. Eine Gruppe hat genau dann die Ordnung p, wenn G isomorph zu $(\mathbb{Z}_p, +)$ ist.

Beweis Wir betrachten ein Element $a \in G$, $a \neq 1$. Dann ist $\langle a \rangle$ eine zyklische Untergruppe von G. Nach Satz 8.20(d) teilt die Ordnung d von a die Ordnung p der Gruppe. Wegen $\langle a \rangle \neq \{1\}$ und der Primzahleigenschaft von p muss $p = d$ und damit $G = \langle a \rangle$ gelten. Mit Satz 8.22 folgt die Isomorphie von G und $\mathbb{Z}_p$. Die andere Beweisrichtung ist trivial. $\quad \square$

Satz 8.24 Es sei G eine von a erzeugte zyklische Gruppe. Dann gilt:

(a) Jede Untergruppe U von G ist zyklisch.
(b) Ist G unendlich, dann hat jede Untergruppe von G die Form $G_i = \langle a^i \rangle$ mit einem $i \in \mathbb{N}_0$. Alle G_i, $i \in \mathbb{N}_0$, sind Untergruppen von G, die paarweise verschieden und von unendlicher Ordnung für $i > 0$ sind.
(c) Hat G die Ordnung n, dann besitzt sie für jeden positiven Teiler d von n genau eine Untergruppe, nämlich $\langle a^{\frac{n}{d}} \rangle$.

Beweis

(a) Für $U = \{1\}$ ist die Aussage offensichtlich erfüllt. Wir betrachten jetzt den Fall $U \neq \{1\}$. Dann existiert ein Element $a^{m'} \in U$, $a^{m'} \neq 1$. Da U als Gruppe auch $a^{-m'}$ enthält und $\mathbb{N}$ nach Satz 3.2 wohlgeordnet ist, existiert ein kleinstes $m \in \mathbb{N}$ mit $a^m \in U$. Wegen $\langle a^m \rangle \subseteq U$ müssen wir nur noch $U \subseteq \langle a^m \rangle$ zeigen. Es sei a^k mit $k \in \mathbb{Z}$ ein beliebiges Element von U. Wegen $k = qm + r$ für ein $q \in \mathbb{Z}$ und ein $r \in \mathbb{N}_0$, $0 \leq r < m$, ist $a^k = (a^m)^q a^r$. Durch linksseitige Multiplikation mit $(a^{mq})^{-1}$ erhalten wir $a^r = a^{-mq} a^k \in U$. Wegen der Minimalität von m folgt $r = 0$. Wir schließen $a^k = a^{mq} \in \langle a^m \rangle$ und damit $U \subseteq \langle a^m \rangle$.

(b) Nach (a) kann jede Untergruppe in der Form $G_i = \langle a^i \rangle$ mit einem $i \in \mathbb{N}_0$ dargestellt werden. Offenbar ist $G_i = \langle a^i \rangle$ für jedes $i \in \mathbb{N}_0$ eine Untergruppe von G. Hätte nun a^i die endliche Ordnung d, so würde $a^{id} = e$ gelten. Da a jedoch von unendlicher Ordnung ist, muss $i = 0$ folgen. Es bleibt zu zeigen, dass die Untergruppen G_i paarweise verschieden sind. Aus $\langle a^i \rangle = \langle a^j \rangle$ für $i, j \in \mathbb{N}$ folgt $i = jk_1$ und $j = ik_2$ für Zahlen $k_1, k_2 \in \mathbb{N}$, was nur für $k_1 = k_2 = 1$ und damit $i = j$ möglich ist.

(c) Für jeden Teiler d von n ist

$$U_d = \{1, a^{\frac{n}{d}}, a^{2 \cdot \frac{n}{d}}, \ldots, a^{(d-1) \cdot \frac{n}{d}}\}$$

offensichtlich gleich der zyklischen Untergruppe $\langle a^{\frac{n}{d}} \rangle$ von G. Ist $U = \langle a^r \rangle$ eine weitere Untergruppe der Ordnung d von G, so erhalten wir $a^{rd} = 1$. Da a die Ordnung n hat, folgt wegen Satz 8.20(c) $n \mid rd$ und damit $\frac{n}{d} \mid r$. Wir schließen auf die Gültigkeit von $U = \langle a^r \rangle \subseteq \langle a^{\frac{n}{d}} \rangle = U_d$. Da U und U_d jeweils gleich viele Elemente haben, müssen sie gleich sein. $\square$

Beispiel 8.11

(a) Nach Satz 8.24(b) besitzt die unendliche (additive) zyklische Gruppe $\mathbb{Z} = \langle 1 \rangle$ genau die paarweise verschiedenen Untergruppen $\langle n \rangle = n\mathbb{Z}$ aus Beispiel 8.7(b) für alle $n \in \mathbb{N}_0$.

(b) Für die additiv geschriebene Gruppe $\mathbb{Z}_6$ wird $\langle a^{\frac{n}{d}} \rangle$ aus Satz 8.24(c) durch $\langle \frac{n}{d} \cdot 1 \rangle$ ersetzt. Als Untergruppen von $\mathbb{Z}_6$ liefert der Satz genau die Untergruppen

$$\langle \tfrac{6}{1} \cdot 1 \rangle = \langle 0 \rangle = \{0\},$$
$$\langle \tfrac{6}{2} \cdot 1 \rangle = \langle 3 \rangle = \{0, 3\},$$
$$\langle \tfrac{6}{3} \cdot 1 \rangle = \langle 2 \rangle = \{0, 2, 4\} \quad \text{und}$$
$$\langle \tfrac{6}{6} \cdot 1 \rangle = \langle 1 \rangle = \{0, 1, 2, 3, 4, 5\} = \mathbb{Z}_6. \quad \square$$

Satz 8.25 Es sei $G = \langle a \rangle$ eine zyklische Gruppe der Ordnung $n \in \mathbb{N}$. Für $i \in \mathbb{N}$ ist die Ordnung von a^i durch $\frac{n}{\text{ggT}(i,n)}$ bestimmt.

Beweis Es sei $d = \text{ggT}(i, n)$. Dann gilt $(a^i)^{\frac{n}{d}} = (a^n)^{\frac{i}{d}} = 1$. Ist r die Ordnung von a^i, so folgt nach Satz 8.20(c) $r \mid \frac{n}{d}$. Weiter ist für ein beliebiges $m \in \mathbb{N}$ nach demselben

Satz $(a^i)^m = 1$ äquivalent zu $n \mid (i \cdot m)$, also äquivalent zu $\frac{n}{d} \mid \frac{i}{d} \cdot m$. Da $\frac{n}{d}$ und $\frac{i}{d}$ teilerfremd sind, gilt nach Satz 6.24 auch $\frac{n}{d} \mid m$. Insgesamt erhalten wir die Äquivalenz von $(a^i)^m = 1$ zu $\frac{n}{d} \mid m$. Wegen $(a^i)^r = 1$ folgt $\frac{n}{d} \mid r$. Insgesamt ist also $r = \frac{n}{d}$. □

Als unmittelbare Folgerung erhalten wir

Satz 8.26 Es sei $G = \langle a \rangle$ eine zyklische Gruppe der Ordnung $n \in \mathbb{N}$, und es sei $i \in \mathbb{N}$. Es gilt $G = \langle a^i \rangle$ genau dann, wenn $\mathrm{ggT}(i, n) = 1$ ist. □

Wenn man schon ein erzeugendes Element einer zyklischen Gruppe kennt, ist es nach diesem Satz nicht schwer, weitere erzeugende Elemente zu finden. Kennt man jedoch noch kein erzeugendes Element, so ist der folgende Satz hilfreich.

Satz 8.27 Es sei G eine zyklische Gruppe der Ordnung $n \in \mathbb{N}$. Ein Element $a \in G$ ist genau dann ein erzeugendes Element von G, wenn $a^{\frac{n}{q}} \neq 1$ für jeden Primfaktor q von n gilt.

Beweis Wenn a ein erzeugendes Element von G ist, so ist offenbar $a^{\frac{n}{q}} \neq 1$ für jeden Primfaktor q von n erfüllt. Umgekehrt gilt nach Satz 8.20(d) immer $a^n = 1$. Hat a die Ordnung d, so erhalten wir nach Satz 8.20(c) $d \mid n$. Wäre $d < n$, so würde ein Primfaktor q von n sowie eine Zahl $r \in \mathbb{N}$ existieren mit $\frac{n}{q} = rd$. Dies ergäbe den Widerspruch $a^{\frac{n}{q}} = (a^d)^r \bmod p = 1$. □

Beispiel 8.12 Nach Satz 8.27 ist $a \in \mathbb{Z}_6$ genau dann ein erzeugendes Element der additiven zyklischen Gruppe $\mathbb{Z}_6$, wenn $\frac{6}{2}a \bmod 6 = 3a \bmod 6 \neq 0$ und $\frac{6}{3}a \bmod 6 = 2a \bmod 6 \neq 0$ gilt. Für $a \in \{0, 2, 3, 4\}$ ist das nicht erfüllt, jedoch für $a \in \{1, 5\}$. Folglich ist neben 1 auch 5 ein erzeugendes Element von $\mathbb{Z}_6$. □

Ist eine zyklische Gruppe $G = \langle a \rangle$ der Ordnung n gegeben sowie ein Element $b \in G$, so ist die Zahl i, $0 \leq i \leq n - 1$, mit $a^i = b$ von besonderem Interesse.

Definition 8.13 Es sei $G = \langle a \rangle$ eine zyklische Gruppe der Ordnung $n \in \mathbb{N}$. Es sei $b \in G$. Dann heißt die eindeutige Zahl i mit $0 \leq i \leq n - 1$ und $a^i = b$ der *diskrete Logarithmus von b zur Basis a*, geschrieben $\log_a b$.

Beispiel 8.13 Für $(\mathbb{Z}_n, +)$ mit erzeugendem Element 1 gilt für jedes $a \in \mathbb{Z}_n$ die Gleichung $\log_1 a = a$. Etwas schwieriger ist die Rechnung, falls wir ein erzeugendes Element $a \in \mathbb{Z}_n, a \neq 1$, wählen. Für $n = 10$ und $a = 9$ gilt $\mathrm{ggT}(9, 10) = 1$, sodass nach Satz 8.26 auch 9 die Gruppe $\mathbb{Z}_{10}$ erzeugt. Beispielsweise erhalten wir $\log_9 7 = 3$. □

Satz 8.28 Es sei a ein erzeugendes Element einer zyklischen Gruppe der Ordnung $n \in \mathbb{N}$. Es seien $b, c \in G$ und $r \in \mathbb{Z}$. Dann gilt

$$\log_a(bc) = (\log_a b + \log_a c) \bmod n \text{ und } \log_a(b^r) = r \log_a b \bmod n.$$

Beweis Wegen Definition 8.13 gilt

$$a^{\log_a bc} = bc = a^{\log_a b} a^{\log_a c} = a^{(\log_a b + \log_a c)} = a^{(\log_a b + \log_a c) \bmod n}.$$

Da a die Ordnung n hat, folgt die erste Gleichung des Satzes. Für $r \in \mathbb{N}_0$ ergibt sich die zweite Gleichung aus

$$a^{\log_a(b^r)} = b^r = (a^{\log_a b})^r = a^{(r \log_a b) \bmod n}.$$

Wegen $b^{-r} = (b^r)^{-1}$ ist sie auch für negative Werte erfüllt. □

Definition 8.14 Es seien a ein erzeugendes Element einer zyklischen Gruppe G der Ordnung n und $b \in G$. Das *Problem des diskreten Logarithmus* (*DL-Problem*) besteht darin, ein $i \in \mathbb{N}_0$ mit $0 \leq i \leq n - 1$ und $a^i = b$ zu finden. □

Das DL-Problem lässt sich auch für endliche Gruppen definieren, die nicht zyklisch sind: Gegeben seien $a, b \in G$. Finde ein $i \in \mathbb{N}_0$ mit $a^i = b$. Dies Problem ist im Allgemeinen schwieriger zu lösen, da zunächst entschieden werden muss, ob der diskrete Logarithmus überhaupt existiert.

Die Sicherheit vieler kryptografischer Systeme beruht auf der Annahme, dass das DL-Problem für eine entsprechend große Ordnung n der zugehörigen Gruppe nicht in vernünftiger Zeit gelöst werden kann. Ein solches System werden wir in Abschn. 8.5 angeben. In der Kryptografie werden auch Gruppen verwendet, die nicht zyklisch sind. Sie besitzen jedoch zyklische Untergruppen großer Ordnung, in denen die notwendigen Rechnungen stattfinden. Deshalb kann man sich bei der Betrachtung des DL-Problems auf zyklische Gruppen beschränken.

Für eine Primzahl p betrachten wir die prime Restklassengruppe $\mathbb{Z}_p^*$. Wir nehmen an, dass ein Element $a \in \mathbb{Z}_p^*$ die Ordnung m hat. Die Gruppe $\mathbb{Z}_p^*$ besitzt $\varphi(p) = p - 1$ Elemente, wobei φ die eulersche Funktion ist. Nach Satz 8.20(d) gilt folglich $m \mid (p - 1)$. Wir werden in Satz 9.41 zeigen, dass $\mathbb{Z}_p^*$ eine zyklische Gruppe ist. Folglich gibt es ein erzeugendes Element g von $\mathbb{Z}_p^*$. Solche Elemente werden speziell bezeichnet.

Definition 8.15 Es sei p eine Primzahl. Ein Element $g \in \mathbb{Z}_p^*$ habe die Ordnung $p - 1$ in $\mathbb{Z}_p^*$. Dann heißt g *primitive Wurzel modulo p*. □

Satz 8.29 Es sei $p > 2$ eine Primzahl. Dann gilt:

(a) Die Anzahl der primitiven Wurzeln modulo p ist $\varphi(p - 1)$, wobei φ die eulersche Funktion ist.

(b) Ein Element $a \in \mathbb{N}$ ist genau dann eine primitive Wurzel modulo p, wenn $a^{\frac{p-1}{q}}$ mod $p \neq 1$ für jeden Primfaktor q von $p-1$ gilt. Falls man die Anzahl k der verschiedenen Primfaktoren von $p-1$ kennt, kann der Test, ob ein gegebenes $a \in \mathbb{N}, a \leq p-1$, eine primitive Wurzel modulo p ist, in $O(k \cdot \log p) = O(\log^2 p)$ Schritten durchgeführt werden.

Beweis Für eine (nach Satz 9.41 existierende) primitive Wurzel $g \in \mathbb{Z}_p^*$ gilt $\mathbb{Z}_p^* = \langle g \rangle$. Ein beliebiges Element $g^i \in \mathbb{Z}_p^*$, $i \in \{1, \ldots, p-2\}$, ist genau dann eine primitive Wurzel, wenn $\mathbb{Z}_p^* = \langle g^i \rangle$ erfüllt ist, was gemäß Satz 8.26 äquivalent zu ggT$(i, p - 1) = 1$ ist. Das bedeutet aber nach der Definition der eulerschen Funktion, dass es genau $\varphi(p - 1)$ primitive Wurzeln modulo p gibt, womit die Aussage (a) bewiesen ist.

Die erste Teilaussage von (b) ist in Satz 8.27 bewiesen. Die Bedingung $a^{\frac{p-1}{q}}$ mod $p \neq 1$ kann nach Satz 6.34 für jeden der k Faktoren mit $O(\log p)$ Multiplikationen überprüft werden. Offenbar ist $k = O(\log p)$, sodass sich insgesamt $O(\log^2 p)$ Schritte ergeben. $\square$

Wenn speziell p eine sogenannte *sichere Primzahl* ist, also $p = 2q + 1$ mit einer Primzahl q gilt, dann ist es nicht schwer, für ein gegebenes a die zugehörige Ordnung m zu bestimmen. Es muss $m \mid 2q$ gelten, also kommen nur $m = 2, q$ oder $2q$ in Frage. Außerdem ist es hier besonders leicht, primitive Wurzeln modulo p zu finden. Es gilt $\varphi(p - 1) = \varphi(2) \cdot \varphi(q) = q - 1 = \frac{p-3}{2}$. Für große p hat also ein zufällig gewähltes Element aus $\mathbb{Z}_p^*$ ungefähr die Wahrscheinlichkeit $\frac{1}{2}$, eine primitive Wurzel modulo p zu sein.

Wir betrachten jetzt das DL-Problem für die zyklische Gruppe $\mathbb{Z}_p^*$. Bei vollständiger Suche kann dieses Problem in der Zeit $O(p)$ mit $O(1)$ Platz gelöst werden, wenn wir logarithmische Faktoren außer Acht lassen. Falls wir für eine primitive Wurzel g modulo p alle möglichen Werte $(x, g^x \bmod p)$ vorab berechnen und die Paare nach ihrer zweiten Komponente sortieren, können wir (wieder ohne Berücksichtigung logarithmischer Faktoren) das Problem in der Zeit $O(1)$ mit $O(p)$ Vorberechnungen und $O(p)$ Platz berechnen. Da beispielsweise in der Kryptografie mit Werten von p in der Größenordnung von 2^{1024} gearbeitet wird, ist diese Berechnungskomplexität jedoch zum Lösen des Problems völlig unbefriedigend. Als ersten nicht trivialen Algorithmus mit besserer Platz- und Zeitkomplexität beschreiben wir den Algorithmus von *Shanks*.

Algorithmus 8.1 (*Algorithmus von Shanks zum Berechnen des diskreten Logarithmus*)
Eingabe: Eine primitive Wurzel g modulo p und ein Element $b \in \mathbb{Z}_p^*$.
Ausgabe: Der diskrete Logarithmus $x = \log_g b$.

(1) Berechne $m = \lceil \sqrt{p-1} \rceil$.
(2) Berechne $g^{m \cdot j} \bmod p$ für alle $j = 0, 1, \ldots, m-1$.
(3) Sortiere die m geordneten Paare $(j, g^{m \cdot j} \bmod p)$ bezüglich ihrer zweiten Komponente (ergibt eine Liste L_1).
(4) Berechne $bg^{-i} \bmod p = bg^{p-1-i} \bmod p$ für alle $i = 0, 1, \ldots, m-1$.
(5) Sortiere die m geordneten Paare $(i, bg^{-i} \bmod p)$ bezüglich ihrer zweiten Komponente (ergibt eine Liste L_2).
(6) Finde ein Paar $(j, y) \in L_1$ und ein Paar $(i, y) \in L_2$ (Paare mit gleicher zweiter Komponente).
(7) Setze $\log_g b = (mj + i) \bmod (p-1)$. $\square$

Da im Allgemeinen $m > \sqrt{p-1}$ gilt, ist in Schritt 7 die Modulo-Bildung erforderlich. Die Schritte 1 und 2 können vorberechnet werden, wodurch die asymptotische Laufzeit des Algorithmus aber nicht verändert wird.

Satz 8.30 Algorithmus 8.1 bestimmt den diskreten Logarithmus $\log_g b$ bezüglich des Modulus p, bei Nichtberücksichtigung von logarithmischen Faktoren, in der Zeit $O(\sqrt{p})$ mit $O(\sqrt{p})$ Speicherplatz.

Beweis Die Aussagen über die Laufzeit und den Platzbedarf sind offensichtlich richtig. Gilt $(j, y) \in L_1$ und $(i, y) \in L_2$, dann folgt

$$g^{m \cdot j} \bmod p = y = bg^{-i} \bmod p$$

und damit

$$g^{mj+i} \bmod p = b.$$

Nach Satz 6.43 gilt daher $\log_g b = (mj + i) \bmod (p-1)$.

Da durch $mj + i$, $i, j \in \{0, \ldots, m-1\}$, alle Zahlen von 0 bis $m^2 - 1$ dargestellt werden, gibt es für jedes $b \in \mathbb{Z}_p^*$ Zahlen $i', j' \in \{0, \ldots, m-1\}$ mit $\log_g b = mj' + i'$. Die Suche in Schritt 6 ist somit immer erfolgreich. $\square$

Ein Beispiel mit kleinen Zahlen soll den Algorithmus verdeutlichen.

Beispiel 8.14 Wir wählen $p = 677$. Zunächst überzeugen wir uns, dass $g = 8$ eine primitive Wurzel modulo 677 ist. Nach Satz 8.29(b) ist dies genau dann der Fall, wenn $g^{\frac{p-1}{q}} \bmod p = 8^{\frac{676}{q}} \bmod 677 \neq 1$ für jeden Primfaktor q von $p - 1 = 676$ gilt. Wegen $676 = 2^2 \cdot 13^2$ sind 2 und 13 diese Primfaktoren. Wir berechnen $8^{338} \bmod 677 = 676 \neq 1$

und 8^{52} mod $677 = 538 \neq 1$, was beweist, dass $g = 8$ tatsächlich eine primitive Wurzel modulo 677 ist. Wir möchten jetzt $\log_8 555$ bestimmen. Für die Größen des Algorithmus gilt also

$$g = 8, \ b = 555 \text{ und } m = \lceil \sqrt{676} \rceil = 26.$$

Es ist g^m mod $p = 8^{26}$ mod $677 = 344$.

Wir berechnen die geordneten Paare $(j, 344^j$ mod $677)$ für alle $j = 0, \ldots, 25$ und erhalten

$$\begin{array}{lllll}
(0, 1) & (1, 344) & (2, 538) & (3, 251) & (4, 365) \\
(5, 315) & (6, 40) & (7, 220) & (8, 533) & (9, 562) \\
(10, 383) & (11, 414) & (12, 246) & (13, 676) & (14, 333) \\
(15, 139) & (16, 426) & (17, 312) & (18, 362) & (19, 637) \\
(20, 457) & (21, 144) & (22, 115) & (23, 294) & (24, 263) \\
(25, 431). & & & &
\end{array}$$

Nach Sortierung erhalten wir L_1.

Die zweite Liste enthält alle geordneten Paare $(i, 555 \cdot (8^i)^{-1}$ mod $677)$ für alle $i = 0, \ldots, 25$, also

$$\begin{array}{lllll}
(0, 555) & (1, 154) & (2, 527) & (3, 489) & (4, 315) \\
(5, 124) & (6, 354) & (7, 552) & (8, 69) & (9, 601) \\
(10, 329) & (11, 295) & (12, 460) & (13, 396) & (14, 388) \\
(15, 387) & (16, 133) & (17, 609) & (18, 330) & (19, 549) \\
(20, 661) & (21, 675) & (22, 169) & (23, 275) & (24, 119) \\
(25, 438). & & & &
\end{array}$$

Nach Sortierung erhalten wir L_2. Nun durchlaufen wir gleichzeitig beide sortierten Listen, bis wir $(5, 315)$ in L_1 und $(4, 315)$ in L_2 finden. Damit ist gemäß Schritt 7 des Algorithmus $\log_8 555 = 26 \cdot 5 + 4 = 134$ bestimmt. Mithilfe der schnellen Exponentiation (Algorithmus 6.4) kann überprüft werden, dass 8^{134} mod $677 = 555$ gilt. $\quad \square$

Wenn die Basis keine primitive Wurzel ist, existiert im Allgemeinen der diskrete Logarithmus nicht. Für $p = 11$ ist $\log_3 2$ nicht zu berechnen, da 3 die zyklische Untergruppe $\langle 3 \rangle = \{1, 3, 4, 5, 9\}$ von $\mathbb{Z}_{11}^*$ erzeugt, in der 2 nicht enthalten ist. Dagegen ist $\log_3 5 = 3$. Die zugehörige Berechnung kann ebenfalls mithilfe des Algorithmus von *Shanks* geschehen, indem wir in der zyklischen Untergruppe $\langle 3 \rangle$ von $\mathbb{Z}_{11}$ arbeiten. Allgemein sei $\bar{g} \in \mathbb{Z}_p^*$ ein Element der Ordnung d und $\langle \bar{g} \rangle = \{\bar{g}^x \mid x = 0, 1, \ldots, d - 1\}$ die zugehörige zyklische Untergruppe. Der Schritt 1 von Algorithmus 8.1 werde zu $m = \lceil \sqrt{d} \rceil$ abgeändert, der Schritt 7 zu $\log_{\bar{g}} b = (mj + i)$ mod d. Für ein beliebiges Element $b \in \langle \bar{g} \rangle$ berechnet diese Verallgemeinerung des Algorithmus dann den diskreten Logarithmus $\log_{\bar{g}} b$ (siehe Aufgabe 12).

Bei einer Zahl der Größenordnung 2^{1024} ist der Zeit- und Platzbedarf des Algorithmus von *Shanks* von der Ordnung 2^{512}, also auch noch viel zu groß, als dass man den

Algorithmus tatsächlich mit Erfolg durchführen könnte. Besser ist der *Pohlig-Hellman-Algorithmus* (siehe [93], Algorithmus 7.2), der durch Benutzung einer Primfaktorisierung von $p - 1$ eine Effizienzverbesserung erreicht. In der Tat ist es so, dass bei nur kleinen Primfaktoren der Zeitbedarf im Wesentlichen durch $O(\log^2 p)$ beschrieben wird. Bei Verwendung einer sicheren Primzahl (s. weiter oben unter Satz 8.29) führt der Pohlig-Hellman-Algorithmus jedoch praktisch nicht zum Erfolg.

Es gibt noch viele andere und effizientere Algorithmen für das Problem des diskreten Logarithmus, zum Beispiel den Index-Kalkulus-Algorithmus, der in [69], Kapitel 3.6.5 beschrieben ist. Die zurzeit schnellsten bekannten Algorithmen basieren auf [37] und haben einen subexponentiellen Zeitbedarf von

$$O\left(e^{(c+o(1))(\ln p)^{\frac{1}{3}}(\ln(\ln p))^{\frac{2}{3}}} \right)$$

Schritten mit $c = 1{,}923$. Dank den Fortschritten in den letzten Jahren dürfte das Problem des diskreten Logarithmus bei einem konzertierten Angriff mit vielen Rechnern im Internet bei einem 512-Bit-Modulus wohl mit akzeptablem Zeitaufwand lösbar sein. Bei einem Modulus von 1024 Bits, der gewisse Sicherheitsanforderungen erfüllt, beispielsweise eine sichere Primzahl ist, hat man zurzeit keine Chancen.

8.5 Das ElGamal-Verfahren, eine Anwendung

In Kap. 6 haben wir das RSA-Verfahren betrachtet, das ein Public-Key-Kryptosystem ist. Sowohl die Verschlüsselung als auch die Signatur wurden mit derselben Operation ausgeführt, nämlich der Exponentiation. Wir betrachten jetzt das von *T. ElGamal* stammende *ElGamal-Public-Key-Verfahren* [28]. Ursprünglich wurde es für die zyklische Gruppe $\mathbb{Z}_p^*$ eingeführt. Es benutzt unterschiedliche Algorithmen für die Aufgaben der Verschlüsselung und der Signatur. Die Sicherheit beruht jeweils auf der Schwierigkeit, diskrete Logarithmen zu berechnen. Beiden gemeinsam ist die Schlüsselerzeugung. Wir beschränken uns auf das entsprechende Verschlüsselungsverfahren und werden es für beliebige zyklische Gruppen definieren.

Algorithmus 8.2 (*Schlüsselerzeugung für das ElGamal-Public-Key-Verfahren*)
Zusammenfassung: Alice erzeugt sich einen öffentlichen Schlüssel und einen zugehörigen
                    privaten Schlüssel.

(1) Alice wählt eine geeignete zyklische Gruppe G der Ordnung n mit erzeugendem Element g, für die das DL-Problem praktisch nicht lösbar ist.
(2) Sie wählt eine Zufallszahl $r \in \{1, \ldots, n - 1\}$ und berechnet das Gruppenelement $y = g^r$.
(3) Der öffentliche Schlüssel von Alice ist (g, y), zusammen mit einer Beschreibung, wie in G multipliziert wird. Der private Schlüssel ist r. $\square$

Die Frage ist, wie sich Alice für eine zyklische Gruppe G ein erzeugendes Element g verschaffen kann. Wir werden uns dies für $\mathbb{Z}_p^*$ weiter unten überlegen.

Algorithmus 8.3 (*ElGamal-Public-Key-Verschlüsselung*)

Zusammenfassung: Bob chiffriert eine Nachricht M für Alice, die diese dechiffriert.

(1) Zur Chiffrierung führt Bob die folgenden Schritte aus:
    (a) Bob besorgt sich den authentischen öffentlichen Schlüssel (g, y) mit $y = g^r$ von Alice.
    (b) Er stellt M als ein Element von G dar.
    (c) Er wählt eine zufällige Zahl $k \in \{1, \ldots, n-1\}$.
    (d) Er berechnet $a = g^k$ und $b = M \cdot y^k$ in G.
    (e) Er übermittelt $C = E_A(M) = (a, b)$ an A.
(2) Zur Dechiffrierung führt Alice die folgenden Schritte aus:
    (a) Mit ihrem privaten Schlüssel r berechnet Alice den Wert $z = (a^r)^{-1}$ in G.
    (b) Alice erhält den Klartext M durch $D_A(C) = M = z \cdot b$. $\square$

Satz 8.31 Beim Vorgehen nach Algorithmus 8.2 und Algorithmus 8.3 gilt für jede Nachricht $M \in G$ die Gleichung $D_A(E_A(M)) = M$.

Beweis Wir erhalten

$$D_A(E_A(M)) = D_A(a, b) = (a^r)^{-1}b = ((g^k)^r)^{-1}M(g^r)^k = M,$$

da $(g^k)^r = (g^r)^k$ gilt. $\square$

Die Sicherheit des Verfahrens wird dadurch gewährleistet, dass die Nachricht M durch die Multiplikation mit y^k unkenntlich gemacht wird. Um aus dem Chiffretext (a, b) den Klartext berechnen zu können, benötigt man den geheimen Schlüssel r zur Bestimmung von $z = (a^r)^{-1} = (g^{rk})^{-1}$. Die Sicherheit des Verfahrens beruht also darauf, dass es praktisch unmöglich ist, bei vorgegebenem g^r den diskreten Logarithmus r zu berechnen. Es ist wichtig, dass verschiedene zufällige Zahlen k benutzt werden, um verschiedene Nachrichten M_1 und M_2 zu chiffrieren. Anderenfalls gilt für die Chiffretextpaare (a_1, b_1) und (a_2, b_2) die Gleichung

$$b_1 \cdot b_2^{-1} = b_1 \cdot b_2^{n-1} = M_1 \cdot y^k \cdot M_2^{n-1} \cdot y^{k(n-1)} = M_1 M_2^{n-1}.$$

Dann lässt sich bei bekanntem M_2 die Nachricht $M_1 = b_1 b_2^{-1} M_2$ sofort berechnen.

Wir betrachten jetzt den Fall, dass Alice eine zyklische Gruppe $G = \mathbb{Z}_p^*$ mit einer sicheren Primzahl $p = 2q + 1$ wählen möchte. Alice benötigt nach Schritt 1 von Algorithmus 8.2 ein erzeugendes Element der Gruppe, also eine primitive Wurzel modulo p. Nach Satz 8.29(b) ist wegen $p = 2q + 1$ ein $g \in \mathbb{Z}_p^*$ genau dann eine primitive Wurzel, wenn $g^q \bmod p \neq 1$ und $g^2 \bmod p \neq 1$ gilt. Genau für $g = 1$ und $g = -1 \bmod p = p - 1$ erhalten wir $g^2 \bmod p = 1$. Somit ist g genau dann eine primitive Wurzel, wenn $g \in \mathbb{Z}_p^* \setminus \{1, p-1\}$ und $g^q \bmod p \neq 1$ gilt. Nach Satz 9.36, der erst in Abschn. 9.4 bewiesen wird, hat eine Gleichung $(x^2 - 1) \bmod p = 0$ höchstens zwei Lösungen. Wegen $((g^q)^2 - 1) \bmod p = 0$ muss daher $g^q \bmod p = -1 \bmod p$ gelten. Mit dem folgenden Algorithmus erhält Alice damit sowohl eine sichere Primzahl p als auch eine primitive Wurzel g modulo p.

Algorithmus 8.4

Eingabe: Die gewünschte Bitlänge k der Primzahl p.

Ausgabe: Eine sichere Primzahl $p = 2q + 1$ mit q prim und eine primitive Wurzel $g \in \mathbb{Z}_p^*$.

repeat wähle eine (mutmaßliche) Primzahl q mit $(k - 1)$ Bits gemäß den Überlegungen
        unter Satz 6.29 und Algorithmus 6.6;
        $p := 2q + 1$;
        teste mithilfe von Algorithmus 6.6, ob p prim ist
until p prim;
repeat wähle ein zufälliges Element $g \in \mathbb{Z}_p^* \setminus \{1, p-1\}$
until $g^q \bmod p = -1 \bmod p$;
gib (p, g) aus. □

Beispiel 8.15 Wir betrachten ein „kleines" Beispiel mit einer sicheren Primzahl $p = 2819 = 2 \cdot 1409 + 1$. Die Gruppe hat die Ordnung $n = p - 1 = 2818$. Die Zahl $g = 2$ ist nach Algorithmus 8.4 wegen $2^{1409} \bmod p = -1 \bmod p$ eine primitive Wurzel. Alice wählt eine Zufallszahl $r = 101$ und berechnet

$$y = 2^{101} \bmod 2819 = 2260.$$

Alices öffentlicher Schlüssel wird durch $(2, 2260)$ gegeben, zusammen mit der Zahl $p = 2819$, die die Gruppe vollständig charakterisiert. Ihr privater Schlüssel ist 101.

    Nachdem sich Bob den öffentlichen Schlüssel von Alice besorgt hat, möchte er die Nachricht $M = 123$ an Alice schicken. Er wählt die zufällige Zahl $k = 999 \in \{1, \ldots, 2817\}$ und berechnet

$$a = 2^{999} \bmod 2819 = 1400,$$

$$b = 123 \cdot 2260^{999} \bmod 2819 = 123 \cdot 773 \bmod 2819 = 2052.$$

Alice erhält den Chiffretext $E_A(M) = (1400, 2052)$ und dechiffriert ihn durch

$$2052 \cdot 1400^{2818-101} \bmod 2819 = 2052 \cdot 1900 \bmod 2819 = 123 = M. \quad □$$

Auf die Darstellung des ElGamal-Signaturverfahrens wollen wir hier verzichten. Wir verweisen dazu, ebenso wie zu weiteren Überlegungen zur Sicherheit, auf die verschiedenen Lehrbücher der Kryptografie (siehe zum Beispiel [93]).

Neben $\mathbb{Z}_p^*$ werden auch andere zyklische Gruppen für dieses Kryptosystem verwendet, so beispielsweise für $m \in \mathbb{N}$ und eine Primzahl p die multiplikative Gruppe des Körpers $GF(p^m)$, des endlichen Körpers der Charakteristik p (siehe Abschn. 9.5 und Beispiel 9.19). Wichtig sind im Zusammenhang mit dem ElGamal-Verfahren auch zyklische Untergruppen von Gruppen der Punkte auf einer elliptischen Kurve über einem endlichen Körper (siehe [93], Kapitel 13).

8.6 Normalteiler, Faktorgruppen und direkte Produkte

In Definition 8.9 haben wir für eine Untergruppe U einer Gruppe G ihre Links- und Rechtsnebenklassen definiert. Beispiel 8.8 hat gezeigt, dass bei nicht kommutativen Gruppen Links- und Rechtsnebenklassen nicht übereinstimmen müssen. Ist dies jedoch der Fall, dann erhalten wir einen besonderen Typ von Untergruppen, nämlich einen Normalteiler von G, der zur Konstruktion neuer Gruppen, den Faktorgruppen, verwendet werden kann.

Definition 8.16 Es sei U eine Untergruppe einer Gruppe G. U heißt *Normalteiler* oder *normale Untergruppe* von G, wenn $aU = Ua$ für alle $a \in G$ gilt. Wir schreiben auch $U \lhd G$. □

Eine andere Charakterisierung erhält man durch

Satz 8.32 Eine Untergruppe U ist ein Normalteiler von G genau dann, wenn $aua^{-1} \in U$ für alle $u \in U$, $a \in G$ gilt.

Beweis Ist U ein Normalteiler von G, so erhalten wir

$$aua^{-1} \in aUa^{-1} = Uaa^{-1} = U.$$

Umgekehrt gehen wir von einem beliebigen Element $au \in aU$ aus. Dann folgt

$$au = aua^{-1}a \in Ua,$$

also $aU \subseteq Ua$. Analog gilt $Ua \subseteq aU$ und damit $Ua = aU$. □

Beispiel 8.16

(a) Für jede Gruppe G gilt offensichtlich $\{1\} \lhd G$ und $G \lhd G$.

(b) Ist G eine abelsche Gruppe, so gilt für jede Untergruppe U von G und alle $a \in G$ und $u \in U$

$$aua^{-1} = u \in U,$$

sodass nach Satz 8.32 $U \lhd G$ folgt. Insbesondere ist $n\mathbb{Z}$ für alle $n \in \mathbb{N}$ ein Normalteiler von $\mathbb{Z}$.

(c) Nach Beispiel 8.8 besitzt die symmetrische Gruppe S_3 die Untergruppe $\{\mathrm{Id}, g\}$, die kein Normalteiler ist.

(d) Ist G eine Gruppe, so ist das *Zentrum* von G durch

$$Z(G) = \{a \mid a \in G, ab = ba \text{ für alle } b \in G\}$$

definiert. Man erkennt sofort, dass $Z(G) \lhd G$ gilt. Offenbar ist eine Gruppe abelsch, wenn $Z(G) = G$ erfüllt ist. $\square$

Mithilfe von Normalteilern können neue Gruppen gebildet werden.

Satz 8.33 *(Faktorgruppe)* Es sei U ein Normalteiler von G. Wird auf der Menge

$$G/U = \{aU \mid a \in G\}$$

der Linksnebenklassen von U durch

$$(aU)(bU) = (ab)U$$

eine Verknüpfung definiert, so ist G/U eine Gruppe, die *Faktorgruppe* von U in G.

Beweis Zunächst muss gezeigt werden, dass die Verknüpfung wohldefiniert ist, also unabhängig von den gewählten Repräsentanten ist. Es gelte $aU = a'U$ und $bU = b'U$. Da das Einselement in U liegt, existieren $u_1, u_2 \in U$ mit $a' = au_1$ und $b' = bu_2$. Es folgt $a'b' = au_1bu_2$. Da U ein Normalteiler ist, existiert zu u_1 und b ein $u_3 \in U$ mit $u_1b = bu_3$, sodass $a'b' = abu_3u_2$ erfüllt ist. Damit erhalten wir $a'b' \in abU$. Nach Satz 8.17(b) folgt $abU = a'b'U$.

Die Assoziativität dieser Verknüpfung ist wegen

$$(aUbU)cU = (ab)UcU = ((ab)c)U = (a(bc))U = aU(bc)U = aU(bUcU)$$

für alle $a, b, c \in G$ erfüllt. Das Einselement ist offenbar durch $1U = U$ gegeben, das Inverse zu aU ist dann $a^{-1}U$. $\square$

Man beachte, dass G/U keine Untergruppe von G ist. Ihre Elemente sind Teilmengen von G. Ist G endlich, so besitzen diese Teilmengen nach Satz 8.17(c) alle gleich viele Elemente. Wir erhalten so

Satz 8.34 Es sei U ein Normalteiler von G. Dann gilt

$$|G/U| = [G : U] = \frac{|G|}{|U|}. \quad \square$$

Beispiel 8.17

(a) Mit den Normalteilern $\{1\}$ und G einer Gruppe G erhalten wir offenbar mit $G/\{1\}$ eine Gruppe, die isomorph zu G, und mit G/G eine Gruppe, die isomorph zu $\{1\}$ ist.

(b) Für die (additive) Gruppe $\mathbb{Z}$ betrachten wir für ein $n \in \mathbb{N}$ ihren Normalteiler $n\mathbb{Z}$. Für $a, b \in \mathbb{Z}$ gilt nach Satz 8.17 und Definition 6.10

$$a \sim b \iff a + n\mathbb{Z} = b + n\mathbb{Z} \iff a \in b + n\mathbb{Z}$$
$$\iff a = b + un \text{ für ein } u \in \mathbb{Z} \iff a \equiv_n b.$$

Die Äquivalenzrelation $\sim$, die sich aus dem Normalteiler $n\mathbb{Z}$ ergibt, ist also gleich $\equiv_n$, der Äquivalenz modulo n. Folglich stimmen die Nebenklassen von $n\mathbb{Z}$ mit den Kongruenzklassen modulo n (vgl. Abschn. 6.3 vor Definition 6.12) überein, sodass die Mengen $\mathbb{Z}/n\mathbb{Z}$ und $\mathbb{Z}/\equiv_n$ gleich sind. Wegen Satz 6.31 ist die Addition $[a] \oplus [b] = [a + b]$ aus Definition 6.12 wohldefiniert. Diese Überlegungen aus Abschn. 6.3 sind Spezialfälle der Aussagen aus Satz 8.33. $\mathbb{Z}/n\mathbb{Z}$ und $\mathbb{Z}/\equiv_n$ sind also auch als Gruppen gleich. In Abschn. 6.2 vor Satz 6.32 wurde noch angegeben, dass $\mathbb{Z}/\equiv_n = \mathbb{Z}/n\mathbb{Z}$ mit $\mathbb{Z}_n$ zu identifizieren ist. Dies leistet der Gruppenisomorphismus $h : \mathbb{Z}/n\mathbb{Z} \to \mathbb{Z}_n$ mit $h(a + n\mathbb{Z}) = a \bmod n$ für alle $a + n\mathbb{Z} \in \mathbb{Z}/n\mathbb{Z}$ (siehe Aufgabe 15).

(c) Da die kleinsche Vierergruppe G abelsch ist, ist jede ihrer Untergruppen $U_1 = \{1, a\}$, $U_2 = \{1, b\}$ und $U_3 = \{1, c\}$ ein Normalteiler. Nach Satz 8.34 haben G/U_1, G/U_2 und G/U_3 jeweils zwei Elemente. Da es aber nur eine Gruppe der Ordnung 2 gibt, sind alle diese Faktorgruppen isomorph zu $\mathbb{Z}_2$. $\quad \square$

Wir wollen jetzt eine wichtige Konstruktion angeben, mit der man aus vorhandenen Gruppen eine neue konstruieren kann.

Satz 8.35 *(Direktes Produkt)* Es seien $G_1, \ldots, G_n, n \in \mathbb{N}$, Gruppen. Dann definieren wir auf

$$G = G_1 \times \ldots \times G_n$$

eine Verknüpfung durch

$$(a_1, \ldots, a_n)(b_1, \ldots, b_n) = (a_1 b_1, \ldots, a_n b_n) \text{ für alle } a_i, b_i \in G_i, i \in \{1, \ldots, n\}.$$

Dann wird G mit $(1_{G_1}, \ldots, 1_{G_n})$ als Einselement und Inversem $(a_1, \ldots, a_n)^{-1} = (a_1^{-1}, \ldots, a_n^{-1})$ für alle $(a_1, \ldots, a_n) \in G$ eine Gruppe, das *(externe) direkte Produkt* der Gruppen $G_1, \ldots, G_n$. Es gilt $|G| = |G_1| \cdots |G_n|$.

Beweis Wegen seiner komponentenweisen Definition ist G ersichtlich eine Gruppe. Die Aussage über die Ordnung ist trivial. □

Die Gruppen G_i, $i \in \{1,\dots,n\}$, sind keine Untergruppen von G, doch sie sind jeweils zu den Untergruppen

$$\bar{G}_i = \{(1_{G_1},\dots,1_{G_{i-1}},a,1_{G_{i+1}},\dots,1_{G_n}) \mid a \in G_i\}$$

von G isomorph, wobei der jeweilige Isomorphismus offenbar durch $f_i : G_i \to \bar{G}_i$ mit $f_i(a) = (1_{G_1},\dots,1_{G_{i-1}},a,1_{G_{i+1}},\dots,1_{G_n})$ gegeben wird. Wir erhalten das folgende Ergebnis.

Satz 8.36 Es sei G das direkte Produkt der Gruppen $G_1,\dots,G_n$. $\bar{G}_i$ seien die zu G_i, $i \in \{1,\dots,n\}$, isomorphen Untergruppen von G. Dann sind die folgenden Eigenschaften erfüllt:

(a) $G = \bar{G}_1 \bar{G}_2 \dots \bar{G}_n$.
(b) $\bar{G}_i \cap \langle \bigcup_{j \in \{1,\dots,n\}, j \neq i} \bar{G}_j \rangle = \{(1_{G_1},\dots 1_{G_n})\}$.
(c) $\bar{G}_i \lhd G$ für alle $i \in \{1,\dots,n\}$.

Beweis Die Aussagen (a) und (b) sind ersichtlich gültig. Weiter gilt für beliebige Elemente $(a_1,\dots,a_n) \in G$ und $(1_{G_1},\dots,1_{G_{i-1}},a_i',1_{G_{i+1}},\dots,1_{G_n}) \in \bar{G}_i$

$$(a_1,\dots,a_n)(1_{G_1},\dots,1_{G_{i-1}},a_i',1_{G_{i+1}},\dots,1_{G_n})(a_1,\dots,a_n)^{-1}$$
$$= (1_{G_1},\dots,1_{G_{i-1}},a_i a_i' a_i^{-1},1_{G_{i+1}},\dots,1_{G_n}) \in \bar{G}_i,$$

sodass nach Satz 8.32 die Aussage (c) erfüllt ist. □

Man sagt, dass eine Gruppe G das *interne direkte Produkt* seiner Normalteiler $U_1,\dots,U_n$ ist, wenn

$$G = U_1 U_2 \dots U_n \quad \text{und} \quad U_i \cap \left\langle \bigcup_{j \in \{1,\dots,n\}, j \neq i} U_j \right\rangle = \{1\}$$

gilt. Satz 8.36 bedeutet dann, dass G das interne direkte Produkt seiner Untergruppen $\bar{G}_i$ ist.

Satz 8.37 Es seien $U_1 = \langle a \rangle$ und $U_2 = \langle b \rangle$ zyklische Gruppen mit den Ordnungen $m = |U_1|$, $n = |U_2|$. Das direkte Produkt $G = U_1 \times U_2$ ist abelsch, und G ist zyklisch genau dann, wenn $m = 1$ oder $n = 1$ gilt oder aber m und n endlich sind und $\mathrm{ggT}(m,n) = 1$ ist.

Beweis Gilt $m = 1$ oder $n = 1$, so ist G offenbar zur zyklischen Gruppe U_2 bzw. U_1 isomorph. Als Nächstes betrachten wir den Fall, dass m unendlich und $n > 1$ ist. Wir nehmen an, dass $G = U_1 \times U_2$ zyklisch ist. Daher existieren $k, l \in \mathbb{Z}$ mit $\langle (a^k, b^l) \rangle = G$. Da die Elemente $(a^k, 1_{U_2})$ oder $(1_{U_1}, b^l)$ nicht die ganze Gruppe erzeugen können, muss $k \neq 0$ und $l \neq 0$ gelten. Für $(1_{U_1}, b) \in G$ existiert ein $r \in \mathbb{Z}$ mit $(a^k, b^l)^r = (a^{kr}, b^{lr}) = (1_{U_1}, b)$. Da m unendlich ist, muss $kr = 0$ gelten, außerdem ist $b^{lr} = b$. Wegen $k \neq 0$ folgt $r = 0$ und somit $b^0 = b$, was wegen $n > 1$ einen Widerspruch darstellt.

Im Folgenden seien m und n endlich. Wir nehmen an, dass $d = \mathrm{ggT}(m, n) > 1$ gilt. Mit der Zahl $r = \frac{mn}{d} < m$ und einem beliebigen Element $(a^k, b^l) \in U_1 \times U_2$ erhalten wir

$$(a^k, b^l)^r = ((a^m)^{k \cdot \frac{n}{d}}, (b^n)^{k \cdot \frac{m}{d}}) = (1_{U_1}, 1_{U_2}).$$

Hätte (a^k, b^l) die Ordnung mn, so müsste nach Satz 8.20(c) $mn \mid r$ gelten, im Widerspruch zu $r < m$. Daher ist G nicht zyklisch.

Schließlich seien m und n endlich mit $\mathrm{ggT}(m, n) = 1$. Wir betrachten die mn Elemente

$$(a, b)^0, (a, b)^1, (a, b)^2, \ldots, (a, b)^{mn-1}$$

und nehmen an, dass $(a, b)^r = (a, b)^s$ für $r, s \in \mathbb{N}$, $0 \leq r \leq s < mn$ gilt. Dann folgt $(a^r, b^r) = (a^s, b^s)$ und damit $(1_{U_1}, 1_{U_2}) = (a^{s-r}, b^{s-r})$. Da a und b die Ordnungen m bzw. n haben, ergibt sich nach Satz 8.20(c) die Beziehung $m \mid (s - r)$ und $n \mid (s - r)$, also

$$(s - r) \bmod m = 0,$$
$$(s - r) \bmod n = 0.$$

Wegen $\mathrm{ggT}(m, n) = 1$ gibt es aber nach Satz 6.49 (chinesischer Restesatz) genau ein y mit $0 \leq y \leq mn - 1$, das diese Gleichungen erfüllt. Da $0 \leq s - r \leq mn - 1$ gilt, folgt $s - r = 0$, also $s = r$. Das bedeutet, dass (a, b) alle Elemente von G erzeugt, G also zyklisch ist. $\square$

Satz 8.37 kann auch mehrfach angewendet werden und liefert für den Fall endlicher Ordnungen

Satz 8.38 Es sei $n = p_1^{\alpha_1} \cdots p_r^{\alpha_r}$ die eindeutige Primfaktorzerlegung von $n \in \mathbb{N}$. Dann sind $\mathbb{Z}_n$ und $\mathbb{Z}_{p_1^{\alpha_1}} \times \ldots \times \mathbb{Z}_{p_r^{\alpha_r}}$ isomorph. $\square$

Beispiel 8.18 Für $n = 10 = 2 \cdot 5$ ist $\mathbb{Z}_{10}$ isomorph zu $\mathbb{Z}_2 \times \mathbb{Z}_5$, weiter ist beispielsweise $\mathbb{Z}_{100}$ isomorph zu $\mathbb{Z}_4 \times \mathbb{Z}_{25}$ oder $\mathbb{Z}_{30}$ zu $\mathbb{Z}_6 \times \mathbb{Z}_5$ oder $\mathbb{Z}_2 \times \mathbb{Z}_3 \times \mathbb{Z}_5$. $\square$

Wenn wir die Gruppen $\mathbb{Z}_{p_i^{\alpha_i}}$ aus Satz 8.38 mit ihren isomorphen Untergruppen von $\mathbb{Z}_n$ identifizieren, können wir den Isomorphismus aus dem Satz durch das Gleichheitszeichen ersetzen und zum Beispiel $\mathbb{Z}_{30} = \mathbb{Z}_2 \times \mathbb{Z}_3 \times \mathbb{Z}_5$ schreiben.

Ohne Beweis (siehe etwa [46], § 11, Satz 1) geben wir den folgenden Satz an.

Satz 8.39 *(Hauptsatz über abelsche Gruppen)* Eine abelsche Gruppe werde von endlich vielen Elementen erzeugt. Dann ist sie das (interne) direkte Produkt zyklischer Untergruppen. ☐

Zusammen mit Satz 8.38 ergibt sich dann, dass jede endliche abelsche Gruppe das direkte Produkt zyklischer Untergruppen von Primzahlpotenzordnung ist.

8.7 Homomorphismen von Gruppen

In Definition 8.2 haben wir Gruppenhomomorphismen eingeführt, in Satz 8.6 wurde gezeigt, dass für jeden Gruppenhomomorphismus $f : G_1 \to G_2$ die Gleichungen $f(1_{G_1}) = 1_{G_2}$ und $f(a^{-1}) = (f(a))^{-1}$ für alle $a \in G_1$ gelten. Wir betrachten zunächst Beispiele.

Beispiel 8.19
(a) Für alle Gruppen G_1 und G_2 existiert der *triviale Homomorphismus* $f : G_1 \to G_2$ mit $f(a) = 1_{G_2}$ für alle $a \in G_1$. Der *identische Homomorphismus* Id : $G_1 \to G_1$ ist durch Id$(a) = a$ für alle $a \in G_1$ gegeben.
(b) Es sei $U \lhd G$. Dann wird durch $f(a) = aU$ wegen Satz 8.33 ein Homomorphismus $f : G \to G/U$ definiert, der auch *kanonischer Homomorphismus* genannt wird. Speziell ist für jedes $n \in \mathbb{N}$ die Abbildung $g : \mathbb{Z} \to \mathbb{Z}/n\mathbb{Z}$ mit $g(a) = a+n\mathbb{Z}$ ein Homomorphismus. Mit dem Isomorphismus $h : \mathbb{Z}/n\mathbb{Z} \to \mathbb{Z}_n$ (siehe Beispiel 8.17(b)) erhalten wir den Homomorphismus $f = h \circ g : \mathbb{Z} \to \mathbb{Z}_n$ mit $f(a) = a \bmod n$ für alle $a \in \mathbb{Z}$. ☐

Für jeden Gruppenhomomorphismus gibt es zwei wichtige Mengen.

Definition 8.17 Es sei $f : G_1 \to G_2$ ein Gruppenhomomorphismus. Dann heißt

$$\mathrm{Im}(f) = \{f(a) \mid a \in G_1\}$$

das *Bild* von f_1 und
$$\mathrm{Ker}(f) = \{a \mid a \in G_1, f(a) = 1_{G_2}\}$$

der *Kern* von f_1. ☐

Satz 8.40 Es sei $f : G_1 \to G_2$ ein Gruppenhomomorphismus. Dann ist $\mathrm{Im}(f)$ eine Untergruppe von G_2 und $\mathrm{Ker}(f)$ ein Normalteiler von G_1.

Beweis Aus $x, y \in \mathrm{Im}(f)$, also $x = f(a)$ und $y = f(b)$ für geeignete $a, b \in G_1$, folgt $xy^{-1} = f(a)(f(b))^{-1} = f(a)f(b^{-1}) = f(ab^{-1})$. Wegen $ab^{-1} \in G_1$ erhalten wir $xy^{-1} \in \mathrm{Im}(f)$, nach Satz 8.13 ist daher $\mathrm{Im}(f)$ eine Untergruppe von G_2.

Für $x, y \in \text{Ker}(f)$ folgt $f(xy^{-1}) = f(x)f(y^{-1}) = f(x)((f(y))^{-1} = 1_{G_2} \cdot 1_{G_2}^{-1} = 1_{G_2}$, also $xy^{-1} \in \text{Ker}(f)$. Nach Satz 8.13 ist somit $\text{Ker}(f)$ eine Untergruppe von G_1. Um $\text{Ker}(f) \lhd G_1$ nachzuweisen, muss nach Satz 8.32 gezeigt werden, dass für alle $a \in G_1$ und $x \in \text{Ker}(f)$ das Element axa^{-1} zu $\text{Ker}(f)$ gehört. Dies ist aber wegen $f(axa^{-1}) = f(a)f(x)f(a^{-1}) = f(a)1_{G_2}f(a^{-1}) = f(a)(f(a))^{-1} = 1_{G_2}$ der Fall. $\square$

Beispiel 8.20

(a) Für den trivialen Homomorphismus f aus Beispiel 8.19(a) gilt $\text{Im}(f) = \{1_{G_2}\}$ und $\text{Ker}(f) = G_1$. Der Identitätshomomorphismus erfüllt $\text{Im}(\text{Id}) = G_1$ und $\text{Ker}(\text{Id}) = \{1_{G_1}\}$.

(b) Mit dem kanonischen Homomorphismus $g : G \to G/U$ aus Beispiel 8.19(b) erhalten wir $\text{Im}(g) = G/U$ und $\text{Ker}(g) = U$, also $G/\text{Ker}(g) = \text{Im}(g)$. $\square$

Satz 8.41 Es sei $f : G \to H$ ein Gruppenhomomorphismus. Dann gelten die folgenden Aussagen:

(a) f ist genau dann surjektiv, wenn $\text{Im}(f) = H$ gilt.

(b) f ist genau dann injektiv, wenn $\text{Ker}(f) = \{1_G\}$ gilt.

(c) f ist genau dann ein Isomorphismus, wenn $\text{Im}(f) = H$ und $\text{Ker}(f) = \{1_G\}$ gelten.

Beweis (a) ist offensichtlich erfüllt. Ist weiter f injektiv und $f(a) = 1_H = f(1_G)$ für ein $a \in G$, dann folgt $a = 1_G$. Es gelte umgekehrt $f(a) = f(b)$ für $a, b \in G$. Dann erhalten wir $f(ab^{-1}) = f(a)f(b^{-1}) = f(b)(f(b))^{-1} = 1_H$, was $ab^{-1} \in \text{Ker}(f) = \{1_G\}$ impliziert. Wir schließen $ab^{-1} = 1_G$ und damit $a = b$. Insgesamt ist (b) bewiesen. Aus (a) und (b) folgt (c). $\square$

Als Verallgemeinerung der Aussage aus Beispiel 8.20(b) können wir den folgenden Satz auffassen.

Satz 8.42 (*1. Isomorphiesatz für Gruppen*) Es sei $f : G \to H$ ein Gruppenhomomorphismus. Dann sind $G/\text{Ker}(f)$ und $\text{Im}(f)$ isomorph.

Beweis Zur Abkürzung verwenden wir $K = \text{Ker}(f)$. Wir setzen $\alpha(aK) = f(a)$ für alle $a \in G$ und wollen dadurch einen Gruppenisomorphismus $\alpha : G/K \to \text{Im}(f)$ definieren. Wir überzeugen uns zunächst, dass α wohldefiniert ist. Für $a, a' \in G$ mit $aK = a'K$ gilt $ak = a'k'$ für geeignete $k, k' \in K$. Es folgt $f(a) = f(a)f(k) = f(ak) = f(a'k') = f(a')f(k') = f(a')$. Die Abbildung α ist also wohldefiniert.

Mit $b \in G$ gilt weiter $\alpha((aK)(bK)) = \alpha((ab)K) = f(ab) = f(a)f(b) = \alpha(aK)\alpha(bK)$, das heißt, α ist ein Homomorphismus. Offenbar ist $\text{Im}(\alpha) = \text{Im}(f)$. Nach Satz 8.41(c) bleibt $\text{Ker}(\alpha) = \{1_{G/K}\}$ zu beweisen. Ist $\alpha(aK) = 1_H$, so erhalten wir wegen $\alpha(aK) = f(a)$ auch $f(a) = 1_H$, also $a \in K$ und folglich $aK = K = 1_{G/K}$. $\square$

Der 2. und 3. Isomorphiesatz wird in den Aufgaben 20 und 21 behandelt.

Definition 8.18 Ein Isomorphismus $f : G \to G$ heißt *Automorphismus* von G. □

Beispiel 8.21
(a) Die identische Abbildung ist immer ein Automorphismus.
(b) Auf $\mathbb{Z}_4 = \{1, a, a^2, a^3\}$ wird durch $f(1) = 1$, $f(a) = a^3$, $f(a^2) = a^2$ und $f(a^3) = a$ ein Automorphismus definiert.
(c) Für eine Gruppe G und ein festes $g \in G$ definieren wir $\varphi_g : G \to G$ durch $\varphi_g(a) = gag^{-1}$ für alle $a \in G$. Wegen

$$\varphi_g(ab) = gabg^{-1} = gag^{-1}gbg^{-1} = \varphi_g(a)\varphi_g(b)$$

ist φ_g ein Homomorphismus. Aus $gag^{-1} = \varphi_g(a) = \varphi_g(b) = gbg^{-1}$ folgt durch linksseitige Multiplikation mit g^{-1} und rechtsseitiger Multiplikation mit g die Gleichung $a = b$, sodass φ_g injektiv ist. Zu $a \in G$ existiert $g^{-1}ag$ mit $\varphi_g(g^{-1}ag) = a$. Es ist also φ_g auch surjektiv und damit ein Automorphismus von G. Er wird auch *innerer Automorphismus* von G genannt. □

Man kann leicht zeigen, dass die Menge aller Automorphismen einer Gruppe G eine Gruppe ist, die *Automorphismengruppe* Aut(G) von G (siehe Aufgabe 22). Die Menge aller inneren Automorphismen einer Gruppe G ist eine Untergruppe von Aut(G) (siehe Aufgabe 23).

Aufgaben

(1) In Aufgabe 3 aus Kap. 2 wurde die symmetrische Differenz zweier Mengen A und B durch $A \triangle B = (A \backslash B) \cup (B \backslash A)$ definiert. Zeige, dass $(\mathcal{P}(M), \triangle)$ für jede Menge M eine Gruppe ist.
(2) (a) Es sei $G = \{a \in \mathbb{R} \mid a > 0\}$. Zeige, dass G eine multiplikative Gruppe ist.
    (b) Weiter sei H die additive Gruppe von $\mathbb{R}$. Beweise die Isomorphie von G und H.
(3) Es seien $f : G_1 \to G_2$ und $g : G_2 \to G_3$ Gruppenhomomorphismen. Zeige, dass auch $g \circ f : G_1 \to G_3$ ein Gruppenhomomorphismus ist.
(4) Beweise Satz 8.11.
(5) Beweise Satz 8.14.
(6) Bestimme die Untergruppen $\langle\{4, 6\}\rangle$ und $\langle\{6, 7\}\rangle$ von $\mathbb{Z}$.
(7) (a) Beweise, dass eine Gruppe G nicht als die Vereinigung von zwei echten Untergruppen dargestellt werden kann.
    (b) Es seien U_1 und U_2 Untergruppen von G. Zeige: $U_1 \cup U_2$ ist genau dann eine Untergruppe von G, wenn $U_1 \subseteq U_2$ oder $U_2 \subseteq U_1$ gilt.
(8) Es sei G eine Gruppe und A eine Teilmenge von G. Beweise die folgende Aussage: Durch $a \sim b \iff a^{-1}b \in A$ für alle $a, b \in G$ ist genau dann eine Äquivalenzrelation auf G definiert, wenn A eine Untergruppe von G ist.

(9) Es sei $G = \{(a,b) \mid a,b \in \mathbb{R}, a \neq 0\}$. Eine Verknüpfung $\circ : G \times G \to G$ sei durch

$$(a,b) \circ (c,d) = (ac, b+d) \quad \text{für alle} \quad (a,b), (c,d) \in G$$

definiert. Zeige, dass

(a) $(G, \circ)$ eine Gruppe ist,

(b) G genau ein Element der Ordnung 2 besitzt und

(c) G kein Element der Ordnung 3 hat.

(10) Zeige, dass $(\mathbb{Q}, +)$ nicht zyklisch ist.

(11) Es sei $p = 29$. Welche der Zahlen 2, 3 und 5 sind primitive Wurzeln modulo 29?

(12) Beweise die Verallgemeinerung des Satzes 8.30, die sich bei Abänderung des Algorithmus 8.1, entsprechend den Überlegungen im Anschluss an Beispiel 8.14, ergibt.

(13) Es seien U_1 und U_2 Normalteiler einer Gruppe G. Beweise, dass aus $U_1 \cap U_2 = \{1\}$ die Gleichung $u_1 u_2 = u_2 u_1$ für alle $u_1 \in U_1, u_2 \in U_2$ folgt.

(14) Es sei G eine Gruppe, und für eine Indexmenge I sei $\{U_i \mid i \in I\}$ eine Familie echter Normalteiler von G. Es gelte $G = \bigcup_{i \in I} U_i$ und $U_i \cap U_j = \{1\}$ für $i \neq j$. Beweise, dass G kommutativ ist.

(15) Zeige formal korrekt, dass die durch $h(a + n\mathbb{Z}) = a \bmod n$ für alle $a + n\mathbb{Z} \in \mathbb{Z}/n\mathbb{Z}$ gegebene Abbildung wohldefiniert und ein Gruppenisomorphismus $h : \mathbb{Z}/n\mathbb{Z} \to \mathbb{Z}_n$ ist.

(16) Es sei G das interne direkte Produkt seiner Normalteiler $U_1, \ldots, U_n$. Zeige:

(a) Für $i, j \in \{1, \ldots, n\}, i \neq j$, gilt $ab = ba$ für alle $a \in U_i, b \in U_j$.

(b) Jedes Element aus G besitzt eine eindeutige Darstellung der Form $a_1 \ldots a_n$, $a_i \in U_i$.

(17) Bestimme alle Homomorphismen $f : \mathbb{Z}_6 \to \mathbb{Z}_4$.

(18) Es seien G und H Gruppen und $G \times H$ ihr direktes Produkt. Zeige, dass $(G \times H)/\bar{H}$ isomorph zu G ist.

(19) Finde alle homomorphen Bilder der additiven Gruppe $\mathbb{Z}$, das heißt alle $\mathrm{Im}(f)$ für alle Homomorphismen $f : \mathbb{Z} \to G$ (G beliebige Gruppe).

(20) *(2. Isomorphiesatz für Gruppen)* Es sei G eine Gruppe mit Untergruppe H und Normalteiler U. Zeige, dass HU eine Untergruppe von G, $H \cap U$ ein Normalteiler von H und HU/U isomorph zu $H/(H \cap U)$ ist.

(21) *(3. Isomorphiesatz für Gruppen)* Es seien U_1 und U_2 Normalteiler einer Gruppe G und $U_1 \subseteq U_2$. Beweise $U_2/U_1 \lhd G/U_1$ und die Isomorphie von $(G/U_1)/(U_2/U_1)$ und G/U_2.

(22) Zeige: Die Menge aller Automorphismen einer Gruppe G ist eine Gruppe.

(23) Zeige: Die Menge aller inneren Automorphismen einer Gruppe G ist eine Untergruppe der Automorphismengruppe von G.

(24) Für eine Gruppe G sei $\varphi : G \to \mathrm{Aut}(G)$ die Abbildung mit $\varphi(g) = \varphi_g$ für alle $g \in G$, wobei φ_g der Automorphismus aus Beispiel 8.21(c) ist. Zeige, dass φ ein Homomorphismus ist.

Ringe und Körper 9

Nachdem wir im vorangegangenen Kapitel Gruppen betrachtet haben, also spezielle algebraische Strukturen mit einer Verknüpfung, untersuchen wir in diesem Kapitel Ringe
und Körper, die algebraische Strukturen mit zwei Verknüpfungen sind. Dabei macht die
eine Verknüpfung sie zu additiven abelschen Gruppen und die andere zu multiplikativen
Halbgruppen, wobei gewisse Verträglichkeitsbeziehungen zwischen diesen Operationen
gefordert werden. Bereits in Kap. 6 haben wir, diesem Kapitel vorgreifend, die Ringe $\mathbb{Z}$
und $\mathbb{Z}_n$ für alle $n \in \mathbb{N}$ betrachtet.

In Abschn. 9.1 werden zunächst Ringe definiert. Mit einigen zusätzlichen Forderungen
erhalten wir Integritätsbereiche und Körper. Als wichtige Ringe, die für die Körpertheorie
von besonderer Bedeutung sind, werden die Polynomringe $R[x]$ eingeführt, die aus allen
Polynomen über dem Ring R bestehen, also aus Polynomen mit Koeffizienten aus R. Ideale und Ringhomomorphismen werden in Abschn. 9.2 untersucht, wobei Ideale in Ringen
die Rolle von Normalteilern in Gruppen übernehmen. Entsprechend den Faktorgruppen
kann man mit Idealen neue Ringe, die Quotientenringe, konstruieren. Für die in diesem
Abschnitt definierten Ringhomomorphismen besteht durch den 1. Isomorphiesatz für Ringe ein natürlicher Zusammenhang zu den Quotientenringen. Wichtig sind auch spezielle
Ideale wie Primideale oder maximale Ideale, deren zugehörige Quotientenringe sich als
Integritätsbereiche bzw. Körper erweisen.

Bei dem Ring $\mathbb{Z}$ ist, wie wir in Satz 6.5 gesehen haben, die Division mit Rest mög-
lich, das heißt, für ein $a \in \mathbb{Z}$ und ein $n \in \mathbb{N}$ existieren eindeutig Zahlen $q \in \mathbb{Z}$ und
$r \in \{0, \ldots, n-1\}$ mit $a = qn + r$. Wegen dieser Eigenschaft konnte der euklidische
Algorithmus zur Berechnung eines größten gemeinsamen Teilers aufgestellt werden. Allgemeiner werden in Abschn. 9.3 euklidische Ringe eingeführt, bei denen die Existenz
einer entsprechenden Division mit Rest gefordert wird. Daher existiert in solchen Ringen
auch der euklidische Algorithmus. Neben $\mathbb{Z}$ sind vor allem die Polynomringe über einem
Körper K euklidische Ringe. Die irreduziblen Polynome spielen in diesen Ringen eine
bedeutende Rolle. Ein irreduzibles Polynom erzeugt ein so genanntes Hauptideal des entsprechenden Polynomrings $K[x]$. Es zeigt sich, dass der zugehörige Quotientenring ein

© Springer-Verlag Berlin Heidelberg 2016   319
W. Struckmann, D. Wätjen, *Mathematik für Informatiker*, DOI 10.1007/978-3-662-49870-5_9

Körper ist. Solche Körper untersuchen wir in Abschn. 9.5 noch genauer. Nullstellen von Polynomen behandeln wir in Abschn. 9.4. Jedes Polynom des Grads n hat nicht mehr als n Nullstellen. Für Polynome über einem Körper K kann immer ein umfassender Körper, ein Zerfällungskörper, konstruiert werden, über dem das Polynom genau n Nullstellen besitzt.

Zu endlichen Körpern, die für viele Anwendungen besonders wichtig sind, kommen wir in Abschn. 9.5. Jeder endliche Körper besitzt p^n Elemente (p prim, $n \in \mathbb{N}$). Alle endlichen Körper mit gleicher Anzahl von Elementen sind isomorph und können als Quotientenringe dargestellt werden, die aus dem Polynomring $\mathbb{Z}_p[x]$ mithilfe eines Hauptideals entstehen, das durch ein irreduzibles Polynom vom Grad n erzeugt wird. Wir zeigen, dass die Menge $K \setminus \{0\}$ eines endlichen Körpers K eine zyklische Gruppe ist. Diese zyklischen Gruppen werden unter anderem in der Kryptografie verwendet. Dies verdeutlichen wir an dem ElGamal-Public-Key-Verfahren aus Abschn. 8.5, das wir für eine durch einen endlichen Körper gewonnene zyklische Gruppe konkret durchführen. Da Körper eine der Grundlagen von Vektorräumen sind, kommen wir in diesem Zusammenhang in Kap. 10 auf Körper und speziell endliche Körper zurück. Endliche Körper sind dabei für weitere kryptografische Verfahren und für die Codierungstheorie von Bedeutung.

9.1 Einführung in Ringe und Körper

Aus Kap. 6 wissen wir, dass die Mengen $\mathbb{Z}$ und $\mathbb{Z}_n$ nicht nur Gruppen mit der Addition als Verknüpfung sind, sondern dass auf ihnen auch eine Multiplikation definiert ist. Dadurch werden sie zu einem Ring.

Definition 9.1 Es sei R eine Menge mit einer additiven und einer multiplikativen Verknüpfung. $(R, +, \cdot)$ heißt *Ring*, wenn die folgenden Bedingungen erfüllt sind:

(a) $(R, +)$ ist eine abelsche Gruppe.
(b) $(R, \cdot)$ ist eine Halbgruppe.
(c) Es gelten die Distributivgesetze

$$(a + b)c = ac + bc \quad \text{und} \quad a(b + c) = ab + ac$$

für alle $a, b, c \in R$.

Gilt zusätzlich

(d)
$$ab = ba \quad \text{für alle} \ a, b \in R,$$

so ist $(R, +, \cdot)$ ein *kommutativer Ring*. $\square$

Das neutrale Element der Gruppe $(R, +)$ ist das Nullelement 0. Falls $R \neq \{0\}$ gilt und ein Element $1 \in R$ existiert mit $1a = a1$ für alle $a \in R$, so heißt 1 das *Einselement* des Rings $(R, +, \cdot)$. $(R, \cdot)$ ist dann ein Monoid. Falls keine Missverständnisse möglich sind, schreiben wir für einen Ring $(R, +, \cdot)$ einfach R.

Beispiel 9.1

(a) Die oben erwähnten Ringe $\mathbb{Z}$ und $\mathbb{Z}_n$ für jedes $n \in \mathbb{N}$, $n > 1$, sind kommutative Ringe mit Einselement. Dasselbe gilt für $\mathbb{Q}$, $\mathbb{R}$ und $\mathbb{C}$.

(b) Es sei M die Menge aller stetigen reellwertigen Abbildungen $f : [0, 1] \rightarrow \mathbb{R}$. Wir definieren eine Addition und Multiplikation auf M durch $(f + g)(x) = f(x) + g(x)$ bzw. $(f \cdot g)(x) = f(x) \cdot g(x)$ für alle $x \in [0, 1]$. Mit der Nullfunktion $0 : [0, 1] \rightarrow \mathbb{R}$ und der konstanten Funktion Id : $[0, 1] \rightarrow \mathbb{R}$, die durch $0(x) = 0$ bzw. $\text{Id}(x) = x$ für alle $x \in [0, 1]$ gegeben sind, wird M offenbar ein Ring mit Einselement. $\square$

Die folgenden Rechenregeln werden in Aufgabe 1 bewiesen.

Satz 9.1 *(Rechenregeln)* Es sei R ein Ring. Dann gilt

$$a \cdot 0 = 0 \cdot a = 0, \; a(-b) = (-a)b = -ab, \; (-a)(-b) = ab,$$
$$a(b - c) = ab - ac, \; (a - b)c = ac - bc. \; \square$$

Als Folgerung erhalten wir

Satz 9.2 Es sei R ein Ring mit Einselement. Dann ist $0 \neq 1$.

Beweis Wegen $R \neq \{0\}$ existiert ein Element $a \neq 0$. Dafür gilt $a \cdot 0 = 0$ und $a \cdot 1 = a$, woraus die Behauptung folgt. $\square$

Entsprechend den Untergruppen werden auch Unterringe definiert.

Definition 9.2 Es sei R ein Ring und $S \subseteq R$, $S \neq \emptyset$. Dann heißt S ein *Unterring* von R, wenn für alle $a, b \in S$ auch $a + b \in S$, $ab \in S$ und $-a \in S$ gelten. $\square$

Für ein $a \in S$ gilt $-a \in S$ und damit $a + (-a) = 0 \in S$. Insgesamt erfüllt S die Ringeigenschaften, die von R „vererbt" werden.

Beispiel 9.2

(a) Für jeden beliebigen Ring R sind $\{0\}$ und R Unterringe. $\{0\}$ ist für $R \neq \{0\}$ ein echter Unterring, R natürlich nicht.

(b) $\mathbb{Z}$ ist ein Unterring von $\mathbb{Q}$, $\mathbb{Q}$ einer von $\mathbb{R}$ und $\mathbb{R}$ ist ein Unterring von $\mathbb{C}$.

(c) Wir betrachten $n\mathbb{Z}$ für $n \in \mathbb{N}$ aus Beispiel 8.7(b), also

$$n\mathbb{Z} = \{\ldots, -2n, -n, 0, n, 2n, \ldots\}.$$

Dies ist ein kommutativer echter Unterring von $\mathbb{Z}$ ohne Einselement. $\square$

Die wichtigsten Ringe, die betrachtet werden, sind wahrscheinlich die Polynomringe. Aus der Schule sind Polynome der Art $f(x) = 6 + 3x + 4x^2$ bekannt, also Polynome mit „Unbestimmter" x und Koeffizienten aus $\mathbb{Z}$ oder $\mathbb{R}$. Da der Begriff Unbestimmte etwas vage ist, wollen wir eine exaktere Definition eines Polynoms angeben.

Definition 9.3 Es sei R ein Ring mit Einselement. Ein *Polynom* über R ist eine unendliche Folge

$$f = (a_0, a_1, a_2, \ldots)$$

mit $a_i \in R$, $i \in \mathbb{N}_0$, sodass $a_i = 0$ für alle bis auf endlich viele i gilt. Die a_i heißen *Koeffizienten* von f. Das Polynom $(0, 0, 0, \ldots)$ wird *Nullpolynom* genannt und auch mit 0 bezeichnet. Der *Grad* eines Polynoms $f \neq 0$, bezeichnet mit $\deg(f)$, ist der größte Index i mit $a_i \neq 0$. Für das Nullpolynom werde $\deg(0) = -\infty$ gesetzt. Ein Polynom f mit $\deg(f) \leq 0$, also $f = (a_0, 0, 0, \ldots)$, heißt *konstantes Polynom* und wird kurz als a_0 geschrieben.

Mit $R[x]$ bezeichnen wir die Menge aller Polynome über R. $\square$

Das x aus $R[x]$ erinnert schon an die Unbestimmte in der klassischen Notation.

Es ist klar, dass zwei unendliche Folgen $(a_0, a_1, \ldots)$ und $(b_0, b_1, \ldots)$ übereinstimmen, wenn $a_i = b_i$ für alle $i \in \mathbb{N}_0$ gilt. Folglich sind zwei Polynome gleich, wenn ihre jeweiligen Koeffizienten gleich sind.

Definition 9.4 Es seien $f = (a_0, a_1, \ldots)$ und $g = (b_0, b_1, \ldots)$ Elemente von $R[x]$. Dann definieren wir

$$f + g = (a_0 + b_0, a_1 + b_1, \ldots)$$

und

$$fg = \left(a_0 b_0, a_0 b_1 + a_1 b_0, a_0 b_2 + a_1 b_1 + a_2 b_0, \ldots, \sum_{j=0}^{n} a_j b_{n-j}, \ldots\right). \square$$

Aus den Definitionen folgt

Satz 9.3 Es seien R ein Ring und $f, g \in R[x]$. Dann sind $f + g, fg \in R[x]$, und es gelten die Beziehungen

$$\deg(f + g) \leq \max\{\deg(f), \deg(g)\} \quad \text{und} \quad \deg(fg) \leq \deg(f) + \deg(g). \square$$

Die Aussagen von Satz 9.3 wollen wir uns an einem einfachen Beispiel klarmachen.

Beispiel 9.3 Wir betrachten die Polynome

$$f = (2, 2, 0, \ldots), \; g = (2, 1, 3, 0, \ldots) \text{ und } h = (1, 2, 0, \ldots)$$

über dem Ring $\mathbb{Z}_4$. Es gilt $\deg(f) = \deg(h) = 1$ und $\deg(g) = 2$. Man erhält die Polynome

$$f + g = (0, 3, 3, 0, \ldots) \text{ mit } \deg(f + g) = 2,$$
$$f + h = (3, 0, \ldots) \text{ mit } \deg(f + h) = 0,$$
$$fg = (2 \cdot 2, 2 \cdot 1 + 2 \cdot 2, 2 \cdot 3 + 2 \cdot 1 + 0 \cdot 2, 2 \cdot 0 + 2 \cdot 3 + 0 \cdot 1 + 0 \cdot 2, 0, \ldots),$$
$$= (0, 2, 0, 2, 0 \ldots) \text{ mit } \deg(fg) = 3 \text{ und}$$
$$ff = (0, 0, 0, \ldots) = 0 \text{ mit } \deg(ff) = -\infty.$$

Für die Beziehungen aus Satz 9.3 steht hier bei $f + g$ und fg das Gleichheitszeichen und in den beiden anderen Fällen das $<$-Zeichen. □

Satz 9.4 Es sei R ein Ring mit Einselement. Dann ist auch $R[x]$ ein Ring mit dem Einselement $1 = (1, 0, \ldots)$.

Beweis Der Beweis, der zwar mühselig ist, aber routinemäßig durchgeführt werden kann, ist als Aufgabe 4 gestellt. □

Im Folgenden wollen wir für Polynome $f = (a_0, a_1, \ldots, a_n, 0, \ldots)$ wieder die traditionelle Schreibweise mit unbestimmtem Element x verwenden. Wir setzen $x = (0, 1, 0 \ldots)$. Dann gilt nach Definition 9.4

$$x^2 = (0, 0, 1, 0, \ldots), \; x^3 = (0, 0, 0, 1, 0, \ldots) \text{ usw.}$$

Jedes Element $r \in R$ ist als konstantes Polynom $(r, 0, \ldots)$ auffassbar. Mit einem beliebigen Polynom $(a_0, a_1, a_2, \ldots)$ erhalten wir $r \cdot (a_0, a_1, a_2, \ldots) = (ra_0, ra_1, ra_2, \ldots)$. Dann folgt

$$f = (a_0, a_1, \ldots, a_n, 0, \ldots) = (a_0, 0 \ldots) + (0, a_1, 0 \ldots) + \ldots (0, \ldots, 0, a_n, 0 \ldots)$$
$$= a_0 + a_1 x + a_2 x^2 + \ldots + a_n x^n.$$

Damit ist die übliche Schreibweise eines Polynoms formal sauber begründet.

Jetzt sind wir auch in der Lage, Polynomringe mit mehreren Unbestimmten zu definieren. Dies geschieht rekursiv durch

$$R[x, y] = (R[x])[y]$$

und kann auf jede beliebige endliche Anzahl von Unbestimmten verallgemeinert werden. So erhalten wir zum Beispiel

$$f = 2x + 4x^2 y z^4 + 17 y^5 z^{12} \in \mathbb{Z}[x, y, z].$$

Definition 9.5 Es seien R ein Ring und $a, b \in R$, $a \neq 0$, $b \neq 0$ mit $ab = 0$. Dann heißt a *linker Nullteiler* von b und b *rechter Nullteiler* von a. Ein Ring heißt *nullteilerfrei*, wenn er keine Nullteiler besitzt. Ein vom Nullring verschiedener kommutativer nullteilerfreier Ring mit Einselement heißt *Integritätsbereich*.   □

Beispiel 9.4

(a) Wir betrachten den Ring $\mathbb{Z}_8$. Dann ist 2 linker (und auch rechter) Nullteiler von 4 und umgekehrt. Allgemein sei $n \in \mathbb{N}$ eine Zahl, die keine Primzahl ist. Sie hat eine Darstellung $n = rs$ mit $r, s \in \mathbb{N}$, $r, s > 1$. Folglich ist im Ring $\mathbb{Z}_n$ das Element r ein linker (rechter) Nullteiler von s und umgekehrt.

(b) Wir betrachten für eine Primzahl p den Ring $\mathbb{Z}_p$. Wegen $\mathbb{Z}_p = \{0\} \cup \mathbb{Z}_p^*$ und der Gruppeneigenschaft von $\mathbb{Z}_p^*$ ist $\mathbb{Z}_p$ nullteilerfrei und damit ein Integritätsbereich. Weitere Integritätsbereiche sind beispielsweise $\mathbb{Z}, \mathbb{Q}, \mathbb{R}, \mathbb{C}$.   □

Satz 9.5 Es sei R ein kommutativer Ring mit Einselement. R ist genau dann ein Integritätsbereich, wenn die Kürzungsregeln gelten, also

$$ab = ac \Rightarrow b = c, \quad ba = ca \Rightarrow b = c$$

für alle $a, b, c \in R$, $a \neq 0$.

Beweis Es sei R ein Integritätsbereich. Aus $ab = ac$ folgt $ab - ac = a(b - c) = 0$. Da R nullteilerfrei ist, folgt $b - c = 0$, also $b = c$. Umgekehrt sei R ein kommutativer Ring mit Einselement, bei dem die Kürzungsregel erfüllt ist. Besäße R einen Nullteiler $a \neq 0$, so würde für ein $b \neq 0$ die Gleichung $ab = 0 = a \cdot 0$ folgen. Aus der Kürzungsregel erhalten wir den Widerspruch $b = 0$.   □

Ist R ein Integritätsbereich, dann kann die Relation für den Grad des Produktpolynoms aus Satz 9.3 verschärft werden.

Satz 9.6 Es sei R ein Integritätsbereich und $f, g \in R[x]$. Dann gilt

$$\deg(fg) = \deg(f) + \deg(g).$$

Beweis Ist $f = 0$, so gilt dies auch für fg. Wegen $\deg(0) = -\infty$ ist die Gleichung erfüllt. Im Weiteren seien $f \neq 0$ und $g \neq 0$, und es gelte $\deg(f) = n$, $\deg(g) = m$. Dann erhalten wir $fg = a_n b_n x^{m+n} + r$ mit $a_n \neq 0 \neq b_m$ und einem Polynom r eines Grads $< m + n$. Da ein Integritätsbereich nullteilerfrei ist, folgt $a_n b_m \neq 0$ und daher $\deg(fg) = n + m$.   □

Definition 9.6 Es sei R ein Integritätsbereich und $\langle 1 \rangle$ die von 1 erzeugte additive Untergruppe von R. Die *Charakteristik* von R ist gleich der Ordnung von $\langle 1 \rangle$, falls dieser Wert endlich ist, anderenfalls ist die Charakteristik 0.   □

Satz 9.7 Es sei R ein Integritätsbereich mit Charakteristik $n > 0$. Dann ist n eine Primzahl.

Beweis Aus $n = kl$ mit $1 < k, l < n$ folgt die Gleichung

$$\left(\sum_{i=1}^{k} 1 \right) \cdot \left(\sum_{i=1}^{l} 1 \right) = \sum_{i=1}^{n} 1 = 0$$

in R. Aus der Nullteilerfreiheit von R erhalten wir $\left(\sum_{i=1}^{k} 1 \right) = 0$ oder $\left(\sum_{i=1}^{l} 1 \right) = 0$. Dies widerspricht jedoch der Tatsache, dass die von 1 erzeugte Untergruppe n Elemente hat. $\square$

Offenbar ist die Charakteristik von $\mathbb{Z}$, $\mathbb{Q}$, $\mathbb{R}$ oder $\mathbb{C}$ jeweils 0, diejenige von $\mathbb{Z}_p$ dagegen gleich p. Jeder Integritätsbereich der Charakteristik p enthält $\mathbb{Z}_p$ als Untergruppe.

Definition 9.7 Es sei R ein Ring mit Einselement. Für $a, b \in R$ gelte $ab = 1$. Dann heißt a *Linksinverses* von b und b *Rechtsinverses* von a. Es ist b *Inverses* von a, wenn $ab = ba = 1$ gilt. Das Element a heißt *Einheit*, wenn es ein Inverses besitzt. Mit $U(R)$ bezeichnen wir die *Menge der Einheiten* von R. $\square$

Falls ein Inverses eines Elements $a \in R$ existiert, dann ist es wegen Satz 7.4 eindeutig bestimmt und wird auch als a^{-1} geschrieben. Wir erhalten

Satz 9.8 Es sei R ein Ring mit Einselement. Die Menge $U(R)$ der Einheiten von G ist eine Gruppe bezüglich der Restriktion der Ringmultiplikation von R auf $U(R)$.

Beweis Offensichtlich ist $1 \in U(R)$. Gilt $a \in U(R)$, so besitzt es das Inverse a^{-1}. Das bedeutet jedoch, dass a^{-1} das Inverse a hat. Es folgt $a^{-1} \in U(R)$. Sind $a, b \in U(R)$, so muss auch ihr Produkt ab eine Einheit sein, da $(ab)^{-1} = b^{-1}a^{-1}$ das zugehörige Inverse ist. $\square$

Besonders interessant ist der Fall, dass alle von 0 verschiedenen Elemente eines Rings ein Inverses besitzen. Nach Satz 8.1 ist dann $R \backslash \{0\}$ eine Gruppe.

Definition 9.8 Es sei R ein Ring mit Einselement, in dem jedes Element $a \in R$, $a \neq 0$, ein Inverses besitzt. Dann heißt R *Schiefkörper*. Ist R kommutativ, so wird R *Körper* genannt. $\square$

Die Gruppe $R \backslash \{0\}$ wird auch als *multiplikative Gruppe* des Körpers bzw. Schiefkörpers bezeichnet. Offensichtliche Beispiele von Körpern sind $\mathbb{Q}$, $\mathbb{R}$ und $\mathbb{C}$. Ein Beispiel eines Schiefkörpers, der kein Körper ist, erhalten wir durch den Ring der Quaternionen (siehe Aufgabe 7).

Jeder Körper ist offenbar ein Integritätsbereich. Umgekehrt gilt

Satz 9.9 Ein endlicher Integritätsbereich R ist ein Körper.

Beweis Für ein Element $a \in R$, $a \neq 0$, muss $a \in U(R)$ gezeigt werden. Wegen der Gültigkeit der Kürzungsregeln in R und der Endlichkeit von R folgt

$$\{ab \mid b \in R, b \neq 0\} = \{c \mid c \in R, c \neq 0\}.$$

Folglich existiert ein $b \in R$ mit $ab = 1$, das heißt $b = a^{-1}$. $\square$

Beispiel 9.5 $\mathbb{Z}_p$ ist nach Beispiel 9.4(b) ein Integritätsbereich. Da $\mathbb{Z}_p$ endlich ist, ist es auch ein Körper. $\square$

9.2 Ideale und Ringhomomorphismen

Bei den Gruppen spielten die normalen Untergruppen, also die Normalteiler, eine besondere Rolle. Mit ihrer Hilfe konnten neue Gruppen, nämlich die Faktorgruppen, konstruiert werden. Eine ähnliche Bedeutung haben bei Ringen die Ideale.

Zunächst machen wir uns klar, dass Ringe, die ja auch additive Gruppen sind, additive Untergruppen besitzen können. Diese additiven Untergruppen müssen keine Ringe sein, wie das folgende Beispiel zeigt.

Beispiel 9.6 Wir betrachten $M = \{\frac{a}{3} \mid a \in \mathbb{Z}\}$. Dann ist M eine additive Untergruppe von $\mathbb{Q}$, doch das Element $\frac{1}{3} \cdot \frac{1}{3} = \frac{1}{9}$ gehört nicht zu M, sodass M kein Ring ist. $\square$

Definition 9.9 Es sei R ein Ring. Ein *Ideal* I von R ist eine additive Untergruppe von R, für die $xr \in I$ und $rx \in I$ für alle $x \in I$ und $r \in R$ gelten. $\square$

Aus der Definition folgt sofort

Satz 9.10 Jedes Ideal eines Rings R ist ein Unterring von R. $\square$

Beispiel 9.7
(a) Für jeden Ring R sind $\{0\}$ und R trivialerweise Ideale. Dabei ist $\{0\}$ ein echtes Ideal, R dagegen nicht.
(b) In Beispiel 8.11(a) haben wir gesehen, dass alle echten Untergruppen von $\mathbb{Z}$ durch die Gruppen $n\mathbb{Z}$ für alle $n \in \mathbb{N}_0$ gegeben sind. Offenbar sind sie auch Ideale des Rings $\mathbb{Z}$, und andere echte Ideale von $\mathbb{Z}$ gibt es nicht.
(c) Es ist $\mathbb{Z}$ ein Unterring von $\mathbb{Q}$, aber kein Ideal, was beispielsweise wegen $\frac{1}{2} \cdot 3 = \frac{3}{2} \notin \mathbb{Z}$ sofort zu erkennen ist. Die Umkehrung von Satz 9.10 gilt also nicht.

(d) Es sei K ein Körper und $I \neq \{0\}$ ein Ideal von K. Für ein beliebiges Element $a \in I$, $a \neq 0$, kann wegen der Gruppeneigenschaft von $K \backslash \{0\}$ jedes Element $b \in K$ als $ar = b$ mit $r = a^{-1}b \in K$ dargestellt werden. Es folgt $I = K$. $\square$

Beispiel 9.7(d) zeigt also, dass Ideale für Körper keine Bedeutung haben.

Analog den Faktorgruppen werden Quotientenringe konstruiert. Ein Ideal eines Rings R ist eine Untergruppe der additiven kommutativen Gruppe R. Daher ist es nach Beispiel 8.16(b) ein Normalteiler von R. Wir können dann nach Satz 8.33 die Menge R/I der Linksnebenklassen von I betrachten, die die Faktorgruppe von I in R ist. Durch Definition einer geeigneten Multiplikation kann sie zu einem Ring erweitert werden.

Satz 9.11 *(Quotientenring)* Es sei I ein Ideal des Rings R. Wird auf der Menge

$$R/I = \{a + I \mid a \in R\}$$

der Linksnebenklassen von I durch

$$(a + I) + (b + I) = (a + b) + I \quad \text{und} \quad (a + I)(b + I) = ab + I$$

eine Addition bzw. Multiplikation definiert, so ist R/I ein Ring, der *Quotientenring* von I in R.

Beweis Wegen Satz 8.33 bleibt zu beweisen, dass R/I bezüglich der Multiplikation eine Halbgruppe ist und die Distributivgesetze erfüllt sind. Zunächst zeigen wir, dass die Multiplikation wohldefiniert ist. Es gelte $a + I = a' + I$ und $b + I = b' + I$. Dann existieren nach Satz 8.17(b) $i_1, i_2 \in I$ mit $a' = a + i_1$ und $b' = b + i_2$. Da I ein Ideal ist, folgt $a'b' = (a + i_1)(b + i_2) = ab + (ai_2 + bi_1 + i_1i_2) \in ab + I$. Damit erhalten wir, wie gewünscht, $ab + I = a'b' + I$.

Wegen der Definitionsgleichungen für die Addition und Multiplikation in R/I lassen sich die Assoziativität der Multiplikation und die Distributivität sofort von R auf R/I übertragen (siehe Aufgabe 10). $\square$

Die Linksnebenklassen $a + I$ liefern nach Satz 8.17(b) eine Zerlegung von R und damit eine Äquivalenzrelation

$$a \sim b \iff a + I = b + I.$$

Da diese Äquivalenzrelation nach Satz 9.11 sowohl mit der Addition als auch mit der Multiplikation von R verträglich ist, wird sie auch *Kongruenzrelation* genannt. Die Mengen $a + I$ heißen dann *Kongruenzklassen*.

Beispiel 9.8 Es sei $n\mathbb{Z}$, $n \in \mathbb{N}$, ein Ideal des Rings $\mathbb{Z}$. Wir gehen auf Beispiel 8.17(b) zurück und sehen, dass für die Äquivalenzrelation $\sim$, die sich aus den Linksnebenklassen

$a + n\mathbb{Z}$ ergibt, die Beziehung

$$a \sim b \iff a \equiv_n b$$

gilt, die Kongruenzklassen von $n\mathbb{Z}$ also mit den Kongruenzklassen modulo n überein-stimmen. Die Überlegungen aus Abschn. 6.3, die zeigten, dass $\mathbb{Z}/\equiv_n$ ein Ring ist, sind als Spezialisierung von Satz 9.11 zu verstehen. Insgesamt sind also die Ringe $\mathbb{Z}/n\mathbb{Z}$ und $\mathbb{Z}/\equiv_n$ gleich. $\square$

Für kommutative Ringe wollen wir den Begriff eines Hauptideals einführen. Betrachten wir für einen beliebigen kommutativen Ring R die Menge $rR = \{ra \mid a \in R\}$, so ist sie wegen $ra_1 - ra_2 = r(a_1 - a_2)$ nach Satz 8.13 eine Untergruppe von R. Für beliebige $ra \in rR$ und $s \in R$ gilt $sa \in R$ und damit $s(ra) = r(sa) \in rR$, sodass nach Definition 9.9 rR ein Ideal von R ist.

Definition 9.10 Es sei R ein kommutativer Ring. Ein Ideal I von R, das sich in der Form $I = rR = \{ra \mid a \in R\}$ für ein $r \in R$ darstellen lässt, heißt *Hauptideal* von R. Es wird auch als (r) geschrieben. $\square$

Man sagt, dass das Hauptideal (r) von dem Element $r \in R$ erzeugt wird. Ist r eine Einheit, so gilt offenbar $(r) = R$. In Abschn. 9.3 werden wir sehen, welche große Rolle Hauptideale für Ringe und Körper spielen.

Wir haben bei Normalteilern von Gruppen in Abschn. 8.7 ausführlich ihren wichtigen Zusammenhang mit Gruppenhomomorphismen untersucht. Wenn bei Ringen Ideale eine ähnliche Rolle wie Normalteiler bei Gruppen spielen sollen, dann ist es einleuchtend, dass eine Erweiterung von Gruppenhomomorphismen auf Ringe definiert werden muss.

Definition 9.11 Es seien R und S Ringe. Eine Abbildung $f : R \to S$ heißt *Ringhomo-morphismus*, wenn

$$f(a+b) = f(a) + f(b) \quad \text{und} \quad f(ab) = f(a)f(b)$$

für alle $a, b \in R$ gelten. Ist f bijektiv, so heißt f ein *Ringisomorphismus*. Die Ringe R und S werden dann *isomorph* genannt. $\square$

Wir sehen, dass Ringhomomorphismen auch Gruppenhomomorphismen sind. Unmittel-bar klar ist

Satz 9.12 Es seien $f : R \to S$ und $g : S \to T$ Ringhomomorphismen. Dann ist $g \circ f : R \to T$ ein Ringhomomorphismus. $\square$

Beispiel 9.9

(a) Für jeden Ring R existiert der identische Ringhomomorphismus $\text{Id}_R : R \to R$ mit $\text{Id}_R(a) = a$ für alle $a \in R$. Für zwei Ringe R und S gibt es immer den Nullhomomorphismus $0 : R \to S$ mit $0(a) = 0$ für alle $a \in R$.

(b) Offenbar erhalten wir einen Ringhomomorphismus $f : \mathbb{Z} \to \mathbb{Q}$ durch $f(a) = a$ für alle $a \in \mathbb{Z}$.

(c) Es sei I ein Ideal von R. Dann wird durch $f(a) = a + I$ wegen Satz 9.11 ein Ringhomomorphismus $f : R \to R/I$ definiert, der auch *kanonischer Ringhomomorphismus* genannt wird. Speziell ist für jedes $n \in \mathbb{N}$ die Abbildung $g : \mathbb{Z} \to \mathbb{Z}/n\mathbb{Z}$ mit $g(a) = a + n\mathbb{Z}$ ein Ringhomomorphismus. Da durch $h : \mathbb{Z}/n\mathbb{Z} \to \mathbb{Z}_n$ mit $h(a + n\mathbb{Z}) = a \bmod n$ ein Ringisomorphismus definiert werden kann, erhalten wir einen Ringhomomorphismus $f = h \circ g : \mathbb{Z} \to \mathbb{Z}_n$ mit $f(a) = a \bmod n$ für alle $a \in \mathbb{Z}$.

(d) Es sei $\gamma : R \to S$ ein Ringhomomorphismus. Dann wird ein Ringhomomorphismus $\Gamma : R[x] \to S[x]$ durch $\Gamma(f) = \gamma(a_0) + \gamma(a_1)x + \ldots + \gamma(a_n)x^n$ für jedes Polynom $f = a_0 + a_1 x + \ldots + a_n x^n \in R[x]$ definiert (siehe Aufgabe 11).

(e) Im Anschluss an Satz 8.7 haben wir festgestellt, dass $2\mathbb{Z}$ (und damit allgemein auch $n\mathbb{Z}$, $n \geq 2$) als Gruppe isomorph zu $\mathbb{Z}$ ist. Als Ringe sind jedoch $\mathbb{Z}$ und $n\mathbb{Z}$ nicht isomorph, was am Fehlen eines Einselements in $n\mathbb{Z}$ liegt. Wäre etwa $f : \mathbb{Z} \to n\mathbb{Z}$ ein Ringhomomorphismus, so würde $f(1) = f(1 \cdot 1) = f(1)f(1)$ gelten, woraus sich $f(1) = 0$ und damit der Widerspruch $f(a) = f(\sum_{i=1}^{a} 1) = 0$ für alle $a \in \mathbb{Z}$ ergäbe. $\square$

Da jeder Ringhomomorphismus f auch ein Gruppenhomomorphismus ist, sind $\text{Im}(f)$ und $\text{Ker}(f)$ gemäß Definition 8.17 definiert. Ähnlich Satz 8.40 erhalten wir

Satz 9.13 Es sei $f : R \to S$ ein Ringhomomorphismus. Dann ist $\text{Im}(f)$ ein Unterring von S und $\text{Ker}(f)$ ein Ideal von R.

Beweis Nach Satz 8.40 wissen wir, dass $\text{Im}(f)$ eine (additive) Untergruppe von S und $\text{Ker}(f)$ eine (additive) Untergruppe von R ist.

Für beliebige Elemente $a, b \in R$ gilt $f(ab) = f(a)f(b) \in S$, sodass nach Definition 9.2 $\text{Im}(f)$ ein Unterring von S ist. Weiter gelten für beliebige $a \in \text{Ker}(f)$ und $r \in R$ die Gleichungen $f(kr) = f(k)f(r) = 0 \cdot f(r) = 0$ und $f(rk) = f(r)f(k) = f(r) \cdot 0 = 0$, also $kr \in \text{Ker}(f)$ und $rk \in \text{Ker}(f)$. Damit ist $\text{Ker}(f)$ nach Definition 9.9 ein Ideal von R. $\square$

Satz 9.14 Es sei $f : R \to S$ ein Ringisomorphismus. Dann ist die inverse Abbildung $f^{-1} : S \to R$ ebenfalls ein Ringisomorphismus.

Beweis Nach Satz 8.7 wissen wir, dass f^{-1} ein Gruppenisomorphismus ist. Wir betrachten für $a, b \in S$ die Elemente $f^{-1}(ab)$, $f^{-1}(a)f^{-1}(b) \in R$. Wird der Ringhomomorphismus f auf diese Elemente angewendet, so erhalten wir in beiden Fällen dasselbe Element ab. Da f injektiv ist, folgt $f^{-1}(ab) = f^{-1}(a)f^{-1}(b)$, was zu beweisen war. $\square$

Es ist nicht überraschend, dass der 1. Isomorphiesatz für Gruppen auf Ringe verallgemeinert werden kann.

Satz 9.15 *(1. Isomorphiesatz für Ringe)* Es sei $f : R \to S$ ein Ringhomomorphismus. Dann sind $R/\mathrm{Ker}(f)$ und $\mathrm{Im}(f)$ isomorph.

Beweis Nach Satz 8.42 ist die durch $\alpha(a+I) = f(a)$ für alle $a \in R$ definierte Abbildung α ein Gruppenisomorphismus. Weiter gilt für $a, b \in R$ die Gleichung $\alpha((a+\mathrm{Ker}(f))(b+\mathrm{Ker}(f))) = \alpha(ab + \mathrm{Ker}(f)) = f(ab) = f(a)f(b) = \alpha(a + \mathrm{Ker}(f))\alpha(b + \mathrm{Ker}(f))$. Insgesamt ist also α ein Ringisomorphismus. $\square$

Der Beweis des zweiten und dritten Isomorphiesatzes für Ringe ist in den Aufgaben 13 und 14 gestellt.

Satz 9.16 Es sei I ein Ideal eines Rings R. Es werde

$$\mathrm{Unt}_I(R) = \{S \mid S \text{ Unterring von } R, I \subseteq S\}$$

und

$$\mathrm{Unt}(R/I) = \{\bar{S} \mid \bar{S} \text{ Unterring von } R/I\}$$

gesetzt. Dann ist die durch $\psi(S) = S/I$ definierte Abbildung $\psi : \mathrm{Unt}_I(R) \to \mathrm{Unt}(R/I)$ bijektiv. Dabei ist S genau dann ein Ideal von R, wenn S/I ein Ideal von R/I ist.

Beweis Ein Ideal I von R ist wegen $I \subseteq S$ erst recht ein Ideal von S. Wir können also S/I bilden. Da die Nebenklassen von S/I offenbar auch Nebenklassen von R/I sind, ist S/I ein Unterring von R/I, sodass die Abbildung ψ wohldefiniert ist. Für zwei Unterringe $S, S' \in \mathrm{Unt}_I(R)$ gelte $S/I = S'/I$. Dann ist $\{a + I \mid a \in S\} = \{a' + I \mid a' \in S'\}$. Wir nehmen $S \neq S'$ an. Dann existieren ohne Beschränkung der Allgemeinheit $a \in S, a \notin S', a' \in S', i_1, i_2 \in I$ mit $a + i_1 = a' + i_2$ und damit $a = a' + (i_2 - i_1)$. Wegen $a \notin S'$ muss $i_2 - i_1 \notin S'$ gelten, im Widerspruch zu $I \subseteq S'$. Wir erhalten so $S = S'$, ψ ist also injektiv.

Ist $\bar{S}$ ein Unterring von R/I, dann definieren wir

$$S = \{a \in R \mid a + I \in \bar{S}\}.$$

Man überzeugt sich, dass mit $a, b \in S$ auch $a + b \in S$, $ab \in S$ und $-a \in S$ gelten, sodass nach Definition 9.2 S ein Unterring von R ist. Wegen $0 \in S$ erhalten wir $I \in \bar{S}$. Aus $i + I = I$ für alle $i \in I$ folgt $I \subseteq S$. Wir erkennen sofort, dass $S/I = \bar{S}$ gilt. Daher ist die Abbildung ψ surjektiv.

Schließlich sei $S \in \text{Unt}_I(R)$ ein Ideal von R. Dann gilt $rs \in S$ und $sr \in S$ für alle $r \in R$, $s \in S$. Mit beliebigen Elementen $r + I \in R/I$, $s + I \in S/I$ erhalten wir $(r + I)(s + I) = rs + I$ sowie $(s + I)(r + I) = sr + I$. Wegen $rs, sr \in S$ liegen beide Produkte in S/I, sodass S/I ein Ideal ist. Wenn umgekehrt S/I ein Ideal in R/I ist, so gilt für beliebige $r \in R$, $s \in S$ die Beziehung $rs \in (r + I)(s + I) = (s' + I)$ für ein $s' \in S$. Es folgt $rs = s' + i$ mit $i \in I$. Aus $rs \notin S$ würde $i \notin S$ folgen, was wegen $I \subseteq S$ einen Widerspruch liefert. Folglich ist $rs \in S$. Analog ergibt sich $sr \in S$. S ist also ein Ideal in R. $\square$

Ein entsprechender Satz gilt natürlich auch für Gruppen, wobei Ideale durch Normalteiler zu ersetzen sind.

Im Folgenden werden wir zeigen, dass mit geeigneten Idealen der Quotientenring eines Rings mit Einselement ein Integritätsbereich oder auch ein Körper wird. Zunächst betrachten wir spezielle echte Ideale.

Definition 9.12 Es sei R ein kommutativer Ring mit Einselement. Ein *maximales Ideal* I von R ist ein echtes Ideal, sodass für jedes Ideal I' von R mit $I \subseteq I'$ entweder $I' = I$ oder $I' = R$ gilt. Ein *Primideal* von R ist ein echtes Ideal, sodass aus $ab \in I$ mit $a, b \in R$ sich $a \in I$ oder $b \in I$ ergibt. $\square$

Beispiel 9.10 Es sei p eine Primzahl. Wir betrachten zum Ideal $p\mathbb{Z}$ die Menge $\text{Unt}(\mathbb{Z}/p\mathbb{Z}) = \{\bar{S} \mid \bar{S} \text{ Unterring von } \mathbb{Z}/p\mathbb{Z}\}$. Wegen $|\mathbb{Z}/p\mathbb{Z}| = p$ und Satz 8.19 erhalten wir genau die zwei Elemente $\{0\}$ und $\mathbb{Z}/p\mathbb{Z}$ in $\text{Unt}(\mathbb{Z}/p\mathbb{Z})$. Nach Satz 9.16 ist dieser Menge die Menge $\text{Unt}_{p\mathbb{Z}}(\mathbb{Z}) = \{S \mid S \text{ Unterring von } \mathbb{Z}, p\mathbb{Z} \subseteq S\}$ bijektiv zugeordnet. Diese Menge besitzt also genau zwei Elemente, was bedeutet, dass $\mathbb{Z}$ und $p\mathbb{Z}$ die einzigen Unterringe von $\mathbb{Z}$ sind, die $p\mathbb{Z}$ umfassen. Folglich ist $p\mathbb{Z}$ ein maximales Ideal von $\mathbb{Z}$. $\square$

Satz 9.17 Es sei I ein echtes Ideal eines kommutativen Rings mit Einselement. Dann gilt:

(a) Es ist I genau dann ein Primideal von R, wenn R/I ein Integritätsbereich ist.

(b) Es ist I genau dann ein maximales Ideal, wenn R/I ein Körper ist.

Beweis Zum Beweis von (a) gehen wir zunächst davon aus, dass I ein Primideal ist. Für Elemente $a + I, b + I \in R/I$ gelte $(a + I)(b + I) = ab + I = I = 0_{R/I}$. Es folgt $ab \in I$ und damit, da I ein Primideal ist, $a \in I$ oder $b \in I$. Wir erhalten $a + I = 0_{R/I}$ oder $b + I = 0_{R/I}$, sodass R/I nullteilerfrei und somit nach Definition 9.5 ein Integritätsbereich ist. Umgekehrt seien $a, b \in R$ mit $ab \in I$. Wegen $(a + I)(b + I) = ab + I = I = 0_{R/I}$ und der Nullteilerfreiheit des Integritätsbereichs R/I folgt $a + I = I$ oder $b + I = I$, also $a \in I$ oder $b \in I$. Das bedeutet, dass I ein Primideal ist.

Wir beweisen nun (b). Nach Satz 9.16 ist I genau dann ein maximales Ideal von R, wenn R/I keine echten von $\{0\}$ verschiedenen Ideale besitzt. Ist diese Eigenschaft erfüllt, so betrachten wir das von einem beliebigen $a \in R/I$, $a \neq 0$, erzeugte Ideal $\bar{S}$ von R/I. Dafür gilt unter den angegebenen Voraussetzungen $\bar{S} = \{ar \mid r \in R/I\} = R/I$. Insbesondere existiert ein $r \in R/I$ mit $ar = 1$, also das Inverse r von a. Folglich ist R/I ein Körper. Ist umgekehrt R/I ein Körper, so besitzt R/I nach Beispiel 9.7 keine echten von $\{0\}$ verschiedenen Ideale. $\square$

Satz 9.18 Jedes maximale Ideal eines kommutativen Rings mit Einselement ist ein Primideal.

Beweis Da jeder Körper ein Integritätsbereich ist, folgt die Aussage aus Satz 9.17. $\square$

Primideale müssen jedoch nicht maximal sein. In einem Integritätsbereich R ist $\{0\}$ sicher ein Primideal, aber, sofern R kein Körper ist, nicht maximal. Im Folgenden wird ein weniger triviales Beispiel für ein solches Ideal angegeben.

Beispiel 9.11 Wir betrachten $R = \mathbb{Z}[x]$ und darin das Ideal

$$I = Rx = \{a_0 x + a_1 x^2 + \ldots + a_n x^{n+1} \mid a_i \in \mathbb{Z}, 0 \leq i \leq n, n \in \mathbb{N}_0\}.$$

Es werde die Abbildung $\gamma : R = \mathbb{Z}[x] \to \mathbb{Z}$ durch $\gamma(f) = f(0)$ definiert, wobei $f(0) = b_0$ für $f = b_0 + b_1 x + \ldots + b_n x^n$ gilt. Offensichtlich ist γ ein surjektiver Ringhomomorphismus, und es gilt $\text{Ker}(\gamma) = I$. Nach Satz 9.15 folgt die Isomorphie von R/I und $\text{Im}(\gamma) = \mathbb{Z}$. Da $\mathbb{Z}$ ein Integritätsbereich, aber kein Körper ist, zeigt Satz 9.17, dass $I = Rx$ ein Primideal von R ist, das nicht maximal ist. $\square$

9.3 Euklidische Ringe und Hauptidealringe

Wir haben uns in Kap. 6 ausführlich mit der Teilbarkeit und der Bestimmung des größten gemeinsamen Teilers zweier Zahlen im Ring $\mathbb{Z}$ der ganzen Zahlen beschäftigt. Es stellt sich die Frage, ob diese Begriffe auch in beliebigen Ringen sinnvoll definiert werden können und ob dort entsprechende Aussagen gelten. Wir werden sehen, dass dies in zufriedenstellender Weise nur möglich ist, wenn weitere einschränkende Bedingungen an die Ringe gestellt werden.

Definition 9.13 Es sei R ein kommutativer Ring mit Einselement. Ein Element $a \in R$ teilt ein Element $b \in R$, wenn ein $c \in R$ mit $ac = b$ existiert. Wir schreiben dafür auch $a \mid b$. $\square$

Wir erinnern daran, dass wir in Definition 9.7 die Menge der Einheiten eines Rings R mit $U(R)$ bezeichnet haben. Es gelten die folgenden Aussagen, deren Beweis als Aufgabe 18 dem Leser überlassen wird.

Satz 9.19 Es sei R ein kommutativer Ring mit Einselement, und es seien $a, b, c, r, s \in R$. Dann gelten die folgenden Aussagen:

(a) $a \mid a$ und $a \mid 0$.
(b) $0 \mid a$ gilt genau dann, wenn $a = 0$ ist.
(c) Aus $a \mid b$ und $b \mid c$ folgt $a \mid c$.
(d) Aus $a \mid b$ und $a \mid c$ folgt $a \mid (br + cs)$ für alle $r, s \in R$.
(e) Ist $r \in U(R)$, so folgt $r \mid a$ für alle $a \in R$.
(f) Es sei $r \in U(R)$. Dann gilt $a \mid r$ genau dann, wenn $a \in U(R)$ ist. $\quad\square$

Im Ring $\mathbb{Z}$ gilt $z \mid -z$ und $-z \mid z$. Solche Ringelemente werden allgemein assoziierte Elemente genannt.

Definition 9.14 Es sei R ein kommutativer Ring mit Einselement. Ein Element $a \in R$ heißt *assoziiert* zu $b \in R$, wenn die Relationen $a \mid b$ und $b \mid a$ gelten. $\quad\square$

Satz 9.20 Es sei R ein Integritätsbereich. Zwei Elemente $a, b \in R$ sind genau dann assoziiert, wenn eine Einheit $u \in U(R)$ existiert mit $b = au$.

Beweis Sind $a, b \in R$ assoziiert, dann gilt $a \mid b$ und $b \mid a$ und damit $au = b$ und $bv = a$ mit $u, v \in R$. Es folgt $auv = a$. Satz 9.5 liefert $uv = 1$. Daher ist u nach Definition 9.7 eine Einheit.

Aus $b = au$ mit $u \in U(G)$ folgt $bu^{-1} = a$. Aus beiden Gleichungen zusammen erhalten wir $a \mid b$ und $b \mid a$, a und b sind also assoziiert. $\quad\square$

Definition 9.15 Es sei R ein kommutativer Ring mit Einselement. Ein Element $a \in R$ heißt *irreduzibel*, wenn $a \neq 0$ und $a \notin U(R)$ gelten und aus $b \mid a$ für $b \in R$ folgt, dass $b \in U(R)$ ist oder a und b assoziiert sind. $\quad\square$

Beispiel 9.12
(a) In $\mathbb{Z}$ sind genau die Zahlen p und $-p$ für alle Primzahlen p die irreduziblen Elemente.
(b) In einem Körper K gibt es keine irreduziblen Elemente, da alle von 0 verschiedenen Elemente ein Inverses besitzen, also Einheiten sind.
(c) Wir betrachten für einen Körper K den Polynomring $K[x]$. Die irreduziblen Elemente werden hier *irreduzible Polynome* genannt.

Die Einheiten von $K[x]$ sind genau die Polynome vom Grad 0, also die von 0 verschiedenen Elemente von K, da wegen Satz 9.6 Polynome vom Grad ≥ 1 keine Inversen besitzen können. Für ein irreduzibles Polynom $f \in K[x]$ gilt also $\deg(f) \geq 1$. Aus $g \in K[x]$ mit $g \mid f$ muss $g \in U(K[x]) = K\backslash\{0\}$ folgen oder die Eigenschaft, dass f und g assoziiert sind. Nach Satz 9.20 bedeutet die letzte Eigenschaft die Gültigkeit von $f = ag$ mit einem Element $a \in K\backslash\{0\}$. Insgesamt heißt das, dass ein Polynom irreduzibel ist, wenn es sich nicht in das Produkt zweier nicht konstanter Polynome niedrigeren Grads zerlegen lässt.

Beispielsweise erhalten wir in $\mathbb{R}[x]$ durch $f = x^2 + 1$ ein irreduzibles Polynom, denn aus der Annahme $x^2 + 1 = (x - a)(x - b) = x^2 - (a + b)x + ab$ mit $a, b \in \mathbb{R}$ folgt durch Koeffizientenvergleich bei x zunächst $a = -b$ und damit der Widerspruch $1 = ab = -b^2$. $\square$

Wichtige Ergebnisse in Kap. 6 hingen von Satz 6.5 ab, der Division mit Rest. Damit wir bei Ringen für Teilbarkeitsaussagen vernünftige Ergebnisse erhalten, muss eine ähnliche Aussage bei Ringen gefordert werden. Dies führt zu

Definition 9.16 Ein Integritätsbereich R heißt *euklidischer Ring*, wenn eine Funktion $v : R\backslash\{0\} \to \mathbb{N}_0$ existiert, die die folgenden Eigenschaften erfüllt:

(a) Es seien $a, b \in R$ mit $b \neq 0$. Dann existieren $q, r \in R$ mit $a = bq + r$, wobei $r = 0$ oder $v(r) < v(b)$ gilt.
(b) Es seien $a, b \in R$ mit $a \neq 0 \neq b$. Dann folgt $v(a) \leq v(ab)$. $\square$

Beispiel 9.13 Offensichtlich ist $\mathbb{Z}$ ein euklidischer Ring, wobei die Funktion $v : \mathbb{Z}\backslash\{0\} \to \mathbb{N}_0$ durch $v(a) = |a|$ für alle $a \in \mathbb{Z}$ definiert ist. Die Eigenschaft (a) wird durch Satz 6.5 gegeben. Da für $b \neq 0$ die Beziehung $|a| \leq |a| \cdot |b| = |ab|$ gilt, ist auch die Eigenschaft (b) erfüllt. $\square$

Um zu zeigen, dass $K[x]$ für einen Körper K ein euklidischer Ring ist, müssen wir den Divisionsalgorithmus von $\mathbb{Z}$ auf $K[x]$ erweitern.

Satz 9.21 (*Divisionsalgorithmus für Polynome*) Es sei K ein Körper und $f, g \in K[x]$ mit $g \neq 0$. Dann existieren eindeutig bestimmte Polynome $q, r \in K[x]$ mit $f = gq + r$ mit $r = 0$ oder $\deg(r) < \deg(g)$.

Beweis Ist $f = 0$, dann sind mit $q = r = 0$ die Aussagen des Satzes erfüllt. Es seien nun die Polynome $f = a_0 + a_1 x + \ldots + a_n x^n$ und $g = b_0 + b_1 x + \ldots + b_m x^m$ mit $\deg(f) = n$ und $\deg(g) = m$ gegeben. Ist $\deg(f) < \deg(g)$, so brauchen wir nur $q = 0$ und $r = f$ zu setzen. Daher sei im Folgenden $\deg(f) \geq \deg(g)$. Ist $\deg(f) = 0 = \deg(g)$, so liefert $q = g^{-1} f$ und $r = 0$ die gewünschte Gleichung. Daher betrachten wir nur noch den Fall $\deg(f) > 0$. Wir führen den Beweis durch Induktion über den Grad von f.

Da für $\deg(f) = 0$ die Aussage bereits erfüllt ist, nehmen wir an, dass sie es auch für Polynome des Grads $\leq n - 1$ ist. Wir definieren $h = f - a_n b_m^{-1} x^{n-m} g$ und erhalten so $f = a_n b_m^{-1} x^{n-m} g + h$. Offenbar gilt $\deg(h) < \deg(f)$, sodass nach Induktionsannahme $h = gq' + r$ mit $r = 0$ oder $\deg(r) < \deg(g)$ folgt. Durch Einsetzen von h in die Gleichung für f ergibt sich $f = g(a_n b_m^{-1} x^{n-m} + q') + r$.

Zu zeigen bleibt, dass q und r eindeutig bestimmt sind. Ist $gq' + r' = gq + r$, so folgt $g(q' - q) = r - r'$. Wegen $\deg(r - r') < \deg(g)$ kann diese Gleichung für $q \neq q'$ nicht erfüllt sein. Es folgt $q = q'$ und damit auch $r = r'$. $\square$

Der durch den Beweis des Satzes 9.21 gegebene Divisionsalgorithmus lässt sich praktisch nur durchführen, wenn die Addition und Subtraktion sowie die Produkt- und die Inversenbildung im Körper K tatsächlich zu berechnen sind. Schon für $K = \mathbb{R}$ ist das nicht mehr numerisch korrekt möglich, sondern es müssen geeignete Näherungsrechnungen durchgeführt werden.

Satz 9.22 Es sei K ein Körper. Der Polynomring $K[x]$ ist ein euklidischer Ring, wobei die Funktion v durch $v(f) = \deg(f)$ gegeben ist.

Beweis Die Aussage (a) aus Definition 9.16 ist bereits durch Satz 9.21 bewiesen. Wegen Satz 9.6 gilt für $f, g \in K[x]$, $f \neq 0 \neq g$, $\deg(f) \leq \deg(f) + \deg(g) = \deg(fg)$, sodass auch (b) erfüllt ist. $\square$

Beispiel 9.14 Wenn die üblichen Operationen im Körper K praktisch zu berechnen sind, kann der Divisionsalgorithmus mithilfe eines Schemas leicht durchgeführt werden, das wir an den Polynomen $f = 1 + x^3 + x^4 + x^5$ und $g = 2 + 2x^2 + x^3$ aus $\mathbb{Q}[x]$ zeigen wollen. Zur leichteren Darstellung in diesem Schema wurden die Summanden der Polynome umgestellt, was wir auch sonst häufig machen werden.

$$
\begin{array}{l}
x^5 + x^4 + x^3 + 1 \;=\; (x^3 + 2x^2 + 2)(x^2 - x + 3) + (-8x^2 + 2x - 5) \\
\underline{x^5 + 2x^4 + 2x^2} \\
 - x^4 + x^3 - 2x^2 + 1 \\
\underline{ - x^4 - 2x^3 - 2x} \\
 3x^3 - 2x^2 + 2x + 1 \\
\underline{ 3x^3 + 6x^2 + 6} \\
 - 8x^2 + 2x - 5.
\end{array}
$$

Mit den Bezeichnungen aus dem Beweis von Satz 9.21 erhalten wir zunächst das Polynom $h = -x^4 + x^3 - 2x^2 + 1$, dann $3x^3 - 2x^2 + 2x + 1$ als Nächstes h und schließlich $-8x^2 + 2x - 5$, das wegen $\deg(-8x^2 + 2x - 5) = 2 < 3 = \deg(g)$ das gesuchte r ist. Außerdem gilt $q = x^2 - x + 3$. $\square$

Bereits in Definition 9.10 haben wir Hauptideale definiert.

Definition 9.17 Ein *Hauptidealring* ist ein Integritätsbereich R, in dem jedes Ideal I von R ein Hauptideal ist. $\square$

Satz 9.23 Jeder euklidische Ring ist ein Hauptidealring.

Beweis Es sei R ein euklidischer Ring mit der zugehörigen Funktion $v : R\backslash\{0\} \to \mathbb{N}_0$ und I ein Ideal von R. Für $I = \{0\}$ ist schon I ein Hauptideal. Für $I \neq \{0\}$ existiert wegen der Wohlordnung der natürlichen Zahlen (siehe Definition 3.2 und Satz 3.2) ein $b \in I\backslash\{0\}$ mit $v(b)$ minimal. Offenbar gilt $(b) \subseteq I$. Wir betrachten umgekehrt ein beliebiges $a \in I$. Nach Definition 9.16 existieren $q, r \in R$ mit $a = bq + r$, wobei $r = 0$ oder $v(r) < v(b)$ gilt. Für $r = 0$ erhalten wir $a = bq \in (b)$. Anderenfalls gilt $r = a - bq \in I$. Wegen $v(r) < v(b)$ ist dies ein Widerspruch zur Minimalität von $v(b)$. Es folgt $I = (b)$. $\square$

Als unmittelbare Folgerung aus den Sätzen 9.22 und 9.23 ergibt sich

Satz 9.24 Es sei K ein Körper. Dann ist $K[x]$ ein Hauptidealring. $\square$

Definition 9.18 Es sei R ein Integritätsbereich, und es seien $a, b \in R$. Ein *größter gemeinsamer Teiler* von a und b ist ein $d \in R$ mit der folgenden Eigenschaft:

(a) $d \mid a$ und $d \mid b$.
(b) Aus $c \mid a$ und $c \mid b$ für ein $c \in R$ folgt $c \mid d$.

Die Elemente a und b heißen *relativ prim*, wenn 1 ein größter gemeinsamer Teiler von a und b ist. $\square$

Sind d und d' größte gemeinsame Teiler von a und b, so gilt nach der Definition $d \mid d'$ und $d' \mid d$. Nach Definition 9.14 sind d und d' assoziiert, nach Satz 9.20 existiert eine Einheit $u \in R$ mit $d = d'u$. Dies bedeutet, dass größte gemeinsame Teiler eindeutig bis auf eine Einheit sind. Demnach gibt es für den Integritätsbereich $\mathbb{Z}$ für alle Zahlen a, b mit $ab \neq 0$ jeweils zwei größte gemeinsame Teiler, die sich nur durch das Vorzeichen unterscheiden. Wir haben jedoch in Definition 6.3 festgelegt, dass in diesem Fall nur die positive Zahl als größter gemeinsamer Teiler zählt. Eine solche Vorgehensweise ist jedoch für beliebige Integritätsbereiche nicht möglich, da das Konzept eines positiven Elements nicht existiert.

Über die Existenz von größten gemeinsamen Teilern in Integritätsbereichen wird in Definition 9.18 nichts ausgesagt. In Hauptidealringen sind sie jedoch jeweils vorhanden.

Satz 9.25 Es sei R ein Hauptidealring, und es seien $a, b \in R$. Dann besitzen a und b einen größten gemeinsamen Teiler, der die Form $d = ar + bs$ mit $r, s \in R$ hat.

Beweis Wir definieren die Menge $I = \{ar + bs \mid r, s \in R\}$. Offensichtlich ist I ein Ideal in R. Die Wahl von $r = 1$ und $s = 0$ liefert $a \in I$, entsprechend gilt auch $b \in I$. Da R ein Hauptidealring ist, gibt es ein $d \in I$ mit $I = (d)$. Daher existieren $x, y \in R$ mit $a = dx$ und $b = dy$. Es folgt $d \mid a$ und $d \mid b$, also die Aussage (a) von Definition 9.18. Weiter existieren wegen der Definition von I Elemente $r, s \in R$ mit $d = ar + bs$. Für ein $c \in R$ mit $c \mid a$ und $c \mid b$ gilt nach Satz 9.19(d) auch $c \mid d$, sodass (b) aus Definition 9.18 erfüllt ist. $\square$

Für euklidische Ringe kann ein größter gemeinsamer Teiler d zweier Zahlen sowie die Darstellung von d wie in Satz 9.25 durch eine Verallgemeinerung des erweiterten euklidischen Algorithmus 6.2 bestimmt werden. Auch hier gelten die Bemerkungen, die wir im Anschluss an Satz 9.21 gemacht haben.

Algorithmus 9.1 *(Erweiterter euklidischer Algorithmus)*

Eingabe: Euklidischer Ring R mit Funktion v sowie Elementen $a, b \in R$, $a \neq 0 \neq b$.
Ausgabe: Ein größter gemeinsamer Teiler d von a und b mit $d = ax + by$, $x, y \in R$.

> **begin**
> **if** $v(a) \geq v(b)$
> > **then** $g_0 := a; g_1 := b$
> > **else** $g_0 := b; g_1 := a$
>
> **fi**;
> $u_0 := 1; v_0 := 0;$
> $u_1 := 0; v_1 := 1;$
> $i := 1;$
> **while** $g_i \neq 0$ **do** {Schleifeninvariante: $g_i = g_0 u_i + g_1 v_i$}
> > berechne s und r mit $g_{i-1} = sg_i + r$;
> > $g_{i+1} := r = g_{i-1} - s \cdot g_i;$
> > $u_{i+1} := u_{i-1} - s \cdot u_i;$
> > $v_{i+1} := v_{i-1} - s \cdot v_i;$
> > $i := i + 1$
>
> **od**;
> $d := g_{i-1};$
> **end** $\square$

Satz 9.26 Es seien R ein euklidischer Ring und $a, b \in R$, $a \neq 0 \neq b$. Dann berechnet Algorithmus 9.1 einen größten gemeinsamen Teiler d von a und b sowie Elemente $x, y \in R$ mit $d = ax + by$.

Beweis Der Beweis erfolgt analog den Beweisen der Sätze 6.6 und 6.8, wobei zu beachten ist, dass für den euklidischen Ring $\mathbb{Z}$ die Funktion v durch $v(z) = |z|$ gegeben ist, die Zahlen aus $\mathbb{Z}$ also im allgemeinen Fall an passenden Stellen durch Werte der Funktion v zu ersetzen sind. Die genaue Durchführung überlassen wir Aufgabe 22.   □

Für $a = 0$ und $b \neq 0$ ist ein größter gemeinsamer Teiler unter Beachtung von Satz 9.19 durch b und für $a = b = 0$ durch 0 gegeben.

Sind a und b relativ prim, so gibt es nach Satz 9.25 Elemente $r, s \in R$ mit $1 = ar + bs$.

Beispiel 9.15 Wir betrachten den euklidischen Ring $\mathbb{Z}_3[x]$ mit den Polynomen $f = x^6 + x^4 + x^2 + 1$ und $g = x^3$. Zur Bestimmung eines größten gemeinsamen Teilers gehen wir nach Algorithmus 9.1 vor, wobei die notwendigen Polynomdivisionen entsprechend dem Schema von Beispiel 9.14 durchzuführen sind. Die folgenden Werte werden durchlaufen:

i	g_i	u_i	v_i	s
0	$x^6 + x^4 + x^2 + 1$	1	0	—
1	x^3	0	1	$x^3 + x$
2	$x^2 + 1$	1	$2x^3 + 2x$	x
3	$2x$	$2x$	$x^4 + x^2 + 1$	$2x$
4	1	$2x^2 + 1$	x^5	$2x$
5	0			

Als einen größten gemeinsamen Teiler von f und g erhalten wir also 1. Daher sind f und g relativ prim. Aus der Schleifeninvariante folgt in $\mathbb{Z}_3[x]$ die Gleichung

$$1 = (x^6 + x^4 + x^2 + 1)(2x^2 + 1) + x^3 x^5. \quad □$$

Satz 9.27 Es seien a, b, c Elemente eines Hauptidealrings mit $a \mid bc$ und a und b relativ prim. Dann gilt $a \mid c$.

Beweis Da a und b relativ prim sind, gilt nach Definition 9.18 und Satz 9.26

$$1 = ax + by$$

für geeignete $x, y \in R$. Multiplikation mit c liefert $c = acx + bcy$. Wegen $a \mid a$ und $a \mid bc$ folgt nach Satz 9.19(d) $a \mid c$.   □

Die entsprechende Aussage für natürliche Zahlen wurde in Satz 6.24 mithilfe der Primfaktorzerlegungen der beteiligten Zahlen bewiesen. Der Beweis hätte unter Benutzung von Satz 6.8 entsprechend dem vorhergehenden Beweis sehr viel einfacher durchgeführt werden können.

Satz 9.28 Es seien p, b, c Elemente eines Hauptidealrings R mit $p \mid bc$, wobei p irreduzibel ist. Dann gilt $p \mid b$ oder $p \mid c$.

Beweis Es gelte weder $p \mid b$ noch $p \mid c$. Ohne Beschränkung der Allgemeinheit betrachten wir einen größten gemeinsamen Teiler x von p und b. Nach Definition 9.15 gilt $x \in U(R)$ oder x ist assoziiert zu p. Im ersten Fall sind p und b relativ prim, sodass nach Satz 9.27 $p \mid c$ folgt. Im zweiten Fall erhalten wir $x = up$ mit einer Einheit $u \in U(R)$, also $p \mid x$ und damit wegen $x \mid b$ auch $p \mid b$. $\square$

Es ist klar, dass sich die Aussage dieses Satzes auch auf den Fall verallgemeinern lässt, bei dem p ein Produkt von mehr als zwei Elementen des Hauptidealrings teilt.

In Hauptidealringen fallen maximale Ideale und Primideale zusammen und lassen sich mithilfe irreduzibler Elemente ausdrücken.

Satz 9.29 Es sei $I \neq \{0\}$ ein Ideal eines Hauptidealrings R. Dann sind die folgenden Aussagen äquivalent.

(a) I ist maximal.
(b) I ist ein Primideal.
(c) Es gilt $I = (p)$ mit einem irreduziblen Element $p \in R$.

Beweis Aus (a) folgt (b) wurde in Satz 9.18 bewiesen.

Wir gehen jetzt von (b) aus. Es sei I ein Primideal. Da R ein Hauptidealring ist, gilt $I = (p)$ mit einem $p \in R$. Als Primideal ist I ein echtes Ideal von R. Wir erhalten daher $p \notin U(R)$. Nach Voraussetzung ist auch $p \neq 0$. Nach Definition 9.15 bleibt zu beweisen, dass für $a \mid p$ mit $a \in R$ die Beziehung $a \in U(R)$ gilt oder p und a assoziiert sind. $a \mid p$ bedeutet $p = ab$ mit einem geeigneten $b \in R$, für das auch $b \mid p$ erfüllt ist. Wir betrachten $p = ab \in I$. Da I ein Primideal ist, erhalten wir $a \in I$ oder $b \in I$ und damit $p \mid a$ oder $p \mid b$. Dies heißt nach Definition 9.14, dass a oder b zu p assoziiert ist. Ist a zu p assoziiert, so sind wir fertig. Anderenfalls ist b assoziiert zu p. Dann muss nach Satz 9.20 jedoch $a \in U(R)$ gelten. Damit ist in jedem Fall p irreduzibel.

Es bleibt zu beweisen, dass aus (c) die Aussage (a) folgt. Es sei J ein Ideal von R mit $I = (p) \subseteq J \subseteq R$. Da R ein Hauptidealring ist, gilt $J = (q)$ mit einem $q \in R$. Folglich gilt $p \in (q)$ und damit $q \mid p$. Da p irreduzibel ist, bedeutet dies $q \in U(R)$ oder q ist assoziiert zu p, also $J = R$ oder $J = I$. Daraus schließen wir, dass I ein maximales Ideal von R ist. $\square$

Aus diesem Satz und den Überlegungen von Beispiel 9.12(c) und den Sätzen 9.22 und 9.23 folgt

Satz 9.30 Es sei K ein Körper. Dann sind die maximalen Ideale von $K[x]$ genau die Ideale der Form (f), wobei f ein irreduzibles Polynom ist.

Zusammen mit Satz 9.17 ergibt sich daraus der wichtige

Satz 9.31 Es sei K ein Körper, Genau dann ist $f \in K[x]$ ein irreduzibles Polynom, wenn $K[x]/(f)$ ein Körper ist. $\square$

Wir wissen, dass $x^2 + 1 \in \mathbb{R}[x]$ irreduzibel ist. Folglich ist $\mathbb{R}/(x^2 + 1)$ ein Körper. Er ist, wie wir in Beispiel 9.16 zeigen werden, isomorph zum Körper $\mathbb{C}$ der komplexen Zahlen.

Auf irreduzible Polynome über endlichen Körpern werden wir in Abschn. 9.5 eingehen.

Im Folgenden werden wir zeigen, dass Polynome über einem Körper im Wesentlichen eindeutig in ein Produkt irreduzibler Polynome zerlegt werden können.

Satz 9.32 Es sei K ein Körper. Dann kann jedes nicht konstante Polynom $f \in K[x]$ in ein Produkt von irreduziblen Polynomen zerlegt werden, und zwar eindeutig bis auf die Reihenfolge und Einheiten aus K.

Beweis Ist $f \in K[x]$ nicht irreduzibel, dann gilt $f = gh$ mit Polynomen $g, h \in K[x]$ von kleinerem Grad als f. Wenn g und h irreduzibel sind, ist eine Zerlegung in irreduzible Polynome gefunden. Wenn g oder h nicht irreduzibel sind, können diese wieder in Polynome kleineren Grads faktorisiert werden. Dieser Prozess kann wiederholt werden, bis wir eine Faktorisierung

$$f = p_1 p_2 \cdots p_r, \ r \in \mathbb{N},$$

mit irreduziblen $p_i \in K[x]$ erhalten.

Um die Eindeutigkeit dieser Zerlegung zu beweisen, nehmen wir an, dass

$$f = p_1 p_2 \cdots p_r = q_1 q_2 \cdots q_s$$

zwei derartige Zerlegungen sind. Nach der Verallgemeinerung von Satz 9.28 teilt p_1 ein q_j, ohne Beschränkung der Allgemeinheit sei dies q_1. Da q_1 irreduzibel ist, folgt nach Definition 9.15 $q_1 = u_1 p_1$ mit einer Einheit $u_1 \in K$. Durch Einsetzen und Anwendung der Kürzungsregeln erhalten wir

$$p_2 \cdots p_r = u_1 q_2 \cdots q_s.$$

Dieses Argument können wir fortsetzen, bis wir schließlich zu

$$1 = u_1 u_2 \cdots u_r q_{r+1} \cdots q_s$$

gelangen. Dies ist jedoch nur für $r = s$ möglich, sodass die Gleichung $1 = u_1 u_2 \cdots u_r$ lautet und die Aussagen des Satzes erfüllt sind. $\square$

9.4 Nullstellen von Polynomen

Bereits in Beispiel 9.11 haben wir eine Abbildung $\gamma : \mathbb{Z}[x] \to \mathbb{Z}$ betrachtet, deren Wert $\gamma(f)$ sich aus dem Koeffizienten des Polynoms bei $x^0 = 1$ ergab. Dies lässt sich auch als Wert des Polynoms f bei Einsetzung von 0 für x in die Gleichung des Polynoms auffassen. Allgemeiner erhalten wir

Definition 9.19 Es seien R ein kommutativer Ring mit Einselement und $f = a_0 + a_1 x + \ldots + a_n x^n \in R[x]$ sowie $b \in R$. Der *Wert* von f bei b ist durch

$$f(b) = a_0 + a_1 b + \ldots + a_n b^n$$

definiert. $\square$

Satz 9.33 Es seien R ein kommutativer Ring mit Einselement und $f \in R[x]$ sowie $b \in R$. Dann ist die durch $\alpha_b(f) = f(b)$ definierte Abbildung $\alpha_b : R[x] \to R$ ein Ringhomomorphismus.

Beweis Damit α_b ein Ringhomomorphismus ist, müssen für beliebige $f, g \in R[x]$ die Gleichungen

$$(f + g)(b) = f(b) + g(b) \text{ und } (fg)(b) = f(b)g(b)$$

erfüllt sein. Dies ist aber richtig, da sich die Addition und Multiplikation von f und g unmittelbar auf die Addition der entsprechenden Elemente $f(b)$ und $g(b)$ von R übertragen. $\square$

Es ist klar, dass $\text{Ker}(\alpha_b) = \{f \mid f(b) = 0\}$ gilt. Das Element b wird in Bezug auf die Elemente von $\text{Ker}(\alpha_b)$ auch Nullstelle genannt.

Definition 9.20 Es seien R ein kommutativer Ring mit Einselement, $f \in R[x]$ und $b \in R$. Es ist b eine *Nullstelle* von f, wenn $f(b) = 0$ gilt. $\square$

Wir wollen jetzt eine äquivalente Charakterisierung von Nullstellen von Polynomen angeben.

Satz 9.34 Es seien R ein Integritätsbereich, $f \in R[x]$ und $b \in R$. Genau dann ist b eine Nullstelle von f, wenn $f = (x - b)q$ mit $q \in R[x]$ gilt.

Beweis Es gelte $f = (x - b)q$ mit $q \in R[x]$. Für den Ringhomomorphismus $\alpha_b : R[x] \to R$ aus Satz 9.33 gilt $\alpha_b(f) = \alpha_b(x - b)\alpha_b(q) = 0 \cdot \alpha_b(q) = 0$. Folglich ist b eine Nullstelle von f.

Umgekehrt sei b eine Nullstelle von f. Wir überlegen uns zunächst, dass der Beweis von Satz 9.21 auch richtig ist, wenn K ein Integritätsbereich und das Polynom $g \neq 0$ normiert ist, für g also $b_m = 1$ bei $\deg(g) = m$ gilt. Dann gilt im dortigen Beweis $b_m^{-1} = 1$, sodass die übrigen Argumente mit dem Integritätsbereich K richtig sind. Da $x - b$ ein normiertes Polynom ist, existieren eindeutig bestimmte Polynome $q, r \in R[x]$ mit $f = (x - b)q + r$ und $r = 0$ oder $\deg(r) < 1$. In jedem Fall ist also r eine Konstante. Wegen $\alpha_b(x - b) = 0$ folgt $0 = \alpha_b(f) = 0 \cdot \alpha_b(q) + r$, also $r = 0$ und damit $f = (x - b)q$. $\square$

Als unmittelbare Folgerung aus Satz 9.34 erhalten wir unter Beachtung von Definition 9.10

Satz 9.35 Es seien R ein Integritätsbereich, $b \in R$ und $\alpha_b : R[x] \to R$ der Ringhomomorphismus gemäß Satz 9.33. Dann ist $\mathrm{Ker}(\alpha_b)$ gleich dem Hauptideal $(x - b)$ von $R[x]$. $\square$

Satz 9.36 Es seien R ein Integritätsbereich und $f \in R[x]$ mit $\deg(f) = n$. Dann besitzt f höchstens n Nullstellen in R.

Beweis Wir führen den Beweis durch Induktion über n. Ein Polynom des Grads 0, also eine Konstante $\neq 0$, hat keine Nullstelle. Die Induktionsannahme ist, dass die Aussage des Satzes für Polynome des Grads $n - 1$, $n \in \mathbb{N}$, gilt. Es sei jetzt b eine Nullstelle von f. Nach Satz 9.34 gilt $f = (x - b)q$ mit $q \in R[x]$. Offenbar gilt $\deg(q) = n - 1$. Wegen der Nullteilerfreiheit von R ist eine Nullstelle von f entweder b oder eine Nullstelle von q. Da nach Induktionsannahme q höchstens $n - 1$ Nullstellen hat, besitzt f insgesamt höchstens n Nullstellen. $\square$

Eine wichtige Voraussetzung von Satz 9.36 ist, dass R ein Integritätsbereich, also nullteilerfrei ist. Als Gegenbeispiel betrachten wir $f = x^3 - x \in \mathbb{Z}_6[x]$, wo alle sechs Elemente von $\mathbb{Z}_6$ Nullstellen sind.

Eine Nullstelle kann mehrfach auftreten. Wir nennen b eine *k-fache Nullstelle* von f, wenn $f = (x - b)^k q$ mit $q \in R[x]$ und $q(b) \neq 0$ gilt.

Ohne Beweis (siehe zum Beispiel [82, Theorem 11.3.6]) geben wir den folgenden Satz an.

Satz 9.37 *(Fundamentalsatz der Algebra)* Sei $f \in \mathbb{C}[x]$ mit $f \neq 0$ und $\deg(f) = n$. Dann besitzt f in $\mathbb{C}$ genau n Nullstellen. $\square$

Man beachte, dass dabei mehrfache Nullstellen entsprechend ihrer Vielfachheit gezählt werden.

Ist K ein Körper, so gibt es für ein Polynom $f \in K[x]$ des Grads n nach Satz 9.36 höchstens n Nullstellen. Es ist möglich, dass es überhaupt keine Nullstelle gibt, was beispielsweise offenbar für das Polynom $f = x^2 + 1 \in \mathbb{R}[x]$ der Fall ist. Wir wissen andererseits, dass es für dieses Polynom zwei komplexe Nullstellen gibt, nämlich $+i$ und $-i$ in dem $\mathbb{R}$ umfassenden Körper $\mathbb{C}$. Allgemein stellt sich für ein Polynom $f \in K[x]$ die Frage, ob es einen K umfassenden Körper K_1 gibt, in dem f genau n Nullstellen besitzt. Ein solcher Körper wird auch Zerfällungskörper genannt.

Definition 9.21 Es sei K ein Körper und $f \in K[x]$, $\deg(f) > 0$. Ein *Zerfällungskörper* von f über K ist ein Körper F, der ein isomorphes Bild K' von K enthält, sodass f in $F[x]$ in der Form $b(x - b_1)(x - b_2)\ldots(x - b_n)$ mit $b \in K'$, $b_1, \ldots b_n \in F$ geschrieben werden kann und F der kleinste Körper ist, der K' und $b_1, \ldots, b_n$ enthält. $\square$

Falls ein Zerfällungskörper F eines Polynoms f existiert, so kann es als Produkt von Linearfaktoren über F dargestellt werden. Ohne Beschränkung der Allgemeinheit können wir annehmen, dass $K \subseteq F$ gilt, K also ein *Teilkörper* von F ist, das heißt ein Unterring von F, der das Einselement und mit jedem von 0 verschiedenen Element das Inverse enthält.

Satz 9.38 Es sei K ein Körper und $f \in K[x]$, $\deg(f) > 0$. Dann besitzt f einen Zerfällungskörper über K.

Beweis Wir führen einen Induktionsbeweis über $\deg(f) = n$. Für $n = 1$ ist die Aussage des Satzes richtig, da K dann selbst der Zerfällungskörper ist.

Es sei jetzt $n > 1$, und die Aussage des Satzes gelte für Polynome mit einem Grad kleiner als n. Wir unterscheiden die Fälle, dass f reduzibel und irreduzibel ist.

Zunächst sei f reduzibel, es gelte also $f = gh$ mit $g, h \in K[x]$, $\deg(g), \deg(h) < n$. Nach Induktionsannahme hat g einen Zerfällungskörper F_1 über K. Wir können dann h als ein Polynom über F_1 auffassen, sodass h einen Zerfällungskörper F über F_1 besitzt. Ohne Beschränkung der Allgemeinheit nehmen wir $K \subseteq F_1 \subseteq F$ an. Damit ist $f = gh$ ein Produkt von Linearfaktoren über F. Ist nun f ein Produkt von Linearfaktoren über einem Teilkörper E von F mit $K \subseteq E$, so gilt dies speziell auch für h. Es muss dann, da F ein Zerfällungskörper von h ist, $h = c(x - c_1)\ldots(x - c_p)$ mit $\deg(h) = p$ und $c \in K$, $c_1, \ldots, c_p \in F$ und daher $F \subseteq E$ gelten. Wir schließen, dass $F = E$ erfüllt ist und so F ein Zerfällungskörper von f über K ist.

Im Folgenden sei f irreduzibel. Nach Satz 9.31 ist $K_1 = K[x]/(f)$ ein Körper. Wir definieren durch $\alpha(a) = a + (f)$ einen Ringhomomorphismus $\alpha : K \to K[x]/(f)$. Da $\text{Ker}(\alpha) = \{0\}$ gilt, ist α nach Satz 8.41 injektiv. Folglich ist $K' = \alpha(K)$ ein zu K isomorpher Teilkörper von K_1. Daher können wir f als ein Polynom über K_1 auffassen. Wir betrachten das Element $a_1 = x + (f)$ in K_1. f habe die Darstellung $f = b_0 + b_1 x + \ldots + b_n x^n$, $b_i \in K$, $i \in \{0, \ldots, n\}$. Wegen der durch Satz 9.11 gegebenen Rechenregeln erhalten wir

$$f(a_1) = b_0 + b_1(x + (f)) + \ldots + b_n(x + (f))^n = b_0 + b_1 x + \ldots + b_n x^n + (f)$$
$$= f + (f) = (f) = 0_{K_1}.$$

Folglich ist a_1 eine Nullstelle von f in K_1. Nach Satz 9.34 folgt $f = (x - a_1)q$ mit $q \in K_1[x]$ und, da K_1 ein Körper ist, $\deg(q) = n - 1$. Die Induktionsannahme zeigt, dass q einen Zerfällungskörper F besitzt, der K_1 enthält. Wegen $a_1 \in K_1 \subseteq F$ gehören damit alle Nullstellen von f zu F. Es sei jetzt E ein Teilkörper von F, der ebenfalls K und alle Nullstellen von f enthält. Nach Definition 9.21 müssen wir $E = F$ zeigen. Jedes Element von K_1 hat die Darstellung $h + (f)$ mit einem Polynom $h \in K[x]$. Da E das Element a_1 und auch K enthält, liefert die Einsetzung von $a_1 = x + (f)$ in $h = c_0 + c_1 x + \ldots + c_r x^r$, $c_i \in K, i \in \{0, 1, \ldots, r\}, r \in \mathbb{N}_0$, ein Element aus E, nämlich

$$h(a_1) = c_0 + c_1(x + (f)) + \ldots + c_r(x + (f))^r = c_0 + c_1 x + \ldots + c_r x^r + (f) = h + (f) \in E$$

und damit $K_1 \subseteq E$. E enthält also K_1 und alle Nullstellen von q. Da F Zerfällungskörper von q ist, folgt nach Definition 9.21 $E = F$. $\square$

Man kann beweisen (siehe beispielsweise [82, Corollary 10.3.4] oder [46, Satz 58.4]), dass bis auf Isomorphie jedes von 0 verschiedene $f \in K[x]$ genau einen Zerfällungskörper über K besitzt.

Beispiel 9.16 Wir betrachten $\mathbb{R}[x]$ mit dem irreduziblen Polynom $f = x^2 + 1$ und bestimmen einen Zerfällungskörper von f über $\mathbb{R}$. Nach den Überlegungen zu Beginn diese Abschnitts soll sich $\mathbb{C}$ ergeben. Wir wollen hier formal vorgehen und zunächst die Konstruktionen gemäß dem Beweis von Satz 9.38 ausführen. Wir bilden den Körper $K_1 = \mathbb{R}[x]/(x^2 + 1)$. Seine Elemente haben die Gestalt $h + (x^2 + 1)$ mit $h \in \mathbb{R}[x]$. Entsprechend dem Beweis betrachten wir das Element $a_1 = x + (x^2 + 1) \in \mathbb{R}[x]/(x^2 + 1)$, für das mithilfe der durch Satz 9.11 gegebenen Rechenregeln

$$f(a_1) = (x + (x^2 + 1))^2 + 1 = x^2 + 1 + (x^2 + 1) = (x^2 + 1) = 0_{K_1}$$

folgt. Dann gilt $f = (x - a_1)q$ mit einem Polynom $q \in K_1[x]$ des Grads 1. Ein Zerfällungskörper von q ist nach dem Beweis der gesuchte Zerfällungskörper von f. Durch Anwendung des Divisionsalgorithmus (Satz 9.21) auf die Polynome f und $(x - a_1)$ aus $K_1[x]$ erhalten wir $(x^2 + 1) = (x - a_1)(x + a_1) + (1 + a_1^2)$, wobei der Rest 0 sein muss. Es ist also $q = x + a_1$. Da $-a_1 \in K_1$ gilt, ist schon $K_1 = \mathbb{R}[x]/(x^2 + 1)$ der Zerfällungskörper von q und damit der von f.

Nun betrachten wir den Körper $\mathbb{R}[x]/(x^2 + 1)$ genauer. Jedes $h \in \mathbb{R}[x]$ kann nach dem Divisionsalgorithmus als $h = (x^2 + 1)q + r$ mit Polynomen $q, r \in \mathbb{R}[x]$ mit $r = 0$ oder $\deg(r) \leq 1$ dargestellt werden. Es sind also h und r äquivalent bezüglich der durch das Ideal $(x^2 + 1)$ gegebenen Äquivalenzrelation. Entsprechend den modularen Rechnungen modulo n in $\mathbb{Z}_n$ (isomorph zu $\mathbb{Z}/n\mathbb{Z}$) können wir hier modulo $(x^2 + 1)$ auf der Menge $C = \{ax + b \mid a, b \in \mathbb{R}\}$ der Repräsentanten der Äquivalenzklassen rechnen, wobei C und $\mathbb{R}[x]/(x^2 + 1)$ isomorph sind. Die Addition $(ax + b) + (a'x + b') = (a + a')x + (b + b')$ erfordert offenbar keine Reduktion. Für die Multiplikation gilt zunächst $(ax + b) \cdot$

$(a'x + b') = aa'x^2 + (ab' + ba')x + bb'$. Der Divisionsalgorithmus liefert

$$aa'x^2 + (ab' + ba')x + bb' = (x^2 + 1)aa' + (ab' + ba')x + (bb' - aa').$$

Das Ergebnis der Reduktion ist durch den Rest, das heißt durch $(ab' + ba')x + (bb' - aa')$ gegeben. Man erkennt, dass wegen der Rechenregeln im Körper $\mathbb{C}$ (siehe die Ausführungen, die Satz 3.6 vorangehen) durch $\alpha(ax + b) = ai + b$ ein Isomorphismus zwischen C und $\mathbb{C}$ definiert wird. Das bedeutet, dass $\mathbb{C}$ der Zerfällungskörper von $x^2 + 1$ über $\mathbb{R}$ ist. $\square$

9.5 Endliche Körper

Ist K ein Körper, so ist $K\backslash\{0\}$ die Einheitengruppe von K, die wir als die multiplikative Gruppe des Körpers bezeichnet haben. Statt $K\backslash\{0\}$ schreiben wir auch K^*. Ist K ein Körper mit n Elementen, so ist die Ordnung von K^* gleich $n - 1$. Wir werden zeigen, dass für endliche Körper K die Gruppe K^* immer zyklisch ist. Dies ist von besonderem Interesse in der Kryptografie, wo wir zyklische Gruppen von großer Ordnung benötigen.

Für den folgenden Satz erinnern wir daran, dass φ die eulersche Funktion ist (siehe Definition 6.14).

Satz 9.39 Es sei K ein endlicher Körper mit n Elementen, und d sei ein Teiler von $n - 1$. Dann existieren genau $\varphi(d)$ Elemente der Ordnung d in K^*.

Beweis Wir bezeichnen mit $\psi(d)$ die Anzahl der Elemente der Ordnung d von K^*. Zunächst nehmen wir an, dass $\psi(d) > 0$ ist.

Es sei a ein Element der Ordnung d von K^*. Nach Satz 8.20 gilt $\langle a \rangle = \{1, a, a^2, \ldots, a^{d-1}\}$. Diese Elemente sind paarweise verschieden und wegen $(a^k)^d - 1 = (a^d)^k - 1 = 1^k - 1 = 0$ alles Nullstellen von $x^d - 1 \in K[x]$. Da es nach Satz 9.36 höchstens d Nullstellen von $x^d - 1$ in K gibt, besitzt dies Polynom genau d Nullstellen in K. Daher muss jedes Element der Ordnung d, das trivialerweise eine Nullstelle von $x^d - 1$ ist, eine Potenz von a sein. Da $\langle a \rangle$ die Ordnung d besitzt, hat nach Satz 8.25 a^k genau dann die Ordnung d, wenn $\text{ggT}(k, d) = 1$ gilt. Wegen $\psi(d) > 0$ gibt es Elemente der Ordnung d, sodass mit der letzten Äquivalenz die Gleichung $\psi(d) = \varphi(d)$ bewiesen ist.

Würde jetzt $\psi(d) = 0$ für einen Teiler d der Gruppenordnung $n - 1$ von K^* gelten, so ergäbe sich

$$n - 1 = \sum_{d | n-1} \psi(d) < \sum_{d | n-1} \varphi(d).$$

Dies steht jedoch im Widerspruch zu Satz 6.40. $\square$

Speziell können wir in Satz 9.39 auch $d = n - 1$ setzen. Das bedeutet, dass es $\varphi(n - 1)$ Elemente der Ordnung $n - 1$ in K^* gibt. Daraus folgt

Satz 9.40 Es sei K ein endlicher Körper mit n Elementen. Dann ist die multiplikative Gruppe des Körpers K zyklisch von der Ordnung $n - 1$ und besitzt genau $\varphi(n - 1)$ erzeugende Elemente. $\square$

Als Spezialfall erhalten wir

Satz 9.41 Es sei p eine Primzahl. Dann ist $\mathbb{Z}_p^*$ zyklisch von der Ordnung $p - 1$ und besitzt genau $\varphi(p - 1)$ erzeugende Elemente (primitive Wurzeln). $\square$

Die Aussage über die Anzahl der primitiven Wurzeln wurde bereits in Satz 8.29(a) gemacht.

Neben $\mathbb{Z}_p$ wollen wir jetzt weitere endliche Körper konstruieren. Nach Satz 9.31 wissen wir, dass $\mathbb{Z}_p/(f)$ genau dann ein Körper ist, wenn $f \in \mathbb{Z}_p[x]$ irreduzibel ist. Um einen solchen Körper zu erhalten, benötigen wir also ein Verfahren um festzustellen, ob ein gegebenes Polynom über $\mathbb{Z}_p$ irreduzibel ist. Solche Körper sind beispielsweise in der Kryptografie von besonderem Interesse.

Ein Polynom $f' = a_n' x^n + \ldots + a_1' x + a_0'$ über einem Körper K ist offenbar genau dann irreduzibel bzw. reduzibel, wenn es auch $f = a_n'^{-1} f'$ ist. Solche Polynome f werden *monisch* genannt. Daher beschränken wir uns jetzt auf ein monisches Polynom $f = x^n + a_{n-1} x^{n-1} \ldots + a_1 x + a_0 \in \mathbb{Z}_p[x]$ (oder allgemein $\in K[x]$). Für den Test seiner Irreduzibilität kann ein naiver Ansatz $f = gh$ mit zwei monischen Polynomen g und h gemacht werden, wobei $\deg(g) = r, \deg(h) = s, 1 \leq r, s < n$ und $r + s = n$ gelte. Es gibt genau $\lfloor \frac{n}{2} \rfloor$ Möglichkeiten solcher Ansätze. Durch Ausmultiplizieren und Koeffizientenvergleich erhalten wir jeweils n Gleichungen mit n Unbekannten (den Koeffizienten von g und h). Gibt es in mindestens einem der $\lfloor \frac{n}{2} \rfloor$ Fälle eine Lösung, so ist f reduzibel, anderenfalls irreduzibel.

Wir sehen ein, dass solche Überprüfungen bei Polynomen großen Grads im Allgemeinen viel zu aufwändig sind. Man benötigt effizientere Methoden. Es gibt viele Irreduzibilitätskriterien, die dies, häufig auch nur für bestimmte Teilfälle, leisten. Für Polynome über $\mathbb{Z}_p$, für die wir uns hier besonders interessieren, kann die Irreduzibilität eines Polynoms mit dem folgenden Satz überprüft werden, den wir ohne Beweis angeben. Er folgt aus [64, Lemma 2.13] (siehe auch Aufgabe 28).

Satz 9.42 Es sei p eine Primzahl und $f \in \mathbb{Z}_p[x]$ mit $\deg(f) = n$. Es ist f irreduzibel genau dann, wenn für alle $i \in \{1, 2, \ldots, \lfloor \frac{n}{2} \rfloor\}$ ein größter gemeinsamer Teiler von f und $x^{p^i} - x$ gleich 1 ist. $\square$

Beispiel 9.17 Wir betrachten die Polynome $f = x^5 + x + 1$, $g = x^5 + x^4 + x^3 + 2$ und $h = x^5 + 2x^4 + 2x + 2$ aus $\mathbb{Z}_3[x]$. Man erkennt sofort, dass 1 eine Nullstelle von f ist, sodass nach Satz 9.34 $f = (x - 1)q = (x + 2)q$ mit einem $q \in \mathbb{Z}_3[x]$ gilt, f also reduzibel ist. Dagegen besitzen weder g noch h Nullstellen in $\mathbb{Z}_3$. Gemäß Satz 9.42 müssen wir wegen $\lfloor \frac{5}{2} \rfloor = 2$ überprüfen, ob für $i = 1, 2$ jeweils ein größter gemeinsamer

Teiler von $x^{3^i} - x = x^{3^i} + 2x$ und g bzw. h gleich 1 ist. Für g liefert Algorithmus 9.1 im Fall $i = 2$ wegen

$$x^9 + 2x = (x^5 + x^4 + x^3 + 2)(x^4 + 2x^3 + x + 2) + (x^4 + 2),$$
$$x^5 + x^4 + x^3 + 2 = (x^4 + 2)(x + 1) + (x^3 + x),$$
$$x^4 + 2 = (x^3 + x)x + (2x^2 + 2) \text{ und}$$
$$x^3 + x = (2x^2 + 2)(2x)$$

einen größten gemeinsamen Teiler $2x^2 + 2$, sodass g reduzibel ist. Für h ergibt sich für $i = 1$ zunächst

$$x^5 + 2x^4 + 2x + 2 = (x^3 + 2x)(x^2 + 2x + 1) + (2x^2 + 2),$$
$$x^3 + 2x = (2x^2 + 2)(2x) + x \text{ und}$$
$$2x^2 + 2 = x(2x) + 2,$$

also ist 2 und damit auch 1 ein größter gemeinsamer Teiler von h und $x^3 - x$. Für $i = 2$ erhalten wir

$$x^9 + 2x = (x^5 + 2x^4 + 2x + 2)(x^4 + x^3 + x^2 + x + 2)$$
$$+ (x^4 + 2x^3 + 2x^2 + 2x + 2),$$
$$x^5 + 2x^4 + 2x + 2 = (x^4 + 2x^3 + 2x^2 + 2x + 2)x + (x^3 + x^2 + 2),$$
$$x^4 + 2x^3 + 2x^2 + 2x + 2 = (x^3 + x^2 + 2)(x + 1) + x^2 \text{ und}$$
$$x^3 + x^2 + 2 = x^2(x + 1) + 2,$$

sodass auch hier 1 ein größter gemeinsamer Teiler ist. Damit ist h irreduzibel, und $\mathbb{Z}_3[x]/(x^5 + 2x^4 + 2x + 2)$ ist ein Körper. $\square$

Es sei p eine Primzahl und $f \in \mathbb{Z}_p[x]$ ein irreduzibles Polynom mit $\deg(f) = n$. Den Körper $\mathbb{Z}_p[x]/(f)$ wollen wir entsprechend den Überlegungen zu $\mathbb{R}[x]/(x^2 + 1)$ in Beispiel 9.16 darstellen als

$$GF(p^n) = \{a_{n-1}x^{n-1} + \ldots + a_1 x + a_0 \mid a_i \in \mathbb{Z}_p, i \in \{0, \ldots, n-1\}\}.$$

Die p^n Elemente dieser Menge sind Repräsentanten der Äquivalenzklassen $h + (f)$. Aus einem beliebigen $g \in h + (f)$ lässt sich mithilfe des Divisionsalgorithmus immer eindeutig ein Element aus $GF(p^n)$ berechnen. Nach Konstruktion des Körpers ist das Nullpolynom das Nullelement, das konstante Polynom 1 ist das Einselement des Körpers. Die Addition erfolgt komponentenweise. Zur Multiplikation zweier Elemente $g_1, g_2 \in \mathbb{Z}_p/(f)$ wird zunächst das Produkt $g_1 g_2 \in \mathbb{Z}_p[x]$ gebildet. Dieses Produkt wird anschließend modulo f reduziert, das heißt durch f mithilfe des Divisionsalgorithmus dividiert, wobei der Rest dieser Division das Multiplikationsergebnis in $GF(p^n)$ liefert. Wir schreiben dafür auch $g_1 g_2 \bmod f$. Die Berechnung eines inversen Elementes von

$g \in GF(p^n)$ erfolgt mithilfe von Algorithmus 9.1, indem ein größter gemeinsamer Teiler von g und f in $\mathbb{Z}_p[x]$ berechnet wird, der in jedem Fall eine Einheit ist, also ein Element $z \in \mathbb{Z}_p^*$. Dabei liefert der Algorithmus eine Darstellung $z = fa + gb$, sodass das Inverse (modulo f) von g gleich $z^{-1}b$ ist und bei Verwendung eines Rechenschemas entsprechend Beispiel 9.15 sich aus dem Produkt von z^{-1} mit dem letzten Eintrag der Spalte für v_i ergibt. Aus der Konstruktion wird auch klar, dass die additive Gruppe $\mathbb{Z}_p$ in $\mathbb{Z}_p[x]/(f)$ enthalten ist. Der Körper hat also die Charakteristik p.

Wählen wir ein anderes irreduzibles Polynom $g \in \mathbb{Z}_p[x]$, so wird der Körper $\mathbb{Z}_p[x]/(g)$ ebenfalls durch die Menge $GF(p^n)$ dargestellt, insbesondere hat er auch p^n Elemente. Die Multiplikation und die Inversenbildung liefern jedoch im Allgemeinen andere Ergebnisse. Trotzdem sind die beiden so entstandenen Körper isomorph. Das zeigt der folgende

Satz 9.43 Zu jeder Primzahl p und jedem $n \in \mathbb{N}$ gibt es bis auf Isomorphie genau einen Körper K mit p^n Elementen. Alle endlichen Körper sind von dieser Gestalt. $\square$

Den Beweis dieses wichtigen Satzes führen wir hier nicht aus, da seine Darstellung noch weitere Begriffe und Aussagen der Algebra erfordern würde, auf die wir hier nicht eingehen wollen. Wir verweisen auf die Literatur (beispielsweise [82, Section 10.3], [67, Section 23.1] oder [46, § 59]). Der Satz rechtfertigt, dass wir einen Körper mit p^n Elementen immer als $GF(p^n)$ bezeichnen. Er ist ein Körper der Charakteristik p. Dabei steht GF für *Galois field* und erinnert an *Evariste Galois* (1811–1832), der erstmalig endliche Körper untersucht hat.

Die Anzahl der erzeugenden Elemente der multiplikativen Gruppe von $GF(2^n)$ ist nach Satz 9.40 gleich $\varphi(2^n - 1)$. Wenn $2^n - 1$ eine Primzahl ist, so ist jedes von 0 und 1 verschiedene Element von $GF(2^n)$ ein solches erzeugendes Element. Eine Primzahl dieser Gestalt wird auch *mersennesche Primzahl* genannt.

Beispiel 9.18 Wir betrachten den Körper $GF(3^5)$, der die 243 Elemente $a_4x^4 + a_3x^3 + a_2x^2 + a_1x + a_0$ mit $a_0, a_1, a_2.a_3, a_4 \in \mathbb{Z}_3$ besitzt. Als irreduzibles Polynom wählen wir $h = x^5 + 2x^4 + 2x + 2$ aus Beispiel 9.17. Als Beispiel einer Multiplikation betrachten wir $(x^3 + 1)(x^4 + 2x + 1)$. Die Multiplikation in $\mathbb{Z}_3[x]$ liefert $x^7 + x^3 + 2x + 1$, die Reduktion ergibt dann wegen

$$x^7 + x^3 + 2x + 1 = (x^5 + 2x^4 + 2x + 2)(x^2 + x + 1) + (x^4 + 2x^3 + 2x^2 + x + 2)$$

den Wert $x^7 + x^3 + 2x + 1 \bmod h = x^4 + 2x^3 + 2x^2 + x + 2$. Das Inverse von $x^3 + 1$ wird gemäß Algorithmus 9.1 durch die folgende Tabelle bestimmt, wobei die Spalte für

u_i unnötig ist und weggelassen wurde.

i	g_i	v_i	s
0	$x^5 + 2x^4 + 2x + 2$	0	–
1	$x^3 + 1$	1	$x^2 + 2x$
2	$2x^2 + 2$	$2x^2 + x$	$2x$
3	$2x + 1$	$2x^3 + x^2 + 1$	$x + 1$
4	1	$x^4 + x^2 + 2$	$2x + 1$
5	0	–	–

Aus der Schleifeninvariante des Algorithmus für $i = 4$ folgt $1 = hu_4 + (x^3 + 1)v_4$, das heißt, $v_4 = x^4 + x^2 + 2$ ist das Inverse von $x^3 + 1$ modulo h. □

Endliche Körper werden in der Kryptografie häufig angewendet. So gibt es verschiedene Secret-Sharing-Verfahren, die endliche Körper benutzen. Im Zusammenhang mit der linearen Algebra werden wir darauf in Kap. 10 zurückkommen. In Abschn. 8.5 wurde das ElGamal-Public-Key-Verfahren behandelt. Wir haben zwar nur die Schlüsselerzeugung und die Verschlüsselung besprochen, dies aber für beliebige zyklische Gruppen. Es wurde dort ein Beispiel unter Verwendung der Gruppe $\mathbb{Z}_p^*$ ausgeführt. Die ElGamal-Schlüsselerzeugung und -verschlüsselung kann ebenso in der multiplikativen Gruppe des Körpers $GF(2^n)$ erfolgen. Dies wollen wir uns an einem Beispiel klarmachen. Die Codierung der Klartexte in Elemente der multiplikativen Gruppe des Körpers ist hier sehr einfach: Wird etwa in $GF(2^{1024})$ gearbeitet, so kann jede Nachricht $a_{1023} \ldots a_1 a_0 \in \{0, 1\}^*$ von 1024 Bit als ein Polynom $a_{1023} x^{1023} + \ldots + a_1 x + a_0$ dargestellt werden.

Beispiel 9.19 Wir beschreiben den Ablauf des ElGamal-Verschlüsselungsverfahrens bei Benutzung der multiplikativen Gruppe G von $GF(2^4)$, die die Ordnung $2^4 - 1 = 15$ hat. Sie ist für die Praxis viel zu klein und noch nicht einmal geeignet, die 26 Buchstaben des normalen Alphabets direkt darzustellen. Alice erzeugt zunächst den öffentlichen und den geheimen Schlüssel nach Algorithmus 8.2. Als irreduzibles Polynom des Grads 4 in $\mathbb{Z}_2[x]$ bestimmt Alice $f = x^4 + x + 1$, das wegen

$$x^4 + x + 1 = (x^2 + x)(x^2 + x + 1) + 1 \text{ sowie } x^4 + x + 1 = (x^4 + x) + 1$$

nach Satz 9.42 tatsächlich irreduzibel ist. Dann wählt sie das Polynom $g = x$. Mit den Primfaktoren 3 und 5 von 15 überprüft sie entsprechend Satz 8.27, ob $x^3 \bmod f$ und

x^5 mod $f = x^2 + x$ verschieden von 1 sind, was der Fall ist. Folglich ist x ein erzeugendes Element von G. Zur Vereinfachung werde im Folgenden ein Polynom $a_3 x^3 + a_2 x^2 + a_1 x + a_0$ durch den Binärstring $(a_3 a_2 a_1 a_0)$ dargestellt. Das erzeugende Element ist also $g = (0010)$.

Alice wählt den geheimen Schlüssel $r = 8$ und berechnet $y = g^r = (0010)^8 = (0101)$. Hier kann sie die schnelle Exponentiation entsprechend Algorithmus 6.4 anwenden, der auf beliebige Gruppen verallgemeinert werden kann, da der Ablauf des Algorithmus nur über die Exponenten gesteuert wird. Ihr öffentlicher Schlüssel ist $((0010), (0101))$ zusammen mit dem irreduziblen Polynom f, das die Multiplikation bestimmt.

Bob möchte die Nachricht $M = (1001)$ verschlüsseln. Er wählt nach Algorithmus 8.3 zufällig $k = 7$ und berechnet

$$a = g^7 = (0010)^7 = (1011) \quad \text{und} \quad b = (1001)(0101)^7 = (1001)(1110) = (0111)$$

und sendet diese Werte an Alice. Zur Dechiffrierung berechnet Alice

$$z = (a^r)^{-1} = ((1011)^8)^{-1} = (1110)^{-1} = (0011)$$

und erhält dadurch

$$M = z \cdot b = (0011) \cdot (0111) = (1001). \quad \square$$

Die Berechnung diskreter Logarithmen in der multiplikativen Gruppe von $GF(2^n)$ hat einen ähnlichen Zeitbedarf wie die Berechnung diskreter Logarithmen in $\mathbb{Z}_p^*$ (vgl. Ende Abschn. 8.4), wobei 2^n dem Wert p entspricht und $c = \left(\frac{32}{9}\right)^{\frac{1}{3}} = 1{,}526$ ist. Diskrete Logarithmen in $GF(2^{607})$ konnten 2002 mit 100 PCs in einem Jahr berechnet werden. Daher sollte $n \geq 1024$ gewählt werden.

Im Jahre 2002 wurde der Advanced Encryption Standard (AES) als ein neuer Standard für ein symmetrisches Kryptosystem eingeführt, also für ein System, bei dem Sender und Empfänger denselben geheimen Chiffrier- und Dechiffrierschlüssel besitzen. Die Sicherheit eines solchen Verfahrens beruht darauf, dass beide Parteien die Schlüssel geheim halten. Der AES wird hier erwähnt, weil seine Konstruktion sehr stark vom Körper $GF(2^8)$ mit dem irreduziblen Polynom $f = x^8 + x^4 + x^3 + x + 1$ abhängt. Dabei spielt auch noch der Ring $GF(2^8)[x]/(x^4 + 1)$ eine Rolle (siehe beispielsweise [93, Kapitel 12]).

Endliche Körper sind auch in der Codierungstheorie von Bedeutung. Im Zusammenhang mit der linearen Algebra werden wir dies in Kap. 10 betrachten.

Aufgaben

(1) Beweise Satz 9.1.

(2) Es sei R ein Ring. Beweise:
   (a) R ist genau dann kommutativ, wenn $(a+b)^2 = a^2 + 2ab + b^2$ für alle $a, b \in R$ gilt.
   (b) R ist genau dann kommutativ, wenn $(a+b)(a-b) = a^2 - b^2$ für alle $a, b \in R$ gilt.
   (c) Ist R kommutativ, so gilt für alle $a, b \in R$ und $n \in \mathbb{N}$

   $$(a+b)^n = \sum_{k=0}^{n} \binom{n}{k} a^{n-k} b^k.$$

(3) Zeige: $S = \{a + b\sqrt{2} \mid a, b \in \mathbb{Z}\}$ ist ein kommutativer Unterring von $\mathbb{R}$ mit Einselement.

(4) Beweise Satz 9.4.

(5) Finde alle Nullteiler der folgenden Ringe: $\mathbb{Z}_8$, $\mathbb{Z}_{15}$, $\mathbb{Z}_2[x]$, $\mathbb{Z}_4[x]$.

(6) Es sei R ein Ring mit Einselement. Zeige: Besitzt $a \in R$ ein Linksinverses b und ein Rechtsinverses c, so gilt $b = c$, und es existieren keine anderen Links- oder Rechtsinversen von a.

(7) Auf der Menge $Q = \mathbb{R}^4 = \{(a, b, c, d) \mid a, b, c, d \in \mathbb{R}\}$ definieren wir eine Addition komponentenweise und die Multiplikation durch

$$(a, b, c, d)(a', b', c', d') = (aa' - bb' - cc' - dd', ab' + ba' + cd' - dc',$$
$$ac' + ca' + db' - bd', ad' + da' + bc' - cb').$$

Üblicherweise werden die Elemente von Q auch in der Form $a + bi + cj + dk$ geschrieben und *Quaternionen* genannt. Ähnlich den komplexen Zahlen definiere man das Inverse für von 0 verschiedene Elemente $a + bi + cj + dk$ mithilfe des *konjugierten Elements* $a - bi - cj - dk$. Zeige, dass Q ein Schiefkörper ist. Was ist i^2, j^2, k^2? Welche Gleichungen gelten für ij, jk und ki?

(8) Zeige: $S = \{a + b\sqrt{2} \mid a, b \in \mathbb{Q}\}$ ist ein Teilkörper von $\mathbb{R}$.

(9) Es sei R ein Integritätsbereich und I_1 und I_2 seien von $\{0\}$ verschiedene Ideale von R. Zeige, dass $I_1 \cap I_2 \neq \{0\}$ gilt.

(10) Es sei R ein Ring und I ein Ideal von R. Zeige, dass in R/I die Multiplikation assoziativ ist und die Distributivgesetze gelten.

(11) Es sei $\gamma : R \to S$ ein Ringhomomorphismus. Beweise, dass durch $\Gamma(f) = \gamma(a_0) + \gamma(a_1)x + \ldots + \gamma(a_n)x^n$ für alle Polynome $f = a_0 + a_1 x + \ldots + a_n x^n \in R[x]$ ein Ringhomomorphismus $\Gamma : R[x] \to S[x]$ definiert wird.

(12) Betrachte den Ring $\mathbb{Z}_{28}$. Zeige, dass $I = \{0, 7, 14, 21\}$ ein Ideal von $\mathbb{Z}_{28}$ ist, und bestimme $\mathbb{Z}_{28}/I$. Ist I ein Hauptideal? Ist $\mathbb{Z}_{28}/I$ ein Körper? Ist I maximal?

(13) *(2. Isomorphiesatz für Ringe)* Es sei R ein Ring mit Unterring S und Ideal I. Zeige, dass $S + I$ ein Unterring von R, $S \cap I$ ein Ideal von S und $(S + I)/I$ isomorph zu $S/(S \cap I)$ ist.

(14) *(3. Isomorphiesatz für Ringe)* Es seien I_1 und I_2 Ideale eines Rings R und $I_1 \subseteq I_2$. Beweise, dass I_2/I_1 ein Ideal von R/I_1 ist und $(R/I_1)/(I_2/I_1)$ und R/I_2 isomorph sind.

(15) Finde alle Primideale und alle maximalen Ideale von $\mathbb{Z}_{12}$.

(16) Es sei R ein Ring mit Einselement. Zeige, dass R genau dann ein Körper ist, wenn R kein Ideal I mit $\{0\} \neq I \neq R$ besitzt.

(17) Es sei R ein kommutativer Ring mit Einselement. In $R[x]$ sei (x) ein Primideal. Zeige, dass R ein Integritätsbereich ist.

(18) Beweise Satz 9.19.

(19) Es sei $n \in \mathbb{N}$ eine feste natürliche Zahl. Zeige, dass $\mathbb{Z}$ mit der durch $v(a) = |a|^n$ für alle $a \in \mathbb{Z}\backslash\{0\}$ gegebenen Abbildung $v : \mathbb{Z}\backslash\{0\} \to \mathbb{N}_0$ ein euklidischer Ring ist.

(20) Es sei R ein euklidischer Ring. Es seien $a, b, q, r \in R$ mit $b \neq 0$ und $a = bq + r$, $r \neq 0$. Zeige, dass ein größter gemeinsamer Teiler von a und b zu jedem größten gemeinsamen Teiler von b und r assoziiert ist.

(21) (a) Es sei $f : R \to S$ ein surjektiver Ringhomomorphismus. Zeige, dass S ein Hauptidealring ist, wenn es auch R ist.

   (b) Beweise, dass $\mathbb{Z}_n$ für alle $n \in \mathbb{N}$ ein Hauptidealring ist.

(22) Beweise Satz 9.26.

(23) Berechne in $\mathbb{Z}_5[x]$ einen größten gemeinsamen Teiler von $x^7 + 3x^6 + 4x^3 + 2x + 1$ und $3x^3 + 2x^2 + x + 4$.

(24) Es sei K ein Körper. Zeige, dass die in Satz 9.33 gegebene Abbildung $\alpha_b : K[x] \to K$ für jedes $b \in K$ surjektiv ist und dass $\text{Ker}(\alpha_b)$ ein maximales Ideal in $K[x]$ ist.

(25) Es sei p eine Primzahl. Zeige, dass die Gleichung $x^p - x = \prod_{a \in \mathbb{Z}_p}(x - a)$ in $\mathbb{Z}_p[x]$ gilt.

(26) Es sei R ein kommutativer Ring mit Einselement. Eine Abbildung $D : R \to R$ heißt eine *Ableitung* von R, wenn für $a, b \in R$ die Gleichungen

$$D(a + b) = D(a) + D(b) \quad \text{und} \quad D(ab) = aD(b) + bD(a)$$

gelten. Beweise die folgenden Aussagen:

(a) Es gilt $D(0) = D(1) = 0$, $D(-a) = -D(a)$ und $D(a^n) = na^{n-1}D(a)$ für alle $a \in R$ und $n \in \mathbb{N}$.

(b) Durch

$$D(f) = \sum_{k=0}^{n} k a_k x^{k-1} \quad \text{mit} \quad f = a_0 + a_1 x + \ldots a_n x^n \in R[x]$$

wird eine Ableitung $D : R[x] \to R[x]$ definiert.

(c) Es sei R ein Integritätsbereich. Hat $f \in R[x]$ die genau n-fache Nullstelle $b \in K$, so besitzt $D(f)$ die mindestens $(n-1)$-fache Nullstelle b, oder es gilt $D(f) = 0$. Ist die Charakteristik von R gleich 0, so besitzt $D(f)$ die genau $(n-1)$-fache Nullstelle b.

(d) Es sei R ein Integritätsbereich und es gelte $f \in R[x]$, $f \neq 0$ und $f(b) = D(f)(b) = 0$ für ein $b \in R$. Dann ist b mindestens zweifache Nullstelle von f.

(27) Das Polynom $f = x^3 + 2x + 1 \in \mathbb{Z}_3[x]$ sei gegeben. Beweise ohne Benutzung von Satz 9.42, dass f irreduzibel ist (man beachte: $\deg(f) = 3$). Bestimme $K[x]/(f)$ und den Zerfällungskörper von f.

(28) Bei Beschränkung von Lemma 2.13 aus [64] auf den Körper $\mathbb{Z}_p$ (p prim) erhalten wir die folgende Aussage:
Es sei $f \in \mathbb{Z}_p[x]$ mit $\deg(f) = n$ irreduzibel. Dann teilt f genau dann $x^{p^i} - x$, wenn $n \mid i$ erfüllt ist.
Beweise unter Verwendung dieser Aussage die Gültigkeit von Satz 9.42.

(29) Sind die Polynome $f = x^6 + x^4 + x^2 + 1 \in \mathbb{Z}_3[x]$ und $g = x^8 + x^4 + x^3 + x + 1 \in \mathbb{Z}_2[x]$ irreduzibel?

(30) Es sei K ein Körper der Charakteristik p mit p^n Elementen (p prim, $n \in \mathbb{N}$). Zeige, dass K ein Zerfällungskörper von $x^{p^n} - x \in \mathbb{Z}_p[x]$ ist (Im Anschluss an Satz 9.38 wurde erwähnt, dass jedes von 0 verschiedene Polynom bis auf Isomorphie genau einen Zerfällungskörper besitzt. Unter Beachtung dieser Aussage ist dann gezeigt, dass es bis auf Isomorphie nur einen Körper mit p^n Elementen gibt.).

(31) Zeige, dass $x^3 + 2x^2 + 1 \in \mathbb{Z}_3[x]$ irreduzibel ist. Betrachte dann die ElGamal-Public-Key-Verschlüsselung im Körper $GF(3^3)$, der durch $\mathbb{Z}_3[x]/(x^3 + 2x^2 + 1)$ dargestellt sei. Die 26 Buchstaben des Alphabets seien den 26 von null verschiedenen Elementen des Körpers zugeordnet:

$A \leftrightarrow 1$	$B \leftrightarrow 2$	$C \leftrightarrow x$
$D \leftrightarrow x + 1$	$E \leftrightarrow x + 2$	$F \leftrightarrow 2x$
$G \leftrightarrow 2x + 1$	$H \leftrightarrow 2x + 2$	$I \leftrightarrow x^2$
$J \leftrightarrow x^2 + 1$	$K \leftrightarrow x^2 + 2$	$L \leftrightarrow x^2 + x$
$M \leftrightarrow x^2 + x + 1$	$N \leftrightarrow x^2 + x + 2$	$O \leftrightarrow x^2 + 2x$
$P \leftrightarrow x^2 + 2x + 1$	$Q \leftrightarrow x^2 + 2x + 2$	$R \leftrightarrow 2x^2$
$S \leftrightarrow 2x^2 + 1$	$T \leftrightarrow 2x^2 + 2$	$U \leftrightarrow 2x^2 + x$
$V \leftrightarrow 2x^2 + x + 1$	$W \leftrightarrow 2x^2 + x + 2$	$X \leftrightarrow 2x^2 + 2x$
$Y \leftrightarrow 2x^2 + 2x + 1$	$Z \leftrightarrow 2x^2 + 2x + 2$	

Beweise, dass Alice $g = x$ als erzeugendes Element der multiplikativen Gruppe von $GF(3^3)$ benutzen darf. Zeige unter der Annahme, dass Alice 11 als privaten Schlüssel gewählt hat, wie Alice den folgenden Chiffretext entschlüsseln kann:

(K, H) (P, X) (N, K) (H, R) (T, F) (V, Y) (E, H) (F, A) (T, W) (J, D) (U, J)

Kurzdarstellung der Linearen Algebra und einige Anwendungen

Da wir davon ausgehen, dass die Leserin oder der Leser bereits Kenntnisse der linearen Algebra besitzt, wiederholen wir in diesem Kapitel zunächst zur Auffrischung die wichtigsten Begriffe und Ergebnisse der linearen Algebra, insbesondere diejenigen, die im Zusammenhang mit den hier vorgestellten Anwendungen von Bedeutung sind. Deshalb werden Vektorräume und Basen (Abschn. 10.1), Matrizen und lineare Abbildungen (Abschn. 10.2), lineare Gleichungssysteme (Abschn. 10.3), Determinanten, Eigenwerte und die Diagonalisierung von Matrizen (Abschn. 10.4) sowie euklidische Vektorräume (Abschn. 10.5) jeweils recht kurz behandelt.

Die Bedeutung der linearen Algebra für die Informatik soll durch die dann folgenden Abschnitte verdeutlicht werden. Das erste Gebiet der Informatik, für das wir eine Anwendung der linearen Algebra betrachten wollen, ist das Information Retrieval. Hierbei geht es darum, Informationen, die in sehr großen Datenbanken gespeichert sind, zurückzugewinnen. Beispielsweise möchte man eine solche Datenbank nach Büchern mit gewissen Schlagwörtern in den Titeln durchsuchen. In Abschn. 10.6 werden wir sehen, wie wir diese Aufgabe bei der sogenannten Vektorraumdarstellung von Information mithilfe von Vektoren, Matrizen und dem Kosinus zwischen Vektoren lösen können.

In vielen Anwendungsgebieten der linearen Algebra hat die Singulärwertzerlegung von Matrizen große Bedeutung, die zumeist in einführenden Lehrveranstaltungen zur linearen Algebra nicht behandelt wird. Daher wollen wir sie hier in Abschn. 10.7, aufbauend auf den Ergebnissen von Abschn. 10.5, vollständig mit Beweis vorstellen. Die Singulärwertzerlegung verwenden wir dann in Abschn. 10.8 im Zusammenhang mit einer Anwendung der linearen Algebra in der Computergrafik. In diesem Abschnitt beschränken wir uns auf geometrische Transformationen und zeigen, wie Punktmengen der Ebene $\mathbb{R}^2$ oder des Raums $\mathbb{R}^3$ transformiert werden können. Dies sind Aufgaben, die in fast allen Computergrafikanwendungen eine Rolle spielen.

Bei der Übertragung von Nachrichten über Funk, Telefon oder das Internet können Fehler auftreten. Solche Fehler möchte man erkennen und ggf. auch korrigieren. Diese Aufgaben versucht die Codierungstheorie zu lösen, unter anderem mithilfe der linearen

© Springer-Verlag Berlin Heidelberg 2016
W. Struckmann, D. Wätjen, *Mathematik für Informatiker*, DOI 10.1007/978-3-662-49870-5_10

Algebra und der Algebra (beispielsweise mit endlichen Körpern und Quotientenringen). Die Codierungstheorie ist ein wichtiges Anwendungsfeld der linearen Algebra und der Algebra. In Abschn. 10.9 stellen wir daher lineare Codes und speziell auch zyklische Codes ausführlich vor.

In Protokoll 6.1 haben wir ein Secret-Sharing-Verfahren betrachtet, bei dem ein auf n Personen verteiltes Geheimnis aus $t \leq n$ Teilgeheimnissen wiederhergestellt werden konnte. Diese Rekonstruktion erfolgte dort mithilfe des chinesischen Restesatzes. In Abschn. 10.10 werden wir das grundlegende Secret-Sharing-Verfahren von *Adi Shamir* betrachten, bei dem das Geheimnis durch Lösen eines linearen Gleichungssystems über $\mathbb{Z}_p$ wiederhergestellt wird. Anschließend wird ein weiteres, darauf aufbauendes Secret-Sharing-Verfahren besprochen, das zusätzlich die Exponentiation im endlichen Körper $GF(p^m)$ benutzt.

In Abschn. 10.11 führen wir den Begriff einer allgemeinen Algebra ein, der es uns erlaubt, verschiedene algebraische Strukturen in einer gemeinsamen Sprache zu beschreiben. Neben dieser Möglichkeit ist es für die Informatik jedoch von besonderer Bedeutung, dass insbesondere mehrsortige Algebren für die algebraische Spezifikation abstrakter Datentypen verwendet werden können. Darauf werden wir kurz eingehen.

10.1 Vektorräume und Basen

Der zentrale Begriff der linearen Algebra ist der des Vektorraums.

Definition 10.1 Ein *Vektorraum* über einem Körper K besteht aus einer abelschen Gruppe V, einem Körper K (dem *Skalarenkörper*) sowie einer Multiplikation $K \times V \to V$ (*Skalarmultiplikation*), die jedem $(a, u) \in K \times V$ ein Element $au \in V$ zuordnet und für alle $a, b \in K$, $u, v \in V$ die folgenden Regeln erfüllt:

(a) $a(u + v) = au + av$,
(b) $(a + b)u = au + bu$,
(c) $(ab)u = a(bu)$,
(d) $1_K u = u$. □

Die Elemente von V heißen *Vektoren*, die von K *Skalare*. 1_K ist das Einselement des Körpers K. Mit 0_K bezeichnen wir das Nullelement von K, mit 0_V das Nullelement von V. Wenn keine Missverständnisse möglich sind, wird der Vektorraum durch V bezeichnet. Leicht zu beweisen ist

Satz 10.1 Es sei V ein Vektorraum über K und $v \in V$, $a \in K$. Dann gilt

$$0_K v = 0_V, \quad a0_V = 0_V \quad \text{und} \quad (-1_K)v = -v. \quad □$$

Da in der Regel keine Verwechslungen zu befürchten sind, schreiben wir auch 0 statt 0_K oder 0_V.

Beispiel 10.1

(a) Für $n \in \mathbb{N}$ und einen Körper K ist K^n mit der komponentenweisen Addition und der skalaren Multiplikation $a(a_1, \ldots, a_n) = (aa_1, \ldots, aa_n)$ ein Vektorraum über K. Er wird auch *arithmetischer Vektorraum* genannt. Speziell für $K = \mathbb{R}$ erhalten wir, falls wir noch ein skalares Produkt festlegen, den n-dimensionalen euklidischen Raum (siehe Definition 10.22). Für $n \leq 3$ sind dies die bekannten geometrischen Interpretationen der Geraden, der Ebene bzw. des dreidimensionalen Raums.

(b) Die Menge $K[x]$ der Polynome in x über dem Körper K ist ein Vektorraum bezüglich der natürlichen Addition von Polynomen und der skalaren Multiplikation von Polynomen (Multiplikation eines konstanten Polynoms mit einem Polynom, siehe Definition 9.4). □

Definition 10.2 Eine nicht leere Teilmenge U eines Vektorraums über K heißt *Unterraum* von V, wenn für alle $u, v \in U$ und $a \in K$

$$u + v \in U \quad \text{und} \quad au \in U$$

gelten. Wir schreiben auch $U \leq V$. □

Man zeigt leicht, dass ein Unterraum U eines Vektorraums V selbst ein Vektorraum ist.

Beispiel 10.2 Offenbar ist $\{(a, 0, 0) \mid a \in \mathbb{R}\} \leq \mathbb{R}^3$, und für jeden Vektorraum V erhalten wir $\{0\} \leq V$ und $V \leq V$. □

Definition 10.3 Es sei V ein Vektorraum über dem Körper K. Der Vektor $v \in V$ heißt *Linearkombination* der Vektoren $v_1, \ldots, v_n \in V$, $n \in \mathbb{N}$, wenn es Skalare $a_1, \ldots, a_n \in K$ mit $v = a_1 v_1 + \ldots + a_n v_n$ gibt. Ist X eine beliebige nicht leere Teilmenge von Vektoren aus V, so bezeichnen wir mit $\langle X \rangle$ die Menge aller Linearkombinationen von Vektoren aus X. □

Satz 10.2 Es sei V ein Vektorraum über K und X eine beliebige nicht leere Teilmenge von X. Dann ist $\langle X \rangle$ ein Unterraum von V. □

Der Vektorraum $\langle X \rangle$ heißt der *von der Menge X erzeugte Unterraum*. Zur Ergänzung setzen wir $\langle \emptyset \rangle = \{0\}$. Dieser Vektorraum wird *Nullraum* genannt. Auch der Nullvektor 0 erzeugt den Nullraum, also $\langle \emptyset \rangle = \langle \{0\} \rangle$. Gilt $\langle X \rangle = V$, so wird X *Erzeugendensystem* von V genannt. Ist X endlich, so ist V ein *endlich erzeugter Vektorraum*.

Jeder Vektor $u \in \langle X \rangle$ hat eine Darstellung $u = a_1 v_1 + \ldots + a_n v_n$ mit geeigneten Vektoren $v_1, \ldots, v_n \in X$. Dies gilt speziell auch für den Nullvektor. In trivialer Weise ist das immer möglich, wenn $a_1 = \ldots = a_n = 0$ gewählt wird. Bei geeigneten Vektoren kann es jedoch auch nicht triviale Darstellungen des Nullvektors geben, etwa für $n = 2$ mit $v_2 = -v_1$ und $a_1 = a_2 = 1$. Diese Überlegungen führen zu

Definition 10.4 Es seien $v_1, \ldots, v_n$, $n \in \mathbb{N}$, Elemente eines Vektorraums V über K. Sie heißen *linear unabhängig*, wenn aus $a_1 v_1 + \ldots + a_n v_n = 0$ folgt, dass $a_1 = \ldots = a_n = 0$ gilt. Anderenfalls heißen sie *linear abhängig*. Eine nicht leere Teilmenge X von V heißt *linear abhängig*, wenn X endlich viele Vektoren enthält, die linear abhängig sind. Besteht X nur aus linear unabhängigen Vektoren, so heißt X *linear unabhängig*. $\square$

Beispiel 10.3
(a) Im n-dimensionalen arithmetischen Vektorraum K^n definiert man die n *Einheitsvektoren* durch

$$e_i = (a_1, \ldots, a_n) \text{ mit } a_i = 1 \text{ und } a_j = 0 \text{ für } i \neq j$$

für alle $i \in \{1, \ldots, n\}$. Diese Vektoren sind linear unabhängig in K^n.
(b) Im Vektorraum $K[x]$ der Polynome über dem Körper K ist die unendliche Teilmenge $X = \{1, x, x^2, x^3, \ldots\}$ linear unabhängig.
(c) Man betrachte die Teilmenge $\{(2,0), (1,1), (1,2)\}$ von $\mathbb{R}^2$. Es gilt $(2,0) = 4(1,1) - 2(1,2)$. Daher ist diese Teilmenge linear abhängig. $\square$

Satz 10.3 Es sei V ein Vektorraum über K, und es seien $v_1, \ldots, v_n \in V$. Jede Teilmenge von $\langle \{v_1, \ldots, v_n\} \rangle$, die mehr als n Vektoren enthält, ist linear abhängig. $\square$

Definition 10.5 Es sei V ein Vektorraum über K. Eine nicht leere Teilmenge B von V heißt *Basis* von V, wenn $V = \langle B \rangle$ gilt und die Elemente von B linear unabhängig sind. $\square$

Beispiel 10.4
(a) In K^n ist $B = \{e_1, \ldots, e_n\}$ eine Basis von K^n, die *kanonische Basis* von K^n genannt wird.
(b) Die Menge $X = \{1, x, x^2, x^3, \ldots\}$ ist eine Basis von $K[x]$.
(c) Der Nullraum besitzt die leere Basis $\emptyset$. $\square$

Sind $v_1, \ldots, v_n$ linear unabhängige Vektoren eines Vektorraums V und gilt

$$v = a_1 v_1 + \ldots + a_n v_n = b_1 v_1 + \ldots + b_n v_n,$$

so ist $(a_1 - b_1) v_1 + \ldots + (a_n - b_n) v_n = 0$. Wegen der linearen Unabhängigkeit erhalten wir $a_i = b_i$, $i \in \{1, \ldots, n\}$. Es folgt der wichtige

Satz 10.4 Es sei $B = \{v_1, \ldots, v_n\}$ die Basis eines Vektorraums V über K. Dann ist jedes Element $v \in V$ als $v = a_1 v_1 + \ldots + a_n v_n$ mit eindeutig bestimmten $a_i \in K$, $i \in \{1, \ldots, n\}$, darstellbar. $\square$

Diese Aussage gilt auch für Vektorräume mit unendlichen Basen. Aus Definition 10.5 geht noch nicht hervor, dass jeder Vektorraum eine Basis besitzen muss. Dies ist jedoch der Fall.

Satz 10.5 Jeder Vektorraum besitzt eine Basis. $\square$

Satz 10.6 *(Austauschsatz von Steinitz)* Gegeben seien ein Vektorraum V, eine Basis $B = \{v_1, \ldots, v_s\}$ von V sowie linear unabhängige Vektoren $u_1, \ldots, u_r$ von V. Dann gelten die folgenden Aussagen:

(a) $r \leq s$.
(b) $B' = \{u_1, \ldots, u_r, v_{r+1}, \ldots, v_s\}$ ist bei geeigneter Nummerierung von $v_1, \ldots, v_s$ eine Basis von V. $\square$

Ist V ein Vektorraum und $E \subseteq V$, so ist nach Definition 4.18, Definition 4.19 und Satz 10.6

$$(E, \mathcal{F}) \text{ mit } \mathcal{F} = \{U \subseteq E \mid U \text{ linear unabhängig}\}$$

offensichtlich ein Matroid (zu dieser Eigenschaft von V siehe Aufgabe 5).

Ein Vektorraum kann viele Basen besitzen. Aus Satz 10.6 folgt jedoch

Satz 10.7 Es sei V ein endlich erzeugter Vektorraum. Dann haben verschiedene Basen von V dieselbe Anzahl von Elementen. $\square$

Dieser Satz ermöglicht die folgende

Definition 10.6 Es sei V ein endlich erzeugter Vektorraum mit einer Basis B. Dann ist die Anzahl der Elemente von B die *Dimension* des Vektorraums V. Sie wird mit $\dim(V)$ bezeichnet. Ist V unendlich erzeugt, so wird $\dim(V) = \infty$ gesetzt. $\square$

Beispiel 10.5 Für die Vektorräume aus Beispiel 10.4 gilt $\dim(K^n) = n$ und $\dim(K[x]) = \infty$. $\square$

Definition 10.7 Es sei V ein endlich-dimensionaler Vektorraum über dem Körper K mit einer (geordneten) Basis $B = \{v_1, \ldots, v_n\}$. Ein Vektor $v \in V$ habe die eindeutige Darstellung $v = a_1 v_1 + \ldots + a_n v_n$. Dann heißen die $a_i \in K$, $i \in \{1, \ldots, n\}$, die *Koordinaten* von v bezüglich der Basis B, und $a = (a_1, \ldots, a_n) \in K^n$ ist der zugehörige *Koordinatenvektor*. $\square$

Ein Unterraum U eines Vektorraums V ist eine (additive) abelsche Untergruppe von V. Daher ist U ein Normalteiler von V, und gemäß Satz 8.33 kann dann die Faktorgruppe $V/U = \{v + U \mid v \in V\}$ gebildet werden. Damit V/U ein Vektorraum wird, definieren wir die Skalarmultiplikation

$$a(v + U) = av + U$$

für alle $v + U \in V/U$ und $a \in K$. Diese ist wohldefiniert, und man überzeugt sich leicht, dass V/U ein Vektorraum über K ist, der *Faktorraum* von U in V. Man erhält

Satz 10.8 Es sei $U \leq V$ mit einem Vektorraum V endlicher Dimension. Dann gilt

$$\dim(V/U) = \dim(V) - \dim(U). \quad \square$$

Beispiel 10.6 Wir betrachten den arithmetischen Vektorraum K^3 über dem Körper K und seinen Unterraum $U = \{(a, 0, 0) \mid a \in K\}$ und damit den Faktorraum K^3/U. Für $(a_1, a_2, a_3) + U, (b_1, b_2, b_3) + U \in K^3/U$ und $a \in K$ sind Addition und Multiplikation durch

$$((a_1, a_2, a_3) + U) + ((b_1, b_2, b_3) + U) = (a_1 + b_1, a_2 + b_2, a_3 + b_3) + U \quad \text{und}$$

$$a((a_1, a_2, a_3) + U) = (aa_1, aa_2, aa_3) + U$$

gegeben. Es gilt

$$(a_1, a_2, a_3) + U = (b_1, b_2, b_3) + U \iff a_2 = b_2, a_3 = b_3.$$

Das Nullelement ist die Klasse U. Wir erhalten

$$\dim(K^3/U) = \dim(K^3) - \dim(U) = 3 - 1 = 2,$$

und $\{(0, 1, 0) + U, (0, 0, 1) + U\}$ ist eine Basis von K^3/U. $\quad \square$

Ein Vektorraum hat in der Regel verschiedene Basen. Eine Transformation, die den Wechsel von einer Basis zur anderen beschreibt, kann als lineare Abbildung aufgefasst werden. Bevor wir auf lineare Abbildungen eingehen, wollen wir zunächst die damit zusammenhängenden Matrizen einführen.

10.2 Matrizen und lineare Abbildungen

Definition 10.8 Es seien $m, n \in \mathbb{N}$ und K sei ein Körper. Eine $m \times n$-*Matrix* A über K ist ein Schema

$$\begin{pmatrix} a_{11} & a_{12} & \cdots & a_{1n} \\ a_{21} & a_{22} & \cdots & a_{2n} \\ \vdots & \vdots & & \vdots \\ a_{m1} & a_{m2} & \cdots & a_{mn} \end{pmatrix}$$

mit Elementen $a_{ij} \in K$, $i \in \{1, \ldots, m\}$, $j \in \{1, \ldots, n\}$. Man schreibt auch $A = (a_{ij})$. Die Matrix A hat m Zeilen und n Spalten, die durch die m *Zeilenvektoren* $z_i = (a_{i1}, \ldots, a_{in}) \in K^n$ und die n *Spaltenvektoren*

$$s_j = \begin{pmatrix} a_{1j} \\ a_{2j} \\ \vdots \\ a_{mj} \end{pmatrix} \in K^m$$

gegeben sind. Der *Zeilenrang* der Matrix ist durch $\dim \langle \{z_1, \ldots, z_m\} \rangle$ und der *Spaltenrang* durch $\dim \langle \{s_1, \ldots, s_n\} \rangle$ gegeben. Sind alle $a_{ij} = 0$, so spricht man von einer *Nullmatrix*. Ist $m = n$, so wird A als eine quadratische Matrix bezeichnet. Die quadratische $n \times n$-Matrix E_n mit $a_{ii} = 1$ und $a_{ij} = 0$ für $i \neq j$ heißt *Einheitsmatrix*. $\square$

Den Zeilen- oder Spaltenrang einer Matrix gewinnt man durch elementare Zeilen- bzw. Spaltenvertauschungen (siehe Definition 10.16 und Satz 10.13). Man kann zeigen, dass der Zeilen- und Spaltenrang einer Matrix übereinstimmen. Wir sprechen daher auch von dem *Rang* einer Matrix.

Offensichtlich können die Elemente zweier Matrizen elementweise addiert oder mit einem Skalar multipliziert werden.

Definition 10.9 Es seien $A = (a_{ij})$ und $B = (b_{ij})$ zwei $m \times n$-Matrizen und $k \in K$. Dann werden die *Summenmatrix* $A + B$ und die Matrix kA durch $(a_{ij} + b_{ij})$ bzw. (ka_{ij}) definiert. $\square$

Durch diese Operationen erhalten wir offenbar einen Vektorraum, den Vektorraum $\text{Mat}_{mn}(K)$ der $m \times n$-Matrizen über K. Er hat die Dimension $m \cdot n$.

Sind s_j die Spaltenvektoren einer $m \times n$-Matrix A über K und $v = (a_1, \ldots, a_n) \in K^n$, dann definieren wir das Produkt

$$A \cdot v = a_1 s_1 + \ldots + a_n s_n.$$

Das Produkt ist also ein Vektor $w \in K^m$. Sind $u = (a_1, \ldots, a_n), v = (b_1, \ldots, b_n)$ zwei Vektoren aus K^n, so nennen wir

$$u \cdot v = a_1 b_1 + \ldots + a_n b_n$$

ihr *Skalarprodukt*. Wegen der Kommutativität der Multiplikation in K ist auch das Skalarprodukt kommutativ. Sind $z_i \in K^n$ die m Zeilen der Matrix A, so sind, wie man sich sofort überzeugt, die m Koordinaten w_i des Vektors $w = A \cdot v$ durch die jeweiligen Skalarprodukte $z_i \cdot v$ gegeben.

Definition 10.10 Es sei $A = (a_{ij})$ eine $m \times n$- und $B = (b_{jk})$ eine $n \times r$-Matrix. Es seien $z_i, i \in \{1, \ldots, m\}$, die Zeilenvektoren von A und $s_k, k \in \{1, \ldots, r\}$, die Spaltenvektoren von B. Dann ist die *Produktmatrix* $A \cdot B$ eine $m \times r$-Matrix $C = (c_{ik})$ mit

$$c_{ik} = z_i \cdot s_k, \; i \in \{1, \ldots, m\}, \; k \in \{1, \ldots, r\}. \quad \square$$

Die Einträge der Matrix C sind also die Summen

$$c_{ik} = a_{i1} b_{1k} + \ldots + a_{in} b_{nk}.$$

Wir werden später sehen, dass das Matrizenprodukt der Komposition entsprechender linearer Abbildungen entspricht.

Der Punkt für die Matrizenmultiplikation wird meistens weggelassen. Sind A und A' $m \times n$-Matrizen, B und B' $n \times r$-Matrizen, C eine $r \times s$-Matrix und E_n und E_m Einheitsmatrizen, so gelten die Gleichungen

$$E_m A = A = A E_n,$$
$$A(BC) = (AB)C,$$
$$A(B + B') = AB + AB' \; \text{und} \; (A + A')B = AB + A'B.$$

Definition 10.11 Es sei A eine $m \times n$-Matrix, und $z_i, i \in \{1, \ldots, m\}$, seien die Zeilenvektoren von A. Wird der i-te Zeilenvektor von A als i-ter Spaltenvektor einer Matrix aufgefasst, so erhalten wir eine $n \times m$-Matrix A^T, die *transponierte Matrix* zu A. Gilt $A = A^T$, so wird A *symmetrische Matrix* genannt. $\quad \square$

Für eine $m \times n$-Matrix $A = (a_{ij})$ gilt offenbar $A^T = (a_{ji})$. Weiter ist

$$(A^T)^T = A, \; (aA)^T = aA^T \; \text{und} \; (AB)^T = B^T A^T$$

mit $a \in K$ und einer $n \times r$-Matrix B. Für quadratische Matrizen erhalten wir die folgende

Definition 10.12 Es sei A eine quadratische $n \times n$-Matrix. Sie heißt *invertierbar*, wenn eine $n \times n$-Matrix B mit

$$AB = BA = E_n$$

existiert. Die (eindeutig bestimmte) Matrix B wird als A^{-1} geschrieben und als *inverse Matrix* von A bezeichnet. □

Die Menge der $n \times n$-Matrizen ist bezüglich der Matrizenmultiplikation nach den obigen Regeln ein Monoid. Nach Satz 7.4 ist ein Inverses eindeutig bestimmt. Für zwei quadratische invertierbare $n \times n$-Matrizen A und B gilt

$$(AB)^{-1} = B^{-1}A^{-1}.$$

Auf Kriterien für die Existenz von Inversen und ihre Berechnung gehen wir im Anschluss an Beispiel 10.10 ein.

Definition 10.13 Es seien V und W Vektorräume über einem Körper K. Eine Abbildung $\varphi : V \to W$ heißt *lineare Abbildung*, wenn für alle $v_1, v_2 \in V$ und $a \in K$ die Gleichungen

$$\varphi(v_1 + v_2) = \varphi(v_1) + \varphi(v_2) \quad \text{und} \quad \varphi(av_1) = a\varphi(v_1)$$

gelten. Ist φ bijektiv, so ist sie ein *Isomorphismus* von Vektorräumen. □

Jede $m \times n$-Matrix $A = (a_{ij})$ definiert durch

$$\varphi(v) = Av \quad \text{für alle } v \in K^n,$$

wobei v als Spaltenvektor bzw. $n \times 1$-Matrix aufgefasst wird, eine lineare Abbildung $\varphi : K^n \to K^m$.

Offensichtlich ist die Komposition zweier linearer Abbildungen wieder linear. Eine lineare Abbildung ist durch die Bilder auf einer Basis eindeutig bestimmt.

Satz 10.9 Es seien V und W Vektorräume über K und B eine Basis von V. Wird jedem Basisvektor $b \in B$ ein Element $b' \in W$ zugeordnet, so gibt es eine eindeutig bestimmte lineare Abbildung $\varphi : V \to W$ mit $\varphi(b) = b'$. □

Sind $B = \{v_1, \ldots, v_n\}$ und $B' = \{w_1, \ldots, w_n\}$ die (geordneten) Basen zweier Vektorräume V bzw. W über K, so wird durch die Zuordnung $\varphi(v_i) = w_i$, $i \in \{1, \ldots, n\}$, ein Isomorphismus definiert.

Satz 10.10 Es seien V und W Vektorräume über K mit $\dim(V) = \dim(W) < \infty$. Dann sind V und W isomorph. □

Die erste der beiden Gleichungen aus Definition 10.13 bedeutet, dass eine lineare Abbildung auch ein Gruppenhomomorphismus ist. Folglich sind gemäß Definition 8.17 für eine lineare Abbildung $\varphi : V \to W$ das *Bild* $\mathrm{Im}(\varphi)$ und der *Kern* $\mathrm{Ker}(\varphi)$ der linearen Abbildung φ definiert. Insgesamt erhalten wir

Satz 10.11 Es sei $\varphi : V \to W$ eine lineare Abbildung. Dann gilt $\mathrm{Ker}(\varphi) \leq V$ und $\mathrm{Im}(\varphi) \leq W$. □

Ist W ein Vektorraum über K und $U \leq W$, so ist die kanonische Abbildung $\varphi : W \to W/U$, die gemäß Beispiel 8.19(b) durch $\varphi(v) = v + \mathrm{Im}(\alpha)$ für alle $v \in W$ definiert wird, surjektiv. Außerdem ist sie linear. Entsprechend Beispiel 8.20(b) gilt $\mathrm{Im}(\varphi) = W/U$ und $\mathrm{Ker}(\varphi) = U$. Die erste dieser Gleichungen ist ein Spezialfall des unten stehenden Satzes 10.12.

Sind V und W Vektorräume mit $\dim(V) = r$ und $\dim(W) = n$ und ist $\alpha : V \to W$ eine injektive lineare Abbildung, so gilt $\mathrm{Im}(\alpha) \leq W$ und $\dim(\mathrm{Im}(\alpha)) = r$. Nach Satz 10.8 folgt $\dim(W/\mathrm{Im}(\alpha)) = n - r$. Dann gibt es wegen Satz 10.10 einen Isomorphismus $i : K^{n-r} \to W/\mathrm{Im}(\alpha)$. Wird U in den vorhergehenden Überlegungen durch $\mathrm{Im}(\alpha)$ ersetzt, so erhalten wir insgesamt eine surjektive lineare Abbildung $\varphi' : W \to K^{n-r}$ mit $\mathrm{Im}(\alpha) = \mathrm{Ker}(\varphi')$. Diese Ausführungen werden wir bei linearen Codes (vgl. in Abschn. 10.9 unter Definition 10.30) benötigen.

Satz 10.12 *(1. Isomorphiesatz für Vektorräume)* Es sei $\varphi : V \to W$ eine lineare Abbildung. Dann sind $V/\mathrm{Ker}(\varphi)$ und $\mathrm{Im}(\varphi)$ isomorph. □

Mithilfe von Satz 10.8 folgt aus Satz 10.12

$$\dim(\mathrm{Ker}(\varphi)) + \dim(\mathrm{Im}(\varphi)) = \dim(V), \quad \text{falls } \dim(V) < \infty.$$

Wir wollen jetzt einen Zusammenhang zwischen linearen Abbildungen und Matrizen herstellen. Nach Satz 10.9 wissen wir, dass eine lineare Abbildung eindeutig durch die Bilder auf ihren Basisvektoren bestimmt ist.

Definition 10.14 Es seien V und W endlich-dimensionale Vektorräume über dem Körper K mit den zugehörigen Basen $B = \{v_1, \ldots, v_n\}$ bzw. $C = \{w_1, \ldots, w_m\}$. Es sei $\varphi : V \to W$ eine lineare Abbildung, die durch

$$\varphi(v_j) = a_{1j}w_1 + \ldots + a_{mj}w_m, \quad a_{ij} \in K, \quad i \in \{1, \ldots, m\}, \quad j \in \{1, \ldots, n\},$$

eindeutig bestimmt ist. Dann heißt die $m \times n$-Matrix $A = (a_{ij})$ die *Matrix von φ bezüglich der Basen B und C*. □

Es habe $v \in V$ bezüglich der Basis B die Darstellung $v = a_1 v_1 + \ldots + a_n v_n$. Mit dem Vektor $v = (a_1, \ldots, a_n)$, der auch als Spaltenvektor bzw. $n \times 1$-Matrix aufgefasst werden kann, können wir $\varphi(v)$ durch das Matrizenprodukt

$$\varphi(v) = Av$$

darstellen, wobei Av der Spaltenvektor von $\varphi(v)$ bezüglich der Basis C ist. Für einen Isomorphismus $\varphi : V \to V$ sind die Spalten von A und damit auch die Zeilen von A linear unabhängig, der Rang von A ist in diesem Fall gleich n. Umgekehrt wird durch eine solche Matrix auch ein Isomorphismus bestimmt. Sind weiter $\varphi_1 : V \to W$ und $\varphi_2 : W \to Z$ lineare Abbildungen mit der Matrix A_1 von φ_1 bezüglich der Basen B und C und der Matrix A_2 von φ_2 bezüglich der Basen C und D, so ist das Matrizenprodukt $A_2 \cdot A_1$ die Matrix von $\varphi_2 \circ \varphi_1$ bezüglich der Basen B und D.

Betrachtet man für einen Vektorraum V zwei verschiedene Basen $B_1 = \{v_1, \ldots, v_n\}$ und $B_2 = \{v_1', \ldots, v_n'\}$, so wird nach Satz 10.9 durch die Zuordnung $\varphi(v_j) = v_j'$, $j \in \{1, \ldots, n\}$, eine eindeutig bestimmte lineare Abbildung $\varphi : V \to V$ definiert. Stellt man die Basisvektoren aus B_2 bezüglich der Basis B_1 dar, so erhalten wir

$$v_j' = s_{1j} v_1 + \ldots + s_{nj} v_n$$

mit geeigneten $s_{ij} \in K$, $i \in \{1, \ldots, n\}$. Bezüglich der Basis B_1 wird φ also durch die Matrix $S = (s_{ij})$ beschrieben, die auch *Matrix des Basiswechsels von B_1 nach B_2* genannt wird. Werden in den vorhergehenden Überlegungen die Basen B_1 und B_2 vertauscht, so erhalten wir die Matrix T des Basiswechsels von B_2 nach B_1. Es gilt dann $ST = TS = E_n$, das heißt, T ist die inverse Matrix von S. Die Berechnung inverser Matrizen werden wir in Abschn. 10.3 unter Beispiel 10.10 besprechen.

Beispiel 10.7 Für den Vektorraum K^2 über dem Körper K betrachten wir die kanonische Basis B_1 sowie die Basis $B_2 = \{(1, 1), (1, -1)\}$. Die Matrix S des Basiswechsels von B_1 nach B_2 ist durch

$$S = \begin{pmatrix} 1 & 1 \\ 1 & -1 \end{pmatrix}$$

gegeben. Für K^3 mit C_1 als kanonischer Basis und der Basis $C_2 = \{(1, 1, 0), (0, 1, 1), (0, 1, 0)\}$ erhalten wir die Matrix T des Basiswechsels von C_1 nach C_2 durch

$$T = \begin{pmatrix} 1 & 0 & 0 \\ 1 & 1 & 1 \\ 0 & 1 & 0 \end{pmatrix}. \quad \square$$

Es sei jetzt V ein n-dimensionaler Vektorraum mit den Basen B_1 und B_2 sowie W ein m-dimensionaler Vektorraum mit den Basen C_1 und C_2. Weiter sei S die $n \times n$-Matrix des Basiswechsels von B_1 nach B_2 und T die $m \times m$-Matrix des Basiswechsels von C_1

nach C_2. Einer linearen Abbildung $\varphi : V \to W$ sei bezüglich der Basen B_1 und C_1 die $m \times n$-Matrix A_1 und bezüglich der Basen B_2 und C_2 die $m \times n$-Matrix A_2 zugeordnet. Dann gilt

$$A_2 = T^{-1} A_1 S.$$

Die Matrizen A_1 und A_2 sind äquivalent im Sinne der folgenden

Definition 10.15 Zwei $m \times n$-Matrizen A_1 und A_2 heißen *äquivalent*, wenn es invertierbare $m \times m$- bzw. $n \times n$-Matrizen T bzw. S gibt mit $A_2 = T^{-1} A_1 S$. Ist $m = n$, so heißen sie *ähnlich*, wenn $A_2 = S^{-1} A_1 S$ erfüllt ist. □

Die Matrizen A_1 und A_2 sind ähnlich, wenn sie bezüglich zweier Basen B_1 bzw. B_2 des Vektorraums K^n dieselbe lineare Abbildung beschreiben. Dabei ist S die Matrix des Basiswechsels von B_1 nach B_2. Eine analoge Aussage gilt für äquivalente Matrizen.

Beispiel 10.8 Eine lineare Abbildung $\varphi : K^2 \to K^3$ sei bezüglich der kanonischen Basen durch $\varphi(1, 0) = (3, 4, 2)$ und $\varphi(0, 1) = (1, 1, 1)$ gegeben. Dann ist nach Definition 10.14

$$A_1 = \begin{pmatrix} 3 & 1 \\ 4 & 1 \\ 2 & 1 \end{pmatrix}$$

die Matrix von φ bezüglich der kanonischen Basen B_1 und C_1 aus Beispiel 10.7. Die Matrix von φ bezüglich der Basen B_2 und C_2 des Beispiels wird durch $A_2 = T^{-1} A_1 S$ gegeben, das heißt

$$A_2 = \begin{pmatrix} 1 & 0 & 0 \\ 0 & 0 & 1 \\ -1 & 1 & -1 \end{pmatrix} \begin{pmatrix} 3 & 1 \\ 4 & 1 \\ 2 & 1 \end{pmatrix} \begin{pmatrix} 1 & 1 \\ 1 & -1 \end{pmatrix} = \begin{pmatrix} 4 & 2 \\ 3 & 1 \\ -2 & 0 \end{pmatrix},$$

wobei leicht nachgeprüft werden kann, dass die erste Matrix des Produkts die inverse Matrix von T ist. □

10.3　Lineare Gleichungssysteme

In der Mathematik und vielen Anwendungsgebieten spielen lineare Gleichungssysteme eine große Rolle. Sie können in der Form

$$a_{11}x_1 + a_{12}x_2 + \ldots + a_{1n}x_n = b_1,$$
$$a_{21}x_1 + a_{22}x_2 + \ldots + a_{2n}x_n = b_2,$$
$$\vdots \qquad \vdots \qquad \qquad \vdots \qquad \vdots$$
$$a_{m1}x_1 + a_{m2}x_2 + \ldots + a_{mn}x_n = b_m$$

geschrieben werden, wobei die x_j die Unbekannten oder Unbestimmten sind und die a_{ij} die Koeffizienten über einem Körper K, $i \in \{1, \ldots, m\}$, $j \in \{1, \ldots, n\}$. Das Gleichungssystem heißt *homogen*, wenn alle $b_i = 0$ sind. Es wird *inhomogen genannt*, wenn $b_i \neq 0$ für mindestens ein i gilt. Mit der *Koeffizientenmatrix* $A = (a_{ij})$ und den Spaltenvektoren $x = (x_1, \ldots, x_n)^T$ und $b = (b_1, \ldots, b_m)^T$ kann das Gleichungssystem in der Form

$$Ax = b$$

dargestellt werden. Mit der linearen Abbildung $\varphi : K^n \to K^m$, die der Matrix A entspricht, ist diese Gleichung auch äquivalent zu $\varphi(x) = b$. Die *Lösungsmenge* des Gleichungssystems ist durch

$$L_{A,b} = \{v \mid Av = b\}$$

gegeben. Speziell gilt $L_{A,0} = \{v \mid Av = 0\} = \text{Ker}(\varphi) \leq K^n$. Es ist $L_{A,0} \neq \emptyset$, da diese Menge immer den Nullvektor enthält. Falls das inhomogene Gleichungssystem $Ax = b$ eine Lösung w besitzt, gilt

$$L_{A,b} = \{v \mid v = w + u, \ u \in L_{A,0}\} = w + \text{Ker}(\varphi).$$

Zum Lösen eines Gleichungssystems ist die folgende Definition von Bedeutung.

Definition 10.16 Es sei $A = (a_{ij})$ eine $m \times n$-Matrix. Ihre *elementaren Zeilenumformungen* sind

(a) die Vertauschung zweier Zeilen,
(b) die Multiplikation einer Zeile mit einem von 0 verschiedenen Skalar,
(c) die Addition eines Vielfachen einer Zeile zu einer anderen Zeile.

Analog sind *elementare Spaltenumformungen* definiert. $\square$

Satz 10.13 Durch elementare Zeilen- oder Spaltenumformungen wird der Rang einer Matrix nicht verändert. $\square$

Definition 10.17 Eine $m \times n$-Matrix ist eine *Matrix in Treppenform*, falls A von der Nullmatrix verschieden ist und ein $r \in \{1, \ldots, m\}$ mit den folgenden Eigenschaften existiert:

(a) Für alle $i \in \{1, \ldots, r\}$ ist der Zeilenvektor z_i der Matrix verschieden von dem Nullvektor, die übrigen Zeilen sind jeweils gleich dem Nullvektor.
(b) Für jeden Zeilenvektor z_i, $i \in \{1, \ldots, r\}$, sei $\chi(i) \in \{1, \ldots, n\}$ der kleinste Index j mit $a_{ij} \neq 0$. Dadurch wird eine Abbildung $\chi : \{1, \ldots, r\} \to \{1, \ldots, n\}$ definiert.
(c) Für diese Abbildung gilt $\chi(i) < \chi(i + 1)$ für alle $i \in \{1, \ldots, r - 1\}$.

Die Treppenmatrix A heißt *normierte Treppenmatrix*, wenn außerdem

(d) die $\chi(i)$-te Spalte von A, $i \in \{i, \ldots, r\}$, gleich dem Einheitsvektor $e_i \in K^m$ ist. $\square$

Wir stellen fest, dass die von 0 verschiedenen Zeilenvektoren einer Matrix A in Treppenform linear unabhängig sind. Daher ist der Rang von A durch r gegeben. Dabei gilt $r = \dim(\mathrm{Im}(\varphi))$, wobei $\varphi : K^n \to K^m$ die A entsprechende lineare Abbildung ist. Nach den Überlegungen im Anschluss an Satz 10.12 gilt $\dim(\mathrm{Ker}(\varphi)) = n - r$.

Beispiel 10.9 Es sei $K = \mathbb{Z}_{11}$. Die Matrizen

$$
\begin{pmatrix}
5 & 3 & 9 & 3 & 7 & 1 \\
0 & 0 & 1 & 0 & 5 & 2 \\
0 & 0 & 0 & 2 & 4 & 3 \\
0 & 0 & 0 & 0 & 0 & 0
\end{pmatrix}
\quad \text{und} \quad
\begin{pmatrix}
1 & 5 & 0 & 0 & 0 & 10 \\
0 & 0 & 1 & 0 & 5 & 2 \\
0 & 0 & 0 & 1 & 2 & 7 \\
0 & 0 & 0 & 0 & 0 & 0
\end{pmatrix}
$$

sind Matrizen in Treppenform, wobei die zweite in normierter Treppenform vorliegt. Es ist $r = 3$, und die Abbildung $\chi : \{1, 2, 3\} \to \{1, 2, 3, 4, 5, 6\}$ ist in beiden Fällen durch $\chi(1) = 1$, $\chi(2) = 3$ und $\chi(3) = 4$ gegeben. $\square$

Der Gauß-Algorithmus, den wir hier nicht ausführen wollen und an den sich der Leser aus einer einführenden Vorlesung in linearer Algebra sicher noch erinnert (siehe sonst zum Beispiel [42] oder [60]), wandelt eine Matrix mithilfe elementarer Zeilenumformungen in eine Matrix in Treppenform und dann auch in eine Matrix in normierter Treppenform um, die wegen Satz 10.13 denselben Rang wie die ursprüngliche Matrix haben. Die zweite Matrix aus Beispiel 10.9 ist durch elementare Umformungen aus der ersten hervorgegangen.

Erweitern wir die Matrix A des Gleichungssystems $Ax = b$ durch die Spalte b als letzte Spalte zu einer $m \times (n + 1)$-Matrix $\hat{A} = (A|b)$, so erhalten wir

Satz 10.14 Das Gleichungssystem $Ax = b$ hat genau dann eine Lösung, wenn der Rang der Matrizen A und $\hat{A} = (A|b)$ übereinstimmt.

Ist dabei $(A'|b')$ die normierte Treppenmatrix, die sich (mithilfe des Gauß-Algorithmus) aus der erweiterten Matrix $(A|b)$ ergibt, r ihr Rang und $\chi : \{1, \ldots, r\} \to \{1, \ldots, n\}$ die Abbildung gemäß Definition 10.17(b), so ist die Lösungsmenge

$$
L_{A,b} = w + \langle \{u^l \mid l \notin \chi(\{1, \ldots, r\})\} \rangle
$$

des Gleichungssystems wie folgt bestimmt:

(a) $w \in K^n$ ist eine spezielle Lösung des inhomogenen Systems, die durch

$$
w_j = b'_i \text{ für } j = \chi(i),\ i \in \{1, \ldots, r\}, \text{ und } w_j = 0 \text{ sonst}
$$

gegeben ist.

(b) Die Vektoren $u^l \in K_n$, $l \notin \chi(\{1, \ldots, r\})$, sind durch

$$u_i^l = \begin{cases} 1, & \text{falls } i = l, \\ -a'_{jl}, & \text{falls } i = \chi(j) \text{ für ein } j \in \{1, \ldots, r\}, \\ 0 & \text{sonst} \end{cases}$$

definiert. $\square$

Da die Abbildung χ injektiv ist, besteht für $r = n$ die Lösung eines homogenen linearen Gleichungssystems genau aus dem Nullvektor. In diesem Fall besitzt die normierte Treppenmatrix die Form $(E_n | b')$, wobei das inhomogene lineare Gleichungssystem genau einen Lösungsvektor besitzt, nämlich b'.

Beispiel 10.10 Wir betrachten das lineare Gleichungssystem

$$\begin{aligned} 5x_1 + 3x_2 + 9x_3 + 3x_4 + 7x_5 &= 1, \\ 10x_1 + 6x_2 + 8x_3 + 6x_4 + 8x_5 &= 4, \\ 4x_1 + 9x_2 + 5x_3 \phantom{{} + 6x_4} + 3x_5 &= 6, \\ 3x_1 + 4x_2 + 2x_3 + 6x_4 \phantom{{} + 0x_5} &= 10 \end{aligned}$$

über dem Körper $\mathbb{Z}_{11}$. Die erweiterte Koeffizientenmatrix $(A|b)$ ist

$$\begin{pmatrix} 5 & 3 & 9 & 3 & 7 & 1 \\ 10 & 6 & 8 & 6 & 8 & 4 \\ 4 & 9 & 5 & 0 & 3 & 6 \\ 3 & 4 & 2 & 6 & 0 & 10 \end{pmatrix}.$$

Durch elementare Zeilenumformungen erhalten wir zunächst die erste Matrix aus Beispiel 10.9. Wir erkennen sofort, dass der Rang von A gleich dem Rang der erweiterten Matrix $(A|b)$ ist, das Gleichungssystem also eine Lösung besitzt. Durch weitere elementare Zeilenumformungen ergibt sich dann die zweite Matrix aus Beispiel 10.9, die eine normierte Treppenform hat. Satz 10.14 liefert die Lösungsmenge $L_{A,b} = w + \langle\{u^2, u^5\}\rangle$ mit

$$w = \begin{pmatrix} 10 \\ 0 \\ 2 \\ 7 \\ 0 \end{pmatrix}, \quad u^2 = \begin{pmatrix} 6 \\ 1 \\ 0 \\ 0 \\ 0 \end{pmatrix}, \quad u^5 = \begin{pmatrix} 0 \\ 0 \\ 6 \\ 9 \\ 1 \end{pmatrix}. \quad \square$$

In Definition 10.12 wurde die Definition einer invertierbaren Matrix angegeben. Die eben durchgeführten Überlegungen erlauben jetzt, falls zu einer $n \times n$-Matrix A über einem

Körper K das Inverse existiert, dieses zu berechnen: Wenn die Spalten der Matrix A^{-1} als jeweilige Vektoren von Unbekannten aufgefasst werden, dann erhalten wir durch die Matrizengleichung $A A^{-1} = E_n$ insgesamt n lineare Gleichungssysteme mit jeweils gleicher Koeffizientenmatrix A und den n verschiedenen Vektoren (rechten Seiten) $e_i \in K^n$, $i \in \{1, \ldots, n\}$. Man versucht diese Systeme in einem Schema zu lösen, indem A zu einer Matrix $(A|E_n)$ erweitert wird. Diese Matrix hat offenbar den Rang n, sodass das Inverse genau dann existiert, wenn A den Rang n besitzt. In diesem Fall kann die Matrix $(A|E_n)$ in eine normierte Treppenmatrix $(E_n|A^{-1})$ umgewandelt werden, die das gewünschte Resultat liefert.

10.4   Determinanten, Eigenwerte und Diagonalisierung von Matrizen

Ein wichtiger Begriff der linearen Algebra ist der einer Determinante. Sie ist ein Element aus K, das aus einer $n \times n$-Matrix berechnet wird. Auf die formale Definition mithilfe nicht ausgearteter alternierender n-facher Linearformen wollen wir hier nicht eingehen, sondern wir geben den folgenden Satz an, der eine Rechenvorschrift zur Berechnung einer Determinante liefert.

Satz 10.15 *(Entwicklungssatz von Laplace)* Es sei $A = (a_{ij})$ eine $n \times n$-Matrix. Mit A_{ij} werde die Matrix bezeichnet, die sich aus A durch Streichen der i-ten Zeile und der j-ten Spalte ergibt. Dann wird die Determinante von A durch

$$\mathrm{Det}(A) = \sum_{j=1}^{n} (-1)^{i+j} a_{ij} \, \mathrm{Det}(A_{ij})$$

bestimmt (*Entwicklung nach der i-ten Zeile, $i \in \{1, \ldots, n\}$*). Das gleiche Ergebnis ergibt sich durch

$$\mathrm{Det}(A) = \sum_{i=1}^{n} (-1)^{i+j} a_{ij} \, \mathrm{Det}(A_{ij})$$

(*Entwicklung nach der j-ten Spalte, $j \in \{1, \ldots, n\}$*).   □

Eine Reihe von Rechenregeln für Determinanten stellen wir im folgenden Satz zusammen.

Satz 10.16 Es sei $A = (a_{ij})$ eine $n \times n$-Matrix über dem Körper K. Dann gelten die folgenden Eigenschaften:

(a) $\mathrm{Det}(A) = \mathrm{Det}(A^T)$.
(b) Vertauscht man in A zwei Zeilen oder Spalten, so ändert sich das Vorzeichen der Determinante.
(c) Wird zu einer Zeile (Spalte) eine Linearkombination der übrigen Zeilen (Spalten) addiert, so bleibt der Wert der Determinante unverändert.

(d) Werden die Elemente einer Zeile (Spalte) mit einem Skalar $k \in K$ multipliziert, so wird die Determinante mit k multipliziert.

(e) Sind zwei Zeilen (Spalten) von A gleich, so gilt $\text{Det}(A) = 0$.

(f) Für $k \in K$ gilt $\text{Det}(kA) = k^n \text{Det}(A)$.

(g) Falls A invertierbar ist, gilt $\text{Det}(A^{-1}) = (\text{Det}(A))^{-1}$.

(h) Mit einer zweiten $n \times n$-Matrix B gilt $\text{Det}(AB) = \text{Det}(A)\text{Det}(B)$.

(i) $\text{Det}(E_n) = 1$. $\square$

Beispiel 10.11 Für eine 4×4-Matrix über dem Körper $\mathbb{Q}$ berechnen wir ihre Determinante:

$$\text{Det}\begin{pmatrix} 2 & 0 & 0 & 4 \\ 0 & 0 & 1 & 0 \\ 1 & 2 & 0 & 1 \\ 0 & 3 & 3 & 3 \end{pmatrix} = 6 \cdot \text{Det}\begin{pmatrix} 1 & 0 & 0 & 2 \\ 0 & 0 & 1 & 0 \\ 1 & 2 & 0 & 1 \\ 0 & 1 & 1 & 1 \end{pmatrix} = -6 \cdot \text{Det}\begin{pmatrix} 0 & 0 & 1 & 0 \\ 1 & 0 & 0 & 2 \\ 1 & 2 & 0 & 1 \\ 0 & 1 & 1 & 1 \end{pmatrix}$$

$$= -6 \cdot 1 \cdot \text{Det}\begin{pmatrix} 1 & 0 & 2 \\ 1 & 2 & 1 \\ 0 & 1 & 1 \end{pmatrix} = -6 \cdot \left(\text{Det}\begin{pmatrix} 2 & 1 \\ 1 & 1 \end{pmatrix} + 2 \cdot \text{Det}\begin{pmatrix} 1 & 2 \\ 0 & 1 \end{pmatrix} \right)$$

$$= -6((2-1) + 2(1-0)) = -18. \quad \square$$

Wir wollen kurz auf den Zusammenhang zwischen Determinanten und linearen Gleichungssystemen $Ax = b$ mit einer quadratischen $n \times n$-Koeffizientenmatrix eingehen. Die zur Konstruktion der normierten Treppenmatrix A' gemäß Satz 10.14 notwendigen elementaren Zeilenumformungen bewirken entsprechend Satz 10.16 Änderungen der Determinante von A, die für $n = r$ schließlich den Wert $\text{Det}(A') = 1$ liefern und in den anderen Fällen den Wert 0. Dabei gilt offenbar $\text{Det}(A') = 1$ genau dann, wenn $\text{Det}(A) \neq 0$ ist (Der Wert der Determinante einer Matrix ist genau dann verschieden von 0, wenn die Zeilen (Spalten) linear unabhängig sind.). Man erhält daher

Satz 10.17 Es sei $Ax = b$ ein lineares Gleichungssystem über K mit einer $n \times n$-Koeffizientenmatrix A. Das inhomogene Gleichungssystem hat genau dann eine Lösung, wenn $\text{Det}(A) \neq 0$ ist. Genau für $\text{Det}(A) = 0$ besitzt das homogene lineare Gleichungssystem $Ax = 0$ eine vom Nullraum verschiedene Lösungsmenge. $\square$

Man beachte, dass dieser Satz, im Unterschied zu Satz 10.14, nicht entscheidet, ob ein inhomogenes lineares Gleichungssystem für $\text{Det}(A) = 0$ eine Lösung besitzt oder nicht.

Auch mithilfe von Determinanten können lineare Gleichungssysteme gelöst werden (*cramersche Regel*, siehe zum Beispiel [60]). Die entsprechenden Rechnungen sind aber für große n viel zu aufwendig.

Häufig sucht man für eine lineare Abbildung $\varphi : V \to V$ nach Vektoren $v \in V$ mit $\varphi(v) = \lambda v$ für ein geeignetes $\lambda \in K$. Im endlich-dimensionalen Fall kann diese

Gleichung bei geeigneten Basen auch in der Form $Av' = \lambda v'$ geschrieben werden, wobei der Spaltenvektor v' bei gleichem Vektor $v \in V$ abhängig von der jeweiligen Basis ist, der Skalarwert λ jedoch unverändert bleibt. Die folgenden Definitionen und Sätze werden für Matrizen angegeben, sie können jedoch auch für lineare Abbildungen formuliert werden.

Definition 10.18 Es sei A eine $n \times n$-Matrix über K. Es sei $v \neq 0$ ein Vektor mit $Av = \lambda v$ für ein $\lambda \in K$. Dann heißt λ *Eigenwert* von A und v der zu λ gehörende *Eigenvektor*. □

Die Gleichung $Av = \lambda v$ der Definition ist äquivalent zu

$$(A - \lambda E_n)v = 0.$$

Es ist λ ein Eigenwert von A, wenn diese Gleichung eine nicht triviale Lösung besitzt, was nach Satz 10.17 genau für $\mathrm{Det}(A - \lambda E_n) = 0$ der Fall ist. Für einen festen Eigenwert λ ist die Menge der zugehörigen Eigenvektoren ein Unterraum von K^n und wird *Eigenraum von A zum Eigenwert* λ genannt. Ist λ nicht bekannt, so können wir die Determinante nicht berechnen. Wir ersetzen dann λ durch eine Unbestimmte x, gehen entsprechend den Vorschriften von Satz 10.15 vor, wobei die Multiplikationen in K durch Multiplikationen in $K[x]$ ersetzt werden, und berechnen auf diese Weise statt eines Elements aus dem Körper K ein Element aus dem Ring $K[x]$.

Definition 10.19 Es sei A eine $n \times n$-Matrix über K. Das Polynom $\mathrm{Det}(A - x E_n)$ heißt *charakteristisches Polynom* von A. □

Satz 10.18 Es sei A eine $n \times n$-Matrix über K. $\lambda \in K$ ist genau dann ein Eigenwert von A, wenn es eine Nullstelle des charakteristischen Polynoms $\mathrm{Det}(A - x E_n)$ ist. □

Beispiel 10.12 Wir betrachten die Matrix

$$A = \begin{pmatrix} 1 & 0 & 0 & 0 \\ 0 & 1 & 0 & 0 \\ 1 & -2 & 0 & -1 \\ 2 & -4 & 1 & 0 \end{pmatrix}$$

über dem Körper $\mathbb{R}$. Das charakteristische Polynom ist durch

$$\mathrm{Det} \begin{pmatrix} 1-x & 0 & 0 & 0 \\ 0 & 1-x & 0 & 0 \\ 1 & -2 & -x & -1 \\ 2 & -4 & 1 & -x \end{pmatrix} = (1-x)^2(x^2+1)$$

gegeben. Die einzige Nullstelle aus $\mathbb{R}$ ist $x = 1$, sodass $\lambda = 1$ der einzige Eigenwert von A ist. Durch Einsetzen in $(A - \lambda E_4)v = 0$ ergibt sich das homogene lineare Gleichungssystem

$$v_1 - 2v_2 - v_3 - v_4 = 0,$$
$$2v_1 - 4v_2 + v_3 - v_4 = 0.$$

Aus der entsprechenden Koeffizientenmatrix erhalten wir durch elementare Umformungen die normierte Treppenmatrix

$$\begin{pmatrix} 1 & -2 & 0 & -\frac{2}{3} \\ 0 & 0 & 1 & \frac{1}{3} \end{pmatrix}.$$

Nach Satz 10.14 ergibt sich als Lösung die Menge $\langle \{(2, 1, 0, 0), (\frac{2}{3}, 0, -\frac{1}{3}, 1)\} \rangle$, der Eigenraum von A zum Eigenwert 1.

Über dem Körper $\mathbb{C}$ hat die Matrix A außerdem noch die Eigenwerte $+i$ und $-i$, die zu weiteren Eigenvektoren führen. $\square$

Wir stellen uns nun die Frage, ob es für eine vorgegebene Matrix A eine Basis von K^n gibt, die nur aus Eigenvektoren von A besteht. Dies ist äquivalent dazu, dass die Matrix „diagonalisierbar" ist. Dafür benötigen wir die folgende

Definition 10.20 Es sei $D = (d_{ij})$ eine $n \times n$-Matrix.

(a) D heißt *Diagonalmatrix*, wenn $d_{ij} = 0$ für alle $i, j \in \{1, \ldots, n\}, i \neq j$, gilt.
(b) D heißt *diagonalisierbar*, wenn sie zu einer Diagonalmatrix ähnlich (siehe Definition 10.15) ist. $\square$

Satz 10.19 Es sei A eine $n \times n$-Matrix über K. Dann sind folgende Eigenschaften äquivalent:

(a) A ist diagonalisierbar.
(b) Es existiert eine Basis von K^n, die aus lauter Eigenvektoren von A besteht.
(c) Die Summe der Dimension der verschiedenen Eigenräume von A ist n. $\square$

Um eine quadratische Matrix zu diagonalisieren, kann man wie folgt vorgehen.

Algorithmus 10.1 (*Berechnung der Transformationsmatrix einer diagonalisierbaren Matrix*)
Eingabe: Eine $n \times n$-Matrix A über einem Körper K.
Ausgabe: Falls A diagonalisierbar ist: eine Transformationsmatrix S mit $D = S^{-1}AS$, D Diagonalmatrix, wobei die Elemente $d_{ii}, i \in \{1, \ldots, n\}$, die Eigenwerte zu den Spaltenvektoren von S sind.

(1) Bestimme das charakteristische Polynom von A.
(2) Berechne alle verschiedenen Nullstellen $\lambda_i \in K$ des charakteristischen Polynoms, $i \in \{1, \ldots, k\}$ (die Eigenwerte von A).
(3) Berechne zu jedem λ_i eine Basis B_i des zugehörigen Eigenraums.
(4) Falls $B = B_1 \cup \ldots \cup B_k$ keine Basis von K^n ist, kann A nicht diagonalisiert werden. Anderenfalls konstruiere S als die Matrix, die aus den Spalten der Vektoren aus B besteht. $\square$

Beispiel 10.13 Die Matrix aus Beispiel 10.12 ist über dem Körper $\mathbb{R}$ nicht diagonalisierbar, da es nur einen Eigenwert mit einem Eigenraum der Dimension 2 gibt.

Fassen wir diese Matrix als eine Matrix über dem Körper $\mathbb{Z}_5$ auf (also etwa $-4 = 1$), so gilt für das charakteristische Polynom aus $\mathbb{Z}_5[x]$

$$(1 - x)^2 (x^2 + 1) = (1 - x)^2 (x + 3)(x + 2).$$

Daraus ergeben sich die Eigenwerte $\lambda_1 = 1$, $\lambda_2 = 2$ und $\lambda_3 = 3$. Für $\lambda_1 = 1$ führt das zugehörige homogene lineare Gleichungssystem zur normierten Treppenmatrix

$$\begin{pmatrix} 1 & 3 & 0 & 1 \\ 0 & 0 & 1 & 2 \end{pmatrix},$$

aus der nach Satz 10.14 die Basisvektoren

$$b_1 = (2, 1, 0, 0) \text{ und } b_2 = (4, 0, 3, 1)$$

des Eigenraums von $\lambda_1 = 1$ bestimmt werden. Mit $\lambda_2 = 2$ und $\lambda_3 = 3$ ergeben sich eindimensionale Eigenräume mit den Basisvektoren

$$b_3 = (0, 0, 2, 1) \text{ bzw. } b_4 = (0, 0, 3, 1).$$

Damit wird die Transformationsmatrix

$$S = \begin{pmatrix} 2 & 4 & 0 & 0 \\ 1 & 0 & 0 & 0 \\ 0 & 3 & 2 & 3 \\ 0 & 1 & 1 & 1 \end{pmatrix}$$

konstruiert. Die Probe zeigt

$$D = S^{-1} A S = \begin{pmatrix} 1 & 0 & 0 & 0 \\ 0 & 1 & 0 & 0 \\ 0 & 0 & 2 & 0 \\ 0 & 0 & 0 & 3 \end{pmatrix}. \quad \square$$

10.5 Euklidische Vektorräume

Definition 10.21 Es sei V ein Vektorraum über $\mathbb{R}$ und $\beta : V \times V \to \mathbb{R}$ eine bilineare Abbildung, das heißt eine Abbildung, für die

$$\beta(x_1 + x_2, y) = \beta(x_1, y) + \beta(x_2, y),$$
$$\beta(x, y_1 + y_2) = \beta(x, y_1) + \beta(x, y_2),$$
$$\beta(cx, y) = \beta(x, cy) = c\beta(x, y)$$

für alle $x, y, x_1, x_2, y_1, y_2 \in V$ und $c \in \mathbb{R}$ gilt. β heißt *skalares Produkt* von V, wenn außerdem

$$\beta(x, y) = \beta(y, x) \text{ für alle } x, y \in V$$

und

$$\beta(x, x) > 0 \text{ für alle } x \in V, x \neq 0,$$

erfüllt sind. □

Beispiel 10.14 Ist $B = \{v_1, \ldots, v_n\}$ eine Basis von $V = \mathbb{R}^n$ und gilt $x = x_1 v_1 + \ldots + x_n v_n$ sowie $y = y_1 v_1 + \ldots + y_n v_n$, so wird durch

$$\beta_1(x, y) = x_1 y_1 + \ldots + x_n y_n$$

ein skalares Produkt definiert, das wir im Zusammenhang mit der Matrizenmultiplikation in Abschn. 10.2 unter Definition 10.9 auch Skalarprodukt genannt haben. Dabei kann $x = (x_1, \ldots, x_n)$ als $1 \times n$-Matrix (Zeile) und $y = (y_1, \ldots, y_n)$ als $n \times 1$-Matrix (Spalte) aufgefasst werden, und in diesem Sinn erhalten wir das Matrizenprodukt $\beta_1(x, y) = x \cdot y$.

Für $n = 2$ können wir durch

$$\beta_2(x, y) = 4x_1 y_1 - 2x_1 y_2 - 2x_2 y_1 + 3x_2 y_2$$

ebenfalls ein skalares Produkt definieren (siehe Aufgabe 13). □

Definition 10.22 Ein Vektorraum V über dem Körper $\mathbb{R}$ heißt *euklidischer Vektorraum*, wenn zusätzlich ein skalares Produkt festgelegt wird. □

Da für einen euklidischen Vektorraum das skalare Produkt β fest bestimmt ist, schreiben wir einfacher $x \cdot y$ anstelle von $\beta(x, y)$.

Satz 10.20 *(Schwarzsche Ungleichung)* Es sei V ein euklidischer Vektorraum. Für $x, y \in V$ gilt

$$|x \cdot y| \leq (x \cdot x)(y \cdot y).$$

Die Gleichheit ist genau dann erfüllt, wenn x und y linear abhängig sind. □

Es gilt immer $x \cdot x \geq 0$. Daher können wir definieren:

Definition 10.23 Es sei V ein euklidischer Vektorraum und $x \in V$. Dann heißt

$$|x| = \sqrt{x \cdot x}$$

die *Länge* oder der *Betrag* von x. □

Satz 10.21 Es sei V ein euklidischer Vektorraum und $x, y \in V, c \in \mathbb{R}$. Dann gilt:

(a) $|x| \geq 0$,
(b) $|x| = 0$ ist äquivalent zu $x = 0$,
(c) $|cx| = c \cdot |x|$,
(d) $|x + y| \leq |x| + |y|$ (*Dreiecksungleichung*). □

Definition 10.24 Es sei V ein euklidischer Vektorraum. Ein Vektor $x \in V$ heißt *normiert*, wenn $|x| = 1$ gilt. □

Es ist klar, dass für einen beliebigen Vektor x der Vektor $\frac{1}{|x|} \cdot x$ normiert ist.

Definition 10.25 Es sei V ein euklidischer Vektorraum, und es seien $x, y \in V$ mit $x \neq 0$, $y \neq 0$. Dann wird der *Kosinus* des Winkels zwischen diesen Vektoren definiert durch

$$\cos(x, y) = \frac{x \cdot y}{|x||y|}. □$$

Wegen Satz 10.20 nimmt der Kosinus Werte zwischen -1 und $+1$ an. Daher ist $\cos(x, y)$ tatsächlich der Kosinus eines Winkels. Wir betrachten

$$|x - y|^2 = (x - y) \cdot (x - y) = x \cdot x - 2x \cdot y + y \cdot y.$$

Wird $x \cdot y$ in dieser Gleichung gemäß Definition 10.25 durch $|x||y| \cos(x, y)$ ersetzt, so erhalten wir

$$|x - y|^2 = |x|^2 + |y|^2 - 2|x||y| \cos(x, y).$$

Wenn zwei Seiten eines Dreiecks durch die Vektoren x und y repräsentiert werden, ist dies gerade der bekannte Kosinussatz für Dreiecke. Die Länge der dem Winkel zwischen x und y gegenüberliegenden Seite ist $|x - y|$. Bei einem rechtwinkligen Dreieck gilt $\cos(x, y) = 0$. Dann geht der Kosinussatz in den Satz des *Pythagoras* über.

Offenbar ist $\cos(x, y) = 0$ gleichwertig mit $x \cdot y = 0$. Diese Eigenschaft führt zu Teil (a) der folgenden

Definition 10.26 Es sei V ein euklidischer Vektorraum.

(a) $x, y \in V$ heißen *orthogonal*, wenn $x \cdot y = 0$ gilt.

(b) Eine nicht leere Menge $M \subseteq V$ heißt *Orthogonalsystem*, wenn $0 \notin M$ gilt und die Vektoren aus M paarweise orthogonal sind.

(c) Ein Orthogonalsystem, das nur aus normierten Vektoren besteht, wird *Orthonormalsystem* genannt.

(d) Eine *Orthonormalbasis* von V ist ein Orthonormalsystem, das gleichzeitig eine Basis von V ist. □

Beispiel 10.15

(a) Die kanonische Basis des Vektorraums $\mathbb{R}^n$ ist, falls β_1 aus Beispiel 10.14 das skalare Produkt des zugehörigen euklidischen Vektorraums ist, eine Orthonormalbasis. Wird dagegen (für $n = 2$) β_2 als skalares Produkt gewählt, so ist die kanonische Basis wegen $\beta_2((1, 0), (0, 1)) = -2$ keine Orthonormalbasis.

(b) In $\mathbb{R}^3$ wird durch $\{(1, 2, 0), (2, -1, -1), (2, -1, 5)\}$ bezüglich des skalaren Produkts β_1 ein Orthogonalsystem gegeben. Offenbar ist diese Menge linear unabhängig. □

Satz 10.22 Jedes Orthogonalsystem ist linear unabhängig. □

Wir geben einen Algorithmus an, der eine beliebige Basis eines Unterraums eines endlich-dimensionalen euklidischen Vektorraums in eine Orthonormalbasis desselben Unterraums umwandelt.

Algorithmus 10.2 *(Orthonormalisierungsverfahren von Gram-Schmidt)*

Eingabe: Eine Basis $B = \{u_1, \ldots, u_n\}$ eines Unterraums U eines euklidischen Vektorraums V.

Ausgabe: Eine Orthonormalbasis $B' = \{v_1, \ldots, v_n\}$ des Unterraums U.

$$\mathbf{begin}\ v_1 := \frac{u_1}{|u_1|};$$

$$\mathbf{for}\ i := 2\ \mathbf{to}\ n\ \mathbf{do}$$

$$v := u_i - \sum_{k=1}^{i-1}(u_i \cdot v_k)v_k;$$

$$v_i = \frac{v}{|v|}$$

$$\mathbf{end}$$

$$\mathbf{end}\quad \square$$

Beispiel 10.16 Es sei $B = \{(1, 1, 1, 1), (2, 1, 0, 0), (0, 1, 1, 1)\}$ eine Basis eines drei-dimensionalen Unterraums U von $\mathbb{R}^3$. Das skalare Produkt sei durch β_1 gemäß Beispiel 10.14 gegeben. Wir konstruieren eine Orthonormalbasis von U mithilfe von Algorithmus 10.2:

$$v_1 = \tfrac{1}{2}(1, 1, 1, 1),$$
$$v = (2, 1, 0, 0) - \tfrac{1}{2} \cdot \tfrac{1}{2}((2, 1, 0, 0)(1, 1, 1, 1))(1, 1, 1, 1)$$
$$= (2, 1, 0, 0) - \tfrac{3}{4}(1, 1, 1, 1) = \tfrac{1}{4}(5, 1, -3, -3),$$
$$v_2 = \tfrac{1}{\sqrt{44}}(5, 1, -3, -3),$$
$$v = (0, 1, 1, 1) - \tfrac{1}{4}((0, 1, 1, 1)(1, 1, 1, 1))(1, 1, 1, 1)$$
$$\qquad - \tfrac{1}{44}((0, 1, 1, 1)(5, 1, -3, -3))(5, 1, -3, -3)$$
$$= (0, 1, 1, 1) - \tfrac{3}{4}(1, 1, 1, 1) - \tfrac{1}{44}(-5)(5, 1, -3, -3)$$
$$= \tfrac{1}{11}(-2, 4, -1, -1),$$
$$v_3 = \tfrac{1}{\sqrt{22}}(-2, 4, -1, -1). \quad \square$$

Definition 10.27 Es sei A eine $n \times n$-Matrix über $\mathbb{R}$. Sie heißt *orthogonal*, wenn $A^T = A^{-1}$ gilt. $\quad \square$

Satz 10.23 Es sei A eine $n \times n$-Matrix. Dann sind die folgenden Aussagen äquivalent:

(a) A ist orthogonal.
(b) Die Zeilen von A bilden ein Orthonormalsystem.
(c) Die Spalten von A bilden ein Orthonormalsystem. $\quad \square$

Beispiel 10.17 Orthogonale Matrizen sind bei Verwendung des üblichen Skalarproduktes β_1 beispielsweise

$$\begin{pmatrix} 1 & 0 & 0 \\ 0 & 0 & 1 \\ 0 & 1 & 0 \end{pmatrix}, \quad \begin{pmatrix} \cos\varphi & -\sin\varphi \\ \sin\varphi & \cos\varphi \end{pmatrix}, \quad \frac{1}{3} \begin{pmatrix} 2 & 1 & 2 \\ -2 & 2 & 1 \\ 1 & 2 & -2 \end{pmatrix}.$$

Ihre Determinanten sind -1, 1 bzw. -1. $\quad \square$

Allgemein erhalten wir

Satz 10.24 Es sei A eine orthogonale Matrix. Dann ist der Betrag von $\mathrm{Det}(A)$ gleich 1. $\square$

In Algorithmus 10.2 haben wir zu einem euklidischen Vektorraum eine Orthonormalbasis konstruieren können. Es stellt sich die Frage, ob eine solche Basis auch nur aus Eigenvektoren bestehen kann. Diese Frage ist verwandt damit, ob eine quadratische reellwertige Matrix durch eine orthogonale Matrix diagonalisiert werden kann. Die Antwort wird durch den folgenden Satz gegeben.

Satz 10.25 Es sei A eine $n \times n$-Matrix über $\mathbb{R}$. Dann sind äquivalent:

(a) Es existiert eine Orthonormalbasis von $\mathbb{R}^n$, die aus lauter Eigenvektoren von A besteht.
(b) A ist symmetrisch.
(c) A wird durch eine orthogonale Matrix diagonalisiert. □

Eine wichtige Bemerkung in diesem Zusammenhang ist, dass bei symmetrischen reellwertigen Matrizen alle Eigenwerte reell sind, das charakteristische Polynom also immer das Produkt linearer Polynome aus $\mathbb{R}[x]$ ist. Im Gegensatz dazu war es bei beliebigen quadratischen reellwertigen Matrizen (siehe etwa Beispiel 10.12) möglich, dass auch komplexe Eigenwerte existieren.

Algorithmus 10.3 *(Berechnung der orthogonalen Transformationsmatrix einer reellwertigen symmetrischen Matrix)*
Eingabe: Eine symmetrische $n \times n$-Matrix A über einem Körper $\mathbb{R}$.
Ausgabe: Eine orthogonale Transformationsmatrix S mit $D = S^T A S$, wobei die Elemente d_{ii} Eigenwerte zu den Spaltenvektoren von S sind.

(1) Bestimme das charakteristische Polynom von A.
(2) Berechne alle verschiedenen Nullstellen $\lambda_i \in \mathbb{R}$ des charakteristischen Polynoms, $i \in \{1, \ldots, k\}$ (die Eigenwerte von A).
(3) Berechne zu jedem λ_i eine Basis B_i des zugehörigen Eigenraums.
(4) Mithilfe von Algorithmus 10.2 werden die B_i zu Orthonormalbasen C_i transformiert.
(5) $C = C_1 \cup \ldots \cup C_k$ ist eine Orthonormalbasis von $\mathbb{R}^n$. Konstruiere S als die Matrix, die aus den Spalten der Vektoren aus C besteht. □

Beispiel 10.18 Wir betrachten die symmetrische Matrix

$$A = \begin{pmatrix} 2 & 0 & \sqrt{6} \\ 0 & 1 & 0 \\ \sqrt{6} & 0 & 1 \end{pmatrix}$$

über $\mathbb{R}$. Damit erhalten wir das charakteristische Polynom

$$\mathrm{Det} \begin{pmatrix} 2-x & 0 & \sqrt{6} \\ 0 & 1-x & 0 \\ \sqrt{6} & 0 & 1-x \end{pmatrix} = (1-x)(x-4)(x+1).$$

Es ergeben sich also die Eigenwerte $\lambda_1 = 1$, $\lambda_2 = 4$ und $\lambda_3 = -1$. Die Basisvektoren der zugehörigen (eindimensionalen) Eigenräume sind

$$b_1 = (0, 1, 0), \quad b_2 = \left(\frac{\sqrt{6}}{2}, 0, 1 \right), \quad b_3 = \left(-\frac{\sqrt{6}}{3}, 0, 1 \right).$$

Da hier jeder Eigenraum durch einen Basisvektor bestimmt ist, bedeutet die Anwendung des Orthonormalisierungsverfahren von Gram-Schmidt nur die jeweilige Normierung der Basisvektoren, also

$$c_1 = (0, 1, 0), \quad c_2 = \left(\frac{1}{5}\sqrt{15}, 0, \frac{1}{5}\sqrt{10}\right), \quad c_3 = \left(-\frac{1}{5}\sqrt{10}, 0, \frac{1}{5}\sqrt{15}\right).$$

Dies ist eine Orthonormalbasis von $\mathbb{R}^3$, die aus lauter Eigenvektoren von A besteht. Damit konstruieren wir die orthogonale Transformationsmatrix

$$S = \begin{pmatrix} 0 & \frac{1}{5}\sqrt{15} & -\frac{1}{5}\sqrt{10} \\ 1 & 0 & 0 \\ 0 & \frac{1}{5}\sqrt{10} & \frac{1}{5}\sqrt{15} \end{pmatrix}. \quad \square$$

10.6 Anwendung im Information Retrieval

Mit dem Anwachsen von Datenmengen, sei es im World Wide Web oder anderen Datenbanken, ist die Rückgewinnung dieser Daten, das *Information Retrieval*, von besonderer Bedeutung. So möchte man etwa Dokumente wie Bücher oder Zeitschriftenartikel nach Autoren oder den in den Titeln vorhandenen Begriffen durchsuchen, aber auch nach Schlagwörtern oder Sachgebieten, die beispielsweise in digitalen Bibliotheken diesen Werken zugeordnet sind. Neuere Verfahren des Information Retrieval nutzen dafür Methoden der linearen Algebra (siehe etwa [10]). Wir wollen hier kurz die grundlegenden Überlegungen vorstellen.

Bei der *Vektorraumdarstellung* von Information werden Dokumente als Spaltenvektoren notiert, wobei jede Koordinate einen *Term* (Schlüsselwort) darstellt, der eventuell im Dokument vorkommt. Die Gewichtung eines Terms, also der Wert der Koordinate, spiegelt die Bedeutung des entsprechenden Terms im Dokument wider. Häufig ist dies die Zahl, die angibt, wie oft der entsprechende Term in dem zugehörigen Dokument vorkommt. Eine Datenbank, die d Dokumente enthält, die durch maximal t Terme beschrieben werden, kann durch eine $t \times d$-Matrix A (*term-by-document matrix*) dargestellt werden. Die Spalten s_j, $j \in \{1, \dots, d\}$, sind die *Dokumentvektoren*, die Zeilen z_i, $i \in \{1, \dots, t\}$, die *Termvektoren*.

Betrachtet man die Datenbank aller Web-Dokumente, so besitzt sie sicher mehrere Hundert Millionen Dokumente, außerdem sind mehr als Hunderttausend Terme zu berücksichtigen. Doch die meisten Dokumente enthalten nur einen geringen Teil der Terme, sodass die meisten Einträge der zugehörigen Matrix 0 sind.

Eine Datenbankabfrage besteht aus einer eventuell gewichteten Liste von Termen, nach denen in den Dokumenten gesucht werden soll. Diese Suchanfrage kann wie ein Dokument geschrieben werden, wir wählen jedoch anstelle eines Spaltenvektors einen Zeilenvektor q, der auch als $1 \times d$-Matrix aufgefasst werden kann. Bei entsprechend großen

Datenbanken sind die meisten Einträge wieder 0. Wenn wir den einfachen Fall betrachten, dass die Koordinaten eines Dokumentvektors nur die Werte 0 oder 1 besitzen, also nur das Vorkommen eines Terms im Dokument beschrieben wird, dann liefert qA offenbar als Ergebnis einen Zeilenvektor, dessen i-te Koordinate angibt, wie viele verschiedene der gesuchten Terme in dem Dokument i vorkommen. Im Allgemeinen wird im Vektorraummodell nach den Dokumenten gesucht, die im geometrischen Sinn dem Vektor der Suchanfrage am nächsten sind. Eine vollständige Nähe zweier Dokumente kann man sich dadurch gegeben denken, dass die beiden zugehörigen Vektoren in dieselbe Richtung zeigen, während sie nichts miteinander zu tun haben, wenn sie orthogonal sind. Im ersten Fall sind die beiden Vektoren bis auf eventuell einen konstanten Faktor gleich. In beiden Dokumenten kommen daher die gleichen Terme vor, deren relative Bedeutung bezüglich der anderen Terme im gleichen Dokument in beiden Fällen gleich ist. Die Berücksichtigung der relativen Bedeutung ist vernünftig, da das eine Dokument vielleicht zwei Seiten lang ist, wohingegen das andere zehn Seiten haben kann. Im zweiten Fall besitzen die Dokumente, zumindest im Fall positiver Werte für die Terme, keine gemeinsamen Terme. Dieses Maß der Nähe kann durch den Kosinus des Winkels zwischen diesen beiden Vektoren ausgedrückt werden. Dieselben Überlegungen gelten natürlich auch, wenn einer der beiden Vektoren der Suchvektor ist. Nach Definition 10.25 gilt für den Winkel α zwischen einem Spaltenvektor s_j und dem Suchvektor q

$$\cos(\alpha) = \frac{q \cdot s_j}{|q| \cdot |s_j|}.$$

Neben diesem Ähnlichkeitsmaß werden in der Literatur auch andere Maße betrachtet (siehe [32, 51]), auf die wir hier jedoch nicht eingehen wollen.

Beispiel 10.19 Wir betrachten eine Datenbank aus sechs Dokumenten, nämlich Titel von Büchern, die durch fünf Terme beschrieben werden. Die Dokumente sind durch

D1: Kryptografie: Grundlagen, Algorithmen, Protokolle,
D2: Sicherheit und Kryptografie im Internet – von sicherer E-Mail bis zur IP-Verschlüsselung,
D3: Algorithmen und Komplexität,
D4: Eine erste Einführung in die Kryptografie,
D5: Angewandte Kryptografie: Protokolle, Algorithmen und ihre Anwendung im Internet,
D6: Algorithmenentwurf in der Kryptografie

gegeben, die Terme durch

T1: Kryptografie,
T2: Algorithmen,
T3: Protokolle,

T4: Internet,

T5: E-Mail.

Wird die Häufigkeit des Vorkommens der Terme als Wert des entsprechenden Dokumentvektors gewählt, so erhalten wir die folgende 5×6-Matrix

$$A = \begin{pmatrix} 1 & 1 & 0 & 1 & 1 & 1 \\ 1 & 0 & 1 & 0 & 1 & 1 \\ 1 & 0 & 0 & 0 & 1 & 0 \\ 0 & 1 & 0 & 0 & 1 & 0 \\ 0 & 1 & 0 & 0 & 0 & 0 \end{pmatrix}.$$

Da zur Berechnung des Kosinus die normierten Spaltenvektoren erforderlich sind, können wir die Spalten von A auch normieren und erhalten so

$$\hat{A} = \begin{pmatrix} \frac{1}{\sqrt{3}} & \frac{1}{\sqrt{3}} & 0 & 1 & \frac{1}{2} & \frac{1}{\sqrt{2}} \\ \frac{1}{\sqrt{3}} & 0 & 1 & 0 & \frac{1}{2} & \frac{1}{\sqrt{2}} \\ \frac{1}{\sqrt{3}} & 0 & 0 & 0 & \frac{1}{2} & 0 \\ 0 & \frac{1}{\sqrt{3}} & 0 & 0 & \frac{1}{2} & 0 \\ 0 & \frac{1}{\sqrt{3}} & 0 & 0 & 0 & 0 \end{pmatrix}.$$

Eine Suchanfrage nach den Termen *Kryptografie*, *Protokolle* und *Internet* kann durch den Vektor $q = (1, 0, 1, 1, 0)$ dargestellt werden. Dann liefert die j-te Koordinate von

$$(1, 0, 1, 1, 0) \cdot A = (2, 2, 0, 1, 3, 1),$$

wie viele gesuchte Terme in dem j-ten Dokument vorkommen. Bei Normierung von q zu $\hat{q} = (\frac{1}{\sqrt{3}}, 0, \frac{1}{\sqrt{3}}, \frac{1}{\sqrt{3}}, 0)$ wird durch

$$\hat{q} \cdot \hat{A} = \left(\frac{2}{3}, \frac{2}{3}, 0, \frac{1}{\sqrt{3}}, \frac{\sqrt{3}}{2}, \frac{1}{\sqrt{6}} \right) = (0{,}666;\ 0{,}666;\ 0;\ 0{,}577;\ 0{,}866;\ 0{,}408)$$

der Vektor der Kosinuswerte der Winkel zwischen dem Suchvektor und den Dokumentvektoren angegeben. Das fünfte Dokument D5 kommt, entsprechend unserem Maß, der Suchanfrage am nächsten. Obwohl in D4 und D6 jeweils genau ein Term, nämlich *Kryptografie*, gefunden wird, besitzt D4 einen größeren Kosinuswert als D6, weil *Kryptografie* in D4 eine größere relative Bedeutung hat. Ob diese Gewichtung richtig ist, erscheint bei so wenigen Termen, die in dem Titel eines Buchs vorkommen können, ziemlich zweifelhaft. Bei Dokumenten, die viele Terme, und diese auch mehrfach, enthalten können, ist mit besseren Ergebnissen zu rechnen.

Eine Abfrage nach *Kryptografie*, *Algorithmen* und *Protokolle*, also $\hat{q} = \left(\frac{1}{\sqrt{3}}, \frac{1}{\sqrt{3}}, \frac{1}{\sqrt{3}}, 0, 0\right)$, liefert

$$\hat{q} \cdot \hat{A} = \left(1, \frac{1}{3}, \frac{1}{\sqrt{3}}, \frac{1}{\sqrt{3}}, \frac{\sqrt{3}}{2}, \frac{2}{\sqrt{6}}\right) = (1;\ 0{,}333;\ 0{,}577;\ 0{,}577;\ 0{,}866;\ 0{,}816).$$

Eine Interpretation dieses Ergebnisses sei dem Leser überlassen. $\square$

Wir haben hier nur einen ersten Ansatz dargestellt, wie die lineare Algebra im Information Retrieval zur Anwendung kommen kann. Mithilfe der Zerlegung der $t \times d$-Matrix A in eine orthogonale Matrix (siehe Definition 10.27) und eine obere Dreiecksmatrix (alle Elemente unterhalb der Diagonalen sind 0) sowie auch der Singulärwertzerlegung (siehe Abschn. 10.7) können ggf. bessere Interpretationen der Daten erzielt werden (siehe [10]).

10.7 Singulärwertzerlegung

Da die Singulärwertzerlegung in den meisten einführenden Vorlesungen zur linearen Algebra nicht behandelt wird, sie aber in vielen Anwendungen eine wichtige Rolle spielt, wollen wir sie hier ausführlicher darstellen.

Wir haben in Beispiel 10.13 festgestellt, dass die quadratische Matrix A aus Beispiel 10.12 über $\mathbb{R}$ nicht diagonalisierbar ist. Das bedeutet, dass es keine Transformationsmatrix S gibt, deren Spalten nur aus Eigenvektoren von A bestehen, sodass $S^{-1}AS$ eine Diagonalmatrix ist. Eine beliebige $m \times n$-Matrix A lässt sich jedoch immer in der Form $A = USV^T$ schreiben, wobei U und V geeignete orthogonale Matrizen und $S = (s_{ij})$ eine $m \times n$-*Diagonalmatrix* ist. Bei einer solchen Diagonalmatrix sind alle Elemente gleich 0, bis auf eventuell die Elemente s_{ii}, $i \in \{1, \ldots, \min\{m, n\}\}$.

Satz 10.26 Es sei A eine $m \times n$-Matrix über $\mathbb{R}$. Dann lässt sich A in der Form

$$A = USV^T$$

mit einer orthogonalen $m \times m$-Matrix U, einer orthogonalen $n \times n$-Matrix V und einer $m \times n$-Diagonalmatrix S schreiben. Dabei sind die Spalten von U Eigenvektoren von AA^T, die Spalten von V Eigenvektoren von $A^T A$ und die Diagonalelemente von S sind die positiven Quadratwurzeln der Eigenwerte von AA^T und $A^T A$.

Beweis Die $n \times n$-Matrix $A^T A$ ist wegen $(A^T A)^T = A^T (A^T)^T = A^T A$ symmetrisch. Daher besitzt $\mathbb{R}^n$ nach Satz 10.25 (siehe auch Algorithmus 10.3) eine Orthonormalbasis aus lauter Eigenvektoren, etwa $\{v_1, \ldots, v_n\}$. Die Orthogonalmatrix V wird durch die Spalten dieser Vektoren definiert.

Es gilt

$$A^T A v_i = \lambda_i v_i \ \text{für alle} \ i \in \{1, \dots, n\}$$

mit den entsprechenden Eigenwerten λ_i. Wir bilden jeweils das Skalarprodukt dieses Vektors mit v_i, den wir als Zeilenmatrix v_i^T von links an diese Gleichung heranmultiplizieren können, und erhalten, da v_i ein normierter Vektor ist, das Matrizenprodukt

$$v_i^T A^T A v_i = \lambda_i.$$

Die linke Seite dieser Gleichung ist aber das Skalarprodukt des Vektors $A v_i$ mit sich selbst, das nach Satz 10.21(a) nicht negativ ist. Daher folgt $\lambda_i \geq 0$ für alle $i \in \{1, \dots, n\}$. Ist $\lambda_i = 0$, so ist $A v_i = 0$ gemäß Satz 10.21(b).

Wir nehmen an, dass $\lambda_i > 0$ für $i \in \{1, \dots, r\}$ und $\lambda_j = 0$ für $j \in \{r + 1, \dots, n\}$ gelten. Es werde

$$s_i = \sqrt{\lambda_i} \ \text{und} \ u_i = \frac{1}{s_i} A v_i \ \text{für} \ i \in \{1, \dots, r\}$$

gesetzt. Nach Konstruktion gilt dann $|u_i| = 1$ und $u_i \cdot u_j = 0$ für $i, j \in \{1, \dots, r\}$, $i \neq j$. Die Vektoren $N = \{u_1, \dots, u_r\}$ bilden also ein Orthonormalsystem in $\mathbb{R}^m$. Das zeigt auch, dass $r \leq \min\{m, n\}$ erfüllt sein muss. Wir wollen N zu einer Orthonormalbasis von $\mathbb{R}^m$ erweitern.

Die der Matrix A zugeordnete lineare Abbildung überführt $\mathbb{R}^n$ in den Unterraum $\langle N \rangle$ von R^m, der nach den Konstruktionen die Dimension r hat. Daher ist der Rang der Matrix A gleich r, dasselbe gilt dann auch für die Matrix A^T. Folglich besitzt das Gleichungssystem $A^T x = 0$ als Lösung einen $m - r$-dimensionalen Unterraum von $\mathbb{R}^m$. Nach den obigen Konstruktionen lassen sich die von 0 verschiedenen Vektoren dieses Unterraums nicht als eine Linearkombination der Vektoren aus N schreiben. Entsprechend Satz 10.14(b) erhalten wir eine Basis dieses Unterraums, die das Orthonormalsystem N zu einer Basis von $\mathbb{R}^m$ erweitert. Mithilfe des Orthonormalisierungsverfahrens von Gram-Schmidt (siehe Algorithmus 10.2, die **for**-Schleife kann mit $i = r + 1$ gestartet werden) können wir jetzt eine Orthonormalbasis $B = \{u_1, \dots, u_r, u_{r+1}, \dots, u_m\}$ von $\mathbb{R}^m$ konstruieren. Diese Basisvektoren werden jetzt als Spalten der Orthogonalmatrix U gewählt. Wir setzen $S = U^T A V$. Da U und V Orthogonalmatrizen sind, gilt laut Definition 10.27 $U U^T = E_m$ und $V V^T = E_n$ und damit $A = U S V^T$.

Zu zeigen bleibt, dass die Spalten von U Eigenvektoren von $A A^T$ sind, wobei die zugehörigen Eigenwerte λ_i, $i \in \{1, \dots, r\}$, die obigen Eigenwerte von $A^T A$ sind, und $\lambda_i = 0$ für $i \in \{r + 1, \dots, m\}$ gilt. Außerdem müssen alle Elemente von $S = (s_{ij})$ gleich 0 sein mit Ausnahme der Diagonalelemente, die $s_{ii} = s_i, i \in \{1, \dots, r\}$, erfüllen.

Für $i \in \{1, \dots, r\}$ erhalten wir wegen $u_i = \frac{1}{s_i} A v_i$

$$A A^T u_i = \frac{1}{s_i} A A^T A v_i = \frac{1}{s_i} A \lambda_i v_i = \lambda_i u_i.$$

Für $i \in \{r+1, \ldots, m\}$ ist $AA^T u_i = 0 = 0u_i$. Damit sind die Aussagen über die Eigenvektoren und Eigenwerte erfüllt. Weiter ergeben sich wegen $S = U^T A V$ für die Elemente s_{ij} dieser Matrix die Gleichungen

$$s_{ij} = u_i \cdot (Av_j) = u_i \cdot (s_j u_j) = s_j (u_i \cdot u_j),$$

$i \in \{1, \ldots, m\}$, $j \in \{1, \ldots, n\}$. Da $B = \{u_1, \ldots, u_m\}$ eine Orthonormalbasis ist, zeigen diese Gleichungen, dass S die gewünschte Gestalt besitzt. $\square$

Definition 10.28 Es sei A eine $m \times n$-Matrix über $\mathbb{R}$. Die Faktorisierung

$$A = USV^T$$

gemäß Satz 10.26 heißt *Singulärwertzerlegung* von A, die Diagonalelemente von S sind die *singulären Werte*, die Spalten von U sind die *linken* und die von V die *rechten singulären Vektoren*. $\square$

Beispiel 10.20 Wir betrachten die 2×3-Matrix

$$A = \begin{pmatrix} 1 & 0 & 1 \\ 0 & 1 & 1 \end{pmatrix},$$

deren Singulärwertzerlegung wir ermitteln wollen. Zur Bestimmung von V berechnen wir

$$A^T A = \begin{pmatrix} 1 & 0 & 1 \\ 0 & 1 & 1 \\ 1 & 1 & 2 \end{pmatrix}$$

und dazu das charakteristische Polynom

$$\mathrm{Det} \begin{pmatrix} 1-x & 0 & 1 \\ 0 & 1-x & 1 \\ 1 & 1 & 2-x \end{pmatrix} = (1-x)(x-3)x.$$

Die Eigenwerte sind daher $\lambda_1 = 1$, $\lambda_2 = 3$ und $\lambda_3 = 0$. Es ist also $r = 2$. Die von 0 verschiedenen Eigenwerte liefern die Eigenvektoren $(-1, 1, 0)$ für λ_1 und $(1, 1, 2)$ für λ_2, für $\lambda_3 = 0$ erhalten wir den Eigenvektor $(-1, -1, 1)$. Da alle Eigenräume die Dimension 1 haben, ergibt sich durch die jeweilige Normierung eine Orthonormalbasis $\{v_1, v_2, v_3\}$ des $\mathbb{R}^3$. Die Spalten dieser Vektoren ergeben die orthogonale Matrix

$$V = \begin{pmatrix} -\frac{1}{\sqrt{2}} & \frac{1}{\sqrt{6}} & -\frac{1}{\sqrt{3}} \\ \frac{1}{\sqrt{2}} & \frac{1}{\sqrt{6}} & -\frac{1}{\sqrt{3}} \\ 0 & \frac{2}{\sqrt{6}} & \frac{1}{\sqrt{3}} \end{pmatrix}.$$

Mit den singulären Werten $s_1 = 1$ und $s_2 = \sqrt{3}$ wird durch Berechnung von $u_i = \frac{1}{s_i} A v_i$, $i \in \{1, 2\}$, das Orthonormalsystem $N = \{(-\frac{1}{\sqrt{2}}, \frac{1}{\sqrt{2}}), (\frac{1}{\sqrt{2}}, \frac{1}{\sqrt{2}})\}$ bestimmt. Wegen $m = r = 2$ ergibt sich damit die Matrix

$$U = \begin{pmatrix} -\frac{1}{\sqrt{2}} & \frac{1}{\sqrt{2}} \\ \frac{1}{\sqrt{2}} & \frac{1}{\sqrt{2}} \end{pmatrix}.$$

Wir erhalten also die Faktorisierung

$$\begin{pmatrix} 1 & 0 & 1 \\ 0 & 1 & 1 \end{pmatrix} = \begin{pmatrix} -\frac{1}{\sqrt{2}} & \frac{1}{\sqrt{2}} \\ \frac{1}{\sqrt{2}} & \frac{1}{\sqrt{2}} \end{pmatrix} \begin{pmatrix} 1 & 0 & 0 \\ 0 & \sqrt{3} & 0 \end{pmatrix} \begin{pmatrix} -\frac{1}{\sqrt{2}} & \frac{1}{\sqrt{2}} & 0 \\ \frac{1}{\sqrt{6}} & \frac{1}{\sqrt{6}} & \frac{2}{\sqrt{6}} \\ -\frac{1}{\sqrt{3}} & -\frac{1}{\sqrt{3}} & \frac{1}{\sqrt{3}} \end{pmatrix}. \quad \square$$

Die Singulärwertzerlegung kann unter anderem zum Lösen linearer Gleichungssysteme oder bei Optimierungsaufgaben benutzt werden. Eine wichtige Anwendung findet sich auch in der Bildkompression. In den Kapiteln 4.4 und 4.5 aus [39] wird ein erster Eindruck dieser Bereiche vermittelt. Im nächsten Abschnitt werden wir eine Anwendung der Singulärwertzerlegung im Zusammenhang mit der Computergrafik kennenlernen.

10.8 Anwendungen in der Computergrafik

In der Computergrafik ist die Beschreibung, Konstruktion, Manipulation und Darstellung von geometrischen Objekten von besonderer Bedeutung. Wir wollen uns hier auf geometrische Transformationen beschränken und zeigen, wie Punktmengen der Ebene $\mathbb{R}^2$ oder des Raums $\mathbb{R}^3$ transformiert werden können. Dabei werden die Punkte als Vektoren (Punktvektoren) des euklidischen Vektorraums $\mathbb{R}^2$ bzw. $\mathbb{R}^3$ (mit kanonischer Basis) dargestellt. Die Vektoren haben die anschauliche Bedeutung eines Pfeils vom Nullpunkt des Koordinatensystems zum Punkt mit den Koordinaten des Vektors, sie sind auch als Ortsvektoren bekannt.

Wir betrachten zunächst den zweidimensionalen Fall. Jede lineare Abbildung $\varphi : \mathbb{R}^2 \to \mathbb{R}^2$, die nach Definition 10.14 durch eine reellwertige Matrix

$$\begin{pmatrix} a_{11} & a_{12} \\ a_{21} & a_{22} \end{pmatrix}$$

dargestellt wird, transformiert einen durch den Vektor $(x, y) \in \mathbb{R}^2$ gegebenen Punkt gemäß dem Matrizenprodukt

$$\begin{pmatrix} a_{11} & a_{12} \\ a_{21} & a_{22} \end{pmatrix} \begin{pmatrix} x \\ y \end{pmatrix} = \begin{pmatrix} a_{11}x + a_{12}y \\ a_{21}x + a_{22}y \end{pmatrix}.$$

Ist dabei die Determinante der Matrix verschieden von 0, so sind ihre Zeilen (Spalten) linear unabhängig (siehe Überlegungen vor Satz 10.17), sodass die Abbildung nach den Definition 10.14 folgenden Ausführungen ein Isomorphismus ist. Typische Transformationen dieser Art sind Skalierung, Drehung (Rotation) oder auch Scherung. Wir werden sehen, dass sich jede derartige Transformation als Produkt einer Drehung, gefolgt von einer Skalierung und wieder einer Drehung, darstellen lässt.

Eine *Skalierung* ändert die Längen eines Punktvektors bezüglich der x- und y-Koordinate um den Faktor $s_x \in \mathbb{R}$ bzw. $s_y \in \mathbb{R}$, $s_x, s_y \neq 0$. Die zugehörige Transformationsmatrix ist durch

$$\mathrm{Skal}(s_x, s_y) = \begin{pmatrix} s_x & 0 \\ 0 & s_y \end{pmatrix}$$

gegeben. Offensichtlich gilt $\mathrm{Skal}(s_x, s_y) \cdot \begin{pmatrix} x \\ y \end{pmatrix} = \begin{pmatrix} s_x x \\ s_y y \end{pmatrix}$. Mit $s_x = 1{,}5$ und $s_y = 0{,}7$ erhalten wir das folgende Bild:

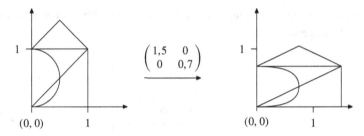

Speziell für $s_x = -1$ und $s_y = 1$ ergibt sich eine *Spiegelung* an der y-Achse:

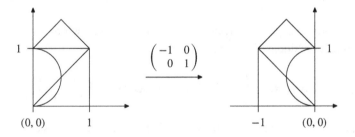

Als Nächstes kommen wir zu Drehungen, bei denen ein Vektor um einen Winkel φ im Gegenuhrzeigersinn gedreht wird. Wir betrachten das Bild in dem der Vektor $v = (x_1, y_1)$ um den Winkel φ gedreht wird und zum Vektor $w = (x_2, y_2)$ führt. Der Winkel zwischen der x-Achse und v sei α, und r sei die Länge von v. Bekanntlich gilt dann

$$x_1 = r \cos \alpha,$$
$$y_1 = r \sin \alpha$$

sowie

$$x_2 = r \cos(\alpha + \varphi) = r \cos \alpha \cos \varphi - r \sin \alpha \sin \varphi,$$
$$y_2 = r \sin(\alpha + \varphi) = r \sin \alpha \cos \varphi + r \cos \alpha \sin \varphi$$

und damit

$$x_2 = x_1 \cos \varphi - y_1 \sin \varphi,$$
$$y_2 = y_1 \cos \varphi + x_1 \sin \varphi.$$

Die Drehung wird also durch die orthogonale Matrix

$$\mathrm{Rot}(\varphi) = \begin{pmatrix} \cos \varphi & -\sin \varphi \\ \sin \varphi & \cos \varphi \end{pmatrix}$$

beschrieben. Als Beispiel betrachten wir den Fall, dass jeder Vektor um $\pi/6$ (im Bogenmaß) bzw. 30 Grad gedreht wird.

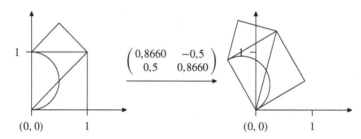

$$\begin{pmatrix} 0{,}8660 & -0{,}5 \\ 0{,}5 & 0{,}8660 \end{pmatrix}$$

Als ein weiteres Beispiel von Transformationen betrachten wir *Scherungen* längs der x- bzw. y-Achse, die durch die Matrizen

$$\mathrm{Scher}_x(s) = \begin{pmatrix} 1 & s \\ 0 & 1 \end{pmatrix} \quad \text{bzw.} \quad \mathrm{Scher}_y(s) = \begin{pmatrix} 1 & 0 \\ s & 1 \end{pmatrix}$$

mit $s \in \mathbb{R}$ gegeben sind. Für $s = 1$ erhalten wir für die Scherung längs der x-Achse

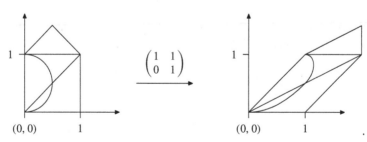

$$\begin{pmatrix} 1 & 1 \\ 0 & 1 \end{pmatrix}$$

Für die Matrix A einer Transformation betrachten wir die zugehörige Singulärwertzerlegung

$$A = U'S'V'^T$$

mit orthogonalen Matrizen U' und V' sowie der Diagonalmatrix S' der Singulärwerte. Jede orthogonale zweidimensionale Matrix kann mit einem geeigneten Winkel φ in einer der beiden Formen

$$\begin{pmatrix} \cos\varphi & -\sin\varphi \\ \sin\varphi & \cos\varphi \end{pmatrix} \quad \text{oder} \quad \begin{pmatrix} -\cos\varphi & \sin\varphi \\ \sin\varphi & \cos\varphi \end{pmatrix}$$

geschrieben werden (siehe Aufgabe 16). Die zweite dieser Matrizen kann jedoch auch durch

$$\begin{pmatrix} \cos(-\varphi) & -\sin(-\varphi) \\ \sin(-\varphi) & \cos(-\varphi) \end{pmatrix} \begin{pmatrix} -1 & 0 \\ 0 & 1 \end{pmatrix} = \begin{pmatrix} \cos(\varphi) & \sin(\varphi) \\ -\sin(\varphi) & \cos(\varphi) \end{pmatrix} \begin{pmatrix} -1 & 0 \\ 0 & 1 \end{pmatrix}$$

ausgedrückt werden. Sie stellt also die Komposition einer Spiegelung an der y-Achse mit einer anschließenden Drehung dar. Insgesamt erhalten wir daher die Darstellung

$$A = USV^T$$

mit orthogonalen Matrizen U und V, die einer Drehung entsprechen, und einer Diagonalmatrix S. Man beachte, dass für die Matrix V einer Drehung um den Winkel φ die Matrix $V^T = V^{-1}$ offenbar die Matrix der inversen Drehung ist, also einer Drehung um den Winkel $-\varphi$. Jede zweidimensionale Transformation ist also die Komposition einer Drehung, einer Skalierung und schließlich wieder einer Drehung.

Beispiel 10.21 Wir betrachten die Transformation $A = \mathrm{Scher}_x(1) = \begin{pmatrix} 1 & 1 \\ 0 & 1 \end{pmatrix}$. Zur Bestimmung ihrer Singulärwertzerlegung gehen wir entsprechend dem Beweis von Satz 10.26 vor. Das charakteristische Polynom der Matrix $A^T A = \begin{pmatrix} 1 & 1 \\ 1 & 2 \end{pmatrix}$ ist $x^2 - 3x + 1$. Daraus berechnen wir die Eigenwerte

$$\lambda_1 = \frac{1}{2}(3 + \sqrt{5}) = 2{,}61803 \quad \text{und} \quad \lambda_2 = \frac{1}{2}(3 - \sqrt{5}) = 0{,}38197.$$

Zur Vereinfachung haben wir Näherungswerte in Dezimaldarstellung verwendet. Damit sind die beiden singulären Werte

$$s_1 = \sqrt{\lambda_1} = 1{,}61803 \quad \text{und} \quad s_2 = \sqrt{\lambda_2} = 0{,}61804$$

bestimmt. Die zu den Eigenwerten gehörenden normierten Eigenvektoren v_1 und v_2 sind (mit vier Stellen hinter dem Komma) die Spalten der orthogonalen Matrix

$$V = \begin{pmatrix} 0{,}5257 & -0{,}8507 \\ 0{,}8507 & 0{,}5257 \end{pmatrix}.$$

Wegen $u_i = \frac{1}{s_i} A v_i$, $i \in \{1, 2\}$, erhalten wir die Spalten der zweiten orthogonalen Matrix

$$U = \begin{pmatrix} 0{,}8507 & -0{,}5257 \\ 0{,}5257 & 0{,}8507 \end{pmatrix}.$$

Insgesamt ergibt sich die Singulärwertzerlegung

$$\begin{pmatrix} 1 & 1 \\ 0 & 1 \end{pmatrix} = \begin{pmatrix} 0{,}8507 & -0{,}5257 \\ 0{,}5257 & 0{,}8507 \end{pmatrix} \begin{pmatrix} 1{,}618 & 1 \\ 0 & 0{,}618 \end{pmatrix} \begin{pmatrix} 0{,}5257 & 0{,}8507 \\ -0{,}8507 & 0{,}5257 \end{pmatrix}.$$

Die beiden äußeren Matrizen des Produkts sind Drehungen, und wir erhalten

$$\text{Scher}_x(1) = \text{Rot}(31{,}7°) \cdot \text{Skal}(1{,}618, \ 0{,}618) \cdot \text{Rot}(-58{,}3°). \quad \square$$

Dreidimensionale Transformationen können im Wesentlichen als Erweiterungen der zweidimensionalen Transformationen aufgefasst werden. Eine Skalierung ist somit durch

$$\text{Skal}(s_x, s_y, s_z) = \begin{pmatrix} s_x & 0 & 0 \\ 0 & s_y & 0 \\ 0 & 0 & s_z \end{pmatrix}$$

darstellbar. Eine Drehung kann bezüglich verschiedener Achsen durchgeführt werden. Drehungen speziell um die z-, x- bzw. y-Achse werden durch die Matrizen

$$\text{Rot}_z(\varphi) = \begin{pmatrix} \cos\varphi & -\sin\varphi & 0 \\ \sin\varphi & \cos\varphi & 0 \\ 0 & 0 & 1 \end{pmatrix}, \ \text{Rot}_x(\varphi) = \begin{pmatrix} 1 & 0 & 0 \\ 0 & \cos\varphi & -\sin\varphi \\ 0 & \sin\varphi & \cos\varphi \end{pmatrix} \ \text{bzw.}$$

$$\text{Rot}_y(\varphi) = \begin{pmatrix} \cos\varphi & 0 & -\sin\varphi \\ 0 & 1 & 0 \\ \sin\varphi & 0 & \cos\varphi \end{pmatrix}$$

gegeben. Auch jede dreidimensionale Transformation kann mithilfe der Singulärwertzerlegung in eine Drehung, eine Skalierung und eine weitere Drehung zerlegt werden.

Ebenfalls wichtig sind in der Computergrafik Translationen, im zweidimensionalen Fall also Abbildungen $\varphi : \mathbb{R}^2 \to \mathbb{R}^2$ mit $\varphi(x, y) = (x, y) + (x_0, y_0)$, wobei durch (x_0, y_0) die Verschiebung eines beliebigen Ortsvektors (Punktes) (x, y) angegeben wird. Offensichtlich ist für $(x_0, y_0) \neq (0, 0)$ die Abbildung φ nicht linear und ist daher nicht als zweidimensionale Matrix darzustellen. Durch Einführung von *homogenen Koordinaten* kann diesem Problem abgeholfen werden. Ein $(x, y) \in \mathbb{R}^2$ werde mit dem Vektor $(x, y, 1) \in \mathbb{R}^3$ identifiziert. Die Translation wird dann durch die quadratische dreidimensionale Matrix

$$V = \begin{pmatrix} 1 & 0 & x_0 \\ 0 & 1 & y_0 \\ 0 & 0 & 1 \end{pmatrix}$$

ausgedrückt. Wir erkennen, dass $V \cdot \begin{pmatrix} x \\ y \\ 1 \end{pmatrix} = \begin{pmatrix} x + x_0 \\ y + y_0 \\ 1 \end{pmatrix}$ gilt. Auch zweidimensionale

Skalierung und Drehung können mithilfe homogener Koordinaten dargestellt werden, als Transformationsmatrizen sind dann

$$\begin{pmatrix} s_x & 0 & 0 \\ 0 & s_y & 0 \\ 0 & 0 & 1 \end{pmatrix} \quad \text{bzw.} \quad \begin{pmatrix} \cos\varphi & -\sin\varphi & 0 \\ \sin\varphi & \cos\varphi & 0 \\ 0 & 0 & 1 \end{pmatrix}$$

zu wählen. Beliebige Kompositionen von Transformationen wie beispielsweise Translationen, Drehungen oder Skalierungen können durch Multiplikation ihrer Matrizen berechnet werden. Ähnliche Überlegungen gelten für den dreidimensionalen Fall, wo die Transformationen durch quadratische vierdimensionale Matrizen beschrieben werden. Weitere Eigenschaften von homogenen Koordinaten sind in der Literatur zur projektiven Geometrie beschrieben (siehe beispielsweise [77] speziell unter dem Gesichtspunkt der Computergrafik).

Besonders wichtig für die Computergrafik sind auch Projektionen, mit deren Hilfe dreidimensionale Objekte auf dem zweidimensionalen Bildschirm dargestellt werden. Wir können darauf im Rahmen dieses Buchs nicht eingehen und verweisen auf die Literatur (etwa [29]).

10.9 Lineare Codes

Bei der Übertragung von Nachrichten über Funk, Telefon oder auch über das Internet werden Zeichen übermittelt, die in der Regel als Bitfolgen gesendet werden. Die Zeichen des üblichen Alphabets, zusammen mit Ziffern und verschiedenen Sonderzeichen (insgesamt 128 Symbole), werden beispielsweise in der ASCII-Codierung (American Standard Code for Information Interchange) durch jeweils verschiedene Wörter aus 7 Bits dargestellt. So entspricht etwa der Buchstabe A der Bitfolge 1000001 (dezimal 65). Durch Hinzufügen eines Paritätsbits vor der ersten Stelle, das aus den übrigen 7 Bits durch Summenbildung in $\mathbb{Z}_2$ entsteht, erhalten wir eine Codierung der Zeichen durch 8 Bits. Der Buchstabe A wird dann zu 01000001 erweitert. Bei der Übertragung solcher Wörter kommen unter Umständen einige Bits verfälscht beim Empfänger an. Eine solche Verfälschung kann zum Beispiel dann erkannt werden, wenn das Paritätsbit nicht mehr stimmt, was allerdings bei zwei Fehlern im selben Wort nicht festzustellen ist. Man möchte jedoch nicht nur Fehler erkennen, sondern sie auch korrigieren. Dafür müssen die Zeichen geeignet codiert werden. Wir betrachten hier einige Grundlagen von linearen Codes und werden dabei auch auf die Decodierung im Fehlerfall eingehen.

Wir erinnern daran, dass wir in Definition 7.6 die Menge A^* der Wörter über einem Alphabet, also das freie Monoid über A, definiert hatten. Speziell betrachten wir für $n \in \mathbb{N}$ auch die Menge $A^n \subseteq A^*$ der Menge der Wörter der Länge n. Sie kann als das n-fache kartesische Produkt von A mit sich aufgefasst werden. Die Grundbegriffe der Codierungstheorie werden nun formuliert.

Definition 10.29   Es seien A und B Alphabete. Eine injektive Abbildung $f : A \to B^*$ ist eine *Codierung* des Alphabets A in das Alphabet B. Dabei ist die Teilmenge $f(A)$ von B^* der zugehörige *Code*. Die Elemente von $f(A)$ heißen *Codewörter*, die von A *Quellwörter*. Eine *Blockcodierung* der Länge $n \in \mathbb{N}$ ist eine injektive Abbildung $A \to B^n$. $\square$

Wegen $B^n \subseteq B^*$ ist jede Blockcodierung eine spezielle Codierung. Die 7-Bit-ASCII-Codierung ist mit $B = \mathbb{Z}_2$ eine Blockcodierung der Länge 7. Eine früher viel benutzte, heute jedoch für die Praxis überholte Codierung, ist beispielsweise die Morsecodierung. Die Bezeichnung der Elemente von A als Quellwörter scheint zunächst etwas unmotiviert zu sein, wird aber in den folgenden Überlegungen einsichtig.

Da wir uns in diesem Abschnitt mit linearen Codes beschäftigen wollen, gehen wir von endlichen Körpern K aus. Dann sind für $n, r \in \mathbb{N}$ die Mengen K^r und K^n endliche Vektorräume. Wir betrachten Blockcodierungen $g : K^r \to K^n$, wobei g zusätzlich eine lineare Abbildung ist. In der Praxis wird zumeist der Spezialfall $K = \mathbb{Z}_2$ verwendet.

Definition 10.30   Es sei K ein endlicher Körper, und es seien $n, r \in \mathbb{N}$ mit $r \leq n$. Ein *linearer (n, r)-Code über K* ist ein r-dimensionaler Unterraum C von K^n. $\square$

Die Erweiterung der 7-Bit-ASCII-Codierung durch das Paritätsbit zu einer 8-Bit-Codierung ist ein linearer $(8, 7)$-Code, da $\mathbb{Z}_2^7$ ein 7-dimensionaler Unterraum von $\mathbb{Z}_2^8$ ist.

Gemäß Satz 10.10 ist ein linearer (n, r)-Code isomorph zu K^r. Nach den Überlegungen vor Satz 10.12 existieren dann zu jedem (n, r)-Code C eine injektive lineare Abbildung $g : K^r \to K^n$ und eine surjektive lineare Abbildung $h : K^n \to K^{n-r}$ mit

$$\text{Im}(g) = C = \text{Ker}(h).$$

Bezüglich der kanonischen Basen seien diese linearen Abbildungen durch Matrizen G' bzw. H' beschrieben. Nach Definition 10.14 ist also G' eine $n \times r$- und H' eine $(n-r) \times n$-Matrix. Diese Matrizen sind, ebenso wie g und h, nicht eindeutig bestimmt. $H'G'$ ist die Matrix, die der linearen Abbildung $h \circ g$ entspricht. In der Codierungstheorie werden diese Matrizen jedoch üblicherweise durch ihre transponierten Matrizen $G = G'^T$ und $H = H'^T$ ersetzt. GH entspricht dann der linearen Abbildung $h \circ g$. Spaltenvektoren werden zu Zeilenvektoren. An diese Konvention wollen wir uns in diesem Abschnitt halten.

Die Abbildung g ist im Sinne der Definition 10.29 eine Codierung von K^r in K^n.

Definition 10.31 Es sei $C \subseteq K^n$ ein linearer (n, r)-Code und $g : K^r \to K^n$ und $h : K^n \to K^{n-r}$ seien lineare Abbildungen mit $\text{Im}(g) = C = \text{Ker}(h)$. Die g zugeordnete $r \times n$-Matrix G wird *Generatormatrix*, die h zugeordnete $n \times (n-r)$-Matrix H *Kontrollmatrix* für C genannt. $\square$

Wir betrachten das homogene Gleichungssystem

$$(c_1, \ldots, c_n) \cdot H = 0$$

mit den n Unbekannten c_i. In der Schreibweise entsprechend Abschn. 10.3 lautet es $H^T(c_1, \ldots, c_n)^T = 0$. Wegen $C = \text{Ker}(h)$ ist der Lösungsraum gleich C und hat daher die Dimension r. Folglich ist der Rang der Matrix H (oder H^T) gleich $n - r$. Die $n - r$ Spalten der Matrix H sind also linear unabhängig.

Beispiel 10.22
(a) Es sei $K = \mathbb{Z}_2$. Die Codierung sei durch $g : \mathbb{Z}_2^r \to \mathbb{Z}_2^{r+1}$ mit

$$g(a_1, \ldots, a_r) = \left(a_1, \ldots, a_r, \sum_{i=1}^r a_i \right)$$

gegeben. Es ist also $C = \{(a_1, \ldots, a_r, \sum_{i=1}^r a_i) \mid a_i \in \mathbb{Z}_2, i \in \{1, \ldots, r\}\}$. Das bedeutet, dass die Summe der Bits eines Codewortes immer 0 ist. Wird mit diesem Code eine Nachricht übertragen und erhält der Empfänger ein „Codewort", bei dem die Summe der Koordinaten 1 ist, so weiß er, dass bei der Übertragung ein Fehler aufgetreten ist. Man nennt den Code daher auch Paritätsbitcodierung. Als Kontrollmatrix H, deren zugeordnete lineare Abbildung $h : \mathbb{Z}_2^{r+1} \to \mathbb{Z}_2$ die Gleichung $C = \text{Ker}(h)$ erfüllt, können wir die $(r + 1) \times 1$-Matrix $H = (1, \ldots, 1)^T$ wählen.
(b) Als Nächstes betrachten wir den Wiederholungscode. Er ist ein $(n, 1)$-Code, bei dem die $|K|$ Codewörter die Gestalt $(a, \ldots, a)$ (n-mal a) für $a \in K$ haben. Für eine Kontrollmatrix H, die zu einer Abbildung $h : K^n \to K^{n-1}$ mit $\text{Ker}(h) = C$ gehört, muss

$$(a, \ldots, a)H = 0$$

gelten. Es ist klar, dass es dafür viele Lösungsmöglichkeiten gibt. Typische Beispiele
für $n = 4$ sind

$$
\begin{pmatrix} -1 & -1 & -1 \\ 1 & 0 & 0 \\ 0 & 1 & 0 \\ 0 & 0 & 1 \end{pmatrix} \quad \text{oder} \quad \begin{pmatrix} -1 & 0 & 0 \\ 1 & -1 & 0 \\ 0 & 1 & -1 \\ 0 & 0 & 1 \end{pmatrix}. \quad \square
$$

Wir erkennen, dass die linke Kontrollmatrix des Beispiels die spezielle Form

$$
\begin{pmatrix} A \\ E_{n-r} \end{pmatrix}
$$

hat, mit einer $(r, n-r)$-Matrix A (im Beispiel $r = 1, n = 4$) und der $(n-r)$-dimensionalen
Einheitsmatrix E_{n-r}. Allgemein gilt dann für ein beliebiges Codewort $c = (c_1, \ldots, c_n)$
die Äquivalenz

$$
c \cdot \begin{pmatrix} A \\ E_{n-r} \end{pmatrix} = 0 \iff (c_1, \ldots, c_r)A + (c_{r+1}, \ldots, c_n)E_{n-r} = 0,
$$

$$
\iff (c_1, \ldots, c_r)(E_r, -A) = (c_1, \ldots, c_n).
$$

Wir können also $G = (E_r, -A)$ als Generatormatrix nutzen, wobei bei dieser Codie-
rung die $n - r$ Kontrollbits $(c_{r+1}, \ldots, c_n)$ an das Quellwort $(c_1, \ldots, c_r) \in K^r$ angehängt
werden.

Beispiel 10.23

(a) Bei der Paritätsbitcodierung ist H der $(r+1)$-dimensionale Spaltenvektor $(1, \ldots, 1)^T$.
Die ersten r Koordinaten bilden die Matrix A. Speziell für $r = 3$ erhalten wir wegen
$K = \mathbb{Z}_2$ die Generatormatrix

$$
G = \begin{pmatrix} 1 & 0 & 0 & 1 \\ 0 & 1 & 0 & 1 \\ 0 & 0 & 1 & 1 \end{pmatrix}.
$$

(b) Für den Wiederholungscode mit $r = 1$ und $n = 4$ ist, wie wir in Beispiel 10.22(b)
gesehen haben, $A = (-1, -1, -1)$. Wir erhalten daher die Generatormatrix $G = (E_1, -A) = (1, 1, 1, 1)$. $\square$

Die auf diese Weise konstruierten Generatormatrizen werden eigens bezeichnet.

Definition 10.32

(a) Ein linearer (n, r)-Code $C \subseteq K^n$ heißt *systematisch*, wenn (E_r, B) eine Generatormatrix für C ist.

(b) Zwei lineare (n, r)-Codes $C, C' \subseteq K^n$ heißen *äquivalent*, wenn sie Generatormatrizen besitzen, die sich nur in der Reihenfolge der Spalten unterscheiden. $\square$

Äquivalente Codes unterscheiden sich also nur durch die Reihenfolge der einzelnen Koordinaten der Codewörter.

Satz 10.27 Jeder lineare Code ist zu einem systematischen Code äquivalent.

Beweis Es sei G eine Generatormatrix für einen linearen (n, r)-Code C. Da C die Dimension r hat, ist der Rang von G gleich r. Durch Spaltenvertauschungen konstruieren wir aus G eine neue Generatormatrix G', bei der genau die ersten r Spalten linear unabhängig sind. Es sei C' der zugehörige lineare Code, der nach Definition 10.32(b) zu C äquivalent ist. Auf G' können wir dann elementare Zeilenumformungen so anwenden, dass wir eine Matrix der Gestalt (E_r, B) erhalten. Diese Zeilenumformungen können wir als einen Isomorphismus auf K^r auffassen, der vor Anwendung der durch G' gegebenen Codierung ausgeführt wird (siehe auch Aufgabe 8). Daher ist (E_r, B) ebenfalls eine Generatormatrix für C'. $\square$

Wendet man das Inverse der Spaltenvertauschung aus der Konstruktion des vorstehenden Beweises auf (E_r, B) an, so erhält man eine weitere Generatormatrix für C.

Satz 10.28 Jeder (n, r)-lineare Code $C \subseteq K^n$ ist äquivalent zu einem Code mit Kontrollmatrix $\begin{pmatrix} A \\ E_{n-r} \end{pmatrix}$.

Beweis Dies folgt aus Satz 10.27 und der Äquivalenz

$$c \cdot \begin{pmatrix} A \\ E_{n-r} \end{pmatrix} = 0 \iff (c_1, \ldots, c_r)(E_r, -A) = c. \quad \square$$

Definition 10.33 Ist $c \in K^n$ ein Codewort, das über einen gestörten Kanal gesendet wird, und $y \in K^n$ das empfangene Wort, dann wird $e = y - c$ als *Fehlerwort* bezeichnet. $\square$

Definition 10.34 Es seien $a, b \in K^n$.

(a) Der *Hamming-Abstand* $d(a, b)$ zwischen a und b ist gleich der Anzahl der Koordinaten, in denen a und b verschieden sind.

(b) Das *Hamming-Gewicht* $w(a)$ von a ist gleich der Anzahl der von 0 verschiedenen Koordinaten von a. $\square$

Mit den Bezeichnungen von Definition 10.33 gibt $d(c, y)$ die Anzahl der Fehler an, die bei der Übertragung von c aufgetreten sind. Der Zusammenhang zwischen den Funktionen d und w wird durch die Gültigkeit der Gleichungen

$$w(a) = d(a, 0) \quad \text{und} \quad d(a, b) = w(a - b) \quad \text{für alle} \ a, b \in K^n$$

deutlich. Außerdem gilt offenbar auch

Satz 10.29 Der Hamming-Abstand ist eine *Metrik* auf K^n, das heißt, für alle $a, b, c \in K^n$ gilt

$$
\begin{aligned}
d(a, b) &= 0 \iff a = b, \\
d(a, b) &= d(b, a), \\
d(a, c) &\le d(a, b) + d(b, c). \quad \square
\end{aligned}
$$

Empfängt man ein Wort y, das kein Codewort ist, so versucht man gemäß der „Nächsten-Nachbar-Regel" ein Codewort zu finden, für das der Hamming-Abstand $d(y, c)$ minimal ist. Dies beruht auf der Annahme, dass eine geringere Fehleranzahl bei der Übertragung wahrscheinlicher ist als eine hohe.

Definition 10.35 Es sei $t \in \mathbb{N}$. Ein Code $C \subseteq K^n$ heißt *t-fehlerkorrigierender Code*, wenn es für jedes $y \in K^n$ höchstens ein $c \in C$ mit $d(y, c) \le t$ gibt. $\square$

Falls höchstens t Fehler vorkommen, erhält man bei einem t-fehlerkorrigierenden Code für jedes empfangene y das zugehörige Codewort c als nächsten Nachbar von y. Es gibt auch kein weiteres Codewort c' mit $d(y, c') \le t$. Für die sichere Datenübermittlung ist es daher ein Ziel der Codierungstheorie, Codes mit „weit entfernten" Codewörtern zu konstruieren. Andererseits möchte man aber möglichst viele Informationen in einer Zeiteinheit übertragen. Diese beiden sich widersprechenden Ziele muss man in der Codierungstheorie vernünftig ausgleichen.

Wir wollen jetzt einen Decodierungsalgorithmus für lineare Codes angeben. Es sei C ein linearer (n, r)-Code über K. Dann können wir den Faktorraum (vgl. Abschn. 10.1 unter Definition 10.7)

$$K^n / C$$

betrachten. Er besteht aus den Nebenklassen $a + C$ mit $a \in K^n$. Nach Satz 8.34, der entsprechend auch für Vektorräume gilt, hat K^n / C insgesamt $|K|^{n-r}$ solche Klassen, die nach Satz 8.17(c) jeweils $|K|^r$ Elemente besitzen, also ebenso viele wie C. Nach den Überlegungen vor Definition 10.31 ist die einer Kontrollmatrix zugeordnete lineare Abbildung $h : K^n \to K^{n-r}$ surjektiv. Nach dem 1. Isomorphiesatz (siehe Satz 10.12) erhalten wir wegen $\mathrm{Ker}(h) = C$ die Isomorphie von K^n / C zu $\mathrm{Im}(h) = K^{n-r}$. Für alle $a, b \in K^n$ gilt weiter

$$a + C = b + C \iff a - b \in C \iff (a - b)H = 0 \iff aH = bH.$$

Definition 10.36 Es sei $C \subseteq K^n$ ein linearer (n, r)-Code mit Kontrollmatrix H. Für $a \in K^n$ wird $aH \in K^{n-r}$ als *Syndrom* von a bezüglich H bezeichnet. $\square$

Zwei Elemente von K^n liegen also genau dann in derselben Nebenklasse von C, wenn sie dasselbe Syndrom haben.

Satz 10.30 Es sei C ein linearer (n, r)-Code über K, $c \in C$ ein Codewort und y ein zugehöriges empfangenes Wort $y \in K^n$. Dann liegen y und das Fehlerwort $e = y - c$ in derselben Nebenklasse von C.

Beweis Wegen $cH = 0$ folgt $yH = (e + c)H = eH + cH = eH$. $\square$

Definition 10.37 Es sei $C \subseteq K^n$ ein linearer (n, r)-Code, K^n/C der zugehörige Faktorraum und $a + C \in K^n/C$ eine Nebenklasse von C. Ein Vektor minimalen Hamming-Gewichts in $a + C \subset K^n$ heißt *Nebenklassenanführer (englisch: coset leader)*. Falls mehrere Vektoren minimales Gewicht haben, wird einer als Nebenklassenanführer ausgewählt. $\square$

Da nach Satz 10.30 das empfangene Wort und das Fehlerwort in derselben Nebenklasse von C liegen, kann man sich beim Decodieren wegen der „Nächsten-Nachbar-Regel" dafür entscheiden, den Nebenklassenanführer als Fehlerwort zu wählen. Da laut Definition 10.37 bei mehreren Vektoren minimalen Gewichts einer als Nebenklassenanführer ausgewählt wird, kann es dadurch zu falschen Decodierungen kommen.

Es sei $|K| = q$. Dann bezeichnen wir mit $c^{(1)} = 0, c^{(2)}, \ldots, c^{(q^r)}$ die Codewörter in C und mit $a^{(1)} = 0, a^{(2)}, \ldots, a^{(s)}$ mit $s = q^{n-r}$ die Nebenklassenanführer der Nebenklassen von C. Wir können jetzt die folgende (nicht eindeutig bestimmte) Tabelle zur Decodierung aufstellen, wobei in der letzten Spalte das Syndrom der jeweiligen Zeile eingetragen wird.

$$
\begin{array}{ccccc}
c^{(1)} & c^{(2)} & \ldots & c^{(q^r)} & 0 \\
a^{(1)} + c^{(1)} & a^{(1)} + c^{(2)} & \ldots & a^{(1)} + c^{(q^r)} & a^{(1)}H \\
\vdots & \vdots & & \vdots & \vdots \\
a^{(s)} + c^{(1)} & a^{(s)} + c^{(2)} & \ldots & a^{(s)} + c^{(q^r)} & a^{(s)}H.
\end{array}
$$

In der ersten Zeile stehen die Codewörter, also die Nebenklasse C, sowie der zugehörige Syndromvektor 0. In der ersten Spalte befinden sich die Nebenklassenanführer. Zur Decodierung wird der folgende Algorithmus benutzt.

Algorithmus 10.4 *(Nebenklassenanführer-Algorithmus)*
Gegeben: $\quad c \in C$, wobei C ein linearer (n, r)-Code ist.
Zusammenfassung: Ein falsch empfangenes y wird zu c korrigiert.

(a) Empfange y.

(b) Berechne das Syndrom $s = yH$.

(c) Bestimme den Nebenklassenanführer e mit $eH = s = yH$.

(d) Berechne das Codewort $c = y - e$. □

Ist $s = 0$, so liegt kein Fehler vor, und man könnte in diesem Fall den Algorithmus nach Schritt 2 abbrechen.

Beispiel 10.24 Wir betrachten einen binären $(5, 3)$-Code, bei dem das vorletzte Bit die Parität der ersten 3 Bits überprüft und das letzte Bit gleich dem zweiten Bit ist. Ein Codewort $c = (c_1, c_2, c_3, c_4, c_5)$ erfüllt also das homogene lineare Gleichungssystem

$$c_1 + c_2 + c_3 + c_4, = 0$$
$$c_2 + c_5 = 0.$$

Wir erhalten damit eine Kontrollmatrix

$$H = \begin{pmatrix} 1 & 0 \\ 1 & 1 \\ 1 & 0 \\ 1 & 0 \\ 0 & 1 \end{pmatrix}.$$

Daraus können wir nach den Überlegungen (vgl. über Beispiel 10.23) wegen $A = -A$, wobei A aus den ersten drei Zeilen von H besteht, sofort die zugehörige Generatormatrix

$$\begin{pmatrix} 1 & 0 & 0 & 1 & 0 \\ 0 & 1 & 0 & 1 & 1 \\ 0 & 0 & 1 & 1 & 0 \end{pmatrix}$$

ablesen. Eine mögliche Tabelle zur Decodierung ist

000	001	010	011	100	101	110	111	
00000	00110	01011	01101	10010	10100	11001	11111	00
00100	00010	01111	01001	10110	10000	11101	11011	10
01000	01110	00011	00101	11010	11100	10001	10111	11
00001	00111	01010	01100	10011	10101	11000	11110	01.

Die Zeile über dem Strich gibt die zu codierende Nachricht an. Wir sehen, dass es zum Syndrom $(1, 0)$ drei verschiedene $y \in \mathbb{Z}_2^5$ mit $yH = (1, 0)$ und minimalem Gewicht gibt. Es kann daher bezüglich dieser Zeile zu falschen Decodierungen kommen. Wird jedoch beispielsweise $y = 10011$ empfangen, so ist der zugehörige Nebenklassenanführer

$e = 00001$. Wir erhalten damit nach der „Nächsten-Nachbar-Regel" $c = y - e = 10010$, das Quellwort war also sehr wahrscheinlich 100. □

Es ist klar, dass wir nicht die gesamte Tabelle benötigen. Wir brauchen nur die Syndrome und die zugehörigen Nebenklassenanführer, außerdem noch die Zuordnung der Symbole aus K^r zu den entsprechenden Codewörtern. Trotzdem ist es für große lineare Codes praktisch unmöglich, die Nebenklassenanführer zu finden. Zum Beispiel besitzt ein linearer $(200, 50)$-linearer Code über $\mathbb{Z}_2$ genau 2^{150} Nebenklassen. Um diese Schwierigkeiten zu umgehen, werden spezielle Codes konstruiert. Diese können wir hier nicht besprechen und verweisen auf die Literatur (siehe etwa [63, Chapter 8]).

Wir gehen jetzt auf lineare zyklische Codes ein, die eine schöne Darstellung mithilfe von Quotientenringen erlauben.

Definition 10.38 Ein linearer (n, r)-Code C über einem endlichen Körper K heißt *zyklisch*, wenn aus $(a_0, \ldots, a_{n-1}) \in C$ stets $(a_{n-1}, a_0, \ldots, a_{n-2}) \in C$ folgt. □

Wir betrachten das Polynom $x^n - 1 \in K[x]$, das das Hauptideal $(x^n - 1)$ in $K[x]$ erzeugt. Damit konstruieren wir den Quotientenring (siehe Satz 9.11) $K[x]/(x^n - 1)$, den wir entsprechend den Überlegungen unter Beispiel 9.17 als

$$K[x]/(x^n - 1) = \{a_0 + a_1 x + \ldots + a_{n-1} x^{n-1} \mid a_i \in K, \; i \in \{0, \ldots, n-1\}\}$$

darstellen können. Die Elemente des Quotientenrings sind daher genau alle Polynome über K des Grads $\leq n - 1$. Die Multiplikation zweier Elemente $f_1, f_2 \in K[x]/(x^n - 1)$ liefert, wie unter Beispiel 9.17 beschrieben, das Element $f_1 f_2 \mod (x^n - 1)$. Mit $f_1 = x$ und $f_2 = a_0 + a_1 x + \ldots + a_{n-1} x^{n-1}$ erhalten wir speziell

$$x f_2 = a_0 x + a_1 x^2 + \ldots + a_{n-1} x^n \mod (x^n - 1) = a_{n-1} + a_0 x + \ldots a_{n-1} x^{n-1}.$$

Wenn wir dagegen die Multiplikation auf die Multiplikation eines $f \in K[x]/(x^n - 1)$ mit einem $a \in K \subseteq K[x]/(x^n - 1)$ beschränken, erhalten wir einen Vektorraum über K. Offenbar wird durch

$$\varphi(a_0, a_1, \ldots, a_{n-1}) = a_0 + a_1 x + \ldots + a_{n-1} x^{n-1}$$

ein Vektorraumisomorphismus $\varphi : K^n \to K[x]/(x^n - 1)$ beschrieben. Im Folgenden werden wir gelegentlich K^n mit $K[x]/(x^n - 1)$ identifizieren. Damit können die Codes auch als Teilmengen von $K[x]/(x^n - 1)$ interpretiert werden. Wir erhalten den folgenden

Satz 10.31 Es ist C genau dann ein zyklischer (n, r)-Code, wenn C ein Ideal von $K[x]/(x^n - 1)$ ist.

Beweis Ist C ein Ideal von $K[x]/(x^n - 1)$, dann ist mit $(a_0, a_1, \ldots, a_{n-1}) \in C$ auch
$x(a_0, a_1, \ldots, a_{n-1}) = (a_{n-1}, a_0, \ldots, a_{n-2}) \in C$, C ist also zyklisch.

Es sei umgekehrt C ein zyklischer Code und $f = (a_0, a_1, \ldots, a_{n-1})$ ein beliebiges
Element von C. Da C zyklisch ist, folgt $(a_{n-1}, a_0, \ldots, a_{n-2}) \in C$, also $xf \in C$. Damit
gilt auch $x^2 f, x^3 f, \ldots x^{n-1} f \in C$. Da C ein Vektorraum ist, gehören Summen dieser
Elemente ebenfalls zu C, sodass mit einem beliebigen $g \in K[x]/(x^n - 1)$ auch $gf \in C$
gilt und daher C nach Definition 9.9 ein Ideal ist. $\quad \square$

Ein zyklischer Code C ist nicht nur ein Ideal, sondern sogar ein Hauptideal in $K[x]/(x^n - 1)$. Dies ergibt sich aus

Satz 10.32 $K[x]/(x^n - 1)$ ist ein Hauptideal.

Beweis Es sei I ein Ideal von $K[x]/(x^n - 1)$. Wir betrachten ein Element $g \in I$ mit
$g \neq 0$ und minimalem Grad s. Für ein beliebiges $f \in I$ erhalten wir nach dem Divisionsalgorithmus $f = qg + p$ mit $g, p \in K[x]/(x^n - 1)$ und $p = 0$ oder $\deg(p) < s - 1$.
Wegen $f, qg \in I$ ist auch $p \in I$. Da s minimal ist, muss $p = 0$ und damit $f = qg$
gelten. Wir schließen, dass $(g) = I$ gilt. $\quad \square$

Der Beweis zeigt, dass C von einem Polynom minimalen Grads erzeugt wird.

Satz 10.33 Für ein erzeugendes Polynom g minimalen Grads s eines zyklischen (n, r)-
Codes $C \subseteq K[x]/(x^n - 1)$ gilt $\deg(g) = s = n - r$.

Beweis Jedes Element $f \in C$ hat nach dem Beweis von Satz 10.32 die Darstellung
$f = qg$ mit $\deg(q) \leq n - s - 1$. Es lässt sich also auch in der Form

$$(a_0 + a_1 x + \ldots + a_{n-s-1} x^{n-s-1})g, \quad a_i \in K, \ i \in \{0, \ldots, n - s - 1\},$$

schreiben, wobei ein solcher Ausdruck nur 0 wird, wenn alle $a_i = 0$ sind. Folglich ist
$\{g, xg, \ldots, x^{n-s-1} g\}$ eine Basis des Vektorraums C, sodass $\dim(C) = r = n - s$ gilt und
damit $s = n - r$ erfüllt ist. $\quad \square$

Das in dem vorstehenden Beweis betrachtete Polynom minimalen Grads erhält einen besonderen Namen, da es den gesamten Code C erzeugt.

Definition 10.39 Es sei $C \subseteq K^n$ ein zyklischer (n, r)-Code. Ein von 0 verschiedenes
Polynom $g \in C$ minimalen Grads heißt *Generatorpolynom*. $\quad \square$

Ist $g = g_0 + g_1 x + \ldots + g_{n-r} x^{n-r}$ ein Generatorpolynom von C, so bilden nach dem
Beweis von Satz 10.33 die Elemente $g, xg, \ldots, x^{r-1} g$ eine Basis von C. Diese Basisvek-

toren bestimmen offenbar eine $r \times n$-Generatormatrix

$$
G = \begin{pmatrix}
g_0 & g_1 & \cdots & g_{n-r} & 0 & 0 & \cdots & 0 \\
0 & g_0 & g_1 & \cdots & g_{n-r} & 0 & \cdots & 0 \\
\vdots & \vdots & \vdots & & & & & \vdots \\
0 & 0 & 0 & \cdots & g_0 & g_1 & \cdots & g_{n-r}
\end{pmatrix}.
$$

Die Zeilen von G sind linear unabhängig, der Rang von G ist r. Wird die zu codierende Nachricht $a = (a_0, \ldots, a_{r-1})$ als Polynom $a = a_0 + a_1 x + \ldots + a_{r-1} x^{r-1}$ aufgefasst, so entspricht das Matrizenprodukt $(a_0, \ldots, a_{r-1})G$ dem Produkt $ag \bmod (x^n - 1)$ in $K[x]/(x^n - 1)$ (siehe auch Definition 9.4).

Falls $g, g' \in C$ zwei verschiedene Generatorpolynome von C sind, gilt $g' = hg$ und $g = h'g'$ für Elemente $h, h' \in C$, das heißt $g' \mid g$ und $g \mid g'$. Dann können sie sich nur um einen konstanten Faktor unterscheiden. Wird $g = a_0 + a_1 x + \ldots + a_s x^s$ durch a_s geteilt, so erhalten wir ein normiertes Generatorpolynom. Jeder von $\{0\}$ verschiedene zyklische Code hat offenbar genau ein normiertes Generatorpolynom.

Satz 10.34 Die (normierten) Generatorpolynome zyklischer Codes $C \subseteq K^n$ sind genau die (normierten) Teiler von $x^n - 1$.

Beweis Ist die Aussage des Satzes für normierte Generatorpolynome geführt, dann gilt sie offenbar auch für beliebige Generatorpolynome.

Wir betrachten also ein normiertes Generatorpolynom g von C mit $\deg(g) = n - r$. Dann folgt $g, xg, \ldots, x^{r-1}g \in C$. Da C zyklisch ist, erhalten wir auch $h = x^r g \bmod (x^n - 1) = x^r g - (x^n - 1) \in C$. Unter Anwendung des Divisionsalgorithmus ergibt sich

$$
x^n - 1 = qg + s \quad \text{mit} \ \deg(s) < \deg(g) \ \text{oder} \ s = 0.
$$

Offenbar ist $\deg(q) = r$. Mit g ist auch q normiert. Durch Auflösen nach s erhalten wir

$$
s = x^n - 1 - qg = x^r g - h - qg = (x^r - q)g - h.
$$

Da q normiert ist, ergibt sich $\deg(x^r - q) < r$ und damit $(x^r - q)g \in C$. Wegen $h \in C$ schließen wir $s \in C$. Es ist jedoch g ein Polynom von minimalem Grad in C, sodass $s = 0$ und daher $g \mid (x^n - 1)$ folgt.

Umgekehrt gelte $x^n - 1 = qg$ mit einem normierten Teiler g, $\deg(g) = n - r$, $r \neq 0$, und $\deg(q) = r$. Dann ist $C = \{pg \mid \deg(p) < r\}$ offenbar ein Vektorraum, und g hat unter den Elementen von C minimalen Grad. Eine Basis von C ist durch $g, xg, \ldots, x^{r-1}g$ gegeben. Jedes Element von C lässt sich also in der Form $b_0 g + b_1 x g + \ldots + b_{r-1} x^{r-1} g$ darstellen. Eine zyklische Vertauschung bedeutet, wie wir im Beweis von Satz 10.31 gesehen haben, eine Multiplikation mit x. Wir müssen also zeigen, dass $b_0 g x + b_1 x^2 g + \ldots + b_{r-1} x^r g \bmod (x^n - 1) \in C$ gilt. Dafür reicht der Nachweis von

$x^r g \bmod (x^n - 1) = x^r g - (x^n - 1) = x^r g - qg = (x^r - q)g \in C$. Wegen $\deg(x^r - q) < r$ ist dies erfüllt. $\square$

Satz 10.34 erlaubt die folgende

Definition 10.40 Es sei g ein Generatorpolynom eines zyklischen Codes $C \subseteq K^n$. Dann heißt $h = (x^n - 1)/g$ das zugehörige *Kontrollpolynom*. $\square$

Ist $g = g_0 + g_1 x + \ldots + g_{n-r} x^{n-r}$ das Generatorpolynom und $h = h_0 + h_1 x + \ldots + h_r x^r$ das zugehörige Kontrollpolynom, so gilt offenbar $gh \bmod (x^n - 1) = 0$, das heißt

$$\sum_{j=0}^{n-1} g_j h_{i-j} = 0 \text{ für } i \in \{1, \ldots, n-1\} \text{ und } g_0 h_0 + g_{n-r} h_r = 0,$$

wobei $h_{i-j} = 0$ für $i - j < 0$ oder $i - j > r$ und $g_j = 0$ für $j > n - r$ gesetzt wird. Wegen $g_0 h_0 = -1$ und $g_{n-r} h_r = 1$ ist die letzte Gleichung erfüllt. Die Gleichungen für $i \in \{1, \ldots, n-1\}$ bedeuten, dass die Vektoren $(g_0, g_1, \ldots, g_{n-r}, 0, \ldots, 0)$ und $(h_r, h_{r-1}, \ldots, h_0, 0, \ldots, 0)$ sowie ihre zyklischen Shifts orthogonal zueinander sind. Wir schließen, dass sich mit der $n \times (n - r)$-Matrix

$$H = \begin{pmatrix} h_r & 0 & 0 & \ldots & 0 \\ h_{r-1} & h_r & 0 & \ldots & 0 \\ \vdots & \vdots & \vdots & & \vdots \\ h_0 & h_1 & h_2 & & h_r \\ 0 & h_0 & h_1 & & h_{r-1} \\ \vdots & \vdots & \vdots & & \vdots \\ 0 & 0 & 0 & \ldots & h_0 \end{pmatrix}$$

und der Generatormatrix G (vgl. unter Definition 10.39) das Produkt $GH = 0$ ergibt. Der folgende Satz zeigt, dass H eine Kontrollmatrix im Sinn von Definition 10.31 ist.

Satz 10.35 Es sei h ein Kontrollpolynom eines zyklischen (n, r)-Codes C und H die h zugeordnete Matrix. Genau dann gilt $c \in C$, wenn $cH = 0$ erfüllt ist.

Beweis Ist h das Kontrollpolynom eines zyklischen Codes $C \subset K[x]/(x^n - 1)$ und $c = (c_0, \ldots, c_{n-1}) \in K[x]/(x^n - 1)$, dann gilt $c \in C$ genau dann, wenn $ch \bmod (x^n - 1) = 0$ erfüllt ist. Dies sehen wir wie folgt ein. Ist $c \in C$, so gilt mit dem Generatorpolynom g die Gleichung $c = ag \bmod (x^n - 1)$ mit einer Nachricht $a = a_0 + a_1 x + \ldots + a_{r-1} x^{r-1}$. Wegen $gh \bmod (x^n - 1) = 0$ folgt $ch \bmod (x^n - 1) = agh \bmod (x^n - 1) = 0$. Umgekehrt folgt wegen $h = (x^n - 1)/g$ aus $ch \bmod (x^n - 1) = c((x^n - 1)/g) \bmod (x^n - 1) = 0$, dass $c \cdot ((x^n - 1)/g)$ ein Vielfaches von $(x^n - 1)$ ist. Dies impliziert $c = ug \bmod (x^n - 1)$ mit einem geeigneten $u = u_0 + u_1 x + \ldots + u_{r-1} x^{r-1}$, also $c \in C$.

Weiter ist $ch \bmod (x^n - 1) = 0$ äquivalent zu $(c_0, \ldots, c_{n-1})H = 0$. Die Gleichung $ch \bmod (x^n - 1) = 0$ bedeutet nämlich

$$(*) \qquad \sum_{\substack{(i+j) \bmod n = k \\ 0 \leq i \leq n-1, 0 \leq j \leq r}} c_i h_j = 0 \ \text{ für alle } \ k \in \{0, \ldots, n - 1\},$$

das heißt, die Multiplikation von $(c_0, \ldots, c_{n-1})$ mit allen Shifts von $(h_r, \ldots, h_0, 0, \ldots, 0)^T$ ergibt jeweils 0. Die Gleichungen für $k \in \{r, \ldots, n - 1\}$ liefern die Gültigkeit von $cH = 0$. Gilt umgekehrt $cH = 0$, so muss noch gezeigt werden, dass die Gleichungen $(*)$ auch für alle $k \in \{0, \ldots, r - 1\}$ erfüllt sind. Identifizieren wir das Polynom h mit dem Vektor $(0, \ldots, 0, h_r, \ldots, h_0)^T$ und entsprechend $x^i h$, $i \in \{1, \ldots, n - r - 1\}$, mit den übrigen Spalten von H, so reicht es zu zeigen, dass die durch $x^{n-r+k} h \bmod (x^n - 1)$ gegebenen Spaltenvektoren $(h_{r-k-1}, \ldots, h_0, 0, \ldots, 0, h_r, \ldots, h_{r-k})^T$, $k \in \{0, \ldots, r - 1\}$, eine Linearkombination der Spaltenvektoren von H sind. Es gilt offenbar

$$x^{n-r+k} h \bmod (x^n - 1) = (x^{n-r+k} h - (x^n - 1)(x^k h_r + \ldots + h_{r-k})) \bmod (x^n - 1)$$
$$= ((x^{n-r+k} - g(x^k h_r + \ldots + h_{r-k}))h) \bmod (x^n - 1),$$

wobei $gh = x^n - 1$ für das letzte Gleichheitszeichen benutzt wird. Wir betrachten das Polynom

$$f = x^{n-r+k} - g(x^k h_r + \ldots + h_{r-k}).$$

Wenn wir $\deg(f) < n - r$ zeigen können, dann folgt $x^{n-r+k} h \bmod (x^n - 1) = fh$, sodass $(h_{r-k-1}, \ldots, h_0, 0, \ldots, 0, h_r, \ldots, h_{r-k})^T$ eine Linearkombination der Spalten von H ist. Wegen $g_{n-r} h_r = 1$ ist der Koeffizient von x^{n-r+k} in f gleich 0, die Koeffizienten von $x^{n-r+k-1}$ bis x^{n-r} errechnen sich durch $\sum_{j=0}^{n-1} g_j h_{i-j}$ (mit $h_{i-j} = 0$ für $i - j < 0$ oder $i - j > r$ und $g_j = 0$ für $j > n - r$) für $i \in \{n-1, \ldots, n-k\}$ und müssen wegen $gh \bmod (x^n - 1) = 0$ jeweils 0 sein (siehe Überlegungen im Anschluss an Definition 10.40). Folglich gilt $\deg(f) < n - r$, was zu beweisen war. $\square$

Wenn bei einer Übertragung das empfangene Polynom c' nicht $c'H = 0$ erfüllt, dann ist ein Fehler aufgetreten.

Satz 9.32 zeigt, dass jedes Polynom über einem Körper K eindeutig bis auf die Reihenfolge und Einheiten als Produkt irreduzibler Polynome geschrieben werden kann. Ist das gegebene Polynom normiert, so können auch die irreduziblen Polynome normiert gewählt werden. Damit kann man dann mithilfe von Satz 10.34 alle zyklischen Codes über K^n bestimmen.

Beispiel 10.25 Wir wählen $K = \mathbb{Z}_2$, $n = 7$ und erhalten

$$x^7 + 1 = (x + 1)(x^3 + x + 1)(x^3 + x^2 + 1)$$

als Produkt irreduzibler Faktoren. Triviale Teiler von $x^7 + 1$ sind 1 und $x^7 + 1$ selbst, die zu den uninteressanten Codes $\mathbb{Z}_2^7$ bzw. $\{0\}$ führen.

Wird $g = x^3 + x^2 + 1$ als Generatorpolynom gewählt, so ergibt sich ein zyklischer $(7, 4)$-Code C mit der Generatormatrix

$$G = \begin{pmatrix} 1 & 0 & 1 & 1 & 0 & 0 & 0 \\ 0 & 1 & 0 & 1 & 1 & 0 & 0 \\ 0 & 0 & 1 & 0 & 1 & 1 & 0 \\ 0 & 0 & 0 & 1 & 0 & 1 & 1 \end{pmatrix}.$$

Das zugehörige Kontrollpolynom ist $h = (x + 1)(x^3 + x + 1) = x^4 + x^3 + x^2 + 1$, woraus die Kontrollmatrix

$$H = \begin{pmatrix} 1 & 0 & 0 \\ 1 & 1 & 0 \\ 1 & 1 & 1 \\ 0 & 1 & 1 \\ 1 & 0 & 1 \\ 0 & 1 & 0 \\ 0 & 0 & 1 \end{pmatrix}$$

folgt. Das Gleichungssystem $H^T c^T = 0$ liefert den Code

$$C = \{(x_1 + x_2 + x_3, x_2 + x_3 + x_4, x_1 + x_2 + x_4, x_1, x_2, x_3, x_4) \mid x_1, x_2, x_3, x_4 \in \mathbb{Z}_2\}. \quad \square$$

Auf die Probleme der Decodierung und Fehlerkorrektur von zyklischen Codes können wir hier nicht eingehen. Wir verweisen den interessierten Leser auf die vielfältige Literatur zur Codierungstheorie, in der auch diese Thematik und viele andere wichtige Gegenstände der Codierungstheorie behandelt werden (siehe etwa [55, 65] und [63, Chapter 8]).

10.10   Secret-Sharing-Verfahren

Bereits in Protokoll 6.1 haben wir ein Secret-Sharing-Verfahren vorgestellt, in dem ein Combiner aus den Teilgeheimnissen (Shares) einiger Teilnehmer mithilfe des chinesischen Restesatzes das Geheimnis rekonstruieren konnte. Jetzt wollen wir das (t, n)-Schwellenwertverfahren von *Adi Shamir* [86] betrachten. Die Wiederherstellung des Geheimnisses erfolgt hier durch Lösen eines linearen Gleichungssystems über dem Körper $\mathbb{Z}_p$. Die Sicherheit des Verfahrens beruht darauf, dass die Primzahl p sehr groß gewählt wird. Anschließend werden wir ein weiteres Verfahren kennenlernen, das auf dem von *Shamir* beruht und es mit Exponentiationen im endlichen Körper $GF(p^m)$ kombiniert.

Protokoll 10.1 ((t, n)-*Schwellenwertverfahren nach Shamir*)

Gegeben: Primzahl $p \in \mathbb{N}$, Geheimnis $k \in \mathbb{Z}_p$, Teilnehmer $\{P_1, \ldots, P_n\}$, $n \in$
                  $\mathbb{N}$, $p \geq n + 1$, Schwellenwert $t \in \mathbb{N}$ mit $t \leq n$.

Zusammenfassung: Das Geheimnis k soll auf die n Teilnehmer so verteilt werden, dass
                  t von ihnen gemeinsam k rekonstruieren können, $t - 1$ oder weniger
                  jedoch nicht.

(1) Der Verteiler Don wählt n verschiedene Elemente $x_i \in \mathbb{Z}_p^*$, $i \in \{1, \ldots, n\}$.
(2) Don teilt dem Teilnehmer P_i, $i \in \{1, \ldots, n\}$, seinen Wert x_i mit. Außerdem sind alle
     Werte x_i öffentlich.
(3) Don möchte das Geheimnis k verteilen. Er wählt zufällig und geheim $t - 1$ Elemente
     $a_1, \ldots, a_{t-1} \in \mathbb{Z}_p$.
(4) Don bestimmt damit ein Polynom

$$f = k + \sum_{i=1}^{t-1} a_i x^i \in \mathbb{Z}_p[x]$$

     von einem Grad höchstens $t - 1$.
(5) Er berechnet

$$y_i = f(x_i) \in \mathbb{Z}_p, \ i \in \{1, \ldots, n\},$$

     und übermittelt jedem Teilnehmer P_i, $i \in \{1, \ldots, n\}$ auf einem sicheren Kanal sein
     Share y_i.
(6) Der Combiner Carl erhält auf sicherem Weg die Shares $y_{i_1}, \ldots, y_{i_t}$ von t Teilnehmern
     $P_{i_1}, \ldots, P_{i_t}$.
(7) Carl stellt mithilfe der Shares $y_{i_1}, \ldots, y_{i_t}$ das Polynom wieder her (siehe unten). Der
     konstante Summand des Polynoms bestimmt das Geheimnis k, das Carl allen Teil-
     nehmern $P_{i_1}, \ldots, P_{i_t}$ geeignet mitteilt. □

Wir beschreiben jetzt, wie Carl das Geheimnis bestimmen kann. Er weiß, dass

$$y_{i_j} = f(x_{i_j}), \ 1 \leq j \leq t,$$

gilt, wobei $f \in \mathbb{Z}_p[x]$ das in Schritt 4 von Protokoll 10.1 geheim bestimmte Polynom ist.
Der Grad dieses Polynoms ist höchstens $t - 1$, sodass es in der Form

$$f = a_0 + a_1 x + \ldots + a_{t-1} x^{t-1}$$

geschrieben werden kann, wobei die a_i, $i \in \{0, \ldots, t - 1\}$, unbekannt sind und speziell
$a_0 = k$ gelten muss. Da Carl die Paare $(x_{i_1}, y_{i_1}), \ldots (x_{i_{t-1}}, y_{i_{t-1}})$ kennt und

$$y_{i_j} = f(x_{i_j}), \ j \in \{1, \ldots, t\},$$

gilt, kann er das folgende System von linearen Gleichungen über dem Körper $\mathbb{Z}_p$ aufstellen:

$$a_0 + a_1 x_{i_1} + a_2 x_{i_1}^2 + \ldots + a_{t-1} x_{i_1}^{t-1} = y_{i_1},$$
$$a_0 + a_1 x_{i_2} + a_2 x_{i_2}^2 + \ldots + a_{t-1} x_{i_2}^{t-1} = y_{i_2},$$
$$\vdots \qquad\qquad\qquad \vdots$$
$$a_0 + a_1 x_{i_t} + a_2 x_{i_t}^2 + \ldots + a_{t-1} x_{i_t}^{t-1} = y_{i_t}.$$

In Matrizenschreibweise ist dies

$$\begin{pmatrix} 1 & x_{i_1} & x_{i_1}^2 & \ldots & x_{i_1}^{t-1} \\ 1 & x_{i_2} & x_{i_2}^2 & \ldots & x_{i_2}^{t-1} \\ \vdots & \vdots & \vdots & & \vdots \\ 1 & x_{i_t} & x_{i_t}^2 & \ldots & x_{i_t}^{t-1} \end{pmatrix} \begin{pmatrix} a_0 \\ a_1 \\ \vdots \\ a_{t-1} \end{pmatrix} = \begin{pmatrix} y_{i_1} \\ y_{i_2} \\ \vdots \\ y_{i_t} \end{pmatrix}.$$

Die Koeffizientenmatrix A ist die sogenannte *vandermondesche Matrix*, deren Determinante den Wert

$$\det A = \prod_{1 \leq j < k \leq t} (x_{i_k} - x_{i_j}) \bmod p$$

hat. Ein Beweis dieser Gleichung kann durch vollständige Induktion über die Anzahl der Zeilen (bzw. Spalten) der Matrix gewonnen werden. Da nach Schritt 1 von Protokoll 10.1 die x_{i_j} paarweise verschieden sind, sind alle Terme $(x_{i_k} - x_{i_j}) \bmod p \neq 0$. Sie gehören folglich zur Gruppe $\mathbb{Z}_p^*$, ihr Produkt, also die Determinante, gehört ebenfalls dazu und ist daher verschieden von 0. Das bedeutet nach Satz 10.17, dass das Gleichungssystem einen eindeutigen Lösungsvektor $(a_0, a_1, \ldots, a_{t-1}) \in \mathbb{Z}_p^t$ besitzt. Diesen erhält Carl mithilfe von Satz 10.14(a). Damit hat er das Polynom und so auch das Geheimnis $k = a_0$ rekonstruiert.

Eine andere Methode zur Bestimmung des Polynoms f beruht auf der Interpolationsformel von *Lagrange*. Sie lautet mit den hier gegebenen Daten als Gleichung über dem Körper $\mathbb{Z}_p$

$$f = \sum_{j=1}^{t} y_{i_j} \prod_{1 \leq k \leq t, k \neq j} (x - x_{i_k})(x_{i_j} - x_{i_k})^{-1}.$$

Zum Beweis der Korrektheit betrachten wir ein festes, aber beliebiges $j \in \{1, \ldots, t\}$. Wir setzen $x = x_{i_j}$ in die Gleichung für f ein. In einem Summanden für $j' \neq j$ wird das Produkt über alle $k \neq j'$ gebildet, insbesondere wird ein Faktor $(x_{i_j} - x_{i_j}) = 0$ berücksichtigt, sodass insgesamt der entsprechende Summand 0 ist. In dem Summanden für j haben wir im Produkt die Faktoren $(x_{i_j} - x_{i_k})(x_{i_j} - x_{i_k})^{-1} \bmod p = 1$ für $k \neq j$, sodass der entsprechende Summand y_{i_j} ist. Insgesamt erhalten wir also $f(x_{i_j}) = y_{i_j}$ für alle $j \in \{1, \ldots, t\}$. Wir haben jedoch bereits zuvor festgestellt, dass es genau ein Polynom f eines Grads höchstens $t - 1$ gibt, das diese Gleichungen erfüllt. Folglich liefert die Interpolationsformel das korrekte Polynom.

Um das Geheimnis $k = a_0$ zu erhalten, muss Carl das Polynom gar nicht bestimmen, sondern es reicht, wenn er

$$k = f(0) = \sum_{j=1}^{t} y_{i_j} \prod_{1 \leq k \leq t, k \neq j} x_{i_k}(x_{i_k} - x_{i_j})^{-1} \bmod p$$

berechnet. Da alle Werte x_i öffentlich sind, kann

$$b_j = \prod_{1 \leq k \leq t, k \neq j} x_{i_k}(x_{i_k} - x_{i_j})^{-1} \bmod p, \; j \in \{1, \ldots, t\},$$

vorausberechnet werden. Folglich ist das Geheimnis die Linearkombination

$$k = \sum_{j=1}^{t} b_j y_{i_j}$$

der Shares der Teilnehmer $P_{i_1}, \ldots, P_{i_t}$.

Ein Beispiel zur Durchführung des Verfahrens ist als Aufgabe 21 gestellt.

Satz 10.36 Sind beim (t, n)-Schwellenwertverfahren nach Shamir nur $t - 1$ Shares bekannt, so kann das Geheimnis nur zufällig erraten werden.

Beweis Wir nehmen an, dass $t - 1$ Shares, ohne Beschränkung der Allgemeinheit etwa $y_1, \ldots, y_{t-1}$, bekannt geworden sind. Dann erhalten wir das folgende System linearer Gleichungen

$$
\begin{aligned}
a_0 + a_1 x_1 + a_2 x_1^2 + \ldots + a_{t-1} x_1^{t-1} &= y_1, \\
a_0 + a_1 x_2 + a_2 x_2^2 + \ldots + a_{t-1} x_2^{t-1} &= y_2, \\
&\vdots \\
a_0 + a_1 x_{t-1} + a_2 x_{t-1}^2 + \ldots + a_{t-1} x_{t-1}^{t-1} &= y_{t-1}
\end{aligned}
$$

in $\mathbb{Z}_p$. Dies sind $t - 1$ lineare Gleichungen mit t Unbekannten $a_0, \ldots, a_{t-1}$. Bei Erweiterung um ein zusätzliches Share würde man die vandermondesche Matrix als Koeffizientenmatrix erhalten, deren Rang den Wert t hat, da die zugehörige Determinante nicht 0 ist. Folglich ist der Rang der Koeffizientenmatrix des obigen Gleichungssystems gleich $t - 1$. Dann besitzt nach Satz 10.14 das System Lösungen der Form

$$(a_0, \ldots, a_{t-1})^T = (\bar{a}_0, \ldots, \bar{a}_{t-1})^T + k \cdot (c_0, \ldots, c_{t-1})^T \text{ für alle } k \in \mathbb{Z}_p$$

mit einer festen Lösung $(\bar{a}_0, \ldots, \bar{a}_{t-1})^T$ des inhomogenen Systems und einem Basisvektor $(c_0, \ldots, c_{t-1})^T$ des Lösungsraums (hier der Dimension 1) des homogenen Systems. Für

a_0 kommen somit alle p Werte von $\mathbb{Z}_p$ in Betracht. Das ist gleichbedeutend damit, dass man das Geheimnis raten muss, man erhält also keinerlei Information über das Geheimnis. □

Gilt die Aussage des Satzes, so sagt man auch, dass das (t, n)-Schwellenwertverfahren nach Shamir perfekt ist. Das Verfahren kann jedoch unsicher werden, falls einige Shares kompromittiert werden. Außerdem kann es in der Regel auch nur einmal benutzt werden, da danach das Geheimnis aufgedeckt ist. Diese Einschränkungen können zum Teil vermieden werden, wenn wir das Schema mit Exponentiation im endlichen Körper $GF(2^m)$, $m \in \mathbb{N}$, kombinieren. Wir erinnern daran, dass die multiplikative Gruppe dieses Körpers $2^m - 1$ Elemente hat, zyklisch ist und $\varphi(2^m - 1)$ erzeugende Elemente besitzt (siehe Satz 9.40). Ist $p = 2^m - 1$ eine Primzahl, dann hat die zyklische Gruppe mit p Elementen $p - 1$ erzeugende Elemente.

Protokoll 10.2 *(Bedingt sicheres (t, n)-Shamir-Schwellenwertverfahren* [14])
Gegeben: $p > 2$ mersennesche Primzahl, das heißt, $p = q - 1$ für eine Zahl
                      $q = 2^m$ mit $m \in \mathbb{N}$, $g \in GF(q)$ erzeugendes Element, Teilnehmer
                      $\{P_1, \ldots, P_n\}$, $n \in \mathbb{N}$, $p \geq n + 1$, Schwellenwert $t \in \mathbb{N}$ mit $t \leq n$.
                      Diese Werte sind öffentlich.
Zusammenfassung: Aus transienten (vorübergehenden) Shares von t Teilnehmern wird
                      ein Geheimnis (Schlüssel) k berechnet, mit $t - 1$ oder weniger transi-
                      enten Shares gelingt dies nicht.

(1) bis (5) Wie die Schritte 1 bis 5 von Protokoll 10.1.
(6) Das Geheimnis (der Schlüssel) ist $k = g^{f(0)} \in GF(q)$.
(7) Jeder Teilnehmer P_i, $i \in \{1, \ldots, n\}$, berechnet sein transientes Share $c_i = g^{y_i} = g^{f(x_i)} \in GF(q)$.
(8) Der Combiner Carl erhält auf sicherem Weg die transienten Shares $c_{i_1}, \ldots, c_{i_t}$ von t Teilnehmern $P_{i_1}, \ldots, P_{i_t}$.
(9) Carl berechnet das Geheimnis k durch

$$k = \prod_{j=1}^{t} (c_{i_j})^{b_j} \in GF(q)$$

mit
$$b_j = \prod_{\substack{1 \leq k \leq t, \\ k \neq j}} x_{i_k} (x_{i_k} - x_{i_j})^{-1} \bmod p. \quad \square$$

Für die Werte aus Protokoll 10.2 gilt das folgende Gleichungssystem in $GF(q)$:

$$g^{a_0}(g^{a_1})^{x_{i_1}} \ldots (g^{a_{t-1}})^{x_{i_1}^{t-1}} = g^{f(x_{i_1})} = c_{i_1},$$
$$g^{a_0}(g^{a_1})^{x_{i_2}} \ldots (g^{a_{t-1}})^{x_{i_2}^{t-1}} = g^{f(x_{i_2})} = c_{i_2},$$
$$\vdots$$
$$g^{a_0}(g^{a_1})^{x_{i_t}} \ldots (g^{a_{t-1}})^{x_{i_t}^{t-1}} = g^{f(x_{i_t})} = c_{i_t}.$$

Man beachte, dass Carl die Koeffizienten $a_0, \ldots, a_{t-1}$ des Polynoms f nicht kennt. Die Werte $g^{a_0}, \ldots, g^{a_{t-1}}$ sind als Unbekannte des Gleichungssystems aufzufassen. Dabei bestimmt Carl in Schritt 9 einen eindeutigen Wert $k = g^{a_0}$ für dieses Gleichungssystem (siehe Satz 10.37). Wegen der speziellen Wahl von q wird bei Rechnungen in der multiplikativen Gruppe von $GF(q)$ bei gleicher Basis gemäß Satz 8.21 in den Exponenten modulo p gerechnet. Außerdem sind alle Elemente dieser Gruppe bis auf das Einselement erzeugende Elemente.

Satz 10.37 In Schritt 9 von Protokoll 10.2 ergibt sich die eindeutige Lösung $k = g^{a_0}$ für das obige Gleichungssystem. Mit $t - 1$ oder weniger transienten Shares ist k nicht zu bestimmen.

Beweis Da die Basis in dem Gleichungssystem immer g ist, ergibt sich nach den eben gemachten Bemerkungen das äquivalente Gleichungssystem

$$a_0 + a_1 x_{i_1} + a_2 x_{i_1}^2 + \ldots + a_{t-1} x_{i_1}^{t-1} = f(x_{i_1}) = y_{i_1},$$
$$a_0 + a_1 x_{i_2} + a_2 x_{i_2}^2 + \ldots + a_{t-1} x_{i_2}^{t-1} = f(x_{i_2}) = y_{i_2},$$
$$\vdots \qquad\qquad \vdots$$
$$a_0 + a_1 x_{i_t} + a_2 x_{i_t}^2 + \ldots + a_{t-1} x_{i_t}^{t-1} = f(x_{i_t}) = y_{i_t}$$

in $\mathbb{Z}_p$. Man beachte, dass Carl dieses Gleichungssystem nicht lösen kann, da er die Shares y_{i_j} nicht kennt. Es entspricht dem Gleichungssystem unter Protokoll 10.1. Gemäß den dort folgenden Ausführungen berechnen wir daraus eindeutig

$$a_0 = f(0) = \sum_{j=1}^{t} b_j y_{i_j} \text{ mit } b_j = \prod_{1 \le k \le t, k \ne j} x_{i_k}(x_{i_k} - x_{i_j})^{-1} \bmod p, \ j \in \{1, \ldots, t\}.$$

Da dies äquivalent ist zu

$$k = g^{a_0} = g^{\sum_{j=1}^{t} b_j y_{i_j}} = \prod_{j=1}^{t}(g^{y_{i_j}})^{b_j} = \prod_{j=1}^{t}(c_{i_j})^{b_j}$$

mit dem oben stehenden b_j, ist k eindeutig bestimmt.

Mit $t - 1$ oder weniger transienten Shares ist wegen der eben genannten Äquivalenz der Gleichungssysteme und des Beweises von Satz 10.36 das Geheimnis k nicht zu bestimmen. $\square$

Unter der Annahme, dass das Lösen des diskreten Logarithmus in $GF(q)\backslash\{0\}$ praktisch unmöglich ist, kann der Combiner Carl weder die permanenten Shares y_i noch das Polynom f bestimmen.

Das Verfahren kann mehrfach benutzt werden. Das ist dadurch möglich, dass jeder Teilnehmer sein permanentes Share behält, aber der Verteiler Don (oder eine andere befugte Instanz) für ein neues Geheimnis ein neues erzeugendes Element g' wählt und veröffentlicht. Danach muss das Protokoll nur ab Schritt 7 durchgeführt werden, wobei das Geheimnis $g'^{f(0)}$ ist.

10.11   Allgemeine Algebra

In den Kap. 7 bis 9 sowie in diesem Kapitel haben wir unterschiedliche algebraische Strukturen wie Halbgruppen und Monoide, Gruppen, Ringe und Körper sowie Vektorräume betrachtet. Der Begriff der booleschen Algebra wurde in Kap. 1 im Zusammenhang mit der Aussagenlogik eingeführt und in Kap. 2 mit der Potenzmenge einer festen Menge wieder aufgegriffen. Jedes dieser verschiedenen Konstrukte kann als eine *allgemeine Algebra* aufgefasst werden. Wir erwähnen, dass eine allgemeine Algebra früher auch mit dem Begriff *universelle Algebra* bezeichnet wurde.

Zunächst definieren wir allgemeine Algebren (einsortige Algebren), und wir zeigen, wie die zuvor genannten algebraischen Strukturen sich als solche Algebren darstellen lassen. Im Falle eines Vektorraums V über einem Körper K ist dies allerdings nicht sehr natürlich, da jede allgemeine Algebra genau eine Grundmenge besitzt, die skalare Multiplikation $\circ : K \times V \rightarrow V$ jedoch eine Operation ist, die zwei unterschiedliche Mengen im Definitionsbereich hat.

Eine bessere Darstellung der Vektorräume ergibt sich durch mehrsortige Algebren, die wir anschließend behandeln. Der Körper K und der Vektorraum V gehören dann zu zwei verschiedenen Sorten. Allgemein sind Operationen erlaubt, die auf verschiedenen Sorten wirken.

Neben ihrer Bedeutung für die üblichen algebraischen Strukturen sind ein- und mehrsortige Algebren in der Informatik für die algebraische Spezifikation abstrakter Datentypen besonders wichtig. Wir können hier nur die ersten Grundideen vermitteln, wobei wir uns in der Darstellungsweise im Wesentlichen an das Buch von *Th. Ihringer* [50] halten. Zur Vertiefung der Thematik sind neben [50] unter anderem auch das Buch von *G. Grätzer* und speziell für die algebraische Spezifikation die Bücher von *H.-D. Ehrich, M. Gogolla* und *U. W. Lipeck* [26] sowie von *H. Ehrig* und *B. Mahr* [27] zu empfehlen.

Definition 10.41 Es sei $n \in \mathbb{N}_0$ und A eine Menge. Eine Abbildung $f : A^n \to A$ heißt *n-stellige Operation* auf A. Die Menge aller n-stelligen Operationen auf A wird mit $\mathrm{Op}_n(A)$ bezeichnet. Dann ist $\mathrm{Op}(A) = \bigcup_{n=0}^{\infty} \mathrm{Op}_n(A)$ die *Menge aller endlichstelligen Operationen* auf A. □

Ist $n = 0$, so wird eine nullstellige Operation auch als *Konstante* $a \in A$ aufgefasst.

Definition 10.42 Ein Paar $(\mathcal{F}, \sigma)$ heißt *Typ* von Algebren, wenn $\mathcal{F}$ eine Menge ist, auch Menge der *Operationssymbole* genannt, und $\sigma : \mathcal{F} \to \mathbb{N}_0$ eine Abbildung, die jedem $f \in \mathcal{F}$ seine *Stelligkeit* $\sigma(f)$ zuordnet. Man sagt auch, dass f ein $\sigma(f)$-stelliges Operationssymbol ist.

Ist weiter A eine Menge und wird jedem $f \in \mathcal{F}$ eine $\sigma(f)$-stellige Operation $f_{\mathbf{A}} \in \mathrm{Op}(A)$ zugeordnet, so heißt

$$\mathbf{A} = (A, F) \ \text{ mit } \ F = (f_{\mathbf{A}} \mid f \in \mathcal{F})$$

allgemeine Algebra vom Typ $(\mathcal{F}, \sigma)$. Dabei wird A als *Grundmenge* oder *Trägermenge* von $\mathbf{A}$ bezeichnet, und die Elemente von F sind die *fundamentalen Operationen* von $\mathbf{A}$. □

Zur Vereinfachung werden wir im Folgenden von einer Algebra statt von einer allgemeinen Algebra sprechen.

Ist die Menge F endlich, so wird F durch eine Folge $F = (f_1, \ldots, f_k)$ seiner fundamentalen Operationen bezeichnet. Für die Algebra schreiben wir dann $\mathbf{A} = (A, f_1, \ldots, f_k)$, ihr Typ wird durch $(\sigma_1, \ldots, \sigma_k)$ gegeben, wobei σ_i die Stelligkeit von f_i angibt. In der Regel wird das Operationssymbol f und die zugehörige fundamentale Operation $f_{\mathbf{A}}$ mit demselben Symbol f bezeichnet, da Verwechslungen nicht zu befürchten sind.

Wir erkennen, dass eine Algebra gemäß Definition 10.42 beispielsweise eine Gruppe nicht vollständig beschreiben kann. Daher wird eine Algebra durch *Axiome*, also Anforderungen, die an die Elemente und die fundamentalen Operationen der Algebra gestellt werden, weiter spezifiziert. Dies werden wir in den folgenden Beispielen sehen und anschließend, im Zusammenhang mit mehrsortigen Algebren, noch genauer betrachten.

Wie sich die in den vorhergehenden Kapiteln eingeführten algebraischen Strukturen als allgemeine Algebren, die geeignete Axiome erfüllen, auffassen lassen, wird in den folgenden Beispielen deutlich.

Beispiel 10.26 Eine Gruppe (siehe auch Definition 8.1) ist eine Algebra $(G, \circ, ^{-1}, e)$ vom Typ $(2, 1, 0)$, die die folgenden *Axiome* erfüllt:

$$(1) \quad (x \circ y) \circ z = x \circ (y \circ z),$$

$$(2) \quad e \circ x = x \circ e = x,$$

$$(3) \quad x \circ x^{-1} = x^{-1} \circ x = e.$$

Die Existenz eines Einselements und eines inversen Elements wie in Definition 8.1 muss hier nicht gefordert werden, da diese Elemente das Ergebnis einer nullstelligen bzw. einstelligen Operation sind und durch den Typ schon beschrieben werden. Die Axiome sind durch Gleichungen gegeben, die für alle $x, y, z \in G$ gelten. Wenn man „für alle …" nicht eigens aufschreibt, können die Axiome hier, wie bereits geschehen, als Gleichungen ohne weitere Zusätze notiert werden.

Eine Gruppe $(G, \circ, ^{-1}, e)$ heißt *abelsch*, wenn die Gleichung

$$(4) \quad x \circ y = y \circ x$$

erfüllt ist.   □

Beispiel 10.27 Eine Algebra $(H, \circ)$ vom Typ (2) ist eine Halbgruppe (siehe Definition 7.2), wenn sie die Gleichung (1) aus Beispiel 10.26 erfüllt. Eine Algebra $(M, \circ, e)$ ist ein Monoid (siehe Definition 7.4), wenn $(M, \circ)$ eine Halbgruppe ist und die Gleichung (2) aus Beispiel 10.26 gilt.

Jede Gruppe ist eine Halbgruppe bzw. Monoid, wenn sie als Algebra vom Typ (2) bzw. vom Typ $(2, 0)$ aufgefasst wird.   □

Beispiel 10.28 Ein Ring (siehe Definition 9.1) ist eine Algebra $(R, +, -, 0, \cdot)$ vom Typ $(2, 1, 0, 2)$, wobei $(R, +, -, 0)$ eine abelsche Gruppe (mit $+$ anstelle von $\circ$, $-$ anstelle von $^{-1}$ und 0 anstelle von e) und $(R, \cdot)$ eine Halbgruppe ist und die Gleichungen

$$x \cdot (y + z) = x \cdot y + x \cdot z,$$
$$(x + y) \cdot z = x \cdot z + y \cdot z$$

gelten. Ein Ring mit Einselement 1 ist eine Algebra $(R, +, -, 0, \cdot, 1)$ vom Typ $(2, 1, 0, 2, 0)$, bei der $(R, +, -, 0, \cdot)$ ein Ring ist und die nullstellige Operation 1 die Gleichung (2) erfüllt (mit 1 anstelle von e und $\cdot$ anstelle von $\circ$).   □

Beispiel 10.29 Ein Ring mit Einselement $(K, +, -, 0, \cdot, 1)$ ist ein Körper (siehe Definition 9.8), wenn $(K \backslash \{0\}, \cdot, ^{-1}, 1)$ eine abelsche Gruppe ist, wobei die Inversenbildung $^{-1}$ auf $K \backslash \{0\}$ beschränkt ist. Da es ein Element 0^{-1} nicht gibt, kann ein Körper nicht als Algebra $(K, +, -, 0, \cdot, ^{-1}, 1)$ notiert werden. Dieser kann jedoch als *partielle Algebra* aufgefasst werden, bei der im Unterschied zu Definition 10.42 die fundamentalen Operationen auch partielle Abbildungen (siehe Definition 2.15) sein dürfen.   □

Beispiel 10.30 Es sei $\mathbf{K} = (K, +, -, 0, \cdot, 1)$ ein Körper. Ein Vektorraum über $\mathbf{K}$ (siehe Definition 10.1) ist eine Algebra $(V, +, -, 0, K)$ vom Typ $(2, 1, 0, (1)_{k \in K})$, bei der $(V, +, -, 0)$ eine abelsche Gruppe ist und für alle $k, l \in K$ die Gleichungen

$$k(x + y) = k(x) + k(y),$$
$$(k + l)(x) = k(x) + l(x),$$
$$(k \cdot l)(x) = k(l(x)),$$
$$1(x) = x$$

gelten. Für jedes $k \in K$ gibt es also eine einstellige fundamentale Operation, die die Skalarmultiplikation mit k beschreibt. Ein Vektorraum hat damit, sofern der Körper $\mathbf{K}$ unendlich ist, unendlich viele fundamentale Operationen. Wir müssen darauf achten, dass die Zeichen $+$, $-$ und 0 in zwei verschiedenen Bedeutungen auftauchen, und zwar als Operationen in den beiden abelschen Gruppen $(V, +, -, 0)$ und $(K, +, -, 0)$. Im Zweifelsfall kann man eine geeignete Indizierung vornehmen, um Missverständnisse zu vermeiden.

Wir werden weiter unten sehen, wie Vektorräume als zweisortige Algebren aufgefasst werden können, wobei die beiden Sorten durch den Körper $(K, +, -, 0)$ und die abelsche Gruppe $(V, +, -, 0)$ gegeben sind. $\square$

Beispiel 10.31 Ein *Verband* ist eine Algebra $(L, \vee, \wedge)$ vom Typ $(2, 2)$, in dem die folgenden Gleichungen erfüllt sind:

$$x \vee y = y \vee x, \quad x \wedge y = y \wedge x \qquad \text{(Kommutativität)},$$
$$x \vee (y \vee z) = (x \vee y) \vee z, \quad x \wedge (y \wedge z) = (x \wedge y) \wedge z \quad \text{(Assoziativität)},$$
$$x \vee x = x, \quad x \wedge x = x \qquad \text{(Idempotenz)},$$
$$x \vee (x \wedge y) = x, \quad x \wedge (x \vee y) = x \qquad \text{(Absorption)}.$$

Ein Verband $(L, \vee, \wedge)$ heißt *distributiv*, wenn die Gleichungen

$$x \wedge (y \vee z) = (x \wedge y) \vee (x \wedge z), \quad x \vee (y \wedge z) = (x \vee y) \wedge (x \vee z)$$

gelten. $\square$

Beispiel 10.32 Eine Algebra $(B, \vee, \wedge, {}^-, 0, 1)$ vom Typ $(2, 2, 1, 0, 0)$ heißt *boolesche Algebra*, falls $(B, \vee, \wedge)$ ein distributiver Verband ist und die Gleichungen

$$x \wedge 0 = 0, \quad x \vee 1 = 1,$$
$$x \wedge \bar{x} = 0, \quad x \vee \bar{x} = 1$$

erfüllt sind.

Die Menge $\mathcal{A}$ der Ausdrücke der Aussagenlogik ist mit den Entsprechungen $^- = \neg$, $1 = W$ und $0 = F$ eine boolesche Algebra, wie wir an den Gesetzen von Abschn. 1.1

unter Beispiel 1.5 erkennen. Dasselbe gilt für die Potenzmenge einer Menge M, wobei $\vee = \cup$, $\wedge = \cap$ gilt und $^-$ dem Komplement einer Teilmenge von M bezüglich M entspricht (siehe Satz 2.2). $\square$

Für Algebren lassen sich jetzt Begriffe wie Unteralgebren, Homomorphismen, direkte Produkte, Faktoralgebren definieren und zum Beispiel Isomorphiesätze beweisen. Wir verweisen hier auf die Literatur [41, 50]. Um einen kleinen Eindruck zu vermitteln, geben wir hier nur die Definition eines Homomorphismus an.

Definition 10.43 Es seien **A** und **B** Algebren desselben Typs $(\mathcal{F}, \sigma)$. Eine Abbildung $\varphi : A \to B$ heißt *Homomorphismus* von **A** nach **B**, wenn für alle $f \in \mathcal{F}$ mit $\sigma(f) = n$ und alle $a_1, \ldots, a_n \in A$ die Bedingung

$$\varphi(f_\mathbf{A}(a_1, \ldots, a_n)) = f_\mathbf{B}(\varphi(a_1), \ldots, \varphi(a_n))$$

erfüllt ist. $\square$

Die Algebren aus den vorhergehenden Überlegungen ermöglichen es, viele Konstrukte der klassischen Algebra in einer gemeinsamen Sprache zu beschreiben. Jetzt wollen wir mehrsortige Algebren betrachten, bei denen im Allgemeinen mehrere Grundmengen vorhanden sind. So kann beispielsweise die Skalarmultiplikation bei Vektorräumen durch eine fundamentale Operation der entsprechenden mehrsortigen Algebra ausgedrückt werden. Mehrsortige Algebren sind vor allem in der Informatik von besonderem Interesse.

Bei dem Entwurf von Software stellt sich die Frage, wie die Regeln, nach denen die Programme arbeiten, genau beschrieben werden können. Dabei sind jedoch Einzelheiten zur Implementierung außer Acht zu lassen. Die Beschreibung sollte also genügend abstrakt sein. In der Informatik stellt die *algebraische Spezifikation*, die mit mehrsortigen Algebren arbeitet, die nötigen Methoden bereit. Die Datenelemente der Programmiersprache werden dabei als Elemente einer Algebra aufgefasst, die Regeln als Operationen. Entsprechend kann häufig ein Datentyp (wie zum Beispiel *bool* oder *nat*) mit einer Algebra identifiziert werden.

Bei der algebraischen Spezifikation möchte man Datentypen durch Operationssymbole und einige Axiome vollständig spezifizieren. Eine wichtige Frage ist, ob ein durch Axiome gegebener abstrakter Datentyp den gewünschten Datentyp richtig beschreibt. Wir können hier nur die ersten Überlegungen zur algebraischen Spezifikation darstellen.

Definition 10.44 $(S, \mathcal{F}, \sigma)$ ist eine *Signatur* mehrsortiger Algebren, wenn

(a) S die Menge der *Sorten*,

(b) $\mathcal{F}$ die Menge der *Operationssymbole* und

(c) $\sigma : \mathcal{F} \to S^* \times S$ eine Abbildung ist (S^* ist das freie Monoid von S, siehe Definition 7.6). $\square$

Für ein Operationssymbol f gelte etwa $\sigma(f) = ((s_1, \ldots, s_n), s)$. Dann sind dadurch die Stelligkeit (nämlich n) und die Sorten der Argumente gegeben. Statt $\sigma(f)$ wird oft $f : s_1 \times \ldots \times s_n \to s$ geschrieben. Ist $n = 0$, so wird f auch als eine *Konstante* bezeichnet.

Eine Signatur legt nur Namen für Sorten und Operationen mit ihren abstrakten Definitionsbereichen und ihre Stelligkeit fest. Eine Bedeutung wird einer Signatur durch die folgende Definition zugewiesen.

Definition 10.45 Es ist $\mathbf{A} = (A, F)$ eine *mehrsortige Algebra* der Signatur $(S, \mathcal{F}, \sigma)$, wenn $A = (A_s \mid s \in S)$ eine Familie von *Grundmengen* ist und $F = (f_a \mid f \in \mathcal{F})$ eine Familie von Abbildungen (die *fundamentalen Operationen* von $\mathbf{A}$), für die folgende Eigenschaft gilt: Aus $\sigma(f) = ((s_1, \ldots, s_n), s)$ folgt, dass $f_{\mathbf{A}}$ eine Abbildung $f_{\mathbf{A}} : A_{s_1} \times \ldots \times A_{s_n} \to A_s$ ist. $\square$

Haben wir nur eine Sorte, also $S = \{s\}$, dann erhalten wir den Spezialfall der allgemeinen Algebren gemäß Definition 10.42. Die Signatur ist dann schon durch den Typ gegeben. Hat eine Algebra nur endlich viele Sorten und nur endlich viele fundamentale Operationen, so wird sie auch in der Form $(A_1, \ldots, A_n; f_1, \ldots, f_k)$ notiert.

Auch für mehrsortige Algebren lassen sich unter anderem Homomorphismen, direkte Produkte oder Faktoralgebren definieren.

Eine mehrsortige Algebra wird auch *Datentyp* genannt. Zur gleichen Signatur kann es, wie wir in Beispiel 10.34 sehen werden, verschiedene Algebren geben.

Definition 10.46 SPEC $=$ (Sig, Σ) ist eine *Spezifikation*, wenn Sig eine Signatur und Σ eine Menge von Axiomen ist. $\square$

Wenn die Axiome nur Gleichungen sind, spricht man von *Gleichungsspezifikation*.

Eine Spezifikation wird auch *abstrakter Datentyp* genannt. Eine Algebra, die eine Spezifikation erfüllt, wird als *Modell der Spezifikation* bezeichnet.

Beispiel 10.33 Wir geben eine Spezifikation für geordnete Mengen (siehe Definition 2.12) an.

ORDNUNG

Sorten	*ord, bool*
Operationen	$\leq : ord \times ord \to bool$
	false $: \to bool$
	true $: \to bool$
Axiome	$(x \leq x) = true$
	$(x \leq y) = true \wedge (y \leq x) = true \Rightarrow x = y$
	$(x \leq y) = true \wedge (y \leq z) = true \Rightarrow (x \leq z) = true$

Da die Argumente von $\leq$, also die Variablen x, y und z, immer von der Sorte *ord* sind, wird auf Allquantoren bei den Axiomen verzichtet.

Ist $(A, \leq)$ eine geordnete Menge, dann ist $\mathbf{A} = (A_{ord}, A_{bool}, \leq_\mathbf{A}, false_\mathbf{A}, true_\mathbf{A})$ eine mehrsortige Algebra der Spezifikation ORDNUNG, wenn man setzt:

$$A_{ord} = A, \; A_{bool} = \mathbb{B} = \{f, w\}, \; false_\mathbf{A} = f, \; true_\mathbf{A} = w,$$

$$\forall a, b \in A : (a \leq_\mathbf{A} b) = \begin{cases} w & \text{falls } a \leq b, \\ f & \text{sonst.} \end{cases} \qquad \square$$

Beispiel 10.34 Wir betrachten die Signatur

> NAT
>
> **Sorten**   *nat*
>
> **Operationen**   *const* : $\rightarrow$ *nat*
>
>   *succ* : *nat* $\rightarrow$ *nat*

Für diese Signatur können wir viele Algebren

$$\mathbf{N} = (N_{nat}, const_\mathbf{N}, succ_\mathbf{N})$$

angeben. Drei Möglichkeiten erhalten wir durch

(a) $N_{nat} = \mathbb{N}_0$, $const_\mathbf{N} = 0$ mit der nullstelligen Operation 0 und $succ_\mathbf{N} = g$ mit $g(n) = n + 1$,

(b) $N_{nat} = \mathbb{Z}_5$, $const_\mathbf{N} = 0$ und $succ_\mathbf{N} = g'$ mit $g'(n) = (n + 1) \bmod 5$ sowie

(c) $N_{nat} = \mathbb{N}_0 \times \mathbb{Z}_2$, $const_\mathbf{N} = (0, 0)$ und $succ_\mathbf{N} = g''$ mit $g''(n, i) = (n + 1, (i + 1) \bmod 2)$.

Eine Signatur kann immer als eine Spezifikation mit leerer Axiomenmenge betrachtet werden. $\quad\square$

Beispiel 10.35 Vektorräume wurden in Beispiel 10.30 als einsortige Algebren aufgefasst, sie können jedoch natürlicher als zweisortige Algebren dargestellt werden. Ihre Spezifikation ist

VEKTORRAUM

Sorten   *skalar, vektor*

Operationen $+, \cdot$: *skalar* $\times$ *skalar* $\rightarrow$ *skalar*

                      $-$: *skalar* $\rightarrow$ *skalar*

                      0 : $\rightarrow$ *skalar*

                      1 : $\rightarrow$ *skalar*

$$\oplus : \textit{vektor} \times \textit{vektor} \to \textit{vektor}$$

$$\ominus : \textit{vektor} \to \textit{vektor}$$

$$0_v : \to \textit{vektor}$$

$$\circ : \textit{skalar} \times \textit{vektor} \to \textit{vektor}$$

Variablen $x, y : \textit{skalar}$

Axiome   Gleichungen eines kommutativen Rings mit Einselement (Gleichungen aus Beispiel 10.26 und 10.28 mit $+, \cdot, -, 0, 1$), Gleichungen für abelsche Gruppe (Gleichungen aus Beispiel 10.26 mit $\oplus, \ominus, 0_v$), Gleichungen für Skalarmultiplikation (Gleichungen aus Beispiel 10.30, wobei das Skalarprodukt durch $k \circ x$ notiert wird), $\forall x : (x \neq 0 \Rightarrow \exists y : x \cdot y = 1)$.

Es ist klar, dass ein üblicher Vektorraum ein Modell dieser Spezifikation ist. $\square$

Eine Spezifikation SPEC kann durch Hinzunahme weiterer Sorten, Operationen und Axiome erweitert werden, die hinter SPEC + aufgelistet werden. Dazu geben wir das folgende Beispiel an, das aus der Sicht der Informatik von besonderem Interesse ist.

Beispiel 10.36 Ein typisches Konstrukt der Informatik ist ein *Stack* (*Kellerspeicher* oder *Stapel*). In ihm werden Datenelemente so gespeichert, dass jeweils nur auf das zuletzt gespeicherte Element direkt zugegriffen werden kann. Erst wenn es dem Speicher entnommen wurde, kann das darunterliegende Element angesprochen werden. Die Speicherung erfolgt also nach dem Prinzip „last in – first out", sodass man auch von einem LIFO-Speicher spricht. Die folgende Spezifikation soll diesem Konstrukt gerecht werden, wobei die zu speichernden Elemente von der Sorte *nat* sind. Dabei sind die Variablen n und s der Sorten *nat* und *stack* nicht eigens spezifiziert, da sie sich unmittelbar aus dem Zusammenhang ergeben.

NATSTACK =	NAT+
Sorten	*stack*
Operationen	*emptystack* $: \to stack$
	push $: stack \times nat \to stack$
	pop $: stack \to stack$
	top $: stack \to nat$
Gleichungen	$pop(push(s, n)) = s$
	$top(push(s, n)) = n$
	$pop(emptystack) = emptystack$
	$top(emptystack) = const$

Durch die Spezifikation wird ausgedrückt, dass durch *push* ein Element der Sorte *nat* auf den Stack gelegt, durch *pop* das oberste Element entfernt und durch *top* das oberste Element gelesen wird. Die Gleichungen bestätigen diese Interpretation, wobei die vorletzte Gleichung bedeutet, dass bei Entnahme des obersten Elements des leeren Stacks dieser natürlich leer bleibt. In der letzten Gleichung ist *const* als Fehlerelement aufzufassen, das beim Versuch geliefert wird, das oberste Element des leeren Stacks zu lesen.

Eine NATSTACK-Algebra

$$\mathbf{Nst} = (\mathbf{Nst}_{nat}, \mathbf{Nst}_{stack}, const_{\mathbf{Nst}}, succ_{\mathbf{Nst}}, empty_{\mathbf{Nst}}, push_{\mathbf{Nst}}, pop_{\mathbf{Nst}}, top_{\mathbf{Nst}})$$

wird durch

$$\mathbf{Nst}_{nat} = \mathbb{N}_0, \ \mathbf{Nst}_{stack} = \mathbb{N}_0^*, \ const_{\mathbf{Nst}} = 0, \ succ_{\mathbf{Nst}} = g,$$
$$empty_{\mathbf{Nst}}, \ push_{\mathbf{Nst}}, \ top_{\mathbf{Nst}}, \ pop_{\mathbf{Nst}}$$

gegeben, wobei $\mathbb{N}_0^*$ das freie Monoid über $\mathbb{N}_0$ ist, 0 und g wie in Beispiel 10.34(a) definiert sind, $empty_{\mathbf{Nst}} = \emptyset$ und weiter

$$push_{\mathbf{Nst}}((n_1, \dots, n_k), n) = (n_1, \dots, n_k, n),$$
$$pop_{\mathbf{Nst}}(n_1, \dots, n_{k-1}, n_k) = (n_1, \dots, n_{k-1}),$$
$$top_{\mathbf{Nst}}(n_1, \dots, n_k) = \begin{cases} n_k, & \text{falls } k \geq 1, \\ 0 & \text{falls } k = 0 \end{cases}$$

für alle $n, n_1, \dots, n_k, k \in \mathbb{N}_0$, gesetzt wird. Ein gewisses Problem bereitet hier die 0, die sowohl eine Zahl aus $\mathbb{N}_0$ darstellt, die im Stack gespeichert werden kann, als auch als Fehlerelement dient. Dies soll hier nicht weiter diskutiert werden. $\square$

Zu jeder Signatur $(S, \mathcal{F}, \sigma)$ und den zugehörigen Variablenmengen $X_s, s \in S$, kann man *Terme* definieren, das heißt Ausdrücke, die in sinnvoller Weise aus den Variablen und den Operationssymbolen gebildet werden. Insbesondere sind dabei die Stelligkeit und die Sorten der Operationen zu beachten.

Beispielsweise kann man für die Signatur (den abstrakten Datentyp) NAT die Terme

$$const, \ succ(const), \ succ(succ(const)), \dots, succ^n(const), \dots$$

schreiben. In NATSTACK (ohne Berücksichtigung der Gleichungen) haben wir etwa den gültigen Term

$$push(push(push(s, succ(n)), n), n),$$

wobei s eine Variable der Sorte *stack* und n eine Variable der Sorte *nat* ist. Wenn wir die Terme für NAT betrachten, so ist klar, dass ein Term $succ^n(const)$ für alle $n \in \mathbb{N}_0$ die Zahl n darstellen soll. Das ist auch für die Algebra aus Beispiel 10.34(a) der Fall. Diese

Vorstellung ist für die Algebra aus Beispiel 10.34(b) falsch, da dort $succ_N^5(const_N) =$ $const_N$ gilt. Jedes Element der Grundmenge $\mathbb{Z}_5$ kann durch unendlich viele verschiedene Terme dargestellt werden. In der Algebra aus Beispiel 10.34(c) gibt es dagegen Elemente der Grundmenge, die gar nicht auf diese Weise zu erhalten sind, zum Beispiel $(1, 0)$.

Ohne auf Einzelheiten einzugehen, erwähnen wir, dass man zeigen kann, dass die Algebra aus Beispiel 10.34(a) typisch für die Signatur NAT (ohne Gleichungen) ist, da sie isomorph zu der sogenannten Termalgebra ist, die die Terme $succ^n(const)$ als Elemente der Grundmenge besitzt. Allgemein heißt eine Gleichungsspezifikation SPEC = (SIG, Σ) *korrekt* bezüglich einer Algebra **A** der Signatur SIG, wenn **A** isomorph zu der Quotiententermalgebra von SPEC ist. Bei dieser Quotiententermalgebra werden verschiedene Terme der Signatur SIG, die ohne Variablen gebildet werden, aufgrund der Gleichungen aus Σ identifiziert. Man kann zeigen, dass NATSTACK korrekt bezüglich der Algebra **Nst** aus Beispiel 10.36 ist. Das bedeutet, dass der Datentyp **Nst** durch den abstrakten Datentyp NATSTACK eine geeignete Axiomatisierung erfahren hat.

Aufgaben

(1)   Beweise Satz 10.1.

(2)   Beweise Satz 10.2.

(3)   Es sei $\mathbb{R}^n$ der arithmetische Vektorraum über $\mathbb{R}$. Die Vektoren u, v, w seien linear unabhängig. Zeige:

    (a)   Die Vektoren $u + v - 2w$, $u - v - w$ und $u + w$ sind linear unabhängig.

    (b)   Die Vektoren $u + v - 3w$, $u + 3v - w$ und $v + w$ sind linear abhängig.

(4)   Zeige, dass $\{(1, 1, 0), (0, 1, 1), (0, 1, 0)\}$ eine Basis des arithmetischen Vektorraums K^3 ist.

(5)   Es sei der n-dimensionale Vektorraum $V = \mathbb{Z}_2^n$ über $\mathbb{Z}_2$ gegeben. Wir betrachten das Matroid $(V, \mathcal{F})$ mit $\mathcal{F} = \{U \subseteq V \mid U \text{ linear unabhängig}\}$. Eine Gewichtsfunktion $w : V \to \mathbb{Z}$ sei für $v = (x_1, \ldots, x_n) \in \mathbb{Z}_2^n$ durch $w(v) = \sum_{i=1}^n x_i$ (Summe in $\mathbb{Z}$) definiert. Bestimme eine Basis minimalen Gewichts mithilfe von Algorithmus 4.3 sowie eine Basis maximalen Gewichts mit dem entsprechend modifizierten Algorithmus.

(6)   (a)   Zeige, dass für $n \in \mathbb{N}$

$$K_n[x] = \{f \mid f \in K[x], \deg(f) \le n\}$$

    ein Vektorraum über dem Körper K ist.

    (b)   Sei

$$W = \{f \mid f \in K_n[x], \ f(0) = 0 = f(1)\}.$$

    Zeige $W \le K_n[x]$. Gib eine Basis von W an und erweitere sie zu einer Basis von $K_n[x]$.

(7)   Zeige, dass das Matrizenprodukt von quadratischen Matrizen im Allgemeinen nicht kommutativ ist.

(8)   Es sei A eine $m \times n$-Matrix. Bestimme für jeden Typ von elementaren Zeilenumformungen aus Definition 10.16 eine $m \times m$-Matrix U, sodass die Matrix UA das Resultat der entsprechenden Zeilenumformung ist. Welchen Rang hat U?

(9)   Bestimme die Lösung des folgenden linearen Gleichungssystems über $\mathbb{R}$:

$$\begin{aligned}
x_1 + 3x_2 - 4x_3 + 3x_4 &= 9, \\
3x_1 + 9x_2 - 2x_3 - 11x_4 &= -3, \\
4x_1 + 12x_2 - 6x_3 - 8x_4 &= 6, \\
2x_1 + 6x_2 + 2x_3 - 14x_4 &= -12.
\end{aligned}$$

(10)   Betrachte den arithmetischen Vektorraum K^3 mit der kanonischen Basis B_1 sowie der Basis $B_2 = \{(1,1,1), (0,1,0), (1,1,0)\}$ und den kanonischen Vektorraum K^4 mit der kanonischen Basis C_1 sowie der Basis $C_2 = \{(-2,-1,0,1), (1,1,0,1),$ $(0,1,1,1), (0,0,0,1)\}$. Bezüglich der kanonischen Basen sei die lineare Abbildung $\varphi : K^3 \to K^4$ durch

$$\varphi(e_1) = (4,5,2,1), \quad \varphi(e_2) = (1,1,0,0) \quad \text{und} \quad \varphi(e_3) = (2,3,1,1)$$

definiert. Bestimme die Matrix von φ bezüglich der Basen B_1 und C_1 sowie bezüglich B_2 und C_2.

(11)   Berechne die Determinanten der folgenden reellwertigen Matrizen:

$$\begin{pmatrix} 1 & 0 & 3 \\ 5 & 5 & 15 \\ 0 & 1 & 3 \end{pmatrix}, \quad \begin{pmatrix} 8 & 0 & 3 & 1 \\ 0 & 1 & 7 & 4 \\ 0 & 0 & 2 & -9 \\ 0 & 0 & 0 & 4 \end{pmatrix}, \quad \begin{pmatrix} 1 & 3 & 4 & 0 \\ 2 & 5 & 7 & 1 \\ -1 & 2 & -3 & 0 \\ 0 & 0 & 1 & 4 \end{pmatrix}.$$

(12)   Betrachte die Matrizen

$$A_1 = \begin{pmatrix} 1 & 2 & 1 \\ 0 & 2 & 0 \\ 3 & 1 & 0 \end{pmatrix} \quad \text{und} \quad A_2 = \begin{pmatrix} 3 & 2 & -2 \\ 2 & 6 & -4 \\ 0 & 0 & 2 \end{pmatrix}.$$

Es sei A_1 eine Matrix über $\mathbb{Z}_7$ und A_2 eine Matrix über $\mathbb{R}$. Berechne die Eigenwerte und Eigenvektoren der Matrizen. Sind sie diagonalisierbar? Falls sie diagonalisierbar sind, bestimme die Transformationsmatrix S und ihr Inverses.

(13)   Zeige, dass durch $\beta_2(x,y) = 4x_1 y_1 - 2x_1 y_2 - 2x_2 y_1 + 3x_2 y_2$ ein skalares Produkt auf $\mathbb{R}^2$ definiert wird.

(14) Betrachte die reellwertige Matrix

$$A = \begin{pmatrix} 1 & 0 & 1 & 0 \\ 0 & 1 & 0 & 1 \\ 1 & 0 & 1 & 0 \\ 0 & 1 & 0 & 1 \end{pmatrix}.$$

Bestimme eine orthogonale Matrix S, sodass $S^T A S$ eine Diagonalmatrix ist.

(15) Führe die Singulärwertzerlegung der Matrix

$$\begin{pmatrix} 1 & 0 \\ 0 & 1 \\ 1 & 1 \end{pmatrix}$$

über $\mathbb{R}$ gemäß dem Beweis von Satz 10.26 durch. Vergleiche das Resultat mit dem aus Beispiel 10.20.

(16) Zeige, dass jede zweidimensionale orthogonale Matrix in einer der beiden Formen

$$\begin{pmatrix} \cos\varphi & -\sin\varphi \\ \sin\varphi & \cos\varphi \end{pmatrix} \quad \text{oder} \quad \begin{pmatrix} -\cos\varphi & \sin\varphi \\ \sin\varphi & \cos\varphi \end{pmatrix}$$

geschrieben werden kann.

(17) Zerlege die durch die Matrix

$$\begin{pmatrix} -\frac{1}{4}(2\sqrt{2} + \sqrt{6}) & \frac{1}{4}(2\sqrt{2} - \sqrt{6}) \\ \frac{1}{4}(2\sqrt{6} - \sqrt{2}) & -\frac{1}{4}(2\sqrt{6} + \sqrt{2}) \end{pmatrix}$$

gegebene Transformation in das Produkt einer Drehung, einer Skalierung und einer Drehung.

(18) Es sei

$$H = \begin{pmatrix} 2 & 2 & 0 & 1 & 0 \\ 0 & 1 & 1 & 0 & 0 \end{pmatrix}^T$$

eine Kontrollmatrix eines linearen $(5, 3)$-Codes über $\mathbb{Z}_3$. Bestimme eine Generatormatrix G dieses Codes.

(19) Betrachte den binären linearen $(6, 3)$-Code, bei dem das letzte Bit die Parität der ersten beiden Bits überprüft, das vorletzte die Parität des ersten und dritten Bits und schließlich das vierte die Parität des zweiten und dritten Bits. Bestimme dazu eine Kontroll- und eine zugehörige Generatormatrix sowie eine Tabelle zur Decodierung. Wie können 100101, 100110, 111111 decodiert werden?

(20) Bestimme alle zyklischen $(7, r)$-Binärcodes.

(21) Führe Protokoll 10.1 durch mit den Werten $p = 19$, $n = 6$, $t = 4$, $k = 4$. In den Schritten 1 und 2 wähle Don die Werte $x_1 = 1$, $x_2 = 2$, $x_3 = 3$, $x_4 = 16$, $x_5 = 17$, $x_6 = 18$ sowie $a_1 = 1$, $a_2 = 0$, $a_3 = 2$. Nimm an, dass P_1, P_2, P_5 und P_6 das Geheimnis wiederherstellen möchten. Berechne das Geheimnis k auf zwei verschiedene Arten.

(22) Betrachte den Körper $GF(2^3)$, der mithilfe des irreduziblen Polynoms $x^3 + x + 1 \in \mathbb{Z}_2[x]$ konstruiert wurde. Führe das $(3, 4)$-Schwellenwertverfahren gemäß Protokoll 10.2 durch, wobei der Verteiler die öffentlichen Werte

$$x_i = i \in \mathbb{Z}_7, \ i \in \{1, 2, 3, 4\},$$

für die jeweiligen Teilnehmer P_i und das zufällige Polynom

$$f = 5 + x + 6x^2 \in \mathbb{Z}_7[x]$$

gewählt hat, wodurch auch das Geheimnis bestimmt ist. Nimm an, dass die Teilnehmer P_2, P_3 und P_4 das Geheimnis wiederherstellen möchten.

(23) Betrachte die Signatur

> **BOOL**
>
> **Sorten**   *bool*
>
> **Operationen**   *false* $: \to bool$
>
> *true* $: \to bool$
>
> $\neg : bool \to bool$
>
> $\wedge : bool \times bool \to bool$

und die beiden Algebren

$$\mathbf{A} = (\{0, 1\}, \mathit{false}_\mathbf{A}, \mathit{true}_\mathbf{A}, \neg_\mathbf{A}, \wedge_\mathbf{A})$$

mit

$$\mathit{false}_\mathbf{A} = 0, \ \mathit{true}_\mathbf{A} = 1, \ \neg_\mathbf{A}(0) = 1, \ \neg_\mathbf{A}(1) = 0, \ \wedge_\mathbf{A}(x, y) = x \cdot y$$

sowie

$$\mathbf{B} = (\mathbb{N}_0, \mathit{false}_\mathbf{B}, \mathit{true}_\mathbf{B}, \neg_\mathbf{B}, \wedge_\mathbf{B})$$

mit

$$\mathit{false}_\mathbf{B} = 5, \ \mathit{true}_\mathbf{B} = 6, \ \neg_\mathbf{B}(n) = n + 1, \wedge_\mathbf{A}(n, m) = n \cdot m.$$

(a) Betrachte die Spezifikation

> **BOOL1** $=$ **BOOL+**
>
> **Gleichungen** $x \wedge (y \wedge z) = (x \wedge y) \wedge z$

Sind **A** und **B** Modelle dieser Spezifikation?

(b) Erweitere BOOL1 zur Spezifikation

$$\text{BOOL2} = \quad \text{BOOL1}+$$
$$\textbf{Gleichungen} \quad \neg(\mathit{true}) = \mathit{false}$$

Sind **A** und **B** Modelle dieser Spezifikation?

Wahrscheinlichkeitstheorie

Die Wahrscheinlichkeitstheorie versucht, zufallsgesteuerte Abläufe einer mathematischen Behandlung zugänglich zu machen. Auf den ersten Blick mag diese Aussage in sich widersprüchlich klingen, denn zufällige Ereignisse sind doch gerade solche, die nicht vorher berechnet werden können. Dennoch wird man erwarten, dass bei einer Vielzahl von Würfen mit einem „idealen" Würfel in ungefähr einem Sechstel der Fälle eine 1 erzielt wird. In der Wahrscheinlichkeitstheorie werden daher auch keine Aussagen über Einzelereignisse getroffen, sondern über Gesetzmäßigkeiten, die bei einer großen Anzahl von Versuchen erkennbar sind.

In vielen Quellen wird die Beschäftigung mit Problemen des Glücksspiels als Ursprung der Wahrscheinlichkeitstheorie geschildert. Höflinge der französischen Könige nahmen im 17. Jahrhundert gerne die Hilfe von Mathematikern wie *Blaise Pascal* und *Pierre de Fermat* in Anspruch, um die Gewinnchancen bei den damaligen Würfelspielen zu berechnen. Ein historisches Beispiel ist in Aufgabe 12 angegeben.

Hans Kaiser und *Wilfried Nöbauer* [52] zeigen aber, dass die Anfänge der Wahrscheinlichkeitstheorie weiter zurückreichen. Schon im 14. Jahrhundert wurden in Holland und Italien die ersten Versicherungsgesellschaften gegründet. Versichert wurden zunächst Schiffe. Aufgrund von längerfristigen Beobachtungen wurden Prämien von 12–15 % zur Risikoabdeckung verlangt.

Um 1900 wurde die Notwendigkeit einer exakten Grundlegung der Wahrscheinlichkeitstheorie gesehen. *David Hilbert* stellte daher im sechsten seiner berühmten 23 Probleme unter anderem die Aufgabe, die Wahrscheinlichkeitstheorie zu axiomatisieren. Es gab in den folgenden Jahrzehnten zahlreiche Ansätze, dieses Problem zu lösen, die aber alle nicht zufriedenstellen konnten. Erst in den 1930er-Jahren erhielt die Wahrscheinlichkeitstheorie durch die auf der Maßtheorie basierenden Axiomatisierung von *Andrej N. Kolmogorow* ihre heutige Form.

Der Begriff *Stochastik* stammt aus dem Altgriechischen und bedeutet soviel wie „scharfsinniges Vermuten". In der Mathematik fasst man heute unter diesem Begriff die Disziplinen *Wahrscheinlichkeitstheorie* und *Statistik* zusammen.

© Springer-Verlag Berlin Heidelberg 2016
W. Struckmann, D. Wätjen, *Mathematik für Informatiker*, DOI 10.1007/978-3-662-49870-5_11

In der Wahrscheinlichkeitstheorie geht es darum, Zufallsgeschehen berechenbarer zu machen. Glücksspiele und Versicherungen haben wir als Beispiele schon genannt. Die Statistik wird üblicherweise in zwei Teilgebiete gegliedert. Die *beschreibende* oder *deskriptive* Statistik stellt viele Einzelinformationen dar, ordnet diese und fasst sie zusammen. Ein frühes Beispiel ist die Volkszählung des Kaisers Augustus zur Zeit der Geburt Christi. Die *schließende* oder *induktive* Statistik versucht, mithilfe der Wahrscheinlichkeitstheorie aus einzelnen Stichproben Rückschlüsse auf das Gesamtgeschehen zu ziehen. Hierzu gehören zum Beispiel Meinungsumfragen, Hochrechnungen und Qualitätskontrollen.

In diesem Buch werden wir uns auf die Darstellung der Wahrscheinlichkeitstheorie beschränken. Wir können allerdings nur auf die wichtigsten Inhalte eingehen und müssen für weiter gehende Ausführungen auf die Literatur verweisen. Empfohlen seien die Bücher von *Heinz Bauer* [9] und *Hans-Otto Georgii* [36].

Die Wahrscheinlichkeitstheorie besitzt viele Anwendungen in der Informatik. Ein erstes Beispiel haben wir in Abschn. 6.5, Algorithmus 6.6 mit dem Rabin-Miller-Algorithmus bereits kennengelernt. Er ist ein Beispiel eines probabilistischen Algorithmus, bei dem das Ergebnis nur mit einer gewissen Wahrscheinlichkeit richtig ist. Wir werden in diesem Kapitel auf weitere Anwendungen eingehen. Beispielsweise werden wir wahrscheinlichkeitstheoretische Überlegungen bei der Berechnung der Komplexität von Algorithmen und bei der Analyse von Bediensystemen anstellen.

In Abschn. 11.1 behandeln wir grundlegende Abzählprobleme aus dem Bereich der Kombinatorik. Wir werden die gefundenen Lösungen später zur Berechnung von Wahrscheinlichkeiten verwenden. Wahrscheinlichkeitsräume und Zufallsvariable sind die zentralen Begriffe der Wahrscheinlichkeitstheorie. Auf sie gehen wir ausführlich in Abschn. 11.2 ein. Der folgende Abschn. 11.3 widmet sich den diskreten Zufallsvariablen und einigen ihrer Anwendungen in der Informatik. Eine zweite wichtige Klasse von Zufallsvariablen sind die sogenannten stetigen Zufallsvariablen. Bevor wir sie in Abschn. 11.5 einführen können, fassen wir die dazu erforderlichen Grundlagen aus der Integralrechnung in Abschn. 11.4 kurz zusammen. Der letzte Abschn. 11.6 untersucht stochastische Prozesse und ihren beispielhaften Gebrauch in der Informatik.

11.1   Abzählprobleme

In diesem Abschnitt betrachten wir kombinatorische Probleme, die in vielen Fällen bei der Berechnung von Wahrscheinlichkeiten auftreten. Wir beginnen mit der Frage, wie viele Möglichkeiten es gibt, n Objekte $a_1, a_2, \ldots, a_n$, $n \geq 0$, anzuordnen. Diese Frage wird als *Anordnungsproblem* bezeichnet.

Bei ihrer Lösung müssen wir unterscheiden, ob die Objekte paarweise verschieden sind oder ob sich unter ihnen gleiche befinden. Als Beispiel sehen wir uns die Buchstaben a, b und c an. Die $n = 3$ Objekte sind verschieden. Sie lassen sich auf die $n! = 6$ Arten abc, acb, bac, bca, cab und cba anordnen. Jetzt seien die $n = 5$ Buchstaben a, a, a, b und b gegeben. Es gibt zunächst einmal $n! = 120$ mögliche Anordnungen. Die $3! = 6$

Anordnungen des Buchstabens a und die $2! = 2$ Anordnungen des Buchstabens b lassen sich nicht unterscheiden, sodass wir als Gesamtzahl der Anordnungen

$$\frac{5!}{3! \cdot 2!} = 10$$

erhalten. Die Anordnungen sind $aaabb, aabab, aabba, abaab, ababa, abbaa, baaab,$ $baaba, babaa$ und $bbaaa$.

Wenn wir diese Überlegungen verallgemeinern, ergibt sich der folgende Satz.

Satz 11.1 Gegeben seien n Objekte $a_1, a_2, \ldots, a_n, n \geq 0$.

(a) Wenn $a_1, a_n, \ldots, a_n$ paarweise verschieden sind, gibt es $P(n) = n!$ Möglichkeiten, diese Objekte anzuordnen.

(b) Wenn von den Objekten je $n_1, n_2, \ldots, n_k$ gleich sind, $n_1 + n_2 + \ldots + n_k = n$, ist die Anzahl der möglichen Anordnungen durch

$$P^*(n, n_1, \ldots, n_k) = \frac{n!}{n_1! \cdot n_2! \cdot \ldots \cdot n_k!}$$

gegeben. □

$P(n)$ ist die Anzahl der *Permutationen ohne Wiederholung* und $P^*(n, n_1, \ldots, n_k)$ die Anzahl der *Permutationen mit Wiederholung* von n Objekten.

Für die kommenden Ausführungen ist es zweckmäßig, die folgende Notation einzuführen.

Definition 11.1 Es sei $n \in \mathbb{R}, k \in \mathbb{N}_0$. Für $k > 0$ heißt $n^{\underline{k}} = n \cdot (n-1) \cdot \ldots \cdot (n-k+1)$ *fallende Faktorielle* von n der Länge k und $n^{\overline{k}} = n \cdot (n+1) \cdot \ldots \cdot (n+k-1)$ *steigende Faktorielle* von n der Länge k. Für $k = 0$ wird $n^{\underline{k}} = n^{\overline{k}} = 1$ gesetzt. □

Mit dieser Bezeichnung können beispielsweise die Binomialkoeffizienten in der Form

$$\binom{n}{k} = \frac{n \cdot (n-1) \cdot \ldots \cdot (n-k+1)}{k!} = \frac{n^{\underline{k}}}{k!}$$

für alle $n \in \mathbb{R}, k \in \mathbb{N}_0$ geschrieben werden.

Wir kommen zum nächsten Abzählproblem. Aus einer Menge N mit $n \in \mathbb{N}_0$ Elementen sollen $k \in \mathbb{N}_0$ Elemente ausgewählt werden. Die Bestimmung der Anzahl der Möglichkeiten hierfür wird als *Auswahlproblem* bezeichnet. Wir müssen dabei unterscheiden, ob die Reihenfolge der Auswahl beachtet werden soll und ob Elemente mehrfach in der Auswahl enthalten sein dürfen.

Wenn es auf die Reihenfolge der Elemente ankommt, bekommen wir als Auswahl ein k-Tupel aus N^k, dessen Komponenten verschieden sind oder auch gleich sein können. Im ersten Fall erhalten wir $V(n,k) = n \cdot (n-1) \cdot \ldots \cdot (n-k+1) = n^{\underline{k}}$ Möglichkeiten, im zweiten Fall $V^*(n,k) = n^k$. Man nennt $V(n,k)$ auch die Anzahl der k-*Variationen ohne Wiederholung* und $V^*(n,k)$ die der k-*Variationen mit Wiederholung* von n Elementen.

Wir betrachten als Nächstes den Fall, dass die Reihenfolge keine Rolle spielt. Wenn Elemente nicht mehrfach enthalten sein dürfen, handelt es sich bei der Auswahl einfach um eine k-elementige Teilmenge V. Wir bezeichnen ihre Anzahl mit $C(n,k)$. Diese Teilmengen werden in diesem Zusammenhang auch k-*Kombinationen ohne Wiederholung* von n Elementen genannt.

Falls die Reihenfolge nicht beachtet werden muss und Elemente mehrfach ausgewählt werden dürfen, handelt es sich bei der Auswahl um eine sogenannte *Multiteilmenge* von N. Während beim üblichen Mengenbegriff (siehe Beispiel 2.1) jedes Element nur einmal in einer Menge enthalten sein kann, können Elemente in *Multimengen* mehrfach vorkommen. Beispielsweise gilt für Multimengen $\{2\} \neq \{2,2\}$. Wir bezeichnen die Anzahl der k-elementigen Multiteilmengen von N mit $C^*(n,k)$ und nennen sie auch k-*Kombinationen mit Wiederholung* von n Elementen.

Satz 11.2 Es seien $k,n \in \mathbb{N}_0$ und N eine Menge mit n Elementen.

(a) Es gibt $V(n,k) = n^{\underline{k}}$ Möglichkeiten, k Elemente aus N auszuwählen, falls alle Elemente verschieden sind und die Reihenfolge der Auswahl berücksichtigt wird. Wenn Elemente mehrfach in der Auswahl vorkommen dürfen, dann beträgt die Anzahl $V^*(n,k) = n^k$.

(b) Wenn die Reihenfolge keine Rolle spielt, dann bestehen $C(n,k) = \binom{n}{k}$ Möglichkeiten, k Elemente aus N auszuwählen, falls alle Elemente verschieden sind. Wenn Elemente mehrfach ausgewählt werden dürfen, gibt es $C^*(n,k) = \binom{n+k-1}{k}$ Möglichkeiten.

Beweis Nach den Vorbemerkungen zum Satz ist nur noch Aussage (b) zu beweisen. Wir betrachten zunächst den Fall, dass die k Elemente verschieden sein sollen. Es gibt $n \cdot (n-1) \cdot \ldots \cdot (n-k+1)$ Möglichkeiten, k Elemente aus N auszuwählen. Da es auf die Reihenfolge nicht ankommt, muss diese Zahl noch durch $k!$ dividiert werden. Daher gibt es

$$\frac{n \cdot (n-1) \cdot \ldots \cdot (n-k+1)}{k!} = \frac{n^{\underline{k}}}{k!} = \binom{n}{k}$$

mögliche Anordnungen, das heißt $C(n,k) = \binom{n}{k}$. Die zweite Aussage von (b) ist etwas schwieriger einzusehen. Wir erläutern die Beweisidee zunächst am Beispiel $n = 4$ und $k = 7$. Aus der Menge $N = \{a_1, a_2, a_3, a_4\}$ soll also siebenmal ein Element gewählt werden. Wir betrachten die spezielle Auswahl, die a_1 viermal, a_2 nullmal, a_3 zweimal und a_4 einmal enthält. Diese Auswahl lässt sich durch das Bild

$$+ + + + \;|\; |\; + + + \;|\; +$$

darstellen. Es enthält $n - 1 = 3$ Striche und $k = 7$ Kreuze. Durch die Striche ergeben sich n Felder, auf die die k Kreuze verteilt werden. Da jede Auswahl eindeutig einem solchen Bild entspricht, muss die Anzahl dieser Bilder bestimmt werden. Gesucht ist also die Anzahl $P^*(n - 1 + k, n - 1, k)$ der Permutationen mit Wiederholung von $n - 1 + k$ Objekten, von denen je $n - 1$ und k gleich sind. Mit Satz 11.1(b) erhalten wir

$$C^*(n, k) = P^*(n - 1 + k, n - 1, k) = \frac{(n - 1 + k)!}{(n - 1)! \cdot k!} = \binom{n + k - 1}{k}. \qquad \square$$

Es sei angemerkt, dass wir $C^*(n, k)$ in der Form

$$C^*(n, k) = \binom{n + k - 1}{k} = \frac{(n + k - 1)!}{(n - 1)! \cdot k!} = \frac{n \cdot (n + 1) \cdot \ldots \cdot (n + k - 1)}{k!} = \frac{n^{\bar{k}}}{k!}$$

unter Benutzung einer steigenden Faktoriellen schreiben können.

Beispiel 11.1 Wir betrachten die drei folgenden Anwendungen von Satz 11.2.

(a) Beim Zahlenlotto gibt es 49 Kugeln, von denen 6 gezogen werden. Es handelt sich hierbei um eine Auswahl von $k = 6$ Elementen aus einer Menge mit $n = 49$ Elementen. Dabei kommt es auf die Reihenfolge nicht an. Elemente dürfen nicht mehrfach ausgewählt werden. Nach Satz 11.2(b) gibt es demzufolge hierfür $C(49, 6) = \binom{49}{6} = 13.983.816$ Möglichkeiten.

(b) Es gibt rote, gelbe, grüne und weiße Gummibärchen. Eine kleine Tüte enthält 7 Bärchen. Wie viele Möglichkeiten gibt es, eine Tüte zu füllen? Hierbei handelt es sich um eine Auswahl, bei der es nicht auf die Reihenfolge ankommt, bei der aber Elemente mehrfach vorkommen dürfen. Mit $k = 7$ Gummibärchen und $n = 4$ Farben erhalten wir aus Satz 11.2(b) $C^*(4, 7) = \binom{10}{7} = 120$ Möglichkeiten.

(c) Es sei N eine Menge mit $n \in \mathbb{N}_0$ Elementen. Nach Satz 11.2(b) gibt es $\binom{n}{k}$ Teilmengen von N mit k Elementen. Mit dem binomischen Satz 4.21 folgt, dass N insgesamt

$$\sum_{k=0}^{n} \binom{n}{k} = \sum_{k=0}^{n} \binom{n}{k} 1^{n-k} \cdot 1^k = (1 + 1)^n = 2^n$$

Teilmengen besitzt (siehe auch Beispiel 2.4). $\qquad \square$

In den beiden vorangegangenen Sätzen haben wir Formeln für das Anordnungs- und das Auswahlproblem angegeben. In manchen Fällen fallen diese zusammen. Wenn wir beispielsweise n Elemente aus einer Menge mit n Elementen auswählen wollen, wobei alle Elemente verschieden sein sollen, so entspricht dies einer Permutation der n Elemente. Wir bekommen hierfür $V(n,n) = n^{\underline{n}} = n! = P(n)$ Möglichkeiten.

Jetzt wollen wir Formeln für die Anzahl der Elemente von Vereinigungs- und Produktmengen herleiten. M_1, M_2 und M_3 seien endliche Mengen. Wenn M_1 und M_2 disjunkt sind, gilt offenbar

$$|M_1 \cup M_2| = |M_1| + |M_2|.$$

Wenn M_1 und M_2 hingegen nicht disjunkt sind, so werden die Elemente in $M_1 \cap M_2$ doppelt gezählt. Die richtige Formel lautet dann also

$$|M_1 \cup M_2| = |M_1| + |M_2| - |M_1 \cap M_2|.$$

Für drei Mengen erhalten wir

$$|M_1 \cup M_2 \cup M_3| = |M_1| + |M_2| + |M_3| - |M_1 \cap M_2| - |M_1 \cap M_3|$$
$$- |M_2 \cap M_3| + |M_1 \cap M_2 \cap M_3|.$$

Es müssen also zunächst die Anzahlen der Elemente der Mengen M_i addiert werden. Dann sind alle Paare $M_i \cap M_j$, $i \neq j$, zu bilden und ihre Elementzahlen zu subtrahieren. Dabei sind jedoch die Elemente zu viel abgezogen worden, die in allen drei Mengen liegen. Deshalb addieren wir anschließend die Anzahl der Elemente der Menge $M_1 \cap M_2 \cap M_3$. Dieses Verfahren heißt *Prinzip der Inklusion und Exklusion* oder auch *Siebregel*. Im nächsten Satz betrachten wir den allgemeinen Fall von n, $n \geq 1$, Mengen.

Satz 11.3 *(Summen- und Produktregel)* Es seien M_1, M_2, ..., M_n endliche Mengen.

(a) Die Anzahl der Elemente der Vereinigungsmenge $\bigcup_{i=1}^{n} M_i$ ist gegeben durch

$$\left| \bigcup_{i=1}^{n} M_i \right| = \sum_{k=1}^{n} (-1)^{k+1} \sum_{1 \leq i_1 < \ldots < i_k \leq n} \left| \bigcap_{j=1}^{k} M_{i_k} \right|. \tag{11.1}$$

Falls die Mengen M_1, M_2, ..., M_n paarweise disjunkt sind, gilt speziell

$$\left| \bigcup_{i=1}^{n} M_i \right| = \sum_{i=1}^{n} |M_i|.$$

(b) Die Anzahl der Elemente der Produktmenge $M_1 \times \ldots \times M_n$ ist gegeben durch

$$|M_1 \times \ldots \times M_n| = \prod_{i=1}^{n} |M_i|.$$

Beweis (a) Es sei m ein beliebiges Element aus $\bigcup_{i=1}^{n} M_i$. m sei in genau r Mengen der Mengen $M_1, M_2, \ldots, M_n$ enthalten. Auf der linken Seite von Gl. 11.1 wird m genau einmal gezählt. Wir müssen zeigen, dass m auch auf der rechten Seite genau einmal gezählt wird. m tritt in genau $\binom{r}{1}$ Mengen M_{i_1}, in genau $\binom{r}{2}$ Mengen $M_{i_1} \cap M_{i_2}$, in genau $\binom{r}{3}$ Mengen $M_{i_1} \cap M_{i_2} \cap M_{i_3}, \ldots$ auf mit paarweise verschiedenen Indizes $i_j \in \{1, \ldots, n\}$, $1 \leq j \leq r$, auf. Daher wird m insgesamt

$$\binom{r}{1} - \binom{r}{2} + \binom{r}{3} - \ldots + (-1)^{r+1} \binom{r}{r} = \sum_{k=1}^{r} (-1)^{k+1} \binom{r}{k}$$

-mal auf der rechten Seite gezählt. Wenn wir den binomischen Satz 4.21 auf die Werte $x = -1$ und $y = 1$ anwenden, bekommen wir

$$0 = (-1 + 1)^r = \sum_{k=0}^{r} \binom{r}{k} (-1)^k \cdot 1^{r-k} = \sum_{k=0}^{r} \binom{r}{k} (-1)^k.$$

Aus beiden Gleichungen zusammen erhalten wir die gesuchte Anzahl zu

$$\sum_{k=1}^{r} (-1)^{k+1} \binom{r}{k} = \sum_{k=0}^{r} (-1)^{k+1} \binom{r}{k} + \binom{r}{0} = (-1) \sum_{k=0}^{r} (-1)^k \binom{r}{k} + 1 = 1.$$

Das Element m wird also auch auf der rechten Seite genau einmal gezählt. Die andere Behauptung von (a) und die Aussage (b) sind offensichtlich. $\square$

Im folgenden Beispiel geben wir eine einfache Anwendung der Produktregel an.

Beispiel 11.2 Gegeben sei die geschachtelte **for**-Anweisung

> **for** $i := 1$ **to** n **do**
>> **for** $j := 1$ **to** m **do**
>>> Schleifenrumpf
>> **od**
> **od**.

Jeder Wert der Laufvariablen i wird mit jedem Wert der Laufvariablen j kombiniert. Die Anzahl der Ausführungen des Schleifenrumpfs entspricht daher der Anzahl der Elemente der Menge der Paare (i, j) mit $i \in \{1, \ldots, n\}$, $j \in \{1, \ldots, m\}$. Mit der Produktregel ergibt sich hierfür $n \cdot m$. $\square$

Verteilt man m Dinge auf n Fächer, $m > n$, so werden in (mindestens) einem Fach mindestens zwei Dinge liegen. Diese Aussage ist offensichtlich und kann leicht wie folgt verschärft werden.

Satz 11.4 *(Schubfachprinzip)* Es seien M und N Mengen mit $m \in \mathbb{N}_0$ bzw. $n \in \mathbb{N}$ Elementen. Dann gilt: Für jede Abbildung $f : M \to N$ gibt es ein Element $y \in N$ mit $|f^-(y)| \geq \lfloor \frac{m-1}{n} \rfloor + 1$.

Beweis Wir schließen indirekt und nehmen an, dass für jedes Element $y \in N$ die Aussage $|f^-(y)| \leq \lfloor \frac{m-1}{n} \rfloor$ gilt. Weil sich die Menge M disjunkt in die Mengen $f^-(y)$, $y \in N$, zerlegen lässt, ist $m = \sum_{y \in N} |f^-(y)|$. Da $|f^-(y)| \leq \lfloor \frac{m-1}{n} \rfloor$ für alle $y \in N$ ist, erhalten wir weiter $\sum_{y \in N} |f^-(y)| \leq n \cdot \lfloor \frac{m-1}{n} \rfloor$. Hieraus ergibt sich der Widerspruch $m \leq n \cdot \lfloor \frac{m-1}{n} \rfloor \leq n \cdot \frac{m-1}{n} = m - 1 < m$. $\square$

Ein weiteres wichtiges Abzählproblem ist die Frage nach der Anzahl der Zerlegungen einer endlichen Menge in nicht leere Teilmengen. Hierfür führen wir eine eigene Bezeichnung ein.

Definition 11.2 Die Anzahl der Zerlegungen einer Menge N mit $n \in \mathbb{N}$ Elementen in $k \in \mathbb{N}$ nicht leere disjunkte Teilmengen, $1 \leq k \leq n$, wird mit $S_{n,k}$ bezeichnet. Weiter setzen wir

$$
S_{n,k} = \begin{cases} 0, & \text{falls } k > n, n \geq 0, \\ 0, & \text{falls } k = 0, n > 0, \\ 1, & \text{falls } k = 0, n = 0. \end{cases}
$$

$S_{n,k}$ heißt *stirlingsche Zahl (zweiter) Art* und wird auch mit $\{ {n \atop k} \}$ bezeichnet. Die Anzahl aller Zerlegungen in nicht leere disjunkte Teilmengen ist durch die *bellsche Zahl* $B_n = \sum_{k=0}^{n} S_{n,k}$ gegeben. $\square$

Beispiel 11.3 Es ist $S_{4,3} = \{ {4 \atop 3} \} = 6$, denn die vierelementige Menge $\{a, b, c, d\}$ besitzt die sechs Zerlegungen

$$
\{\{a, b\}, \{c\}, \{d\}\}, \quad \{\{a, c\}, \{b\}, \{d\}\}, \quad \{\{a, d\}, \{b\}, \{c\}\},
$$
$$
\{\{b, c\}, \{a\}, \{d\}\}, \quad \{\{b, d\}, \{a\}, \{c\}\}, \quad \{\{c, d\}, \{a\}, \{b\}\}
$$

in drei nicht leere disjunkte Teilmengen. Auf die gleiche Weise erhält man $S_{4,1} = 1$, $S_{4,2} = 7$ und $S_{4,4} = 1$. Mit $S_{4,0} = 0$ ergibt sich hieraus $B_4 = 15$. $\square$

Im folgenden Satz geben wir eine Rekursionsformel an, mit deren Hilfe die Werte der stirlingschen Zahlen $S_{n,k}$ berechnet werden können.

Satz 11.5 Für alle $n \in \mathbb{N}, k \in \mathbb{N}$ mit $1 \leq k \leq n$ gilt

$$
S_{n,k} = S_{n-1,k-1} + k S_{n-1,k}.
$$

Beweis Gegeben sei eine Menge $N = \{x_1, \ldots, x_n\}$ mit n Elementen. Wir teilen die Zerlegungen von N in zwei disjunkte Mengen auf. In der ersten Menge befinden sich alle Zerlegungen, in denen x_n als einzelnes Element auftritt. Hiervon gibt es $S_{n-1,k-1}$, weil die Elemente $x_1, \ldots, x_{n-1}$ auf die übrigen $k - 1$ Mengen verteilt sein müssen. Die zweite Menge enthält alle Zerlegungen, in denen das Element x_n nicht alleine in einer Menge vorkommt. Lassen wir x_n zunächst außer Acht, so gibt es $S_{n-1,k}$ Zerlegungen der übrigen $n - 1$ Elemente. Bei jeder Zerlegung kann x_n zu jeder der k Mengen hinzugefügt werden, sodass es insgesamt $k S_{n-1,k}$ derartige Zerlegungen gibt. Die Gesamtzahl aller Zerlegungen beträgt daher $S_{n-1,k-1} + k S_{n-1,k}$. □

Die stirlingschen Zahlen und die in Definition 4.17 eingeführten Binomialkoeffizienten zählen zu den *Zählkoeffizienten*. Zwischen $\binom{n}{k}$ und $\left\{ {n \atop k} \right\}$ bestehen große Ähnlichkeiten. Diese werden deutlich, wenn wir die Rekursionsformeln aus Satz 4.21(b) und Satz 11.5 gegenüberstellen:

$$\binom{n}{k} = \binom{n-1}{k-1} + \binom{n-1}{k}, \qquad \left\{ {n \atop k} \right\} = \left\{ {n-1 \atop k-1} \right\} + k \left\{ {n-1 \atop k} \right\}.$$

Mithilfe dieser Rekursionen können die Werte dieser Zählkoeffizienten berechnet und übersichtlich in Dreiecksform dargestellt werden. Für $\binom{n}{k}$ entsteht das *pascalsche Dreieck* und für $\left\{ {n \atop k} \right\}$ das *stirlingsche Dreieck*.

Pascalsches Dreieck:

	0	1	2	3	4	5	6
0	1						
1	1	1					
2	1	2	1				
3	1	3	3	1			
4	1	4	6	4	1		
5	1	5	10	10	5	1	
6	1	6	15	20	15	6	1

Stirlingsches Dreieck:

	0	1	2	3	4	5	6
0	1						
1	0	1					
2	0	1	1				
3	0	1	3	1			
4	0	1	7	6	1		
5	0	1	15	25	10	1	
6	0	1	31	90	65	15	1

Beispielsweise erhalten wir $\binom{5}{3} = 10$, indem wir die direkt und links darüber stehenden Werte 4 und 6 addieren. Für $\left\{ {5 \atop 3} \right\} = 25$ müssen wir die direkt darüber stehende 6 mit $k = 3$ multiplizieren und zur 7 addieren.

Als letztes Abzählproblem wollen wir die Anzahl der Funktionen zwischen zwei gegebenen endlichen Mengen M und N berechnen.

Satz 11.6 M und N seien endliche Mengen mit m bzw. n Elementen.

(a) Die Anzahl $F_{m,n}$ der Abbildungen von M nach N beträgt $F_{m,n} = n^m$.
(b) Die Anzahl $F_{m,n}^i$ der injektiven Abbildungen von M nach N beträgt $F_{m,n}^i = n^{\underline{m}}$.
(c) Die Anzahl $F_{m,n}^s$ der surjektiven Abbildungen von M nach N beträgt $F_{m,n}^s = n! \cdot S_{m,n}$.
(d) Die Anzahl $F_{m,n}^b$ der bijektiven Abbildungen von M nach N beträgt

$$
F_{m,n}^b = \begin{cases} 0, & \text{falls } m \neq n, \\ n!, & \text{falls } m = n. \end{cases}
$$

Beweis Es sei $M = \{x_1, \ldots, x_m\}$ und $N = \{y_1, \ldots, y_n\}$.

(a) Eine Funktion $f : M \to N$ wird durch das m-Tupel $(f(x_1), \ldots, f(x_m)) \in N^m$ in eindeutiger Weise beschrieben. Nach Satz 11.2(a) gibt es n^m solcher Tupel.
(b) Bei einer injektiven Abbildung müssen alle Elemente des Tupels verschieden sein. Nach Satz 11.2(a) ist diese Anzahl $n^{\underline{m}}$.
(c) Bei einer surjektiven Abbildung $f : M \to N$ bilden die Mengen $f^-(\{y_i\})$, $y_i \in N$, $1 \leq i \leq n$, eine Zerlegung von M in nicht leere disjunkte Teilmengen. Von ihnen gibt es $S_{m,n}$. Die Menge $f^-(\{y_i\})$ enthält die Elemente, die jeweils auf y_i abgebildet werden. Da diese Menge aber auch auf y_j, $j \neq i$, abgebildet werden kann, müssen wir alle Permutationen der möglichen Zerlegungen betrachten. Daher gibt es $n! \cdot S_{m,n}$ surjektive Abbildungen $f : M \to N$.
(d) Für $m \neq n$ gibt es keine bijektive Abbildung $f : M \to N$. Für $m = n$ erhalten wir die Behauptung als Spezialfall von (b) und (c). Es ist $n! = n^{\underline{n}} = n! \cdot S_{n,n}$. $\square$

Im Fall $m > n$ gibt es keine injektive Abbildung $f : M \to N$. Dann ist $n^{\underline{m}} = 0$. Falls $m < n$ ist, gibt es keine surjektive Abbildung $f : M \to N$. Wir erhalten $S_{m,n} = 0$.

11.2 Wahrscheinlichkeitsräume

Grundlegend für die Wahrscheinlichkeitstheorie sind die Begriffe „Zufallsexperiment" und „Ereignis". Unter einem *Zufallsexperiment* verstehen wir einen Vorgang, den man – zumindest im Prinzip – unter den gleichen Rahmenbedingungen beliebig oft wiederholen kann, dessen Ergebnis aber nicht vorhersagbar ist. Die Menge der möglichen Ergebnisse nennen wir *Ergebnisraum* und bezeichnen sie mit Ω. Als Beispiel betrachten wir das Werfen eines Würfels. Ergebnis des Wurfs können die sechs Augenzahlen $1, 2, \ldots, 6$ sein. Daher ist $\Omega = \{1, 2, 3, 4, 5, 6\}$.

In der Regel ist man aber nicht an einem einzelnen Ergebnis interessiert, sondern an einer Menge von Ergebnissen. Zum Beispiel ist es beim Würfelspiel sinnvoll, die Ergebnisse zu betrachten, die mindestens die Augenzahl 4 zeigen. Dies entspricht der Menge

$\{4, 5, 6\} \subseteq \Omega$. Ergebnismengen, das heißt Teilmengen von Ω, werden als *Ereignisse* bezeichnet. Ereignisse mit nur einem Element entsprechen den Ergebnissen des Zufallsexperiments und werden *Elementarereignisse* genannt. $A \subseteq \Omega$ sei ein Ereignis. Falls bei der Durchführung des Zufallsexperiments ein Ergebnis $\omega \in A$ geliefert wird, so sagen wir, das Ereignis A ist *eingetreten*.

Wenn wir beispielsweise 100-mal würfeln, so ist ein möglicher Ausgang in der folgenden Tabelle dargestellt.

1	2	3	4	5	6	Summe
11	17	20	23	12	17	100
0,11	0,17	0,20	0,23	0,12	0,17	1,00

In der zweiten Zeile steht die Anzahl, wie oft das jeweilige Ergebnis eingetreten ist. Diese Zahl wird als *absolute Häufigkeit* bezeichnet, während die dritte Zeile den jeweiligen Anteil, die sogenannte *relative Häufigkeit*, enthält. Beispielsweise ist das Ereignis $A = \{4, 5, 6\}$, mindestens 4 Augen zu erzielen, insgesamt 52-mal eingetreten. Es besitzt die relative Häufigkeit $\frac{52}{100} = 0,52$.

Definition 11.3 Gegeben seien der Ergebnisraum Ω eines Zufallsexperiments sowie zwei Ereignisse $A, B \subseteq \Omega$. Das Ereignis A *und* B ist die Durchschnittsmenge $A \cap B$, das Ereignis A *oder* B ist die Vereinigungsmenge $A \cup B$. Die Komplementmenge $\bar{A}$ ist das *Gegenereignis* von A. Die leere Menge $\emptyset \subseteq \Omega$ wird *unmögliches Ereignis* genannt. Der Ergebnisraum $\Omega \subseteq \Omega$ ist das *sichere Ereignis*. $\square$

Die Menge aller Ereignisse $\mathcal{B}$ heißt *Ereignisalgebra*. In vielen Fällen wird bei uns $\mathcal{B} = \mathcal{P}(\Omega)$ sein.

Mithilfe von relativen und absoluten Häufigkeiten lassen sich *a posteriori* quantitative Aussagen über ein Zufallsexperiment treffen. In der Praxis interessiert man sich allerdings häufig *a priori* für Aussagen über das Zufallsexperiment. Zu diesem Zweck weist man jedem Ereignis A eine *Wahrscheinlichkeit* $P(A)$ zu, $0 \leq P(A) \leq 1$, die die zu erwartende relative Häufigkeit des Ereignisses annähern soll.

Wie die Wahrscheinlichkeit $P(A)$ für ein Ereignis $A \in \mathcal{B}$ zu wählen ist, muss aus der jeweiligen Situation heraus entschieden werden. Bei einem Würfel ist es aus Symmetriegründen nahe liegend, für $A \subseteq \Omega = \{1, 2, 3, 4, 5, 6\}$ die Wahrscheinlichkeit $P(A) = \frac{|A|}{6}$ zu setzen. Die Wahrscheinlichkeit des Ereignisses $A = \{4, 5, 6\}$, mindestens eine 4 zu würfeln, beträgt mit dieser Festsetzung $P(A) = \frac{|A|}{6} = \frac{3}{6} = 0,5$.

Bevor wir die formale Definition eines Wahrscheinlichkeitsraums geben, sehen wir uns ein weiteres Beispiel an. Diesmal betrachten wir ein Würfelspiel mit zwei Würfeln und fragen nach der Wahrscheinlichkeit, mit einmaligem Würfeln mindestens die Augensumme 10 zu erzielen. Wenn wir einen Wurf durchführen, kann beispielsweise der erste Würfel eine 5 und der zweite eine 2 zeigen. Dies entspricht dem Paar $(5, 2)$. In diesem

Abb. 11.1
Wurf mit zwei Würfeln

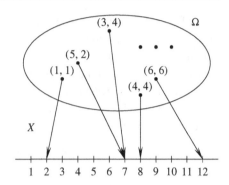

Beispiel ist also

$$\Omega = \{(1,1), (1,2), \ldots, (6,5), (6,6)\}.$$

Offenbar gibt es 36 mögliche Ergebnisse. Als Ereignismenge wählen wir $\mathcal{B} = \mathcal{P}(\Omega)$.
Da die 36 möglichen Ergebnisse aus Symmetriegründen mit gleicher Wahrscheinlichkeit
auftreten, setzen wir $P(A) = \frac{|A|}{36}$ für alle $A \subseteq \Omega$. Weiterhin definieren wir eine Abbildung
$X : \Omega \to \mathbb{R}$ durch $X(i, j) = i + j$. X wird *Zufallsvariable* oder *Zufallsgröße* genannt.
Die Situation ist in Abb. 11.1 dargestellt.

Mit dieser Definition können wir die Frage beantworten, mit welcher Wahrscheinlichkeit die Augensumme mindestens 10 beträgt. Dazu bestimmen wir zuerst das Ereignis
$A = X^-(\{10, 11, 12\}) \in \mathcal{B}$. Wir erhalten

$$A = \{(4,6), (5,5), (5,6), (6,4), (6,5), (6,6)\}$$

mit $|A| = 6$. Die gesuchte Wahrscheinlichkeit ist damit $P(A) = \frac{|A|}{36} = \frac{1}{6} \approx 0{,}167$.

Wir fassen jetzt unsere Überlegungen zusammen. Um ein Zufallsexperiment zu beschreiben, benötigen wir die folgenden Angaben:

(a) *Ergebnisraum Ω*:
    Die Elemente $\omega \in \Omega$ sind die möglichen Ergebnisse des Zufallsexperiments.
(b) *Ereignisalgebra $\mathcal{B} \subseteq \mathcal{P}(\Omega)$*:
    Die Elemente von $\mathcal{B}$ sind die Ereignisse. $\mathcal{B}$ muss reichhaltig genug sein, um für
    $A, B \in \mathcal{B}$ die Ereignisse $A \cup B$, $A \cap B$ sowie das Gegenereignis $\bar{A}$ zu enthalten.
(c) *Wahrscheinlichkeit $P : \mathcal{B} \to [0, 1]$*:
    P ordnet jedem Ereignis $A \in \mathcal{B}$ aufgrund von Vorüberlegungen (zum Beispiel Sym-
    metriebetrachtungen) eine Wahrscheinlichkeit $P(A)$, $0 \leq P(A) \leq 1$, zu.
(d) *Zufallsvariable $X : \Omega \to \mathbb{R}$*:
    X ordnet jedem Elementarereignis eine reelle Zahl $X(\omega)$ zu, die den interessierenden
    Aspekt des Zufallsexperiments beschreibt. Dabei muss sichergestellt sein, dass für
    relevante Mengen $M \subseteq \mathbb{R}$ die Urbildmenge $X^-(M)$ ein Ereignis aus $\mathcal{B}$ ist, sodass
    die Wahrscheinlichkeit $P(X^-(M))$ berechnet werden kann.

Nach diesen Vorbereitungen können wir die für dieses Kapitel zentrale Definition angeben.

Definition 11.4 Ein *Wahrscheinlichkeitsraum* $(\Omega, \mathcal{B}, P)$ besteht aus einer Menge Ω, die *Ergebnisraum* genannt wird, einem Mengensystem $\mathcal{B} \subseteq \mathcal{P}(\Omega)$ und einer Abbildung $P : \mathcal{B} \to [0, 1]$. Für das Mengensystem $\mathcal{B}$ und die Abbildung P fordern wir

$$\Omega \in \mathcal{B}, \tag{11.2}$$

$$A \in \mathcal{B} \Rightarrow \bar{A} \in \mathcal{B}, \tag{11.3}$$

$$A_1, A_2, A_3, \ldots \in \mathcal{B} \Rightarrow \bigcup_{i=1}^{\infty} A_i \in \mathcal{B}, \tag{11.4}$$

$$P(\Omega) = 1, \tag{11.5}$$

$$A_1, A_2, A_3, \ldots \in \mathcal{B}, A_i \cap A_j = \emptyset, i \neq j \Rightarrow P\left(\bigcup_{i=1}^{\infty} A_i\right) = \sum_{i=1}^{\infty} P(A_i). \tag{11.6}$$

$\mathcal{B}$ heißt *Ereignisalgebra über* Ω. Die Abbildung P wird *Wahrscheinlichkeit* genannt. Eine Abbildung $X : \Omega \to \mathbb{R}$ heißt *Zufallsvariable* bezüglich eines Mengensystems $\mathcal{M} \subseteq \mathcal{P}(\mathbb{R})$, wenn für alle $M \in \mathcal{M}$ die Urbildmengen $X^-(M)$ in $\mathcal{B}$ liegen. $\square$

Bedingung 11.4 gilt natürlich auch für endlich viele Mengen $A_1, A_2, \ldots, A_n, n \geq 1$. Um dies einzusehen, braucht man nur die Folge $A_1, A_2, \ldots, A_n, A_n, A_n, \ldots$ zu betrachten.

Man kann Beispiele für überabzählbare Ergebnisräume Ω angeben, für die es im Fall $\mathcal{B} = \mathcal{P}(\Omega)$ keine Abbildung $P : \mathcal{B} \to [0, 1]$ gibt, die die Gl. 11.5 und 11.6 erfüllt. Im Allgemeinen ist daher $\mathcal{B} \subsetneq \mathcal{P}(\Omega)$.

Wir nennen ein Mengensystem $\mathcal{B} \subseteq \mathcal{P}(\Omega)$ über einer Grundmenge Ω, das die Bedingungen 11.2, 11.3 und 11.4 erfüllt, σ-*Algebra über* Ω. In der *Maßtheorie* wird der Begriff einer Zufallsvariablen auf den einer *messbaren Funktion* verallgemeinert. Hierzu seien zwei Mengen Ω und Ω' sowie σ-Algebren $\mathcal{B} \subseteq \mathcal{P}(\Omega)$ und $\mathcal{M} \subseteq \mathcal{P}(\Omega')$ gegeben. Eine Funktion $X : \Omega \to \Omega'$ heißt $\mathcal{B}$-$\mathcal{M}$-*messbar*, wenn für alle $M \in \mathcal{M}$ die Bedingung $X^-(M) \in \mathcal{B}$ erfüllt ist. Falls $\mathcal{B} = \mathcal{P}(\Omega)$ gilt, ist offenbar jede Abbildung $X : \Omega \to \Omega'$ $\mathcal{B}$-$\mathcal{M}$-messbar.

Auf σ-Algebren und messbare Funktionen wollen wir nicht eingehen. Einzelheiten können zum Beispiel bei *Heinz Bauer* [8] nachgelesen werden. Es sei nur soviel mitgeteilt, dass als Mengensystem $\mathcal{M} \subseteq \mathcal{P}(\mathbb{R})$ die sogenannte *borelsche σ-Algebra* (siehe Aufgabe 15) gewählt wird. Sie enthält alle endlichen und abzählbar unendlichen Mengen, alle offenen, halboffenen und abgeschlossenen Intervalle sowie die aus diesen durch Durchschnitts-, Vereinigungs- und Komplementbildung entstehenden Mengen. Die borelsche σ-Algebra hat sich als reichhaltig genug erwiesen, um alle auftretenden Zufallsexperimente beschreiben zu können.

Satz 11.7 Es sei $(\Omega, \mathcal{B}, P)$ ein Wahrscheinlichkeitsraum. Dann gilt:

(a) $\emptyset \in \mathcal{B}$,

(b) $A_1, A_2, A_3, \ldots \in \mathcal{B} \Rightarrow \bigcap_{i=1}^{\infty} A_i \in \mathcal{B}$,

(c) $A, B \in \mathcal{B} \Rightarrow A \setminus B \in \mathcal{B}$.

Beweis

(a) Nach Gl. 11.2 ist $\Omega \in \mathcal{B}$. Mit Gl. 11.3 folgt hieraus $\emptyset = \overline{\Omega} \in \mathcal{B}$.

(b) Zum Nachweis von (b) seien Mengen $A_1, A_2, A_3, \ldots \in \mathcal{B}$ gegeben. Da $\mathcal{B}$ wegen Gl. 11.3 und 11.4 unter der Bildung von Komplement- und Vereinigungsmengen abgeschlossen ist, gilt $\bigcap_{i=1}^{\infty} A_i = \overline{\bigcup_{i=1}^{\infty} \bar{A}_i} \in \mathcal{B}$.

(c) Mit $A, B \in \mathcal{B}$ ist nach (b) auch $A \setminus B = A \cap \bar{B} \in \mathcal{B}$. $\square$

Die Bedingungen 11.2, 11.3 und 11.4 sowie Satz 11.7 stellen sicher, dass die Ereignisalgebra $\mathcal{B}$ eines Wahrscheinlichkeitsraums $(\Omega, \mathcal{B}, P)$ abgeschlossen ist unter der Bildung von endlich und abzählbar unendlich vielen Vereinigungs- und Durchschnittsoperationen sowie unter der Komplement- und Differenzmengenbildung und darüber hinaus die leere Menge $\emptyset$ und die Grundmenge Ω enthält. Damit ist gewährleistet, dass die für praktische Zwecke erforderlichen Ereignisse zu $\mathcal{B}$ gehören.

Es sei darauf hingewiesen, dass die Axiome einer σ-Algebra nicht verlangen und aus ihnen auch nicht gefolgert werden kann, dass für $\omega \in \Omega$ das Ereignis $\{\omega\}$ in $\mathcal{B}$ liegt.

Satz 11.8 Es sei $(\Omega, \mathcal{B}, P)$ ein Wahrscheinlichkeitsraum. Dann gilt für alle A, B, $A_1, A_2, A_3, \ldots, A_n \in \mathcal{B}$:

(a) $P(\emptyset) = 0$,

(b) $P(\bar{A}) = 1 - P(A)$,

(c) $A \subseteq B \Rightarrow P(A) \leq P(B)$,

(d) $P(A \setminus B) = P(A) - P(A \cap B)$,

(e) $B \subseteq A \Rightarrow P(A \setminus B) = P(A) - P(B)$,

(f) $A_1, A_2, A_3, \ldots, A_n \in \mathcal{B} \Rightarrow$

$$P\left(\bigcup_{i=1}^{n} A_i\right) = \sum_{k=1}^{n} (-1)^{k+1} \sum_{1 \leq i_1 < \ldots < i_k \leq n} P\left(\bigcap_{j=1}^{k} A_{i_k}\right), \tag{11.7}$$

(g) $A_1, A_2, A_3, \ldots, A_n \in \mathcal{B} \Rightarrow P\left(\bigcup_{i=1}^{n} A_i\right) \leq \sum_{i=1}^{n} P(A_i)$.

Beweis

(a) Aus $A \cap \emptyset = \emptyset$ erhalten wir nach Gl. 11.6 $P(A) = P(A \cup \emptyset) = P(A) + P(\emptyset)$ und hieraus $P(\emptyset) = 0$.

(b) Da A und $\bar{A}$ disjunkt sind, ist $1 = P(\Omega) = P(A \cup \bar{A}) = P(A) + P(\bar{A})$. Hieraus folgt $P(\bar{A}) = 1 - P(A)$.

(c) Wenn $A \subseteq B$ ist, dann gilt $B = A \cup (B \cap \bar{A})$. Da A und $B \cap \bar{A}$ disjunkt sind, folgt $P(B) = P(A) + P(B \cap \bar{A})$. Mit $0 \leq P(B \cap \bar{A}) \leq 1$ wird hieraus $P(A) \leq P(B)$.

(d) A ist die disjunkte Vereinigung von $A \cap B$ und $A \setminus B$. Wir schließen $P(A) = P(A \cap B) + P(A \setminus B)$. Damit folgt $P(A \setminus B) = P(A) - P(A \cap B)$.

(e) Aus $B \subseteq A$ folgt $A = B \cup (A \setminus B)$. Da B und $A \setminus B$ disjunkt sind, gilt $P(A) = P(B) + P(A \setminus B)$ und somit $P(A \setminus B) = P(A) - P(B)$.

(f) Diese Aussage kann ähnlich wie die Summenregel 11.1 von Satz 11.3(a) gezeigt werden (siehe Aufgabe 7).

(g) Wenn wir formal $A_0 = \emptyset$ setzen, so sind $B_1 = A_1 \setminus A_0$, $B_2 = A_2 \setminus (A_1 \cup A_0), \ldots, B_n = A_n \setminus (A_1 \cup \ldots \cup A_{n-1})$ disjunkte Mengen aus $\mathcal{B}$ mit $\bigcup_{i=1}^{n} A_i = \bigcup_{i=1}^{n} B_i$ und $B_i \subseteq A_i$, $i = 1, \ldots, n$. Hieraus folgt $P\left(\bigcup_{i=1}^{n} A_i\right) = P\left(\bigcup_{i=1}^{n} B_i\right) = \sum_{i=1}^{n} P(B_i) \leq \sum_{i=1}^{n} P(A_i)$. $\square$

Als Spezialfälle von Gl. 11.7 erhalten wir für alle Ereignisse A, B und C die Aussagen

$$P(A \cup B) = P(A) + P(B) - P(A \cap B),$$
$$P(A \cup B \cup C) = P(A) + P(B) + P(C)$$
$$- P(A \cap B) - P(A \cap C) - P(B \cap C) + P(A \cap B \cap C).$$

Satz 11.9 Es sei $A_1, A_2, A_3, \ldots$ eine Folge von Ereignissen aus $\mathcal{B}$.

(a) Aus $A_1 \subseteq A_2 \subseteq A_3 \subseteq \ldots$ folgt $\lim_{n \to \infty} P(A_n) = P\left(\bigcup_{i=1}^{\infty} A_i\right)$.

(b) Aus $A_1 \supseteq A_2 \supseteq A_3 \supseteq \ldots$ folgt $\lim_{n \to \infty} P(A_n) = P\left(\bigcap_{i=1}^{\infty} A_i\right)$.

Beweis Wir zeigen zunächst (a). Die Wahrscheinlichkeiten $P(A_i)$, $i = 1, 2, \ldots$, bilden nach Satz 11.8(c) eine monoton wachsende Folge von Zahlen, die durch 1 nach oben beschränkt ist. Daher existiert nach Satz 4.1(c) der Grenzwert $\lim_{n \to \infty} P(A_n)$. Wir setzen $A_0 = \emptyset$ und $B_i = A_i \setminus A_{i-1}$, $n \geq 1$. Die Mengen B_i sind paarweise disjunkt mit

$$\bigcup_{i=1}^{n} A_i = \bigcup_{i=1}^{n} B_i \quad \text{und} \quad A_n = B_1 \cup \ldots \cup B_n, n \geq 1.$$

Daher ist

$$P\left(\bigcup_{i=1}^{\infty} A_i\right) = \sum_{i=1}^{\infty} P(B_i) = \lim_{n\to\infty} \sum_{i=1}^{n} P(B_i) = \lim_{n\to\infty} P(A_n).$$

Zum Nachweis von (b) sei eine Folge (A_n) von Ereignissen mit $A_1 \supseteq A_2 \supseteq A_3 \supseteq \dots$ gegeben. Wir bilden die Ereignismengen $A_1 \setminus A_i$, $i \geq 1$, und erhalten

$$(A_1 \setminus A_1) \subseteq (A_1 \setminus A_2) \subseteq (A_1 \setminus A_3) \subseteq \dots$$

Da $\bigcap_{i=1}^{\infty} A_i \subseteq A_1$ ist, bekommen wir mit (e) von Satz 11.8, Teil (a) sowie Aufgabe 2 aus Kap. 2

$$P(A_1) - P\left(\bigcap_{i=1}^{\infty} A_i\right) = P\left(A_1 \setminus \bigcap_{i=1}^{\infty} A_i\right) = P\left(\bigcup_{i=1}^{\infty}(A_1 \setminus A_i)\right)$$

$$= \lim_{n\to\infty} P(A_1 \setminus A_n) = \lim_{n\to\infty} (P(A_1) - P(A_n)) = P(A_1) - \lim_{n\to\infty} P(A_n).$$

Hieraus folgt die Behauptung $\lim_{n\to\infty} P(A_n) = P\left(\bigcap_{i=1}^{\infty} A_i\right)$. □

Im folgenden Satz geben wir eine Möglichkeit zur Konstruktion eines Wahrscheinlichkeitsraums an. Er ist offensichtlich und bedarf keines Beweises.

Satz 11.10 Es sei Ω eine endliche oder abzählbar unendliche Menge. Jede Abbildung $p : \Omega \to [0, 1]$ mit $\sum_{\omega\in\Omega} p(\omega) = 1$ bestimmt durch

$$P(A) = \sum_{\omega\in A} p(\omega)$$

für alle $A \in \mathcal{P}(\Omega)$ eindeutig einen Wahrscheinlichkeitsraum $(\Omega, \mathcal{P}(\Omega), P)$. □

Ein Wahrscheinlichkeitsraum $(\Omega, \mathcal{B}, P)$ heißt *diskret*, wenn Ω endlich oder höchstens abzählbar unendlich ist. Satz 11.10 bietet eine allgemeine Vorgehensweise zur Definition von diskreten Wahrscheinlichkeitsräumen. Man setzt $\mathcal{B} = \mathcal{P}(\Omega)$ und definiert eine Abbildung $p : \Omega \to [0, 1]$ mit $\sum_{\omega\in\Omega} p(\omega) = 1$.

Beispiel 11.4 Ein Zufallsexperiment, das endlich viele gleich wahrscheinliche Ergebnisse $\omega_1, \dots, \omega_n$ besitzt, heißt *Laplace-Experiment*. Es ist also $\Omega = \{\omega_1, \dots, \omega_n\}$. Für die Abbildung $p : \Omega \to [0, 1]$ mit $p(\omega_i) = \frac{1}{n}$, $1 \leq i \leq n$, gilt $\sum_{i=1}^{n} p(\omega_i) = 1$, sodass wir nach Satz 11.10 einen Wahrscheinlichkeitsraum erhalten, der *Laplace-Raum* genannt wird. Für ein Ereignis $A \subseteq \Omega$ gilt

$$P(A) = \frac{|A|}{n} = \frac{\text{Anzahl der „günstigen" Ergebnisse}}{\text{Anzahl der möglichen Ergebnisse}}.$$

Beispiele für Laplace-Experimente sind das Werfen eines Würfels oder einer Münze, das Zahlenlotto oder das Ziehen einer zufälligen Karte aus einem gemischten Kartenspiel.

Wahrscheinlichkeiten für Ereignisse von Laplace-Experimenten lassen sich häufig mithilfe von kombinatorischen Überlegungen bestimmen. Im Zahlenlotto gibt es, wie wir aus Beispiel 11.1(a) wissen, insgesamt $n = \binom{49}{6} = 13.983.816$ Möglichkeiten, sechs Zahlen aus 49 Zahlen auszuwählen. Da alle Ergebnisse gleich wahrscheinlich sind, liegt ein Laplace-Experiment vor. Wir betrachten das Ereignis A, genau drei Richtige anzukreuzen. Es gibt $\binom{6}{3} = 20$ Möglichkeiten, drei Zahlen richtig anzukreuzen und $\binom{43}{3} = 12.341$ Möglichkeiten, die verbliebenen drei Zahlen falsch zu wählen. Insgesamt bestehen also $\binom{6}{3} \cdot \binom{43}{3} = 20 \cdot 12.341 = 246.820$ Möglichkeiten, genau drei Richtige anzukreuzen, das heißt $|A| = 246.820$. Die gesuchte Wahrscheinlichkeit beträgt also

$$P(A) = \frac{|A|}{n} = \frac{\binom{6}{3} \cdot \binom{43}{3}}{\binom{49}{6}} = \frac{246.820}{13.983.816} = 0{,}01765.$$

Es ist häufig üblich, Wahrscheinlichkeiten in Prozent anzugeben. Die Wahrscheinlichkeit, genau drei Richtige im Zahlenlotto anzukreuzen, liegt demnach bei $1{,}765\,\%$. □

Beispiel 11.5 In einer Lieferung von zehn Halbleiterchips befinden sich vier defekte. Von den zehn Chips wurden zwei in ein elektronisches Gerät eingebaut. Wie groß ist unter der Annahme, dass es sich um ein Laplace-Experiment handelt, die Wahrscheinlichkeit, dass das Gerät einen fehlerhaften Chip enthält?

A sei das Ereignis, dass mindestens ein fehlerhafter Chip eingebaut wurde. Es gibt insgesamt $n = \binom{10}{2}$ Möglichkeiten, zwei Chips aus zehn Chips auszuwählen. Mit dem gleichen Argument wie in Beispiel 11.4 gibt es $\binom{4}{1} \cdot \binom{6}{1}$ Möglichkeiten, genau einen fehlerhaften Chip und $\binom{4}{2} \cdot \binom{6}{0}$ Möglichkeiten, zwei fehlerhafte Chips einzubauen. Die gesuchte Wahrscheinlichkeit beträgt daher

$$P(A) = \frac{|A|}{n} = \frac{\binom{4}{1} \cdot \binom{6}{1} + \binom{4}{2} \cdot \binom{6}{0}}{\binom{10}{2}} = \frac{4 \cdot 6 + 6 \cdot 1}{45} = \frac{2}{3}.$$

In vielen Fällen ist es günstiger, das Gegenereignis zum gesuchten Ereignis zu untersuchen. In unserem Fall ist $\bar{A}$ das Ereignis, keinen fehlerhaften Chip einzubauen. Hierfür beträgt die Wahrscheinlichkeit $\frac{6}{10} \cdot \frac{5}{9}$, weil der erste Chip aus den sechs fehlerfreien Chips und der zweite aus den fehlerfreien fünf Chips der verbleibenden 9 auszuwählen ist. Die gesuchte Wahrscheinlichkeit hätten wir also auch einfacher durch $P(A) = 1 - P(\bar{A}) = 1 - \frac{6}{10} \cdot \frac{5}{9} = \frac{2}{3}$ erhalten können. □

Beispiel 11.6 In einem Raum befinden sich k, $k \geq 1$, Personen. Wie groß ist die Wahrscheinlichkeit, dass mindestens zwei Personen am gleichen Tag Geburtstag haben? Diese Fragestellung ist unter dem Namen *Geburtstagsproblem* bekannt geworden. Zu seiner Lösung nehmen wir an, dass ein Jahr 365 Tage hat und jeder Tag als Geburtstag der k Personen gleich wahrscheinlich ist.

Nach Satz 11.2(a) gibt es $n = 365^k$ Möglichkeiten, wie die Geburtstage auf die k Personen verteilt sein können. Da nach Annahme alle Möglichkeiten gleich wahrscheinlich sind, handelt es sich um ein Laplace-Experiment. A_k sei das Ereignis, dass mindestens zwei Personen am gleichen Tag Geburtstag haben. Gesucht ist die Wahrscheinlichkeit $P(A_k)$. Es ist auch in diesem Beispiel einfacher, zunächst das Gegenereignis $\bar{A}_k$ zu betrachten. Wir fragen also nach der Anzahl der Möglichkeiten, dass alle Personen an verschiedenen Tagen Geburtstag haben. Nach Satz 11.2(a) ist diese Zahl

$$|A_k| = 365 \cdot 364 \cdot \ldots \cdot (365 - k + 1) = 365^{\underline{k}}.$$

Hieraus erhalten wir die gesuchte Wahrscheinlichkeit

$$P(A_k) = 1 - P(\bar{A}_k) = 1 - \frac{|A_k|}{n} = 1 - \frac{365^{\underline{k}}}{365^k}.$$

Wir werten diesen Ausdruck für $k = 23, 30, 40$ aus und erhalten $P(A_{23}) = 0{,}507$, $P(A_{30}) = 0{,}706$ und $P(A_{40}) = 0{,}891$. Für 23 Personen beträgt die Wahrscheinlichkeit, dass zwei von ihnen am gleichen Tag Geburtstag haben, bereits über 50 %. In einer Schulklasse mit 30 Schülern ist die Wahrscheinlichkeit auf über 70 % angestiegen, und für 40 Personen liegt der Wert schon bei fast 90 %. □

Wir kommen noch einmal auf den Wurf zweier Würfel (vgl. Abb. 11.1) zurück. Dort hatten wir für das Ereignis

$$A = \{(4, 6), (5, 5), (5, 6), (6, 4), (6, 5), (6, 6)\},$$

mindestens zehn Augen zu erzielen, die Wahrscheinlichkeit $P(A) = \frac{1}{6}$ berechnet. Wie groß ist die Wahrscheinlichkeit, zehn Augen zu erreichen, wenn der erste Würfel eine sechs zeigt? B sei das Ereignis, mit dem ersten Würfel eine sechs zu erzielen. Wir betrachten also das Ereignis, dass A *unter der Bedingung eintritt, dass B eingetreten* ist. Dieses Ereignis bezeichnen wir mit $A|B$. Die Wahrscheinlichkeit $P(A|B)$ für dieses Ereignis erhalten wir, indem wir fragen, in wie vielen der Fälle, in denen B eingetreten ist, auch A und damit $A \cap B$ eingetreten ist. Es ist also

$$P(A|B) = \frac{P(A \cap B)}{P(B)} = \frac{1/12}{1/6} = \frac{1}{2},$$

weil $A \cap B = \{(6, 4), (6, 5), (6, 6)\}$ gilt und damit $P(A \cap B) = \frac{3}{36} = \frac{1}{12}$ ist. Diese Überlegungen führen uns zu der folgenden Definition.

Definition 11.5 Es seien ein Wahrscheinlichkeitsraum $(\Omega, \mathcal{B}, P)$ und Ereignisse $A, B \in \mathcal{B}$ mit $P(B) > 0$ gegeben. Die durch

$$P(A|B) = \frac{P(A \cap B)}{P(B)}$$

gegebene Zahl ist die *bedingte Wahrscheinlichkeit von A unter der Bedingung B*. □

Eine Studie hat ergeben, dass Männer genauso häufig an der Parkinson-Krankheit leiden wie Frauen. Diese Krankheit tritt also mit einer Wahrscheinlichkeit ein, die unabhängig vom Geschlecht ist. Wir wollen diese Aussage wahrscheinlichkeitstheoretisch formulieren. Dazu betrachten wir die beiden folgenden Ereignisse:

A: Ein Mensch bekommt die Parkinson-Krankheit.
B: Der Mensch ist männlich.

Die Wahrscheinlichkeit, dass ein Mann an der Parkinson-Krankheit leidet, ist gleich der Wahrscheinlichkeit, dass eine Frau die Parkinson-Krankheit bekommt. Mithilfe von bedingten Wahrscheinlichkeiten können wir diese Aussage in der Form $P(A|B) = P(A|\bar{B})$ schreiben. Dies führt zur folgenden Definition.

Definition 11.6 Es seien ein Wahrscheinlichkeitsraum $(\Omega, \mathcal{B}, P)$ und Ereignisse A, $B \in \mathcal{B}$ mit $0 < P(B) < 1$ gegeben. A heißt *(stochastisch) unabhängig von B*, wenn $P(A|B) = P(A|\bar{B})$ ist. $\square$

Im nächsten Satz geben wir drei äquivalente Bedingungen für die Unabhängigkeit zweier Ereignisse an.

Satz 11.11 Es seien ein Wahrscheinlichkeitsraum $(\Omega, \mathcal{B}, P)$ und Ereignisse A, $B \in \mathcal{B}$ mit $0 < P(B) < 1$ gegeben. Die folgenden Aussagen sind äquivalent:

(a) $P(A|B) = P(A|\bar{B})$, das heißt, A ist *(stochastisch) unabhängig von B*.
(b) $P(A|B) = P(A)$.
(c) $P(A \cap B) = P(A) \cdot P(B)$.

Beweis Wir zeigen den Satz durch einen Ringschluss.

(a) $\Rightarrow$ (b): Das Ereignis A kann in die disjunkten Mengen $A \cap B$ und $A \cap \bar{B}$ zerlegt werden. Daher gilt $P(A) = P(A \cap B) + P(A \cap \bar{B})$. Mit der Voraussetzung $P(A|B) = P(A|\bar{B})$ und Definition 11.5 wird hieraus

$$P(A) = P(A|B) \cdot P(B) + P(A|\bar{B}) \cdot P(\bar{B})$$
$$= P(A|B) \cdot (P(B) + P(\bar{B})) = P(A|B).$$

(b) $\Rightarrow$ (c): Aus $P(A|B) = P(A)$ erhalten wir

$$P(A) = P(A|B) = \frac{P(A \cap B)}{P(B)}$$

und folglich $P(A \cap B) = P(A) \cdot P(B)$.

(c) $\Rightarrow$ (a): Aus $P(A \cap B) = P(A) \cdot P(B)$ folgt

$$P(A|B) = \frac{P(A \cap B)}{P(B)} = P(A)$$

und weiter

$$\begin{aligned}
P(A|\bar{B}) &= \frac{P(A \cap \bar{B})}{P(\bar{B})} = \frac{P(A \setminus B)}{P(\bar{B})} = \frac{P(A) - P(A \cap B)}{P(\bar{B})} \\
&= \frac{P(A) - P(A) \cdot P(B)}{P(\bar{B})} = \frac{P(A) \cdot (1 - P(B))}{P(\bar{B})} = \frac{P(A) \cdot P(\bar{B})}{P(\bar{B})} \\
&= P(A).
\end{aligned}$$

Die Gleichungen liefern zusammen die Behauptung $P(A|B) = P(A) = P(A|\bar{B})$. $\square$

Wenn zusätzlich zu den Voraussetzungen von Satz 11.11 die Bedingung $0 < P(A) < 1$ erfüllt ist, folgt aus der Symmetrie von (c), dass auch B unabhängig von A ist.

Satz 11.11(c) kann äquivalent als Definition der Unabhängigkeit genommen werden. Dann wird auf die Bedingung $P(B) > 0$ verzichtet. Die Definition der Unabhängigkeit übertragen wir jetzt auf mehr als zwei Ereignisse. Dabei lassen wir uns von Satz 11.11(c) leiten.

Definition 11.7 Es seien ein Wahrscheinlichkeitsraum $(\Omega, \mathcal{B}, P)$ und Ereignisse A_1, A_2, $\ldots$, A_n, $n \geq 2$, gegeben. Die Ereignisse A_1, A_2, $\ldots$, A_n heißen *(vollständig stochastisch) unabhängig*, wenn für jede Auswahl A_{i_1}, A_{i_2}, $\ldots$, A_{i_k}, $k \geq 2$, $i_j \neq i_l$, $1 \leq j, l \leq k$, von Ereignissen

$$P(A_{i_1} \cap A_{i_2} \cap \ldots \cap A_{i_k}) = P(A_{i_1}) \cdot P(A_{i_2}) \cdot \ldots \cdot P(A_{i_k})$$

gilt. Die Ereignisse heißen *paarweise (stochastisch) unabhängig*, wenn für alle A_i, A_k, $i \neq k$,

$$P(A_i \cap A_k) = P(A_i) \cdot P(A_k)$$

ist. $\square$

Offenbar sind vollständig unabhängige Ereignisse auch paarweise unabhängig. Die Umkehrung muss aber nicht gelten, wie wir im folgenden Beispiel sehen.

Beispiel 11.7 Wir betrachten den Wurf zweier Würfel und drei Ereignisse:

A: Der erste Würfel zeigt eine gerade Augenzahl.
B: Der zweite Würfel zeigt eine ungerade Augenzahl.
C: Die Augensumme ist eine gerade Zahl.

Je zwei der Ereignisse A, B und C sind unabhängig. Hiervon überzeugt man sich, indem man die Gleichungen $P(A \cap B) = \frac{1}{4} = P(A) \cdot P(B)$, $P(A \cap C) = \frac{1}{4} = P(A) \cdot P(C)$ und $P(B \cap C) = \frac{1}{4} = P(B) \cdot P(C)$ überprüft. Es ist aber $P(A \cap B \cap C) = 0$ und $P(A) \cdot P(B) \cdot P(C) = \frac{1}{8}$. $\square$

Eine erste Anwendung vollständig unabhängiger Ereignisse, die *Bernoulli-Ketten*, lernen wir jetzt kennen.

Definition 11.8 Ein Zufallsexperiment mit dem Ergebnisraum $\Omega = \{A, \bar{A}\}$ und den Wahrscheinlichkeiten $P(A) = p$ und $P(\bar{A}) = 1 - p$ heißt *Bernoulli-Experiment*. Führt man ein Bernoulli-Experiment n-mal so durch, dass die Versuchsergebnisse A_1, A_2, $\ldots$, A_n, $A_i = A$ oder $A_i = \bar{A}$, $1 \leq i \leq n$, vollständig unabhängig sind, so erhält man eine *Bernoulli-Kette der Länge n*. Ist die Anzahl der Ausführungen nicht durch n begrenzt, so erhält man eine *unbeschränkte Bernoulli-Kette A_1, A_2, A_3, $\ldots$* $\square$

Im folgenden Satz geben wir eine einfache Formel an, mit deren Hilfe die Wahrscheinlichkeiten von Ereignissen in Bernoulli-Ketten berechnet werden können.

Satz 11.12 Es sei eine Bernoulli-Kette der Länge n mit $\Omega = \{A, \bar{A}\}$ und $P(A) = p$ gegeben. Dann gilt für die Wahrscheinlichkeit p_k, dass in der Bernoulli-Kette das Ereignis A genau k-mal auftritt,

$$p_k = \binom{n}{k} p^k (1 - p)^{n-k}$$

für alle $k = 0, 1, \ldots, n$.

Beweis Wir nehmen an, dass unter den Versuchsergebnissen A_1, A_2, $\ldots$, A_n das Ereignis A k-mal und das Ereignis $\bar{A}$ $(n - k)$-mal eintritt. Da die Versuchsergebnisse nach Voraussetzung vollständig unabhängig sind, beträgt die Wahrscheinlichkeit hierfür $p^k (1-p)^{n-k}$. Da es $\binom{n}{k}$ Möglichkeiten gibt, die k Versuchsergebnisse A aus A_1, A_2, $\ldots$, A_n auszuwählen, erhalten wir für p_k die gewünschte Aussage. $\square$

Beispiel 11.8 Wir betrachten wieder den Wurf zweier Würfel und das Ereignis A, mindestens 10 Augen zu erreichen. Wenn wir die Würfel n-mal hintereinander werfen, so liegt eine Bernoulli-Kette der Länge n vor, da die Einzelereignisse vollständig unabhängig sind. Das Ergebnis eines Wurfs wird in keiner Weise von den anderen Würfen beeinflusst. Man sagt, „die Würfel haben kein Gedächtnis". Für $n = 4$ erhalten wir mit der Formel

$p_k = \binom{n}{k} p^k (1-p)^{n-k}$ und $p = \frac{1}{6}$ die folgenden Werte:

k	p_k
0	$\frac{625}{1296} = 0{,}482$
1	$\frac{125}{324} = 0{,}386$
2	$\frac{25}{216} = 0{,}116$
3	$\frac{5}{324} = 0{,}015$
4	$\frac{1}{1296} = 0{,}001$

Die Wahrscheinlichkeit, mit 4 Würfen mindestens einmal 10 Augen zu erzielen, beträgt also $1 - 0{,}482 = 0{,}518$, das heißt 51,8 %. $\square$

Satz 11.13 *(Satz über die vollständige Wahrscheinlichkeit)* Es seien ein Wahrscheinlichkeitsraum $(\Omega, \mathcal{B}, P)$ und Ereignisse $A_1, A_2, \ldots, A_n, n \geq 1$, gegeben. Die Ereignisse A_i, $i = 1, \ldots, n$, seien paarweise disjunkt mit $P(A_i) > 0$, und es gelte $\bigcup_{i=1}^{n} A_i = \Omega$. Dann ist für ein beliebiges Ereignis $B \in \mathcal{B}$

$$P(B) = P(B|A_1)P(A_1) + \ldots + P(B|A_n)P(A_n) = \sum_{i=1}^{n} P(B|A_i)P(A_i).$$

Beweis Wir berechnen

$$P(B) = P(B \cap \Omega) = P\left(B \cap \bigcup_{i=1}^{n} A_i\right) = P\left(\bigcup_{i=1}^{n}(B \cap A_i)\right)$$

$$= \sum_{i=1}^{n} P(B \cap A_i) = \sum_{i=1}^{n} P(B|A_i)P(A_i). \quad \square$$

Ereignisse $A_1, A_2, \ldots, A_n$, die die Bedingungen von Satz 11.13 erfüllen, nennt man eine *vollständige Ereignisdisjunktion*. Mithilfe dieses Satzes können wir jetzt die wichtige *bayessche Formel* herleiten.

Satz 11.14 *(Bayessche Formel)* Es seien ein Wahrscheinlichkeitsraum $(\Omega, \mathcal{B}, P)$, eine vollständige Ereignisdisjunktion $A_1, A_2, \ldots, A_n$ sowie ein beliebiges Ereignis $B \in \mathcal{B}$ mit $P(B) > 0$ gegeben. Dann gilt

$$P(A_k|B) = \frac{P(B|A_k)P(A_k)}{P(B)} = \frac{P(B|A_k)P(A_k)}{\sum_{i=1}^{n} P(B|A_i)P(A_i)}$$

für alle $k = 1, \ldots, n$.

Beweis Aus Definition 11.5 der bedingten Wahrscheinlichkeit folgt

$$P(A_k|B) = \frac{P(B \cap A_k)}{P(B)} = \frac{P(B|A_k)P(A_k)}{P(B)}.$$

Wenn wir Satz 11.13 über die vollständige Wahrscheinlichkeit auf den Nenner anwenden, bekommen wir $P(B) = \sum_{i=1}^{n} P(B|A_i)P(A_i)$ und damit die Behauptung. $\square$

Zum Schluss dieses Abschnitts erläutern wir die bayessche Formel an einem Beispiel.

Beispiel 11.9 In einem Werk gibt es drei Maschinen M_1, M_2 und M_3, die Chips herstellen. M_1 produziert 60 % der Chips, M_2 30 % und M_3 10 %. Die Ausschussquoten der drei Maschinen betragen 5 %, 2 % bzw. 1 %. Mit welcher Wahrscheinlichkeit stammt ein zufällig ausgewählter Chip, der sich als defekt erweist, von Maschine M_1?

Mit A, B und C bezeichnen wir die Ereignisse, dass der Chip von Maschine M_1, M_2 bzw. M_3 hergestellt wurde. D sei das Ereignis, dass der Chip defekt ist. Nach Voraussetzung ist $P(A) = 0{,}6$, $P(B) = 0{,}3$ und $P(C) = 0{,}1$. Den Ausschussquoten entsprechen die Wahrscheinlichkeiten $P(D|A) = 0{,}05$, $P(D|B) = 0{,}02$ und $P(D|C) = 0{,}01$. Gesucht ist die bedingte Wahrscheinlichkeit $P(A|D)$ von A unter der Bedingung D. Wenn wir die gegebenen Werte in die Formel von Satz 11.14 einsetzen, erhalten wir

$$\begin{aligned} P(A|D) &= \frac{P(D|A) \cdot P(A)}{P(D|A) \cdot P(A) + P(D|B) \cdot P(B) + P(D|C) \cdot P(C)} \\ &= \frac{0{,}05 \cdot 0{,}6}{0{,}05 \cdot 0{,}6 + 0{,}02 \cdot 0{,}3 + 0{,}01 \cdot 0{,}1} = \frac{0{,}03}{0{,}037} = 0{,}811. \quad \square \end{aligned}$$

11.3 Diskrete Zufallsvariable

Gegeben sei ein Wahrscheinlichkeitsraum $(\Omega, \mathcal{B}, P)$. In Definition 11.4 haben wir eine Abbildung $X : \Omega \rightarrow \mathbb{R}$ *Zufallsvariable* bezüglich eines Mengensystems $\mathcal{M} \subseteq \mathcal{P}(\mathbb{R})$ genannt, wenn für alle $M \in \mathcal{M}$ die Urbildmengen $X^-(M)$ in $\mathcal{B}$ liegen. $\mathcal{M}$ sei im Folgenden stets die borelsche σ-Algebra (vgl. über Satz 11.7). Im Falle $\mathcal{B} = \mathcal{P}(\Omega)$ spielt die Wahl von $\mathcal{M}$ keine Rolle, da jede Funktion $X : \Omega \rightarrow \mathbb{R}$ eine Zufallsvariable ist.

In Abb. 11.1 wurde am Beispiel des Wurfs zweier Würfel deutlich, dass für praktische Fragestellungen die Wahrscheinlichkeiten $P(X^-(M))$ für Mengen $M \in \mathcal{M}$ berechnet werden müssen. Wir beweisen jetzt einen Satz über die Wahrscheinlichkeiten $P(X^-(M))$ und führen anschließend *Verteilungsfunktionen* ein, die bei der Berechnung dieser Wahrscheinlichkeiten hilfreich sind.

Satz 11.15 Es seien ein Wahrscheinlichkeitsraum $(\Omega, \mathcal{B}, P)$ und eine Zufallsvariable $X :$ $\Omega \to \mathbb{R}$ bezüglich $\mathcal{M}$ gegeben. Durch die Definition

$$P'(M) = P(X^-(M)) = P(\{\omega \mid X(\omega) \in M\}) \tag{11.8}$$

für alle $M \in \mathcal{M}$ wird $(\mathbb{R}, \mathcal{M}, P')$ ein Wahrscheinlichkeitsraum. P' heißt die *Verteilung von X bezüglich P.*

Beweis Wir müssen zeigen, dass die Bedingungen 11.5 und 11.6 aus Definition 11.4 für $(\mathbb{R}, \mathcal{M}, P')$ erfüllt sind. 11.5 folgt aus $P'(\mathbb{R}) = P(X^-(\mathbb{R})) = P(\Omega) = 1$. Es seien M_1, M_2, M_3, ... paarweise disjunkte Mengen aus $\mathcal{M}$. Dann sind auch die Urbilder $X^-(M_1)$, $X^-(M_2)$, $X^-(M_3)$, ... paarweise disjunkt. Daraus folgt

$$P'\left(\bigcup_{i=1}^\infty M_i\right) = P\left(X^-\left(\bigcup_{i=1}^\infty M_i\right)\right) = P\left(\bigcup_{i=1}^\infty X^-(M_i)\right)$$

$$= \sum_{i=1}^\infty P(X^-(M_i)) = \sum_{i=1}^\infty P'(M_i).$$

Somit ist auch Bedingung 11.6 erfüllt. $\quad\square$

Definition 11.9 Es seien ein Wahrscheinlichkeitsraum $(\Omega, \mathcal{B}, P)$ und eine Zufallsvariable $X : \Omega \to \mathbb{R}$ bezüglich $\mathcal{M}$ gegeben. Die Funktion $F : \mathbb{R} \to [0, 1]$ mit

$$F(t) = P(\{\omega \mid X(\omega) \le t\}) \tag{11.9}$$

für alle $t \in \mathbb{R}$ heißt *(kumulative) Verteilungsfunktion* von X. $\quad\square$

Für alle $t \in \mathbb{R}$ gehört die Menge $\{x \mid x \le t\}$ zu $\mathcal{M}$. Weil X nach Voraussetzung eine Zufallsvariable ist, gilt $\{\omega \mid X(\omega) \le t\} = X^-(\{x \mid x \le t\}) \in \mathcal{B}$. Definition 11.9 ist daher sinnvoll.

Für das Ereignis $\{\omega \mid X(\omega) \le t\}$ schreiben wir abkürzend $X \le t$. Mit dieser Konvention lautet Gleichung 11.9 $F(t) = P(X \le t)$. Diese Kurzschreibweise verwenden wir im Folgenden auch in Ausdrücken wie $P(X < t)$, $P(X = t)$ oder $P(X \in M)$.

Satz 11.16 Es seien ein Wahrscheinlichkeitsraum $(\Omega, \mathcal{B}, P)$ und eine Zufallsvariable $X :$ $\Omega \to \mathbb{R}$ bezüglich $\mathcal{M}$ gegeben. Dann gelten für die Verteilungsfunktion F von X die folgenden Aussagen.

(a) F ist monoton wachsend.
(b) $\lim_{t \to -\infty} F(t) = 0$.
(c) $\lim_{t \to +\infty} F(t) = 1$.
(d) Für alle $t \in \mathbb{R}$ existieren der linksseitige Grenzwert $\lim_{x \to t-} F(x) = P(X < t)$ und der rechtsseitige Grenzwert $\lim_{x \to t+} F(x) = P(X \le t) = F(t)$. Das heißt, F ist *rechtsseitig stetig.*

Beweis Der Satz kann mithilfe der Rechenregeln der Sätze 11.8 und 11.9 bewiesen werden.

(a) Es seien $t, t' \in \mathbb{R}$ mit $t \leq t'$ gegeben. Aus $(-\infty, t) \subseteq (-\infty, t')$ folgt mit Satz 11.8(c)
$$F(t) = P(X \leq t) \leq P(X \leq t') = F(t').$$

(b) $\lim_{t \to -\infty} F(t) = \lim_{t \to -\infty} P(X \leq t) = P(\emptyset) = 0.$

(c) $\lim_{t \to +\infty} F(t) = \lim_{t \to +\infty} P(X \leq t) = P(\Omega) = 1.$

(d) Zum Nachweis der Aussage über den linksseitigen Grenzwert seien eine reelle Zahl $t \in \mathbb{R}$ und eine Folge (x_n), $x_n < t$, mit $\lim_{n \to \infty} x_n = t$ gegeben. Wir wählen eine monoton wachsende Teilfolge (a_n) von (x_n) aus, die ebenfalls gegen t konvergiert. Die Ereignisse $A_n = (X \leq a_n)$ bilden eine Folge mit $A_1 \subseteq A_2 \subseteq A_3 \subseteq \ldots$ Nach Satz 11.9(a) ist $\lim_{x \to t-} F(x) = \lim_{x \to t-} P(X \leq x) = \lim_{n \to \infty} P(A_n) = P\left(\bigcup_{i=1}^{\infty} A_i\right) = P(X < t)$. Die Aussage über den rechtsseitigen Grenzwert lässt sich analog mithilfe einer monoton fallenden Teilfolge zeigen. $\square$

Mithilfe der Verteilungsfunktion einer Zufallsvariablen können viele interessierende Wahrscheinlichkeiten berechnet werden. Beispielsweise gelten die offensichtlichen Regeln

$$P(a < X \leq b) = F(b) - F(a), \tag{11.10}$$

$$P(X > a) = 1 - F(a) \tag{11.11}$$

für die Verteilungsfunktion F einer Zufallsvariablen X für alle $a, b \in \mathbb{R}$, $a < b$.

Im Rest dieses Abschnitts befassen wir uns mit einer wichtigen Klasse von Zufallsvariablen, den *diskreten Zufallsvariablen*. Wir geben zunächst ihre Definition an und veranschaulichen mit ihrer Hilfe die eben eingeführten Begriffe.

Definition 11.10 Es sei ein Wahrscheinlichkeitsraum $(\Omega, \mathcal{B}, P)$ gegeben. Eine Zufallsvariable $X : \Omega \to \mathbb{R}$ heißt *diskret*, wenn ihr Wertebereich nur endlich oder abzählbar unendlich viele Elemente enthält. $\square$

Beispiel 11.10 Wir betrachten wieder den Wurf eines oder zweier Würfel. Die Ergebnisräume sind $\Omega_1 = \{1, 2, 3, 4, 5, 6,\}$ und $\Omega_2 = \{(1, 1), \ldots, (6, 6)\}$. Für die zugehörigen Zufallsvariablen $X_1 : \Omega_1 \to \mathbb{R}$ und $X_2 : \Omega_2 \to \mathbb{R}$ ist $X_1(i) = i$, $i \in \Omega_1$, und $X_2(i, j) = i + j$, $(i, j) \in \Omega_2$. Da jeweils nur endlich viele Werte angenommen werden können, sind die Zufallsvariablen X_1 und X_2 diskret. In Tab. 11.1 sind die Verteilungen gemäß Satz 11.15 für die beiden Zufallsvariablen angegeben. Die erste Zeile der Tabelle enthält die erzielte Augenzahl, die zweite die Wahrscheinlichkeiten für den Wurf mit einem Würfel und die letzte Zeile die Wahrscheinlichkeiten beim Wurf zweier Würfel. Da die Zufallsvariable X_1 alle Werte $x_1, \ldots, x_n$, $n = 6$, mit der gleichen Wahrscheinlichkeit $P(X = i) = \frac{1}{n}$, $i = 1, \ldots, n$, annimmt, sagen wir, die Zufallsvariable X_1 ist *gleichverteilt mit dem Parameter* n.

Tab. 11.1 Verteilung für den Wurf eines und zweier Würfel

i	1	2	3	4	5	6	7	8	9	10	11	12
$P(X_1 = i)$	$\frac{1}{6}$	$\frac{1}{6}$	$\frac{1}{6}$	$\frac{1}{6}$	$\frac{1}{6}$	$\frac{1}{6}$	–	–	–	–	–	–
$P(X_2 = i)$	–	$\frac{1}{36}$	$\frac{2}{36}$	$\frac{3}{36}$	$\frac{4}{36}$	$\frac{5}{36}$	$\frac{6}{36}$	$\frac{5}{36}$	$\frac{4}{36}$	$\frac{3}{36}$	$\frac{2}{36}$	$\frac{1}{36}$

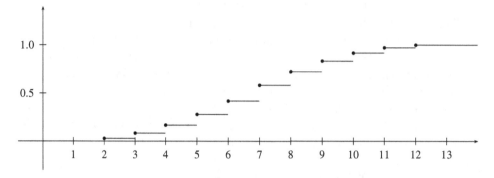

Abb. 11.2 Graph der Verteilungsfunktion für den Wurf zweier Würfel

Für die kumulative Verteilungsfunktion $F : \mathbb{R} \to [0, 1]$ der Zufallsvariablen X_2 gilt

$$F(t) = \begin{cases} 0, & \text{falls } t < 2, \\ \frac{1}{36}, & \text{falls } 2 \le t < 3, \\ \frac{3}{36}, & \text{falls } 3 \le t < 4, \\ \frac{6}{36}, & \text{falls } 4 \le t < 5, \\ \frac{10}{36}, & \text{falls } 5 \le t < 6, \\ \frac{15}{36}, & \text{falls } 6 \le t < 7, \end{cases} \qquad F(t) = \begin{cases} \frac{21}{36}, & \text{falls } 7 \le t < 8, \\ \frac{26}{36}, & \text{falls } 8 \le t < 9, \\ \frac{30}{36}, & \text{falls } 9 \le t < 10, \\ \frac{33}{36}, & \text{falls } 10 \le t < 11, \\ \frac{35}{36}, & \text{falls } 11 \le t < 12, \\ 1, & \text{falls } t \ge 12. \end{cases}$$

In Abb. 11.2 ist der Graph von F dargestellt. Um den Funktionswert an den Stellen $t = 2, 3, \ldots, 12$ besser erkennen zu können, wurden kleine Punkte in den Graphen eingezeichnet. Die Monotonie und die rechtsseitige Stetigkeit von F sowie die in Satz 11.16 angegebenen Grenzwerte $\lim_{t \to -\infty} F(t) = 0$ und $\lim_{t \to +\infty} F(t) = 1$ sind an diesem Beispiel ablesbar.

Die Wahrscheinlichkeit, mindestens die Augensumme 10 zu erzielen (vgl. unter Definition 11.4), können wir nach Gl. 11.11 durch

$$P(X \ge 10) = P(X > 9) = 1 - F(9) = 1 - \frac{30}{36} = \frac{1}{6} = 0{,}167$$

berechnen. Mit Gl. 11.10 erhalten wir für die Wahrscheinlichkeit, mindestens 3 und höchstens 7 Augen zu erzielen,

$$P(3 \le X \le 7) = P(2 < X \le 7) = F(7) - F(2) = \frac{21}{36} - \frac{1}{36} = \frac{5}{9} = 0{,}556. \qquad \square$$

Über die Eigenschaften von Satz 11.16 hinausgehend, besitzt die Verteilungsfunktion F einer diskreten Zufallsvariablen X – wie wir aus Beispiel 11.10 und Abb. 11.2 sofort erkennen – die folgenden Eigenschaften:

(a) F ist eine *Treppenfunktion*, das heißt, F ist stückweise konstant mit endlich oder abzählbar unendlich vielen *Sprungstellen*.

(b) Wenn F für $t \in \mathbb{R}$ eine Sprungstelle besitzt, dann ist die Sprunghöhe, das heißt die Differenz zwischen rechtsseitigem und linksseitigem Grenzwert, gleich der Wahrscheinlichkeit, mit der das Ereignis $X = t$ eintritt:

$$\lim_{x \to t+} F(x) - \lim_{x \to t-} F(x) = P(X \le t) - P(X < t) = P(X = t).$$

In Beispiel 11.10 haben wir die *Gleichverteilung* einer Zufallsvariablen kennengelernt. Jetzt besprechen wir zwei weitere wichtige Verteilungen, die *hypergeometrische Verteilung* und die *Binomialverteilung*.

Beispiel 11.11 In einer Urne befinden sich M schwarze und $N - M$ weiße Kugeln. Durch ein Laplace-Experiment werden ohne Zurücklegen n, $0 \le n \le N$, Kugeln entnommen. Die Zufallsvariable X beschreibe die Anzahl der dabei gezogenen schwarzen Kugeln. Wie groß ist die Wahrscheinlichkeit $P(X = k)$, genau k schwarze Kugeln zu ziehen? Die Fragestellung ist eine Verallgemeinerung von Beispiel 11.4. Dort hatten wir die Wahrscheinlichkeit berechnet, genau 3 Richtige im Zahlenlotto 6 aus 49 anzukreuzen. In der damaligen Situation war $N = 49$, $M = 6$ und $n = 6$. Die gesuchte Wahrscheinlichkeit betrug dort

$$P(X = 3) = \frac{\binom{6}{3} \cdot \binom{43}{3}}{\binom{49}{6}} = \frac{\binom{6}{3} \cdot \binom{49-6}{6-3}}{\binom{49}{6}}.$$

In der allgemeinen Situation entsprechen den gezogenen Kugeln die schwarzen Kugeln. Wir erhalten deshalb

$$P(X = k) = \frac{\binom{M}{k} \cdot \binom{N-M}{n-k}}{\binom{N}{n}} \tag{11.12}$$

für $k = 0, \ldots, n$. Eine Zufallsvariable X, deren Verteilung die Gl. 11.12 erfüllt, heißt *hypergeometrischverteilt mit den Parametern M, N und n*. $\square$

Beispiel 11.12 In Definition 11.8 haben wir Bernoulli-Ketten eingeführt. X sei die Zufallsvariable, dass in einer Bernoulli-Kette der Länge n mit $\Omega = \{A, \bar{A}\}$ und $P(A) = p$ das Ereignis A genau k-mal auftritt. Nach Satz 11.12 ist

$$P(X = k) = \binom{n}{k} p^k (1 - p)^{n-k} \tag{11.13}$$

für $k = 0, \ldots, n$. Eine Zufallsvariable X genügt einer *Binomialverteilung mit den Parametern n und p*, wenn die Wahrscheinlichkeiten $P(X = k)$ durch Gl. 11.13 gegeben sind.

In einer Urne befinden sich 5 schwarze und 3 weiße Kugeln. Wir ziehen dreimal nacheinander eine Kugel, die nach jedem Ziehen in die Urne zurückgelegt wird. Die Zufallsvariable X beschreibe die Anzahl der gezogenen schwarzen Kugeln. Wie groß ist die Wahrscheinlichkeit $P(X = 2)$, genau 2 schwarze Kugeln zu ziehen? Da die einzelnen Ziehungen unabhängig voneinander sind, handelt es sich um eine Bernoulli-Kette der Länge $n = 3$. A ist das Ereignis, eine schwarze Kugel zu ziehen. Es ist $P(A) = p = \frac{5}{8}$. X ist binomialverteilt mit den Parametern $n = 3$ und $p = \frac{5}{8}$. Wir erhalten

$$P(X = 2) = \binom{3}{2} \cdot \left(\frac{5}{8}\right)^2 \cdot \left(1 - \frac{5}{8}\right)^{3-2} = \frac{3 \cdot 25 \cdot 3}{64 \cdot 8} = \frac{225}{512} \approx 0{,}439$$

für die gesuchte Wahrscheinlichkeit. □

In den Beispielen 11.10, 11.11 und 11.12 haben wir mit der Gleichverteilung, der hypergeometrischen Verteilung und der Binomialverteilung drei der wichtigsten Verteilungen von diskreten Zufallsvariablen kennengelernt. Darüber hinaus gibt es viele weitere. Wir können jedoch hierauf nicht eingehen, sondern müssen auf die angegebenen Lehrbücher zur Wahrscheinlichkeitstheorie verweisen.

Durch die Verteilung einer Zufallsvariablen und die zugehörige Verteilungsfunktion erhalten wir eine vollständige Beschreibung der interessierenden Wahrscheinlichkeiten. Wichtige Informationen über die Verteilung einer Zufallsvariablen – wenn auch keine umfassende Beschreibung – erhalten wir mithilfe von sogenannten *Kenngrößen* der Zufallsvariablen.

Die beiden wichtigsten dieser Größen sind der *Erwartungswert* und die *Varianz*. Auf sie gehen wir jetzt ein. Vereinfacht ausgedrückt, beschreibt der Erwartungswert die Lage des mittleren Werts einer Zufallsvariablen und die Varianz charakterisiert die Verteilung der Werte um den mittleren Wert. Wenn wir mit einem Würfel eine große Anzahl von Würfen ausführen, dann erwarten wir als „mittlere" Augenzahl den Wert

$$\frac{1 + 2 + 3 + 4 + 5 + 6}{6} = 1 \cdot \frac{1}{6} + 2 \cdot \frac{1}{6} + 3 \cdot \frac{1}{6} + 4 \cdot \frac{1}{6} + 5 \cdot \frac{1}{6} + 6 \cdot \frac{1}{6}$$

$$= 1 \cdot P(X = 1) + 2 \cdot P(X = 2) + \ldots + 6 \cdot P(X = 6).$$

Diese Überlegung führt uns zur folgenden Definition.

Definition 11.11 Es seien ein Wahrscheinlichkeitsraum $(\Omega, \mathcal{B}, P)$ und eine diskrete Zufallsvariable $X : \Omega \to \mathbb{R}$ mit der Wertemenge $\{x_i \mid i \in I\}$ gegeben. Der Wert

$$E(X) = \sum_{i \in I} x_i \cdot P(X = x_i) \tag{11.14}$$

heißt *Erwartungswert* der Zufallsvariablen X, falls die Reihe $\sum_{i \in I} |x_i| \cdot P(X = x_i)$ konvergiert. Man spricht von der *absoluten Konvergenz* der Reihe 11.14. $\quad\square$

Falls die Zufallsvariable X nur endlich viele Funktionswerte besitzt, existiert ihr Erwartungswert $E(X)$ in jedem Fall. Wenn X abzählbar unendlich viele Werte annimmt, muss der Erwartungswert nicht existieren. Als Beispiel betrachten wir die Zufallsvariable X mit dem Wertebereich $\{2^i \mid i = 1, 2, \ldots\}$ und der Verteilung $P(X = 2^i) = \frac{1}{2^i}$. Offenbar konvergiert die Reihe $E(X) = \sum_{i=1}^{\infty} 2^i \cdot \frac{1}{2^i} = \sum_{i=1}^{\infty} 1$ nicht. Ist die Wertemenge einer diskreten Zufallsvariablen X beschränkt, so existiert $E(X)$ immer.

Die Bedingung der absoluten Konvergenz wird benötigt, da sonst bei Umnummerierung der Werte x_i ein anderer Erwartungswert entstehen könnte. Man kann nämlich zeigen (siehe zum Beispiel [33], Seite 114), dass absolut konvergente Reihen bei jeder Umnummerierung denselben Reihenwert besitzen.

Beispiel 11.13 Der Erwartungswert der Zufallsvariablen X_1 aus Beispiel 11.10 ist nach den Vorbemerkungen zu Definition 11.11 $E(X_1) = \frac{1+2+3+4+5+6}{6} = 3,5$. Für die Zufallsvariable X_2 aus Beispiel 11.10 bekommen wir

$$E(X_2) = 2 \cdot \frac{1}{36} + 3 \cdot \frac{2}{36} + 4 \cdot \frac{3}{36} + \ldots + 11 \cdot \frac{2}{36} + 12 \cdot \frac{1}{36} = 7$$

als Erwartungswert. Für eine reelle Zahl $a \in \mathbb{R}$ ist der Erwartungswert der konstanten Zufallsvariablen $X(\omega) = a$ offenbar $E(X) = a$. $\quad\square$

Auf einem Wahrscheinlichkeitsraum können mehrere Zufallsvariable definiert sein, die sich verknüpfen lassen. Wenn $X : \Omega \to \mathbb{R}$ und $Y : \Omega \to \mathbb{R}$ Zufallsvariable auf dem Wahrscheinlichkeitsraum $(\Omega, \mathcal{B}, P)$ sind, können wir beispielsweise die *Summe* $X + Y$ mit $(X + Y)(\omega) = X(\omega) + Y(\omega)$, $\omega \in \Omega$, oder für $a, b \in \mathbb{R}$ die Zufallsvariable $aX + b$ mit $(aX + b)(\omega) = aX(\omega) + b$, $\omega \in \Omega$, bilden.

Im nächsten Satz geben wir die Erwartungswerte für diese beiden Verknüpfungen von Zufallsvariablen an.

Satz 11.17 Es seien $X, Y : \Omega \to \mathbb{R}$ diskrete Zufallsvariable auf dem Wahrscheinlichkeitsraum $(\Omega, \mathcal{B}, P)$ und $a, b \in \mathbb{R}$. Falls die Erwartungswerte $E(X)$ und $E(Y)$ existieren, dann existieren auch die Erwartungswerte von $X + Y$ und $aX + b$, und es gilt

$$E(X + Y) = E(X) + E(Y), \tag{11.15}$$

$$E(aX + b) = aE(X) + b. \tag{11.16}$$

Beweis Es seien x_i, $i \in I$, und y_j, $j \in J$, die möglichen Werte von X bzw. Y. A_{ij} sei das Ereignis $X = x_i$ und $Y = y_j$. Die Ereignisse A_{ij} sind paarweise disjunkt mit

$\bigcup_{i \in I, j \in J} A_{ij} = \Omega$. Außerdem gilt $\sum_{i \in I} P(A_{ij}) = P(Y = y_j)$ und $\sum_{j \in J} P(A_{ij}) = P(X = x_i)$. Hieraus erhalten wir

$$E(X + Y) = \sum_{i \in I} \sum_{j \in J} (x_i + y_j) P(A_{ij})$$

$$= \sum_{i \in I} \sum_{j \in J} x_i P(A_{ij}) + \sum_{i \in I} \sum_{j \in J} y_j P(A_{ij})$$

$$= E(X) + E(Y).$$

Aus der Gleichung

$$E(aX) = \sum_{i \in I} a \cdot x_i \cdot P(X = x_i) = a \sum_{i \in I} x_i \cdot P(X = x_i) = a E(X)$$

folgt $E(aX) = a E(X)$. Wenn wir jetzt in der ersten Aussage speziell $Y = b$ als konstante Zufallsvariable wählen, erhalten wir

$$E(aX + b) = E(aX) + E(b) = a E(X) + b. \quad \square$$

Als einfache Anwendung dieses Satzes betrachten wir wieder Beispiel 11.13. Die Zufallsvariable X_2 kann als Summe $X_2 = X_1 + X_1$ geschrieben werden. Mit Satz 11.17 erhalten wir das uns bereits bekannte Ergebnis

$$E(X_2) = E(X_1 + X_1) = E(X_1) + E(X_1) = 3{,}5 + 3{,}5 = 7.$$

Eine weitere Verknüpfung von zwei Zufallsvariablen X und Y bildet das *Produkt* $X \cdot Y$ mit $(X \cdot Y)(\omega) = X(\omega) \cdot Y(\omega)$ für alle $\omega \in \Omega$. Die diskreten Zufallsvariablen X und Y mit den Wertemengen $\{x_i \mid i \in I\}$ und $\{y_j \mid j \in J\}$ heißen *(stochastisch) unabhängig*, wenn für alle Wertepaare (x_i, y_j) die Bedingung

$$P(X = x_i, Y = y_j) = P(X = x_i) \cdot P(Y = y_j)$$

erfüllt ist. Falls X und Y (stochastisch) unabhängig sind, gilt für ihre Erwartungswerte

$$E(X \cdot Y) = E(X) \cdot E(Y). \tag{11.17}$$

Diese Behauptung soll in Aufgabe 16 gezeigt werden.

Der Erwartungswert kann als Kenngröße aufgefasst werden, um die die Werte der Zufallsvariablen schwanken. Über die Größe dieser Schwankung gibt der Erwartungswert jedoch keine Auskunft. Zu diesem Zweck führen wir jetzt eine weitere Kenngröße für Zufallsvariable, die *Varianz*, ein. Sie summiert die quadrierten Abstände der Werte der Zufallsvariablen vom Erwartungswert und gewichtet sie mit der zugehörigen Wahrscheinlichkeit.

Definition 11.12 Es seien ein Wahrscheinlichkeitsraum $(\Omega, \mathcal{B}, P)$ und eine diskrete Zufallsvariable $X : \Omega \to \mathbb{R}$ mit der Wertemenge $\{x_i \mid i \in I\}$ gegeben. Der Wert

$$\text{Var}(X) = \sum_{i \in I}(x_i - E(X))^2 \cdot P(X = x_i) \qquad (11.18)$$

ist die *Varianz* der Zufallsvariablen X, falls diese Reihe konvergiert. Die Wurzel $\sigma = \sqrt{\text{Var}(X)}$ heißt *Standardabweichung* von X. $\square$

Satz 11.18 Es seien ein Wahrscheinlichkeitsraum $(\Omega, \mathcal{B}, P)$ und eine diskrete Zufallsvariable $X : \Omega \to \mathbb{R}$ mit der Wertemenge $\{x_i \mid i \in I\}$ gegeben. Der Erwartungswert von X sei $\mu = E(X)$, die Standardabweichung σ. Dann gilt:

(a) $\sigma^2 = E((X - \mu)^2) = E(X^2) - \mu^2$,
(b) $\text{Var}(X + Y) = \text{Var}(X) + \text{Var}(Y) + 2E(X \cdot Y) - 2E(X)E(Y)$,
(c) $\text{Var}(aX + b) = a^2\,\text{Var}(X)$.

Beweis Wir zeigen (a). Die Gleichung $\sigma^2 = E((X - \mu)^2)$ folgt sofort aus Definition 11.12. Weiter gilt nach Gl. 11.16

$$\begin{aligned} E((X - \mu)^2) &= E(X^2 - 2\mu X + \mu^2) \\ &= E(X^2) - 2\mu E(X) + E(\mu^2) = E(X^2) - \mu^2. \end{aligned}$$

Hier ist zu beachten, dass μ eine Konstante ist. Die Aussagen (b) und (c) sollen in Aufgabe 17 nachgewiesen werden. $\square$

Wenn die Zufallsvariablen X und Y stochastisch unabhängig sind, vereinfacht sich die Aussage von Satz 11.18(b) nach Gl. 11.17 zu $\text{Var}(X + Y) = \text{Var}(X) + \text{Var}(Y)$.

In Tab. 11.2 haben wir für die drei besprochenen Wahrscheinlichkeitsverteilungen die Erwartungswerte und Varianzen angegeben. Wir wollen lediglich die Aussagen über die Binomialverteilung beweisen. Für eine Binomialverteilung mit den Parametern n und p ist $P(X = k)$ die Wahrscheinlichkeit, dass in einer Bernoulli-Kette der Länge n genau k-mal das Ereignis A mit $P(A) = p$ eintritt (siehe Definition 11.8). Wir können die Zufallsvariable X als Summe

$$X = X_1 + X_2 + \ldots + X_n$$

schreiben, wobei die Zufallsvariable X_i, $i = 1, \ldots, n$, den Wert 1 annimmt, falls das Ereignis A bei der i-ten Durchführung des Experiments eintritt und andernfalls den Wert 0. Für die Erwartungswerte der Zufallsvariablen X_i bekommen wir nach Definition 11.11 $E(X_i) = 0 \cdot (1 - p) + 1 \cdot p = p$. Nach Satz 11.17 ist

$$\mu = E(X) = E(X_1 + \ldots + X_n) = E(X_1) + \ldots + E(X_n) = n \cdot p.$$

Tab. 11.2 Erwartungswerte und Varianzen einiger diskreter Verteilungen

Verteilung	Parameter	$\mu = E(X)$	$\sigma^2 = \text{Var}(X)$
Gleichverteilung	n	$\mu = \frac{n+1}{2}$	$\sigma^2 = \frac{n^2-1}{12}$
Hypergeometrische Verteilung	M, N, n	$\mu = n \cdot \frac{M}{N}$	$\sigma^2 = n \cdot \frac{M}{N} \cdot (1 - \frac{M}{N}) \cdot \frac{N-n}{N-1}$
Binomialverteilung	n, p	$\mu = n \cdot p$	$\sigma^2 = n \cdot p \cdot (1 - p)$

Nach Definition 11.11 ist $E(X_i^2) = 0^2 \cdot (1 - p) + 1^2 \cdot p = p$. Aus Satz 11.18(a) folgt

$$\text{Var}(X_i) = E(X_i^2) - \mu^2 = p - p^2 = p \cdot (1 - p).$$

Da die Zufallsvariablen X_i, $i = 1, \ldots, n$, unabhängig sind, erhalten wir nach der Bemerkung im Anschluss an Satz 11.18

$$\text{Var}(X) = \text{Var}(X_1 + \ldots + X_n) = \text{Var}(X_1) + \ldots + \text{Var}(X_n) = n \cdot p \cdot (1 - p).$$

Der Erwartungswert gibt den mittleren Wert einer Zufallsvariablen an, während die Varianz die Abweichung der Werte vom Erwartungswert widerspiegelt. Im nächsten Satz geben wir eine Ungleichung an, die die Abweichung der Werte vom Erwartungswert quantitativ mithilfe einer Wahrscheinlichkeit beschreibt.

Satz 11.19 *(Ungleichung von Pafnuti L. Tschebyschew)* Es seien ein Wahrscheinlichkeitsraum $(\Omega, \mathcal{B}, P)$ und eine diskrete Zufallsvariable $X : \Omega \to \mathbb{R}$ mit dem Erwartungswert μ und der Standardabweichung σ gegeben. Dann gilt für alle $a \in \mathbb{R}$, $a > 0$, die Ungleichung

$$P(|X - \mu| \geq a) \leq \frac{\sigma^2}{a^2}.$$

Beweis Aus Definition 11.12 erhalten wir

$$\sigma^2 = \sum_{i \in I} (x_i - \mu)^2 \cdot P(X = x_i).$$

Wenn wir die Summe nur über die $i \in I$ mit $|x_i - \mu| \geq a$ bilden, wird daraus

$$\sigma^2 \geq \sum_{|x_i - \mu| \geq a} (x_i - \mu)^2 \cdot P(X = x_i).$$

Für jeden einzelnen Summanden dieser Summe gilt

$$(x_i - \mu)^2 \cdot P(X = x_i) \geq a^2 P(X = x_i).$$

Wir erhalten also weiter

$$\sigma^2 \geq a^2 \sum_{|x_i - \mu| \geq a} P(X = x_i) = a^2 P(|X - \mu| \geq a).$$

Division durch a^2 liefert die Behauptung

$$P(|X - \mu| \geq a) \leq \frac{\sigma^2}{a^2}. \quad \square$$

Wenn wir die Ungleichung von Satz 11.19 auf das Gegenereignis beziehen, lautet sie:

$$P(|X - \mu| < a) \geq 1 - \frac{\sigma^2}{a^2}. \tag{11.19}$$

Offensichtlich liefert die Ungleichung von *Tschebyschew* für $a \leq \sigma$ keine verwertbare Aussage, da $\frac{\sigma^2}{a^2} \geq 1$ ist. Für $a > \sigma$ erhalten wir Abschätzungen für die Wahrscheinlichkeit, mit der eine Zufallsvariable X Werte im Intervall $[\mu - a, \mu + a]$ annimmt.

Beispiel 11.14 Wenn wir in die Ungleichung 11.19 für a die Werte 2σ und 3σ einsetzen, erhalten wir

$$P(|X - \mu| < 2\sigma) = P(\mu - 2\sigma < X < \mu + 2\sigma) \geq \frac{3}{4} = 0,75,$$

$$P(|X - \mu| < 3\sigma) = P(\mu - 3\sigma < X < \mu + 3\sigma) \geq \frac{8}{9} = 0,89.$$

Mit einer Wahrscheinlichkeit, die größer als 0,75 ist, liegt das Ergebnis eines Zufallsexperiments also im Intervall $[\mu - 2\sigma, \mu + 2\sigma]$. $\square$

Die Ungleichung von *Tschebyschew* liefert häufig nur eine sehr grobe Abschätzung, sie gilt aber für *alle* Verteilungen. Im Einzelfall lassen sich für spezielle Verteilungen schärfere Abschätzungen angeben.

Wenn wir ein Zufallsexperiment, das durch die Zufallsvariable X beschrieben wird, n-mal unabhängig durchführen und dabei die Werte $x_1, x_2, \ldots, x_n$ erhalten, so werden wir intuitiv vermuten, dass das arithmetische Mittel der Werte $x_1, x_2, \ldots, x_n$ sich mit wachsendem n dem Erwartungswert $E(X)$ der Zufallsvariablen X „annähert". Unsere Vermutung lautet also

$$E(X) \approx \frac{x_1 + x_2 + \ldots + x_n}{n} = \frac{1}{n} \sum_{i=1}^{n} x_i$$

für große Werte von n. Im folgenden Satz formalisieren und beweisen wir diese Behauptung.

Satz 11.20 *(Schwaches Gesetz der großen Zahlen)* Es sei X_1, X_2, ... eine Folge von Zufallsvariablen, von denen jedes Paar X_i und X_j, $i \neq j$, (stochastisch) unabhängig ist. Außerdem setzen wir voraus, dass alle Zufallsvariablen denselben Erwartungswert μ und dieselbe Varianz σ^2 besitzen. Dann gilt

$$\lim_{n \to \infty} P\left(\left| \frac{1}{n} \sum_{i=1}^{n} X_i - \mu \right| \geq \varepsilon \right) = 0$$

für alle $\varepsilon > 0$.

Beweis Für alle $n \geq 1$ sei Y_n die Zufallsvariable $Y_n = \frac{1}{n} \sum_{i=1}^{n} X_i$. Nach Satz 11.17 ist $E(Y_n) = \mu$. Aus Satz 11.18 folgt, da wir die Unabhängigkeit von je zwei Zufallsvariablen vorausgesetzt haben, $\text{Var}(Y_n) = \frac{n\sigma^2}{n^2} = \frac{\sigma^2}{n}$. Aus der Ungleichung von *Tschebyschew* erhalten wir für jedes $\varepsilon > 0$ die Abschätzung

$$P(|Y_n - \mu| \geq \varepsilon) \leq \frac{\sigma^2}{n \cdot \varepsilon^2}.$$

Hieraus folgt wegen $\lim_{n \to \infty} \frac{\sigma^2}{n \cdot \varepsilon^2} = 0$ die gewünschte Behauptung. □

Das schwache Gesetz der großen Zahlen sagt nicht aus, dass das arithmetische Mittel der Realisierungen gegen den Erwartungswert konvergiert. Die Aussage ist vielmehr, dass die Wahrscheinlichkeiten für beliebig kleine Abweichungen des Mittelwerts vom Erwartungswert gegen 0 streben. Dieses Verhalten wird als *stochastische Konvergenz* bezeichnet. Es darf also nicht geschlossen werden, dass von einem gewissen n_0 an die Abweichung vom Erwartungswert immer unterhalb einer gegebenen Schranke bleibt. Vielmehr ist hierfür nur eine Wahrscheinlichkeitsaussage möglich.

Mithilfe des schwachen Gesetzes der großen Zahlen lässt sich eine Beziehung zwischen der relativen Häufigkeit eines Ereignisses $A \in \mathcal{B}$ und seiner Wahrscheinlichkeit $p = P(A)$ herstellen. Wir führen ein Zufallsexperiment unabhängig voneinander n-mal durch und interessieren uns für die relative Häufigkeit des Eintretens von A. Die Zufallsvariable X_i beschreibe das Eintreten von A bei der i-ten Durchführung, das heißt

$$X_i(w) = \begin{cases} 1, & \text{falls } \omega \in A, \\ 0, & \text{falls } \omega \notin A \end{cases}$$

für $i = 1, \ldots, n$. Es gilt $E(X_i) = 1 \cdot p + 0 \cdot (1 - p) = p$. Die Zufallsvariable $R_n = \frac{1}{n} \sum_{i=1}^{n} X_i$ entspricht der relativen Häufigkeit von A. Ihr Erwartungswert ist $\mu = E(R_n) = \frac{n \cdot p}{n} = p$. Wenn wir das schwache Gesetz der großen Zahlen anwenden, erhalten wir

$$\lim_{n \to \infty} P\left(|R_n - p| \geq \varepsilon \right) = 0$$

für alle $\varepsilon > 0$. Dies bedeutet, dass die relative Häufigkeit R_n von A stochastisch gegen die Wahrscheinlichkeit $p = P(A)$ konvergiert.

Wir zeigen jetzt die Bedeutung der eingeführten Begriffe an zwei ausgewählten Beispielen für die Informatik auf. In beiden Fällen berechnen wir die erwartete Laufzeit eines Algorithmus. Im ersten Beispiel untersuchen wir die Addition zweier Zahlen, die als verkettete Liste gespeichert sind. Danach betrachten wir erneut *Quicksort* (siehe Beispiel 4.13(b)).

Beispiel 11.15 Wenn sehr große natürliche Zahlen verarbeitet werden sollen, empfiehlt sich ihre Darstellung als *verkettet gespeicherte Liste*. Wie wir in Kap. 3 (vgl. Abb. 3.2) gesehen haben, enthält eine Zelle einer solchen Liste eine natürliche Zahl n im Bereich $0 \leq n < \beta$, wobei $\beta \geq 2$ *Basis* der Darstellung genannt wird. Führende Nullen sind nicht zugelassen. Die leere Liste <> entspricht der Zahl 0. Die Basis β wird üblicherweise so gewählt, dass Zellen in einem Maschinenwort gespeichert werden können. Im Falle $\beta = 10$ handelt es sich um die umgekehrte Dezimaldarstellung einer Zahl.

Der folgende Algorithmus 11.1 berechnet die Summe zweier natürlicher Zahlen in der genannten Darstellung. Er stammt aus [91]. Dabei sei *summe*(d, e) ein gegebener Algorithmus zur Berechnung der Summe und des Übertrags zweier Zahlen d und e mit $0 \leq d, e < \beta$. Das Ergebnis des Aufrufs *summe*(d, e) ist das Paar (d', e') mit $d' = (d + e) \bmod \beta$ und $e' \in \{0, 1\}$, wobei $e' = 1 \Leftrightarrow d + e \geq \beta$ gilt.

Außerdem benötigt der Algorithmus die folgenden Listenoperationen:

$$head(< a_1, \ldots, a_n >) = a_1,$$

$$tail(< a_1, \ldots, a_n >) = < a_2, \ldots, a_n >,$$

$$inv(< a_1, \ldots, a_n >) = < a_n, \ldots, a_1 >,$$

$$append(< a_1, \ldots, a_n >, < b_1, \ldots, b_m >) = < a_1, \ldots, a_n, b_1, \ldots, b_m > .$$

Der Algorithmus besteht aus vier Schritten. Während der Initialisierung wird die Liste c, die später die Summe von a und b enthalten wird, auf die leere Liste gesetzt und der anfängliche Übertrag e auf 0. Im zweiten Schritt werden die beiden Zahlen „stellenweise" wie beim Schulalgorithmus hinten beginnend addiert, bis die kürzere Zahl abgearbeitet ist. In f wird der jeweilige Übertrag gespeichert. Die Variable f' ist ohne Bedeutung, da der neue Übertrag f in diesem Fall schon 1 ist.

Im dritten Schritt wird der Übertrag, soweit erforderlich, an die nächste Stelle weitergegeben. Anschließend werden Abschlussarbeiten durchgeführt. Insbesondere muss ein eventueller letzter Übertrag, also eine zusätzliche Zelle mit einer 1, berücksichtigt werden. Außerdem müssen die Elemente der Summenliste c in ihrer Reihenfolge vertauscht werden, da der Algorithmus, wie wir sehen werden, neue Elemente in der Summe c stets vorne anfügt. Man hätte den Algorithmus auch so formulieren können, dass neue Elemente am hinteren Ende von c angefügt werden. Dies hätte aber bedeutet, dass beim

Hinzufügen eines Elements jedesmal die gesamte Liste durchlaufen werden müsste. Die Gesamtlaufzeit des Algorithmus hätte sich dadurch erhöht.

Algorithmus 11.1 (*Berechnung der Summe zweier Zahlen in verketteter Darstellung*)
Eingabe: Zwei natürliche Zahlen a und b in verketteter Darstellung.
Ausgabe: Die Summe $c = a + b$ in verketteter Darstellung.

> **begin**
>> {Schritt 1: Initialisierung}
>> $c :=\ <>; e := 0; a' := a; b' := b;$
>> {Schritt 2: Addition, bis die kürzere Zahl verarbeitet ist}
>> **while** $a' \neq\ <> \land b' \neq\ <>$ **do**
>>> $d1 := head(a'); a' := tail(a');$
>>> $d2 := head(b'); b' := tail(b');$
>>> $(d, f) := summe(d1, d2);$
>>> **if** $f \neq 0$
>>>> **then** $(d, f') := summe(d, e)$ { f' ist ohne Bedeutung, f ist bereits 1}
>>>> **else** $(d, f) := summe(d, e)$
>>> **fi**
>>> $c := append(<d>, c); e := f$
>> **od**;
>> {Schritt 3: Fortpflanzung des Übertrags in die längere Zahl}
>> **if** $a' =\ <>$ **then** $g := b'$ **else** $g := a'$ **fi**;
>> **while** $e \neq 0 \land g \neq\ <>$ **do**
>>> $d1 := head(g); g := tail(g);$
>>> $(d, e) := summe(d1, e);$
>>> $c := append(<d>, c)$
>> **od**;
>> {Schritt 4: Abschlussarbeiten}
>> **if** $e = 0$
>>> **then** $c := inv(c); c := append(c, g)$
>>> **else** $c := append(<e>, c); c := inv(c)$
>> **fi**
> **end**

Wir erläutern den Algorithmus jetzt an einem Beispiel. Es sei $\beta = 100$. Die Summanden seien $a = 9.999.881.486$ und $b = 995.270$. Diese Zahlen besitzen die verketteten Darstellungen $< 86, 14, 88, 99, 99 >$ sowie $< 70, 52, 99 >$.

Die folgende Tabelle veranschaulicht den Ablauf des Algorithmus. In der ersten und zweiten Zeile sind die Summanden a und b dargestellt. Die dritte Zeile enthält die Summe $c = a + b = 10.000.876.756$ in der Darstellung $< 56, 67, 87, 0, 0, 1 >$. Sie wird sukzessive aufgebaut. Die beiden letzten Zeilen enthalten die Werte von e und f für den jeweiligen Bearbeitungsstand.

$$
\begin{array}{llllll}
a: & 86 & 14 & 88 & 99 & 99 \\
b: & 70 & 52 & 99 \\
c: & 56 & 67 & 87 & 0 & 0 & 1 \\
f: & 1 & 0 & 1 & - & - & - \\
e: & 1 & 0 & 1 & 1 & 1 & 1
\end{array}
$$

In Aufgabe 20 soll die Korrektheit von Algorithmus 11.1 durch Angabe von geeigneten Schleifeninvarianten bewiesen werden. Wir wollen jetzt die Komplexität dieses Algorithmus berechnen.

Der günstigste Fall tritt ein, wenn nach Abarbeitung der kürzeren Zahl kein Übertrag vorhanden ist. Die Komplexitäten der Einzelschritte können in diesem Fall sofort bestimmt werden. Sie sind zusammen mit den Werten für den ungünstigsten und den erwarteten Fall in der folgenden Tabelle aufgeführt.

	günstigster Fall:	ungünstigster Fall:	erwarteter Fall:
Schritt 1:	$O(1)$	$O(1)$	$O(1)$
Schritt 2:	$O(\min\{m,n\})$	$O(\min\{m,n\})$	$O(\min\{m,n\})$
Schritt 3:	$O(1)$	$O(|m-n|)$	$O(1)$
Schritt 4:	$O(\min\{m,n\})$	$O(\max\{m,n\})$	$O(\min\{m,n\})$

Die Gesamtlaufzeit liegt im günstigsten Fall also in $O(\min\{m,n\})$. Im ungünstigsten Fall muss der Übertrag bis ganz vorn propagiert werden. Dadurch wird die Komplexität von Schritt 3 durch $O(|m-n|)$ und die von Schritt 4 durch $O(\max\{m,n\})$ abgeschätzt. Die Gesamtlaufzeit liegt in diesem Fall also in $O(\max\{m,n\})$.

Wir zeigen jetzt, dass die erwartete Laufzeit von Algorithmus 11.1 in $O(\min\{m,n\})$ liegt. Dazu weisen wir nach, dass der Übertrag im Mittel höchstens eine konstante Anzahl von Stellen in die längere Zahl weitergereicht wird. Ohne Beschränkung der Allgemeinheit nehmen wir $m \le n$ an und setzen $k = n - m$. Der Übertrag kann sich damit bis in eine Zelle $m + i$, $1 \le i \le k + 1$, der verketteten Liste auswirken.

X sei die Zufallsvariable, die beschreibt, wie weit sich der Übertrag fortpflanzt. Da X die Werte $m + i$, $1 \le i \le k + 1$, annimmt, handelt es sich um eine diskrete Zufallsvariable. Gesucht ist der Erwartungswert $E(X)$. Wir setzen in der folgenden Analyse voraus, dass alle Eingaben gleich wahrscheinlich sind. Es handelt sich also um ein Laplace-Experiment, und wir können die Wahrscheinlichkeiten entsprechend Beispiel 11.4 durch Abzählen der „günstigen" Fälle ermitteln.

Weil führende Nullen in der Darstellung einer Zahl als verkettete Liste ausgeschlossen sind, gibt es $\beta^{k-1} \cdot (\beta - 1)$ mögliche Belegungen der k Zellen $b_{m+1}, \ldots, b_{n-1}, b_n$. Es sind drei Fälle zu unterscheiden:

(a) Der Übertrag wirkt sich bis zur Zelle $m + i$, $1 \leq i < k$, aus, wenn die Zellen $m + 1$, $m + 2, \ldots, m + i - 1$ mit der Zahl $\beta - 1$ belegt sind und die Zelle $m + i$ eine Zahl z mit $0 \leq z \leq \beta - 2$ enthält. Die Zellen $m + i + 1, \ldots, m + k$ können beliebig belegt sein, nur die Zelle $m + k$ kann keine führende Null enthalten. Insgesamt gibt es daher $(\beta - 1)^2 \cdot \beta^{k-i-1}$ mögliche Belegungen für die Zellen $m + i, \ldots, m + k$.

(b) Der Übertrag wirkt sich bei $\beta - 2$ Belegungen bis zur Zelle $n = m + k$ aus. Die Zellen $m + 1, \ldots, m + k - 1$ sind mit $\beta - 1$ belegt, und die Zelle $m + k$ enthält eine Zahl z mit $1 \leq z \leq \beta - 2$.

(c) Der Übertrag wirkt sich bei einer Belegung bis zur Zelle $n + 1 = m + k + 1$ aus. Dieses ist genau der Fall, dass alle Zellen $m + 1, \ldots, m + k$ die Zahl $\beta - 1$ enthalten.

Wir zeigen unten

$$\sum_{i=1}^{k-1} i(\beta - 1)^2 \beta^{k-i-1} = \beta^k - k\beta + k - 1. \tag{11.20}$$

Mit dieser Gleichung erhalten wir für den gesuchten Erwartungswert nach Definition 11.11

$$
\begin{aligned}
E(X) &= \sum_{i=1}^{k-1} i \cdot \frac{(\beta - 1)^2 \beta^{k-i-1}}{\beta^{k-1}(\beta - 1)} + k \cdot \frac{(\beta - 2)}{\beta^{k-1}(\beta - 1)} + (k + 1) \cdot \frac{1}{\beta^{k-1}(\beta - 1)} \\
&= \frac{\sum_{i=1}^{k-1} i(\beta - 1)^2 \beta^{k-i-1} + k(\beta - 2) + (k + 1) \cdot 1}{\beta^{k-1}(\beta - 1)} \\
&= \frac{(\beta^k - k\beta + k - 1) + k\beta - 2k + k + 1}{\beta^{k-1}(\beta - 1)} = \frac{\beta^k}{\beta^{k-1}(\beta - 1)} = \frac{\beta}{\beta - 1} \leq 2.
\end{aligned}
$$

Es bleibt Gl. 11.20 zu zeigen. In der folgenden Umformung verwenden wir die Indextransformation $i \to j = k - i - 1$ sowie die geometrische Reihe $\sum_{j=0}^{k-1} \beta^j = \frac{\beta^k - 1}{\beta - 1}$ und die Summe $\sum_{j=0}^{k-1} j\beta^j = \frac{(k-1)\beta^{k+1} - k\beta^k + \beta}{(\beta - 1)^2}$ aus Beispiel 4.4. Es gilt

$$
\begin{aligned}
\sum_{i=1}^{k-1} i(\beta - 1)^2 \beta^{k-i-1} &= (\beta - 1)^2 \sum_{i=0}^{k-1} i\beta^{k-i-1} \\
&= (\beta - 1)^2 \sum_{j=0}^{k-1} (k - j - 1)\beta^j
\end{aligned}
$$

$$= (\beta - 1)^2 \left((k - 1) \sum_{j=0}^{k-1} \beta^j - \sum_{j=0}^{k-1} j\beta^j \right)$$

$$= (\beta - 1)^2 \left((k - 1) \frac{\beta^k - 1}{\beta - 1} - \frac{(k-1)\beta^{k+1} - k\beta^k + \beta}{(\beta - 1)^2} \right)$$

$$= (k - 1)(\beta^k - 1)(\beta - 1) - (k - 1)\beta^{k+1} + k\beta^k - \beta$$

$$= \beta^k - k\beta + k - 1.$$

Das Ergebnis $E(X) \leq 2$ bedeutet, dass sich der Übertrag um höchstens zwei Stellen in die längere Zahl fortpflanzt. Schritt 3 benötigt damit im Mittel $O(1)$ Schritte. Der vierte Schritt benötigt $O(\min\{m, n\})$ Schritte, da er nur aus einer *append*-Operation und der Umkehrung der Summenliste c, deren Länge in $O(\min\{m, n\})$ liegt, besteht. Die Gesamtlaufzeit liegt daher im erwarteten Fall in $O(\min\{m, n\})$. $\square$

Beispiel 11.16 In Beispiel 4.13(b) haben wir gesehen, wie *Quicksort* ein Feld ganzer Zahlen $a[1..n]$, $n \geq 1$, sortiert. Der Algorithmus tauscht ein Element, zum Beispiel $a[1]$, an die Position q, sodass zwei Teilfelder $a[1..q-1]$ und $a[q+1..n]$ entstehen, die die folgende Eigenschaft besitzen: Jedes Element von $a[1..q-1]$ ist kleiner als das Pivot-Element $a[q]$ und $a[q]$ ist wiederum kleiner als jedes Element von $a[q+1..n]$. Danach wird der Algorithmus rekursiv auf die beiden Felder $a[1..q-1]$ und $a[q+1..n]$ angewendet.

In Beispiel 4.18(a) hatten wir angegeben, dass die Anzahl der Schritte dieses Verfahrens im günstigsten Fall in $\Theta(n \log n)$ liegt. Wir wollen jetzt die Komplexität von Quicksort im mittleren Fall bestimmen.

Der Algorithmus führt Vergleichs- und Vertauschungsschritte durch. Da jeder Vertauschungsschritt aus einem vorherigen Vergleichsschritt resultiert und in einer konstanten Anzahl von Einzelschritten durchgeführt werden kann, ist die Anzahl der Vergleiche ein sinnvolles Maß für die Laufzeitkomplexität. Als Zufallsvariable X_n wählen wir daher die Anzahl der Vergleiche, die der Algorithmus für ein Feld der Länge n ausführt. Mit dieser Bezeichnung suchen wir den Erwartungswert $E(X_n)$. Der Kürze halber schreiben wir $T(n) = E(X_n)$. Wir setzen wiederum voraus, dass alle Eingabefolgen gleich wahrscheinlich sind, dass also ein Laplace-Experiment vorliegt.

Wir benötigen $n - 1$ Vergleiche, um das Pivot-Element an die Position q zu tauschen. Anschließend sind $T(q - 1) + T(n - q)$ Vergleiche für die Rekursion erforderlich. Da nach Voraussetzung das Element $a[1]$ nach dem Tausch alle Positionen q, $1 \leq q \leq n$, mit gleicher Wahrscheinlichkeit $\frac{1}{n}$ annimmt, erhalten wir für den Erwartungswert nach

Definition 11.11

$$T(n) = \sum_{q=1}^{n} ((n-1) + T(q-1) + T(n-q)) \cdot \frac{1}{n}$$

$$= (n-1) + \frac{1}{n} \cdot \sum_{q=1}^{n} (T(q-1) + T(n-q))$$

$$= (n-1) + \frac{2}{n} \cdot \sum_{q=0}^{n-1} T(q)$$

für $n \geq 2$ sowie $T(0) = T(1) = 0$.

Wir zeigen durch vollständige Induktion die Ungleichung $T(n) \leq 2 \cdot n \cdot \ln(n)$ für $n \geq 2$. Für $n = 2$ ist $T(2) = 1 \leq 4 \cdot \ln(2)$. Zum Nachweis des Induktionsschlusses setzen wir $n > 2$ und $T(q) \leq 2 \cdot q \cdot \ln(q)$ für alle q, $q < n$, voraus. In Beispiel 11.18 werden wir die Ungleichung

$$\sum_{q=2}^{n-1} q \cdot \ln(q) \leq \frac{n^2 \cdot \ln(n)}{2} - \frac{n^2}{4} \tag{11.21}$$

zeigen. Mit ihrer Hilfe und der Induktionsvoraussetzung ist

$$T(n) = (n-1) + \frac{2}{n} \cdot \sum_{q=0}^{n-1} T(q)$$

$$\leq (n-1) + \frac{2}{n} \cdot \sum_{q=0}^{n-1} 2 \cdot q \cdot \ln(q)$$

$$\leq (n-1) + \frac{4}{n} \cdot \left(\frac{n^2 \cdot \ln(n)}{2} - \frac{n^2}{4} \right)$$

$$= 2 \cdot n \cdot \ln(n) - 1$$

$$< 2 \cdot n \cdot \ln(n).$$

Für den gesuchten Erwartungswert erhalten wir hieraus $E(X_n) = T(n) = O(n \log(n))$. Wir erwähnen noch, dass die Laufzeitkomplexität von Quicksort im ungünstigsten Fall in $\Theta(n^2)$ liegt. Dieser Fall tritt beispielsweise ein, wenn das Feld bereits sortiert vorliegt. Das Pivot-Element $a[1]$ bleibt dann beim Tauschen an der Stelle $q = 1$ und das Teilfeld $a[1..q-1]$ wird leer. $\square$

In den beiden vorangegangenen Beispielen haben wir exemplarisch gezeigt, wie mithilfe der Wahrscheinlichkeitstheorie die erwartete Laufzeit eines Algorithmus berechnet werden kann. Die Wahrscheinlichkeitstheorie besitzt aber viele weitere Anwendungen in der Informatik, von denen wir einige kurz erwähnen.

In der *probabilistischen Analyse* wird wie in den Beispielen 11.15 und 11.16 der Wahrscheinlichkeitsbegriff während einer Problemanalyse angewendet. Typischerweise wird die probabilistische Analyse zur Untersuchung der Laufzeit von Algorithmen oder des Verhaltens von Systemen eingesetzt. Für eine probabilistische Analyse müssen Annahmen über die Verteilung von Eingabe- oder Systemgrößen getroffen werden.

Wir sprechen von einem *randomisierten Algorithmus* (oder auch *probabilistischen* oder *zufallsgesteuerten Algorithmus*), wenn dessen Verhalten nicht nur durch die Eingabedaten bestimmt wird, sondern auch durch Werte, die von einem *Zufallszahlengenerator* geliefert werden. Der Zufall kann auf unterschiedliche Art ins Spiel kommen.

(a) Ein *Monte-Carlo-Algorithmus* liefert das richtige Ergebnis nur mit einer gewissen Wahrscheinlichkeit $p < 1$. Ein Beispiel hierfür ist der randomisierte Primzahltest von *Rabin* und *Miller* (vgl. Abschn. 6.5, Algorithmus 6.6). Nach Satz 6.46 liefert der Algorithmus für eine Primzahl stets das richtige Ergebnis, für eine zusammengesetzte Zahl aber mit einer Wahrscheinlichkeit $\leq \frac{1}{4}$ eine falsche Aussage.

(b) Darüber hinaus gibt es Algorithmen, die zwar stets das richtige Ergebnis liefern, die dafür aber nur mit einer gewissen Wahrscheinlichkeit terminieren. Diese Algorithmen heißen *Las-Vegas-Algorithmen*. In Aufgabe 21 wird solch ein Algorithmus untersucht.

(c) In Beispiel 11.16 haben wir erwähnt, dass Quicksort für bereits sortierte Felder ein schlechtes Laufzeitverhalten besitzt. Eine Möglichkeit, die Laufzeit von Quicksort zu senken, besteht darin, das Feld einer zufälligen Permutation zu unterziehen und dadurch eine eventuelle Sortierung aufzuheben. Eine andere Möglichkeit ist es, das Pivot-Element zufällig auszuwählen. Diese *randomisierte Version* von Quicksort ist zum Beispiel in [18] beschrieben. Für beide Varianten terminiert der Algorithmus stets und liefert auch immer das richtige Ergebnis. Algorithmen dieses Typs werden *Macao-* oder *Sherwood-Algorithmen* genannt. Sie werden in der Regel zu Verbesserung der Laufzeit eingesetzt. Ein Macao-Algorithmus ist ein spezieller Las-Vegas-Algorithmus.

Ein weiteres Beispiel aus der probabilistischen Analyse, die sogenannten *Bediensysteme*, werden wir in Abschn. 11.6 kennenlernen. In einem Bediensystem kommen Aufträge einzeln oder in Gruppen zeitlich nacheinander an und werden nach einer festen oder zufälligen Reihenfolge bearbeitet. Bestimmte Aufgaben von Betriebssystemen, wie etwa die Ressourcenvergabe, lassen sich durch Bediensysteme modellieren.

11.4 Integralrechnung

In diesem Abschnitt fassen wir die Begriffe und Aussagen der Integralrechnung, soweit sie im Folgenden benötigt werden, zusammen. Eine ausführliche Darstellung findet man beispielsweise im „Grundkurs Analysis" von *Klaus Fritzsche* [33].

Definition 11.13 Es sei $I \subseteq \mathbb{R}$ ein beliebiges Intervall und $f : I \to \mathbb{R}$ eine Funktion. Eine Funktion $F : I \to \mathbb{R}$ heißt *Stammfunktion von f auf I*, wenn sie die beiden folgenden Bedingungen erfüllt:

(a) F ist stetig.
(b) Es gibt eine endliche Teilmenge M von I, sodass F auf $I \setminus M$ differenzierbar ist und $F'(x) = f(x)$ für alle $x \in I \setminus M$ gilt. Das heißt, F ist bis auf die eventuelle Ausnahme einer endlichen Menge M differenzierbar, und es gilt $F'(x) = f(x)$ für alle $x \in I \setminus M$.

Die Menge aller Stammfunktionen wird *unbestimmtes Integral von f* genannt. $\square$

Ist F_1 eine Stammfunktion von f und $c \in \mathbb{R}$ konstant, so ist auch $F_1 + c$ eine Stammfunktion von f. Für jede weitere Stammfunktion F_2 von f ist $F_1 - F_2$ konstant. Man erhält also alle Stammfunktionen von f aus einer einzigen Stammfunktion durch Addition einer beliebigen Konstanten. Das unbestimmte Integral einer Funktion $f : I \to \mathbb{R}$ wird aus diesem Grund in der Form

$$\int f(x)\,dx = F(x) + c$$

geschrieben, wobei $c \in \mathbb{R}$ konstant und F eine Stammfunktion von f ist. c heißt *Integrationskonstante*. Die Variable x kann auch mit einem anderen Symbol bezeichnet werden.

Der folgende Satz enthält die wichtigsten Aussagen über Stammfunktionen und unbestimmte Integrale.

Satz 11.21 Es seien f und g Funktionen, die auf einem beliebigen Intervall I definiert sind.

(a) Jede auf einem Intervall $I \subseteq \mathbb{R}$ stetige Funktion $f : I \to \mathbb{R}$ besitzt eine Stammfunktion.
(b) Besitzen f und g die Stammfunktionen F und G und ist $c \in \mathbb{R}$, dann ist $F + G$ eine Stammfunktion von $f + g$ und $c \cdot F$ eine Stammfunktion von $c \cdot f$.
(c) Die Funktionen f und g seien differenzierbar. Dann gilt

$$\int f'(x)g(x)\,dx = f(x)g(x) - \int f(x)g'(x)\,dx. \quad \text{(Partielle Integration)}$$

(d) Die Funktion f sei auf I stetig. φ sei eine auf einem Intervall J differenzierbare und streng monotone Funktion mit $\varphi(J) \subseteq I$. Mit der Substitution $x = \varphi(t)$ gilt

$$\int f(x)\,dx = \int f(\varphi(t)) \cdot \varphi'(t)\,dt. \quad \text{(Integration durch Substitution)}$$

(e) Ist $f(x) \geq 0$ für alle $x \in I$, dann ist jede Stammfunktion F von f monoton wachsend.

(f) Ist F eine Stammfunktion von f und ist f in x_0 stetig, so ist F in x_0 differenzierbar.

□

Unter einer *elementaren Funktion* versteht man eine Funktion, die sich aus Konstanten, den Funktionen x, $\sin(x)$, e^x, den vier Grundrechenoperationen, durch Funktionskomposition und Bildung der Umkehrfunktion gewinnen lässt. Hierzu zählen insbesondere die Funktionen (a) bis (g) der Liste in Abschn. 4.2.

In Abschn. 4.2 haben wir die Ableitungen einiger elementarer Funktionen ermittelt. Beispielsweise ist die Ableitung der Funktion $f(x) = x^n$ durch $f'(x) = n \cdot x^{n-1}$ gegeben. Hieraus erhalten wir für $n \neq -1$ das unbestimmte Integral

$$\int x^n \, dx = \frac{1}{n+1} x^{n+1} + c. \tag{11.22}$$

Für $n = -1$ kann man

$$\int \frac{1}{x} \, dx = \ln|x| + c, x \neq 0, \tag{11.23}$$

zeigen. Aus den Ableitungen der elementaren Funktionen erhält man so eine Liste von *Grundintegralen*.

Jede Ableitungsregel aus Satz 4.11 liefert eine Möglichkeit zur Bestimmung von unbestimmten Integralen. Die Aussagen (b), (c) und (d) von Satz 11.21 sind auf diese Weise durch Umkehrung der Summen-, der Produkt- und der Kettenregel entstanden. Speziell folgt beispielsweise aus (b), dass die Integralbildung ein *linearer Operator* ist, das heißt

$$\int (cf(x) + dg(x)) \, dx = c \int f(x) \, dx + d \int g(x) \, dx$$

für Konstanten $c, d \in \mathbb{R}$ und Funktionen f und g.

Die Grundintegrale und die Integrationsregeln aus Satz 11.21 liefern eine Technik, mit der in vielen Fällen unbestimmte Integrale ermittelt werden können.

Beispiel 11.17 Wir wollen das unbestimmte Integral $\int x \ln(x) \, dx$, $x > 0$, berechnen. Mit $n = 1$ erhalten wir zunächst aus 11.22 das unbestimmte Integral $\int x \, dx = \frac{1}{2}x^2 + c$. Dann setzen wir in die Regel für die partielle Integration $f'(x) = x$ und $g(x) = \ln(x)$ ein und bekommen

$$\int x \ln(x) \, dx = \frac{1}{2}x^2 \ln(x) - \frac{1}{2} \int x^2 \cdot \frac{1}{x} \, dx$$

$$= \frac{1}{2}x^2 \ln(x) - \frac{1}{2} \int x \, dx$$

$$= \frac{1}{2}x^2 \ln(x) - \frac{1}{4}x^2 + c.$$

Bei der ersten Umformung wurde benutzt, dass $g'(x) = \frac{1}{x}$ ist.   □

Abb. 11.3 Graph der Funktion
$f(x) = x \cdot \ln(x),\, x > 0$

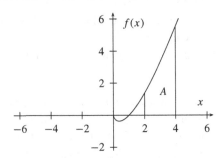

Nach Satz 4.11 ist klar, dass jede elementare Funktion differenzierbar ist und als Ableitung eine elementare Funktion besitzt. Die entsprechende Aussage gilt für unbestimmte Integrale nicht. Man kann zeigen, dass beispielsweise die Funktion $f(x) = e^{(x^2)}$ keine elementare Stammfunktion besitzt.

Definition 11.14 Es sei $f : I \to \mathbb{R}$ eine auf dem Intervall I definierte Funktion mit der Stammfunktion F. Für $a, b \in I$ heißt der Wert

$$\int_{a}^{b} f(x)\, dx = F(b) - F(a)$$

das *bestimmte Integral von f von a bis b. a* wird *untere* und b *obere Grenze* des bestimmten Integrals genannt. $\square$

Der Wert des bestimmten Integrals hängt nicht von der speziellen Wahl der Stammfunktion F ab. Wenn nämlich G eine zweite Stammfunktion von f ist, gilt $G(x) = F(x) + c$ für eine Konstante $c \in \mathbb{R}$. Damit ist

$$G(b) - G(a) = (F(b) + c) - (F(a) + c) = F(b) - F(a).$$

Eine anschauliche Interpretation des bestimmten Integrals ist durch den Inhalt gewisser Flächen in der Ebene gegeben. Wenn der Graph der Funktion f im betrachteten Intervall $[a, b]$ oberhalb der x-Achse verläuft, das heißt $f(x) \geq 0$ für $a \leq x \leq b$, dann ist das bestimmte Integral gleich dem Inhalt der Fläche zwischen dem Graphen der Funktion und der x-Achse im Intervall $[a, b]$.

Beispiel 11.18 Wir betrachten die Funktion $f(x) = x \cdot \ln(x),\, x > 0$. Es soll der Inhalt der Fläche A aus Abb. 11.3 berechnet werden. Nach Beispiel 11.17 ist $F(x) = \frac{1}{2}x^2 \ln(x) -$

$\frac{1}{4}x^2$ eine Stammfunktion von f. Daraus ergibt sich der gesuchte Flächeninhalt wie folgt:

$$\int_2^4 x \ln(x)\, dx = F(4) - F(2) = (8 \cdot \ln(4) - 4) - (2 \cdot \ln(2) - 1)$$

$$= 8 \cdot \ln(4) - 2 \cdot \ln(2) - 3 = 14 \cdot \ln(2) - 3 \approx 6{,}7.$$

Wir zeigen jetzt die Ungleichung 11.21 aus Beispiel 11.16. Die Summe $\sum_{q=2}^{n-1} q \ln(q)$ kann als Fläche von Rechtecken unter dem Graphen der Funktion $f(x) = x \ln(x)$ aufgefasst werden. Da $f(x)$ für $x \geq 2$ monoton steigend ist, gilt

$$\sum_{q=2}^{n-1} q \ln(q) \leq \int_2^n x \ln(x)\, dx.$$

Mit dem Integral aus Beispiel 11.17 erhalten wir das gewünschte Ergebnis

$$\sum_{q=2}^{n-1} q \ln(q) \leq \int_2^n x \ln(x)\, dx$$

$$= \frac{1}{2}n^2 \ln(n) - \frac{1}{4}n^2 - 2\ln(2) + 1$$

$$\leq \frac{n^2 \ln(n)}{2} - \frac{n^2}{4}.$$

Damit ist die Beweislücke aus Beispiel 11.16 geschlossen. $\square$

Der nächste Satz listet einige Eigenschaften bestimmter Integrale auf.

Satz 11.22 Es seien $f, g : I \to \mathbb{R}$ auf dem Intervall I definierte Funktionen und $a, b \in I$.

(a) Sind f und g beschränkt und ist $f(x) \leq g(x)$ für alle $x \in I$, so gilt

$$\int_a^b f(x)\, dx \leq \int_a^b g(x)\, dx.$$

(b) Es gilt die *Dreiecksungleichung für Integrale*

$$\left| \int_a^b f(x)\, dx \right| \leq \int_a^b |f(x)|\, dx.$$

(c) Gilt $a < b$ und $|f(x)| \leq k$, $k \in \mathbb{R}$, für alle $x \in I$, so ist

$$\left| \int_a^b f(x)\,dx \right| \leq (b-a) \cdot k.$$

(d) Für $c, d \in \mathbb{R}$ gilt

$$\int_a^b (cf(x) + dg(x))\,dx = c \int_a^b f(x)\,dx + d \int_a^b g(x)\,dx.$$

(e) Für $a < c < b$, $c \in I$, gilt

$$\int_a^b f(x)\,dx = \int_a^c f(x)\,dx + \int_c^b f(x)\,dx.$$

(f)

$$\int_b^a f(x)\,dx = - \int_a^b f(x)\,dx.$$

(g)

$$\int_a^a f(x)\,dx = 0. \quad \square$$

Da jede auf einem Intervall $I \subseteq \mathbb{R}$ stetige Funktion $f : I \rightarrow \mathbb{R}$ eine Stammfunktion besitzt, existiert für $a, b \in I$ das bestimmte Integral $\int_a^b f(x)\,dx$. Wie wir im folgenden Beispiel sehen, können auch unstetige Funktionen Stammfunktionen und bestimmte Integrale besitzen.

Beispiel 11.19 Es sei f die für $x_0 = 1$ unstetige Funktion

$$f(x) = \begin{cases} 1, & \text{falls } 0 \leq x \leq 1, \\ 2, & \text{falls } x > 1 \end{cases}$$

für alle $x \in I = [0, \infty)$. Ihr Graph ist in Abb. 11.4 dargestellt. Wir wollen eine Stammfunktion von F bestimmen. Da wir die Integrationskonstante frei wählen können, legen wir $F(0) = 0$ fest. Weil der Flächeninhalt unter dem Graphen von f in den Grenzen 0 und x durch $F(x)$ gegeben ist, muss

$$F(x) = \begin{cases} x, & \text{falls } 0 \leq x \leq 1, \\ 2x - 1, & \text{falls } x > 1 \end{cases}$$

Abb. 11.4 Graph einer unstetigen Funktion

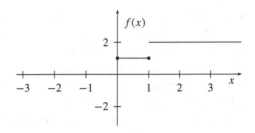

sein. Da $\lim_{x \to 1} F(x) = 1$ gilt, ist F stetig. Wegen $\lim_{x \to 1-} F'(x) = 1 \neq 2 = \lim_{x \to 1+} F'(x)$ ist F im Punkt $x_0 = 1$ nicht differenzierbar. Da F aber an allen anderen Stellen eine Ableitung besitzt, ist F eine Stammfunktion von f. Beispielsweise ist der Inhalt der Fläche unter dem Graphen in den Grenzen 0,5 und 2 dann $\int_{0,5}^{2} f(x)\, dx = F(2) - F(0,5) = (2 \cdot 2 - 1) - 0,5 = 2,5.$ $\square$

Das bestimmte Integral $\int_{a}^{b} f(x)\, dx$ existiert nach unserer bisherigen Definition nur dann, wenn sowohl die Funktion f als auch der Integrationsbereich $[a, b]$ beschränkt sind. Man kann eine oder auch beide dieser Bedingungen fallen lassen, indem man uneigentliche Funktionsgrenzwerte (vgl. Abschn. 4.2 unter Satz 4.7) heranzieht. Wir verzichten auf die genaue Definition dieser *uneigentlichen Integrale*, sondern erläutern sie stattdessen an einem Beispiel.

Beispiel 11.20 In (a) geben wir ein uneigentliches Integral an, bei dem der Integrationsbereich unbeschränkt ist, während in (b) die Funktion nicht beschränkt ist.

(a) Wir betrachten die Funktion $f(x) = e^{-x}$ auf dem Intervall $[0, \infty)$. Weil die Funktion $F(x) = -e^{-x}$ eine Stammfunktion von f und $\lim_{t \to \infty} e^{-t} = 0$ ist, gilt

$$\int_{0}^{\infty} e^{-x}\, dx = \lim_{t \to \infty} \int_{0}^{t} e^{-x}\, dx = \lim_{t \to \infty} \left(-e^{-t} - (-e^{0}) \right) = 1.$$

(b) Die Funktion $f(x) = \frac{1}{\sqrt{x}}$ ist auf dem Intervall $(0, 1]$ unbeschränkt. Eine Stammfunktion von f ist $F(x) = 2\sqrt{x}$. Mit $\lim_{t \to 0+} \sqrt{t} = 0$ gilt daher

$$\int_{0}^{1} \frac{1}{\sqrt{x}}\, dx = \lim_{t \to 0+} \int_{t}^{1} \frac{1}{\sqrt{x}}\, dx = \lim_{t \to 0+} \left(2\sqrt{1} - 2\sqrt{t} \right) = 2. \quad \square$$

11.5 Stetige Zufallsvariable

In Abschn. 11.3 haben wir Zufallsvariable betrachtet, die endlich viele oder höchstens abzählbar unendlich viele Werte annehmen können. In den Anwendungen treten jedoch auch Zufallsvariable auf, deren Werte nahezu beliebige reelle Zahlen sind. Beispielsweise kann die Lebensdauer eines elektronischen Bauteils als beliebige zufällige nicht negative reelle Zahl gesehen werden. In der Praxis ist diese natürlich durch eine Obergrenze, die maximale Lebensdauer, beschränkt.

Bei einer diskreten Zufallsvariablen X kann für jeden auftretenden Wert $i \in I$ die Wahrscheinlichkeit $P(X = i)$ angegeben werden. Dabei ist $\sum_{i \in I} P(X = i) = 1$. Wenn eine Zufallsvariable X überabzählbar viele Werte annimmt, kann nicht analog vorgegangen werden, da Summen von überabzählbar vielen Elementen nicht definiert sind. Statt der Wahrscheinlichkeit $P(X = i)$, mit der die Zufallsvariable X den Wert i annimmt, wird dann die Wahrscheinlichkeit $P(a < X \leq b)$ angegeben, mit der die Werte von X in einem Intervall $(a, b]$ liegen.

Definition 11.15 Es seien ein Wahrscheinlichkeitsraum $(\Omega, \mathcal{B}, P)$ und eine Zufallsvariable $X : \Omega \to \mathbb{R}$ gegeben. X heißt *stetige Zufallsvariable*, wenn es eine Funktion $\varphi : \mathbb{R} \to \mathbb{R}$ mit $\varphi(x) \geq 0$, $x \in \mathbb{R}$, gibt, die eine Stammfunktion F besitzt, sodass die Verteilungsfunktion von X in der Form

$$P(X \leq t) = F(t) = \int_{-\infty}^{t} \varphi(x)\, dx \qquad (11.24)$$

für alle $t \in \mathbb{R}$ dargestellt werden kann. Die Abbildung φ wird *Dichtefunktion von X* genannt. □

Nach Definition 11.13 ist die Verteilungsfunktion einer stetigen Zufallsvariablen eine stetige Funktion. Aus diesem Grund wurde die Bezeichnung „stetige" Zufallsvariable gewählt. Verteilungsfunktionen von diskreten Zufallsvariablen sind unstetig (siehe zum Beispiel Abb. 11.2).

Die Wahrscheinlichkeit $F(t) = P(X \leq t)$ entspricht dem Inhalt der Fläche, den die Funktion φ mit der x-Achse links vom Punkt x bildet. Wegen $-\infty < X < +\infty$ erfüllt die Dichtefunktion φ offensichtlich die Bedingung

$$\int_{-\infty}^{+\infty} \varphi(x)\, dx = 1. \qquad (11.25)$$

Umgekehrt ist jede Funktion φ mit $\varphi(x) \geq 0$ für alle $x \in \mathbb{R}$, die der Gl. 11.25 genügt, als Dichtefunktion einer stetigen Zufallsvariablen geeignet. Die zugehörige Verteilungsfunktion ist dann durch Gl. 11.24 gegeben.

Der Wert $\varphi(x)$ ist im Allgemeinen nicht die Wahrscheinlichkeit, mit der die Zufallsvariable X den Wert x annimmt. Die Dichtefunktion $\varphi(x)$ muss – im Gegensatz zur Verteilungsfunktion F – nicht stetig sein. Wir werden hierfür in Kürze ein Beispiel sehen.

Satz 11.23 Es seien ein Wahrscheinlichkeitsraum $(\Omega, \mathcal{B}, P)$ und eine stetige Zufallsvariable $X : \Omega \to \mathbb{R}$ mit der Dichtefunktion φ gegeben. Für alle reellen Zahlen a, b mit $a < b$ gelten die folgenden Aussagen:

$$P(a < X \le b) = F(b) - F(a) = \int_a^b \varphi(x)\, dx, \tag{11.26}$$

$$P(X > a) = 1 - F(a) = \int_a^\infty \varphi(x)\, dx. \tag{11.27}$$

Für alle $a \in \mathbb{R}$ ist $P(X = a) = 0$. $\square$

Beweis Nach Gl. 11.10, Definition 11.15 und Satz 11.22(f) gilt

$$P(a < X \le b) = F(b) - F(a) = \int_{-\infty}^b \varphi(x)\, dx - \int_{-\infty}^a \varphi(x)\, dx = \int_a^b \varphi(x)\, dx.$$

Entsprechend erhalten wir aus Gl. 11.11, Satz 11.22(e) und Satz 11.22(f)

$$P(X > a) = 1 - F(a) = \int_{-\infty}^{+\infty} \varphi(x)\, dx - \int_{-\infty}^a \varphi(x)\, dx = \int_a^{+\infty} \varphi(x)\, dx.$$

Es sei $\varepsilon \ge 0$ gegeben. Für die Ereignisse $X = a$ und $a - \varepsilon < X \le a$ gilt

$$(X = a) \subseteq (a - \varepsilon < X \le a).$$

Hieraus folgt

$$0 \le P(X = a) \le P(a - \varepsilon < X \le a) = F(a) - F(a - \varepsilon).$$

Da F stetig ist, gilt $\lim_{\varepsilon \to 0} F(a - \varepsilon) = F(a)$. Wir erhalten $P(X = a) = 0$. $\square$

Abb. 11.5 veranschaulicht Gl. 11.26 von Satz 11.23. Die Gesamtfläche unter der Dichtefunktion φ ist 1.

Da für eine stetige Zufallsvariable $X : \Omega \to \mathbb{R}$ für alle $a \in \mathbb{R}$ die Wahrscheinlichkeit $P(X = a)$ verschwindet, gilt beispielsweise für alle $a, b \in \mathbb{R}, a < b$,

$$P(a < X \le b) = P(a \le X \le b) = P(a < X < b) = P(a \le X < b).$$

Auch wenn für $a \in \mathbb{R}$ das Ereignis $X = a$ die Wahrscheinlichkeit 0 besitzt, bedeutet dies nicht, dass dieses Ereignis nicht eintreten kann. Schließlich besitzt *jedes* Ereignis

Abb. 11.5 Dichtefunktion
einer stetigen Zufallsvariablen

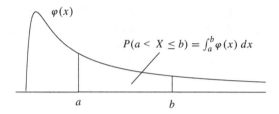

$$P(a < X \le b) = \int_a^b \varphi(x)\,dx$$

$X = a$ die Wahrscheinlichkeit 0 und irgendein Ereignis muss bei der Realisierung von X eintreten. Das Ereignis $X = a$ ist also vom unmöglichen Ereignis zu unterscheiden.

Analog kann nicht geschlossen werden, dass ein Ereignis, das die Wahrscheinlichkeit 1 besitzt, auch tatsächlich eintritt. Beispielsweise besitzt für $a \in \mathbb{R}$ das Ereignis $X \ne a$ die Wahrscheinlichkeit $P(X \ne a) = 1 - P(X = a) = 1$. Wenn bei der Realisierung von X der Wert a herauskommt, tritt das Ereignis $X \ne a$ nicht ein, obwohl es die Wahrscheinlichkeit 1 besitzt.

Wir definieren jetzt die Kenngrößen „Erwartungswert" und „Varianz" bzw. „Standardabweichung" für stetige Zufallsvariable. Beim Übergang von einer diskreten zu einer stetigen Zufallsvariablen wurde aus der Summe $\sum_{i \in I} P(X = x_i) = 1$ das uneigentliche Integral $\int_{-\infty}^{+\infty} \varphi(x)\,dx = 1$. Die Wahrscheinlichkeit wurde durch die Dichtefunktion φ ersetzt und die Summe durch das Integral. Den gleichen Schritt vollziehen wir jetzt beim Erwartungswert und der Varianz.

Definition 11.16 Es seien ein Wahrscheinlichkeitsraum $(\Omega, \mathcal{B}, P)$ und eine stetige Zufallsvariable $X : \Omega \to \mathbb{R}$ mit der Dichtefunktion φ gegeben. Existiert das uneigentliche Integral $\int_{-\infty}^{+\infty} |x| \cdot \varphi(x)\,dx$, so heißt das (dann auch existierende) Integral

$$E(X) = \mu = \int\limits_{-\infty}^{+\infty} x\varphi(x)\,dx$$

der *Erwartungswert* von X. Im Fall ihrer Existenz ist

$$\mathrm{Var}(X) = \int\limits_{-\infty}^{+\infty} (x - \mu)^2 \varphi(x)\,dx$$

die *Varianz* und die Wurzel $\sigma = \sqrt{\mathrm{Var}(X)}$ die *Standardabweichung* von X. □

Wir betrachten beispielhaft drei wichtige stetige Verteilungen. Der zugrunde gelegte Wahrscheinlichkeitsraum sei jeweils mit $(\Omega, \mathcal{B}, P)$ bezeichnet.

Die Lebensdauer eines Bauteils oder, allgemeiner formuliert, die Wartezeit bis zum Eintreten eines bestimmten Ereignisses lässt sich häufig durch eine stetige Zufallsvariable

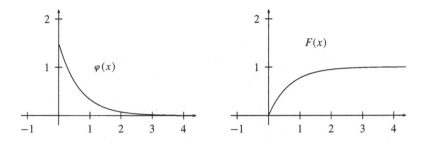

Abb. 11.6 Dichte- und Verteilungsfunktion der Exponentialverteilung für $\lambda = \frac{3}{2}$

beschreiben, deren Dichtefunktion vom Typ

$$\varphi(x) = \begin{cases} 0, & \text{falls } x \leq 0, \\ \lambda e^{-\lambda x}, & \text{falls } x > 0 \end{cases} \tag{11.28}$$

für alle $x \in \mathbb{R}$ ist. Hier ist λ eine reelle Zahl mit $\lambda > 0$.

Offenbar ist $\varphi(x) \geq 0$ für alle $x \in \mathbb{R}$. Darüber hinaus gilt

$$\int\limits_{-\infty}^{+\infty} \varphi(x)\, dx = \lambda \int\limits_{0}^{+\infty} e^{-\lambda x}\, dx = \lim_{x \to \infty} (-e^{-\lambda x}) + 1 = 1,$$

sodass φ eine Dichtefunktion ist.

Definition 11.17 Eine stetige Zufallsvariable heißt *exponentialverteilt mit dem Parameter* λ, wenn ihre Dichte durch Gl. 11.28 gegeben ist.   □

Für die Verteilungsfunktion $F(x)$ einer exponentialverteilten Zufallsvariablen gilt

$$F(x) = \begin{cases} 0, & \text{falls } x \leq 0, \\ 1 - e^{-\lambda x}, & \text{falls } x > 0 \end{cases}$$

für alle $x \in \mathbb{R}$, wovon man sich sofort durch Ableiten von $F(x)$ überzeugt. φ ist an der Stelle $x_0 = 0$ unstetig. F ist überall stetig, für $x_0 = 0$ jedoch nicht differenzierbar. Für $\lambda = \frac{3}{2}$ sind beispielhaft die Dichte- und die Verteilungsfunktion in Abb. 11.6 dargestellt. Um den Erwartungswert zu bestimmen, berechnen wir zunächst mit partieller Integration das unbestimmte Integral

$$\int x e^{-\lambda x}\, dx = -\frac{1}{\lambda} x e^{-\lambda x} + \frac{1}{\lambda} \int e^{-\lambda x}\, dx = -\frac{1}{\lambda^2} e^{-\lambda x}(\lambda x + 1) + c.$$

Hieraus erhalten wir

$$E(X) = \mu = \int\limits_{-\infty}^{+\infty} x\varphi(x)\,dx = \lambda \int\limits_{0}^{\infty} xe^{-\lambda x}\,dx$$

$$= -\frac{1}{\lambda}\lim_{x\to\infty} e^{-\lambda x}(\lambda x + 1) + \frac{1}{\lambda} = \frac{1}{\lambda}.$$

Für die Varianz bekommt man auf ähnliche Weise $\mathrm{Var}(X) = \frac{1}{\lambda^2}$. Die Standardabweichung ist also $\sigma = \frac{1}{\lambda}$.

Beispiel 11.21 Wir erläutern die Exponentialverteilung jetzt an einem konkreten Zahlenbeispiel. Dazu nehmen wir an, dass die Lebensdauer eines Halbleiterbausteins durch eine Exponentialverteilung mit dem Parameter $\lambda = \frac{1}{150}$ angenähert beschrieben wird. Will man den Anteil der Halbleiterbausteine berechnen, die höchstens 75 Zeiteinheiten ordnungsgemäß arbeiten, so ist

$$P(X \le 75) = F(75) = 1 - e^{-75/150} = 1 - \frac{1}{\sqrt{e}} \approx 0{,}39.$$

Mit einer Wahrscheinlichkeit von $1 - 0{,}39 = 0{,}61$ arbeitet ein Baustein daher mindestens 75 Zeiteinheiten lang einwandfrei. Der Erwartungswert beträgt $E(X) = \frac{1}{\lambda} = 150$ Zeiteinheiten. Nach Ablauf dieser Zeit sind dann wegen

$$P\left(X \le \frac{1}{\lambda}\right) = F\left(\frac{1}{\lambda}\right) = 1 - \frac{1}{e} \approx 0{,}63$$

bereits ca. 63 % der Bauteile ausgefallen. ☐

Als Nächstes betrachten wir die *stetige Gleichverteilung*.

Definition 11.18 Es seien $a, b \in \mathbb{R}$ mit $a < b$ gegeben. Eine stetige Zufallsvariable X ist *gleichverteilt mit den Parametern a und b*, wenn ihre Dichtefunktion durch

$$\varphi(x) = \begin{cases} \frac{1}{b-a}, & \text{falls } a \le x \le b, \\ 0, & \text{falls } x < a \text{ oder } x > b \end{cases}$$

für alle $x \in \mathbb{R}$ gegeben ist. ☐

Die Abbildung aus Definition 11.18 ist wegen $\varphi(x) \ge 0$ für alle $x \in \mathbb{R}$ und

$$\int\limits_{-\infty}^{+\infty} \varphi(x)\,dx = \int\limits_{a}^{b} \frac{1}{b-a}\,dx = \frac{1}{b-a}\cdot(b-a) = 1$$

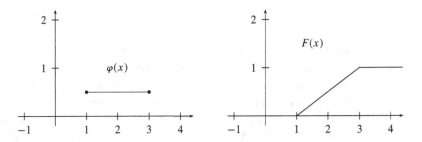

Abb. 11.7 Dichte- und Verteilungsfunktion der Gleichverteilung für $a = 1$ und $b = 3$

tatsächlich eine Dichtefunktion. Für die zugehörige Verteilungsfunktion $F(x)$ gilt offensichtlich

$$F(x) = \begin{cases} 0, & \text{falls } x < a, \\ \frac{x-a}{b-a}, & \text{falls } a \leq x \leq b, \\ 1, & \text{falls } x > b \end{cases}$$

für alle $x \in \mathbb{R}$. In Abb. 11.7 sind die Dichte- und die Verteilungsfunktion für den Fall $a = 1$ und $b = 3$ gezeichnet.

In Aufgabe 23 soll $E(X) = \mu = \frac{a+b}{2}$ und $\sigma^2 = \frac{(b-a)^2}{12}$ gezeigt werden.

Beispiel 11.22 Wir betrachten eine Haltestelle, von der pünktlich alle 15 Minuten ein Bus abfährt. Die Wartezeit, bis der nächste Bus eintrifft, ist eine stetige Zufallsvariable X, die alle reellen Werte von 0 bis 15 annehmen kann. Wenn keine weiteren Informationen vorliegen, ist es vernünftig anzunehmen, dass X gleichverteilt mit den Parametern $a = 0$ und $b = 15$ ist. Unter diesen Voraussetzungen beträgt die Wahrscheinlichkeit, länger als 3 Minuten auf den nächsten Bus warten zu müssen

$$P(X > 3) = 1 - F(3) = 1 - \frac{3-a}{b-a} = 1 - \frac{3}{15} = 0{,}8.$$

Im Mittel beträgt die Wartezeit $E(X) = \frac{a+b}{2} = 7{,}5$ Minuten. $\qquad \square$

Ein weiteres Anwendungsbeispiel der stetigen Gleichverteilung sind Zufallszahlengeneratoren. Ein *Zufallszahlengenerator* ist ein Algorithmus, der zufällige reelle Zahlen erzeugt. Da der Algorithmus deterministisch und reproduzierbar abläuft, spricht man besser von *Pseudozufallszahlen*. Die erzeugten Zahlen liegen häufig gleichverteilt im Intervall $[0, 1)$. Als Beispiel betrachten wir die *lineare Kongruenzmethode*. Sie erzeugt eine Folge x_1, x_2, ... zufälliger Zahlen, indem sie mit einem Startwert z_0 beginnt und für natürliche Zahlen a, b und n die Anweisungen

$$z_i := (a \cdot z_{i-1} + b) \bmod n;$$
$$x_i := z_i / n$$

iteriert. Wenn die Zahlen a, b und n geeignet gewählt werden, dann liegt die erzeugte Folge x_1, x_2, ... gleichverteilt im Intervall $[0, 1)$ (siehe zum Beispiel [58]). Falls Zufallszahlen benötigt werden, die nicht gleichverteilt sind, werden diese in der Regel durch Transformationen aus gleichverteilten Zufallszahlen gewonnen.

Zufallszahlengeneratoren werden beispielsweise für randomisierte Algorithmen (vgl. Ende Abschn. 11.3) und stochastische Simulationen benötigt. Unter einer *Simulation* versteht man die Nachbildung eines Vorgangs auf einem Rechner. Dazu wird zunächst ein im Rechner speicher- und verarbeitbarer Ausschnitt der realen Welt, ein sogenanntes *Modell*, entwickelt. Man unterscheidet zwischen *deterministischen* und *stochastischen* Simulationen. Während bei einer deterministischen Simulation alle beteiligten Größen des Modells berechenbar sind, spielt bei einer stochastischen Simulation auch der Zufall eine Rolle. Der Zufall kann mithilfe von Zufallszahlen simuliert werden.

Die wichtigste stetige Verteilung ist die *Normalverteilung*. Auf sie gehen wir im Folgenden ein. Ihre große Bedeutung wird allerdings erst am Ende dieses Abschnitts klar, wenn wir den zentralen Grenzwertsatz besprechen.

Definition 11.19 Es seien μ und σ reelle Zahlen mit $\sigma > 0$. Eine stetige Zufallsvariable $X : \Omega \to \mathbb{R}$ heißt *normalverteilt mit den Parametern μ und σ*, oder kurz $\mathcal{N}(\mu, \sigma)$-*verteilt*, wenn für ihre Dichtefunktion

$$\varphi_{\mu,\sigma}(x) = \frac{1}{\sigma\sqrt{2\pi}}\, e^{-\frac{1}{2}\left(\frac{x-\mu}{\sigma}\right)^2}$$

gilt. □

Wir verzichten auf den Nachweis, dass $\varphi_{\mu,\sigma}$ in der Tat eine Dichtefunktion ist. Die zugehörige Verteilungsfunktion ist durch

$$F_{\mu,\sigma}(t) = \frac{1}{\sigma\sqrt{2\pi}} \int\limits_{-\infty}^{t} e^{-\frac{1}{2}\left(\frac{x-\mu}{\sigma}\right)^2}\, dx \tag{11.29}$$

für alle $t \in \mathbb{R}$ gegeben.

Ohne die Rechnungen durchzuführen, geben wir an, dass der Erwartungswert einer $\mathcal{N}(\mu, \sigma)$-verteilten Zufallsvariablen μ und die Varianz σ^2 ist (siehe Tab. 11.3). Die Beweise können zum Beispiel in [9] nachgelesen werden.

Ein wichtiger Spezialfall liegt für $\mu = 0$ und $\sigma = 1$ vor. Man spricht von der *Standardnormalverteilung*. In Abb. 11.8 haben wir die Graphen der Dichtefunktion $\varphi = \varphi_{0,1}$ und der Verteilungsfunktion $\Phi = F_{0,1}$ der Standardnormalverteilung dargestellt.

Der Graph einer Dichtefunktion $\varphi_{\mu,\sigma}(x) = \frac{1}{\sigma\sqrt{2\pi}}\, e^{-\frac{1}{2}\left(\frac{x-\mu}{\sigma}\right)^2}$ wird *gaußsche Glockenkurve* genannt. Eine Funktionsdiskussion (siehe Aufgabe 25) ergibt, dass $\varphi_{\mu,\sigma}$ symme-

Tab. 11.3 Erwartungswerte und Varianzen einiger stetiger Verteilungen

Verteilung	Parameter	$\mu = E(X)$	$\sigma^2 = \mathrm{Var}(X)$
Exponentialverteilung	λ	$\mu = \frac{1}{\lambda}$	$\sigma^2 = \frac{1}{\lambda^2}$
Stetige Gleichverteilung	a, b	$\mu = \frac{a+b}{2}$	$\sigma^2 = \frac{(b-a)^2}{12}$
Normalverteilung	μ, σ	μ	σ^2

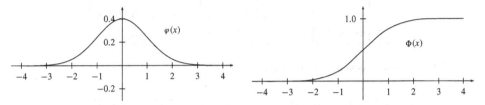

Abb. 11.8 Dichte- und Verteilungsfunktion der Standardnormalverteilung

trisch zur Achse $x = \mu$ ist und im Punkt $P(\mu, \frac{1}{\sigma\sqrt{2\pi}})$ ein Maximum besitzt. Wendepunkte liegen für $x = \mu - \sigma$ und $x = \mu + \sigma$ vor.

In praktischen Anwendungen müssen häufig Funktionswerte $F_{\mu,\sigma}(t)$ bestimmt werden. Für das Integral 11.29 existiert jedoch keine elementare Stammfunktion. Wir erläutern jetzt, wie die Werte $F_{\mu,\sigma}(t)$ für $t \in \mathbb{R}$ berechnet werden können.

Mit der Substitution $u = \frac{x-\mu}{\sigma}$ erhalten wir nach Satz 11.21(d) das folgende unbestimmte Integral

$$\frac{1}{\sigma} \int e^{-\frac{1}{2}\left(\frac{x-\mu}{\sigma}\right)^2} \, dx = \int e^{-\frac{1}{2}u^2} \, du.$$

Wenn wir die Grenzen einsetzen, wird hieraus

$$F_{\mu,\sigma}(t) = \frac{1}{\sigma\sqrt{2\pi}} \int_{-\infty}^{t} e^{-\frac{1}{2}\left(\frac{x-\mu}{\sigma}\right)^2} \, dx = \frac{1}{\sqrt{2\pi}} \int_{-\infty}^{\frac{t-\mu}{\sigma}} e^{-\frac{1}{2}u^2} \, du = \Phi\left(\frac{t-\mu}{\sigma}\right).$$

Die Berechnung eines Funktionswerts $F_{\mu,\sigma}(t)$ der Verteilungsfunktion einer allgemeinen Normalverteilung lässt sich daher auf die Berechnung des Funktionswerts $\Phi\left(\frac{t-\mu}{\sigma}\right)$ der Standardnormalverteilung zurückführen.

Die Funktionswerte $\Phi(t)$ werden mithilfe numerischer Algorithmen bestimmt. Während es früher üblich war, umfangreiche Tabellen zu benutzen, werden heute in der Regel Computeralgebrasysteme oder andere Programme verwendet.

Wie wir der Abb. 11.8 entnehmen können, ist die Funktion Φ punktsymmetrisch zu $(0, 0{,}5)$. Hieraus folgt $\Phi(t) = 1 - \Phi(-t)$ für alle $t \in \mathbb{R}$. Man benötigt daher lediglich die

Funktionswerte $\Phi(t)$ für $t \geq 0$. Einige Werte enthält die folgende Tabelle.

t	$\Phi(t)$	t	$\Phi(t)$	t	$\Phi(t)$
0,0	0,50000	0,5	0,69146	1,0	0,84134
0,1	0,53983	0,6	0,72575	1,5	0,93319
0,2	0,57926	0,7	0,75804	2,0	0,97725
0,3	0,61791	0,8	0,78814	2,5	0,99379
0,4	0,65542	0,9	0,81594	3,0	0,99865

Mithilfe der Funktionswerte von Φ und der Gleichung

$$P(a \leq X \leq b) = F_{\mu,\sigma}(b) - F_{\mu,\sigma}(a) = \Phi\left(\frac{b-\mu}{\sigma}\right) - \Phi\left(\frac{a-\mu}{\sigma}\right)$$

können Wahrscheinlichkeiten für $\mathcal{N}(\mu,\sigma)$-verteilte Zufallsvariable berechnet werden. Beispielsweise ist

$$P(\mu - 0{,}5\sigma \leq X \leq \mu + 0{,}5\sigma) = \Phi(0{,}5) - \Phi(-0{,}5)$$
$$= \Phi(0{,}5) - (1 - \Phi(0{,}5)) = 2 \cdot \Phi(0{,}5) - 1 = 0{,}383.$$

Analog erhält man

$$P(\mu - \sigma \leq X \leq \mu + \sigma) = 0{,}683,$$
$$P(\mu - 2\sigma \leq X \leq \mu + 2\sigma) = 0{,}954,$$
$$P(\mu - 3\sigma \leq X \leq \mu + 3\sigma) = 0{,}997.$$

Wir erläutern die Vorgehensweise jetzt an einem konkreten Zahlenbeispiel.

Beispiel 11.23 Die Untersuchung von neugeborenen Kindern hat ergeben, dass ihre Körpergröße als normalverteilte Zufallsgröße mit $\mu = 51\,\text{cm}$ und $\sigma = 4\,\text{cm}$ aufgefasst werden kann. Die Wahrscheinlichkeit, dass ein Baby größer als 55 cm ist, beträgt daher

$$P(X > 55) = 1 - F_{51,4}(55) = 1 - \Phi\left(\frac{55-51}{4}\right) = 1 - \Phi(1) = 1 - 0{,}841 = 0{,}159.$$

Ein Neugeborenes ist mit der Wahrscheinlichkeit

$$P(47 \leq X \leq 55) = \Phi\left(\frac{55-51}{4}\right) - \Phi\left(\frac{47-51}{4}\right) = \Phi(1) - \Phi(-1)$$
$$= \Phi(1) - (1 - \Phi(1)) = 0{,}683$$

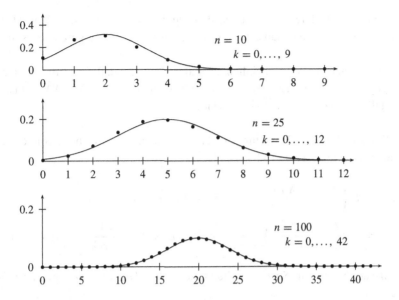

Abb. 11.9 Die Werte der Binomialverteilung für $p = 0{,}2$ und die Funktionen $\varphi_{\mu,\sigma}$ mit $\mu = n \cdot p$ und $\sigma = \sqrt{n \cdot p \cdot (1 - p)}$ für $n = 10, 25, 100$

zwischen 47 cm und 55 cm groß. Die Wahrscheinlichkeit, dass ein Kind bei der Geburt „genau" 53 cm groß ist, wird durch $P(52{,}5 < X \leq 53{,}5) = \Phi(0{,}625) - \Phi(0{,}375) = 0{,}734 - 0{,}646 = 0{,}088$ berechnet. $\square$

Wir kommen jetzt auf die Binomialverteilung aus Beispiel 11.12 zurück. In Abb. 11.9 haben wir die diskreten Wahrscheinlichkeiten

$$P(X = k) = \binom{n}{k} p^k (1 - p)^{n-k}$$

für $p = 0{,}2$ und $n = 10, 25, 100$ aufgetragen. Wir erkennen, dass die Punkte sich mit wachsendem n einer gaußschen Glockenkurve nähern. Um diesen Prozess zu verdeutlichen, haben wir in die Abbildung zusätzlich die stetigen Funktionen $\varphi_{\mu,\sigma}$ mit $\mu = n \cdot p$ und $\sigma = \sqrt{n \cdot p \cdot (1 - p)}$ eingezeichnet. Die Werte für μ und σ wurden entsprechend Tab. 11.2 gewählt. Wir setzen stets $0 < p < 1$ voraus.

Wir wollen jetzt diesen Grenzprozess im Einzelnen beschreiben. Dazu benötigen wir die folgende Definition.

Definition 11.20 Es seien ein Wahrscheinlichkeitsraum $(\Omega, \mathcal{B}, P)$ und eine Zufallsvariable $X : \Omega \to \mathbb{R}$ gegeben. X heißt *standardisierte Zufallsvariable*, wenn $E(X) = 0$ und $\mathrm{Var}(X) = 1$ ist. $\square$

Die Sätze 11.17 und 11.18 haben wir für diskrete Zufallsvariable angegeben. Man kann sie auch für stetige Zufallsvariable beweisen, was hier jedoch nicht geschehen soll.

Satz 11.24 Es seien ein Wahrscheinlichkeitsraum $(\Omega, \mathcal{B}, P)$ und eine Zufallsvariable $X : \Omega \to \mathbb{R}$ gegeben, für die $E(X)$ und $\text{Var}(X)$ existieren und $\sigma = \sqrt{\text{Var}(X)} > 0$ ist. Dann ist die Zufallsvariable $X^* = \frac{X - E(X)}{\sigma}$ standardisiert.

Beweis Wir berechnen den Erwartungswert und die Standardabweichung von X^* mithilfe der Regeln der Sätze 11.17 und 11.18. Es ist

$$E(X^*) = E\left(\frac{X - E(X)}{\sigma}\right) = \frac{1}{\sigma}(E(X) - E(X)) = 0,$$

$$\text{Var}(X^*) = \text{Var}\left(\frac{X - E(X)}{\sigma}\right) = \frac{1}{\sigma^2}\,\text{Var}(X - E(X)) = \frac{1}{\text{Var}(X)} \cdot \text{Var}(X) = 1. \quad \square$$

Die Zufallsvariable X^* aus Satz 11.24 heißt die *zu X gehörende standardisierte Zufallsvariable*.

Wir haben in Abb. 11.9 erkannt, dass sich die Binomialverteilung mit den Parametern n und p mit wachsendem n der Normalverteilung mit den Parametern $\mu = n \cdot p$ und $\sigma = \sqrt{n \cdot p \cdot (1 - p)}$ nähert. Diese Beobachtung lässt sich *nicht* durch

$$\lim_{n \to \infty} P(X = k) = \lim_{n \to \infty} \binom{n}{k} p^k (1 - p)^{n-k} = \varphi_{\mu, \sigma}(k)$$

ausdrücken, da $\lim_{n \to \infty} P(X = k) = 0$ für ein festes k gilt, wie wir unmittelbar Abb. 11.9 entnehmen können. Wir müssen die folgenden Aspekte berücksichtigen.

(a) Während die Binomialverteilung die Verteilung einer diskreten Zufallsvariablen ist, basiert die Normalverteilung auf einer stetigen Zufallsvariablen. Deshalb definieren wir die *Dichtefunktion φ_n der Binomialverteilung mit den Parametern n und p*, indem wir

$$\varphi_n(x) = \begin{cases} P(X = k), & \text{für } k - \frac{1}{2} < x \leq k + \frac{1}{2}, k = 0, \ldots, n, \\ 0, & \text{sonst} \end{cases}$$

setzen. Abb. 11.10 zeigt die Dichtefunktion φ_{10} für $p = 0{,}2$. Der Deutlichkeit halber wurden an den Unstetigkeitsstellen senkrechte Striche eingefügt. Die Summe der Flächeninhalte der so entstehenden Rechtecke ist 1. Eine Abbildung dieser Form wird *Histogramm* genannt.

(b) Wir erkennen aus Abb. 11.9, dass das Maximum der Werte der Binomialverteilung, das heißt die Stelle größter Wahrscheinlichkeit, mit wachsendem n größer wird. In den drei Beispielen lagen diese Werte bei 2, 5 und 20. Um zu verhindern, dass „die

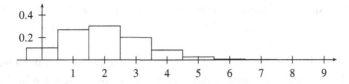

Abb. 11.10 Dichtefunktion φ_{10} der Binomialverteilung für $p = 0{,}2$

Abb. 11.11 Dichtefunktion φ_{10}^* der standardisierten Binomialverteilung für $p = 0{,}2$

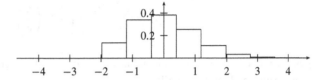

Funktion über alle Grenzen nach rechts wächst", betrachten wir die zugehörigen standardisierten Zufallsvariablen.

In Abb. 11.11 ist die Dichtefunktion φ_{10}^* der standardisierten Binomialverteilung für $p = 0{,}2$ gezeichnet. Durch die Standardisierung werden die Rechtecke um den Faktor $\sigma = \sqrt{np(1-p)} = \frac{2}{5}\sqrt{10} \approx 1{,}26$ höher und um den Faktor $\frac{1}{\sigma} \approx 0{,}79$ breiter. Der Gesamtflächeninhalt 1 bleibt daher erhalten.

Der Näherungsprozess aus Abb. 11.9 lässt sich so beschreiben, dass die Dichtefunktionen φ_n^* der standardisierten Binomialverteilungen mit wachsendem n gegen die Dichtefunktion $\varphi = \varphi_{0,1}$ der Standardnormalverteilung streben.

Dieses ist die Aussage des *lokalen Grenzwertsatzes* von *Abraham de Moivre* und *Pierre Simon Laplace*. Wir verzichten auf eine genaue Formulierung dieses Satzes, da er sich als Spezialfall des unten angegebenen *zentralen Grenzwertsatzes* erweist. Wir erläutern seine Anwendung stattdessen an einem Beispiel.

Beispiel 11.24 Es soll die Wahrscheinlichkeit berechnet werden, mit $n = 90$ Würfen $k = 14$ Einsen zu erzielen. Wegen $p = \frac{1}{6}$ ist der genaue Wert dieser Wahrscheinlichkeit

$$P(X = k) = \binom{n}{k} p^k (1-p)^{n-k} = \binom{90}{14}\left(\frac{1}{6}\right)^{14}\left(\frac{5}{6}\right)^{76} \approx 0{,}1107159.$$

Die numerische Berechnung dieses Wertes von Hand ist sehr mühsam und wurde deshalb mit einem Computeralgebrasystem durchgeführt. Wenn wir den Wert näherungsweise mit der Dichtefunktion der Standardnormalverteilung berechnen, erhalten wir mit $\mu = np = 15$ und $\sigma = \sqrt{np(1-p)} = \frac{5}{2}\sqrt{2}$

$$P(X = k) \approx \frac{1}{\sigma}\varphi_{0,1}\left(\frac{k-\mu}{\sigma}\right) = \frac{1}{\sigma\sqrt{2\pi}}e^{-\frac{1}{2}\left(\frac{k-\mu}{\sigma}\right)^2} \approx 0{,}1084135.$$

Allgemein lässt sich die Faustregel angeben, dass für $\sigma^2 = np(1 - p) > 9$ brauchbare Näherungswerte erzielt werden (siehe etwa [11], Seite 134). In unserem Beispiel ist $np(1 - p) = \frac{75}{6} = 12{,}5$.

Noch größer wird der Rechenvorteil, wenn Wahrscheinlichkeiten der Form $P(a < X \leq b)$ berechnet werden müssen. Beispielsweise ist die Wahrscheinlichkeit, mit 90 Würfen 11 bis 19 Einsen zu werfen, durch

$$P(11 \leq X \leq 19) = \sum_{i=11}^{19} \binom{90}{i} \left(\frac{1}{6}\right)^i \left(\frac{5}{6}\right)^{90-i} \approx 0{,}7984489$$

gegeben. Dieser Wert ist von Hand kaum noch zu bestimmen. Für die Näherung durch die Standardnormalverteilung gilt allgemein

$$P(a \leq X \leq b) \approx \Phi\left(\frac{b - \mu + 0{,}5}{\sigma}\right) - \Phi\left(\frac{a - \mu + 0{,}5}{\sigma}\right),$$

wobei der Summand $\frac{0{,}5}{\sigma} = \frac{1}{2\sigma}$ *Stetigkeitskorrektur* genannt wird. Er drückt aus, dass bei der näherungsweisen Berechnung der Wahrscheinlichkeit $P(X = k)$ das gesamte Rechteck über k berücksichtigt werden muss. Speziell erhalten wir für das Beispiel die Näherung $P(11 \leq X \leq 19) \approx 0{,}7905694$. □

Wir haben gesehen, dass die Normalverteilung als Näherung der Binomialverteilung bei großen Werten von n dienen kann. Dieses Ergebnis kann so gedeutet werden, dass in manchen Fällen stetige Verteilungen als Idealisierungen diskreter Verteilungen gesehen werden können. In der Praxis bedeutet dies, dass der Rechenaufwand für viele Problemstellungen geringer, ja häufig eine Lösung überhaupt erst ermöglicht wird.

Warum strebt eine binomialverteilte Zufallsvariable mit wachsendem n gegen eine Normalverteilung? Wir haben in Abschn. 11.3 unter Satz 11.18 eine binomialverteilte Zufallsvariable als Summe $X = X_1 + X_2 + \ldots + X_n$ von unabhängigen Zufallsvariablen $X_i, i = 1, \ldots, n$, geschrieben. Die Zufallsvariable X entsteht durch die Überlagerung von vielen einzelnen Zufallsvariablen. Dabei „heben sich Abweichungen vom Mittelwert nach oben und unten" auf, falls n hinreichend groß ist. Dies führt zu einer Normalverteilung mit dem Erwartungswert $\mu = p + p + \ldots + p = np$.

Diese Überlegung gilt nicht nur für die Summe von binomialverteilten Zufallsvariablen, sondern auch für die Summe von vielen anderen unabhängigen Zufallsvariablen. Beispielsweise hängt die Körpergröße eines Babys bei der Geburt von vielen unabhängigen Faktoren ab, die sich überlagern und so zu einer Normalverteilung führen.

Im nächsten Satz wird der Sachverhalt präzisiert.

Satz 11.25 *(Zentraler Grenzwertsatz)* Es sei eine Folge von unabhängigen und gleich verteilten Zufallsvariablen $X_i : \Omega \rightarrow \mathbb{R}, i = 1, 2, 3, \ldots$, über dem Wahrscheinlichkeitsraum

$(\Omega, \mathcal{B}, P)$ gegeben, für die der Erwartungswert und die Varianz existieren. Für $n \in \mathbb{N}$ sei $S_n = X_1 + \ldots + X_n$ die Summe dieser Zufallsvariablen und S_n^* die zugehörige standardisierte Zufallsvariable. Dann konvergiert die Folge der Verteilungsfunktionen $F_n(t)$ der Zufallsvariablen S_n^* gegen die Verteilungsfunktion der Standardnormalverteilung, das heißt

$$\lim_{n \to \infty} F_n(t) = \Phi(t) = \frac{1}{\sqrt{2\pi}} \int_0^t e^{-\frac{1}{2}t^2} \, dt. \quad \square$$

Es sei noch erwähnt, dass der zentrale Grenzwertsatz unter sehr viel schwächeren Voraussetzungen als den angegebenen gilt. Insbesondere müssen die Zufallsvariablen X_i nicht unbedingt gleichverteilt sein. In dem Fall sind dann Bedingungen an die Erwartungswerte $E(X_i)$ und die Varianzen $\text{Var}(X_i)$ zu stellen.

Für den Beweis dieses Satzes und seiner Verallgemeinerungen verweisen wir auf die angegebenen Lehrbücher zur Wahrscheinlichkeitstheorie.

Etwas salopp formuliert besagt der zentrale Grenzwertsatz, dass unter sehr schwachen Voraussetzungen die Summe von unabhängigen Zufallsvariablen gegen eine Normalverteilung konvergiert.

11.6 Stochastische Prozesse

Viele Vorgänge innerhalb der Informatik stellen eine zeitliche Folge von Zufallsexperimenten dar. Wenn beispielsweise die Auslastung einer Leitung untersucht werden soll, so wird die Messung nicht einmalig durchgeführt, sondern in gewissen Abständen wiederholt. Mathematisch lässt sich die Auslastung durch eine Menge von Zufallsvariablen $X_t, t \in T$, beschreiben. Die Messungen können dabei zu diskreten Zeitpunkten oder aber kontinuierlich vorgenommen werden. Im ersten Fall wird man $T = \mathbb{N}_0$ setzen, im zweiten dagegen $T = \mathbb{R}_0^+ = \{x \in \mathbb{R} \mid x \geq 0\}$.

In der folgenden Definition werden grundlegende Begriffe zur Beschreibung derartiger Vorgänge eingeführt.

Definition 11.21 Es seien ein Wahrscheinlichkeitsraum $(\Omega, \mathcal{B}, P)$ und eine Indexmenge T gegeben. Eine Familie $X_t, t \in T$, von Zufallsvariablen heißt *stochastischer Prozess* über $(\Omega, \mathcal{B}, P)$ mit dem *Parameterraum T*. Wenn T höchstens abzählbar ist, sprechen wir von einem *diskreten Prozess*. Falls $T \subseteq \mathbb{R}$ ein Intervall ist, wird der Prozess *kontinuierlich* genannt. $\square$

Jede Zufallsvariable $X_t, t \in T$, eines stochastischen Prozesses ist nach Definition 11.4 eine Abbildung, deren Bilder $X_t(\omega)$, $\omega \in \Omega$, in $\mathbb{R}$ liegen. In Abschn. 11.2 unter Definition 11.4 haben wir erwähnt, dass in der Maßtheorie der Begriff einer Zufallsvariablen $X : \Omega \to \mathbb{R}$ zu dem einer $\mathcal{B}$-$\mathcal{M}$-messbaren Funktion $X : \Omega \to \Omega'$ verallgemeinert wird. Dementsprechend können stochastische Prozesse allgemeiner als Familien von Zufallsvariablen $X_t : \Omega \rightarrow \Omega'$, $t \in T$, eingeführt werden. Ω' wird der *Zustandsraum* des stochastischen Prozesses genannt. Die Elemente von Ω' heißen *Zustände*. Wir bezeichnen den Zustandsraum eines stochastischen Prozesses mit S. Im Folgenden setzen wir stets voraus, dass S eine endliche oder abzählbar unendliche Teilmenge von $\mathbb{R}$ ist.

Ein einfaches Beispiel für stochastische Prozesse sind die *Markow-Ketten*, auf die wir jetzt eingehen.

Definition 11.22 Eine *Markow-Kette* über dem Wahrscheinlichkeitsraum $(\Omega, \mathcal{B}, P)$ ist ein (diskreter) stochastischer Prozess X_t, $t \in T$, mit dem Parameterraum $T = \mathbb{N}_0$ und einem abzählbaren Zustandsraum $S \subseteq \mathbb{R}$, der die folgende Eigenschaft besitzt: Für alle $n \in \mathbb{N}_0$ und für alle $s_0, \ldots, s_{n+1} \in S$ mit

$$P(X_0 = s_0, \ldots, X_n = s_n) > 0 \qquad (11.30)$$

ist die Bedingung

$$P(X_{n+1} = s_{n+1} | X_0 = s_0, \ldots, X_n = s_n) = P(X_{n+1} = s_{n+1} | X_n = s_n) \qquad (11.31)$$

erfüllt. □

Wir interpretieren X_n als den „Zustand eines Systems" zum Zeitpunkt $n \in \mathbb{N}_0$. Damit meinen wir, dass sich das System mit der Wahrscheinlichkeit $P(X_n = s)$ zur Zeit n im Zustand $s \in S$ befindet. Mit dieser Interpretation besagt Gl. 11.31, dass die Wahrscheinlichkeit, mit der sich das System zur Zeit $n + 1$ im Zustand s_{n+1} befindet, nur von der Wahrscheinlichkeit abhängt, mit der sich das System zum Zeitpunkt n im Zustand s_n befindet, und nicht von den Wahrscheinlichkeiten früherer Zustände. Gl. 11.30 stellt lediglich sicher, dass die bedingten Wahrscheinlichkeiten existieren.

Wir geben eine äquivalente Definition einer Markow-Kette an. Dazu benötigen wir einen Hilfssatz. Die folgende Darstellung stammt im Wesentlichen aus dem Buch [61]. Dort erhält man auch weiterführende Informationen zu stochastischen Prozessen.

Satz 11.26 Es seien ein Wahrscheinlichkeitsraum $(\Omega, \mathcal{B}, P)$, ein Ereignis A sowie abzählbar viele disjunkte Ereignisse $C_0, C_1, \ldots$ mit $P(C_i) > 0$, $i \geq 0$, und $C = C_0 \cup C_1 \cup \ldots$ gegeben. Gilt $P(A|B \cap C_0) = P(A|B \cap C_1) = \ldots$, so ist $P(A|B \cap C) = P(A|B \cap C_i)$ für alle $i \geq 0$.

Beweis Es gilt

$$P(A \mid B \cap C_0) \cdot P(B \cap C) = P(A \mid B \cap C_0) \cdot \sum_{i \geq 0} P(B \cap C_i)$$

$$= \sum_{i \geq 0} P(A \mid B \cap C_i) \cdot P(B \cap C_i) = \sum_{i \geq 0} P(A \cap B \cap C_i)$$

$$= P(A \cap B \cap C) = P(A \mid B \cap C) \cdot P(B \cap C).$$

Die Behauptung des Satzes folgt nach Division dieser Gleichung durch $P(B \cap C)$ aus der Voraussetzung, dass alle Werte $P(A \mid B \cap C_i)$, $i \geq 0$, identisch sind. $\square$

Wir können jetzt die angekündigte äquivalente Formulierung einer Markow-Kette angeben.

Satz 11.27 Gegeben seien ein Wahrscheinlichkeitsraum $(\Omega, \mathcal{B}, P)$, ein diskreter stochastischer Prozess X_t, $t \in T$, mit dem Parameterraum $T = \mathbb{N}_0$ und einem abzählbaren Zustandsraum $S \subseteq \mathbb{R}$. Der stochastische Prozess X_t, $t \in T$, ist genau dann eine Markow-Kette, wenn für alle $n \in \mathbb{N}_0$, $s_n, s_{n+1} \in S$ gilt: Für alle $s_0, \ldots, s_{n-1} \in S$ mit $P(X_0 = s_0, \ldots, X_n = s_n) > 0$ sind die Wahrscheinlichkeiten

$$P(X_{n+1} = s_{n+1} \mid X_0 = s_0, \ldots, X_n = s_n)$$

gleich.

Beweis Jede Markow-Kette ist ein stochastischer Prozess. Daher folgt die angegebene Bedingung sofort aus Definition 11.22. Zum Nachweis der anderen Richtung seien Zustände $s_0, \ldots, s_{n+1} \in S$ mit $P(X_0 = s_0, \ldots, X_n = s_n) > 0$ gegeben. Wir betrachten alle Ereignisse der Form

$$(X_0 = s_0^*, \ldots, X_{n-1} = s_{n-1}^*)$$

für beliebige Zustände $s_0^*, \ldots, s_{n-1}^* \in S$ und zählen sie als $C_0, C_1, \ldots$ auf. Die Ereignisse C_i, $i \geq 0$, sind disjunkt. Mit $A = (X_{n+1} = s_{n+1})$ und $B = (X_n = s_n)$ folgt Gl. 11.31 aus Satz 11.26. $\square$

Wir erläutern den Begriff einer Markow-Kette an zwei einfachen Beispielen.

Beispiel 11.25 Es seien $X_0, Y_1, Y_2, \ldots$ unabhängige Zufallsvariable über dem Wahrscheinlichkeitsraum $(\Omega, \mathcal{B}, P)$. Wir zeigen, dass der durch $X_n = X_0 + Y_1 + \ldots + Y_n$, $n \in \mathbb{N}_0$, definierte stochastische Prozess eine Markow-Kette ist. Aus der Unabhängigkeit und der Definition der bedingten Wahrscheinlichkeit erhalten wir

$$P(X_{n+1} = s_{n+1} \mid X_0 = s_0, \ldots, X_n = s_n)$$

$$= \frac{P(X_0 = s_0, \ldots, X_{n+1} = s_{n+1})}{P(X_0 = s_0, \ldots, X_n = s_n)}$$

$$= \frac{P(X_0 = s_0, Y_1 = s_1 - s_0, \ldots, Y_{n+1} = s_{n+1} - s_n)}{P(X_0 = s_0, Y_1 = s_1 - s_0, \ldots, Y_n = s_n - s_{n-1})}$$

$$= P(Y_{n+1} = s_{n+1} - s_n)$$

für alle Zustände $s_0, \ldots, s_{n+1}$. Da diese Wahrscheinlichkeit nicht von $s_0, \ldots, s_{n-1}$ abhängt, folgt die Behauptung nach Satz 11.27. □

Beispiel 11.26 Es seien $0, 1, 2, \ldots$ die Zeitpunkte, an denen ein Server Aufträge bearbeiten kann. Wir nehmen an, dass der Server pro Zeiteinheit einen Auftrag erledigt. Zwischen den Zeitpunkten n und $n+1$ kommen Y_n Aufträge an. Die Zufallsvariablen Y_n seien unabhängig. Die Länge X_n der Warteschlange unerledigter Aufträge zur Zeit n ist dann durch die rekursive Gleichung

$$X_n = \max(0, X_{n-1} - 1) + Y_{n-1}$$

für alle $n \geq 1$ bestimmt. Am Anfang befinden sich s_0 Aufträge in der Warteschlange, das heißt $X_0 = s_0$. Wir zeigen, dass die Zufallsvariablen $X_n, n \geq 0$, eine Markow-Kette bilden. Falls $s_n > 0$ ist, gilt wegen der vorausgesetzten Unabhängigkeit

$$P(X_{n+1} = s_{n+1}, X_n = s_n, \ldots, X_0 = s_0)$$

$$= P(Y_n = s_{n+1} - s_n + 1, X_n = s_n, X_{n-1} = s_{n-1}, \ldots, X_0 = s_0)$$

$$= P(Y_n = s_{n+1} - s_n + 1) \cdot P(X_n = s_n, X_{n-1} = s_{n-1}, \ldots, X_0 = s_0).$$

Hieraus folgt

$$P(X_{n+1} = s_{n+1} \mid X_n = s_n, \ldots, X_0 = s_0) = P(Y_n = s_{n+1} - s_n + 1).$$

Für $s_n = 0$ ist

$$P(X_{n+1} = s_{n+1} \mid X_n = s_n, \ldots, X_0 = s_0) = P(Y_n = s_{n+1}).$$

In beiden Fällen hängen die bedingten Wahrscheinlichkeiten $P(X_{n+1} = s_{n+1} \mid X_n = s_n, \ldots, X_0 = s_0)$ nicht von $s_0, \ldots, s_{n-1}$ ab, das heißt, der stochastische Prozess $X_n, n \geq 0$, ist eine Markow-Kette. □

Wir beweisen jetzt einige einfache Eigenschaften von Markow-Ketten. Dabei sei stets ein Wahrscheinlichkeitsraum $(\Omega, \mathcal{B}, P)$ zugrunde gelegt.

Satz 11.28 Ist X_n, $n \geq 0$, eine Markow-Kette, so gilt für alle $n \geq 0$ und alle Zustände $s_0, \ldots, s_n$ die Gleichung

$$P(X_0 = s_0, \ldots, X_n = s_n)$$
$$= P(X_0 = s_0) \cdot P(X_1 = s_1 \mid X_0 = s_0) \cdots P(X_n = s_n \mid X_{n-1} = s_{n-1}). \tag{11.32}$$

Beweis Da X_n, $n \geq 0$, nach Voraussetzung eine Markow-Kette ist, folgt aus Definition 11.5 und Definition 11.22

$$P(X_0 = s_0, \ldots, X_n = s_n)$$
$$= P(X_0 = s_0, \ldots, X_{n-1} = s_{n-1}) \cdot P(X_n = s_n \mid X_0 = s_0, \ldots, X_{n-1} = s_{n-1})$$
$$= P(X_0 = s_0, \ldots, X_{n-1} = s_{n-1}) \cdot P(X_n = s_n \mid X_{n-1} = s_{n-1})$$
$$\vdots$$
$$= P(X_0 = s_0) \cdot P(X_1 = s_1 \mid X_0 = s_0) \cdots P(X_n = s_n \mid X_{n-1} = s_{n-1})$$

für alle Zustände $s_0, \ldots, s_n$. $\qquad \square$

Es sei eine Markow-Kette X_n, $n \geq 0$, gegeben. Man interessiert sich für die Wahrscheinlichkeit $P(X_n = s \mid X_k = r)$, vom Zustand r zum Zeitpunkt k in den Zustand s zum Zeitpunkt n mit $n > k$ zu gelangen. Eine Regel zur Berechnung dieser Wahrscheinlichkeit, die sogenannte *Chapman-Kolmogorow-Gleichung*, beweisen wir in Satz 11.30. Der folgende Satz dient der Vorbereitung.

Die definierende Gl. 11.31 einer Markow-Kette besagt, dass die Wahrscheinlichkeit $P(X_{n+1} = s_{n+1} \mid X_0 = s_0, \ldots, X_n = s_n)$ nicht von den Zuständen $s_0, \ldots, s_{n-1}$ abhängt. Diese Aussage wird im nächsten Satz verallgemeinert.

Satz 11.29 Es sei $0 < n < N$. Ist X_n, $n \geq 0$, eine Markow-Kette, dann gilt für alle Zustände $s_n \in S$ und für alle Mengen $E \subseteq S^n$, $F \subseteq S^{N-n}$ die Aussage

$$P((X_{n+1}, \ldots, X_N) \in F \mid X_n = s_n, (X_0, \ldots, X_{n-1}) \in E)$$
$$= P((X_{n+1}, \ldots, X_N) \in F \mid X_n = s_n). \tag{11.33}$$

Beweis Wenn F mehr als ein Element enthält, zerlegen wir F in eine disjunkte Vereinigung von einelementigen Mengen und wenden Gl. 11.6 an. Wir können deshalb annehmen, dass F nur aus einem Element besteht. Dieses Element sei $(s_{n+1}, \ldots, s_N)$.

Zur Abkürzung der Schreibweise setzen wir $p_k(t|s) = P(X_{k+1} = t \mid X_k = s)$. Für beliebige Zustände $s_0, \ldots, s_{n-1}$ gilt nach Satz 11.28

$$P((X_{n+1}, \ldots, X_N) \in F \mid X_n = s_n, X_0 = s_0, \ldots, X_{n-1} = s_{n-1})$$

$$= \frac{P(X_0 = s_0, \ldots, X_N = s_N)}{P(X_0 = s_0, \ldots, X_n = s_n)}$$

$$= \frac{P(X_0 = s_0) p_0(s_1|s_0) p_1(s_2|s_1) \cdots p_{N-1}(s_N|s_{N-1})}{P(X_0 = s_0) p_0(s_1|s_0) p_1(s_2|s_1) \cdots p_{n-1}(s_n|s_{n-1})}$$

$$= p_n(s_{n+1}|s_n) p_{n+1}(s_{n+2}|s_{n+1}) \cdots p_{N-1}(s_N|s_{N-1}) = p.$$

Der Wert p hängt nicht von den Zuständen $s_0, \ldots, s_{n-1}$ ab. Für die Vereinigungsmenge C von beliebigen disjunkten Mengen der Form $(X_0 = s_0, \ldots, X_{n-1} = s_{n-1})$ ist nach Satz 11.26 mit $A = ((X_{n+1}, \ldots, X_N) \in F)$ und $B = (X_n = s_n)$

$$P((X_{n+1}, \ldots, X_N) \in F \mid (X_n = s_n) \cap C) = p.$$

Setzt man für C einmal die Menge $(X_0, \ldots, X_{n-1}) \in E$ und einmal die Menge Ω ein, so bekommt man die linke und die rechte Seite von Gl. 11.33. Da beide p ergeben, müssen sie gleich sein. $\square$

Satz 11.30 *(Chapman-Kolmogorow-Gleichung)* Es sei eine Markow-Kette X_n, $n \geq 0$, gegeben. Für alle $k < m < n$ und für alle Zustände r und s gilt

$$P(X_n = s \mid X_k = r) = \sum_{t \in S} P(X_m = t \mid X_k = r) P(X_n = s \mid X_m = t).$$

Beweis Für alle $k < m < n$ und $r, s \in S$ gilt

$$P(X_k = r, X_n = s) = \sum_{t \in S} P(X_k = r, X_m = t, X_n = s)$$

$$= \sum_{t \in S} P(X_k = r, X_m = t) P(X_n = s \mid X_k = r, X_m = t).$$

Nach Satz 11.29 brauchen wir in dieser Gleichung im zweiten Faktor der Summe das Ereignis $X_k = r$ nicht zu berücksichtigen. Es gilt daher

$$P(X_k = r, X_n = s) = \sum_{t \in S} P(X_k = r, X_m = t) P(X_n = s \mid X_m = t).$$

Wir dividieren diese Gleichung durch $P(X_k = r)$ und erhalten die Behauptung. $\square$

Im Allgemeinen hängt für eine Markow-Kette X_n, $n \in \mathbb{N}_0$, die Wahrscheinlichkeit $P(X_{n+1} = s \mid X_n = r)$ des Übergangs von einem Zustand r in einen Zustand s vom Zeitpunkt n ab. In vielen Anwendungen ist dies jedoch nicht der Fall. Solchen Markow-Ketten geben wir in der folgenden Definition einen eigenen Namen.

Die Zustandsmenge S eines stochastischen Prozesses ist eine endliche oder abzählbare unendliche Menge. Der Einfachheit halber sei im Folgenden $S = \{0, \ldots, N\}$ bzw. $S = \mathbb{N}_0$ vorausgesetzt.

Definition 11.23 Eine Markow-Kette $X_n, n \in \mathbb{N}_0$, heißt *homogen*, wenn für alle Zustände r und s die Wahrscheinlichkeit $P(X_{n+1} = s \mid X_n = r)$ nicht vom Parameter n abhängt, das heißt, für alle $r, s \in S$ gibt es eine Wahrscheinlichkeit p_{rs} mit $p_{rs} = P(X_{n+1} = s \mid X_n = r)$ für alle $n \in \mathbb{N}_0$. $\square$

Für eine homogene Markow-Kette $X_n, n \in \mathbb{N}_0$, mit dem Zustandsraum S bilden die Wahrscheinlichkeiten $p_{rs}, r, s \in S$, eine Matrix $P = (p_{rs})$, die *Übergangsmatrix*, in der an der Stelle (r, s) die Wahrscheinlichkeit p_{rs} steht:

$$P = \begin{pmatrix} p_{00} & p_{01} & p_{02} & \cdots \\ p_{10} & p_{11} & p_{12} & \cdots \\ p_{20} & p_{21} & p_{22} & \cdots \\ \vdots & \vdots & \vdots & \end{pmatrix}.$$

Im Fall $S = \mathbb{N}_0$ ist P unendlich. Für eine endliche Zustandsmenge $S = \{0, \ldots, N\}$ ist P eine $(N + 1) \times (N + 1)$-Matrix.

Für alle Indizes r, s ist $p_{rs} \geq 0$. Außerdem ist $\sum_{s \geq 0} p_{rs} = 1$ für alle $r \geq 0$. Das heißt, alle Matrixelemente sind nicht negativ und die Zeilensummen sind jeweils 1. Eine Matrix mit diesen beiden Eigenschaften heißt *stochastische Matrix*.

Die Wahrscheinlichkeitsverteilung $\pi_{s_i} = P(X_0 = s_i), i \geq 0$, wird *Anfangs-* oder *Startverteilung* genannt. Mit diesen Bezeichnungen lautet Satz 11.28

$$P(X_0 = s_0, \ldots, X_n = s_n)$$
$$= P(X_0 = s_0) \cdot P(X_1 = s_1 \mid X_0 = s_0) \cdots P(X_n = s_n \mid X_{n-1} = s_{n-1}) \quad (11.34)$$
$$= \pi_{s_0} \cdot p_{s_0 s_1} \cdot p_{s_1 s_2} \cdots p_{s_{n-1} s_n}$$

für alle Zustände $s_0, \ldots, s_n$. Gl. 11.34 gibt die Wahrscheinlichkeit an, mit der eine homogene Markow-Kette die Zustände $s_0, \ldots, s_n$ vom Zeitpunkt $t = 0$ bis zum Zeitpunkt $t = n$ durchläuft.

Wir berechnen jetzt für eine homogene Markow-Kette die Wahrscheinlichkeit $p_{rs}^{(l)}$, mit genau l Schritten von einem Zustand $r \in S$ in einen Zustand $s \in S$ zu gelangen. Für $l = 1$ ist diese Wahrscheinlichkeit wegen der Homogenität gleich p_{rs}. Im Fall $l = 2$ erhalten wir aus der Gleichung von *Chapman-Kolmogorow* für $m = k + 1$ und $n = k + 2$ wegen der Homogenität die Wahrscheinlichkeit $p_{rs}^{(2)} = \sum_{t \in S} p_{rt} \cdot p_{ts}$. Die Einträge p_{rs} der Produktmatrix $P^2 = P \cdot P$ (siehe Abschn. 10.2) sind daher die Wahrscheinlichkeiten, mit genau zwei Schritten vom Zustand r in den Zustand s zu gelangen. Durch vollständige Induktion ergibt sich der folgende Satz.

Abb. 11.12 Zustandsdiagramm
der homogenen Markow-Kette
aus Beispiel 11.27

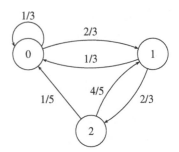

Satz 11.31 Für eine homogene Markow-Kette X_n, $n \in \mathbb{N}_0$, mit der Zustandsmenge $S = \{0, \ldots, N\}$ und der Übergangsmatrix P ist die Wahrscheinlichkeit, in genau l Schritten, $l \geq 0$, von einem Zustand $r \in S$ in einen Zustand $s \in S$ zu gelangen, durch das Element $p_{rs}^{(l)}$ in der l-ten Potenz P^l der Übergangsmatrix P gegeben. ☐

Markow-Ketten können als *Systeme* betrachtet werden, die sich stets in einem wohldefinierten Zustand befinden. Der Zustand hängt von der Zeit ab und ändert sich im Lauf der Berechnung. Das folgende Beispiel, in dem wir einige konkrete Übergangswahrscheinlichkeiten berechnen, verdeutlicht diese Sichtweise.

Beispiel 11.27 Es sei eine homogene Markow-Kette X_n, $n \in \mathbb{N}_0$, mit der Zustandsmenge $S = \{0, 1, 2\}$ und der Übergangsmatrix

$$P = \begin{pmatrix} 1/3 & 2/3 & 0 \\ 1/3 & 0 & 2/3 \\ 1/5 & 4/5 & 0 \end{pmatrix}$$

gegeben. Die Markow-Kette lässt sich durch ein *Zustandsdiagramm* wie in Abb. 11.12 gezeigt, veranschaulichen.

Wir berechnen zunächst durch Multiplikation der Matrizen die Potenzen $P^2 = P \cdot P$ und $P^3 = P^2 \cdot P$ von P und erhalten:

$$P^2 = \begin{pmatrix} 1/3 & 2/9 & 4/9 \\ 11/45 & 34/45 & 0 \\ 1/3 & 2/15 & 8/15 \end{pmatrix}, \qquad P^3 = \begin{pmatrix} 37/135 & 26/45 & 4/27 \\ 1/3 & 22/135 & 68/135 \\ 59/225 & 146/225 & 4/45 \end{pmatrix}.$$

Es ist nicht möglich, mit genau zwei Schritten vom Zustand 1 in den Zustand 2 zu gelangen. Daher ist $p_{1,2}^{(2)} = 0$. Wir berechnen jetzt die Wahrscheinlichkeit, mit genau drei Schritten vom Zustand 0 in den Zustand 0 zurückzukehren. Hierfür sind vier verschiedene Zustandsfolgen möglich: $z_1 = (0, 0, 0)$, $z_2 = (0, 1, 0)$, $z_3 = (1, 0, 0)$ sowie $z_4 = (1, 2, 0)$. Wenn wir die zugehörigen Wahrscheinlichkeiten mit p_1, p_2, p_3 und p_4 bezeichnen, gilt $p_1 = \frac{1}{3} \cdot \frac{1}{3} \cdot \frac{1}{3} = \frac{1}{27}$, $p_2 = \frac{1}{3} \cdot \frac{2}{3} \cdot \frac{1}{3} = \frac{2}{27}$, $p_3 = \frac{2}{3} \cdot \frac{1}{3} \cdot \frac{1}{3} = \frac{2}{27}$ und $p_4 = \frac{2}{3} \cdot \frac{2}{3} \cdot \frac{1}{5} = \frac{4}{45}$. Die Gesamtwahrscheinlichkeit ist dann $p_{0,0}^{(3)} = p_1 + p_2 + p_3 + p_4 = \frac{5}{27} + \frac{4}{45} = \frac{37}{135} = P^3(0, 0)$.

Wenn wir die Berechnung im Zustand 0 beginnen, das heißt, die Startverteilung ist durch $\pi_0 = 1$, $\pi_1 = 0$ und $\pi_2 = 0$ gegeben, so befindet sich die Markow-Kette nach drei Schritten mit der Wahrscheinlichkeit $\frac{37}{135} = 0{,}274$ wieder im Zustand 0. □

In der Literatur werden viele Fragestellungen für Markow-Ketten behandelt. Man interessiert sich zum Beispiel für die Wahrscheinlichkeit, mit der eine Kette in einen Zustand zurückkehrt *(Rekurrenz)* oder dafür, ob die Kette von einem Zustand s in einen Zustand t gelangen kann.

Wir werfen an dieser Stelle lediglich einen kurzen Blick auf das *Langzeitverhalten* einer Markow-Kette. Dazu berechnen wir mithilfe eines Computeralgebrasystems die Potenzen P^{100} und P^{200} der Übergangsmatrix P aus Beispiel 11.27. Das Ergebnis lautet auf acht Dezimalen gerundet:

$$P^{100} = \begin{pmatrix} 0{,}29577465 & 0{,}42253521 & 0{,}28169014 \\ 0{,}29577465 & 0{,}42253521 & 0{,}28169014 \\ 0{,}29577465 & 0{,}42253521 & 0{,}28169014 \end{pmatrix},$$

$$P^{200} = \begin{pmatrix} 0{,}29577465 & 0{,}42253521 & 0{,}28169014 \\ 0{,}29577465 & 0{,}42253521 & 0{,}28169014 \\ 0{,}29577465 & 0{,}42253521 & 0{,}28169014 \end{pmatrix}.$$

Dieses Ergebnis ist kein Zufall. Man kann nämlich beweisen (siehe zum Beispiel [61]), dass eine stochastische Matrix, die nur positive Einträge enthält, für $n \to \infty$ gegen eine Matrix konvergiert, deren Einträge unabhängig von der Zeile sind. Wenn wir den Zeilenvektor der Grenzmatrix mit $q = (q_s)$, $s \in S$, bezeichnen, so wird gezeigt, dass q durch das lineare Gleichungssystem

$$q_s = \sum_{t \in S} p_{ts} \cdot q_t, \quad s \in S, \tag{11.35}$$

und die Bedingung, dass die Zeilensumme 1 ergibt, eindeutig festgelegt ist. Offenbar ist q ein Eigenvektor der Matrix (p_{ts}) zum Eigenwert 1 (siehe Definition 10.18). Die Matrix P^3 aus Beispiel 11.27 enthält nur positive Werte. Daher existiert die Grenzmatrix. In Aufgabe 28 soll gezeigt werden, dass für diese Grenzmatrix $q_0 = \frac{21}{71} = 0{,}29577465$, $q_1 = \frac{30}{71} = 0{,}42253521$ und $q_2 = \frac{20}{71} = 0{,}28169014$ gilt. Es ist also gleichgültig, in welchem Zustand man beginnt, nach hinreichend vielen Schritten befindet man sich mit der Wahrscheinlichkeit 0,296 im Zustand 0.

Eine wichtige Anwendung der Theorie der stochastischen Prozesse in der Informatik ist die Untersuchung von Warteschlangen. Zur Bildung einer *Warteschlange* kann es kommen, wenn eine *Bedienstation (Server)* gleichzeitig mehr *Aufträge* erhält, als sie verarbeiten kann. Als Beispiel seien die Situation an der Kasse eines Supermarkts oder die

Vergabe von Rechenzeit durch das Betriebssystem eines Rechners an rechenwillige Prozesse genannt.

Zunächst wollen wir die auftretenden Situationen klassifizieren. Dabei übernehmen wir die Bezeichnungen aus [48]. Demnach kann ein *Bedienmodell* durch die folgenden fünf Angaben charakterisiert werden:

(a) die Art A des Ankunftsprozesses,
(b) die Art B des Bedienprozesses,
(c) die Anzahl s der Server,
(d) die Größe c der Warteschlange (Kapazität),
(e) die Reihenfolge R der Bedienung.

Annahmen über die Art des Ankunfts- und des Bedienprozesses werden üblicherweise durch einen der Buchstaben D (feste Zeiten, deterministisch), M (Markow-Eigenschaft; englisch: *memoryless*) oder G (beliebige Verteilung; englisch: *general*) ausgedrückt. Die Anzahl der Server und die Größe der Warteschlange sind natürliche Zahlen s und k mit $s \geq 1$ und $k \geq 0$. Außerdem darf für s und k das Symbol ∞ stehen. Es bedeutet, dass die Anzahl der Server bzw. die Größe der Warteschlange unbeschränkt ist. Bei der Reihenfolge der Bedienung unterscheidet man beispielsweise *FCFS* (*first come first served*), *LCFS* (*last come first served*) oder *SIRO* (*served in random order*).

Für eine Bedienstation mit mehreren Servern und einer gemeinsamen Warteschlange wird die Notation

$$A \mid B \mid s \mid c \mid R$$

verwendet. Beispielsweise kann die Situation in einem Supermarkt mit drei Kassen, an denen maximal je zehn Kunden stehen können, durch $G \mid G \mid 3 \mid 10 \mid FCFS$ beschrieben werden, wenn keine weiteren Annahmen über das zeitliche Eintreffen der Kunden möglich sind. Bei der Reihenfolge der Bedienung ist *FCFS* der Standardfall. Diese Angabe entfällt daher meistens. Wenn die Kapazität nicht aufgeführt ist, bedeutet dies $c = \infty$.

Darüber hinaus muss entschieden werden, ob die Bedienstation durch ein diskretes oder ein stetiges Zeitmodell beschrieben werden soll.

In vielen Fällen lassen sich Warteschlangensituationen mithilfe stochastischer Prozesse modellieren. Im abschließenden Beispiel wird dies exemplarisch für eine Bedienstation gezeigt.

Beispiel 11.28 In diesem Beispiel wollen wir zeigen, wie eine Bedienstation vom Typ $M \mid M \mid 1$ mit diskreten Zeitpunkten durch einen stochastischen Prozess beschrieben werden kann. Die Darstellung ist [48] entnommen.

Die Bezeichnung $M \mid M \mid 1$ bedeutet, dass die Aufträge entsprechend der Markow-Eigenschaft an der Bedienstation ankommen und der Reihe nach verarbeitet werden. Es gibt einen Server, und die Warteschlange kann beliebig groß werden. Ein Beispiel für solch eine idealisierte Situation ist die Vergabe von Betriebsmitteln (zum Beispiel Rechenzeit) in einem Computer.

Es sei angenommen, dass die Zeit in diskrete Takte einer einheitlichen Zeitdauer h unterteilt ist. Das Bediensystem wird also zu den Zeitpunkten $0, h, 2h, 3h, \ldots$ beobachtet. Weitere Annahmen über h sind nicht erforderlich, sodass der Zeittakt gegebenenfalls sehr kurz gewählt werden kann.

Wir beginnen mit der Modellierung des Ankunftsprozesses. Es sei vorausgesetzt, dass in gleichen Zeiträumen im Mittel gleich viele Aufträge ankommen. Die mittlere Zahl von Ankünften pro Zeiteinheit nennen wir *Ankunftsrate* und bezeichnen sie mit λ. Es sei weiter angenommen, dass pro Zeittakt höchstens ein Auftrag die Bedienstation erreicht. Hieraus folgt, dass die Ankunftswahrscheinlichkeit in einem Takt $p_a = \lambda h$ ist. Damit $p_a = \lambda h \leq 1$ gilt, muss die Länge h des Beobachtungszeittaktes entsprechend klein gewählt werden. Der gesamte Ankunftsprozess lässt sich daher als unbeschränkte Bernoulli-Kette (siehe Definition 11.8) mit der zugehörigen Wahrscheinlichkeit p_a beschreiben. Ein solcher stochastischer Prozess heißt *Bernoulli-Prozess* mit der Wahrscheinlichkeit p_a.

Wir halten die folgenden Aussagen fest:

(a) Die Ankunftszahlen in disjunkten Intervallen sind unabhängig. Die Zahl der Ankünfte von Aufträgen in n Takten ist binomialverteilt mit dem Parameter p_a (siehe Beispiel 11.12).

(b) Die Wahrscheinlichkeit $P(X = k)$, dass nach einer Ankunft genau k Takte, $k = 1, 2, \ldots$, bis zur nächsten Ankunft verstreichen, ist offenbar $(1 - p_a)^{k-1} \cdot p_a$. Die Zufallsvariable X heißt *geometrisch verteilt*. Ihr Erwartungswert ist $E(X) = \frac{1}{p_a}$ (siehe Aufgabe 29). Die mittlere Wartezeit auf den nächsten Auftrag beträgt daher $E(X) \cdot h = \frac{1}{p_a} \cdot h = \frac{1}{\lambda h} \cdot h = \frac{1}{\lambda}$.

Den Bedienprozess beschreiben wir analog. Die Anzahl der Aufträge, die die Bedienstation im Mittel pro Zeiteinheit bearbeiten kann, sei als konstant vorausgesetzt. Wir bezeichnen sie mit μ. Wir nehmen weiter an, dass der Bedienprozess durch einen Bernoulli-Prozess mit der Wahrscheinlichkeit $p_b = \mu h$ beschrieben werden kann. Der Bedienprozess sei unabhängig vom Ankunftsprozess. Außerdem sei h so klein gewählt, dass auch $p_b = \mu h \leq 1$ gilt. Die Aussage (b) gilt entsprechend für den Bedienprozess. Das heißt, die mittlere Bedienzeit ist $\frac{1}{\mu}$.

Aus dem Zusammenspiel von Ankunftsprozess und Bedienprozess erhält man eine Markow-Kette mit der Zustandsmenge $S = \mathbb{N}_0$. Die Markow-Kette befindet sich im Zustand $s \in \mathbb{N}_0$, wenn zum betrachteten Zeitpunkt genau s Aufträge in der Bedienstation sind. Die Zahl der Aufträge ändert sich in einem Takt um

0, wenn kein Auftrag ankommt und kein Auftrag erledigt wird,

0, wenn ein Auftrag ankommt und ein Auftrag erledigt wird,

$+1$, wenn ein Auftrag ankommt und kein Auftrag erledigt wird und um

-1, wenn kein Auftrag ankommt und ein Auftrag erledigt wird.

Da die Bernoulli-Versuche jeweils unabhängig sind und die Zahl der Aufträge nach einem Takt nur von der Zahl der Aufträge vor dem Takt und von den beiden Bernoulli-Versuchen abhängt, ist der beschriebene Prozess eine homogene Markow-Kette.

Die Wahrscheinlichkeit, dass in einem Takt ein Auftrag ankommt, ist $p_a = \lambda h$. Kein Auftrag erreicht die Bedienstation daher mit der Wahrscheinlichkeit $1 - \lambda h$. Hieraus folgt $p_{0,0} = 1 - \lambda h$ und $p_{0,1} = \lambda h$. Die Wahrscheinlichkeit $p_{1,1} = (1 - \lambda h)(1 - \mu h) + \lambda h \mu h$ ergibt sich daraus, dass in dem Takt kein Auftrag ankommt und kein Auftrag bearbeitet wird oder dass ein Auftrag ankommt und ein Auftrag bearbeitet wird. Diese Überlegungen führen zur Übergangsmatrix P mit

$$
P = \begin{pmatrix}
1 - \lambda h & \lambda h & 0 & \cdots \\
(1 - \lambda h)\mu h & (1 - \lambda h)(1 - \mu h) + \lambda h \mu h & \lambda h(1 - \mu h) & \cdots \\
0 & (1 - \lambda h)\mu h & (1 - \lambda h)(1 - \mu h) + \lambda h \mu h & \cdots \\
\vdots & \vdots & \vdots &
\end{pmatrix}.
$$

Da der Beobachtungszeitraum h klein ist, können die Terme, die h^2 enthalten, in der Praxis vernachlässigt werden. Dies führt zur vereinfachten Übergangsmatrix P':

$$
P' = \begin{pmatrix}
1 - \lambda h & \lambda h & 0 & 0 & \cdots \\
\mu h & 1 - \lambda h - \mu h & \lambda h & 0 & \cdots \\
0 & \mu h & 1 - \lambda h - \mu h & \lambda h & \cdots \\
0 & 0 & \mu h & 1 - \lambda h - \mu h & \cdots \\
\vdots & \vdots & \vdots & \vdots &
\end{pmatrix}.
$$

Damit haben wir gezeigt, dass unter bestimmten Modellannahmen eine Bedienstation vom Typ $M \mid M \mid 1$ mithilfe einer homogenen Markow-Kette beschrieben werden kann.

Nach der Modellierung beginnt natürlich erst die eigentliche Arbeit des Mathematikers, indem aus dem Modell Eigenschaften des Systems abgeleitet werden. Hierauf können wir jedoch nicht eingehen, sondern verweisen stattdessen auf das bereits angegebene Buch [48]. Es sei nur soviel erwähnt, dass sich für $n \to \infty$ das Verhalten der Bedienstation im Falle $\lambda < \mu$ (das heißt, es treffen im Mittel weniger Aufträge ein, als verarbeitet werden können) wie das des stochastischen Prozesses aus Beispiel 11.27 stabilisiert. Für $\lambda \geq \mu$ wächst die Anzahl der Aufträge mit der Zeit ins Unendliche, das heißt, die Matrix P' konvergiert nicht. $\square$

Aufgaben

(1) Bei einer Hochzeit soll ein Gruppenfoto von Braut, Bräutigam und den drei Trau-zeugen gemacht werden. Wie viele Möglichkeiten gibt es, wenn

(a) die Braut in der Mitte steht,

(b) das Brautpaar nebeneinander steht,

(c) das Brautpaar außen steht,

(d) keine Anordnung vorgegeben ist?

(2) Wie viele Möglichkeiten gibt es, eine Getränkekiste mit 12 Flaschen zu füllen, wenn die Getränke Cola, Wasser und Saft zur Auswahl stehen?

(3) Es seien $M = \{1, 2, 3, 4, 5\}$ und $N = \{1, 2, 3\}$. Wie viele surjektive Abbildungen $f : M \to N$ und wie viele injektive Abbildungen $g : N \to M$ gibt es?

(4) In einem Behälter befinden sich 1000 Kugeln mit den Aufschriften 000, 001, ..., 999. Es wird zufällig eine Kugel aus dem Behälter gezogen. Mit welcher Wahrscheinlichkeit enthält die Nummer der Kugel nicht die Ziffer 7?

(5) Aus einem Kartenspiel mit 32 Karten werden vier Karten zufällig gezogen. Wie groß ist die Wahrscheinlichkeit, dass mindestens zwei Kreuzkarten dabei sind?

(6) In einer Urne befinden sich vier rote, fünf gelbe und sechs grüne Kugeln. Es werden drei Kugeln gleichzeitig entnommen. Mit welcher Wahrscheinlichkeit handelt es sich um zwei grüne und eine gelbe Kugel?

(7) Zeige Satz 11.8(f).

(8) Ein Zufallsexperiment mit n gleich wahrscheinlichen Ergebnissen wird k-mal, $1 \leq k \leq n + 1$, durchgeführt. Für welchen Wert von k ist die Wahrscheinlichkeit einer Wiederholung größer als 50 %?

(9) Wie groß ist die Wahrscheinlichkeit, dass beim Wurf zweier Würfel die Augensumme 7 ist, falls die Augensumme ungerade ist?

(10) Wie groß ist die Wahrscheinlichkeit für genau fünf Richtige beim Zahlenlotto 6 aus 49 unter der Bedingung, dass man mindestens vier Richtige hat?

(11) Ein elektronisches Gerät enthält 12 Chips. Fällt einer der Chips aus, ist das Gerät unbrauchbar. Die Erfahrung hat gezeigt, dass jeder Chip mit der Wahrscheinlichkeit $\frac{1}{4}$ im Lauf eines Jahres defekt wird. Mit welcher Wahrscheinlichkeit muss das Gerät im Lauf eines Jahres repariert werden?

(12) Im Jahre 1654 wandte sich Chevalier *de Méré*, ein Literat am Hof Ludwigs XIV., mit den folgenden Problemen an den Mathematiker *Blaise Pascal* (zitiert nach *Arthur Engel* [31]):

(a) Ist es wahrscheinlicher, bei vier Würfen mit einem Würfel mindestens eine sechs zu werfen oder bei 24 Würfen mit zwei Würfeln eine Doppelsechs?

(b) Eine Münze wird wiederholt geworfen. Für jede „1" erhält A einen Punkt, für jede „0" B einen Punkt. Wer zuerst fünf Punkte erzielt, gewinnt den Einsatz. Nach sieben Würfen hat A vier Punkte und B drei Punkte. Das Spiel wird abgebrochen. Welches ist die gerechte Aufteilung des Einsatzes?

(c) Wie viele Würfe braucht man mit zwei Würfeln, um mit der Wahrscheinlichkeit $p > 0{,}5$ eine Doppelsechs zu erzielen?

(13) Eine Maschine erzeugt Chips mit einer Ausschussquote von 5 %. Wie viele Chips müssen mindestens produziert werden, damit mit mindestens 50 %iger Wahrscheinlichkeit ein Chip defekt ist? Setze die vollständige Unabhängigkeit der Einzelereignisse voraus.

(14) Ein PC-Hersteller bezieht Chips von drei verschiedenen Zulieferfirmen. Vom ersten Zulieferer stammen 20 %, vom zweiten 30 % und vom dritten 50 % der Chips. Nach der Garantiezeit stellt sich heraus, dass 15 % der Chips des ersten Zulieferers, 18 % der Chips des zweiten Zulieferers und 9 % der Chips des dritten Zulieferers fehlerhaft geworden sind. Mit welcher Wahrscheinlichkeit stammt ein zufällig ausgewählter defekter Chip vom ersten (zweiten, dritten) Zulieferer?

(15) Gegeben sei eine Menge Ω.

   (a) Zeige, dass zu jedem Mengensystem $\mathcal{M} \subseteq \Omega$ eine kleinste σ-Algebra $\sigma(\mathcal{M})$ existiert, die $\mathcal{M}$ umfasst.

   (b) Welche Elemente enthält $\sigma(\mathcal{M})$ für $\mathcal{M} = \{A\}$, $A \subseteq \Omega$?

   Es sei $\Omega = \mathbb{R}$ und $\mathcal{M}$ das System der halboffenen Intervalle $[a, b)$, $a, b \in \mathbb{R}$. Die σ-Algebra $\sigma(\mathcal{M})$ heißt *borelsche σ-Algebra* über $\mathbb{R}$.

   (c) Zeige, dass die borelsche σ-Algebra alle endlichen und abzählbar unendlichen Mengen sowie alle abgeschlossenen und offenen Intervalle enthält.

(16) Zeige Gl. 11.17 für unabhängige Zufallsvariable X und Y.

(17) Beweise die Aussagen (b) und (c) von Satz 11.18.

(18) Mit welcher Mindestwahrscheinlichkeit weicht die relative Häufigkeit für eine 1 beim hundertfachen Wurf eines Würfels um weniger als 0,05 von $\frac{1}{6}$ ab?

(19) Wie oft muss man einen Würfel mindestens werfen, damit mit einer Wahrscheinlichkeit von mindestens 0,6 das arithmetische Mittel der Augenzahlen um weniger als 0,25 vom Erwartungswert 3,5 abweicht?

(20) Weise die partielle Korrektheit von Algorithmus 11.1 durch Angabe von geeigneten Schleifeninvarianten nach.

(21) Gegeben seien n Fächer $x_1, \ldots, x_n$, n gerade, von denen die Hälfte besetzt ist.

   (a) Wie viele Schritte benötigt ein deterministischer Algorithmus, der die Fächer $x_1, \ldots, x_n$ der Reihe nach öffnet, im ungünstigsten Fall, bis er ein freies Fach findet?

   (b) Ein Las-Vegas-Algorithmus wählt zufällig ein Fach x_i, $1 \leq i \leq n$, aus und sieht nach, ob das Fach frei ist. Falls nicht, wird erneut zufällig ein Fach ausgewählt. Wie groß ist die Wahrscheinlichkeit, dass der Las-Vegas-Algorithmus nach zehn Versuchen kein freies Fach gefunden hat? Mit welcher Wahrscheinlichkeit tritt der ungünstigste Fall ein, dass niemals ein freies Fach gefunden wird?

(22) Bestimme den Inhalt der Fläche A aus Abb. 11.13.

(23) Zeige, dass für eine gleichverteilte stetige Zufallsvariable X mit den Parametern a und b, $b > a$, $E(X) = \mu = \frac{a+b}{2}$ und $\sigma^2 = \frac{(b-a)^2}{12}$ gilt.

(24) Die Wartezeit an einem Geldautomaten sei exponentialverteilt und lasse sich durch die Dichtefunktion

$$\varphi(x) = \begin{cases} 0, & \text{falls } x \leq 0, \\ \frac{1}{2}e^{-\frac{1}{2}x}, & \text{falls } x > 0 \end{cases}$$

für alle $x \in \mathbb{R}$ beschreiben.

Abb. 11.13 Graph der Funktion $f(x) = \frac{2x^2+x-1}{x^2-2x+2}$ aus Beispiel 4.11

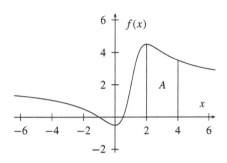

(a) Wie lange muss man im Mittel auf die Geldausgabe warten?

(b) Mit welcher Wahrscheinlichkeit hat man nach fünf Zeiteinheiten sein Geld erhalten?

(25) Führe für die Dichtefunktion $\varphi_{\mu,\sigma}(x) = \frac{1}{\sigma\sqrt{2\pi}}\, e^{-\frac{1}{2}(\frac{x-\mu}{\sigma})^2}$ der Normalverteilung eine Funktionsdiskussion durch.

(26) Die Größe eines Werkstücks sei durch eine normalverteilte Zufallsvariable X mit den Parametern μ und σ beschrieben. Die Größe sei in cm gemessen. Messungen haben ergeben, dass $P(X < 50) = P(X > 90) = 0{,}03$ ist.

(a) Berechne μ und σ.

(b) Wie viel Prozent der Werkstücke sind größer als 60 cm?

(c) Wie viel Prozent der Werkstücke sind zwischen 60 cm und 70 cm groß?

(27) Ein Würfel wird zehnmal geworfen. Die Zufallsvariable X sei die Summe der Augenzahlen. Berechne mit dem zentralen Grenzwertsatz näherungsweise $P(X \le 30)$, $P(30 \le X \le 40)$ und $P(X = 37)$.

(28) Zeige mithilfe von Gl. 11.35, dass die Markow-Kette aus Beispiel 11.27 für $n \to \infty$ gegen die Matrix

$$\frac{1}{71}\begin{pmatrix} 21 & 30 & 20 \\ 21 & 30 & 20 \\ 21 & 30 & 20 \end{pmatrix}$$

konvergiert.

(29) Es sei $0 < p < 1$. Eine diskrete Zufallsvariable X, die die Werte $k = 1, 2, 3, \ldots$ mit den Wahrscheinlichkeiten $P(X = k) = (1 - p)^{k-1} \cdot p$ annimmt, heißt *geometrischverteilt* mit dem Parameter p. Zeige $E(X) = \frac{1}{p}$.

Algorithmen und Programme 12

Um ein Problem mit einem Computer lösen zu können, muss man üblicherweise die drei folgenden Schritte ausführen:

(a) *Spezifikation des Problems,*
(b) *Abstraktion und Modellierung: Entwicklung eines Algorithmus zur Lösung des Problems,*
(c) *Programmierung des Algorithmus.*

Unter der *Spezifikation des Problems* versteht man eine vollständige und eindeutige Beschreibung des Problems. Grob gesprochen ist ein *Algorithmus* ein Verfahren zur schrittweisen Lösung des Problems. Die Umsetzung des Algorithmus in eine Sprache, die der Computer versteht, nennt man *Programmierung.*

Wir geben eine kurze Einführung in Themen, die bei der Ausführung der drei Schritte entstehen. In den beiden ersten Abschnitten dieses Kapitels wird auf die Begriffe *Algorithmus* und *Programm* eingegangen. Der dritte und der vierte Abschnitt sind den Themen *Paradigma, Komplexität, Korrektheit* und *Berechenbarkeit* gewidmet. Im fünften Abschnitt dieses Kapitels werden *rekursive Algorithmen* besprochen.

Algorithmen sind allgegenwärtig. Sie begegnen uns auf Schritt und Tritt im täglichen Leben. Viele sind in unserer Vorstellung eng mit Computern verknüpft (zum Beispiel die Durchführung numerischer Berechnungen), andere hingegen nicht (zum Beispiel die Montage eines Schranks). Als Einführung in dieses Thema empfehlen wir das Buch von DAVID HAREL und YISHAI FELDMAN [43]. Es handelt sich hierbei um die deutsche Übersetzung der englischen Originalausgabe „Algorithmics – The Spirit of Computing". Im Zentrum von [43] stehen nicht Computer, sondern der Geist, der sie in Gang setzt – also die Algorithmen, ihr Studium, ihre Eigenschaften und ihre Grenzen, kurz die *Algorithmik.*

© Springer-Verlag Berlin Heidelberg 2016
W. Struckmann, D. Wätjen, *Mathematik für Informatiker*, DOI 10.1007/978-3-662-49870-5_12

Algorithmen und Programme sind eine wichtige Kombination zweier Themen der Informatik. Eine andere Kombination sind Programmieren und Software Engineering. Zu diesem Thema verweisen wir auf das von I. Schaefer und W. Struckmann zusammengestellte Buch [83].

12.1 Algorithmen

Wie wir in der Einleitung gesehen haben, ist ein *Algorithmus* die Beschreibung eines Verfahrens zur schrittweisen Lösung eines Problems. Welche Anforderungen sind an die Formulierung eines Algorithmus zu stellen?

- Die Beschreibung des Verfahrens muss durch einen endlichen Text erfolgen.
- Die *Elementaroperationen* (Einzelschritte) müssen „mechanisch", das heißt ohne Verständnis des Algorithmus, ausführbar sein.
- Es muss beschrieben werden, in welcher Reihenfolge die Elementaroperationen ausgeführt werden sollen.
- Die Beschreibung der Elementaroperationen und der Reihenfolge ihrer Ausführung muss „hinreichend präzise" sein, damit die Ausführung des Verfahrens möglich ist.
- Die Spezifikation des Problems muss bereits vor der Entwicklung eines Algorithmus gegeben sein. Die Spezifikation beschreibt die Eingabe- und Ausgabewerte des Algorithmus. Die Menge der Eingabewerte kann auch leer sein.

Diese Anforderungen sind keine formale Definition. Man spricht von einem *intuitiven Algorithmusbegriff*, wie wir ihn zu Beginn des Kap. 4 schon kurz erwähnt haben. Zum Schluss des Abschn. 12.4 werfen wir einen Blick auf eine formale Algorithmusdefinition.

Die folgende Liste enthält eine kurze Beschreibung von drei Eigenschaften von Algorithmen:

- Algorithmen sollen in der Regel *terminieren*, das heißt bei jeder Eingabe irgendwann zu einem Ende führen. Es gibt Ausnahmen: Zum Beispiel Betriebssysteme oder sogenannte reaktive Systeme.
- Einen Algorithmus nennt man *deterministisch*, wenn er bei gleichen Eingabedaten stets das gleiche Verfahren ausführt.
- Ein Algorithmus heißt *determiniert*, wenn er bei gleichen Eingabedaten immer die gleichen Ausgabedaten liefert.

Es gibt Varianten des Algorithmusbegriffs, die die Reihenfolge der Ausführung der Elementaroperationen nicht eindeutig festlegen. Beispiele dafür sind *nicht deterministische*, *stochastische* (zufallsgesteuerte, siehe zum Beispiel Algorithmus 6.6) und *parallele* Algorithmen.

Wir sehen uns jetzt Beispiele für deterministische Algorithmen an. Im nächsten Abschnitt betrachten wir dann die Umsetzung einiger Algorithmen in Computerprogramme.

Beispiel 12.1 Es soll ein Algorithmus formuliert werden, der die folgende Spezifikation erfüllt:

Der Algorithmus soll den Quotienten $\frac{x}{y}$ zweier Zahlen x, y berechnen.

Diese Spezifikation ist nicht ausreichend. Wenn x und y rationale Zahlen sind, dann gilt beispielsweise für $x = 51$ und $y = 9$ die Gleichung

$$\frac{x}{y} = \frac{51}{9} = \frac{17}{3} = 5\frac{2}{3} = 5,6666\ldots = 5,\bar{6}.$$

Falls x und y natürliche Zahlen sind und der Quotient ganzzahlig berechnet werden soll, dann ist der Quotient $q = 5$ und der Rest der Division $r = 51 \mod 9 = 6$. Es gilt also die Gleichung (siehe Satz 6.5 und den zugehörigen Abschnitt)

$$x = q \cdot y + r \wedge 0 \leq r < y. \tag{*}$$

Die Spezifikation wird daher wie folgt erweitert:

Der Algorithmus soll den Quotienten q und den Rest r zweier natürlicher Zahlen x, y berechnen. q und r sind durch (*) eindeutig bestimmt.

Der Algorithmus, der jetzt formuliert wird, verwendet die Variablen x, y, q und r sowie die Operationen Addition, Subtraktion und Größenvergleich:

q und r erhalten die Anfangswerte 0 und x. Dann wird von r der Wert von y abgezogen, bis der Wert von r kleiner als der Wert von y ist. Nach jeder Subtraktion wird der Wert von q um 1 erhöht. Die Werte von x und y ändern sich nicht. Nach der Ausführung des Algorithmus enthalten die Variablen q und r Werte, wie sie in (*) verlangt werden.

Für das obige Beispiel gilt also $x = 51$, $y = 9$, $q = 5$ und $r = 6$. In der folgenden Tabelle stehen die Werte, die die Variablen x, y, q und r annehmen:

$x:$	51	51	51	51	51	51
$y:$	9	9	9	9	9	9
$q:$	0	1	2	3	4	5
$r:$	51	42	33	24	15	6

Die obige Formulierung des Algorithmus erfolgte in der Umgangssprache. Präziser ist die folgende Ausdrucksweise im sogenannten *Pseudocode*:

$$q := 0;$$
$$r := x;$$
while $r \geq y$ **do**
$$r := r - y;$$
$$q := q + 1$$
od

Pseudocode ist ein Programmcode, der einen Algorithmus anschaulich beschreibt, von einem Computer aber in der Regel nicht ausgeführt werden kann. Der Algorithmus terminiert bis auf den Fall $x \geq y$ und $y = 0$, weil dann stets die Bedingung $r \geq y$ gilt. □

Beispiel 12.2   Von *Lothar Collatz* stammt der folgende Algorithmus:

Die Eingabe ist eine natürliche Zahl $n > 1$. Falls n gerade ist, wird n halbiert und ausgegeben. Falls n ungerade ist, wird n mit 3 multipliziert, dann um 1 erhöht und anschließend ausgegeben. Dieser Vorgang wird wiederholt, bis n den Wert 1 annimmt.

Beispielsweise erfolgt für $n = 15$ die folgende Ausgabe:

46   23   70   35   106   53   160   80   40   20   10   5   16   8   4   2   1

Im Pseudocode formuliert könnte der Algorithmus wie folgt aussehen:

while $n \neq 1$ **do**
   if n gerade
     then $n := n/2$; ausgabe(n)
     else $n := 3n + 1$; ausgabe(n)
   fi
od

Die *Collatz-Vermutung* besagt, dass der Algorithmus für alle Eingaben terminiert. Dies ist zurzeit noch ein offenes Problem. Man hat bisher noch keine Zahl $n \in \mathbb{N}$ gefunden, für die der Algorithmus nicht terminiert. Es gibt aber auch noch keinen Beweis dafür, dass die Collatz-Vermutung zutrifft.   □

Beispiel 12.2 zeigt, dass es nicht immer einfach ist zu überprüfen, ob ein Algorithmus für die Eingabedaten der Spezifikation terminiert. Aus diesem Grund ist es nicht sinnvoll, die

Definition des Algorithmusbegriffs so zu erweitern, dass die Terminierung verlangt wird. Definitionen sollten überprüfbar sein.

Die Algorithmen der Beispiele 12.1 und 12.2 verwenden nur natürliche Zahlen als Daten. Zahlen werden als *primitive Datentypen* bezeichnet. Zu den primitiven Datentypen zählen üblicherweise auch Zeichen (a, b, c, ...) und Wahrheitswerte (*true*, *false*). Die meisten Algorithmen benutzen aber nicht nur primitive Datentypen, sondern auch *komplexe Datentypen*. Hierunter sind Datentypen zu verstehen, die primitive Daten zu einer strukturierten Einheit zusammenfassen. Man spricht daher auch von *Datenstrukturen*.

Als Beispiele für Datenstrukturen erwähnen wir hier *Listen* und *Mengen*. Listen bestehen aus Elementen, die in einer festen Reihenfolge vorliegen. Die Elemente dürfen auch mehrfach vorkommen. Mengen bestehen hingegen aus Elementen, die nur einmal vorkommen und bei denen die Reihenfolge keine Rolle spielt. Beispielsweise ist $a = (4, 2, 7, 5, 4, 2, 1, 0, 0)$ eine Liste und $m = \{0, 4, 2, 7, 1, 5\}$ die Menge, die die Elemente der Liste a enthält.

Beispiel 12.3 In Beispiel 4.13(c) haben wir eine rekursive Version des Sortieralgorithmus *Bubblesort* vorgestellt. Der folgende Pseudocode enthält eine iterative Version dieses Sortieralgorithmus. Dabei wird die Eingabeliste im Unterschied zu 4.13 (c) von vorne durchlaufen. Die Liste a besteht aus den ganzen Zahlen $a[0], \ldots, a[l-1]$, l ist die Länge der Liste. Die Liste soll aufsteigend sortiert werden.

$$b := 0;$$
while $a < l - 1$ **do**
$\qquad b := 0; \; x := 0; \; y := 1;$
$\qquad$ **while** $y < l$ **do**
$\qquad\qquad$ **if** $a[x] < a[y]$
$\qquad\qquad$ **then** $b := b + 1$
$\qquad\qquad$ **else** $\{$vertausche $a[x]$ mit $a[y]\}$
$\qquad\qquad\qquad z := a[x]; \; a[x] := a[y]; \; a[y] := z$
$\qquad\qquad$ **fi**;
$\qquad\qquad x := x + 1; \; y := y + 1$
$\qquad$ **od**
od

b zählt die Anzahl der sortierten Paare $a[x] \leq a[y]$. Falls ein Paar nicht richtig sortiert ist, werden die Werte getauscht Im besten Fall ist die Liste schon sortiert. Dann wird sie nur einmal durchlaufen. $\square$

Im nächsten Abschnitt formulieren wir Algorithmen in Programmiersprachen.

12.2 Programme

Ein Programm ist die Umsetzung eines Algorithmus in eine Sprache, die ein Computer versteht.

Beispiel 12.4 Als erstes Beispiel für ein Programm formulieren wir den Algorithmus zur ganzzahligen Division von Beispiel 12.1. Wir übertragen den Pseudocode in die Programmiersprache Java und fügen ihn in die Datei `Division.java` ein. Damit erhalten wir das folgende Programm. Es besteht aus der Klasse `Division`. Die Klasse enthält die Methode `main`, die ausgeführt wird.

```
public class Division {
    public static void  main(String[] args) {
        int x = 51;
        int y =  9;
        int q =  0;
        int r =  x;
        while (r >= y) {
            r = r-y;
            q = q+1;
        }
        System.out.println(x+" "+y+" "+q+" "+r);
    }
}
```

Dieses Programm ist eine *Applikation*.

```
int x = 51;
```

enthält die *Deklaration* der Variablen *x* vom Datentyp `int` und weist ihr den Anfangswert 51 zu. Der Datentyp `int` stellt ganze Zahlen zwischen dem kleinsten und dem größten möglichen Wert dar. Die Zeile

```
System.out.println(x+" "+y+" "+q+" "+r);
```

gibt die Werte der Variablen *x*, *y*, *q* und *r* aus. In diesem Befehl bedeutet + die Konkatenation von Zeichenketten. Zwischen den Variablen wird ein Leerzeichen ausgegeben. Die Ausgabe lautet: 51 9 5 6. □

Wie kann ein Programm ausgeführt werden? Programmiersprachen lassen sich grob in drei Gruppen einteilen:

- *Maschinensprachen*
  Programme in Maschinensprachen bestehen aus Bits und Bytes und sind für den menschlichen Leser kaum verständlich.
- *Maschinenorientierte Sprachen (Assemblersprachen)*
  Diese Sprachen stellen Programme in Maschinensprachen für den menschlichen Leser lesbarer dar (sogenannter *Mnemo-Code*). Jede Computerarchitektur hat eine eigene Assemblersprache.
- *Problemorientierte Sprachen*
  Problemorientierte Sprachen sind rechnerunabhängig. Sie ermöglichen eine einfachere und verständlichere Formulierung von Algorithmen.

Ein Computer versteht nur Maschinensprachen. Zur Ausführung von Programmen in problemorientierten Sprachen gibt es die folgenden Ansätze:

- *Compiler* übersetzen Programme aus problemorientierten Sprachen in äquivalente Programme in Maschinensprachen.
- *Interpreter* lesen das Programm zusammen mit den Eingabedaten ein und führen es aus.
- *Mischverfahren* übersetzen das Programm zunächst mit einem Compiler in eine Zwischensprache. Das übersetzte Programm wird anschließend interpretiert.

Diese Ansätze werden für viele Sprachen eingesetzt. Die Programmiersprache C verwendet üblicherweise Compiler. Für die Programmiersprache Haskell gibt es beispielsweise Compiler und Interpreter. Java verwendet das Mischverfahren. Zunächst wird ein Java-Programm in den sogenannten *Bytecode* übersetzt. Für das obige Beispiel geschieht dies durch den Aufruf des Java-Compilers:

```
javac Division.java
```

Der erzeugte Bytecode wird vom Compiler in die Datei `Division.class` geschrieben. Der Bytecode kann vom Interpreter ausgeführt werden. Der Befehl dazu lautet:

```
java Division
```

Die Ausführung des übersetzten Java-Programms durch den Interpreter ist maschinenabhängig. Die zwei Schritte können also (alternativ für Windows und Linux) wie folgt dargestellt werden:

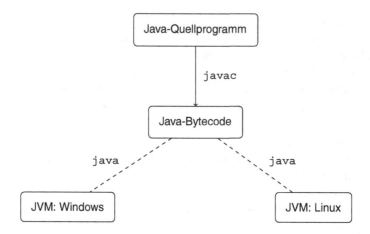

(a) Zuerst wird das Quellprogramm vom Compiler in Bytecode übersetzt.

(b) Im zweiten Schritt wird der Bytecode vom Interpreter ausgeführt. Der Bytecode kann als Maschinencode der sogenannten *Virtuellen Java-Maschine (JVM)* angesehen werden.

Das Java-Mischverfahren besitzt die folgenden Eigenschaften:

- Der Compiler ist maschinenunabhängig, der Interpreter muss für jede Plattform neu entwickelt werden.
- Bytecode ist *portabel*, das heißt rechnerunabhängig.
- Interpretierter Code ist langsamer in der Ausführung als kompilierter Code, selbst wenn dieser als Bytecode vorliegt. Prinzipiell könnten Java-Programme auch in Maschinensprachen übersetzt werden. Dann ginge allerdings die Portierbarkeit verloren.
- Eine weitere Möglichkeit ist die *Just-in-Time-Kompilierung (JIT)*. Es soll die Effizienz im Vergleich zu Interpretern verbessern. JIT-Compiler kommen oft in einer virtuellen Maschine, die plattformunabhängigen Bytecode ausführen soll, zum Einsatz. Der JIT-Compiler erzeugt während der Laufzeit des Bytecodes Maschinencode. Der JIT-Compiler beschränkt sich typisch auf Teilprogramme.

Beispiel 12.5 Analog zu Beispiel 12.4 wird der Algorithmus aus Beispiel 12.2 als Java-Programm formuliert:

```
public class Collatz {
    public static void main(String[] args) {
        int n = 15;
        System.out.print(n+" ");
        while (n!=1) {
            n = (n%2==0 ? n/2 : 3*n+1);
            System.out.print(n+" ");
        }
    }
}
```

Im Befehl n = (n%2==0 ? n/2 : 3*n+1); haben die Operatoren die folgende Bedeutung:

- n%2: Rest der Division durch 2.
- Der ?-Operator entscheidet, ob n/2 oder 3*n+1 berechnet wird. Falls n%2==0 gilt, wird n/2 berechnet.
- n/2: Ganzzahlige Division durch 2.
- 3*n+1: Multiplikation mit 3 und Addition mit 1.

Die Ausgabe des Programms lautet:

```
15 46 23 70 35 106 53 160 80 40 20 10 5 16 8 4 2 1
```
□

Beispiel 12.6 Zum Schluss dieses Abschnitts wollen wir ein weiteres Programm entwickeln. Es soll die Quadrate der Zahlen der Liste

$$a = (1, 12, 123, 1234, 12.345, 123.456)$$

berechnen und ausgeben. Offensichtlich gelten die folgenden Gleichungen:

$$12 = 1 \cdot 10 + 2,$$
$$123 = 12 \cdot 10 + 3,$$
$$1234 = 123 \cdot 10 + 4,$$
$$12.345 = 1234 \cdot 10 + 5,$$
$$123.456 = 12.345 \cdot 10 + 6.$$

Die Werte der Liste können also wie folgt geschrieben werden:

$$a_0 = 1, a_i = a_{i-1} \cdot 10 + (i + 1) \text{ für } i = 1, \ldots, 5.$$

Dies beweist, warum das folgende Programm die Quadratzahlen der Liste a ausgibt. Das Programm legt ein Feld int[] a mit den sechs Elementen a[0],...,a[5] an. Die **for**-Anweisungen weisen die Werte an a[1],...,a[5] zu und geben das Quadrat der Werte von a[0],...,a[5] aus.

```
public class Quadrat {
  public static void main(String[] args) {
    int[] a = new int[6];    // Anlage des Feldes a[0],...,a[5]
    a[0] = 1;
    for (int i=1; i<=5; i=i+1)
      a[i] = a[i-1]*10+(i+1);
    for (int i=0; i<=5; i=i+1)
      System.out.println(a[i]*a[i]);
  }
}
```

Wie lautet die Ausgabe des Programms? Das Programm gibt die Zahlen

    1   144   15129   1522756   152399025   -1938485248

aus. Die ersten fünf Ausgaben sind offensichtlich richtig. Gilt

$$123.456 \cdot 123.456 = -1.938.485.248 \quad \text{oder} \quad 123.456 \cdot 123.456 = 15.241.383.936?$$

Haben wir uns oder hat sich der Computer verrechnet? Offensichtlich ist eine Quadratzahl positiv. Worin liegt die Ursache für die fehlerhafte Ausgabe der sechsten Zahl?

Der Datentyp int soll zum Rechnen mit ganzen Zahlen, das heißt mit Elementen der Menge

$$\mathbb{Z} = \{\ldots, -5, -4, -3, -2, -1, 0, 1, 2, 3, 4, 5, \ldots\}$$

verwendet werden. Eine Zahl vom Typ int wird durch 32 Bits gespeichert. Dadurch gehören $2^{32} = 4.294.967.296$ Zahlen zum Typ int. Java deckt damit den Bereich von $-2^{31} = -2.147.483.648$ bis $2^{31} - 1 = 2.147.483.647$ ab. Die Zahl $2.147.483.647$ wird maxint genannt. Das Ergebnis der Multiplikation $123.456 \cdot 123.456$ ist $15.241.383.936$. Diese Zahl ist größer als maxint und kann daher nicht verarbeitet werden. Mit anderen Worten: Das Java-Programm hat sich also schon bei einer Multiplikation um

$$15.241.383.936 - (-1.938.485.248) = 17.179.869.184,$$

das heißt um

17 Milliarden 179 Millionen 869 Tausend 184

verrechnet!

Die Ursache für den obigen Rechenfehler des Java-Programms ist also geklärt. Wenn mit einer Menge M gearbeitet werden soll, die mehr Elemente besitzt als bearbeitet werden können, dann kann dies zu Fehlern führen. Wie es zu solchen Fehlern kommen kann, hängt davon ab, wie die Elemente der Menge M gespeichert werden. Dafür gibt es verschiedene Möglichkeiten. Beispielsweise können die Elemente der Menge M durch eine feste Anzahl von Bits (siehe oben) oder auch durch eine variable Anzahl von Bits gespeichert werden. Es gibt in vielen Programmiersprachen auch Datentypen, zum Beispiel long, die größere Zahlen verarbeiten können. Aber auch für diese Typen gibt es jeweils eine maximale Zahl. Wir stellen also fest, dass es sehr wichtig ist zu wissen, wie ein Computer intern mit Daten umgeht.   □

12.3   Paradigmen von Algorithmen

Die Entwicklung von Algorithmen erfordert die *Abstraktion* von der Realität. Das heißt, es werden die zur Lösung des Problems irrelevanten Aspekte außer Acht gelassen. Das Ergebnis der Abstraktion ist ein *Modell*, das für die Spezifikation der Algorithmen verwendet wird. In der Informatik gibt es sehr viele Möglichkeiten zur Modellbildung.

In diesem Abschnitt sehen wir uns sogenannte *Paradigmen* für die Formulierung von Algorithmen an. Sie sind die Basis für die Erstellung von Programmen.

Wie wurden die bisherigen Algorithmen beschrieben? Die Algorithmen, die wir in den Abschn. 12.1 bzw. 12.2 besprochen haben, verwenden Variablen, denen Werte zugewiesen werden, die sich durch die Ausführung von Elementaroperationen verändern können. Dieser Ansatz ist die Basis des *imperativen Paradigmas* zur Formulierung von Algorithmen. Die wichtigsten Merkmale dieses Paradigmas beschreiben die folgenden Aussagen:

- Eine Elementaroperation ist zum Beispiel die Zuweisung eines Wertes an eine Variable oder ein Test, ob eine bestimmte Bedingung erfüllt ist.
- *Kontrollstrukturen* legen fest, in welcher Reihenfolge die Schritte ausgeführt werden. Beispiele für Kontrollstrukturen sind die Hintereinanderausführung (auch Sequenz genannt) von Schritten, die Auswahl zwischen Schritten und die Wiederholung von Schritten. In den Beispielen aus Abschn. 12.1 wurde die Sequenz von Schritten durch ein Semikolon beschrieben, die Auswahl durch den **if**-Befehl und die Wiederholung durch den **while**-Befehl.
- Variablen wird ein Datentyp zugeordnet. Der Datentyp legt unter anderem fest, welche Werte angenommen und welche Operationen ausgeführt werden können. Diese und weitere Eigenschaften der Datentypen bezeichnet man als *Typsystem*.
- Die Menge aller Variablen und ihrer Werte nennt man *Zustand*. Die Ausführung des Algorithmus verändert den Zustand. Ein Algorithmus bewirkt also eine *Zustandstransformation*. Im Beispiel 12.1 wurde die Zustandstransformation durch die Tabelle

$x:$	51	51	51	51	51	51
$y:$	9	9	9	9	9	9
$q:$	0	1	2	3	4	5
$r:$	51	42	33	24	15	6

beschrieben. Der Anfangszustand $(x = 51, y = 9, q = 0, r = 51)$ wird in den Endzustand $(x = 51, y = 9, q = 5, r = 6)$ überführt.

Die Realisierung des imperativen Paradigmas für konkrete Anwendungen enthält viele weitere Dinge (zum Beispiel *Prozeduren, Funktionen, ...*), die in dieser kurzen Einführung nicht dargestellt werden können.

Jetzt werfen wir einen Blick auf das *funktionale Paradigma*. Die Grundidee ist es, einen Algorithmus als Funktion zu schreiben, die die Eingabe auf die Ausgabe abbildet.

Beispiel 12.7 Der Algorithmus aus Beispiel 12.1 zur ganzzahligen Division kann beispielsweise durch zwei Funktionen $f : \mathbb{N} \to \mathbb{N}$ und $g : \mathbb{N} \to \mathbb{N}$ beschrieben werden, die den Quotienten und den Rest berechnen:

$$f(x, y) = \begin{cases} 0, & \text{falls } x < y, \\ 1 + f(x - y, y), & \text{falls } x \geq y, \end{cases}$$

$$g(x, y) = x - f(x, y) \cdot y.$$

Mit dieser Definition gilt $f(51, 9) = 5$ und $g(51, 9) = 6$. Eine funktionale Programmiersprache ist *Haskell*. Die beiden Funktionen f und g und die Berechnung des Quotienten und des Restes von 51 und 9 wollen wir in Haskell schreiben. Funktionen der Form $A \times B \to C$ können durch den Vorgang Currying in Funktionen $A \to (B \to C)$ umformuliert werden. Im folgenden Haskell-Programm werden also Funktionen $Integer \times Integer \to Integer$ verarbeitet.

```
f :: Integer -> Integer -> Integer
f x y | x < y      = 0
      | otherwise  = 1 + f (x-y) y


g :: Integer -> Integer -> Integer
g x y = x - f x y * y


f 51 9
g 51 9
```

Die Berechnung von $f(51, 9) = 5$ und $g(51, 9) = 6$ wird wie folgt durchgeführt:

$$f(51, 9) = 1 + f(42, 9) = 2 + f(33, 9) = 3 + f(24, 9)$$
$$= 4 + f(15, 9) = 5 + f(6, 9) = 5,$$
$$g(51, 9) = 51 - f(51, 9) \cdot 9 = 51 - 5 \cdot 9 = 6. \quad \square$$

Wie wir soeben im Beispiel gesehen haben, wird die Berechnung des Funktionswertes $f(51, 9)$ auf die Berechnung des Funktionswertes $f(42, 9)$ zurückgeführt. Diese Vorgehensweise nennt man *Rekursion*. f ist eine rekursive Funktion. Wie im Fall der imperativen Formulierung terminiert die Ausführung des Algorithmus nicht, falls $x \geq y$ und $y = 0$ gilt.

Funktionen können auch Argumente anderer Funktionen sein. Funktionen, die andere Funktionen als Argumente besitzen, nennt man *Funktionale* oder *Funktionen höherer Ordnung*. Rekursive Funktionen und Funktionen höherer Ordnung sind wichtige Merkmale des funktionalen Paradigmas. Ebenso wie beim imperativen Paradigma besitzen auch Typsysteme eine große Bedeutung für das funktionale Paradigma. Insbesondere sind Listen ein wichtiger Datentyp.

Als drittes Paradigma erwähnen wir das *logische Paradigma*, das man auch *deduktives Paradigma* nennt. Algorithmen, die in diesem Paradigma formuliert werden, basieren auf *Aussagen*. Die Aussagen sind *Fakten* und *Regeln*. Nachdem die Fakten und Regeln formuliert wurden, werden *Anfragen* gestellt, die der Algorithmus beantwortet.

Beispiel 12.8 Wir betrachten in diesem Beispiel wieder die ganzzahlige Division. Die Aussage $\text{div}(x, y, q, r)$ soll ausdrücken, dass q und r der Quotient und der Rest sind, die bei der Division von x durch y entstehen. Wie wir gesehen haben, gelten für alle Werte x, y, q und r mit $x \geq 0$ und $y > 0$ die beiden folgenden Aussagen:

$$x < y \wedge q = 0 \wedge r = x \Rightarrow \text{div}(x, y, q, r),$$

$$z = x - y \wedge \text{div}(z, y, t, r) \wedge q = 1 + t \Rightarrow \text{div}(x, y, q, r.)$$

In der logischen Programmiersprache *Prolog* werden diese beiden Aussagen wie folgt formuliert:

```
div(X,Y,Q,R)  :- X>=0, Y>0, X<Y, Q is 0, R is X.
div(X,Y,Q,R)  :- X>=0, Y>0, Z is X-Y, div(Z,Y,T,R),
                 Q is 1+T.
```

Nachdem die Aussagen eingegeben wurden, können Anfragen gestellt werden. Ein Beispiel für eine Anfrage ist das Ziel `div(51,9,Q,R)`. Das Programm bestimmt alle Werte für die Variablen Q und R, die die Fakten erfüllen. Die Ausgabe lautet:

```
| ?- div(51,9,Q,R).
Q = 5
R = 6 ? ;
no
```

Zunächst gibt das Programm die Werte 5 und 6 für Q und R aus. Das Fragezeichen stellt die Anfrage dar, ob weitere Werte berechnet werden sollen. Das Semikolon beantwortet diese Frage mit `ja`. Dann werden weitere Werte für Q und R gesucht. Die Ausgabe `no` besagt, dass keine weiteren Werte existieren. □

Ein *logischer* (*deduktiver*) Algorithmus führt Berechnungen durch, indem er mit den gegebenen Fakten und Regeln Ziele bearbeitet. Falls ein Ziel wie im obigen Beispiel Variablen enthält, werden alle Belegungen der Variablen gesucht, für die das Ziel aus den Fakten und Regeln hergeleitet werden kann. Falls das Ziel keine Variablen enthält, wird es bewiesen oder widerlegt. Das Verfahren, das durchgeführt wird, um die Belegung der Variablen zu berechnen, nennt man *Unifikation*.

Bei der Verwendung des funktionalen Paradigmas können Funktionen definiert werden, ohne dass im Einzelnen angegeben werden muss, wie die Funktionswerte berechnet werden. Analog gilt für das logische/deduktive Paradigma, dass nicht angegeben werden muss, wie Ziele bearbeitet werden. Das funktionale und das logische/deduktive Paradigma werden daher auch als *deklarative Paradigmen* bezeichnet. Die deklarativen Paradigmen unterscheiden sich in diesem Aspekt deutlich vom imperativen Paradigma. Imperative Algorithmen geben die Einzelschritte und die Reihenfolge der Einzelschritte zur Lösung des Problems vor. Es ist auch möglich, mehr als ein Paradigma zur Formulierung eines Algorithmus zu verwenden. Man spricht in dem Fall von einem *hybriden Paradigma*

Zum Abschluss dieses Abschnitts sehen wir uns das *objektorientierte Paradigma* zur Formulierung von Algorithmen sowie ein Beispiel in Java an.

Ein *Objekt* ist die Abstraktion eines Gegenstands oder eines Sachverhalts der realen Welt oder eines rein gedanklichen Konzepts. Ein Objekt wird charakterisiert durch

- Eigenschaften zur Beschreibung seines *Zustands* in Form von *Attributen* sowie durch dynamische Eigenschaften zur Beschreibung seines Verhaltens in Form von *Methoden*.

Als Beispiel für Objekte betrachten wir Datumsangaben. Wodurch wird ein Datum gekennzeichnet? Beispielsweise wird der 24. 12. 2012 im gregorianischen Kalender eindeutig durch die drei Attribute

- tag: 24,
- monat: 12,
- jahr: 2012

beschrieben. Es ist sinnvoll, Objekte mit den gleichen Eigenschaften zu einer Einheit zusammenzufassen. Solche Zusammenfassungen heißen *Klassen*. Konkrete Objekte einer Klasse nennt man *Instanz* der Klasse. Wir fassen Datumsangaben zur Klasse `Datum` zusammen. Beispielsweise sind der 24. 12. 2012 und der 29. 02. 2000 Instanzen der Klasse `Datum`.

Das folgende Beispiel gibt einen ersten Eindruck in die objektorientierte Programmierung.

Beispiel 12.9 Das Java-Programm dieses Beispiels (s. unten) enthält die Klasse `Datum`. Instanzen dieser Klasse besitzen die obigen Attribute tag, monat und jahr. Die drei folgenden Befehle übersetzen das Programm in Bytecode und führen es anschließend mit den beiden obigen Datumsangaben als Eingabe aus:

```
javac Datum.java
java Datum 24 12 2012
java Datum 29 02 2000
```

Die Ausgaben lauten:

```
Der 24. Dezember 2012 ist ein Montag.
Der 29. Februar 2000 ist ein Dienstag.
```

Außer den Attributen enthält die Klasse `Datum` einige Methoden. Die erste Methode heißt `Datum`. Methoden, deren Name gleich dem Namen der Klasse sind, werden *Konstruktoren* genannt. Durch den Befehl **new** `Datum(t,m,j)` wird in dem Programm eine

Instanz der Klasse Datum erzeugt, die die Attribute entsprechend der Eingabezeile erhält. Die Klasse Datum enthält zudem die zwei Datentypen Monat und Wochentag. Diese Datentypen werden durch die Aufzählung ihrer Werte definiert. Daher spricht man von Enumerationstypen. Die Methode monat berechnet aus dem Attribut monat die Monatsangabe (zum Beispiel 12 → Dezember). Die Methode wochentag berechnet aus den Attributen tag, monat und jahr den Wochentag (zum Beispiel 12, 24, 2012 → Montag). Die Methode toString verwendet die Attribute tag, monat und jahr zur Darstellung der Datumsangabe als Zeichenkette (zum Beispiel 12, 24, 2012 → 24. Dezember 2012). Die main-Methode ist – wie wir schon wissen – die Methode, die ausgeführt wird. Sie liest die Datumsangaben von der Eingabezeile ein und verwendet die anderen Methoden zur Berechnung der Ausgabe.

Im Folgenden erklären wir den Algorithmus, den die Methode wochentag verwendet. Der gregorianische Kalender trat am 15. Oktober 1582 in Kraft. Alle durch 4 teilbaren Jahre sind Schaltjahre, nicht aber die Jahre, die durch 100 teilbar sind, es sei denn, sie sind durch 400 teilbar. Die Daten wiederholen sich also alle 400 Jahre. In 400 Jahren gibt es $400 \cdot 365 + 97 = 146.097$ Tage. 146.097 ist durch 7 ohne Rest teilbar, das heißt nach 400 Jahren wiederholen sich auch die Wochentage. Ein Beispiel für diese Aussage ist der 1. Januar 1601. Dieser Tag war ein Montag, also war auch der 1. Januar 2001 ein Montag. Die Methode wochentag berechnet für Instanzen der Klasse Datum den jeweiligen Wochentag, indem sie zählt, wie viele Tage seit dem 1. Januar 1601 vergangen sind. Die Anzahl dieser Tage wird wie folgt berechnet: Die Anzahl der Jahre wird mit 365 multipliziert. Hinzu kommen pro Schaltjahr 1 Tag und die Tage des aktuellen Jahrs. Da der 1. Januar 1601 den Wert 0 annehmen soll, muss 1 subtrahiert werden. Abschließend wird die Anzahl der Tage durch 7 geteilt. Der Rest dieser Division gibt den Wochentag an. Der Rest 0 ist ein Montag, ..., der Rest 6 ist ein Sonntag. Als Beispiel betrachten wir den 24. Dezember 2012, das heißt den 24. 12. 2012. Die Anzahl der Tage seit dem 1. 1. 1601 ergibt sich zu

$$(2012 - 1601) \cdot 365 + 102 - 4 + 1 - 1 + 334 + 24 + 1 = 150.472.$$

Der Rest bei ganzzahliger Division von 150472 durch 7 ergibt 0, das heißt, der 24. Dezember 2012 ist ein Montag.

Auf der folgenden Seite befindet sich das Java-Programm. Es enthält die Struktur, wie es erläutert wurde:

- Es enthält die Klasse Datum.
- Die Klasse befindet sich in der Datei Datum.java.
- Die Klasse enthält die Attribute tag, monat und jahr.
- Die Klasse enthält den Konstruktor Datum.
- Die Klasse enthält die Datentypen Monat und Wochentag als Enumerationstypen.
- Die Klasse enthält die Methoden wochentag, monat, toString und main.

```java
public class Datum {
  private int tag, monat, jahr;
  public Datum(int tag, int monat, int jahr) {  // Konstruktor
    this.tag   = tag;
    this.monat = monat;
    this.jahr  = jahr;
  }
  public enum Wochentag {
    Montag, Dienstag, Mittwoch, Donnerstag, Freitag, Samstag, Sonntag;
  }
  public enum Monat {
    Januar, Februar, März, April, Mai, Juni, Juli, August, September,
    Oktober, November, Dezember;
  }
  public Monat monat() {  //Monat.values(): ein array der Monate
    return Monat.values()[monat-1];
  }
  public Wochentag wochentag() {      //Methode wochentag
    int jahre  = jahr-1601;
    int schalt = jahre/4-jahre/100+jahre/400;
    int tage   = jahre*365+schalt-1;
    switch (monat) {
      case  1: tage +=       tag; break;
      case  2: tage +=  31+tag; break;
      case  3: tage +=  59+tag; break;
      case  4: tage +=  90+tag; break;
      case  5: tage += 120+tag; break;
      case  6: tage += 151+tag; break;
      case  7: tage += 181+tag; break;
      case  8: tage += 212+tag; break;
      case  9: tage += 243+tag; break;
      case 10: tage += 273+tag; break;
      case 11: tage += 304+tag; break;
      case 12: tage += 334+tag; break;
    }
    if (monat>=3 && ((jahr%4==0 & jahr%100!=0) | jahr%400==0))
      tage=tage+1;
    return Wochentag.values()[tage%7];
  }
  public String toString() {    //Methode toString
    return tag+". "+monat()+" "+jahr;
  }
  public static void main(String[] args) {
    int t = Integer.parseInt(args[0]),
        m = Integer.parseInt(args[1]),
        j = Integer.parseInt(args[2]);
    Datum     date = new Datum(t,m,j);
    Monat     mon  = date.monat();
    Wochentag wtg  = date.wochentag();
    System.out.println("Der "+date+" ist ein "+wtg+".");
  } }
```

□

Das objektorientierte Paradigma basiert auf Klassen und Objekten/Instanzen. Objekte werden durch Attribute und Methoden charakterisiert. Objekte können auch Methoden anderer Objekte benutzen, sofern diese sichtbar sind. Dies kann zum Beispiel durch den Modifikator `public` erfolgen, das heißt, durch `public` werden sie von anderen Klassen benutzbar. Aus diese Weise können also Objekte miteinander interagieren.

Es gibt etliche weitere Aspekte des objektorientierten Paradigmas, von denen wir jetzt einige erwähnen:

- Im *identitätsbasierten Objektmodell* können bei verschiedenen Objekten alle Attribute identisch sein. Ansonsten spricht man von einem *wertbasierten Objektmodell*.
- Objekte verwenden das *Geheimnisprinzip* und das *Prinzip der Kapselung*. Sie verbergen ihren Zustand (Belegung der Attribute), die Implementierung ihres Zustands und die Implementierung ihres Verhaltens. Objekte sind nur über ihre *Schnittstelle*, also über die Menge der der Außenwelt zur Verfügung gestellten Methoden, zugänglich.
- Attribute und Methoden werden als *statisch* bezeichnet, wenn sie nicht an Instanzen gebunden sind.
- Objekte können miteinander in Beziehungen stehen, ebenso auch Klassen. Man spricht von *Vererbung*, falls eine Klasse die Attribute und Methoden einer anderen Klasse übernimmt. Wenn eine Klasse nur von einer Klasse die Attribute und Methoden erben kann, spricht man von *Einfachvererbung* (zum Beispiel Java), ansonsten von *Mehrfachvererbung* (zum Beispiel C++).
- Unter gewissen Umständen können der selben Variablen Werte verschiedener Klassen zugewiesen werden. Dies nennt man *Polymorphie*.

Die folgende Liste wiederholt die Themen dieses Abschnitts:

- Wir haben vier Paradigmen für die Formulierung von Algorithmen angesprochen: das imperative, das funktionale, das logische/deduktive und das objektorientierte Paradigma. Außerdem haben wir die Begriffe hybrides Paradigma und deklaratives Paradigma kennengelernt.
- Programmiersprachen besitzen Konzepte zur Umsetzung von Paradigmen. Beispiele: C (imperativ), Haskell (funktional), Prolog (logisch), Smalltalk (objektorientiert). Viele Sprachen implementieren nicht genau ein Paradigma. Beispielsweise ist Java eine objektorientierte Sprache, die auf imperativen Aspekten basiert (siehe die Beispiele aus den Abschn. 12.1 und 12.2). Es gibt auch Programmiersprachen, die zwei Paradigmen vollständig umsetzen, zum Beispiel Scala (funktional, objektorientiert).
- Außer den Sprachkonstrukten zur Umsetzung von Paradigmen besitzen Programmiersprachen typischerweise weitere Konzepte. Einen Überblick über allgemeine Konzepte von Programmiersprachen finden Sie zum Beispiel im Buch von *Kenneth C. Louden* und *Kenneth A. Lambert* [66] oder im Buch von *Robert W. Sebesta* [85].

Bisher haben wir Algorithmen, die Formulierung von Algorithmen und die Umsetzung von Algorithmen in Programme behandelt. Jetzt kommen wir auf Eigenschaften von Algorithmen zu sprechen, die für die Ausführung von Programmen relevant sind.

12.4 Komplexitäts-, Korrektheits- und Berechenbarkeitsfragen

Der Aufwand der Ausführung eines Programms wird als *Komplexität* des Programms bezeichnet. Hierunter versteht man die Frage nach der Laufzeit (*Laufzeitkomplexität*), dem benötigten Speicherplatz (*Speicherplatzkomplexität*) oder weiteren Hilfsmitteln. Die Laufzeitkomplexität von iterativen Algorithmen wurde schon im Kap. 4, Abschn. 4.3 betrachtet. Um die Komplexität von rekursiven Algorithmen zu bestimmen, müssen rekursive Funktionen ausgewertet werden.

Beispiel 12.10 Wir sehen uns die durch den folgenden Ausdruck definierte *McCarthy-Funktion* an:

$$f(x) = \begin{cases} x - 10, & x \geq 101, \\ f(f(x + 11)), & x \leq 100. \end{cases}$$

Die Funktion $g(x)$ wird definiert durch

$$g(x) = \begin{cases} x - 10, & x \geq 101, \\ 91, & x \leq 100. \end{cases}$$

Für die Funktionen $f, g : \mathbb{Z} \to \mathbb{Z}$ gilt $f(x) = g(x)$. Diese Aussage beweisen wir durch die sogenannte Abwärtsinduktion. Hierbei handelt es sich um das folgende Prinzip:

(a) Induktionsanfang: Für alle Werte $x \geq z$ für einen Wert $z \in \mathbb{Z}$ gilt eine von x abhängige Aussage.
(b) Induktionsschluss: Es sei x gegeben. Induktionsannahme: Für alle $y \geq x$ gilt die Aussage. Zu zeigen ist: Die Aussage gilt für $x - 1$.

Wir zeigen jetzt $f(x) = g(x)$.

(a) Induktionsanfang:
   Für alle $x \geq 101$ gilt offensichtlich $f(x) = x - 10 = g(x)$.
(b) Induktionsschluss:
   Es sei x gegeben. Die Induktionsannahme lautet: Für alle $y \geq x$ gilt $f(y) = g(y)$. Zu zeigen ist $f(x - 1) = g(x - 1)$. Aufgrund der Definition und der Induktionsannahme gilt:

1. Fall: $91 \leq x \leq 100$:

$$f(x - 1) = f(f(x - 1 + 11)) = f(f(x + 10))$$
$$= f(x + 10 - 10) = f(x) = g(x) = 91 = g(x - 1).$$

2. Fall: $x \leq 90$:

$$f(x - 1) = f(f(x - 1 + 11)) = f(f(x + 10))$$
$$= f(g(x + 10)) = f(91) = g(91) = 91 = g(x - 1).$$

Damit wurde $f(x) = g(x)$ für alle $x \in \mathbb{Z}$ durch die Abwärtsinduktion bewiesen.

Die Komplexität des rekursiven Algorithmus $f : \mathbb{Z} \to \mathbb{Z}$ besteht in der Anzahl der Aufrufe von f für $x \in \mathbb{Z}$. Wenn wir die Anzahl der Aufrufe von $f(x)$ mit $h(x)$ bezeichnen, gilt für die Funktion $h : \mathbb{Z} \to \mathbb{N}$

$$h(x) = \begin{cases} 1, & n \geq 101, \\ 203 - 2 \cdot x, & n \leq 101. \end{cases}$$

Dass $h(x)$ die Anzahl der Aufrufe von $f(x)$ ist, kann auch leicht durch Abwärtsinduktion bewiesen werden. $h(101)$ wurde nicht doppelt definiert, denn es gilt $203 - 2 \cdot 101 = 1$. Zur Berechnung von $f(0) = 91$ sind also 203 Aufrufe von f erforderlich. $\square$

Allgemein kann man fragen, ob die Ausgabe eines Programmes richtig ist. Erfüllt also die Ausgabe des Programms die Spezifikation? Falls die Spezifikation nicht eingehalten wird, tritt in der Regel einer der beiden Fälle ein:

(a) Der Algorithmus enthält Fehler.
(b) Das Programm kann den Algorithmus nicht ausführen.

In Abschn. 12.2 haben wir bereits ein Beispiel hierfür gesehen: Es sollte der int-Wert $123.456 \cdot 123.456$ berechnet werden. Dieser int-Wert kann aber in Java nicht gespeichert werden. Zwar gibt es in Java den Datentyp long, der größere Zahlen bearbeiten kann. Aber auch dieser Typ besitzt eine größte Zahl.

Es geht also um die Korrektheit von Algorithmen, die wir im Folgenden betrachten wollen. Eine Spezifikation legt die Eingabe und die Ausgabe für einen Algorithmus fest. Die Beschreibung der Eingabe wird *Vorbedingung* genannt und die der Ausgabe *Nachbedingung*. Im Folgenden bezeichnen wir die Vorbedingung mit P, die Nachbedingung mit R und den Algorithmus mit S.

Definition 12.1 Der Algorithmus S heißt *partiell-korrekt* bezüglich der Vorbedingung P und der Nachbedingung R, wenn gilt:

> Wenn vor der Ausführung von S die Bedingung P erfüllt ist und wenn die Ausführung von S terminiert, dann gilt nach der Ausführung von S die Bedingung R.   □

Ein partiell-korrekter Algorithmus liefert also keine falschen Ausgaben. Es ist aber nicht gewährleistet, dass die Ausführung von S terminiert. Falls der Algorithmus S partiell-korrekt bezüglich der Vorbedingung P und der Nachbedingung R ist, schreiben wir dies als $\models \{P\}S\{R\}$.

Definition 12.2 Der Algorithmus S heißt *total-korrekt* bezüglich der Vorbedingung P und der Nachbedingung R, wenn gilt:

> Wenn vor der Ausführung von S die Bedingung P erfüllt ist, dann terminiert die Ausführung von S, und nach der Ausführung gilt die Bedingung R.   □

Ein total-korrekter Algorithmus terminiert also und liefert die richtigen Ausgaben. Falls der Algorithmus S total-korrekt bezüglich der Vorbedingung P und der Nachbedingung R ist, wird dies als $\models_t \{P\}S\{R\}$ geschrieben.

Beispiel 12.11 Wir sehen uns das Beispiel 12.1 bzw. 12.4 zur ganzzahligen Division an. Gegeben waren die Variablen $x, y \in \mathbb{N}$ mit $x \geq 0 \wedge y > 0$. Es sollten die eindeutigen Werte q und r mit $x = q \cdot y + r \wedge 0 \leq r < y$ berechnet werden. Im Beispiel 12.1 hatten wir dafür einen Algorithmus S formuliert und ihn in Java programmiert. Für dieses Beispiel lauten die Bezeichnungen folgendermaßen:

$$\begin{aligned} \text{Vorbedingung P:} & \qquad x \geq 0 \wedge y > 0, \\ \text{Nachbedingung R:} & \qquad x = q \cdot y + r \wedge 0 \leq r < y. \end{aligned}$$

Algorithmus S:

$$\begin{aligned} & q := 0; \\ & r := x; \\ & \textbf{while } r \geq y \textbf{ do} \\ & \qquad r := r - y; \\ & \qquad q := q + 1 \\ & \textbf{od} \end{aligned}$$

Wir zeigen, dass S total-korrekt bezüglich der Vorbedingung P und der Nachbedingung R ist. Wir beginnen mit dem Nachweis der partiellen Korrektheit, also mit dem Beweis von $\models \{P\}S\{R\}$. Aus $x = 0 \cdot y + x$ folgt

$$\models \quad \{x \geq 0 \wedge y > 0\} \quad \mathbf{q} := \mathbf{0}; \mathbf{r} := \mathbf{x}; \quad \{x = qy + r \wedge 0 \leq r\}. \qquad (*)$$

Die Aussage $x = qy + r \wedge 0 \leq r$ gilt also, bevor der Schleifenrumpf das erste Mal ausgeführt wird. Wir zeigen, dass diese Aussage auch nach der Ausführung des Schleifenrumpfes gilt. Aus

$$x = qy + r \wedge 0 \leq r \wedge r \geq y \Rightarrow x = (q+1)y + (r-y) \wedge 0 \leq r - y$$

folgt

$$\models \quad \{x = qy + r \wedge 0 \leq r \wedge r \geq y\} \quad \mathbf{r} := \mathbf{r} - \mathbf{y}; \mathbf{q} := \mathbf{q} + \mathbf{1}; \quad \{x = qy + r \wedge 0 \leq r\}.$$

Dies zeigt, dass die Aussage $x = qy + r \wedge 0 \leq r$ jedes Mal bei der Ausführung des Schleifenrumpfes erhalten bleibt. Solch eine Aussage nennt man *Schleifeninvariante*. Weil nach Ausführung der Schleife $r < y$ gilt, ist damit die Aussage

$$\models \quad \{x = qy + r \wedge 0 \leq r\} \quad \textbf{while r} >= \textbf{y do} \ldots \textbf{od} \quad \{x = qy + r \wedge 0 \leq r \wedge r < y\}$$

bewiesen. Zusammen mit (*) folgt hieraus

$$\models \quad \{x \geq 0 \wedge y > 0\} \quad \mathbf{S} \quad \{x = qy + r \wedge 0 \leq r \wedge r < y\},$$

das heißt $\models \{P\}S\{R\}$. Hieraus folgt nicht, dass die Bedingung $r \geq y$ irgendwann nicht mehr erfüllt ist. Die totale Korrektheit ist also noch nicht bewiesen. Den Beweis führen wir jetzt.

Da $y > 0$ ist und seinen Wert nicht verändert, ist die Folge $r_0 = x$, $r_1 = r_0 - y$, $r_2 = r_1 - y, \ldots$ streng monoton fallend. Es existiert also ein Index i mit $r_i < y$. Damit terminiert das Programm. Es gilt also

$$\models_t \quad \{x \geq 0 \wedge y > 0\} \quad \mathbf{S} \quad \{x = qy + r \wedge 0 \leq r \wedge r < y\}.$$

S ist daher total-korrekt bezüglich der Vorbedingung P und der Nachbedingung R. Der Beweis hat gezeigt, dass zum Nachweis der partiellen Korrektheit von S die Voraussetzung $y > 0$ nicht benötigt wurde.

Die obigen Aussagen zum Nachweis der partiellen Korrektheit des Algorithmus können durch `assert`-Anweisungen in das Java-Programm eingefügt werden: Diese Anweisungen enthalten Ausdrücke, die einen Wahrheitswert, das heißt *true* oder *false*, liefern. Falls die Auswertung des Ausdrucks das Ergebnis *false* besitzt, wird eine sogenannte Ausnahme ausgelöst. Damit kann festgestellt werden, ob die Bedingungen zum Nachweis der partiellen Korrektheit erfüllt sind:

```
int  x = 51;
int  y =  9;
assert  x>=0 && y>0;
int  q = 0;
int  r = x;
assert  x==q *y+r && 0<=r;
while (r >= y) {
    assert  x==q *y+r && 0<=r && r>=y;
    r = r−y;
    q = q+1;
    assert  x==q *y+r && 0<=r;
}
assert  x==q *y+r && 0<=r && r<y;
```

Da die Aussagen nicht für alle möglichen Eingabewerte von x und y überprüft werden, handelt es sich nicht um einen Beweis der partiellen Korrektheit, sondern eher um einen *Test* des Programms. □

Die *Hoare-Logik* stellt einen Kalkül, den sogenannten *Hoare-Kalkül*, zum Nachweis der partiellen Korrektheit von Algorithmen/Programmen zur Verfügung. Der Kalkül verwendet Schleifeninvarianten für **while**-Anweisungen, wie wir es eben gesehen haben. Es existiert auch eine Variante des Kalküls zum Nachweis der totalen Korrektheit. Eine Beschreibung der Kalküle findet man im Buch von *B. Hohlfeld* und *W. Struckmann* [44].

Im Folgenden zeigen wir, dass es nicht für jedes Problem eine algorithmische Lösung gibt. Wenn man beweisen will, dass es keinen Algorithmus gibt, der ein gegebenes Problem löst, dann ist es erforderlich, eine formale Definition des Begriffs „Algorithmus" zu verwenden.

Wir schildern zunächst zwei Beispiele für Probleme, die nicht durch einen Algorithmus gelöst werden können.

Beispiel 12.12 Eine *lineare diophantische Gleichung* mit zwei Unbekannten x und y ist eine Gleichung der Form

$$ax + by = c \qquad\qquad (*)$$

für gegebene ganze Zahlen $a, b, c \in \mathbb{Z}$. Gesucht werden ganze Zahlen $x \in \mathbb{Z}$ und $y \in \mathbb{Z}$, die die Gleichung erfüllen. Die Algorithmen 6.1 und 6.2 haben den *euklidischen Algorithmus* und den *erweiterten euklidischen Algorithmus* vorgestellt. Aus dem Satz 6.8 nach dem Algorithmus 6.2 folgt, dass die Gleichung (*) genau dann eine Lösung besitzt, wenn der größte gemeinsame Teiler von a und b ein Teiler von c ist. Dies sehen wir wie folgt ein: Es sei $d = ggt(a, b)$ ein Teiler von c. Dann gilt $c = m \cdot d$ für $m \in \mathbb{Z}$ und $d = x \cdot a + y \cdot b$ für $x, y \in \mathbb{Z}$ nach Satz 6.8. Die Multiplikation dieser Gleichung mit m liefert $c = (x \cdot m) \cdot a + (y \cdot m) \cdot b$, also eine Lösung $(x \cdot m), (y \cdot m) \in \mathbb{Z}$ von (*).

Umgekehrt besitze (*) eine Lösung $x, y \in \mathbb{Z}$. Da $d = ggt(a, b)$ die Zahlen a und b teilt, ist dann d auch ein Teiler von c.

Eine *allgemeine diophantische Gleichung* mit den Unbekannten $x_1, x_2, \ldots, x_n$ ist eine Gleichung der Form

$$p(x_1, x_2, \ldots, x_n) = 0,$$

wobei p ein ganzzahliges Polynom mit n Variablen ist. Gibt es einen Algorithmus, der entscheiden kann, ob eine allgemeine diophantische Gleichung ganzzahlige Lösungen besitzt? Dies ist das berühmte zehnte hilbertsche Problem aus dem Jahr 1900. *Yuri Matijasevič* hat 1970 bewiesen, dass es einen solchen Algorithmus nicht gibt.   □

Beispiel 12.13 Bei der Erstellung von Programmen passiert es Programmierern hin und wieder, dass ihr Programm eine Endlosschleife enthält. Einen solchen Fall haben wir bereits bei der ganzzahligen Division gesehen. Falls $x \geq y$ und $y = 0$ gilt, terminiert der Algorithmus zur Berechnung der ganzzahligen Division nicht.

Gibt es einen Algorithmus, der einen beliebigen Algorithmus als Eingabe erhält und überprüft, ob der eingegebene Algorithmus nicht terminiert? Wenn es solch einen Algorithmus gäbe, könnte also ein Compiler überprüfen, ob das zu übersetzende Programm Endlosschleifen enthält. Solch einen Algorithmus gibt es aber nicht. Diese Aussage hat *Alan Turing* 1937 bewiesen. *Martin Davis* nannte das Problem *Halteproblem*.   □

Es gibt also Probleme, die mit keinem Computer gelöst werden können! Zum Beispiel das zehnte hilbertsche Problem oder das Halteproblem. Es sind aber nicht nur diese zwei Probleme unlösbar, sondern unendlich viele. Da ein Algorithmus durch einen endlichen Text über einem endlichen Alphabet formuliert wird, gibt es abzählbar viele Algorithmen. Es gibt jedoch überabzählbar viele Funktionen $f : \mathbb{N} \to \mathbb{N}$. Es ist somit so gut wie kein Problem mit einem Computer lösbar.

Jetzt sehen wir uns eine formale Definition für Algorithmen an. Es gibt etliche solcher Definitionen. Bekannte Definitionen sind beispielsweise die Turing-Maschinen, die Register-Maschinen, der Post-Kalkül, der λ-Kalkül, die Markow-Algorithmen, die While-Programme und die partiell-rekursiven (μ-rekursiven) Funktionen. Diese formalen Definitionen des Algorithmus werden in den Lehrbüchern der theoretischen Informatik vorgestellt. Wir entscheiden uns für die Markow-Algorithmen.

Definition 12.3 Ein *Markow-Algorithmus* $M = (\Sigma, P)$ besteht aus einem endlichen Alphabet Σ und einer endlichen Menge P von sortierten Ableitungsregeln für Wörter über Σ. Ein *Alphabet* ist eine Menge von Zeichen. Die Menge der Wörter über Σ bezeichnet man mit Σ^*. Eine *Ableitungsregel* $v \to w$ ist ein Paar $(v, w) \in P \subseteq \Sigma^* \times \Sigma^*$. Außerdem ist eine Teilmenge $P_t \subseteq P$ von terminalen Ableitungsregeln gegeben. Die Teilmenge P_t der terminalen Ableitungsregeln kann auch leer sein.

Ein Markow-Algorithmus sieht die Eingabe e eines Algorithmus als Wort über Σ an, das heißt $e \in \Sigma^*$. Die Ausgabe wird folgendermaßen durch Anwendungen von Ableitungsregeln berechnet:

- Es wird die erste Ableitungsregel $v \to w$ der sortierten Menge P ausgewählt, deren Wort v ein Teilwort des zu bearbeitenden Wortes ist.
- Das am weitesten links stehende Vorkommen von v wird durch w ersetzt.
- Dieser Schritt wird wiederholt, bis eine Regel aus P_t angewendet wird oder keine Regel aus P mehr anwendbar ist.
- Das Wort, das nicht mehr verändert wird, ist die Ausgabe a der Eingabe e.

Ein Ableitungsschritt wird mit $\Rightarrow$ bezeichnet. λ ist das leere Wort. □

Beispiel 12.14 Wir zeigen, dass ein Markow-Algorithmus zwei Zahlen multiplizieren kann. Gegeben sei der Markow-Algorithmus $M = (\Sigma, P)$ mit $\Sigma = \{a, A, B, \#\}$ und der Menge der Ableitungsregeln P, die wie folgt sortiert ist:

$$Ba \to aB, \quad Aa \to aBA, \quad A \to \lambda, \quad a\# \to \#A, \quad \#a \to \#, \quad \# \to \lambda, \quad B \to a.$$

Zudem setzen wir $P_t = \emptyset$. M übersetzt das Eingabewort $a^i \# a^j$ mit $i, j \in \mathbb{N}$ in das Ausgabewort a^k mit $k = i \cdot j$. Als Beispiel berechnen wir das Produkt $2 \cdot 3$:

$$aa\#aaa \Rightarrow \quad a\#Aaaa \Rightarrow \quad a\#aBAaa \Rightarrow \quad a\#aBaBAa \Rightarrow \quad a\#aaBBAa$$
$$\Rightarrow \quad a\#aaBBaBA \Rightarrow \quad a\#aaBaBBA \Rightarrow \quad a\#aaaBBBA \Rightarrow \quad a\#aaaBBB$$
$$\Rightarrow \quad \ldots \Rightarrow \quad \#aaaBBBBBB \Rightarrow \quad \ldots \Rightarrow \quad aaaaaa.$$

Es gilt also $2 \cdot 3 = 6$. □

Alonzo Church stellte 1936 die folgende These auf, die bis heute nicht widerlegt wurde:

Churchsche These: Der intuitive Algorithmusbegriff wird durch das Modell der Turing-Maschine adäquat definiert.

Die churchsche These kann nicht bewiesen werden, da sie den intuitiven Algorithmusbegriff verwendet. Über intuitive Dinge können keine formalen Beweise geführt werden. Es wurde gezeigt, dass alle oben erwähnten formalen Algorithmusdefinitionen äquivalent sind. Daher kann in der churchschen These die Turing-Maschine durch andere Definitionen des Algorithmus ersetzt werden. □

Oben haben wir den euklidischen Algorithmus zur Berechnung des größten gemeinsamen Teilers zweier Zahlen vorgestellt. Im Anhang finden Sie den Algorithmus formuliert in den Programmiersprachen C, Java, Prolog und Haskell sowie als C-Shell-Skript. Auch der Markow-Algorithmus im Anhang berechnet den größten gemeinsamen Teiler.

12.5   Rekursion als spezielle Algorithmen

In der Definition 2.15 haben wir partielle und totalen Funktionen eingeführt. In diesem Abschnitt bezeichnen wir die Menge aller partiellen Abbildungen von einer Menge X in eine Menge Y mit $\mathrm{Pfn}(X, Y)$. Für den Definitionsbereich einer Abbildung $f : X \rightarrow Y$ schreiben wir $D(f)$ und $\perp$ für die Abbildung mit dem leeren Definitionsbereich.

Die folgende Darstellung stammt in Teilen aus [68].

Beispiel 12.15   Wir betrachten zunächst einige rekursive Spezifikationen.

(a) $f_1 : \mathbb{N} \rightarrow \mathbb{N}$:

$$f_1(n) = \begin{cases} 1, & n = 0, \\ f_1(n - 1), & n > 0. \end{cases}$$

(b) $f_2 : \mathbb{N} \rightarrow \mathbb{N}$ *(Fakultät)*:

$$f_2(n) = \begin{cases} 1, & n = 0, \\ n \cdot f_2(n - 1), & n > 0. \end{cases}$$

(c) $f_3 : \mathbb{N} \rightarrow \mathbb{N}$:

$$f_3(n) = \begin{cases} 1, & n = 0, \\ f_3(n - 2), & n > 0. \end{cases}$$

(d) $f_4 : \mathbb{N} \times \mathbb{N} \rightarrow \mathbb{N}$ *(Ackermann-Funktion)*:

$$f_4(m, n) = \begin{cases} n + 1, & m = 0, \\ f_4(m - 1, 1), & m > 0, n = 0, \\ f_4(m - 1, f_4(m, n - 1)), & m > 0, n > 0. \end{cases}$$

(e) $f_5 : \mathbb{N} \rightarrow \mathbb{N}$:

$$f_5(n) = \begin{cases} f_5(n + 1), & n \geq 0. \end{cases}$$

(f) $f_6 : \mathbb{N} \rightarrow \mathbb{N}$:

$$f_6(n) = \begin{cases} 1, & n = 0, 1, \\ f_6(3n + 1), & n > 1, n \text{ ungerade}, \\ f_6(n/2), & n > 1, n \text{ gerade}. \end{cases}$$

(g) $f_7 : \mathbb{N} \times \mathbb{N} \rightarrow \mathbb{N}$:

$$f_7(m, n) = \begin{cases} 1, & m = 0, \\ f_7(m - 1, f_7(1, 0)), & m > 0. \end{cases}$$

(h) $f_8 : \mathbb{N} \to \mathbb{N}$:

$$f_8(n) = \begin{cases} 0, & n = 0, \\ 1, & n > 0, f_8(n-1) > 1, \\ 2, & n > 0, f_8(n-1) = 1, \\ 3, & n > 0, f_8(n-1) = 0. \end{cases}$$

(i) $f_9 : \mathbb{N} \to \mathbb{N}$:

$$f_9(n) = \begin{cases} 0, & n = 0, \\ 1, & n > 0, f_9(n-1) > 1, \\ 2, & n > 0, f_9(n-1) = 1, \\ 3, & \text{sonst.} \qquad \square \end{cases}$$

Die rekursiven Spezifikationen aus Beispiel 12.15 können auf zwei Arten betrachtet werden.

Algorithmische Sichtweise Wir fassen die rekursive Spezifikation als Vorschrift zur Berechnung von Funktionswerten auf. Beispielsweise erhalten wir

$$f_1(4) = f_1(3) = f_1(2) = f_1(1) = f_1(0) = 1.$$

Dieses Verfahren liefert die totale konstante Funktion $f_1 : \mathbb{N} \to \mathbb{N}$, die für jede natürliche Zahl den Wert 1 annimmt, das heißt $D(f_1) = \mathbb{N}$ und $f_1(n) = 1$ für alle $n \in \mathbb{N}$.

Für die Funktion f_5 terminiert das Verfahren für kein $n \in \mathbb{N}$, das heißt $D(f_5) = \emptyset$.

Ob $D(f_6) = \mathbb{N}$ gilt, ist ein offenes Problem (siehe Beispiel 12.2).

Falls mehrere rekursive Aufrufe möglich sind, kann es unterschiedliche Ergebnisse geben. Wenn wir stets das am weitesten außen stehende Funktionssymbol ersetzen *(outermost)*, bekommen wir zum Beispiel

$$f_7(1, 0) = f_7(0, f_7(1, 0)) = 1.$$

Falls das innerste Funktionssymbol *(innermost)* aufgerufen wird, lautet für diese Funktion das Ergebnis

$$f_7(1, 0) = f_7(0, f_7(1, 0)) = f_7(0, f_7(0, f_7(1, 0))) = \dots,$$

das heißt $(1, 0) \notin D(f_7)$. Weitere Strategien (zum Beispiel *rightmost*, *leftmost* oder auch abwechselnde Ersetzungen) sind denkbar.

Algebraische Sichtweise Wir fassen eine rekursive Spezifikation als Gleichung für unbekannte Funktionen auf. Zum Beispiel muss jede Lösung aus Beispiel 12.15(a) eine totale Funktion sein. Andernfalls müsste es eine kleinste natürliche Zahl n mit $n \notin D(f_1)$ geben. Aus der Gleichung würde folgen, dass auch $n - 1 \notin D(f_1)$ gilt, ein Widerspruch zu Minimalität von n. Daher gilt $f_1(n) = 1$ für alle $n \in \mathbb{N}$. Wir erhalten die gleiche Lösung wie bei der algorithmischen Sichtweise.

Die Gleichung aus Beispiel 12.15(e) hingegen besitzt unendlich viele Lösungen. Die Funktion f_5 mit $D(f_5) = \emptyset$ und alle totalen konstanten Funktionen sind Lösungen. Algorithmisch besitzt diese Gleichung keine Lösung.

Fragestellung Die algorithmische und die algebraische Sichtweise zeigten, dass die Lösungen von rekursiven Spezifikationen eventuell nicht eindeutig sind. Welche Sichtweise verwenden Programme? Häufig verwenden Programmiersprachen die algorithmische Sichtweise *innermost*. Diese Alternative sehen wir uns jetzt an.

Die „rechte Seite" einer rekursiven Spezifikation ist ein Ausdruck $\psi(f)$, der von der gesuchten Funktion f abhängt. ψ kann als totale Funktion der Form

$$\psi : \mathrm{Pfn}(X, Y) \to \mathrm{Pfn}(X, Y)$$

gesehen werden. Für die Fakultätsfunktion ist $\psi : \mathrm{Pfn}(\mathbb{N}, \mathbb{N}) \to \mathrm{Pfn}(\mathbb{N}, \mathbb{N})$ mit

$$\psi(f)(n) = \begin{cases} 1, & n = 0, \\ n \cdot f(n-1), & n > 0 \end{cases}$$

für alle $f \in \mathrm{Pfn}(\mathbb{N}, \mathbb{N})$, $n \in \mathbb{N}$. Entsprechend erhalten wir für die Ackermann-Funktion $\psi : \mathrm{Pfn}(\mathbb{N} \times \mathbb{N}, \mathbb{N}) \to \mathrm{Pfn}(\mathbb{N} \times \mathbb{N}, \mathbb{N})$ mit

$$\psi(f)(m, n) = \begin{cases} n + 1, & m = 0, \\ f(m-1, 1), & m > 0, n = 0, \\ f(m-1, f(m, n-1)), & m > 0, n > 0 \end{cases}$$

für alle $f \in \mathrm{Pfn}(\mathbb{N} \times \mathbb{N}, \mathbb{N})$, $m, n \in \mathbb{N}$.

Die Lösungen einer Spezifikation $\psi : \mathrm{Pfn}(X, Y) \to \mathrm{Pfn}(X, Y)$ sind Funktionen f mit $f = \psi(f)$. Solche Funktionen f heißen *Fixpunkte* von ψ. Wie Beispiel 12.15(e) zeigt, sind unter dem algorithmischen Aspekt die Lösungen mit dem kleinsten Definitionsbereich die wichtigsten. Niemand, der diese Rekursion programmiert, erwartet für alle Eingaben den Rückgabewert 1001. Entsprechend diesen Überlegungen formulieren wir allgemein die folgende Aufgabenstellung:

Gegeben sei eine Abbildung der Form $\psi : \mathrm{Pfn}(X, Y) \to \mathrm{Pfn}(X, Y)$.
Gesucht ist der Fixpunkt von ψ mit dem kleinsten Definitionsbereich.

Beispiel 12.16 Gegeben sei die zur Fakultätsfunktion gehörende Abbildung $\psi : \mathrm{Pfn}(\mathbb{N}, \mathbb{N}) \to \mathrm{Pfn}(\mathbb{N}, \mathbb{N})$. Wir betrachten die Funktionenfolge

$$g_0 = \perp, g_1 = \psi(\perp), g_2 = \psi^2(\perp) = \psi(\psi(\perp)), g_3 = \psi^3(\perp), \ldots$$

Für ihre Funktionswerte erhalten wir für alle $n \in \mathbb{N}$

$$g_1(n) = \psi(\perp)(n) = \begin{cases} 1, & n = 0, \\ \text{undefiniert}, & n > 0, \end{cases}$$

$$g_2(n) = \psi(\psi(\perp))(n) = \begin{cases} 1, & n = 0, \\ 1, & n = 1, \\ \text{undefiniert}, & n > 1, \end{cases}$$

$$g_3(n) = \psi^3(\perp)(n) = \begin{cases} 1, & n = 0, \\ 1, & n = 1, \\ 2, & n = 2, \\ \text{undefiniert}, & n > 2. \end{cases}$$

Die Definitionsbereiche der Funktionen sind eine Folge $D(g_0), D(g_1), D(g_2), \ldots$ mit

$$D(g_0) \subseteq D(g_1) \subseteq D(g_2) \subseteq \ldots$$

Außerdem gilt im Falle $n \in D(g_i), i \geq 0$,

$$g_i(n) = g_{i+1}(n) = g_{i+2}(n) = \ldots$$

Wir sehen, dass der (eindeutig bestimmte) Fixpunkt von ψ die Funktion $g : \mathbb{N} \to \mathbb{N}$ mit $D(g) = \bigcup_{i \geq 0} D(g_i)$ und $g(n) = g_i(n)$ für alle i mit $n \in D(g_i)$ ist. Offenbar gilt $g(n) = n!$ für alle $n \in \mathbb{N}$. □

Geordnete Mengen Im Abschn. 2.2 haben wir Relationen eingeführt. Eine Relation $\leq$ auf einer Menge D heißt *Ordnungsrelation*, wenn sie *reflexiv*, *antisymmetrisch* und *transitiv* ist. $(D, \leq)$ heißt in diesem Fall *geordnete Menge*.

Ein Element $d \in D$ wird *obere Schranke* einer Teilmenge $M \subseteq D$ genannt, falls $m \leq d$ für alle $m \in M$ gilt. Unter dem *Supremum* von D versteht man die kleinste obere

Schranke von D. Sie ist im Falle der Existenz eindeutig bestimmt und wird mit $\sup(D)$ bezeichnet. Falls für jede Teilmenge $M \subseteq D$ das Supremum existiert, heißt $(D, \leq)$ *vollständig geordnet*.

Falls das (eindeutig bestimmte) kleinste Element der geordneten Menge $(D, \leq)$ existiert, bezeichnen wir es mit $\bot$.

Eine Folge $g_0, g_1, g_2, \ldots$ von Elementen einer geordneten Menge $(D, \leq)$ heißt *Kette in D*, falls $g_0 \leq g_1 \leq g_2 \leq \ldots$ gilt. Eine geordnete Menge $(D, \leq)$ heißt *Domain*, wenn D ein kleinstes Element $\bot$ besitzt und wenn für jede Kette $g_0 \leq g_1 \leq g_2 \leq \ldots$ das Supremum $\sup\{g_i \mid i \geq 0\}$ existiert. Für alle $d \in D$ gilt also $\bot \leq d$.

Es seien $(D_1, \leq_1)$ und $(D_2, \leq_2)$ geordnete Mengen. Eine Abbildung $\psi : D_1 \to D_2$ ist *monoton*, wenn für alle $f, g \in D_1$ mit $f \leq_1 g$ die Beziehung $\psi(f) \leq_2 \psi(g)$ gilt. Offenbar bilden monotone Abbildungen Ketten in Ketten ab.

Eine monotone Abbildung $\psi : D_1 \to D_2$ zweier Domains $(D_1, \leq_1)$ und $(D_2, \leq_2)$ wird *stetig* genannt, wenn sie Suprema von Ketten erhält, das heißt, wenn für alle Ketten $g_0 \leq g_1 \leq g_2 \leq \ldots$ in D_1 die Bedingung

$$\psi(\sup\{g_i \mid i \geq 0\}) = \sup\{\psi(g_i) \mid i \geq 0\}$$

erfüllt ist.

f heißt *Fixpunkt* einer Abbildung $\psi : D \to D$, falls $\psi(f) = f$ ist.

Die geordnete Menge Pfn(X, Y) Es seien Mengen X und Y gegeben. Auf der Menge $\text{Pfn}(X, Y)$ der partiellen Abbildungen wird durch

$$g \leq h \iff D(g) \subseteq D(h) \text{ und } g(x) = h(x) \text{ für alle } x \in D(g)$$

eine Ordnungsrelation definiert.

Diese Ordnung ist nicht vollständig. Für zwei Funktionen $f, g : X \to Y$ existiert das Supremum $\sup\{f, g\}$ genau dann, wenn für alle $x \in D(f) \cap D(g)$ die Gleichung $f(x) = g(x)$ erfüllt ist.

$\text{Pfn}(X, Y)$ ist eine Domain mit $\bot$ als kleinstem Element. Es sei $g_0 \leq g_1 \leq g_2 \leq \ldots$ eine Kette partieller Funktionen. Das Supremum einer solchen Kette ist die Funktion g mit $D(g) = \bigcup_{i \geq 0} D(g_i)$ und $g(n) = g_i(n)$ für alle i mit $n \in D(g_i)$ und es gilt $g = \sup\{g_i \mid i \geq 0\}$.

Definition 12.4 Es sei $(D, \leq)$ eine Domain mit dem kleinsten Element $\bot$. Eine *rekursive Spezifikation* auf der Menge D ist eine totale Funktion $\psi : D \to D$ mit

$$\bot \leq \psi(\bot) \leq \psi^2(\bot) \leq \ldots$$

Die Folge $\bot, \psi(\bot), \psi^2(\bot), \ldots$ heißt *kleenesche Folge* von ψ und ihr Supremum wird *kleenesche Semantik* von ψ genannt. $\square$

Beispiel 12.17 Für die Abbildung $\psi : \mathrm{Pfn}(X, Y) \to \mathrm{Pfn}(X, Y)$ von Beispiel 12.15(e) erhalten wir die kleenesche Folge $\bot, \bot, \bot, \bot, \ldots$ und daher – wie gewünscht – die Funktion $\bot$ als kleenesche Semantik. $\square$

Satz 12.1 Es sei $(D, \leq)$ eine Domain mit dem kleinsten Element $\bot$. Weiter sei $\psi : D \to D$ eine monotone totale Abbildung. Dann ist ψ rekursive Spezifikation auf D.

Beweis Da $\bot$ das kleinste Element von D ist, gilt $\bot \leq \psi(\bot)$. Aus der Monotonie von ψ folgt $\psi(\bot) \leq \psi^2(\bot)$. Die Behauptung ergibt sich hieraus durch vollständige Induktion. $\square$

Satz 12.2 Es seien $(D, \leq)$ eine geordnete Menge und $\psi : D \to D$ eine monotone totale Abbildung. Weiter sei $H = \{g \in D \mid g \leq \psi(g)\}$. Dann gilt: Wenn $f = \sup(H)$ existiert, dann ist f ein Fixpunkt von ψ.

Beweis Es sei $f = \sup(H)$. Für alle $h \in H$ ist $h \leq \psi(h)$. Da f eine obere Schranke von H ist, gilt $h \leq f$. Aus der Monotonie von ψ folgt $h \leq \psi(h) \leq \psi(f)$ für alle $h \in H$. Da f die kleinste obere Schranke von H ist, ergibt sich $f \leq \psi(f)$. Die Monotonie von ψ liefert $\psi(f) \leq \psi(\psi(f))$. Nach Definition von H ist daher $\psi(f) \in H$, sodass $\psi(f) \leq f$ gilt. Aus $f \leq \psi(f)$ und $\psi(f) \leq f$ folgt $f = \psi(f)$, das heißt, f ist ein Fixpunkt von ψ. $\square$

Wie die Überlegungen zur Funktion f_5 aus Beispiel 12.15(e) gezeigt haben, reicht die Existenz eines Fixpunkts nicht aus. Es ist wünschenswert, einen eindeutigen Fixpunkt mit kleinstem Definitionsbereich zu garantieren. Der nächste Satz liefert hierfür ein Kriterium.

Satz 12.3 *(Kleenescher Fixpunktsatz)* Es seien $(D, \leq)$ eine Domain und $\psi : D \to D$ eine stetige totale Abbildung. Dann gilt: ψ besitzt einen kleinsten Fixpunkt f_ψ, und dieser ist gegeben durch

$$f_\psi = \sup\{\psi^k(\bot) \mid k \geq 0\}.$$

Beweis Wir beginnen mit einer Vorüberlegung. Es sei $f_0 \leq f_1 \leq f_2 \leq f_3 \leq \ldots$ eine Kette in D. Dann ist auch $f_1 \leq f_2 \leq f_3 \leq f_4 \leq \ldots$ eine Kette in D. Beide Ketten besitzen die gleichen oberen Schranken und daher auch das gleiche Supremum. Es sei f die kleinste obere Schranke der Kette

$$\bot \leq \psi(\bot) \leq \psi^2(\bot) \leq \ldots$$

Nach der Vorüberlegung ist f auch das Supremum der Kette

$$\psi(\bot) \leq \psi^2(\bot) \leq \psi^3(\bot) \leq \ldots$$

Aus der Stetigkeit von ψ folgt

$$\psi(f) = \psi(\sup\{\psi^i(\bot) \mid i \geq 0\}) = \sup\{\psi^i(\bot) \mid i \geq 1\} = f,$$

das heißt f ist ein Fixpunkt von ψ.

Sei $g = \psi(g)$ ein beliebiger Fixpunkt von ψ. Aus $\bot \leq g$ und der Monotonie von ψ folgt $\psi(\bot) \leq \psi(g) = g$. Analog erhalten wir $\psi^2(\bot) \leq g$ und durch Induktion $\psi^n(\bot) \leq g$ für alle $n \in \mathbb{N}$. g ist also eine obere Schranke von $\{\psi^n(\bot) \mid n \in \mathbb{N}\}$. Da f die kleinste obere Schranke dieser Menge ist, folgt $f \leq g$, das heißt, f ist der kleinste Fixpunkt von ψ. $\square$

Rekursive Spezifikationen Als Spezialfall dieses Satzes erhalten wir für die Domain $\mathrm{Pfn}(X, Y)$ und für stetige Abbildungen $\psi : \mathrm{Pfn}(X, Y) \to \mathrm{Pfn}(X, Y)$ die Existenz eines eindeutigen kleinsten Fixpunkts $f_\psi \in \mathrm{Pfn}(X, Y)$, das heißt einer eindeutigen Lösung der Gleichung $\psi(f) = f$ mit dem kleinstem Definitionsbereich.

Produktdomain Es seien $(D_1, \leq_1), \ldots, (D_n, \leq_n)$, $n \geq 1$, Domains mit den kleinsten Elementen $\bot_1, \ldots, \bot_n$. Das kartesische Produkt $D = D_1 \times \ldots \times D_n$ wird durch

$$(f_1, \ldots, f_n) \leq (g_1, \ldots, g_n) \Longleftrightarrow f_i \leq_i g_i, i = 1, \ldots, n$$

und $\bot = (\bot_1, \ldots, \bot_n)$ zu einer Domain $(D, \leq)$ mit dem kleinsten Element $\bot$. Sie heißt *Produktdomain* von $(D_1, \leq_1), \ldots, (D_n, \leq_n)$. Diese Definition ermöglicht die Verallgemeinerung auf n-stellige Funktionen.

Semantik einer while-Schleife Wir betrachten eine einfache imperative Programmiersprache. Die Bedeutung einer Anweisung kann als *Zustandstransformation* gesehen werden, das heißt als Abbildung, die einen Zustand $\sigma \in \Sigma$ in einen Zustand $\sigma' \in \Sigma$ überführt. Ein Zustand σ gibt dabei die Werte $\sigma(v)$ aller Variablen $v \in V$ zu einem festen Zeitpunkt an. Wenn wir uns auf natürliche Zahlen beschränken, ist ein Zustand eine Abbildung $\sigma : V \to \mathbb{N}$. In diesem Modell ist die Bedeutung einer Anweisung s eine Abbildung der Form $\mathcal{M}[[s]] : \Sigma \to \Sigma$.

Gegeben sei die **while**-Anweisung

$$t = \textbf{while } b \textbf{ do } s \textbf{ od},$$

wobei b ein Ausdruck ist, der einen logischen Wert in Abhängigkeit von einem Zustand σ liefert. Es sei L die Menge der logischen Ausdrücke, zum Beispiel $x < y \in L$.

$\mathcal{E} : L \to (\Sigma \to \{\mathrm{true}, \mathrm{false}\})$ sei eine Abbildung, die den Wert des Ausdrucks $b \in L$ in Abhängigkeit vom Zustand σ berechnet. Es gilt also $\mathcal{E}(b)(\sigma) = \mathrm{true}$ oder $\mathcal{E}(b)(\sigma) = \mathrm{false}$. s ist eine weitere Anweisung.

Die Bedeutung der **while**-Anweisung t wird durch die semantische Rekursion

$$\mathcal{M}[[t]](\sigma) = \begin{cases} \sigma, & \mathcal{E}(b)(\sigma) = \text{false}, \\ \mathcal{M}[[t]](\mathcal{M}[[s]](\sigma)), & \mathcal{E}(b)(\sigma) = \text{true} \end{cases}$$

für alle $\sigma \in \Sigma$ definiert. Intuitiv wird die Anweisung wie folgt ausgeführt:

Wenn der Ausdruck b den Wert false liefert, wird die **while**-Anweisung ohne Änderung des Zustands beendet. Falls der Ausdruck b den Wert true liefert, wird die Anweisung s ausgeführt und dann die **while**-Anweisung mit dem Zustand $\mathcal{M}[[s]](\sigma)$ erneut gestartet.

Wir erkennen, dass auf beiden Seiten der obigen Gleichung dieselbe Funktion $\mathcal{M}[[t]]$ erscheint, im Allgemeinen allerdings mit unterschiedlichen Argumenten. Die Frage ist, ob durch eine solche Gleichung eine Funktion $f = \mathcal{M}[[t]] : \Sigma \to \Sigma$ eindeutig bestimmt ist. Zur Abkürzung setzen wir

$$g = \mathcal{M}[[s]] : \Sigma \to \Sigma,$$
$$p = \mathcal{E}(b) : \Sigma \to \{\text{true}, \text{false}\}.$$

Wir suchen jetzt eine Funktion $f : \Sigma \to \Sigma$ mit

$$f(\sigma) = \begin{cases} f(g(\sigma)), & \text{falls } p(\sigma) = \text{true}, \\ \sigma, & \text{falls } p(\sigma) = \text{false}. \end{cases} \tag{12.1}$$

Gilt speziell $s = $ **skip** (die Anweisung, die nichts tut) und ist b durch $1 = 1$ gegeben, so ist g die Identitätsfunktion auf Σ, und es folgt $f(g(\sigma)) = f(\sigma)$. Das bedeutet, dass in diesem Fall jede partielle Funktion $f : \Sigma \to \Sigma$ die Gl. 12.1 erfüllt. Durch (12.1) wird f also nicht eindeutig definiert. Nach unserer Vorstellung der Programmiersprache kommt jedoch für $\mathcal{M}[[\textbf{while } 1 = 1 \textbf{ do skip od}]]$ nur eine Funktion in Frage, und zwar die leere Funktion $\bot$. Mithilfe von Satz 12.3 (Fixpunktsatz von *Kleene*) werden wir eine Funktion $\mathcal{M}[[t]]$ auswählen, die die Gl. 12.1 erfüllt.

Zunächst definieren wir eine Funktion $\Phi : (\Sigma \to \Sigma) \to (\Sigma \to \Sigma)$ durch

$$\Phi(f)(\sigma) = \begin{cases} f(g(\sigma)), & \text{falls } p(\sigma) = \text{true}, \\ \sigma, & \text{falls } p(\sigma) = \text{false} \end{cases} \tag{12.2}$$

für alle $f : \Sigma \to \Sigma, \sigma \in \Sigma$. Dabei sind $g : \Sigma \to \Sigma$ und $p : \Sigma \to \{\text{true}, \text{false}\}$ die durch die spezielle **while**-Anweisung **while** b **do** s **od** gegebenen festen Funktionen. Mithilfe von Φ können wir Gl. 12.1 kurz als

$$f = \Phi(f) \tag{12.3}$$

schreiben. Man beachte, dass Φ eine totale Funktion ist, während $\Phi(f)$ im Allgemeinen nur eine partielle Funktion ist. Wir suchen Lösungen der Gl. 12.3. Diese sind auch Lösungen von Gl. 12.1. Sie sind die *Fixpunkte* von Φ. Falls Φ stetig ist, liefert Satz 12.3 den kleinsten Fixpunkt von Φ bezüglich der Domain $\mathrm{Pfn}(\Sigma, \Sigma) = (\Sigma \to \Sigma)$. Dies ist dann die gesuchte Funktion, die die Semantik der **while**-Anweisung beschreibt.

Satz 12.4 Die für alle $f : \Sigma \to \Sigma$, $\sigma \in \Sigma$ in (12.2) eingeführte Abbildung $\Phi : (\Sigma \to \Sigma) \to (\Sigma \to \Sigma)$ ist stetig.

Beweis Wir zeigen zuerst, dass Φ monoton ist. Es seien zwei Funktionen $f_1, f_2 : \Sigma \to \Sigma$ mit $f_1 \le f_2$ gegeben. Zu zeigen ist $\Phi(f_1) \le \Phi(f_2)$. Für $\sigma, \sigma' \in \Sigma$ mit $\Phi(f_1)(\sigma) = \sigma'$ ist daher $\Phi(f_2)(\sigma) = \sigma'$ zu beweisen. Ist $p(\sigma) = \mathrm{true}$, dann gilt $\Phi(f_i)(\sigma) = f_i(g(\sigma))$, $i = 1, 2$. Wegen $f_1 \le f_2$ folgt

$$\Phi(f_1)(\sigma) = f_1(g(\sigma)) = \sigma' = f_2(g(\sigma)) = \Phi(f_2)(\sigma).$$

Für $p(\sigma) = \mathrm{false}$ erhalten wir

$$\Phi(f_1)(\sigma) = \sigma = \Phi(f_2)(\sigma).$$

Insgesamt ist also $\Phi(f_1) \le \Phi(f_2)$.

Zum Beweis der Stetigkeit sei eine Kette Y in der Menge der partiellen Abbildungen $\Sigma \to \Sigma$ gegeben. Zu zeigen ist $\Phi(\sup Y) = \sup\{\Phi(k) \mid k \in Y\}$. Wegen $\sup Y \ge k$ für alle $k \in Y$ und der Monotonie von Φ folgt $\Phi(\sup Y) \ge \Phi(k)$ für alle $k \in Y$ und damit

$$\Phi(\sup Y) \ge \sup\{\Phi(k) \mid k \in Y\}.$$

Es bleibt noch $\Phi(\sup Y) \le \sup\{\Phi(k) \mid k \in Y\}$ zu beweisen. Für $\sigma, \sigma' \in \Sigma$ mit $\Phi(\sup Y)(\sigma) = \sigma'$ muss eine partielle Funktion $k \in Y$ mit $\Phi(k)(\sigma) = \sigma'$ angegeben werden. Im Fall $p(\sigma) = \mathrm{false}$ erhalten wir für alle $k' \in Y$

$$\Phi(\sup Y)(\sigma) = \sigma = \Phi(k')(\sigma) = (\sup\{\Phi(k) \mid k \in Y\})(\sigma).$$

Ist $p(\sigma) = \mathrm{true}$, so gilt

$$\sigma' = \Phi(\sup Y)(\sigma) = (\sup Y)(g(\sigma)) \text{ und } \Phi(k)(\sigma) = k(g(\sigma)) \text{ für alle } k \in Y.$$

Wegen der ersten Gleichung und $D(\sup Y) = \bigcup_{k \in Y} D(k)$ existiert ein $k \in Y$ mit $k(g(\sigma)) = (\sup Y)(g(\sigma))$ und damit

$$\Phi(k)(\sigma) = k(g(\sigma)) = \sigma' = (\sup Y)(g(\sigma)) = \Phi(\sup Y)(\sigma).$$

Insgesamt folgt $\Phi(\sup Y) \le \sup\{\Phi(k) \mid k \in Y\}$. $\square$

Nach Satz 12.3 erhalten wir jetzt den kleinsten Fixpunkt

$$f_\Phi = \sup\{\Phi^i(\bot) \mid i \geq 0\}$$

von Φ. Dies ist die *denotationale Semantik* der **while**-Anweisung. Weitere Möglichkeiten zur Definition von Programmiersprachen sind die *operationelle Semantik* und die *axiomatische Semantik*, siehe zum Beispiel im Buch von *K. Alber* und *W. Struckmann* [5], im Buch von *D. Wätjen* [92] oder im Buch von *H. R. Nielson* und *F. Nielson* [72]. Ausführlich werden diese Themen im Bereich *Semantik von Programmiersprachen* behandelt.

Aufgaben

(1) Man berechne $f_4(1, 1)$ mit der innermost, der outermost und einer abwechselnden Strategie.

(2) Man zeige direkt, dass die Abbildung $g : \mathbb{N} \to \mathbb{N}$ mit $g(n) = n!$ für alle $n \in \mathbb{N}$ der einzige Fixpunkt der Abbildung $\psi : \mathrm{Pfn}(\mathbb{N}, \mathbb{N}) \to \mathrm{Pfn}(\mathbb{N}, \mathbb{N})$ mit

$$\psi(f)(n) = \begin{cases} 1, & n = 0, \\ n \cdot f(n-1), & n > 0 \end{cases}$$

ist.

(3) Man berechne die *best-case-* und die *worst-case-Komplexität* des Sortieralgorithmus von Beispiel 12.3.

(4) Man beweise, dass die Anzahl der Aufrufe der Funktion f aus Beispiel 12.10 die dort angegeben Werte hat.

(5) Man berechne die kleenesche Semantik für die Fälle (c) und (h) aus Beispiel 12.15. Man zeige außerdem, dass im Fall (i) keine rekursive Spezifikation vorliegt.

(6) Man zeige durch ein Gegenbeispiel, dass nicht jede monotone Abbildung stetig ist.

(7) Man zeige die Stetigkeit der zur Fakultätsfunktion gehörenden Funktion $\psi : \mathrm{Pfn}(X, Y) \to \mathrm{Pfn}(X, Y)$.

(8) Wir betrachten die folgende *simultane rekursive Spezifikation* zweier Funktionen:

$$g(n) = \begin{cases} h(n, n), & n = 0, \\ 5, & n > 0, \end{cases}$$

$$h(m, n) = \begin{cases} 0, & m = 0, \\ g(n), & m > 0. \end{cases}$$

Wir definieren

$$\psi : \mathrm{Pfn}(\mathbb{N}, \mathbb{N}) \times \mathrm{Pfn}(\mathbb{N} \times \mathbb{N}, \mathbb{N}) \to \mathrm{Pfn}(\mathbb{N}, \mathbb{N}) \times \mathrm{Pfn}(\mathbb{N} \times \mathbb{N}, \mathbb{N})$$

durch

$$\psi(t, u) = (\psi_1(t, u), \psi_2(t, u))$$

mit

$$\psi_1(t, u)(n) = \begin{cases} u(n, n), & n = 0, \\ 5, & n > 0, \end{cases}$$

$$\psi_2(t, u)(m, n) = \begin{cases} 0, & m = 0, \\ t(n), & m > 0 \end{cases}$$

für alle $t \in \mathrm{Pfn}(\mathbb{N}, \mathbb{N})$, $u \in \mathrm{Pfn}(\mathbb{N} \times \mathbb{N}, \mathbb{N})$, $m, n \in \mathbb{N}$. Die Menge $\mathrm{Pfn}(\mathbb{N}, \mathbb{N}) \times \mathrm{Pfn}(\mathbb{N} \times \mathbb{N}, \mathbb{N})$ ist die Produktdomain von $\mathrm{Pfn}(\mathbb{N}, \mathbb{N})$ und $\mathrm{Pfn}(\mathbb{N} \times \mathbb{N}, \mathbb{N})$. Man zeige, dass ψ stetig ist.

Literatur

1. Abelson, H., Sussman, G. J., Sussman, J. (1996). *Structure and Interpretation of Computer Programs*. 2. Aufl. Cambridge: MIT Press.

2. Adleman, L. M., Pomerance, C., Rumely, R. S. (1983). On distinguishing prime numbers from composite numbers. *Ann. Math. 117*, 173–206.

3. Agrawal, M., Kayal, N., Saxena, N.: *PRIMES is in P*. IIT Kanpur, Preprint vom 6.8.2002.

4. Aho, A. A., Hopcroft, J. E., Ullman, J. D. (1983). *Data Structures and Algorithms*. Reading, Massachusetts: Addison-Wesley.

5. Alber, K., Struckmann, W. (1988). *Einführung in die Semantik von Programmiersprachen*. Mannheim Wien Zürich: BI-Wissenschaftsverlag.

6. Apostol, T. (1986). *Introduction to Analytical Number Theory*. 3. Aufl. Berlin: Springer.

7. Asmuth, C., Bloom, J. (1983). A modular approach to key safeguarding. *IEEE Transactions on Information Theory IT-29*, 208–211.

8. Bauer, H. (1992). *Maß- und Integrationstheorie*. 2. Aufl. Berlin: Walter de Gruyter.

9. Bauer, H. (2002). *Wahrscheinlichkeitstheorie*. 5., durchges. und verb. Aufl. Berlin: Walter de Gruyter.

10. Berry, M. W., Drmač, Z., Jessup, E. R. (1999). Matrices, Vector Spaces, and Information Retrieval. *SIAM Review 41*, 335–362.

11. Bosch, K. (2006). *Elementare Einführung in die Wahrscheinlichkeitsrechnung*. 9., durchges. Aufl. Wiesbaden: Friedrich Vieweg & Sohn.

12. Brandstädt, A. (1994). *Graphen und Algorithmen*. Stuttgart: Teubner.

13. Busacker, R. G., Saary, T. L. (1965). *Finite Graphs and Networks*. New York: McGraw-Hill.

14. Charnes, C., Pieprzyk, J., Safavi-Naini, R. (1994). Conditionally secure secret sharing schemes with disenrollment capability. In: *Proceedings of the 2nd ACM Conference on Computer and Communication Security*, 89–95.

15. Cipra, B. (2003). Wer wird Millionär? *Omega – Spektrum der Wissenschaft Spezial 4*, 40–46.

16. Clark, J., Holton, D. A. (1994). *Graphentheorie. Grundlagen und Anwendungen*. Heidelberg: Spektrum Akademischer Verlag.

17. Cordes, R., Kruse, R., Langendörfer, H., Rust, H. (1988). *Prolog – Eine methodische Einführung*. Braunschweig: Friedrich Vieweg & Sohn.

18. Cormen, Th. H., Leiserson, Ch. E., Rivest, R. L., Stein, C. (2004). *Algorithmen – Eine Einführung*. München: Oldenbourg.

© Springer-Verlag Berlin Heidelberg 2016

W. Struckmann, D. Wätjen, *Mathematik für Informatiker*, DOI 10.1007/978-3-662-49870-5

19. Devlin, K. (1993). *The Joy of Sets*. 2. Aufl. New York: Springer.

20. Diestel, R. (2006). *Graphentheorie. Grundlagen*. 3. Aufl. Heidelberg: Springer.

21. Dietzfelbinger, M. (2004). *Primality Testing in Polynomial Time*. Berlin: Springer (Lecture Notes in Computer Science 3000).

22. Diffie, W., Hellman, M. (1976). New directions in cryptography. *IEEE Transactions on Information Theory IT-22*, 644–654.

23. Ebbinghaus, H.-D. (2003). *Einführung in die Mengenlehre*. 4. Aufl. Heidelberg: Spektrum Akademischer Verlag.

24. Ebbinghaus, H.-D. u. a. (1992). *Zahlen*. 3. Aufl. Berlin: Springer.

25. Ebbinghaus, H.-D., Flum, J., Thomas, W. (1998). *Einführung in die mathematische Logik*. 4. Aufl. Heidelberg: Spektrum Akademischer Verlag.

26. Ehrich, H.-D., Gogolla, M., Lipeck, U. W. (1989). *Algebraische Spezifikation abstrakter Datentypen*. Stuttgart: Teubner.

27. Ehrig, H., Mahr, B. (1985). *Fundamentals of algebraic specification 1*. Berlin: Springer.

28. ElGamal, T. (1985). A public key cryptosystem and a signature scheme based on discrete logarithms. *IEEE Transactions on Information Theory IT-31*, 469–472.

29. Encarnação, J., Straßer, W., Klein, R. (1996). *Graphische Datenverarbeitung 1. Gerätetechnik, Programmierung und Anwendung graphischer Systeme*. 4. Aufl. München: Oldenbourg.

30. Enderton, H. B. (1972). *A Mathematical Introduction to Logic*. New York: Academic Press.

31. Engel, A. (1973). *Wahrscheinlichkeitsrechnung und Statistik*. 1. Aufl. Stuttgart: Ernst Klett Verlag.

32. Ferber, R. (2003). *Information Retrieval*. Heidelberg: dpunkt.verlag.

33. Fritzsche, K. (2005). *Grundkurs Analysis 1*. 1. Aufl. Heidelberg: Spektrum Akademischer Verlag.

34. Fritzsche, K. (2006). *Grundkurs Analysis 2*. 1. Aufl. Heidelberg: Spektrum Akademischer Verlag.

35. Fuchs, N. E. (1997). Logische Programmierung. In P. Rechenberg, G. Pomberger (Hrsg.): *Informatik-Handbuch* (S. 461–478). München: Carl Hanser Verlag.

36. Georgii, H.-O. (2004). *Stochastik*. 2. Aufl. Berlin: Walter de Gruyter.

37. Gordon, D. M. (1993). Discrete logarithms in $GF(p)$ using the number field sieve. *SIAM Journal of Discrete Mathematics 6*, 124–138.

38. Graham, R. L., Knuth, D. E., Patashnik, O. (1989). *Concrete Mathematics*. Reading, Massachusetts: Addison-Wesley.

39. Gramlich, G. (2004). *Anwendungen der Linearen Algebra*. Leipzig: Fachbuchverlag Leipzig.

40. Greene, D. H., Knuth, D. E. (1982). *Mathematics for the Analysis of Algorithms*. 2. Aufl. Boston: Birkhäuser.

41. Grätzer, G. (1979). *Universal Algebra*. New York: Springer.

42. Hachenberger, D. (2005). *Mathematik für Informatiker*. München: Pearson Studium.

43. Harel, D., Feldman, Y. (2006). *Algorithmik*. Berlin Heidelberg: Springer.

44. Hohlfeld, B., Struckmann, W. (1992). *Einführung in die Programmverifikation*. Mannheim Wien Zürich: BI-Wissenschaftsverlag.

45. Hopcroft, J. E., Motwani, R., Ullman, J. D. (2002). *Einführung in die Automatentheorie, Formale Sprachen und Komplexitätstheorie.* München: Pearson Studium.

46. Hornfeck, B. (1976). *Algebra.* 3. Aufl. Berlin: Walter de Gruyter.

47. Huth, M. R. A., Ryan, M. D. (2000). *Logic in Computer Science.* Cambridge: Cambrigde University Press.

48. Hübner, G. (1996). *Stochastik.* Braunschweig: Friedrich Vieweg & Sohn.

49. Ihringer, T. (1994). *Diskrete Mathematik.* Stuttgart: Teubner.

50. Ihringer, T. (2003). *Allgemeine Algebra.* Lemgo: Heldermann Verlag.

51. Jones, W., Furnas, G. (1987). Pictures of Relevance: a geometric analysis of similarity measures. *J. American Society for Information Science 38,* 420–442.

52. Kaiser, H., Nöbauer, W. (2002). *Geschichte der Mathematik.* 3. Aufl. München: Oldenbourg Schulbuchverlag.

53. Kaplan, M. (2005). *Computeralgebra.* Heidelberg: Springer.

54. Kfoury, A. J., Moll, R. R., Arbib, M. A. (1982). *A Programming Approch to Computability.* New York: Springer (Texts and Monographs in Computer Science).

55. Klimant, H., Piotraschke, R., Schönfeld, D. (1996). *Informations- und Kodierungstheorie.* Stuttgart: Teubner.

56. Knuth, D. E. (1976). Big Omicron and Big Omega and Big Theta. *SIGACT News 8*(2), 18–24.

57. Knuth, D. E. (1997). *The Art of Computer Programming.* Vol. 1: Fundamental Algorithms. 3. Aufl. Boston: Addison-Wesley.

58. Knuth, D. E. (1998). *The Art of Computer Programming.* Vol. 2: Seminumerical Algorithms. 3. Aufl. Boston: Addison-Wesley.

59. Koblitz, N. (1987). *A course in number theory and cryptography.* New York: Springer.

60. Kowalsky, H.-J., Michler, G. O. (2003). *Lineare Algebra.* 12., überarbeitete Aufl. Berlin: Walter de Gruyter.

61. Krengel, U. (2005). *Einführung in die Wahrscheinlichkeitstheorie und Statistik.* 8., erweiterte Aufl. Wiesbaden: Friedrich Vieweg & Sohn.

62. Krumke, S. O., Noltemeier, H. (2005). *Graphentheoretische Konzepte und Algorithmen.* Wiesbaden: Teubner.

63. Lidl, R., Niederreiter, H. (1994). *Introduction to finite fields and their applications.* Überarbeitete Aufl. London: Cambridge University Press.

64. Lidl, R., Niederreiter, H. (1997). *Finite fields.* 2. Aufl. London: Cambridge University Press.

65. Lin, S., Costello, D. J. (1983). *Error Control Coding: Fundamentals and Applications.* Englewood Cliffs: Prentice-Hall.

66. Louden, K. C., Lambert, K. A. (2012). *Programming Languages: Principles and Practice.* 3. Aufl. Boston: Course Technology.

67. Malik, D. S., Mordeson, J. D., Sen, M. K. (1997). *Fundamentals of Abstract Algebra.* New York: McGraw-Hill.

68. Manes, Ernest G., Arbib, Michael A. (1986). *Algebraic Approaches to Program Semantics.* 1. Aufl. New York Berlin: Springer Verlag.

69. Menezes, A. J., Ooschot, P. C., Vanstone, S. A. (1997). *Handbook of applied cryptography.* Boca Raton: CRC Press.

70. Muthsam, H. J. (2006). *Lineare Algebra und ihre Anwendungen*. 1. Aufl. Heidelberg: Spektrum Akademischer Verlag.

71. Nerode, A., Shore, R. A. (1997). *Logic for Applications*. 2. Aufl. New York: Springer.

72. Nielson, H. R., Nielson, F. (2007). *Semantics with Applications*. London: Springer-Verlag.

73. Niven, I., Zuckerman, H. S., Montgomery, H. L. (1991). *An Introduction to the Theory of Numbers*. 5. Aufl. New York: Wiley.

74. Ottmann, Th., Widmayer, P. (2002). *Algorithmen und Datenstrukturen*. 4. Aufl. Heidelberg: Spektrum Akademischer Verlag.

75. Padberg, F. (1996). *Elementare Zahlentheorie*. 2. Aufl. Heidelberg: Spektrum Akademischer Verlag.

76. Papadimitriou, C. H. (1995). *Computational Complexity*. Reprinted with corrections. Reading: Addison-Wesley.

77. Penna, M., Patterson, R. (1986). *Projective Geometry and its Application to Computer Graphics*. Englewood Cliffs: Prentice-Hall.

78. Purdom, P. W., Brown, C. A. (1985). *The Analysis of Algorithms*. New York: Holt, Rinehart and Winston.

79. Rabin, M. O. (1976). Probabilistic algorithms. In: J. F. Traub (Hrsg.): *Algorithms and complexity – New Directions and Recent Results*, 21–39. New York: Addison-Wesley.

80. Rabin, M. O. (1980). Probabilistic algorithms for primality testing. *Journal of Number Theory 12*, 128–138.

81. Rivest, R. L., Shamir, A., Adleman, L. (1978). A method for obtaining digital signatures and public-key-cryptosystems. *Comm. ACM 21*, 120–126.

82. Robinson, D. J. S. (2003). *An introduction to abstract algebra*. Berlin: Walter de Gruyter.

83. Schaefer, I., Struckmann, W. (Hrsg.) (2012). *Programmieren und Software Engineering*. Harlow: Pearson.

84. Schönhage, A., Strassen, V. (1971). Schnelle Multiplikation großer Zahlen. *Computing 7*, 281–292.

85. Sebesta, R. W. (2012). *Concepts of Programming Languages*. 10. Aufl. Boston: Addison-Wesley, Pearson Education.

86. Shamir, A. (1979). How to share a secret. *Communications of the ACM 22*, 612–613.

87. Solovay, R., Strassen, V. (1977). A fast Monte Carlo test for primality. *SIAM Journal of Computing 6*, 84–85.

88. Stinson, D. R. (2002). *Cryptography: Theory and practice*. 2. Aufl. Boca Raton: CRC Press.

89. Tuschik, H.-P., Wolter, H. (2002). *Mathematische Logik – kurz gefasst*. 2. Aufl. Heidelberg: Spektrum Akademischer Verlag.

90. Vitanyi, P. M. B., Meertens, L. (1984). Big Omega versus the Wild Functions. *Bulletin of the EATCS 22*, 14–19.

91. Winkler, F. (1996). *Polynomial Algorithms in Computer Algebra*. Wien: Springer.

92. Wätjen, D. (1994). *Theoretische Informatik*. München: Oldenbourg.

93. Wätjen, D. (2008). *Kryptographie. Grundlagen, Algorithmen, Programme*. 2. Aufl. Heidelberg: Spektrum Akademischer Verlag.

Sachverzeichnis

A

Abbildung, 59
    lineare, 363
Ableitung, 115, 352
Ableitungsregel, 12
abstrakter Datentyp, 415
Abstraktion, 501
Achsenabschnitt, 121
Ackermann-Funktion, 67
Addition, 78
adjazent, 159
Adjazenzlisten, 168
Adjazenzmatrix, 165
Äquivalenz, 4, 21, 52
Äquivalenzbeweis, 28
Algebra
    allgemeine, 411
    mehrsortige, 415
Algebra der Aussagenlogik, 8
algebraische Strukturen, 5
Algorithmus, 101
    gieriger, 148
    nicht determinischer, 101
    probabilistischer, 465
    randomisierter, 465
    zufallsgesteuerter, 101, 465
Algorithmus von Kruskal, 151
allgemeine Algebra, 411
allgemeingültig, 3, 21
Allklasse, 47
Allquantor, 15
Alphabet, 277
Alternativgesetz, 87
alternierende Gruppe, 293
Anfangsbedingung, 131
Anordnungsproblem, 426

Aufzählbarkeit, 29
Aussage, 2, 18
Aussagenkalkül
    Korrektheit, 14
    Vollständigkeit, 14
Aussagenvariable, 2
Aussonderungsprinzip, 42
Austauscheigenschaft, 150
Auswahlaxiom, 64
Auswahlproblem, 427
Automorphismus, 316
Axiom, 12, 22
Axiomenschema, 12

B

Backus-Naur-Form, 279
Basis, 96
Basis eines Vektorraums, 358
    Basiswechsel, 365
Basislösung, 134
Baum, 173
    aufspannender, 202
    binärer, 147
    Suchbaum, 179
    Wurzelbaum, 175
bayessche Formel, 446
Bedienmodell, 494
Bedienstation, 493
Belegung, 3, 18
bellsche Zahl, 432
Bernoulli-Experiment, 445
Bernoulli-Kette, 445
Bernoulli-Prozess, 495
Berührpunkt, 113
beschränkte Menge, 83
Betrag, 104

Betrag einer komplexen Zahl, 85
Betragsfunktion, 110
Beweis, 13, 24
BFS, 211
Bild einer Funktion, 59
Bild einer Menge, 63
Binärbaum, 176
    Inorder-Durchlauf, 177
    Suchbaum, 179
binärer Suchbaum, 179
Binärzahl, 93
Binomialkoeffizient, 145, 433
Binomialverteilung, 452
binomischer Satz, 145
Bit, 93
Blockcodierung, 392
Bogenmaß, 110
boolesche Algebra, 6, 413
boolesche Funktion, 10
borelsche σ-Algebra, 437
Breitensuche, 211
Bubblesort, 132, 138
Byte, 93

C
catalansche Zahl, 148
Cauchy-Folge, 84
Ceilingfunktion, 110
Charakteristik, 324
charakteristische Gleichung, 134
Chiffre
    ElGamal-Verschlüsselungsverfahren, 307
    RSA-Verfahren, 254
chinesischer Restesatz, 258
chromatische Zahl, 193
churchsche These, 68
Code, 392
    linearer, 392
        Äquivalenz, 395
        coset leader, 397
        Nebenklassenanführer, 397
        Syndrom, 397
        systematischer, 395
        zyklischer, 399
Codewort, 392
Codierung, 392
Common Lisp, 69
Computeralgebra, 94
Computeralgebrasystem, 94

Currying, 512

D
Datenbank, 57
    relationale, 57
Datenbanksprache, 58
Datenmodell, 57
    relationales, 57
Datentyp, 415
    abstrakter, 415
dedekindscher Schnitt, 84
Definition, 23
Definitionsbereich einer Relation, 48
Definitionsmenge, 48
Determinante, 370
Dezimaldarstellung, 92
DFS, 205, 209
Diagonalmatrix, 373
Diagonalverfahren, 89, 90
Dichtefunktion, 472
Differenz
    symmetrische, 71
Differenzenquotient, 115
Differenzfolge, 105
Differenzierbarkeit, 115
Differenzmenge, 44
Diophantische Gleichung, 522
direkter Beweis, 25
direktes Produkt, 311
disjunktive Normalform, 9
diskreter Logarithmus, 301
    Algorithmus von Shanks, 304
Divide-and-Conquer, 138
Division mit Rest, 221
DL-Problem, 302
Domain, 529
Dualdarstellung, 92
Durchschnittsmenge, 44

E
Eigenvektor, 372
Eigenwert, 372
Eindeutigkeitsbeweis, 27
Einheit, 325
Einschränkung einer Relation, 55
Element, 40
elementare Arithmetik, 17
Elementarereignisse, 435
ElGamal-Verschlüsselungsverfahren, 307
Endlichkeitssatz, 14, 29

Entscheidbarkeit der Aussagenlogik, 12
Ereignis, 435
    sicheres, 435
    unabhängiges, 443
    unmögliches, 435
Ereignisalgebra, 435, 437
Ereignisdisjunktion, 446
Ereignisse
    paarweise unabhängige, 444
    unabhängige, 444
    vollständig unabhängige, 444
erfüllbar, 3, 21
Erfüllbarkeitsproblem, 4
Ergebnisraum, 434, 437
Erwartungswert, 453, 474
euklidischer Algorithmus, 222
    erweiterter, 224, 337
euklidischer Ring, 334
euklidischer Vektorraum, 375
eulersche Funktion, 246
eulersche Zahl, 110
eulerscher Graph, 187
eulerscher Kreis, 187
eulerscher Weg, 187
Existenzbeweis, 27
Existenzquantor, 15
Exponent, 96
Exponentialfunktion, 109
Exponentialverteilung, 475
Exponentiation, schnelle, 241
Extensionalitätsprinzip, 41
Extremwert, 118

F
Faktorgruppe, 310
Faktorielle
    fallende, 427
    steigende, 427
Faktormenge, 53
Faktorraum, 360
Faktum (Prolog), 34
Fakultät, 144
Fallunterscheidung, 26, 59
Fermat, Satz von, 248
Fibonacci-Folge, 103, 131, 135
Fixpunkt, 529
Floorfunktion, 110
Folge, 102
    beschränkte, 103

    divergente, 105
    konvergente, 105
    monotone, 103
    rekursiv definierte, 103
Folgenglied, 102
Folgerung, 4, 11, 21
freie Halbgruppe, 273
freies Monoid, 273
freies Vorkommen, 17
Fundamentalsatz der Arithmetik, 54, 232
Fundierungsprinzip, 48
Funktion, 59
    achsensymmetrische, 121
    anonyme, 129
    asymptotisch nicht negative, 125
    asymptotisch positive, 125
    berechenbare, 64
    bijektive, 60
    charakteristische, 66
    differenzierbare, 115
    elementare, 467
    erzeugende, 141
    ganzrationale, 109
    gebrochenrationale, 109
    injektive, 60
    inverse, 61
    konkave, 119
    konvexe, 119
    messbare, 437
    monotone, 111
    partielle, 59
    partiell-rekursive, 65, 67
    periodische, 110
    primitiv-rekursive, 40, 65
    punktsymmetrische, 121
    stetige, 112
    surjektive, 60
    totale, 59
    trigonometrische, 109
    unstetige, 112
    wechselseitig rekursive, 146
Funktion höherer Ordnung, 70
Funktional, 70
Funktionsdiskussion, 121
Funktionsgrenzwert, 113
Funktionssymbol, 15
Funktionswert, 59

G

Gatter, 6
Gauß-Klammer, 112
gaußsche Glockenkurve, 478
gaußsche Zahlenebene, 85
gebundenes Vorkommen, 17
Geburtstagsproblem, 441
Gegenereignis, 435
Generatormatrix, 393
Generatorpolynom, 400
Gesetze der Aussagenlogik, 5
gewichteter Graph, 191
Gewichtsfunktion, 149
Gleichmächtigkeit, 87
Gleichung
    charakteristische, 134
Gleichungssysteme
    lineare, 366
Gleichverteilung, 449, 476
Gleitkommadarstellung, 96
Gödel'sche Unvollständigkeitssätze, 29
Gödel'scher Vollständigkeitssatz, 29
Gradmaß, 110
Grammatik
    Backus-Naur-Form, 279
Graph, 158
    Baum, 173
    bipartiter, 161
    Brücke, 193
    chromatische Zahl, 193
    eulerscher, 187
    eulerscher Kreis, 187
    eulerscher Weg, 187
    gewichteter, 191
    hamiltonscher, 189
    hamiltonscher Kreis, 189
    hamiltonscher Weg, 189
    Isomorphismus, 161
    k-färbbar, 193
    Kreis, 162
    kreisfrei, 164, 173
    Ordnung, 159
    planarer, 182
    stark zusammenhängender, 164
    topologische Ordnung, 169
    Unterteilung, 184
    vollständiger, 159
    Wald, 173
    Weg, 162
    zusammenhängend, 164
Graph einer Relation, 49
Greedy-Algorithmus, 148, 149
Grenze
    obere, 468
    untere, 468
Grenzwert, 102, 105, 113
    eigentlicher, 115
    uneigentlicher, 115
Grenzwertsatz
    lokaler, 483
    zentraler, 484
Größenordnung einer Funktion, 124
größter gemeinsamer Teiler, 220, 336
Grundbereich, 18
Grundintegral, 467
Gruppe, 22, 284, 412
    additive, 238
    alternierende, 293
    Automorphismus, 316
    direktes Produkt, 311
    Einheit, 325
    Faktorgruppe, 310
    Homomorphismus, 286
        Automorphismus, 316
        Bild, 314
        Kern, 314
    Index, 297
    Isomorphismus, 286
    kleinsche Vierergruppe, 288
    Linksnebenklasse, 295
    multiplikative, 246
    Normalteiler, 309
    Nullteiler, 324
    Ordnung eines Elements, 298
    Rechtsnebenklasse, 295
    symmetrische, 289
    Untergruppe, 293
    Zentrum, 310
    zyklisch, 297
Gruppenhomomorphismus, 286
Gruppenisomorphismus, 286

H

Häufigkeit
    absolute, 435
    relative, 435, 458
Halbgruppe, 268, 412
    freie, 273

Halteproblem, 523
hamiltonscher Graph, 189
hamiltonscher Kreis, 189
hamiltonscher Weg, 189
Hamming-Abstand, 395
Hamming-Gewicht, 395
harmonische Zahl, 107
Haskell, 69
Hasse-Diagramm, 72
Hauptideal, 328
Hauptidealring, 336
Heiratsproblem, 197
herleitbar, 13
hilbertsches Programm, 30
hinreichende Bedingung, 24
Histogramm, 482
hoarescher Ausdruck, 32
Homomorphismus
    von Algebren, 414
    von Gruppen, 286
    von Halbgruppen, 271
    von Ringen, 328
Horn-Klausel, 36
Hülle, 55
    reflexive, 55
    reflexive transitive, 55

I
Ideal, 326
    Hauptideal, 328
    maximales, 331
    Primideal, 331
imaginäre Einheit, 84
Imaginärteil, 84
Index einer Untergruppe, 297
Indextransformation, 80
indirekter Beweis, 25
Individuum, 18
Induktion, 19, 26
    strukturelle, 81
    vollständige, 26, 76, 81
Induktionsanfang, 76
Induktionsschluss, 76
Induktionsvoraussetzung, 76
Infimum, 83
Information Retrieval, 380
innerer Punkt eines Intervalls, 104
Insertionsort, 122
Integral

bestimmtes, 468
unbestimmtes, 466
uneigentliches, 471
Integration
    durch Substitution, 466
    partielle, 466
Integrationskonstante, 466
Integritätsbereich, 82, 324
Interpolationsformel von Lagrange, 406
Interpretation, 18
Interpreter, 69
Intervall, 104
    abgeschlossenes, 104
    endliches, 104
    halboffenes, 104
    offenes, 104
    unendliches, 104
Intervallschachtelung, 84
Intuitionismus, 28
Inverses, 325
inverses Element, 273
inzident, 159
irreduzibel, 333
irreduzibles Polynom, 333
Isomorphismus, 9
    von Graphen, 161
    von Gruppen, 286
    von Halbgruppen, 271
    von Ringen, 328
    von Vektorräumen, 363

J
Java, 93, 98
Join-Operation, 58
Jordankurve, 181

K
Kalkül, 12, 29
Kalkül für die Aussagenlogik, 12
Kalkül für die Prädikatenlogik, 29
Karatsuba-Ofman-Algorithmus, 141
kartesische Form, 85
Kettenregel, 117
k-färbbar, 193
kleinsche Vierergruppe, 288
kleinstes gemeinsames Vielfaches, 227, 235
Körper, 82, 246, 325, 412
    Zerfällungskörper, 343
Kombination, 428
    mit Wiederholung, 428

ohne Wiederholung, 428
Komplement, 44
Komplexität, 101, 122
    erwarteter Fall, 124
    günstigster Fall, 124
    ungünstigster Fall, 124
Komplexitätsklasse, 124, 126
Komplexitätstheorie, 4
Komposition von Relationen, 55
kongruente Zahlen, 238
Kongruenzrelation, 238
konjugiert-komplexe Zahl, 84
konjunktive Normalform, 9
Konkatenation, 274
Konstante, 15
konstruktiver Beweis, 27
Kontinuumshypothese, 92
Kontradiktion, 3
Kontraposition, 25
Kontrollmatrix, 393
Kontrollpolynom, 402
Konvergenz, 104
    absolute, 453
Koordinaten, 359
Kosinus, 376
Kreis, 162

L

lagrangesche Interpolationsformel, 406
landausche Symbole, 125
Landkarte, 193
Laplace-Experiment, 440
Las-Vegas-Algorithmus, 465
Laufzeitkomplexität, 101, 122
leere Menge, 41
leeres Wort, 274
Limes, 105, 113
linear abhängig, 358
linear unabhängig, 358
lineare Abbildung, 363
lineare Kongruenzmethode, 477
linearer Code, 392
    Äquivalenz, 395
    coset leader, 397
    Nebenklassenanführer, 397
    Syndrom, 397
    systematischer, 395
    zyklischer, 399
        Generatorpolynom, 400

Kontrollpolynom, 402
Linearkombination, 357
Linksnebenklasse, 295
Lisp, 69
Liste
    verkettete, 95, 168
Lösung
    allgemeine, 131
    partikuläre, 131
Logarithmus
    binärer, 110
    dekadischer, 110
    natürlicher, 110
Logarithmusfunktion, 109
Logik zweiter Stufe, 30

M

Macao-Algorithmus, 465
Mantisse, 96
Maple, 95
Markow-Algorithmus, 65, 68
Markow-Kette, 486
    homogene, 491
Maschinenwort, 93
Maßtheorie, 437
Mastertheorem, 139
Matching, 197
Mathematica, 95
Matrix, 361
    inverse, 363
    orthogonal, 378
    stochastische, 491
    symmetrische, 362
    transponierte, 362
Matroid, 150, 359
maximales Ideal, 331
Maximierungsproblem, 151
Maximum, 118
    globales, 118
    lokales, 118
Menge, 40
    abzählbare, 87
    endliche, 87
    höchstens abzählbare, 89
    überabzählbare, 87
    unendliche, 87
Mengenalgebra, 45
Mengenlehre, 17, 40
    axiomatische, 40, 64

Mengenschreibweise, 41, 42
Mengensystem, 48
Metrik, 163, 396
Minimalperiode, 110
Minimierungsproblem, 149
Minimum, 118
   globales, 118
   lokales, 118
Modell, 11, 20
Modellierung, 31, 501
Modelltheorie, 29
modulare Arithmetik, 241
modulares Inverses
   Berechnung, 244
monisches Polynom, 346
Monoid, 412
   freies, 273
Monte-Carlo-Algorithmus, 465
Multigraph, 159
Multimenge, 428
Multiplikation, 78
μ-Operator, 67

N
Nachbedingung, 31
Nachfolger, 76
NAND-Verknüpfung, 11
Normalform, 9
Normalteiler, 309
Normalverteilung, 478
normierter Vektor, 376
NOR-Verknüpfung, 11
notwendige Bedingung, 24
NP-vollständig, 191
n-Tupel, 46
Nullfolge, 105
Nullteiler, 82, 324

O
Obermenge, 42
   echte, 42
OCL, 31
Oktaven, 86
Oktonionen, 86
Ordnung, 53
   archimedische, 83
   partielle, 53
   strenge, 53
   vollständige, 83
Ordnung eines Gruppenelements, 298

Ordnungsrelation, 53, 529
orthogonale Matrix, 378
orthogonale Vektoren, 377
Orthonormalsystem, 377

P
Paar, 45
Paradigma, 511, 517
Parameterraum, 485
partielle Korrektheit, 33, 520
pascalsches Dreieck, 433
Peirce-Funktion, 10
Periode, 110
Permutation, 289, 427
   gerade, 292
   mit Wiederholung, 427
   ohne Wiederholung, 427
   ungerade, 292
Pfeildiagramm einer Relation, 49
Pivot-Element, 132
planarer Graph, 182
P=NP-Problem, 4
Polarkoordinatenform, 85
Polynom, 322
   irreduzibel, 333
   monisch, 346
   normiert, 342
   Nullstelle, 341
   Wert, 341
Potenz, 78
Potenzfunktion, 109
Potenzmenge, 43
Prädikatenlogik
   Alphabet, 15
   Ausdruck, 16
   Semantik, 18
   Syntax, 18
   Term, 16
Primfaktor, 228
Primfaktordarstellung, 233
Primideal, 331
primitive Wurzel, 302, 308
Primteiler, 228
Primzahl, 228
   Anzahl der Primzahlen, 235
   sichere, 303, 308
   Suche großer, 236
Primzahldichte, 236
Primzahlsatz, 236

Primzahltest, 250
Prinzip der Inklusion und Exklusion, 430
Prinzip der primitiven Rekursion, 66
probabilistische Analyse, 464
Problem des diskreten Logarithmus, 302
Problem des Handlungsreisenden, 191
Produkt von Relationen, 55
Produktfolge, 105
Produktmenge, 46
Produktregel, 117, 430
Produktzeichen, 80
Programmierparadigma, 34
Programmierung, 501
    deklarative, 36
    funktionale, 34, 64, 68
    imperative, 34
    logische, 34
    objektorientierte, 34
Prolog, 34
Protokoll
    Shamir-Schwellenwertverfahren, 405
    (t, n)-Schwellenwertverfahren
        nach Asmuth und Bloom, 261
        nach Shamir, 405
        nach Shamir (bedingt sicher), 408
Pseudocode, 504
Pseudozufallszahl, 477
Public-Key-Kryptosystem, 252
    ElGamal-Verschlüsselungsverfahren, 307
    RSA-Verfahren, 254
        Authentizität, 254
        Geheimhaltung, 254

Q
Quantor, 15
Quaternionen, 86
Quicksort, 131, 138, 140, 463, 465
Quotientenfolge, 105
Quotientenmenge, 53
Quotientenregel, 117
Quotientenring, 327

R
Randbedingung, 131
Randpunkt eines Intervalls, 104
Realteil, 84
Rechenregeln für natürliche Zahlen, 79
Rechtsnebenklasse, 295
Reduktion modulo n, 240
reduzierte Menge der Reste modulo n, $\mathbb{Z}_n^*$, 245

Regel (Prolog), 34
Reihe, 106
    geometrische, 106
    harmonische, 107
Rekurrenzgleichung, 130, 133
    homogene, 133
    inhomogene, 133
    lineare, 133
    Ordnung einer, 133
Rekursionssatz, 77
rekursiv-axiomatisierbar, 30
Relation, 48
    antisymmetrische, 51
    asymmetrische, 51
    homogene, 57
    identische, 55
    inhomogene, 57
    inverse, 55
    irreflexive, 50
    konnexe, 51
    lineare, 51
    n-stellige, 57
    reflexive, 50
    symmetrische, 51
    transitive, 51
    zweistellige, 48
Relationssymbol, 15
relativ prim, 220, 336
Repräsentant, 52
Rest einer Zahl, 238
    reduzierte Menge der Reste modulo n, $\mathbb{Z}_n^*$, 245
Restesatz, chinesischer, 258
Restklasse, 52
Restklasse modulo n, 239
Ring, 82, 320, 412
    assoziierte Elemente, 333
    euklidischer, 334
    Hauptidealring, 336
    Homomorphismus, 328
    Ideal, 326
    Integritätsbereich, 324
    Inverses, 325
    Isomorphismus, 328
    Quotientenring, 327
    Unterring, 321
Ring, kommutativer, 238
Ringhomomorphismus, 328
Ringisomorphismus, 328

Ringschluss, 28
RSA-Verfahren, 254
    Authentizität, 254
    Geheimhaltung, 254

S

Sattelpunkt, 119
Satz von Fermat, 248
Schaltalgebra, 6
Scheme, 69
Schiefkörper, 325
Schleifeninvariante, 33
schnelle Exponentiation, 241
Schranke, 83
    obere, 83
    untere, 83
Schubfachprinzip, 432
schwaches Gesetz der großen Zahlen, 458
Selektionsort, 153
Shamir-Schwellenwertverfahren, 405
Shanks-Algorithmus, 304
Sheffer-Funktion, 10
Sherwood-Algorithmus, 465
sichere Primzahl, 303, 308
Sieb des Eratosthenes, 231
Siebregel, 430
σ-Algebra, 437
Signatur, 414
Signaturverfahren
    RSA, 254
singuläre Werte, 385
Singulärwertzerlegung, 385
Skalarprodukt, 375
Skalierung, 387
Sortieren durch Auswählen, 153
Sortieren durch Einfügen, 122
Speicherkomplexität, 101, 122
Spezifikation, 31, 415, 501
Sprache der Aussagenlogik, 2
Sprungstelle, 451
SQL, 58
Stack, 417
Stammfunktion, 466
Standardabweichung, 455, 474
Standardnormalverteilung, 478
Startverteilung, 491
Statistik
    deskriptive, 426
    induktive, 426

Stellenwertsystem, 92
Stelligkeit, 15
stetige Ergänzung, 112
Stetigkeit, 112
    linksseitige, 115
    rechtsseitige, 115
stirlingsche Zahl, 432
stirlingsches Dreieck, 433
Stochastik, 425
stochastischer Prozess, 485
    diskreter, 485
    kontinuierlicher, 485
Störfunktion, 133
Struktur (Prädikatenlogik), 18
Suchbaum, 179
Suche
    binäre, 130
    sequenzielle, 130
Suche nach großen Primzahlen, 236
Summenfolge, 105
Summenregel, 116, 430
Summenzeichen, 79
Supremum, 83
symmetrische Gruppe, 289
syntaktischer Bereich, 279

T

Tabelle einer Relation, 49
Tangente, 116
Tautologie, 3
Teiler, 218
    größter gemeinsamer, 220
Teile-und-Beherrsche-Algorithmus, 138
Teilmenge, 42
    echte, 42
Teilmengensystem, 149
Teilsumme, 106
Theorie, 21
Tiefensuche, 205
Tiefensuche für gerichtete Graphen, 209
(t, n)-Schwellenwertverfahren
    nach Asmuth und Bloom, 261
    nach Shamir, 405
        bedingt sicher, 408
topologische Ordnung, 169
topologisches Sortieren, 170
Torsionsgruppe, 30
totale Korrektheit, 33, 520
Träger, 18

Transformation, 289
Traveling Salesman Problem, 191
Treppenform, 367
Treppenfunktion, 451
Türme von Hanoi, 132
Tupel, 46
Turing-Maschine, 65, 68
Typ einer Algebra, 411

U
Übergangsmatrix, 491
Umgebung, 113
    abgeschlossene, 113
    offene, 113
Umkehrfunktion, 61
UML, 31
Unentscheidbarkeit der Prädikatenlogik, 29
Ungleichung von Tschebyschew, 456
Unifikation, 36
universelle Algebra, 410
Universum, 18
Untergruppe, 293
Unterring, 321
Urbild einer Funktion, 59
Urbild einer Menge, 63

V
Variable, 2, 15, 34
    freies Vorkommen, 17
    gebundenes Vorkommen, 17
Varianz, 455, 474
Variation, 428
    mit Wiederholung, 428
    ohne Wiederholung, 428
Vektorraum, 356, 413
    Basis, 358
        Basiswechsel, 365
    euklidischer, 375
Venn-Diagramm, 41
Verband, 413
Vereinigungsmenge, 44
Verifikation, 31, 32
Verknüpfung, 5, 267
Verknüpfungsbasis, 10
Verteilung, 448
    geometrische, 495, 499
    hypergeometrische, 451
Verteilungsfunktion, 448
    kumulative, 448
Vielfaches, 218

vollständige Induktion, 26
vollständige Theorie, 29
Vollständigkeit der Aussagenlogik, 14
Vollständigkeit der Prädikatenlogik, 29
Vorbedingung, 31
Vorzeichenfunktion, 110

W
Wahrheitstabelle, 3
Wahrscheinlichkeit, 435, 437
    bedingte, 442
    vollständige, 446
Wahrscheinlichkeitsraum
    diskreter, 440
Wahrscheinlichkeitstheorie, 426
Wald, 173
    aufspannender, 202
Warteschlange, 493
Weg, 162
Wendepunkt, 119
Wertebereich einer Relation, 48
Wertemenge, 48
while-Programm, 68
widerspruchsfrei, 29
widersprüchlich, 3
Winkel einer komplexen Zahl, 85
Wohlordnung, 80
    der natürlichen Zahlen, 80
Wort, 93
Wurzelbaum, 175
Wurzelfunktion, 109

Z
Zahl
    algebraische, 100
    ganze, 82
    irrationale, 83
    komplexe, 84
    natürliche, 75
    rationale, 82
    reelle, 83
Zahlenfolge, 102
Zählkoeffizient, 433
Zerfällungskörper, 343
Zerlegung einer Menge, 52
ZFC, 64
$\mathbb{Z}_n$, 238
$\mathbb{Z}_n^*$, reduzierte Menge der Reste modulo n, 245
Zufallsexperiment, 434
Zufallsgröße, 436

Zufallsvariable, 436, 437
   diskrete, 449
   Kenngröße, 452
   standardisierte, 481
   stetige, 472
   unabhängige, 454
Zufallszahl, 477
Zufallszahlengenerator, 465, 477
Zuordnung, 59
Zusammenfassung, 40
zusammengesetzte Zahl, 228

Zustand, 34, 486
Zustandsdiagramm, 492
Zustandsraum, 486
Zuweisung, 34
Zweierkomplement, 94
Zwischenwertsatz, 115
zyklische Gruppe, 297
zyklischer Code
     Generatorpolynom, 400
     Kontrollpolynom, 402

Printed in the United States
By Bookmasters